TRAUNER VERLAG
UNIVERSITÄT

SCHRIFTENREIHE DES
ENERGIEINSTITUTES
AN DER JOHANNES KEPLER
UNIVERSITÄT LINZ

MARKUS PREINER ■ GERHARD ZETTLER

Der Einfluss kleiner, dezentraler und unabhängiger Kraft-Wärme-Kopplungsanlagen auf die österreichische Energie- und Volkswirtschaft

Impressum

Markus Preiner ■ Gerhard Zettler
Der Einfluss kleiner, dezentraler und unabhängiger Kraft-Wärme-Kopplungsanlagen auf die österreichische Energie- und Volkswirtschaft

Band 16
Schriftenreihe des
Energieinstitutes
an der Johannes Kepler Universität Linz
Altenberger Straße 69, 4040 Linz,
Österreich/Austria

Gedruckt mit Unterstützung des
Landes Oberösterreich,
insbesondere:
Landesrat Rudolf Anschober
Landesrat Viktor Sigl
sowie
Energie AG Oberösterreich
Verband der Elektrizitätsunternehmen Österreichs (VEÖ).

Verwertungsrecht © 2007
Markus Preiner und Gerhard Zettler

Copyright Coverfotos:
Energie AG Oberösterreich,
4020 Linz, Österreich/Austria

SOLO STIRLING GmbH,
71050 Sindelfingen, Deutschland

ISBN 978-3-85499-233-2
www.trauner.at

Der Einfluss kleiner, dezentraler und unabhängiger Kraft-Wärme-Kopplungsanlagen auf die österreichische Energie- und Volkswirtschaft

Markus Preiner

Gerhard Zettler

Linz 2007

Vorwort

In dem vorliegenden Buch analysieren Markus Preiner und Gerhard Zettler in umfassender Weise das Potential von kleinen, dezentralen und unabhängigen Kraft-Wärme-Kopplungsanlagen für die heimische Energiewirtschaft. Die zunehmende Bedeutung alternativer Energieträger für die Entwicklung der nationalen und internationalen Energiewirtschaft lässt diesem Thema eine enorme tagespolitische Aktualität und Brisanz zukommen. Alternative Energieproduktionsformen wie die KWK-Technologie können wesentliche Beiträge zur Reduzierung der Energie-Importabhängigkeit und damit zur Erhöhung der Versorgungssicherheit liefern sowie negative ökologische Auswirkungen des Konsums und der Produktion von Energie dämpfen.

Fossile Energieträger wie Erdöl, Erdgas oder Kohle müssen fast zur Gänze in die heimische Volkswirtschaft importiert werden, sodass eine immense Abhängigkeit von großteils instabilen Krisenregionen besteht. Neben der Abhängigkeit von den Fördermengen ist als Konsequenz natürlich auch eine preisliche Abhängigkeit zu konstatieren. Eine vermehrte Produktion von Energie (insbesondere durch umweltschonende Produktionstechnologien) „vor der Haustür" erhöht die Unabhängigkeit von politischen und internationalen Wirtschaftskrisen, reduziert als Konsequenz die Schwankungen des Energiepreisindex und erhöht die Planungssicherheit der Unternehmen, für die Energie einen zentralen Produktionsinput darstellt.

Die vorliegende Arbeit ermittelt die energiepolitische Relevanz der heimischen Energieerzeugung. Diese Analyse der prognostizierten Marktdurchdringung von kleinen dezentralen Kraft-Wärme-Kopplungsanlagen in Österreich kann als Informationsgrundlage für zukünftige energiepolitische Entscheidungen gesehen werden. Die Autoren geben die Empfehlung eines verstärkten Einsatzes kleiner dezentraler KWK-Anlagen in Österreich, die sich auf umfassende Input-Output- sowie Potentialanalysen stützt.

Das Energieinstitut an der Johannes Kepler Universität befasst sich in einer Vielzahl von Studien mit energie-, umwelt- sowie wirtschaftspolitischen Auswirkungen von alternativen Energieträgern, sodass diese Studie zu kleinen dezentralen KWK-Anlagen die Forschungen des Institutes in positivem Sinne ergänzt und erweitert. Die Aktualität und zukünftige Relevanz der alternativen Energieerzeugung kann nicht überschätzt werden, sodass ich Ihnen die Lektüre dieser umfassenden und hochinteressanten Analyse sehr empfehlen möchte.

o.Univ.-Prof. Dr. DDr.h.c. Friedrich Schneider

Energieinstitut an der Johannes Kepler Universität Linz

Vorwort

Die Verknappung der fossilen Primärenergieträger, die immer größer werdende Abhängigkeit der Industriestaaten von Energieimporten aus politisch instabilen Regionen sowie die klimatischen Veränderungen durch den Treibhauseffekt sind Themen von zentraler strategischer Zukunftsbedeutung in der Energiepolitik. Der Einsatz energieeffizienter und umweltschonender Techniken ist daher ein Gebot der Stunde.

So bieten Kraft-Wärme-Kopplungen den Vorteil, den eingesetzten Primärenergieträger durch die zeitgleiche Verwendung der produzierten Wärme und Elektrizität mit einer Effizienz bis zu 93 % zu nutzen.

Der Einsatz kleiner, dezentraler KWK-Anlagen wird aus energiepolitischen Gesichtspunkten folglich zunehmend gefordert und gefördert. Bislang fehlten allerdings wissenschaftlich fundierte Untersuchungen, die die Einsatzmöglichkeiten und die vielfältigen Auswirkungen nicht nur auf die Energieversorgung, sondern auch auf die Gesamtwirtschaft als auch auf die Ökologie hin analysierten.

Die Energie AG Oberösterreich unterstützt seit Jahren die Forschungen des Energieinstitutes an der Johannes Kepler Universität Linz in ihrem Bemühen, komplexe Fragestellungen in Zusammenhang mit Energieerzeugung und -verteilung aufzuzeigen und dabei Lösungsansätze auszuarbeiten.

Die gegenständliche Arbeit beantwortet einen Teil jener Fragen, die sich im Zusammenhang mit einer vermehrten Marktpenetration kleiner, dezentraler KWK-Anlagen auf die österreichische Energie- und Volkswirtschaft ergeben. Die Erkenntnisse daraus fließen einerseits als Mosaikstein in die strategischen Zukunftsüberlegungen der Energie AG Oberösterreich ein, sollen jedoch auch andererseits Politikempfehlungen für alle handelnden Akteure darstellen.

Generaldirektor Dkfm. Dr. Leo Windtner

Vorstandsvorsitzender der Energie AG Oberösterreich

Inhaltsverzeichnis

1 Einleitung und Problemstellung 12
   1.1   MOTIVATION 12
   1.2   UNTERSUCHUNGSGEGENSTAND, PROBLEMSTELLUNG UND ZIELSETZUNG DER ARBEIT 13
   1.3   FORSCHUNGSMETHODIK UND VORGANGSWEISE.................................. 14
   1.4   AUFBAU DER ARBEIT - GLIEDERUNG... 15

2 Mikroökonomische Betrachtung des KWK-Marktes 18
   2.1   FRAGESTELLUNG, ZIELSETZUNG UND METHODIK DES KAPITELS 18
      2.1.1   Fragestellung und Zielsetzung 18
      2.1.2   Methodik 18
   2.2   BEDEUTUNG UND BESONDERHEITEN DER ENERGIEWIRTSCHAFT........... 18
      2.2.1   Die Wichtigkeit von Elektrizität, Gas und Wärme für den Markt........... 18
      2.2.2   EU-Energiepolitik im Kontext zu kleinen KWK-Anlagen 19
      2.2.3   Besonderheiten der Energiewirtschaft 21
   2.3   INNOVATIONEN 22
      2.3.1   Innovatorischer Wettbewerb... 22
      2.3.2   Markteintrittsphasen von Innovationen 22
      2.3.3   Marktzutritts- und Marktaustrittsbarrieren 23
   2.4   DER KWK-PROZESS AUS ÖKONOMISCHER SICHT 23
      2.4.1   Der KWK-Prozess... 23
      2.4.2   Ökonomische Analyse des KWK-Prozesses... 24
      2.4.3   Exogene und endogene Einflussfaktoren 25
      2.4.4   Regulative, normative und wettbewerbliche Einflüsse 26
      2.4.5   Der Betrachtungszeitraum 2005 - 2015 27
   2.5   KWK-MARKTANALYSE 28
      2.5.1   Markttheorie 28
      2.5.2   Die Zweifachkonkurrenz 29
      2.5.3   Anbieter und Nachfrager 29
         2.5.3.1   Die KWK-Anbieter... 29
         2.5.3.2   Hauptkonkurrenten für KWK-Anlagen: Referenzpreise für Strom und Wärme.. 30
         2.5.3.3   Die Nachfrageseite.. 30
            2.5.3.3.1   Marktteilnehmer 30
            2.5.3.3.2   Der KWK-Nachfrager als „Homo Oeconomicus" – oder bestehen Präferenzen? 31
            2.5.3.3.3   Transparenz.. 32
   2.6   MARKTGRENZEN 32
   2.7   LIBERALISIERUNG, REGULIERUNG UND WETTBEWERB IN DER ENERGIEWIRTSCHAFT... 33
      2.7.1   Liberalisierung.. 33
      2.7.2   Regulierung, Regulierungstheorie und regulierte Sektoren der Wirtschaft. 35
         2.7.2.1   Regulierung 35
         2.7.2.2   Regulierungstheorie und regulierte Sektoren der Wirtschaft 35

- 2.7.2.2.1 Positive Theorie 35
- 2.7.2.2.2 Normative Theorie, Regeln für die Energiewirtschaft 36
- 2.7.2.3 Energie-Control GmbH und Energie-Control Kommission 36
- 2.8 DER MONOPOLBEREICH „NETZ" 37
  - 2.8.1 Natürliche Monopole, Economics of Scale 37
  - 2.8.2 Monopolgewinne, Netznutzungstarife 38
    - 2.8.2.1 Monopolgewinne 38
    - 2.8.2.2 Systemnutzungstarife 40
  - 2.8.3 Regulierungsmodelle 41
    - 2.8.3.1 Der Interessenkonflikt bei Regulierungsmodellen 41
    - 2.8.3.2 Renditenregulierung 41
    - 2.8.3.3 Anreizregulierungen 41
      - 2.8.3.3.1 Preisobergrenzenregulierung 42
      - 2.8.3.3.2 Erlösobergrenzenregulierung 42
      - 2.8.3.3.3 Yardstickregulierung 42
- 2.9 PREISBILDUNG UND PREISKONTROLLE AM STROMMARKT 42
  - 2.9.1 Der Mechanismus der Strompreisbildung 42
  - 2.9.2 Handel an der Strombörse 44
  - 2.9.3 Preisbildung im Angebotsoligopol 44
  - 2.9.4 Bundeswettbewerbsbehörde 45
  - 2.9.5 Regulative Maßnahmen zur Wettbewerbssteigerung 46
- 2.10 SCHLUSSFOLGERUNGEN 46

3 KWK-Technologie 48

- 3.1 ZIELSETZUNG UND METHODIK DES KAPITELS 48
- 3.2 BEGRIFF „KLEINE" KWK-ANLAGEN 48
  - 3.2.1 Begriffsdefinitionen 48
  - 3.2.2 Festlegung des Leistungsbereiches „kleine" KWK-Aggregate 49
- 3.3 EFFIZIENZVERGLEICH KWK VERSUS KONVENTIONELLE ERZEUGUNG 49
- 3.4 VOR- UND NACHTEILE VON KWK-ANLAGEN 50
- 3.5 TECHNOLOGIEANALYSE 51
  - 3.5.1 Entwicklungsstände und Marktpräsenzen 51
  - 3.5.2 KWK-Technologien 51
    - 3.5.2.1 Hubkolbenmotore 51
    - 3.5.2.2 Mikrogasturbine 52
    - 3.5.2.3 Stirlingmaschinen 53
    - 3.5.2.4 Weitere KWK-Technologien 53
- 3.6 LEISTUNGSDATENVERGLEICH 54
- 3.7 INNOVATIVE WEITERENTWICKLUNGEN AN DEN BEISPIELEN MIKROGASTURBINE UND SOLO STIRLINGMOTOR 55
  - 3.7.1 Effizienzerhöhung bei der Mikrogasturbine 55
  - 3.7.2 Pelletsvergaser für den Solo Stirling 55
- 3.8 TECHNOLOGISCHE SCHLUSSFOLGERUNGEN 56

4 KWK-Potenzialanalyse 57

- 4.1 ZIELSETZUNG UND METHODIK 57
  - 4.1.1 Zielsetzung 57

Inhaltsverzeichnis

- 4.1.2 Methodik 57
- 4.2 STATUS DER KWK-ANLAGEN IN ÖSTERREICH 58
  - 4.2.1 Aggregatmengen 58
  - 4.2.2 Vertiefte analytische Datenauswertung 59
- 4.3 AUSWAHL DER REFERENZAGGREGATE 61
- 4.4 DER VERLAUF DES WÄRMEBEDARFES INNERHALB EINES KALENDERJAHRES 62
- 4.5 QUELLEN ZUR ERMITTLUNG DES WÄRMEBEDARFES 63
  - 4.5.1 Fernwärmedaten 63
    - 4.5.1.1 Fernwärmekurven < 100.000 kWh/Monat 64
    - 4.5.1.2 Fernwärmekurven > 100.000 kWh/Monat 64
  - 4.5.2 Umrechnung Gasverbrauchsdaten auf Wärmemengen 65
    - 4.5.2.1 Wärmebedarf im Wohnbau 66
    - 4.5.2.2 Wärmebedarf von Gewerbebetrieben 67
    - 4.5.2.3 Wärmegroßverbraucher 68
  - 4.5.3 Erkenntnisse aus der Praxis der Vertriebsfirmen 69
  - 4.5.4 Schlussfolgerungen 70
- 4.6 POTENZIALBERECHNUNG 71
  - 4.6.1 Berechnungsannahmen 71
  - 4.6.2 Statistische Quellen 72
    - 4.6.2.1 Potenzialanalyse „Dachs" 74
    - 4.6.2.2 Potenzialanalyse „Solo Stirling" 74
    - 4.6.2.3 Potenzialanalyse Mikrogasturbine „Capstone C60" 75
- 4.7 ZUSAMMENFASSUNG 76
- 4.8 VERWEIS AUF DIE OBJEKTGRUPPE HAUSHALTE 77

5 Wirtschaftlichkeiten und Elastizitäten 78

- 5.1 ZIELSETZUNG UND METHODIK 78
  - 5.1.1 Zielsetzung 78
  - 5.1.2 Methodik 78
- 5.2 GRUNDLAGEN ZUR BERECHNUNG DER ANLAGENWIRTSCHAFTLICHKEIT .. 78
  - 5.2.1 Monovalenter versus bivalenter Betrieb 78
  - 5.2.2 Die Investitionsrechnung 79
  - 5.2.3 Amortisationsdauer 79
  - 5.2.4 Kosten versus Erlöse 80
  - 5.2.5 KWK-Förderungen in Österreich 80
    - 5.2.5.1 Fossile Kraft-Wärme-Kopplung 80
    - 5.2.5.2 Biomasse-Kraft-Wärme-Kopplung 80
    - 5.2.5.3 Sonstige Förderungen 81
  - 5.2.6 Weitere Entscheidungsfaktoren 81
- 5.3 WIRTSCHAFTLICHKEITSBERECHNUNGEN 82
  - 5.3.1 Parameterannahmen 82
  - 5.3.2 Rechenalgorithmus 82
- 5.4 SPEZIFISCHE EINGABETABELLEN UND AMORTISATIONSKURVEN 83
  - 5.4.1 Eingabetabellen 83
  - 5.4.2 Amortisationskurven „Dachs" 84

5.4.3 Amortisationskurven „Stirling" 85
5.4.4 Amortisationskurven „Mikrogasturbine C 65" 86
5.4.5 Variante Amortisationskurven „2x Stirling" 87
5.4.6 Schlussfolgerungen „Wirtschaftlichkeit" 88
5.5 ELASTIZITÄTEN VON AMORTISATIONSZEITRÄUMEN 88
  5.5.1 Zweck und Begriff Elastizität 88
  5.5.2 Elastizitäten 89
    5.5.2.1 Elastizitäten „Dachs" 89
    5.5.2.2 Elastizitäten „Stirling" 90
    5.5.2.3 Elastizitäten „Mikrogasturbine C 65" 91
5.6 SCHLUSSFOLGERUNGEN UND AUSBLICK 91

6 Netztarife und Energiepreise 93

6.1 FRAGESTELLUNG, ZIELSETZUNG UND METHODIK DES KAPITELS 93
  6.1.1 Fragestellung und Zielsetzung 93
  6.1.2 Methodik 93
6.2 NETZTARIFE 93
  6.2.1 Die wesentlichen gesetzlichen Grundlagen 93
    6.2.1.1 Gesetzliche Grundlagen bei Strom 93
      6.2.1.1.1 Elektrizitätswirtschafts- und -organisationsgesetz „ElWOG" 93
      6.2.1.1.2 Systemnutzungstarife-Verordnungen, SNT-VO 94
    6.2.1.2 Gesetzliche Regelungen beim Gas 95
      6.2.1.2.1 Gaswirtschaftsgesetz (GWG) 95
      6.2.1.2.2 Gas-Systemnutzungstarife-Verordnungen (GSNT-VO) 95
  6.2.2 „Netznutzungstarifierung" 96
    6.2.2.1 Netznutzungstarife Strom 96
      6.2.2.1.1 Ziele der Regulierung 96
      6.2.2.1.2 Kriterien für das Benchmarking-Verfahren 97
      6.2.2.1.3 Ermittlungsmethode der Systemnutzungstarife gemäß Benchmarkingsystem der SNT-VO 2006 98
      6.2.2.1.4 Ermittlung der Stromnetztarife 2006 - 2015 102
    6.2.2.2 Netznutzungstarife für Gas 108
      6.2.2.2.1 Ausgangssituation 108
      6.2.2.2.2 Ermittlung der Gasverbrauchswerte 108
      6.2.2.2.3 Ermittlung der Gas-Netztarife 2006 – 2015 108
  6.2.3 Zusammenfassung 112
6.3 ENERGIEPREISE 113
  6.3.1 Die Liberalisierung des Strom- und Gasmarktes 113
  6.3.2 Fundamentale Einflussfaktoren auf die Energiepreisbildung 114
    6.3.2.1 Der Erdölpreis 114
    6.3.2.2 Erdgas 116
    6.3.2.3 Kohlepreisentwicklung, Atomstrom 117
    6.3.2.4 Kraftwerkskapazitäten 117
    6.3.2.5 Übertragungskapazitäten 118
    6.3.2.6 Nachhaltige Energiepolitik 119
      6.3.2.6.1 CO_2-Zertifikate 119
      6.3.2.6.2 Zuschläge auf den Strom- und Gaspreis 120

Inhaltsverzeichnis

- 6.3.3 Preise im Strom- und Gasmarkt 121
  - 6.3.3.1 Ausgangssituation 121
  - 6.3.3.2 Hinweis auf die Preisbildung zwischen Anbietern und Nachfragern 122
  - 6.3.3.3 Gaspreisindizierung 122
  - 6.3.3.4 Strompreisindikationen 122
  - 6.3.3.5 Ist-Preise und fundamentale Fakten 123
- 6.3.4 Strom- und Gaspreisprognosen „Baseline" 124
  - 6.3.4.1 Strompreisprognose 2005 - 2015 124
  - 6.3.4.2 Gaspreisprognose 2005 - 2015 125
- 6.3.5 Strom- und Gaspreisprognosen „Baseline +3%" 125
- 6.4 WÄRMEPREISE 127
  - 6.4.1 Grundsätzliches 127
  - 6.4.2 Wärmepreise 2005 – 2015 auf Basis Gas 127
    - 6.4.2.1 Szenario „Baseline" 127
    - 6.4.2.2 Szenario „Baseline + 3 %" 128
- 6.5 BIOLOGISCHE BRENNSTOFFE 128
  - 6.5.1 Technische Voraussetzungen 128
  - 6.5.2 Pelletspreise 129
  - 6.5.3 Pflanzenölpreise 130
  - 6.5.4 Einspeisetarife Strom 130
    - 6.5.4.1 Österreich 130
    - 6.5.4.2 Bundesrepublik Deutschland 131
- 6.6 SCHLUSSBEMERKUNGEN 131

7 Weitere exogene und endogene Einflussfaktoren 132

- 7.1 ZIELSETZUNG UND METHODIK 132
- 7.2 DIE (RESTLICHEN) EINFLUSSFAKTOREN 132
- 7.3 INVESTITIONSKOSTEN 133
  - 7.3.1 Der Erfahrungskurveneffekt 133
  - 7.3.2 Erfahrungskurveneffekte für Dachs, Stirling und Mikrogasturbine 135
    - 7.3.2.1 Perspektiven des „Dachs" 135
    - 7.3.2.2 Perspektiven des „Stirling" 135
      - 7.3.2.2.1 Anlagenpreisentwicklung 135
      - 7.3.2.2.2 Technologische Perspektiven 136
    - 7.3.2.3 Perspektiven der „Mikrogasturbine" 137
      - 7.3.2.3.1 Mikrogasturbine auf Basis Erdgas 137
      - 7.3.2.3.2 Mikrogasturbine auf Basis Pflanzenöl 137
- 7.4 WARTUNGS- UND REPARATURKOSTEN 138
- 7.5 MARKTZINSEN, INTERNER ZINSFUß 138
  - 7.5.1 Langfristige Euro-Zinssätze 138
  - 7.5.2 Langfristige Dollar-, Franken- und Yen-Zinsen 140
  - 7.5.3 Schlussfolgerung 140
- 7.6 WÄHRUNGSSCHWANKUNGEN 140
- 7.7 ERFOLGREICHE MARKETING- UND VERTRIEBSMAßNAHMEN 141
- 7.8 DATENZEITREIHEN 2005 - 2015 141
  - 7.8.1 Datenzeitreihen „Dachs" 142

7.8.2 Datenzeitreihen „Stirling"...142
    7.8.2.1 Stirling auf Basis Erdgas 142
    7.8.2.2 Stirling auf Basis Pelletsvergasung 143
7.8.3 Datenzeitreihen „Mikrogasturbine" 143
    7.8.3.1 Mikrogasturbine auf Basis Gas 143
    7.8.3.2 Mikrogasturbine auf Basis Pflanzenöl 143

8 KWK-Marktdurchdringung 145

8.1 ZIELSETZUNG UND METHODIK..145
8.2 MARKTDURCHDRINGUNG „DACHS" 145
    8.2.1 Amortisationszeiträume „Dachs" 145
    8.2.2 Faktensammlung 146
    8.2.3 Marktdurchdringung „Dachs" 2005 - 2015 147
8.3 MARKTDURCHDRINGUNG „STIRLING" 148
    8.3.1 Amortisationszeiten „Stirling" 148
        8.3.1.1 Erdgas-Stirling 148
        8.3.1.2 Pellets-Stirling.. 148
        8.3.1.3 Nutzung von Klär- und Deponiegasen 149
            8.3.1.3.1 Klärgasnutzung 149
            8.3.1.3.2 Deponiegasnutzung... 150
    8.3.2 Faktensammlung 150
    8.3.3 Marktdurchdringung „Stirling" 2005 - 2015...151
8.4 MARKTDURCHDRINGUNG „MIKROGASTURBINE" 152
    8.4.1 Amortisationszeiten „Mikrogasturbine" 152
        8.4.1.1 Mikrogasturbine auf Basis Erdgas.. 152
        8.4.1.2 Mikrogasturbine auf Basis Pflanzenöle, Klär- und Deponiegase 153
            8.4.1.2.1 Klärgasnutzung 153
            8.4.1.2.2 Deponiegasnutzung... 154
            8.4.1.2.3 Pflanzenölnutzung 154
    8.4.2 Faktensammlung 154
    8.4.3 Marktdurchdringung „Mikrogasturbine C 65" 2005 - 2015 155
8.5 ENERGIEERZEUGUNGSDATEN 156
    8.5.1 Wärmeerzeugungsdaten 156
        8.5.1.1 Wärmeerzeugung „Dachs"... 156
        8.5.1.2 Wärmeerzeugung „Stirling" 156
        8.5.1.3 Wärmeerzeugung „Mikrogasturbine".. 157
    8.5.2 Stromerzeugungsdaten..157
        8.5.2.1 Stromerzeugung „Dachs"... 157
        8.5.2.2 Stromerzeugung „Stirling" 158
        8.5.2.3 Stromerzeugung „Mikrogasturbine" 159
8.6 SCHLUSSFOLGERUNGEN UND POLITISCHE EMPFEHLUNGEN 159
    8.6.1 Schlussfolgerungen 159
    8.6.2 Politische Empfehlungen 160

9 Dimensionen volkswirtschaftlicher Bedeutung von kleinen dezentralen KWK-Anlagen in Österreich.................................. 162

9.1 EINLEITUNG 162

9.2 METHODISCHE GRUNDLAGEN ZUR ERMITTLUNG VOLKSWIRTSCHAFTLICHER EFFEKTE VON ENERGIESYSTEMEN 162

9.2.1 Einleitung 162
9.2.2 Zusammenfassende Gegenüberstellung der verschiedenen Modelle 163
9.2.3 Abgrenzung - angewandte ökonomische Theorie 165

9.3 NATIONALÖKONOMISCHE KRITERIEN 166

9.3.1 Ökonomische Abgrenzung des Untersuchungsgegenstandes 167
9.3.1.1 Übersicht über mögliche auftretende ökonomische Effekte von KWK-Anlagen in Österreich – Ein Aufriss 167
9.3.1.1.1 Investitionseffekt 167
9.3.1.1.2 Betriebseffekt 168
9.3.1.1.3 Budgeteffekt 168
9.3.1.1.4 Verdrängungseffekt 169
9.3.1.1.5 Dynamischer Effekt 170
9.3.1.1.6 Außenhandelseffekt 172
9.3.1.2 Abgrenzungen des Untersuchungsgegenstandes hinsichtlich der berücksichtigten Effekte 173

9.3.2 Einkommen – Wertschöpfung 175
9.3.2.1 Primäre Bruttowertschöpfungseffekte – Schematischer Aufbau 175
9.3.2.2 Berechnung der primären Bruttowertschöpfungseffekte 176
9.3.2.2.1 Annahmen und Restriktionen zu den Multiplikatorenberechnungen aus der Input-Output-Tabelle 176
9.3.2.2.2 Angewandte Bereinigungen in den verwendeten Multiplikatoren 180
9.3.2.2.3 Gang der Berechnung der primären Bruttowertschöpfungseffekte 182
9.3.2.3 Bruttoeinkommens- bzw. sekundäre Bruttowertschöpfungseffekte - Schematischer Aufbau 182
9.3.2.4 Berechnung der Bruttoeinkommens- bzw. sekundären Bruttowertschöpfungseffekte 185
9.3.2.4.1 Gang der Berechnung der Bruttoeinkommenseffekte – direkter Kaufkrafteffekt 185
9.3.2.4.2 Gang der Berechnung der sekundären Bruttowertschöpfungseffekte.... 186

9.3.3 Beschäftigung 190
9.3.3.1 Primäre Bruttobeschäftigungseffekte 190
9.3.3.2 Gang der Berechnung der primären Bruttobeschäftigungseffekte 191
9.3.3.3 Sekundäre Bruttobeschäftigungseffekte 191
9.3.3.4 Gang der Berechnung der sekundären Bruttobeschäftigungseffekte.... 191
9.3.3.5 Exkurs – Unsicherheiten bei der Berechnung von Sekundäreffekten ... 192

9.3.4 Nettoeffekte 193
9.3.4.1 Nettoeffekte – Schematischer Aufbau 193
9.3.4.2 Berechnung der Nettoeffekte 194

9.3.5 Leistungsbilanz 194
9.3.5.1 Außenhandelseffekte - Methodischer Aufbau und Annahmen 194
9.3.5.2 Berechnung der Außenhandelseffekte 195

9.4 GANG DER UNTERSUCHUNG 195

9.4.1 Ausgangspunkt 195
9.4.2 Vorgehensweise 196
9.4.3 Szenarienanalyse 197
9.4.4 Sensitivitätsanalyse 197

Inhaltsverzeichnis

9.5 AUFTEILUNG DER NACHFRAGEIMPULSE DEZENTRALER INNOVATIVER KWK-TECHNOLOGIEN AUF DIE ÖCPA-GÜTERKLASSIFIKATIONEN DER INPUT-OUTPUT-TABELLE 2000 198

9.5.1 Einleitung und empirische Datenbasis 198

9.5.2 Detaillierte Aufteilung der Investitionskosten und der Betriebsausgaben für die evaluierten KWK-Anlagen auf die ÖCPA-Güterklassifikationen .. 199

9.5.2.1 Investitionskosten – Mikrogasturbine für Gasbetrieb 199

9.5.2.2 Investitionskosten – Mikrogasturbine für Pflanzenölbetrieb 205

9.5.2.3 Betriebsausgaben - Mikrogasturbine für Gasbetrieb 206

9.5.2.4 Betriebsausgaben - Mikrogasturbine für Pflanzenölbetrieb 208

9.5.2.5 Investitionskosten - Stirling Motor für Gasbetrieb 211

9.5.2.6 Investitionskosten - Stirling Motor für Pelletbetrieb 213

9.5.2.7 Betriebsausgaben - Stirling Motor für Gasbetrieb 215

9.5.2.8 Betriebsausgaben - Stirling Motor für Pelletbetrieb 216

9.6 VERDRÄNGUNGSEFFEKTE 218

9.6.1 Substitution der Heizanlagen für die Wärmeproduktion 218

9.6.1.1 Einleitung und Annahmen 218

9.6.1.2 Empirische Datenbasis 219

9.6.1.2.1 Gaskessel, 120 kW_{th}, als verdrängte Ref-Anlage für die Errichtung und den Betrieb einer Mikrogasturbine 219

9.6.1.2.2 Gaskessel, 25 kW_{th}, als verdrängte Ref-Anlage für die Errichtung und den Betrieb eines Stirling Motors 221

9.6.2 Substitution von Investitionen in konventionelle zentrale inländische GuD-Kraftwerke für die Stromproduktion 223

9.6.2.1 Einleitung und Annahmen 223

9.6.2.2 Empirische Datenbasis 224

9.6.2.2.1 GuD-Anlage, 100 MW als Substitutionsanlage für die installierten KWK-Anlagen 224

9.6.3 Substitution konventioneller Stromproduktion österreichischer Elektrizitätsunternehmen 225

9.6.3.1 Einleitung und Annahmen 225

9.6.3.1.1 Umsatzrückgang durch gesunkene verkaufte Strommengen 225

9.6.3.1.2 Umsatzrückgang durch entgangene Netzentgelte 226

9.7 BUDGETEFFEKT 227

9.7.1 Einleitung und Annahmen 227

9.7.2 Berechnung des Budgeteffektes 227

9.8 AUßENHANDELSEFFEKTE 228

9.8.1 Einleitung und Annahmen 228

9.8.2 Empirische Datenbasis 228

9.9 ERGEBNISSE DER INPUT-OUTPUT-ANALYSE 230

9.9.1 Investitionskosten- und Betriebskostenverteilung dezentraler KWK-Anlagen in Österreich 230

9.9.2 Bruttowertschöpfungs-, „Brutto"-Nettoeinkommens- und Bruttobeschäftigungseffekte durch Errichtung und Betrieb dezentraler KWK-Anlagen in Österreich 233

9.9.3 Aus berücksichtigten Verdrängungseffekten resultierende Nettoeffekte auf die österreichische Volkswirtschaft 235

9.9.4 Sektorale Analyse der direkten inländischen Wertschöpfungs- und Beschäftigungseffekte 237

9.9.4.1 Sektorale Aufteilung der direkten Bruttoeffekte durch Errichtung und Betrieb dezentraler KWK-Anlagen in Österreich 238

9.9.4.2 Sektorale Aufteilung der direkten Verdrängungseffekte durch Substitution inländischer Heizanlagen für die Wärmeproduktion 239

9.9.4.3 Sektorale Aufteilung der direkten Verdrängungseffekte durch Substitution von Investitionen in konventionelle zentrale inländische GuD-Kraftwerke für die Stromproduktion... 240

9.9.4.4 Sektorale Aufteilung der direkten Verdrängungseffekte durch den Umsatzrückgang österreichischer Elektrizitätsunternehmen 241

9.10 AUSWIRKUNG DER ERGEBNISSE AUF DIE ÖSTERREICHISCHE LEISTUNGSBILANZ 243

9.10.1 Bruttoeffekte auf die österreichische Leistungsbilanz durch Errichtung und Betrieb dezentraler KWK-Anlagen in Österreich 243

9.10.2 Resultierende Nettoeffekte durch die berücksichtigten verdrängten Außenhandelseffekte auf die österreichische Leistungsbilanz 247

9.11 ERGEBNISSE AUS DER SENSITIVITÄTSANALYSE 252

9.11.1 Ökonomische Indikatoren 252

9.11.2 Energiewirtschaftliche bzw. ökologische Indikatoren 254

10 Dimensionen energiepolitischer Bedeutung von kleinen dezentralen KWK-Anlagen in Österreich 257

10.1 EINLEITUNG 257

10.2 VERSORGUNGSSICHERHEIT - MONETÄRER BEITRAG DEZENTRALER KWK-TECHNOLOGIEN 257

10.2.1 Einleitung 257

10.2.2 Versorgungssicherheit am Elektrizitätsmarkt................................ 258

10.2.2.1 Definition der Versorgungssicherheit – Abgrenzung 258

10.2.2.2 Risiken für die Versorgungssicherheit 259

10.2.2.3 Indikator für die Versorgungssicherheit....................................... 260

10.2.2.4 Volkswirtschaftliche Kosten eines Stromausfalls in Österreich........... 260

10.2.3 Monetärer Beitrag dezentraler KWK-Technologien zur Versorgungssicherheit in Österreich... 262

10.3 IMPORTABHÄNGIGKEIT, PREISSTABILITÄT – STRUKTURELLE EFFEKTE AUF DIE ÖSTERREICHISCHE LEISTUNGSBILANZ 264

10.3.1 Einleitung 264

10.3.2 Verringerung der Energieimportabhängigkeit durch Substitution der Primärenergieträger Gas und Strom – B.A.U.-Szenario 265

10.3.3 Verringerung der Energieimportabhängigkeit durch Substitution der Energieträger Gas und Strom – VSI-Szenario.................................. 267

10.3.4 Erhöhung der Energieimportabhängigkeit durch den Pflanzenöleinsatz 268

10.3.5 Monetärer Beitrag dezentraler KWK-Technologien zur Preisstabilität der österreichischen Energieimporte 268

11 Dimensionen ökologischer Bedeutung von kleinen dezentralen KWK-Anlagen in Österreich 273

11.1 EINLEITUNG 273

11.2 EXTERNE EFFEKTE... 274

11.2.1 Das Konzept der externen Kosten 274

11.2.2 Methodische Grundlagen zur Ermittlung der externen Kosten 275

11.2.3 Monetäre Bewertung von externen Effekten 275
   11.2.3.1 Schadenskostenansatz 276
   11.2.3.2 Vermeidungskostenansatz 276
11.3 STATUS QUO – SCHADSTOFFEMISSIONEN IN ÖSTERREICH 276
   11.3.1 Treibhausgase 278
      11.3.1.1 Kyoto-Protokoll 278
      11.3.1.2 Emissionen 2003 und Zielerreichung 278
      11.3.1.3 Ursachen 279
   11.3.2 Ozonvorläufersubstanzen 279
      11.3.2.1 Göteborg-Protokoll, „NEC-Richtlinie" und Ozongesetz 279
      11.3.2.2 Emissionen 2003 und Zielerreichung 280
      11.3.2.3 Ursachen 280
   11.3.3 Versauerung 281
      11.3.3.1 Emissionen 2003 und Zielerreichung 281
      11.3.3.2 Ursachen 281
   11.3.4 Staub 282
      11.3.4.1 Definition von Staub 282
      11.3.4.2 Emissionen 2003 und Ursachen 282
   11.3.5 Zusammenfassung 283
11.4 QUANTITATIVER BEITRAG DEZENTRALER KWK-TECHNOLOGIEN ZUR REDUKTION DER SCHADSTOFFEMISSIONEN IN ÖSTERREICH 283
   11.4.1 Methodischer Ansatz 284
      11.4.1.1 Einleitung – Gang der Untersuchung 284
      11.4.1.2 Computergestützte Instrumente zur Berechnung von Umweltauswirkungen 284
         11.4.1.2.1 Modellumfang von GEMIS 4.3 285
         11.4.1.2.2 Annahmen und Prozesse zur Modellnachbildung in GEMIS 4.3 285
         11.4.1.2.3 Empirische Datenbasis 287
         11.4.1.2.4 Funktionsweise von GEMIS 4.3 288
         11.4.1.2.5 Grenzen von GEMIS 288
   11.4.2 Reduktionspotenziale 289
      11.4.2.1 Reduktionspotenziale in der Betriebsphase 289
         11.4.2.1.1 Untersuchte KWK-Anlagen – B.A.U.-Szenario 289
         11.4.2.1.2 Untersuchte KWK-Anlagen im Überblick – VSI-Szenario .. 292
         11.4.2.1.3 Sektorale Betrachtung des Energiesektors 293
         11.4.2.1.4 Beitrag zur Zielerreichung des Kyoto-Protokolls 294
         11.4.2.1.5 Beitrag zur Zielerreichung des Göteborg-Protokolls, Emissionshöchstmengengesetz-Luft und Ozongesetz 294
      11.4.2.2 Reduktionspotenziale entlang der gesamten Energiekette 296
11.5 MONETÄRE BEWERTUNG DER EXTERNEN EFFEKTE EINER SCHADSTOFFREDUKTION DURCH EINSATZ VON KWK-ANLAGEN 299
   11.5.1 Das EcoSenseLE V1.2 Modell 300
      11.5.1.1 Einführung 300
      11.5.1.2 Methodischer Ansatz 300
      11.5.1.3 Systeminhalt, Kostenkategorien und potenzielle Schadensgüter 301
      11.5.1.4 Systemgrenzen - Parametereinstellungen 302
   11.5.2 Vermeidbare externe Kosten 303

11.5.2.1 Vermeidbare externe Kosten in der Betriebsphase 303
11.5.2.2 Vermeidbare externe Kosten entlang der gesamten Energiekette 305
11.6 RESSOURCENVERBRAUCH 305
11.6.1 Energetische Bewertung 305
11.6.1.1 Annahmen zur energetischen Bewertung 305
11.6.1.2 Kumulierter Energie-Aufwand 305
11.6.2 Kumulierter Energieaufwand der untersuchten Anlagen 306

12 Zusammenfassung, Conclusio und Politikempfehlungen 309

12.1 ZIEL DER UNTERSUCHUNG 309
12.2 ZUSAMMENFASSUNG 309
12.3 CONCLUSIO 314
12.4 POLITIKEMPFEHLUNGEN 316

13 Appendix 317

13.1 ABBILDUNGSVERZEICHNIS 317
13.2 TABELLENVERZEICHNIS 319
13.3 ABKÜRZUNGSVERZEICHNIS 323
13.4 LITERATURVERZEICHNIS 325
13.4.1 Bücher, Artikel, Zeitschriften sowie Pressekonferenzen und Referate .. 325
13.4.2 Internetquellen 331
13.5 ANMERKUNGEN ZUR PREISENTWICKLUNG VON CO_2-ZERTIFIKATEN 333
13.6 ANMERKUNGEN ZU POTENZIALEN UND PREISENTWICKLUNG VON PFLANZENÖL UND HOLZPELLETS 334
13.6.1 Pflanzenölpotenzial in Österreich 334
13.6.1.1 Status quo 334
13.6.1.2 Dimensionen für die vorliegende Arbeit 335
13.6.1.3 Preisentwicklung – Pflanzenöl 336
13.6.2 Pelletpotenzial in Österreich 338
13.6.2.1 Status quo 338
13.6.2.2 Marktstrukturen in der österreichischen Holzindustrie 339
13.6.2.3 Dimensionen für die vorliegende Arbeit 341
13.6.2.4 Preisentwicklung – Holzpellets 342

1 Einleitung und Problemstellung

1.1 Motivation

Jede Umwandlung, jede Nutzung von Energie hat Rückwirkungen auf die Natur u. das menschliche Umfeld. Die Energiepolitik muss daher eine Güterabwägung treffen zw. einer ökonomisch effizienten u. zugleich sicheren Energieversorgung parallel zur Zielsetzung, die Umwelt hierbei weitgehend zu schonen. Die zukünftige Energieerzeugungsstruktur muss insofern gesellschaftlichen, volkswirtschaftlichen, ökologischen u. unternehmerischen Kriterien gerecht werden u. sich – aus Sicht von Energiepolitik u. Energiewirtschaft – an folgenden Oberzielen orientieren:

- Versorgungssicherheit
- Wirtschaftlichkeit
- Umweltverträglichkeit u. Ressourcenschonung *sowie*
- soziale Verträglichkeit

Im Oktober 2004 kletterte der Rohölpreis erstmals über die psychologische Hürde von $ 50 u. hält derzeit als Folge von Kriegen, Ängsten, Spekulationen, Katastrophen u. Raffinerieengpässen bei ca. $ 72[1]. Im Gefolge der Rohölpreiserhöhung zogen andere Primärenergieträger unterschiedlich nach, insbesondere der mit dem Ölpreis indizierte Gaspreis. Energiepolitische Themen haben infolgedessen in öffentlichen Diskussionen wieder verstärkt an Bedeutung gewonnen, wobei die nationalen Problemstellungen vermehrt in globalen Herausforderungen aufgehen.

Die Europäische Gemeinschaft ist derzeit zu 50 % von Energieeinfuhren abhängig. Dieser Wert wird voraussichtlich bis in das Jahr 2030 auf rd. 70 % ansteigen[2]. Die EU hat sich daher in einigen Richtlinienentwürfen zum Ziel gesetzt, Energie nicht nur rationell u. ökologisch verträglich zu erzeugen u. zur Verfügung zu stellen, sondern auch den Verbrauch beim Konsumenten effizienter u. nachhaltiger zu gestalten.

Die Umweltpolitik in den Industrieländern hat die Auflagen zum Umweltschutz immer weiter verschärft. Parallel dazu haben Industrie u. Energiewirtschaft nach u. nach neue innovativere Lösungen gefunden, um die Energieversorgung auf Makro- u. Mikroebene effizienter u. nachhaltiger auszuführen. Dezentrale Kraft-Wärme-Kopplungs-Anlagen entsprechen vollends diesen Zielsetzungen, da durch gleichzeitige Strom- u. Wärmeproduktion seitens dieser die eingesetzten fossilen od. biogenen Brennstoffe wesentl. besser genutzt werden als auf getrenntem Wege.

Bis 2004 wurden in Österreich kleine KWK-Anlagen (max. 100 kW$_{el}$) in verhältnismäßig geringer Stückzahl galvanisch an das Netz der EVU's angeschlossen. In jüngerer Zeit stehen zusätzlich zu den etablierten Diesel- u. Gasmotoren innovative KWK-Techniken mit hohen Wirkungsgraden vor der Marktreife. Die flächendeckende Durchdringung mit intelligenten, dezentralen Energieversorgungssystemen könnte den energiepolitischen Anforderungen gerecht werden u. einen Beitrag zu einer zukunftsorientierten, nachhaltigen u. von Energieimporten unabhängigeren Versorgung leisten.

Falls sich die Technik kleiner KWK-Anlagen großflächig u. in hoher Anzahl durchsetzen sollte, entstünde insofern Handlungsbedarf für den Gesetzgeber u. die involvier-

---

[1] Quelle abrufbar unter: Rohölpreise vom 11.05.2006, 2006-05-11, http://www.tecson.de

[2] Vgl. Amtsblatt der Europäischen Union, Entwurf für eine Richtlinie „zur Endenergieeffizienz und zu Energiedienstleistungen", KOM 2003 739 vom 10. Dezember 2003, 15

ten Unternehmen, als die positiven u. negativen energetischen, ökonomischen u. ökologischen Einflüsse gesamtheitlich berücksichtigt werden müssten.

Das besondere Interesse der Autoren begründet sich nun aus dem Umstand, dass Auswirkungen eines gegebenenfalls flächendeckenden Einsatzes kleiner dezentraler KWK-Anlagen bisher weder energiewirtschaftlich noch volkswirtschaftlich beleuchtet wurden. Die in dieser Untersuchung erzielten Ergebnisse sollen als Fundament für weiterführende energiepolitische Überlegungen u. Diskussionen dienen u. bewegen sich dabei in einem sehr originären wissenschaftlichen Forschungsdesign[3].

1.2 Untersuchungsgegenstand, Problemstellung und Zielsetzung der Arbeit

Durch neue, kostenoptimierte, innovative Erzeugungstechnologien sowie dem Trend zu steigenden Energiepreisen scheinen zunehmend kleine, dezentrale KWK-Anlagen Marktreife zu erlangen. Diesem Umstand entsprechend wird in dieser Studie der Einsatz von KWK-Anlagen für die Wärmebereitstellung u. Verstromung von spezifischen Verbrauchsstätten wie bspw. Gewerbebetrieben, größeren Wohnstätten u. Hotelanlagen in den Mittelpunkt gestellt.

Die reiche Themenfülle u. Ausdehnung des Untersuchungsgegenstandes legen es nahe, die Betrachtung nicht in beliebigem Umfang anzulegen, sondern eine geographische u. auch inhaltliche Eingrenzung vorzunehmen[4]. Diese Arbeit macht sich somit zum Inhalt, kleine, in Österreich vorgesehene KWK-Aggregate zu präsentieren u. hinsichtlich ihrer Einsatzfähigkeit/Praxistauglichkeit nach rechtlichen, technischen, gesellschaftspolitischen, ökologischen sowie betriebs- u. volkswirtschaftlichen Gesichtspunkten zu analysieren bzw. auf Schwierigkeiten u. Widersprüche einzugehen.

Das wirft folgende nahe liegenden Forschungsfragen auf:

- Wie ist der KWK-Markt für kleine dezentrale Erzeugungseinheiten ökonomisch determiniert?
- Welches Marktpotenzial steht unter den gegebenen Rahmenbedingungen zur Verfügung u. wie könnte sich die KWK-Marktdurchdringung, beginnend ab dem Jahre 2005 bis 2015, langfristig entwickeln?
- Welche endogenen u. exogenen Einflüsse sind in den kommenden Jahren dabei zu internalisieren?
- Mit welchen positiven u. negativen Auswirkungen ist in diesem Kontext für die österreichische Volkswirtschaft zu rechnen?
- Welche energiepolitischen u. ökologischen Implikationen eruieren daraus?

Diese Arbeit setzt sich demnach zum Ziel – basierend auf analytischer Betrachtung – die aufgeworfenen Fragestellungen so zu beantworten, dass sowohl die betroffenen Branchen als auch der Gesetzgeber in die Lage versetzt werden, gestützt auf validierte Daten, geeignete wirtschaftliche u. normative Maßnahmen einleiten zu können. Durch diesen originären Forschungsbeitrag soll die Lücke in der wissenschaftlichen Diskussion verkleinert u. eine breite sachliche Auseinandersetzung mit dem Thema gewährt werden. Den Umstand der sich permanent ändernden rechtlichen u. wirtschaftlichen Rahmenbedingungen tragen die Autoren insofern Rechnung, als

---

[3] Pers. Anm. der Autoren, eine Abhandlung über den Stand der bisherigen wissenschaftlichen Publikationen ist in der ungekürzten Version der Arbeit unter www.energieinstitut-linz.at abrufbar.

[4] Pers. Anm. der Autoren, die Anschlussleistungen bewegen sich dabei von 5 kW_{el} bis 100 kW_{el} sowie von 12,3 kW_{th} bis 225 kW_{th}.

neue Entwicklungstendenzen durch Neuparametrierungen von Einzelwerten rasch nachvollzogen werden können.

1.3 Forschungsmethodik und Vorgangsweise

In ihrer Untersuchung legen die Autoren den Schwerpunkt auf Erarbeitung u. Beantwortung bislang noch nicht umfassend untersuchter u. publizierter Fragestellungen betreffend den Einsatz kleiner dezentraler KWK-Aggregate zur effizienteren Energienutzung.

Im Zuge der Untersuchungen war es unumgänglich, empirische Elemente einzubringen. Die Arbeit stützt sich dabei auf fundiertes Wissen seitens spezialisierter Personen sowie auf mehrjährige Erfahrungen der Autoren in diesem Wissensbereich. Des Weiteren wird zur teilweisen Untermauerung der Grundannahmen auf fragmentiert vorhandene wissenschaftliche Publikationen zurückgegriffen.

Die gestellten Forschungsfragen urgieren sowohl ein qualitatives als auch quantitatives Vorgehen, wodurch das Forschungsdesign Teile beider Ansätze aufweist. Mittels abgewandelter induktiver Methoden werden Fakten durch offene Befragung ermittelt u. daraus theoretische Überlegungen dargestellt u. geprüft, welche wiederum die Basis für die quantitative Forschungsarbeit bilden. Die Auswertung der Daten erfolgt einerseits mittels interpretativer Methoden, welche charakteristisch für eine qualitative Forschungsarbeit sind. Aufbauend auf diese Informationen werden andererseits unter Zuhilfenahme einer deduktiven theoriegeleiteten Forschung Daten errechnet u. untereinander in Verbindung gesetzt. Durch diesen messbaren Ursache-Wirkungs-Zusammenhang sollen kausale Beziehungen erklärt u. daraus allgemein gültige Aussagen abgeleitet werden.

Eine qualitativ u. quantitativ beschreibende Betrachtung der mikroökonomischen Rahmenbedingungen für den Einsatz kleiner KWK-Anlagen zur effizienteren Energienutzung stellt einen ersten Schwerpunkt unserer Arbeit dar. Dies verlangt die Einbeziehung sowohl relevanter ökonomischer, rechtlicher, ökologischer, technischer als auch gesellschaftspolitischer u. letztendlich betriebswirtschaftlicher Fragestellungen, die den Einsatz dieser Technik determinieren. Erst durch Eingliederung all dieser Faktoren können fundierte Marktdurchdringungszahlen für den Untersuchungszeitraum prognostiziert werden. Von der resultierenden Marktdurchdringung kleiner dezentraler KWK-Anlagen hängt es schließlich ab, ob, wann u. in welchem Ausmaß spürbare Auswirkungen auf einzelne österreichische Branchen, die gesamte Volkswirtschaft sowie auf Energiepolitik u. Ökologie in Österreich zu erwarten sind.

Unter Zugrundelegung der prognostizierten Marktdurchdringung dezentraler KWK-Erzeugungseinheiten in Österreich erfolgt anschließend die theoriegeleitete makropolitische Bewertung der facettenreich in Erscheinung tretenden Effekte. Um den originären Sachverhalt konsequent, klar u. übersichtlich darstellen zu können, bedienen sich die Autoren der Input-Output-Analyse als methodisch-ökonomisches Instrument einer quantitativen Forschung. Die Gesamteffekte (direkte u. indirekte Primäreffekte) werden ermittelt, indem die monetären Nachfragevolumina, die für Bau u. Betrieb der Anlagen benötigt werden, als Eingangsparameter im Rechenmodell verwendet u. mit Hilfe der I/O-Tabelle der STATISTIK AUSTRIA aus dem Jahr 2000 auf die gesamte österreichische Wertschöpfung umgerechnet werden. Ferner bietet dieser methodische Ansatz, bedingt durch den zusätzlichen Nachfrageimpuls, die Möglichkeit, die für die Deckung der Wertschöpfung erforderlich werdenden Arbeitsplätze darzustellen. Berücksichtigt wird hierbei auch jener Teil der VL, welcher importiert wird u. folglich keinen Beitrag zur Wertschöpfung in Österreich leistet. Das aus den primären

Effekten resultierende Zusatzeinkommen, teils in Konsumausgaben fließend, führt nun abermals zu erhöhter Wertschöpfung u. Beschäftigung. Diese Auswirkung, als sekundärer Effekt beschrieben u. unter Zuhilfenahme von abgeleiteten Multiplikatoren aus der I/O-Tabelle errechnet, wird ebenfalls berücksichtigt. Bei der Darstellung von Wertschöpfungs- u. Beschäftigungseffekten ist der Netto- vom Bruttoeffekt zu unterscheiden. Durch Verdrängungseffekte - bspw. ersetzen kleine KWK-Anlagen andere Energieerzeugungsanlagen - entfallen an diesen Stellen Wertschöpfungs- bzw. Beschäftigungseffekte, wodurch sich Nettoeffekte einstellen. Die Errechnung der korrespondierenden Nettoeffekte bildet neben quantitativen Auswirkungen auf die österreichische LB einen weiteren Schwerpunkt dieses Kapitels. Die benötigten monetären Ausgaben zur Ermittlung der Brutto- u. Nettoeffekte werden durch Befragungen gewonnen.

Aufbauend auf dieser Analyse werden in einem dritten Schritt die wesentlichsten energiepolitischen Elemente u. Grundannahmen, resultierend aus dem Betrieb der KWK-Anlagen, hinsichtlich Versorgungssicherheit u. Importabhängigkeit beispielhaft diskutiert. Dabei wird anhand der gewählten Systematik zur Errechnung der Nettoeffekte eine österreichische Energiebilanz mit im Hintergrund stehenden Mengen- u. Preisgerüsten erarbeitet, welche eine quantitative Darstellung dieser kausalen energiepolitischen Beziehungen ermöglicht.

Im vierten zentralen Punkt dieser Arbeit konzentrieren sich die Autoren auf ökologische Aspekte, die der Einsatz der untersuchten KWK-Anlagen mit sich bringt. Näher gehend beleuchtet wird hier der Einfluss auf Emissionen der Umweltproblemfelder wie THG, Versauerung, Ozonläufervorbildung sowie Staubbelastung für Österreich u. so eine kausale Beziehung zur Zielerreichung verschiedener gesetzlicher Vorgaben wie bspw. dem Kyoto-Ziel hergestellt. Die Ermittlung dieser Umweltindikatoren, in denen auch Emissionen aus den Vorprozessen berücksichtigt sind, erfolgt mittels des Emissionsmodells von GEMIS. Um Einsparungen externer Kosten beurteilen zu können, erfolgt mit Hilfe des Softwaremodells EcoSenseLE eine monetäre Bewertung relevanter prohibierter Luftschadstoffemissionen auf Basis von Schadens- u. Vermeidungskosten. Das Forschungsdesign dieses Abschnittes sieht sowohl quantitative als auch qualitative Aspekte wissenschaftlichen Arbeitens vor, da einerseits errechnete Werte zum Einsatz kommen, andererseits deskriptiv gearbeitet wird.

1.4 Aufbau der Arbeit - Gliederung

Um ein systematisches u. strukturiertes Aufarbeiten der Forschungsfragen zu gewährleisten, bedienen sich die Autoren zweier Gliederungsformen. Inhaltlich bietet sich die Anlehnung an ein Dreiebenenmodell an, welches die gesamte Thematik in eine Mikro- (Kosten- u. Produktionsfunktionen innovativer KWK-Technologien), Makro- (Implikationen auf die nationale Volkswirtschaft) u. Metaebene (ökologische u. energiepolitische Interdependenzen) unterteilt. Innerhalb dieser drei Ebenen stellen die abgeleiteten Szenarien bzw. Sensitivitätsanalysen mit ihren entsprechenden Annahmen jeweils die Ausgangsbasis für die qualitativen u. quantitativen Bewertungen der einzelnen Ergebnisse dar.

Auf der ersten Ebene – der Mikroebene – versuchen die Autoren eine Prognose über die ökonomischen Rahmenbedingungen der kommenden 11 Jahre zu stellen, dienend als Basis für Marktdurchdringungszahlen.

Auf der Makroebene beschäftigen sie sich des Weiteren mit den Implikationen – hervorgerufen durch den Einsatz kleiner dezentraler KWK-Anlagen – auf die nationale Volkswirtschaft.

Die Ausführungen im ökologischen u. energiepolitischen Bereich (Metaebene) stellen schließlich den Versuch dar, aus den Aussagen, kommend von Mikro- u. Makroebene, sowohl auf qualitativer als auch quantitativer Ebene ökologische u. energiepolitische Schlussfolgerungen zu ziehen.

Auf Basis des gewählten Dreiebenenmodells ergibt sich die nun folgende Gliederung. Nachdem von beiden Autoren ein Überblick über die Forschungsfragen, den Untersuchungsgegenstand sowie über das Forschungsdesign in **Kapitel 1** gegeben wurde, wird in **Kapitel 2** die mikroökonomische Ausgangslage behandelt. Einerseits wird das Umfeld betrachtet, in dem KWK-Anlagen eingebettet sind, u. andererseits die Perspektive des KWK-Marktes analysiert.

Daran anschließend werden im **dritten Kapitel** in der gebotenen Kürze die wichtigsten technischen Rahmenbedingungen, die den Einsatz kleiner KWK-Anlagen determinieren, als Grundlage für die weiteren Ausarbeitungen dargestellt.

Das **vierte Kapitel** widmet sich der Erarbeitung jenes KWK-Potenzials, welches sich aus der Analyse von jahresdurchgängigen Wärmeprofilen für Betriebsobjekte in definierten Branchen mittels statistischen Datenmaterials ergeben.

Im **fünften Kapitel** wird unter Berücksichtigung aller relevanten Parameter die Wirtschaftlichkeiten der ausgewählten KWK-Anlagen in Form von Amortisationszeiten ermittelt u. Elastizitäten errechnet. Dadurch können Aussagen über den Grad der Veränderungswirkung jedes einzelnen Parameters getroffen werden.

Das **sechste Kapitel** widmet sich ausschließlich den Netz- u. Energiepreisen der relevanten Brennstoffe bzw. der Produkte Wärme u. Strom, weil diese den größten Einfluss auf die Wirtschaftlichkeit u. infolge auf die Marktdurchdringung haben.

Im **siebten Kapitel** werden die restlichen endogenen u. exogenen Faktoren einer Analyse unterzogen u. letztlich in Tabellenform je KWK-Aggregat dargestellt.

Das **achte Kapitel** verknüpft alle zur Verfügung stehenden Fakten u. leitet daraus die Marktdurchdringung für die drei ausgewählten KWK-Aggregate bis 2015 ab. Schlussfolgerungen u. politische Empfehlungen beschließen das Kapitel 8.

In **Kapitel 9** erfolgt eine empirische Analyse u. Bewertung der gesamtwirtschaftlichen Effekte des Einsatzes kleiner KWK-Anlagen auf die österreichische Volkswirtschaft. Dazu werden zunächst die gängigsten Instrumente zur Abschätzung der volkswirtschaftlichen Effekte exogener Eingriffe von Energiesystemen in den Wirtschaftskreislauf beispielhaft vorgestellt. Dabei wird ein besonderes Augenmerk auf die I/O-Analyse gelegt, da dieses Instrument in der vorliegenden Studie zur praktischen Anwendung kommt. Eine ökonomische Abgrenzung des Untersuchungsgegenstandes hinsichtlich der berücksichtigten Effekte - die für ein Verständnis der durchgeführten Annahmen nötig sind - stellt einen weiteren markanten Schwerpunkt am Beginn des Kapitels dar. In einem weiteren Arbeitsschritt erfolgt anhand der I/O-Analyse die methodische Berechnung von Einkommens-, Wertschöpfungs- u. Beschäftigungseffekten mittels Multiplikatoren aus der I/O-Tabelle 2000 der STATISTIK AUSTRIA. Parallel dazu werden die theoriebedingten Annahmen u. Einschränkungen der I/O-Analyse ausführlich diskutiert. Überlegungen zur Berechnung der Effekte auf die LB runden diesen theoriegeleiteten Abschnitt ab. Anschließend wird die empirische Datenerhebung über die untersuchten KWK-Anlagen als auch über die Substitutionseffekte, welche zur Ermittlung der Nettoeffekte benötigt werden, mit ihren energiepolitischen Annahmen beschrieben. Nach ausführlicher systematischer Darstellung des Rechenschemas, welches zur Erhebung der facettenreichen Ergebnisse herangezogen wird, erfolgt, aufbauend auf die Marktdurchdringungsergebnisse der Mikroebene, die Präsentation der Einkommens-, Wertschöpfungs- u. Beschäftigungseffekte sowie der Effekte auf die österreichische LB. Abschließend werden die mannigfaltigen Ausprägungen besagter Effekte durch Veränderung der relevanten ökonomischen u. energiewirtschaftlichen Eingangsparameter im Rahmen einer Sensitivitäts- bzw. Szenarienanalyse interpretativ erläutert.

Basierend darauf ergibt sich in **Kapitel 10** eine Veranschaulichung der energiepolitischen Dimensionen der untersuchten KWK-Anlagen in Österreich, wobei dem Thema Versorgungssicherheit breiter Raum gewidmet wird. Abgerundet wird dieser Teilabschnitt mit einem Versuch, den pekuniären Beitrag der untersuchten KWK-Anlagen im Falle einer Stromunterbrechung für die österreichische Volkswirtschaft zu quantifizieren. Ferner sollen in einem weiteren Unterkapitel Importabhängigkeit u. Preisstabilität, bezogen auf die österreichische Volkswirtschaft, durch Betrieb der KWK-Anlagen aufgezeigt werden. Abschließend werden Effekte einer monetären Absicherungsstrategie gegen steigende Primärenergieträgerpreise durch Implikation innovativer kleiner KWK-Anlagen für Österreich abgehandelt.

Wie bereits in Kap. *1.3 [Forschungsmethodik u. Vorgangsweise]* ansatzweise beschrieben, erfolgt in **Kapitel 11** die Ermittlung der ökologischen Effekte. Dazu wird eingangs dem Aspekt der Theorie der externen Effekte flüchtig Platz eingeräumt. Ein weiterer Teilabschnitt zeigt überblicksartig den Status Quo wesentlicher Emissionen in Österreich und darauf bezogene Fortschritte hinsichtlich gesetzlicher Zielvorgaben. Aufbauend auf diese deskriptive Analyse wird im nächsten Schritt der Beitrag, den die untersuchten KWK-Anlagen zur Reduktion der Schadstoffemissionen in den Problemfeldern Versauerung, Ozonvorläuferbildung, Treibhauseffekt u. Staubbelastung leisten, eruiert. Als methodisches Instrument zur Berechnung derselben kommt dabei das Emissionsmodell von GEMIS zum Einsatz. Im Sinne einer Quantifizierung u. Bewertung negativer externer Effekte wird anschließend anhand des Softwaremodells EcoSenseLE eine monetäre Bewertung relevanter prohibierter Luftschadstoffemissionen auf Basis von Schadens- u. Vermeidungskosten vorgenommen. Dazu wird unter Zuhilfenahme des Wirkungspfadansatzes die Schadenswirkung auf die menschliche Gesundheit, auf Nutzpflanzen u. Materialien sowie auf die Klimaänderung monetär bewertet. Abgerundet wird der Ökologieteil durch Veranschaulichung der Veränderungen zum Thema „nachhaltiger Ressourcenverbrauch", die sich durch den teilweisen Einsatz regenerativer Energieträger für die KWK-Anlagen ableiten lassen. Dazu wird der kumulierte Energie-Aufwand als Kennzahl zur Quantifizierung des Ressourcenverbrauches ermittelt.

In **Kapitel 12** werden die volkswirtschaftlichen, energiepolitischen bzw. ökologischen Ergebnisse zusammengefasst u. einige wirtschaftspolitische Schlussfolgerungen gezogen.

2 Mikroökonomische Betrachtung des KWK-Marktes

2.1 Fragestellung, Zielsetzung und Methodik des Kapitels

2.1.1 Fragestellung und Zielsetzung

Dieses Kapitel beschäftigt sich mit der Frage, welche grundsätzlichen ökonomischen Rahmenbedingungen auf den Markt für kleine, dezentrale und unabhängige Kraft-Wärme-Kopplungen einwirken.

Die Zielsetzung besteht darin, die ökonomischen Rahmenbedingungen zu definieren und grundsätzlich zu beschreiben, um in den folgenden Kapiteln darauf fußende weiterführende Überlegungen und rechnerische Einschätzungen vornehmen zu können.

2.1.2 Methodik

Zu Beginn wird auf die allgemeine Bedeutung der gesicherten Energiebereitstellung eingegangen, der Einsatz kleiner Kraft-Wärme-Kopplungen könnte einen Beitrag zur Sicherung der Energiebereitstellung leisten. In diesem Zusammenhang werden die wichtigsten EU-Richtlinien in der gebotenen Kürze dargestellt. Auf die zahlreichen Besonderheiten bei Investitionen in Energieerzeugungsanlagen wird hingewiesen.

Dann wird der KWK-Prozess in Teilbereiche zerlegt und zwischen exogenen und endogenen Einflüssen unterschieden. Weiters wird mittels Partialanalyse der Markt für kleine, dezentrale und unabhängige KWK-Anlagen dargestellt. Diese unterliegen einer zweifachen Konkurrenz.

Auf Basis der Regulierungstheorie wird schließlich zwischen regulierten und dem Wettbewerb unterworfenen Elementen unterschieden.

Es werden theoretische Überlegungen zu Netztarifen und Energiepreisen formuliert, um die Basis für die in Kapitel 6 folgenden Netz- und Energiepreisfestlegungen zu schaffen.

2.2 Bedeutung und Besonderheiten der Energiewirtschaft

2.2.1 Die Wichtigkeit von Elektrizität, Gas und Wärme für den Markt

Elektrizität, Erdgas und Wärme sind unverzichtbare Elemente für unsere Gesellschaft. Speziell dem **elektrischen Strom**, respektive der gesicherten Stromversorgung, in der Fachliteratur mit Versorgungssicherheit umschrieben, kommt eine zentrale Bedeutung zu. Das gesicherte und preiswerte Stromangebot dient als Basis für unsere wirtschaftliche, soziale und kulturelle Weiterentwicklung. Ohne Strom würden binnen kürzester Zeit chaotische Verhältnisse Platz greifen[5]. Stromlosigkeit würde auch den Ausfall der meisten Versorgungs- und Heizsysteme[6] nach sich ziehen, was im Kontext mit dem Gas- und Wärmemarkt zu beachten ist. Die Versorgungssicherheit, für den Stromkonsumenten in Österreich bis zum großflächigen Black-out in Graz[7] ein unbekannter Begriff, wird zunehmende volkswirtschaftliche Bedeutung er-

---

[5] Pers. Anm. des Autors, als Beispiel gelten die Stromausfälle in Nordamerika (2003), Neuseeland (2003) und Italien (2004).

[6] Pers. Anm. des Autors, mit Ausnahme von manuell beschickten Einzelbrandsystemen sind all jene Heizsysteme betroffen, die elektrisch betriebene Steuerungen, Regler, Ventile und Pumpen einsetzen.

[7] Pers. Anm. des Autors, am 11.03.2005 war die Stadt Graz durch zwei defekte 110 kV Leitungen mehrere Stunden stromlos.

langen. Das Risiko von Versorgungsunterbrechungen mit Kosten[8] von EUR 8 für jede nicht gelieferte Kilowattstunde zeigt die Brisanz dieses Themas.

Dezentrale KWK-Anlagen könnten durch ihre Fähigkeit zur eigenständigen Strom- und Wärmeproduktion unter bestimmten Umständen einen Beitrag zur Versorgungssicherheit leisten. Voraussetzung dafür ist allerdings eine energiewirtschaftlich bemerkbare Anzahl von Anlagen im Markt.

Erdgas nimmt gleichzeitig als Energieträger und als Weiterverarbeitungsprodukt eine herausragende Stellung in der Energieversorgung und der Industrieproduktion ein. Der Gasmarkt ist von einer ständig steigenden Nachfrage gekennzeichnet, im Zuge der exorbitanten Rohölpreiserhöhungen ab September 2004 stiegen auch die Erdgaspreise durch die Indizierungen mit diversen Ölnotierungen massiv an.

Die Bereitstellung von **Wärme** ist klimatisch bedingt unverzichtbar. Wärme wird aber nicht nur zur Klimatisierung von Wohnräumen, Büros und Betriebsgebäuden genutzt, sondern auch zur Warmwasserbereitstellung, Kälteerzeugung und als Prozesswärme[9]. Wegen der Wichtigkeit der gesicherten Energiebereitstellung beschäftigt sich die Energiepolitik der EU seit geraumer Zeit mit Lösungsansätzen und Zielsetzungen im Bemühen um eine gesicherte Energieversorgung in der Zukunft.

2.2.2 EU-Energiepolitik im Kontext zu kleinen KWK-Anlagen

Seit Beginn der 90er-Jahre beschäftigt sich die EU gezielt mit energiepolitischen Fragestellungen und Lösungsansätzen, denn die Energiebereitstellung nimmt eine Schlüsselrolle in Wirtschaft und Gesellschaft ein. Der überwiegende Teil der Energieversorgung basiert auf fossilen Energieträgern. Die wachsende Weltbevölkerung und die zunehmende Industrialisierung treiben den Energiebedarf beständig nach oben. Die EU ist derzeit[10] zu 50 % von Energieeinfuhren abhängig. Dieser Wert wird bis in das Jahr 2030 auf rund 70 % ansteigen. Daraus ergeben sich 2 Problemfelder:

- Die Ressourcen[11] fossiler Energieträger werden in absehbarer Zeit zu Ende gehen.
- Die Gefahr des Treibhauseffektes zeigt immer bedrohlichere Formen

Ende September 2004 kletterte der Rohölpreis erstmals über die psychologisch bedeutsame Marke von $ 50 je Fass. Mit der Verteuerung des Rohöls zogen auch die Preise für Gas und Kohle an. Die komplexen Folgen des Irak-Krieges, die Iran-Atomkrise, Ölversorgungsrisken aus Unruhegebieten, politische Umwälzungen und Naturkatastrophen sowie die immer wieder prophezeite generelle Verknappung der Öl- und Gasvorräte lassen eher steigende denn fallende Preise vermuten. Verständlicherweise haben daher energiepolitische Themen in der öffentlichen Diskussion noch mehr an Bedeutung gewonnen, als sie es ohnehin schon hatten. Die Ziele der EU-Energiepolitik umfassen daher folgende Eckpunkte:

Sicherheit der Energieversorgung durch ausreichendes Angebot an Energieträgern

Wirtschaftlichkeit der Versorgung durch effiziente Energiebereitstellung und Nutzung

---

[8] Vgl. Brauner, G., Versorgungssicherheit als Innovationsfaktor, TU Wien, Wien 2005, 3 (Tabelle 1)
[9] Pers. Anm. des Autors, Hinsichtlich der Wärmenutzung wird auf das Kapitel 3 „KWK-Technologie" hingewiesen.
[10] Vgl. Amtsblatt der Europäischen Union, Entwurf für eine Richtlinie „zur Endenergieeffizienz und zu Energiedienstleistungen", KOM 2003 739 vom 10. Dezember 2003, 15
[11] Pers. Anm. des Autors, Ressourcen sind bekannte Vorkommen zuzüglich vermuteter Reserven

Soziale Verträglichkeit der Energieversorgung

Umweltverträglichkeit der Versorgung durch möglichst schonenden Umgang mit allen Ressourcen

Folgerichtig setzte die EU sukzessive energiepolitische Richtlinien in Kraft, um diesen Herausforderungen gewachsen zu sein. Nachfolgend die im Zusammenhang mit KWK-Anlagen wichtigsten Richtlinien:

Das **EU-Grünbuch KOM (2000) 769 „Hin zu einer europäischen Strategie zur Versorgungssicherheit",** welches sich umfassend mit den Problemen des stetig steigenden Energiebedarfes der Gemeinschaft, mit den daraus resultierenden Risken für die europäische Wirtschaft und mit den Auswirkungen auf die Umwelt auseinander setzt.

Die **Richtlinie 2001/77/EG „Zur Förderung der Stromerzeugung aus erneuerbaren Energiequellen im Elektrizitätsmarkt"** befasst sich u.a. im Artikel (21) mit Netzbeeinträchtigungen durch die Einspeisung von Strom aus erneuerbaren Quellen und im Artikel (22) mit den Kosten für den Anschluss neuer Erzeuger von Strom aus erneuerbaren Energiequellen.

Richtlinie 2003/54/EG über „gemeinsame Vorschriften für den Elektrizitätsbinnenmarkt und zur Aufhebung der Richtlinie 96/92/EG". Diese Richtlinie vom 26. Juni 2003 regelt detailliert die Organisation und Funktionsweise des Elektrizitätssektors der Gemeinschaft. In der Hauptsache werden die Erzeugung, die Verteilung und der Verkauf determiniert. In Zusammenhang mit dezentralen KWK-Anlagen sind der Artikel (5)[12] – Technische Vorschriften, Artikel (14)[13] – Aufgaben der Verteilnetzbetreiber und Artikel (23)[14] - Regulierungsbehörde von besonderem Interesse.

Der am 10. Dezember 2003 erschienene Vorschlag für eine „**Richtlinie des Europäischen Parlamentes und des Rates zur Endenergieeffizienz und zu Energiedienstleistungen, KOM 2000/739"** mit der Zielsetzung der effizienten Nutzung der Endenergie beim Konsumenten rundet diesen umfassenden Gedankengang ab. Die Richtlinie verfolgt vereinfacht ausgedrückt die Absicht, kostbare Energie möglichst sparsam und ökologieverträglich einzusetzen. Der öffentliche Sektor ist beispielsweise aufgefordert, 1,5% pro Jahr an Endenergie einzusparen.

Im engen Zusammenhang mit dieser EU-Richtlinie steht die **„EU-Richtlinie 2004/8/EG über die Förderung einer am Nutzwärmebedarf orientierten Kraft-Wärme-Kopplung im Energiebinnenmarkt".** Der Zweck dieser Richtlinie besteht in der Erhöhung der Energieeffizienz und der Versorgungssicherheit durch die Schaffung geeigneter Rahmenbedingungen zur Förderung und Entwicklung einer hocheffizienten, *„am Nutzwärmebedarf orientierten und auf Primärenergieeinsparungen ausgerichteten KWK im Energiebinnenmarkt unter Berücksichtigung der spezifischen einzelstaatlichen Gegebenheiten, insbesondere klimatischer und wirtschaftlicher Art"*[15]. Im Anhang I[16] der Richtlinie werden erstmals exemplarisch innovative

---

[12] Vgl. Amtsblatt der Europäischen Kommission, Richtlinie 2003/54/EG, L176/43

[13] Ebenda, L176/46

[14] Ebenda, L176/49

[15] Amtsblatt der Europäischen Union, Richtlinie 2004/8/EG, Artikel 1, L52/L53

[16] Ebenda, Anhang I, L 52/57

Techniken wie die Mikrogasturbine und der Stirlingmotor angeführt. Als hocheffiziente Kraft-Wärme-Kopplung (Anhang III[17]) gilt jene Anlage, die den Bestimmungen und Berechnungsmethoden im Anhang der Verordnung entspricht. Vereinfacht ausgedrückt gelten jene KWK-Anlagen als hocheffizient, die mindestens 10% Primärenergieeinsparung im Vergleich zu Referenzwerten für getrennte Strom- und Wärmeerzeugung aufweisen.

In Österreich werden im Rahmen des derzeit geltenden Ökostromgesetzes ausschließlich Anlagen gefördert, die Wärme in ein angeschlossenes Fernwärmenetz einspeisen. Da die aus kleinen KWK-Anlagen gewonnenen Strom- und Wärmemengen hauptsächlich der Eigenversorgung dienen, sind sie von Förderungen laut geltendem **Ökostromgesetz** grundsätzlich ausgeschlossen. Der Vollständigkeit halber sei jedoch auf die Möglichkeit von Investitionsförderungen (siehe Kapitel 5) hingewiesen.

2.2.3 Besonderheiten der Energiewirtschaft

Um den Markt für Energieerzeugungsanlagen und somit auch für kleine KWK-Anlagen zu analysieren, ist auf die vielen speziellen Besonderheiten der Energiewirtschaft Bedacht zu nehmen. Bei der Wahl von Energieerzeugungsanlagen ist auf die Verflechtung von technologischen, wirtschaftlichen, ökologischen und gesellschaftlichen Faktoren Rücksicht zu nehmen. Abbildung 2-1 listet eine Auswahl von unterschiedlichen Gesichtspunkten auf, die auf die Sonderstellung der Energiewirtschaft im Allgemeinen und bei Energieinvestitionen im Besonderen hinweisen.

ABB. 2-1   BESONDERHEITEN DER ENERGIEWIRTSCHAFT

Besonderheiten der Energiewirtschaft

Technologie
- Fehlende Speicherbarkeit
- Extreme Langlebigkeit
- Leitungsgebundenheit
- Lange Vorlaufzeiten und Projektdauern
- Gesamtsystemabhängigkeit
- Substituierbarkeit und Komplementarität
- Gekoppelte Prozesse

Umwelt
- Umweltbelastungen
- Gefahr von Unfällen mit katastrophalen Folgen

Wirtschaft
- Hohe Kapitalintensität
- Unvollkommener Wettbewerb
- Betriebswirtschaftliche Merkmale

Gesellschaft
- Energie als essentielles Wirtschaftsgut
- Infrastrukturelle Bedeutung der Energiewirtschaft
- Unwissenheit bezüglich Energie

Quelle: Bachhiesl, U., Anforderungen an erfolgreiche Energieinnovationsprozesse[18]

Jede Investitionsentscheidung in eine Energieerzeugungsanlage muss daher hinsichtlich ihrer Wirkung nach technologischen, wirtschaftlichen und gesellschaftlichen Kriterien bis hin zu den Auswirkungen auf die Umwelt untersucht werden. Die Einführung neuer, innovativer Energietechnologien unterliegt besonders strengen Qualitätsanforderungen.

---

[17] Ebenda, Anhang III, L52/59

[18] Vgl. Bachhiesl, U., Anforderungen an erfolgreiche Energieinnovationsprozesse, Graz 2004, 9

2.3 Innovationen

2.3.1 Innovatorischer Wettbewerb

Es entspricht dem Wesen der Marktwirtschaft, dass durch Aktivitäten einzelner Wirtschaftseinheiten laufend Innovationen durch Einführung neuer Güter oder kostengünstiger Produktionsmethoden in den Markt einfließen. *„Es ist ein besonders wichtiger Vorzug einer durch Privateigentum und Eigeninteresse geprägten marktwirtschaftlichen Ordnung, dass sie die schöpferischen Fähigkeiten von Menschen zu Entdeckungen mobilisiert, die über Innovationen durch dynamische Unternehmer eine Entwicklung auslösen. Innovierende Unternehmer werden vor allem durch die Chance, Vorsprungsgewinne zu erzielen, zu ihrem Verhalten motiviert.*[19]"

Es sind also die Vorsprungsgewinne oder zumindest die Aussicht auf solche, die den statischen Markt in einen dynamischen wandeln. Bei erfolgreicher Einführung eines neuen Produktes können durch Patentrechte Wettbewerbsvorteile für eine begrenzte Zeit bestehen. Konkurrenzunternehmen werden aber danach trachten, durch Imitation den Vorsprungsgewinn mindestens zu egalisieren und/oder durch Innovationen ihrerseits in den Genuss eines Wettbewerbsvorsprunges zu kommen.

Verantwortlich für die Einführung von Innovationen sind „dynamische Unternehmer"[20]. „Das definierende Merkmal dynamischer Unternehmer besteht darin, dass sie durch neue Kombinationen von Produktionsfaktoren Innovationen einführen und durchsetzen. Innovationen sind Vorgänge, die unter Inkaufnahme von Unsicherheit und Risiko neue Gewinnmöglichkeiten eröffnen"[21].

Der österreichische Markt für kleine KWK-Anlagen weist einen Status aus, in dem die bewährte Hubkolbentechnik annähernd 100% des Marktes abdeckt. Neue, innovative Technologien wie die Mikrogasturbine oder der Stirlingmotor dringen in einen Wachstumsmarkt ein. Die Anbieter neuer Technologien könnten als Investitionspreisbrecher auftreten, gezielt die Nachhaltigkeit ansprechen, die geringsten Betriebskosten ausweisen oder insgesamt auf die raschere Amortisation abzielen. Aus technischer Sicht befinden sich eine Reihe weiterer KWK-Technologien in der Entwicklungsphase.

2.3.2 Markteintrittsphasen von Innovationen

Üblicherweise bedeutet der Begriff „Innovation" in der Wirtschaft die Einführung einer Neuerung. Innovationen können in den verschiedensten Ausprägungen auftreten, typischerweise als Produkt, Prozess- und Verfahrensinnovationen. Grundsätzlich sind auch Standort-, Organisations-, Vertrags- und Finanzierungsneuerungen als Innovationen anzusehen[22]. Der Werdegang von Innovationen lässt sich in drei Phasen unterteilen:

I. Die Grundlagenforschung als Basis neuer Produkte und Dienstleistungen.

II. Die Entwicklungsphase, in der es darum geht, das „innovative Produkt" an die Bedürfnisse des Marktes unter Beachtung der Wirtschaftlichkeit heranzuführen.

III. Die Diffusionsphase, in der sich die Innovation am Markt behaupten muss.

---

[19] Schuhmann, J., u.a., Grundzüge der mikroökonomischen Theorie, Wien 1999, 36
[20] Pers. Anm. des Autors, Begriff „Dynamischer Unternehmer" nach Joseph Schumpeter, 1912
[21] Schuhmann, J., u.a., 1999, 372
[22] Vgl. Borrmann, J., Finsinger, J., Markt und Regulierung, Wien 1999, 446

Seit 2004 werden im Bereich des in dieser Arbeit betrachteten KWK-Spektrums vereinzelt neue Techniken[23] wie die Mikrogasturbine und der Stirlingmotor eingesetzt. Diese Techniken befinden sich im Übergang von der Entwicklungs- in die Diffusionsphase. Sie erfüllen hinsichtlich Energieeffizienz und Schadstoffemissionen die energiepolitischen Forderungen für das kommende Jahrzehnt.

2.3.3 Marktzutritts- und Marktaustrittsbarrieren[24]

Der Markt für Anbieter von kleinen KWK-Anlagen befindet sich derzeit in der Expansionsphase[25]. Die am Markt etablierten Anbieter werden gegenüber einem Marktneuling so lange keine Abwehrmaßnahmen ergreifen, so lange sich die Nachfrage ausdehnt und das eigene Produkt am Markt untergebracht werden kann. Neu in den Markt eintretende Unternehmen finden trotzdem **Marktzutrittsbarrieren** vor. Für den Marktneuling sind als Eintrittsbarrieren die Aufwendungen für Produktentwicklung und Produktdifferenzierung, höhere Durchschnittskosten wegen der geringen Produktionserfahrung und das anfangs geringe Produktionsvolumen zu nennen. Ein weiteres Hemmnis könnte das Fehlen des notwendigen Kapitals sein, um Produktion und Verkauf zu stimulieren. **Austrittsbarrieren** sind vorwiegend durch Investitionen in den Markteinstieg begründet, die sich nicht auf alternative Produkte umlegen lassen. Steigt der Marktteilnehmer in diesem Fall vorzeitig aus, so wird von **„Verlorenen Kosten"** gesprochen. Auch zeitlich definierte vertragliche Verpflichtungen für Lieferungen und Wartungen könnten ein Marktaustrittshindernis sein.

2.4 Der KWK-Prozess aus ökonomischer Sicht

2.4.1 Der KWK-Prozess

Aus ökonomisch-analytischen Gründen ist es notwendig, den grundsätzlichen KWK-Prozess zu erklären. Eine KWK besteht zum Beispiel aus einem Verbrennungsmotor oder einer Turbine, jeweils gekoppelt mit einem Generator zur Stromerzeugung. Der dem maschinellen Prozess durch Explosion, Verbrennung oder Vergasung zugeführte Primärenergieträger wird maschinell in elektrische und thermische Energie umgewandelt. Die so gewonnene elektrische Energie wird entweder im Objekt genützt oder in das öffentliche Netz eingespeist. Die Abwärme ist für Heizung, Brauchwassererwärmung und eventuell für Prozesswärme nutzbar.

Durch die gleichzeitige Produktion von Strom und Wärme entstehen sehr hohe Wirkungsgrade in Bezug auf die Energieausnutzung. Der dabei eingesetzte Primärenergieträger wird zu ca. 90 % verwertet. Es fallen ca. 30 % Strom und ca. 60 % Wärme[26] an. Die restlichen 10 % des Energieeinsatzes gehen im Zuge der Energieumwandlung als Verlustenergie verloren. Die möglichst hohe Energieausnutzung stellt einen sinnvollen Beitrag zum energiepolitischen Thema „Energieeffizienz" dar.

---

[23] Pers. Anm. des Autors, genaueres siehe Kapitel 3 „KWK-Technologie".

[24] Vgl. Schumann, J., u.a., 1999, 375ff.

[25] Pers. Anm. des Autors, widerspiegelt die persönliche Einschätzung des Autors, der aufgrund der Marktkenntnis mit rasch steigenden Gerätezahlen rechnet.

[26] Pers. Anm. des Autors, die nutzbare thermische Leistung hängt dabei wesentlich vom Temperaturniveau ab. Zum Vergleich, bei Großkraftwerken - egal ob Kohle od. Atom - werden dagegen nur 30 bis 40% der eingesetzten Primärenergie in Strom umgewandelt, der Rest wird ungenutzt als Abwärme an die Umwelt abgegeben. Quelle abrufbar unter: 2004-05-25, http://www.frankfurt.de/sixcms/media.php/1883/Fernw%E4rme%20allgemeine%20Informationen.pdf

Abbildung 2-2 zeigt den KWK-Prozess, der schematisch in die Prozessabschnitte Brennstoffzufuhr, chemisch-physikalische Umwandlung des Brennstoffes und schließlich den Output in Form von Wärme und Strom geteilt werden kann.

ABB. 2-2   PROZESSABSCHNITTE BEIM KWK-PROZESS

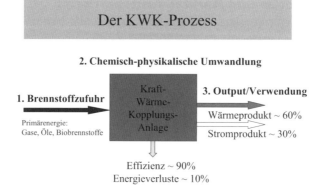

Quelle: Eigene Ausarbeitung

Der dezentrale Einsatz von KWK-Anlagen ist nicht an ein ausgedehntes Wärmenetz gebunden. Die Nutzwärme wird üblicherweise im Einzelobjekt verwendet, seltener in Nahwärmenetzen oder öffentlichen Fernwärmeversorgungen. Durch die unmittelbare Nähe dieser Anlagen zum Verbrauchsstandort sind die Verteilungsverluste geringer als bei der zentralen Strom- und Wärmeerzeugung. In einer ökologischen Gesamtbilanz können somit viele dezentrale KWK-Anlagen gegenüber einem zentralen Großkraftwerk und dezentralen konventionellen Gebäudeheizungen dieselbe Menge an elektrischer und thermischer Energie mit einer geringeren Brenn- bzw. Kraftstoffmenge erzeugen. Diesem Aspekt kommt in Hinblick auf die Erreichung der Kyoto-Ziele eine große Bedeutung zu, weil natürlich auch die CO_2-Emissionen durch dezentrale KWK-Anlagen gesenkt werden können[27].

2.4.2 Ökonomische Analyse des KWK-Prozesses

Der wirtschaftliche Grundgedanke besteht darin, die erzeugte elektrische Energie als Nebenprodukt für die unumgänglich notwendige Wärmeerzeugung für Objekte zu betrachten. Der Preis pro kWh elektrische KWK-Energie soll für den KWK-Betreiber im Vergleich zum Fremdstrombezug auf ein niedrigeres Preisniveau sinken[28].

Für den einzelnen, ausschließlich kaufmännisch-rational denkenden Marktteilnehmer ist daher der sinnvolle Einsatz von KWK-Aggregaten durch die betriebswirtschaftliche Gegenüberstellung der Anschaffungs- und Betriebskosten zu den preisgewichteten summierten Erträgen aus Wärme und Strom determiniert. Abbildung 2-3 zeigt die schematische Gegenüberstellung von Kosten und Erlösen. Die Differenz aus Erlöse minus Kosten ergibt den Vorteil (oder auch Nachteil), der sich aus der Verwendung einer KWK-Anlage gegenüber den herkömmlichen

---

[27] Quelle abrufbar unter: Net-Lexikon, 2004-05-25, http://www.net-lexikon.de/Blockheizkraftwerk.html
[28] Quelle abrufbar unter: Net-Lexikon, 2004-05-25, http://www.net-lexikon.de/Blockheizkraftwerk.html

Objektwärmeerzeugungen einerseits und andererseits dem Bezug von elektrischem Strom aus dem öffentlichen Netz ergibt.

ABB. 2-3 KOSTEN UND ERLÖSE EINER KWK-ANLAGE

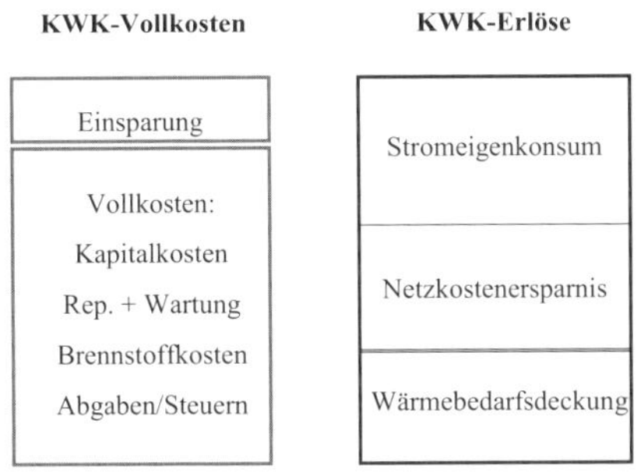

KWK-Vollkosten	KWK-Erlöse
Einsparung	Stromeigenkonsum
Vollkosten: Kapitalkosten, Rep. + Wartung, Brennstoffkosten, Abgaben/Steuern	Netzkostenersparnis
	Wärmebedarfsdeckung

Quelle: Eigene Darstellung

Ausgehend vom Basisjahr 2005 müssen daher die wesentlichsten exogenen und endogenen Einflüsse auf KWK-Anlagen für das kommende Jahrzehnt untersucht werden.

Ausdrücklich wird auf das Prognoserisiko hingewiesen. Besonders Energiepreisprognosen auf 10 Jahre können höchstens auf logischen Argumenten basierende Einschätzungen sein. In diesen Fällen wird eine generelle Entwicklungstendenz angenommen. Hingegen lassen sich andere, sehr wesentliche Einflussfaktoren wie Netztarifentwicklungen bei Gas und Strom sowie Zinsentwicklungen realistisch auf 10 Jahre abbilden.

2.4.3 Exogene und endogene Einflussfaktoren

Während des Betrachtungszeitraumes wirken unterschiedlichste Faktoren auf die wirtschaftliche Attraktivität der Geräte ein. Dabei ist prinzipiell zwischen exogenen und endogenen Faktoren zu unterscheiden:

Die **exogenen** Faktoren beschreiben die „von außen" auf den einzelnen Marktteilnehmer eindringenden und von ihm nicht beeinflussbaren Faktoren. Als typisches Beispiel ist die Brennstoffpreisentwicklung anzusehen.

Die **endogenen** Faktoren beschreiben alle vom Gerätehersteller/Vertreiber steuerbaren Einflüsse. Als Beispiel sei der Verlauf der Gerätepreisentwicklung genannt.

Nachfolgende Abbildung 2-4 unterscheidet zwischen wichtigen exogenen und endogenen Einflussfaktoren. Die exogenen Faktoren wirken direkt und unbeeinflussbar (Netzpreisregulierung, Energiepreise) auf die Wirtschaftlichkeit der Geräte ein. Eingeschränkt beeinflussbar sind die endogenen Faktoren deshalb, weil die Steigerung der Energieeffizienz oder technologische Weiterentwicklungen ein länger dauernder, kostenintensiver Prozess sind.

ABB. 2-4 EXOGENE UND ENDOGENE EINFLUSSFAKTOREN

Exogene Einflüsse:	Endogene Einflüsse:
• Brennstoffpreisentwicklung	• Energieeffizienz
• Wärmepreisentwicklung	• Technologieentwicklung
• Strompreisentwicklung	• Investitionskostenentwicklung
• Investitionsförderung	• Wartungs-/Reparaturkosten
• Steuern und Abgaben	• Interner Zinsfuß
• Währungsschwankungen	• Marketingmaßnahmen
• Zinsentwicklungen	• Vertrieb

Quelle: Eigene Ausarbeitung

Jede Änderung eines oder mehrerer der dargestellten Faktoren bewirkt gegenüber dem derzeitigen KWK-Status eine Veränderung der Wirtschaftlichkeit und folglich der wirtschaftlichen Attraktivität.

Von großer Bedeutung sind die ökonomischen Betrachtungen der exogenen Primärenergie-Faktoren Gase, Öle und Biobrennstoffe gemeinsam mit den produzierten Sekundärenergieformen Strom und Wärme. Einerseits weil es sich in Relation zur Wirtschaftlichkeit um die dominierende Größen[29] handelt und andererseits weil die Verschiebung der spezifischen Kosten und Erlöse zwischen Primär- und Sekundärenergie die Wirtschaftlichkeit massiv beeinflusst.

Die chemisch-physikalische Umwandlung der zugeführten Primärenergie im Prozessschritt 2 wird im weitesten Sinn durch eine Maschine bewerkstelligt. Zu untersuchen ist dabei das wettbewerbliche und normative Umfeld, welches Einfluss auf die Marktdurchdringung dieser Maschinen nimmt.

2.4.4 Regulative, normative und wettbewerbliche Einflüsse

Die EU und die nationale Energiepolitik üben über Richtlinien, Gesetze und Verordnungen ordnungspolitisch einen beständigen Einfluss auf die gesamte Energiebranche und damit auch auf KWK-Anlagen aus. Werden beispielsweise regulatorische und kartellrechtliche Maßnahmen, technische Normen sowie Gesetze, Steuern, Abgaben, Förderungen und Abgaswerte normativ neu festgesetzt, so beeinflussen diese Änderungen generell die Anwendungsmöglichkeit und die Wirtschaftlichkeit von Investitionen in Energieerzeugungsanlagen.

Abbildung 2-5 zeigt schematisch die auf die einzelnen Prozessschritte einwirkenden regulativen, wettbewerblichen und normativen Einflussfaktoren.

---

[29] Pers. Anm. des Autors, siehe Kapitel 5 „Wirtschaftlichkeiten und Elastizitäten"

ABB. 2-5   ÖKONOMISCHE EINFLUSSFAKTOREN AUF KWK-ANLAGEN

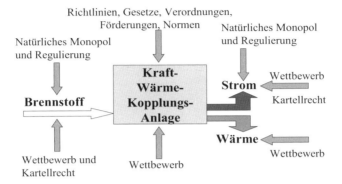

Quelle: Eigene Ausarbeitung

Die leitungsgebundenen Energieformen Erdgas und elektrischer Strom sowie Wärme sind wichtige Bausteine im KWK-Prozess. Die Energieformen Strom und Erdgas unterliegen in ihren Preisentwicklungen sowohl regulatorischen als auch wettbewerblichen Rahmenbedingungen:

Die **Transportnetze** für Erdgas und Strom sind netzregulatorischen Beeinflussungen ausgesetzt.

Die **Waren** Erdgas, Strom und Wärme hingegen stehen im freien Wettbewerb, unterliegen aber teilweise der kartellrechtlichen Beobachtung.

Für den eigentlichen maschinellen Energieumwandlungsprozess in der Kraft-Wärme-Kopplung sind alle wettbewerblichen und normativen Rahmenbedingungen zu berücksichtigen. Als typische Beispiele sind der Anlagenpreis einerseits und Investitionsförderungen andererseits aufzuzählen.

Nicht zu vergessen sind weitere Faktoren wie Betriebssicherheit, Anwenderfreundlichkeit, Wartungsbedarf, Ökologie, Emissionen und Design[30]. Je nach persönlicher Präferenz sind dies zusätzliche, eventuell sogar wesentliche Entscheidungsfaktoren. Bleibt noch offen, über welchen Betrachtungszeitraum all diese Einflussfaktoren zu analysieren sind.

2.4.5 Der Betrachtungszeitraum 2005 - 2015

Bei Investitionen in Energieerzeugungsanlagen sind erfahrungsgemäß längere[31] Nutzungsperioden anzusetzen, der ökonomische Effekt wirkt auf die Dauer der Nutzung. Jede neu in den Markt kommende Maschine beeinflusst innerhalb des Nutzungszeitraumes marginal den Energiemarkt. Auf Grund des derzeitigen Technologiestandes

---

[30] Pers. Anm. des Autors, das Gerätedesign, wie beispielsweise beim Solo Stirling oder der Mikrogasturbine von Capstone, ist Teil des Marketingkonzeptes. Durch die schrankartige, kompakte Bauweise wird nicht nur Platz in der Heizzentrale eingespart, sondern der Raum auch optisch verschönert. Solo geht noch einen Schritt weiter und empfiehlt die Geräte sogar publikumswirksam einsehbar aufzustellen.

[31] Pers. Anm. des Autors, je nach Branche gelten unterschiedliche Ansätze für Amortisationszeiträume von Anlageninvestitionen. Als Minimum gilt es 3 Jahre anzusetzen, bei Wasserkraftwerken 35 Jahre und mehr.

kann die Nutzungsdauer je KWK-Anlage mit mindestens 10 bis 15 Jahren angenommen werden.

Als Betrachtungszeitraum wird ein Jahrzehnt gewählt. Ein Jahrzehnt auch deshalb, weil nur ein zumindest mittelfristiger Ausblick hinsichtlich des Einsatzes kleiner KWK-Anlagen samt den daraus resultierenden Auswirkungen auf den Energiemarkt von Interesse ist und einen Aussagewert besitzt. Aber erst die Quantifizierung der jährlichen KWK-Zuwachsraten ermöglicht Aussagen über die zukünftigen Auswirkungen. Wie viele neue Maschinen tatsächlich in den Markt eindringen, hängt von den unterschiedlichen Entwicklungen der unterschiedlich stark einwirkenden Einflüsse ab.

2.5 KWK-Marktanalyse

2.5.1 Markttheorie

Die mikroökonomische Markttheorie unterscheidet grundsätzlich zwischen der Angebots- und der Nachfrageseite. Beide Seiten unterliegen drei verschiedenen Merkmalen, die es ermöglichen, eine genauere Klassifizierung vorzunehmen.

Das **Merkmal (I)** bezieht sich auf die Zahl der Marktteilnehmer. Es wird unterschieden zwischen sehr vielen Marktteilnehmern (Polypol), wenigen Teilnehmern (Oligopol) und einem einzigen Teilnehmer (Monopol). Zunächst gilt es hinsichtlich dieses Kriteriums den KWK-Markt zu hinterfragen. Das auf Heinrich V. Stackelberg basierende „Marktformenschema" bietet einen Überblick über die Kombinationsmöglichkeiten auf der Angebots- und Nachfrageseite[32].

Tab. 2-1   Marktformenschema nach Stackelberg

Angebots-Seite \ Nachfrage-Seite	viele ("atomistisch")	wenige	einer
viele ("atomistisch")	[1] bilaterales Polypol	[2] Nachfrageoligopol	[3] Nachfragemonopol (Monopson)
wenige	[4] Angebotsoligopol	[5] bilaterales Oligopol	[6] beschränktes Nachfragemonopol
einer	[7] Angebotsmonopol	[8] beschränktes Angebotsmonopol	[9] bilaterales Monopol

Quelle: Schuhmann, J., Meyer, U., Ströbele, W., Grundzüge der mikroökonomischen Theorie, 274

Das **Merkmal (II)** bezieht sich auf die Frage, ob Präferenzen bestehen, der Markt also homogen oder heterogen ist. Im Zusammenhang mit dem Gas-, Strom- und Wärmemarkt ist dieses Merkmal untersuchungsrelevant, weil verschiedene Primär- und Endenergieformen und verschiedene Gerätetechnologien zur Auswahl stehen. Die Nachfrageseite kann zwecks Bedürfnisbefriedigung aus den verschiedensten Primärenergieformen (Gase, Öle, Kohle, Pellets, etc.) und Energieumwandlungstechniken (Hubkolben, Turbine, Stirling, usw.) wählen.

Das **Merkmal (III)** unterscheidet zwischen vollständiger und unvollständiger Markttransparenz, d.h. ob den Marktteilnehmern alle Preis- und Produktinformationen vorliegen oder nicht.

---

[32] Vgl. Schuhmann, J., u.a., 1999, 273f.

2.5.2 Die Zweifachkonkurrenz

Anbieter von KWK-Anlagen sehen sich einer zweifachen Konkurrenz ausgesetzt:

1. Es besteht ein Konkurrenzverhältnis zwischen den angestammten KWK-Produzenten. Der Markt für Kraft-Wärme-Kopplungen wurde bisher von der herkömmlichen Hubkolbentechnik dominiert. Seit 2004 treten neue Technologie-Konkurrenten am Markt auf und bringen neue Technologien in den definierten KWK-Markt ein. Sind die neuen Produkte marktfähig, so wirkt sich dies auf die anderen Anbieter und auf die Nachfrage aus.

2. Die KWK-Produktionskosten für die Produkte Strom und Wärme sind mit den am Energiemarkt erzielbaren Strom- und Wärmepreisen zu vergleichen.

Beide Punkte verdienen eine nähere Betrachtung.

2.5.3 Anbieter und Nachfrager

2.5.3.1 Die KWK-Anbieter

Zunächst ist die Frage zu klären, ob für den zu untersuchenden Angebotsmarkt für Kraft-Wärme-Kopplungen bis 100 kW_{el} von vollständiger oder unvollständiger Konkurrenz auszugehen ist. Von einer vollständigen Angebotskonkurrenz ist dann zu sprechen, wenn der Nachfrageseite viele Unternehmen mit vergleichsweise kleinen Marktanteilen gegenüberstehen, die als Mengenanpasser bei gegebenem Preisniveau anbieten. Nachfolgende Tabelle 2-2 zeigt die Marktteilnehmer mit den unterschiedlichen KWK-Technologien[33], die Marktpräsenzen und die Quantifizierungszuordnungen für die Anbieter.

Tab. 2-2 KWK-Technologien, Marktpräsenz, Anbieter

KWK - ANBIETERMARKT

Technologie	Marktpräsenz	Anbieter
Hubkolbenmotore	weltweit	viele Unternehmen
Mikrogasturbinen	Marktnischen	wenige Unternehmen
Stirlingmotore	Referenzanlagen	wenige Unternehmen
Brennstoffzellen	Pilotanlagen	mehrere Konzerne
Organic Ranking Cycle	Pilotanlagen	wenige Unternehmen
Steam Cell	Pilotanlagen	wenige Unternehmen
Thermoelektr. Systeme	Pilotanlagen	wenige Unternehmen
Thermofotovoltaik	Pilotanlagen	wenige Unternehmen

Quelle: Pehnt, M.[34], und eigene Recherchen

---

[33] Pers. Anm. des Autors, die einzelnen Technologien werden in Kapitel 3 „KWK-Technologie" vorgestellt.

[34] Vgl. Pehnt, M., u.a., Micro CHP – a sustainable Innovation?, 2004, 4, sowie eigene Recherchen

Angebotsseitig zeigt der KWK-Markt ein heterogenes Erscheinungsbild. Marktdominant sind die Anbieter von Hubkolbenmotoren, deren es weltweit eine Vielzahl gibt. Hingegen gibt es nur wenige Anbieter am Sektor der Mikrogasturbinen und Stirling Motore.

Die restlichen Technologien befinden sich im Stadium von Pilotanlagen und werden aus Sicht der Autoren im kommenden Jahrzehnt keinen Einfluss auf den Energiemarkt ausüben.

Mikrogasturbinen und Stirlingmotore sind aus technischer Sicht neue Energieumwandlungstechnologien, die derzeit nur einen minimalen Marktanteil innehaben. Durch laufende technische Verbesserungen und Reduzierungen der Produktionskosten sind beide Technologien zur Marktreife weiterentwickelt worden und dringen zunehmend in den Wärmemarkt ein.

2.5.3.2 Hauptkonkurrenten für KWK-Anlagen: Referenzpreise für Strom und Wärme

Die Stromversorgung und die Bereitstellung von Wärme sind in der Regel zwei völlig von einander getrennte wirtschaftliche und technisch-physikalische Vorgänge. Die Ware „Strom" wird von den Stromhändlern angeboten, preislich vereinbart und über das öffentliche Netz geliefert. Die Wärme wird entweder im Objekt erzeugt oder, meist in Ballungszentren, über Fern- und Nahwärmenetze bezogen.

KWK-Anlagen produzieren, wie mehrfach erwähnt, gleichzeitig Wärme und Strom. Die Preise für die aus dem KWK-Prozess erzeugten Waren „Wärme" und „Strom" ergeben sich u.a. aus den abgezinsten Anlagenkosten, dem Energieeinsatz und der Verhältniszahl Strom- zu Wärmeproduktion. Bis dato lagen die Durchschnittspreise der KWK-Produkte konstant über den Marktpreisen für Strom und Wärme. Die „indirekte", aber marktbestimmende Konkurrenz sind daher die aktuellen Referenzpreise für Wärme und Strom, die es gegenüber den beiden KWK-Produkten preislich zu vergleichen gilt. Die KWK-Anbieter konkurrieren also mit den Marktpreisen für Wärme und Strom, erst in zweiter Linie ist die Konkurrenz zwischen den KWK-Anbietern relevant.

2.5.3.3 Die Nachfrageseite

Grundsätzlich ist der Nachfragemarkt im Sinne des „Stackelberg'schen" Marktformenschemas nach den drei Merkmalsausprägungen „Marktteilnehmer", „Präferenzen" und „Transparenz" zu hinterfragen.

2.5.3.3.1 Marktteilnehmer

Die Bedeutung von Strom und Wärme in unserer Gesellschaft wurde bereits unter Punkt 3.2 dargestellt. Nachgefragt werden also Strom und Wärme als Endprodukte. Kleine KWK-Anlagen stellen eine von mehreren technischen Möglichkeiten dar, Wärme und Strom zu erzeugen und Nachfragern zur Verfügung zu stellen. Das Einsatzspektrum kleiner KWK-Aggregate ist trotz der Möglichkeit, mehrere Aggregate in einer Anlage zu verwenden, beschränkt. Bei einem elektrischen Leistungsbereich zwischen 5 Kilowatt (kW) und 100 kW und einem thermischen Leistungsangebot zwischen 12,3 kW und 225 kW bietet sich hauptsächlich der Gewerbe- und Dienstleistungssektor als Nachfrager an. Damit ist ein breites Spektrum an Unternehmen gemeint, welche für ihre Betriebsobjekte Wärme und Strom im Mindestausmaß der KWK-Produktion benötigen. In Vorgriff auf die insbesondere in Kapitel 4 „Marktpotenzialanalyse" durchgeführten Untersuchungen eignen sich viele Sparten mit deren

Betriebsobjekten als KWK-Nutzer, besonders Hotelanlagen, Freizeitzentren, Gesundheitseinrichtungen, Kläranlagen usw. Zweifelsohne stehen daher der Angebotsseite **viele unterschiedliche Nachfrager** gegenüber.

2.5.3.3.2 Der KWK-Nachfrager als „Homo Oeconomicus" – oder bestehen Präferenzen?

In der klassischen volkswirtschaftlichen Theorie wird dem einzelnen Marktteilnehmer als „Homo Oeconomicus" vollkommen rationales Handeln unterstellt. Benötigt ein Unternehmen Wärme und Strom, so wird es aus dieser Sichtweise danach trachten, den zeitspezifischen Mengenbedarf zu den für das Unternehmen optimalen Bedingungen (Preis, Zeitpunkt, Qualität, Zuverlässigkeit, Umweltbedingungen) zu beschaffen. Je nach Objektstandort unterliegt das Unternehmen unterschiedlichen Rahmenbedingungen, die sein rationales Verhalten determinieren. So stehen Unternehmen in Gebieten, in denen leitungsgebundene Energieträger (Erdgas, Nah- und Fernwärme) zur Auswahl stehen, zusätzliche Alternativen zur Verfügung. Fehlt dieses Angebot, so muss sich das Unternehmen auf die restlichen Brennstoffalternativen wie Öl, Flüssiggas oder beispielsweise biogene Stoffe beschränken. Zieht der streng rational handelnde Nachfrager den Kauf einer KWK-Anlage in Erwägung, wird er, abhängig vom Wissensstand, die Vor- und Nachteile subsumieren und eine rationale Entscheidung treffen.

Die wirtschaftliche Realität[35] zeigt uns ein teilweises Abweichen von dieser stringent rationalen Handlungsweise. Unabhängig von der Tatsache, dass der Nachfrager auf Grund des heterogenen Angebotsmarktes faktisch nicht in Kenntnis aller Informationen sein kann, bilden sich deutliche Präferenzen von Nachfragergruppen heraus. Präferenzierungen entstehen aus den unterschiedlichsten Gründen:

- Unternehmen beauftragen technische Büros, die Vorlieben für bestimmte Lösungen haben
- Unternehmen entscheiden auf Grund von Marketing- und Vertriebsaktivitäten der Anbieter
- Unternehmen entscheiden sich aus Umweltgründen für ein bestimmtes System
- Unternehmerentscheidungen fallen auch nach dem Prinzip „First Mover", entweder aus Interesse an neuen Problemlösungen oder um zu zeigen, ständig Technologievorreiter zu sein
- Auch Geschäftsverbindungen prägen Unternehmerentscheidungen
- Unternehmer entscheiden nach Gefühl, Sympathie und Bequemlichkeit

Mangels alternativer Technologien wurde der Markt bisher von der Hubkolbentechnik dominiert. Der Nachfrager konnte aber zwischen vielen Herstellern wählen. Seit 2004 sorgen Mikrogasturbinen und Stirlingmotore für zusätzliche technologische Wahlmöglichkeiten. Von den vertreibenden Firmen werden die Vorzüge der neuen Geräte wie Umweltfreundlichkeit und Effizienz als Unterscheidungsmerkmale gegenüber der herkömmlichen Technik angepriesen[36]. Es bleibt abzuwarten, ob die neuen Technologien auf ähnlich starke Nachfrage treffen, wie dies aus dem Haushaltssegment bei der reinen Wärmeerzeugung seit der Einführung der Hackschnitzel- und Pelletsheizungen bekannt ist. Erste Erfolge lassen darauf schließen, denn die befragten Vertriebsfir-

---

[35] Pers. Anm. des Autors, Praxiserfahrungen stammen von den Firmen E-Werk Gösting, Wels Strom GmbH, Fa. Lackner

[36] Pers. Anm. des Autors, Vertriebsfirmen E-Werk Gösting und Wels Strom bringen redaktionelle Beiträge oder Inserate in den marktrelevanten Fachzeitschriften wie z.B. ZEK (Zukunftsenergie + Kommunaltechnik) oder „ökoenergie" ein.

men konnten inzwischen einige kommerzielle Anlagen auf Basis Mikrogasturbine und Stirlingmotor errichten. Es wird daher davon ausgegangen, dass die neuen Technologien unter der Voraussetzung einer darstellbaren Wirtschaftlichkeit zunehmend aus Effizienz- und Umweltgründen vom Nachfrager präferiert werden.

2.5.3.3.3 Transparenz

Durch die aktuell zur Verfügung stehenden Wahlmöglichkeiten verschiedenster Primärenergieträger, Energieumwandlungstechniken und Endenergieformen ist bei einer objektiven Analyse des Angebotes eine Vielzahl von Fakten zu berücksichtigen. Eine exakte Analyse und Beurteilung setzt neben erheblichem Zeitaufwand technische und kaufmännische Kenntnisse voraus. Von vollständiger Markttransparenz ist daher nur dann zu sprechen, wenn vom Nachfrager beauftragte Spezialisten neutral und anwenderoptimiert urteilen. Es wird angenommen, dass dieser mit hohem Aufwand verbundene Weg in der Regel selten beschritten wird.

Die Primär- und Endenergiepreise tragen wesentlich zur Intransparenz bei. Eine Ausnahme sind die Strom- und Gaspreise, die, unterschiedlich je nach Netzebene und Menge, exakt auf den monatlichen oder jährlichen Abrechnungen ausgewiesen werden. Die Messung der Verbrauchsmenge erfolgt in der Kundenanlage über einen Zähler. Der errechnete Preis für den KWK-Strom kann daher problemlos mit dem Preis des Energielieferanten verglichen werden.

Hingegen stellt sich beim Wärmepreisvergleich die Situation völlig anders dar. Die unabdingbaren Voraussetzungen zur Wärmepreisermittlung sind das Wissen um die Mengen an zugeführter Primärenergie samt resultierenden Kosten aus dem maschinellen Energieumwandlungsprozess sowie die Zählung der erzeugten Wärmeeinheiten an der Wärmeübergabestelle. Allein durch die fehlenden Wärmezählgeräte sind die allermeisten Betreiber von Wärmeerzeugungsanlagen nicht in der Lage, die Grenz- und die Durchschnittskosten je Wärmeeinheit darzustellen[37]. Für Wirtschaftlichkeitsberechnungen werden daher oft nur die Brennstoffkosten herangezogen, die Anlagen-, Instandhaltungs- und Wartungskosten vernachlässigt.

Ein objektiver Preisvergleich je kWh KWK-Wärme kann nur gegenüber Nah- und Fernwärmeversorgungen sowie Contracting-Lieferungen angestellt werden, weil nur dann die Energieabrechnung exakt die gemessene Menge und den Preis ausweist. Ansonsten muss auf die Umrechnung vom Preis des Primärenergieträgers unter Einbeziehung des Kesselwirkungsgrades auf den Wärmepreis zurückgegriffen werden.

Es ist daher insgesamt von einem intransparenten Markt auszugehen.

2.6 Marktgrenzen

Durch die Ermittlung der Marktgrenzen soll jenes Gebiet definiert werden, in dem sich vergleichbare Produkte und Dienstleistungen der verschiedenen Unternehmungen dem Wettbewerb stellen. Grundsätzlich ist in einen sachlichen (Produkt, Dienstleistung) und einen räumlichen (geografisch definierten) Markt zu unterscheiden. Die EU definiert, von der österreichischen Bundeswettbewerbsbehörde[38] (BWB) wortwörtlich in ihrer Untersuchung über den österreichischen Elektrizitätsmarkt übernommen, den sachlichen und geografischen Markt folgendermaßen:

---

[37] Pers. Anm. des Autors, dies entspricht den Erfahrungen, die die Vertriebstechniker Ing. Weigend, E-Werk Gösting, und Leopold Berger, Wels Strom GmbH, anlässlich von Vertragsverhandlungen erlebten.

[38] Vgl. Bundeswettbewerbsbehörde BWB, Allgemeine Untersuchung der österreichischen Elektrizitätswirtschaft, 2. Zwischenbericht, Wien 2005, 19f.

„Der sachlich relevante Produktmarkt umfasst sämtliche Erzeugnisse und/oder Dienstleistungen, die von Verbrauchern hinsichtlich ihrer Eigenschaften, Preise und ihres vorgesehenen Verwendungszweckes als austauschbar oder substituierbar angesehen werden[39]." Strom und Wärme sind als Endprodukte nicht austauschbar, sehr wohl aber die Produktionsmethoden.

„Der geografisch relevante Markt umfasst das Gebiet, in dem die beteiligten Unternehmen die relevanten Produkte oder Dienstleistungen anbieten, in dem die Wettbewerbsbedingungen hinreichend homogen sind und das sich von benachbarten Gebieten durch spürbare unterschiedliche Wettbewerbsbedingungen unterscheidet"[40]. Im Sinne der zitierten Definition gilt als Marktgrenze für den betrachteten KWK-Markt der Raum innerhalb der geografischen Grenze Österreichs.

2.7 Liberalisierung, Regulierung und Wettbewerb in der Energiewirtschaft

2.7.1 Liberalisierung

Der Markt für Kraft-Wärme-Kopplungen unterliegt als Teil des umfassend zu verstehenden Energiemarktes unter anderem den Einflüssen, die sich aus der Liberalisierung des Gas- und Strommarktes ergeben haben bzw. die sich im kommenden Jahrzehnt noch ergeben werden.

Die Liberalisierung hat das Ziel, die Wirkung aller vorhandenen Marktkräfte des Wettbewerbs zu fördern und ungehindert wirken zu lassen unter der Annahme, dass dies das beste Regulativ in einem Markt darstellt[41]. Durch das freie Wirken der Marktkräfte werden die Unternehmen zur effizientesten Ressourcenallokation gezwungen. Selten genügt es jedoch, „nur" wettbewerbhemmende Regeln aufzuheben. Zusätzlich sind durch Regulierung od. Re-Regulierung Maßnahmen zu treffen, durch die sich eine „spontane Ordnung[42]", wie eben der Markt eine darstellt, bilden kann.

Die österreichische Elektrizitätswirtschaft wurde seit 1. Februar 1999 stufenweise[43] liberalisiert. Mit deutlichen zeitlichen Abständen folgten vergleichbare Maßnahmen in der Gaswirtschaft[44]. Die Politik hat damit die Rahmenbedingungen der Energieversorgung in den vergangenen Jahren grundlegend geändert. Nach der vollständigen Liberalisierung des Strom- und Gasmarktes in Österreich gilt daher grundsätzlich das Prinzip der freien Marktwirtschaft. Für Investitionen sind ausschließlich die Unter-

---

[39] Bekanntmachung der Kommission über die Definition des relevanten Marktes im Sinne des Wettbewerbsrechts der Gemeinschaft im Amtsblatt C 372, 9.12.1997, 5

[40] Ebenda, 6

[41] Vgl. E-Control, Liberalisierungsbericht, Wien 2003, 32

[42] Vgl. Hayek, F. A., Freiburger Studien: Gesammelte Aufsätze von F. A. von Hayek, Tübingen 1969, 13. Die Wirtschaftspolitik (Institutionen) soll daher ein Rahmenwerk schaffen, innerhalb dessen der einzelne nicht nur frei entscheiden kann, sondern seine auf Ausnützung seiner persönlichen Kenntnisse gegründete Entscheidung ausüben und somit soviel wie möglich zum Gesamterfolg beitragen. *Vgl. des Weiteren:* Hayek, F. A., Vorträge und Ansprachen bei der Festveranstaltung der Freiburger Wirtschaftswissenschaftlichen Fakultät zum 80. Geburtstag von Friedrich A. von Hayek; Hrsg. Erich Hoppmann, Baden-Baden 1980, 16. Um diese freie Entfaltung zu ermöglichen, benötigen die Marktteilnehmer „Freiheit im politischen Bereich" wie dies lt. FRIEDRICH A. von HAYEK nur in einer freien Marktwirtschaft, die eine spontane Ordnung darstellt, erreicht wird. Aus diesem Grund muss die Marktverfassung eine entsprechende rechtliche Rahmenordnung ermöglichen in der sich ein autarker Wettbewerb ausbreiten kann.

[43] Pers. Anm. des Autors, mit Februar 1999 durften erstmals Strombezieher mit mehr als 40 GWh Jahresverbrauch den Lieferanten für die Ware „Strom" frei wählen.

[44] Pers. Anm. des Autors, seit 2003 können alle Gaskunden ohne Mengenbeschränkung den Lieferanten für die Ware „Gas" frei wählen.

nehmen zuständig[45] und die Energiepreisbildungen für die Waren „Erdgas" und „Elektrische Energie" erfolgen im Rahmen der Marktprozesse durch Angebot und Nachfrage[46].

Regulierend greift der Staat in den verbliebenen Monopolbereich „Netz" des Energiemarktes ein. Besonderes Interesse gilt dabei der Entwicklung der Netznutzungskosten, also jenen Kosten, die für den Leitungstransport der Waren Strom und Gas derzeit und in absehbarer Zukunft anfallen.

Zur besseren Erklärung zeigt die nachfolgende Abbildung 2-6 die unterschiedlichen Komponenten der Preiszusammensetzung für 1 kWh Strom mit Stand Mai 2005 bei einem Jahresverbrauch von 45.000 kWh. Auf den monopolistischen Netzteil entfallen gerundet 46%, auf den liberalisierten Energieanteil 38% und auf Steuern/Abgaben in Summe 16%. Die Umsatzsteuer bleibt unberücksichtigt, weil die Untersuchung dem vorsteuerabzugsberechtigten Gewerbe- und Dienstleistungssektor gilt.

ABB. 2-6   STROMPREISZUSAMMENSETZUNG AUF NETZEBENE 7

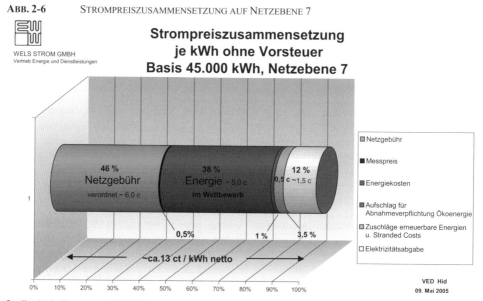

Quelle: Wels Strom vom 9.5.2005

Alle gezeigten Komponenten des Strompreises werden in einer Kundenrechnung ausgewiesen. Dem Summenpreis von rund 13 Ct./kWh wird noch die Umsatzsteuer hinzugefügt.

---

[45] Pers. Anm. des Autors, vor der Liberalisierung gab es in Österreich das so genannte „Koordinierte Ausbauprogramm" für Kraftwerke. Die Verbundgesellschaft errichtete Groß- und Speicherkraftwerke an der Donau und in den Alpen, die Regionalversorger dezentrale kleinere Kraftwerke.

[46] Pers. Anm. des Autors, seit 2003 können in Österreich die Energielieferanten für Strom und Gas frei gewählt werden. Der Wechsel von einem Lieferanten zum anderen ist gesetzlich detailliert geregelt und funktioniert unter der Einhaltung von exakt definierten Fristen klaglos.

2.7.2 Regulierung, Regulierungstheorie und regulierte Sektoren der Wirtschaft

2.7.2.1 Regulierung

„Unter dem Begriff Regulierung versteht man ein staatliches Eingreifen mit dem Ziel, die gesamtwirtschaftliche Wohlfahrt zu verbessern[47]. Regulierung bezeichnet Verhaltensbeeinflussung von Unternehmen durch ordnungspolitische, meist marktspezifische Maßnahmen, mit dem Ziel der Korrektur bzw. der Vermeidung von Marktversagen oder Ineffizienzen, d.h. zur Verhinderung monopolistischen Machtmissbrauchs und ruinöser Konkurrenz"[48].

Die Intention einer Regulierung ist daher im Kontext mit dem Regulierungsumfang und Regulierungsbegriff zu verstehen. Vordergründig geht es vor allem um Gewinnkontrolle, Marktzutrittsschranken sowie das Aufbrechen von Marktmacht. Die Ziele einer Regulierung können dabei sehr weit gefasst oder auf einen bestimmten Marktbereich beschränkt werden; z.B. das Verhindern übermäßiger Gewinne von privaten Unternehmen, Verhinderung der doppelten Nutzung von Anlagen, Vermeidung des ruinösen Wettbewerbs, Schutz der Investitionen, günstiges Investitionsklima, Verhinderung von negativen Externalitäten und sozialen Kosten[49].

2.7.2.2 Regulierungstheorie und regulierte Sektoren der Wirtschaft

Die Regulierungstheorie unterscheidet grundsätzlich zwischen positiver und normativer Theorie.

2.7.2.2.1 *Positive Theorie*

Die positive Theorie sucht nach Gründen, warum und in welcher Form reguliert werden soll. Sie untersucht auch, wer Vor- und wer Nachteile aus den Regulierungsmaßnahmen zieht. *„Traditionell beschäftigt sich die Regulierungstheorie vor allem mit denjenigen Sektoren der Volkswirtschaft, in die der Staat planend und steuernd eingreift oder in denen er gar über öffentliche Unternehmen die Produktion selber übernimmt. Dazu gehören vor allem die Wasser- und Energieversorgung, die Post- und Telekommunikationsdienste sowie das Transportwesen"[50].*

Trotz der Liberalisierung von Energieerzeugung und Energieverkauf sind die Netze für Strom und Gas im regulierten Monopol verblieben. Es obliegt den dafür vorgesehenen staatlichen Institutionen, durch Regeln für die Beseitigung von monopolistischen Ineffizienzen zu sorgen. Beispielhaft für die Regulierung und von besonderer Bedeutung für die Energiewirtschaft sind die Preise für die Nutzung der Strom- und Gasleitungen. Regulierungseingriffe verändern die Strom- und Gaspreise strukturell und betragsmäßig.

Durch die Liberalisierung bilden sich unterschiedliche Marktformen in der vertikalen Wertschöpfungskette der Energieversorgungsunternehmen aus. Nachfolgende Tabelle 2-3 zeigt anhand der Marktausgestaltungsformen in der EVU-Wertschöpfungskette die regulativen Gestaltungsmöglichkeiten:

---

[47] Pers. Anm. des Autors, das öffentliche Interesse legitimiert diese hoheitlichen Eingriffe.
[48] Vgl. Gabler, Wirtschaftslexikon 2000, 15. Aufl., Wiesbaden, 2614, Pers. Anm. des Autors, Marktversagen hinsichtlich eines mangelnden Wettbewerbs kann durch natürliche Monopole oder kollusives Verhalten in Oligopolen entstehen.
[49] Vgl. Krenn, W., Die Krise des kalifornischen Elektrizitätsmarktes: Das kalifornische Liberalisierungsmodell des Elektrizitätsmarktes im Vergleich mit alternativen Liberalisierungsmodellen, Neumarkt 2002, 6
[50] Borrmann, J., u.a., 1999, 8

Tab. 2-3 Marktausgestaltungsformen der EU-Wertschöpfungskette

Stufe der Wertschöpfungskette	Marktform/Marktstruktur	Subadditivität	Monopol/Resistenz[51]
Erzeugung[52]	kompetitiver Markt/Oligopol	Nein	Nein
Übertragung[53]	natürliches Monopol	Ja	Ja
Verteilung[54]	natürliches Monopol	Ja	Ja
Handel[55]	kompetitiver Markt/Oligopol	Nein	Nein
Vertrieb[56]	kompetitiver Markt/Oligopol	Nein	Nein

Quelle: Eigene Recherchen und E-Control, Liberalisierungsbericht 2003

2.7.2.2.2 Normative Theorie, Regeln für die Energiewirtschaft

Die normative Theorie der Regulierung beschäftigt sich mit der konkreten Umsetzung der Frage, wie reguliert werden soll. Das „Wie" wird in gesetzlichen und gesetzesähnlichen[57] Regelwerken beschrieben.

Die Energiewirtschaft unterliegt generell strengen technischen, wirtschaftlichen und organisatorischen Regeln. Eine Fülle von EU-Richtlinien, Bundes- und Landesgesetzen, Bescheiden und Verordnungen regelt detailliert die einzelnen vertikalen Unternehmensstufen Erzeugung, Transport/Verteilung und Handel/Vertrieb. Stellvertretend seien die beiden wichtigsten österreichischen Bundesgesetze für den Energiebereich, das Elektrizitätswirtschafts- und -organisationsgesetz (ElWOG) und das Gaswirtschaftsgesetz (GWG) genannt. Auf Länderebene gelten jeweils länderspezifische Landes-ElWOGs.

Da KWK-Anlagen neben Wärme auch Strom erzeugen und diesen wahlweise in das öffentliche Netz einspeisen können, gibt es dazu spezielle technische Vorschriften und Normen, die es zwingend einzuhalten gilt. Das Zusammenwirken der Stromauskopplung im KWK-Betrieb mit dem öffentlichen Stromnetz wird mit eigenen Verträgen zwischen dem KWK-Betreiber und dem Netzbetreiber geregelt. Zu beachten sind die von der ECG (Energie-Control GmbH) genehmigten „Allgemeinen Bedingungen für den Zugang zum Verteilnetz" und die „Parallelbetriebsbedingungen[58]" des regionalen Versorgungsunternehmens.

2.7.2.3 Energie-Control GmbH und Energie-Control Kommission

Die österreichischen Regulierungsbehörden[59] Energie-Control GmbH (ECG) bzw. E-nergie-Control Kommission (ECK) wurden zur Wahrung von Regulierungsaufgaben im

---

[51] Vgl. E-Control, Jahresbericht 2003, Wien 2004, 18. Aus ökonomischer Sicht ist die Existenz resistenter Monopole, das Zusammentreffen von Subadditivität und dauerhaften Markteintrittsbarrieren ein ausreichendes Kriterium für einen Regulierungsbedarf und daher der Implementierung einer staatlichen Aufsicht unterlegen, weil die potenzielle Möglichkeit der Diskriminierung anderer Marktteilnehmer sowie eine ineffiziente Ressourcenallokation durch fehlenden Wettbewerb besteht.

[52] Pers. Anm. des Autors, Produktion von elektrischer Energie

[53] Pers. Anm. des Autors, Transport der Energie auf Höchstspannungsebene

[54] Pers. Anm. des Autors, Transport der Energie auf Mittel- und Niederspannungsebene

[55] Pers. Anm. des Autors, im liberalisierten Strommarkt wird Strom sowohl an der Strombörse (standardisierte Produkte) als auch bilateral als so genannte „over-the-counter" (OTC)-Geschäfte mit individueller Vertragsgestaltung gehandelt. Basis des Stromhandels ist der so genannte Spotmarkt, wo Verträge über physische Stromlieferungen für den nächsten Tag abgeschlossen werden („day-ahead-Markt"); Kauf und Verkauf von elektrischer Energie dienen zur kurzfristigen Beschaffungs- und Absatzoptimierung. Daneben gibt es noch den Terminmarkt, an dem Stromlieferungen für einen zukünftigen Zeitraum – zu einem heute bestimmten Preis - vereinbart werden (Produkte bspw. auf Forward-Basis).

[56] Pers. Anm. des Autors, Verkauf und Verrechnung der Energie an Endverbraucher

[57] Pers. Anm. des Autors, typischerweise sind darunter technische Normen zu verstehen, die ergänzend zu Gesetzen und Verordnungen gelten.

[58] Quelle abrufbar unter: 2005-11-12, Kundenservice/Parallelbetrieb/Stromerzeugungsanlagen, www.welsstrom.at

[59] Pers. Anm. des Autors, vereinfachend wird allgemein von der „Regulierungsbehörde" gesprochen, obwohl es eine klare Aufgabentrennung zwischen ECK und ECG gibt.

Bereich der Elektrizitäts- und Gaswirtschaft geschaffen[60]. Beiden Institutionen obliegt es im Rahmen ihrer unterschiedlichen Aufgabenzuweisungen unter anderem für die Festsetzung der Systemnutzungstarife[61] und für ein Regelwerk zur für Energielieferanten neutralen Nutzung der Netze zu sorgen. Die Systemnutzungstarife regeln die Preise für die Nutzung des im „Natürlichen Monopol" (genaueres siehe Punkt 2.8.1) verbliebenen Teiles der vertikalen Wertschöpfungskette eines Energieversorgungsunternehmens (EVU).

Zielsetzung der Regulierungsbehörde muss es sein, einerseits durch preistheoretische Überlegungen überbordende Renditen aus den Netzgebühren zu verhindern und andererseits genügend finanziellen Spielraum für Instandhaltungen und Investitionen zur Aufrechterhaltung der Qualität und Versorgungssicherheit zu gewährleisten. Die Festsetzung der Systemnutzungspreise in Österreich geschah bis dato per Verordnung nach einem vorangehenden Kostenermittlungsverfahren, das getrennt je gesetzlich definiertes Netzgebiet durchgeführt wurde. Weil ausschließlich die Kostensituationen, nicht aber die Effizienzen und der Investitionsbedarf der Netzbetreiber in die Erhebungen einflossen, wurden zahlreiche Klagen von sich benachteiligt fühlenden Netzbetreibern beim Verfassungsgerichtshof[62] eingebracht. Inzwischen wurden die Regulierungsinstrumente verfeinert. Die neuen Netztarife per 1.1.2006 wurden durch ein Benchmarking-Verfahren[63] festgelegt, das inzwischen auch von den Energieversorgungsunternehmen als das bessere Regulierungssystem angesehen und daher vom Verband der E-Werke Österreichs (VEÖ) unterstützt wird. Aus Gründen der Wichtigkeit für diese Arbeit wird auf das österreichische Regulierungsmodell samt den Netztarifentwicklungen im Punkt 6.2 noch näher eingegangen.

2.8 Der Monopolbereich „Netz"

2.8.1 Natürliche Monopole, Economics of Scale

Ein natürliches Monopol liegt dann vor, wenn der Markt von einem einzelnen Anbieter kostengünstiger versorgt werden kann als von mehreren Anbietern; vor allem hohe Fixkosten führen dazu, dass nur ein Anbieter, gestützt auf Economics of Scale, im Vergleich zur gegeben Marktgröße am Markt bestehen kann[64]. Diese Situation ist vor allem immer dann gegeben, wenn die Durchschnittskosten eines Produktes mit steigender Produktionszahl fallen.

EVUs profitieren also im Monopolbereich „Netz" von Größenvorteilen. Als Paradebeispiel gilt eine Stromleitung, die technisch anstatt mit 10 Megawatt (MW) auch mit 20 MW permanent belastet werden kann. Solch eine Situation tritt dann auf, wenn der

---

[60] Die detaillierte Aufgabenzuweisung für die ECG bzw. ECK ist unter http://www.e-control.at taxativ aufgelistet.

[61] Vgl. ECK, Verordnung der ECK mit der die Tarife für die Systemnutzung bestimmt werden (Systemnutzungstarifverordnung SNT-VO), 1. Der Systemnutzungstarif setzt sich aus den Komponenten Netznutzungsentgelt, Netzbereitstellungsentgelt, Netzverlustentgelt, Systemdienstleistungsentgelt, Entgelt für Messleistungen und Netzzutrittsentgelt zusammen.

[62] Pers. Anm. des Autors, gegen Verordnungen ist kein ordentliches Rechtsmittel möglich, deshalb wird der außerordentliche Weg über die Höchstgerichte beschritten.

[63] Pers. Anm. des Autors, im Prinzip werden beim Benchmarkingverfahren die Unternehmen hinsichtlich ihrer Effizienz (Produktivität) untereinander verglichen und je nach Einstufung wirtschaftlich belohnt oder bestraft.

[64] Pers. Anm. des Autors, über den gesamten Produktionsbereich werden fallende Grenz- und Durchschnittskosten genutzt. Bei natürlichen Monopolen sind daher der Staat od. von ihm betraute Behörden mit Kompetenzen ausgestattet, Monopolisten hinsichtlich Preisgestaltung, Markteintritt und –austritt zu überwachen. Diese sozialpolitisch motivierte Argumentation für die Regulierung eines Marktes stellt aus ökonomischer Sicht kein Marktversagen dar, liefert aber eine Rechtfertigung für staatliche Eingriffe. Vgl. dazu Mader, S., 2003, 8. Solche wirtschafts- und sozialpolitischen Ziele können bspw. Versorgungssicherheit, Nutzung des Strompreises als Instrument der Sozialpolitik, Forcierung bestimmter Technologien oder bestimmter Energieträger und Gewährleistung eines einheitlichen Strompreises sein.

Infrastrukturaufbau in das Netz mit hohen Fixkosten verbunden ist, während die Grenzkosten der Bereitstellung einer weiteren zusätzlichen Einheit (bspw. 1 MW) eher gering sind[65]. Ähnliche Überlegungen gelten für Gasleitungen, die bis zur Kapazitätsgrenze unterschiedliche Mengen mit unterschiedlichen Durchschnitts- und Grenzkosten transportieren können.

Das Durchbrechen der Monopolstruktur würde zu einem Kostenanstieg der erbrachten Leistung führen. Auf die Stromversorgung bezogen wird es nur wenig Sinn ergeben, zu einem Kunden mehrere Versorgungsleitungen parallel zu bauen, die gering ausgelastet und in ihrer Erhaltung viel kostenintensiver sind als eine einzige Leitung, ebenso wenig bei Gas-, Wärme- und Wasserleitungen. Mit anderen Worten, die Durchschnittskosten je transportierte Mengeneinheit von Versorgungsleitungen sinken mit zunehmender Zahl von Kundenanschlüssen und den damit einhergehenden Transportmengensteigerungen.

In der Mikroökonomie wird ein natürliches Monopol auch mit Hilfe des Terminus der Subadditivität der Kostenfunktion bezeichnet. D.h., ein einzelnes Unternehmen (hier Netzbetreiber) A kann eine bestimmte Outputmenge q (hier transportierte Strommenge) zu geringeren Kosten C erzeugen als mehrere Unternehmen zusammen, unabhängig davon, wie dieser Output auf die anderen Unternehmen aufgeteilt wird. Es gilt daher

$$C_A(\sum_{i=1}^{N} q_i) < \sum_{i=1}^{N} C(q_i) \qquad \text{für alle } q_1, \ldots q_N \text{ mit } \sum_{i=1}^{N} q_i = q$$

Jede Produktion durch mehrere Unternehmen bedeutet in diesen Fällen aus volkswirtschaftlicher Sicht einen ineffizienten Einsatz von Ressourcen. Natürliche Monopole weisen daher auch staatliche Marktzutrittsbeschränkungen als Regulierungsmaßnahme auf. Neue Wettbewerber würden lukrative Teilmärkte aus dem natürlichen Monopol herausbrechen, so genanntes „cream skimming" betreiben, und dadurch die Gesamtkosten der leitungsgebundenen Versorgung erhöhen[66].

2.8.2 Monopolgewinne, Netznutzungstarife

2.8.2.1 Monopolgewinne

Problematisch sind im Zusammenhang mit Regulierungsmaßnahmen die Ausmaße der zugestandenen Monopolgewinne. Monopolgewinne entstehen grundsätzlich aus einem Einnahmenüberschuss aus den Monopolpreisen (Netznutzungstarifen) nach Abzug aller Aufwendungen. Hohe Monopolgewinne aufgrund hoher Preise (da der Monopolist preistheoretisch so lange die Gewinne erhöhen kann, so lange der Preisvorteil größer ist als der Nachteil des Nachfragerückganges)[67] sind gleichbedeutend mit gesamtgesellschaftlichen Wohlfahrtsverlusten durch ineffiziente Allokation und bedeutet eine Abkehr vom Pareto-Optimum[68]. Dieser Umstand dient den österreichischen Regulierungsbehörden ECG und ECK als Rechtfertigung und Motivation zu laufenden Regulierungsmaßnahmen.

---

[65] Pers. Anm. des Autors, vorausgesetzt, die Leitung besitzt noch die benötigte Kapazität.

[66] Vgl. Krenn, W., 2002, 8

[67] Pers. Anm. des Autors, aufgrund der sehr unelastischen Preiselastizität führen Preissteigerungen zu marginalen Nachfragerückgängen.

[68] Pers. Anm. des Autors, als Pareto-Optimum wird jene Situation verstanden, in der der Nutzen keines einzigen Wirtschaftssubjektes erhöht werden kann, ohne dass der Nutzen eines anderen gemindert wird.

Das Kernproblem eines natürlichen Monopols liegt darin, dass sich eine Regulierung dieses Monopols als recht schwierig herausstellt, da die regulierende Behörde nicht einfach die Preise gleich den Grenzkosten (MC) festsetzen kann (First-Best-Outcome), ohne dass dem Monopolisten Verluste zugefügt werden[69].

Die Durchschnittskostenkurve AC verläuft im Sinne von Economics of Scale fallend bis zu jenem Zeitpunkt, ab dem Erweiterungsinvestitionen aufgrund der Kapazitätsgrenze notwendig sind. Die Grenzkostenkurve MC liegt im betrachtungsrelevanten Teil unterhalb AC. Nachfolgende Abbildung 2-7 verdeutlicht dies:

ABB. 2-7   NATÜRLICHES MONOPOL, GRENZKOSTEN, DURCHSCHNITTSKOSTEN

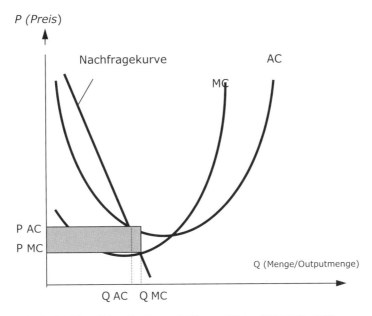

Quelle: Train, K. E., Optimal Regulation: The Economic Theory of Natural Monopoly, 1992

Würde der Regulator[70] die Netztarife dort ansetzen, wo die Nachfragekurve die MC-Kurve beim Preis P_{MC} schneidet, würde das Unternehmen einen Verlust erleiden (graue Fläche). Es gäbe für den Regulator nur die Möglichkeit, den Preis gleich den Grenzkosten zu setzen und das EVU dabei gleichzeitig zu subventionieren, um die entstehenden Verluste zu kompensieren. Die dafür notwendigen Mittel müssten jedoch wieder refinanziert werden, womit Preisverzerrungen am Markt unvermeidlich wären.

Ein zweiter Ansatz besteht darin, den Preis bis zum Break-even des EVUs steigen zu lassen (dort, wo die Durchschnittskostenkurve AC die Nachfragekurve zum Preis P_{AC} schneidet). Dieser Preis wäre dann als optimal anzusehen, wenn es keine Subventionen gibt. Man spricht in diesem Fall vom „Second-Best-Outcome Pricing"[71].

---

[69] Vgl. Train, K. E., Optimal Regulation: The Economic Theory of Natural Monopoly, 2. print., Massachusetts 1992, 14
[70] Pers. Anm. des Autors, die ECG führt das Prüfungsverfahren durch und schlägt der beschlussfassenden ECK Tarife vor.
[71] Vgl. Train, K. E., 1992, 16

Aus wirtschaftspolitischer Sicht ist es sinnvoll, einerseits die mit einem Monopol verbundenen negativen Effekte im Strom- und Gassektor zu beseitigen, indem man die Konkurrenz stimuliert (wie in den Wertschöpfungsstufen Erzeugung und Vertrieb). Andererseits muss auch der Missbrauch von Marktmacht der ehemaligen regionalen Monopolisten durch Regulierung (Übertragung und Verteilung) möglichst eingeschränkt werden[72].

An dieser Stelle sei zu erwähnen, dass in der jüngsten österreichischen Praxis zahlreiche Probleme bei der Regulierung von natürlichen Monopolen auftreten. Das Hauptproblem der Vergangenheit lag vor allem im Fehlen von ausreichenden Informationen zu den Kostenstrukturen des betreffenden Monopolisten. Erst die von der ECG eingeführten Kostenfeststellungsverfahren[73] für österreichische Netzbetreiber im Strom- und Gasnetz erlauben einen qualitativen und quantitativen Einblick. Ermöglicht wird dies durch ein für alle Netzbetreiber gleiches Kostenerhebungsschema. Nunmehr ist die Regulierungsbehörde in der Lage, die wahren Kosten bzw. Kostenkurven für die unterschiedlichen Netzbetreiber zu ermitteln. Unter Berücksichtigung der Monopolgewinne wurden seit dem Jahr 2001 regional unterschiedlich Netztarife (Systemnutzungstarife) festgelegt. Durch die Analyse der seit Jahren zur Verfügung stehenden Daten konnte infolge methodisch begründet auf das per 1.1.2006 neu eingeführte Benchmarking-System übergegangen werden, aus dem sich die Systemnutzungstarife nunmehr ableiten.

2.8.2.2 Systemnutzungstarife

Unter dem Begriff „Systemnutzungstarife" sind folgende für die Netznutzung vorgesehene Tarife zusammengefasst:

- Netzzutrittsentgelt
- Netzbereitstellungsentgelt
- Netznutzungsentgelt
- Netzverlustentgelt
- Systemdienstleistung
- Entgelt für Messleistungen

Für die KWK-Analyse ist hauptsächlich das **„Netznutzungsentgelt"** NNE untersuchungsrelevant, weil es für den Netznutzer der bestimmende monetäre Teil des Netztarifes ist. Dem „Netzverlustentgelt" NVE kommt untergeordnete Bedeutung[74] zu, außerdem wird es durch ein völlig anderes Bewertungsschema (über Börsepreise) ermittelt. Alle anderen Komponenten der Netznutzungstarife sind für die gegenständliche Arbeit nicht von Interesse.

Die zukünftigen Tarife für das NNE beeinflussen wesentlich und direkt die Gesamtpreise der leitungsgebundenen Energien Strom und Gas. Deshalb ist es zwingend erforderlich, auf die genaueren Begleitumstände und die Berechnungsmodelle näher einzugehen. Die Zielsetzung in Kapitel 6 (Netztarife und Energiepreise) besteht dar-

---

[72] Vgl. Mader, S., 2003, 10

[73] Pers. Anm. des Autors, auf Ex-post-Basis wurden die Unbundlingbilanzen der großen und mittleren Stromnetzbetreiber, beginnend ab 2003 mit den Bilanzen aus 2001, nach einem sukzessive verfeinerten Ermittlungsverfahren geprüft. Dadurch konnten neben wertvollen statistischen Daten erstmalig die unterschiedlichen Monopolgewinne je Netzbetreiber festgestellt werden.

[74] Pers. Anm. des Autors, das Verhältnis NNE zu NVE beträgt laut SNT-VO 2006 für das Netzgebiet Oberösterreich auf Netzebene 7 bei einem Jahresverbrauch von 63.000 kWh 5,71 Ct./kWh zu 0,26 Ct./kWh.

in, die jährlich unterschiedlichen Netznutzungsentgelte (inklusive NVE[75]) für Strom und Gas für die kommenden 10 Jahre betragsmäßig so exakt wie möglich darzustellen.

2.8.3 Regulierungsmodelle

2.8.3.1 Der Interessenkonflikt bei Regulierungsmodellen

Übertragungs- und Verteilnetze stellen, wie bereits erwähnt, weiterhin natürliche Monopole dar, die auch nach der Liberalisierung als solche behandelt werden müssen. Damit liegt in der Festsetzung gerechter Gebühren für die Netznutzung eine der vordringlichsten Aufgaben für das Zustandekommen eines funktionierenden Wettbewerbs. Am Strom- und Gasmarkt kommt es somit zu einem komplexen Zusammenwirken von Entscheidungen der regulierenden Behörde über das natürliche Monopol mit der Festsetzung der Tarife für den Übertragungs- bzw. Verteilungsbereich[76] und unternehmerischen Entscheidungen über Stromproduktion, Stromhandelstätigkeiten, Vertriebsstrukturen und Energiepreisfestsetzungen.

Der Regulator steht vor dem grundsätzlichen Problem, das Regulierungsmodell so zu gestalten, dass es zu einem möglichst gerechten Interessenausgleich zwischen den Netzbetreibern und den Nachfragern kommt. Dem einzelnen Netzbetreiber sollen jene Einnahmen zugestanden werden, die einen qualitativen Betrieb seines Netzes (Netzsicherheit) sicherstellen und eine angemessene Rendite des eingesetzten Kapitals gewährleisten. Für die Nachfrager muss ein Optimum zwischen möglichst günstigen Preisen für die Zurverfügungstellung des Netzes und den notwendigen Qualitätsansprüchen gefunden werden.

Aus diesem Anforderungsprofil heraus wurden unterschiedliche Regulierungsmodelle entwickelt, die in der Folge kurz dargestellt werden, um dann in einem weiteren Schritt auf die aktuellen österreichischen Regulierungsentwicklungen (Näheres in Kapitel 6) einzugehen. Grundsätzlich ist zwischen Renditenregulierung und Anreizregulierung zu unterscheiden.

2.8.3.2 Renditenregulierung

Die Rate-of-Return-Regulierung (RoR-Regulierung) vergütet den Unternehmen die Betriebs- und Kapitalaufwendungen und zusätzlich eine angemessene Verzinsung auf das eingesetzte Kapital. Nachteilig wirkt sich diese Art der Regulierung auf den geringen Anreiz zur Produktivitätsverbesserung und zur Einführung von Innovationen aus. Wegen des Renditenmechanismus neigen die Unternehmen zu mehr als den notwendigen Investitionen. Verbreitete Anwendung fand dieses Modell in den Vereinigten Staaten.

2.8.3.3 Anreizregulierungen

Die Grundidee besteht darin, Anreize für eine Kostenreduktion bei den Netzbetreibern durch eine Entkoppelung von Kosten und Erlösentwicklungen zu schaffen. Der Anreiz ist so zu verstehen, dass die Erlöse regulativ über einen bestimmten Zeitraum degressiv verlaufen. Dadurch wird der Netzbetreiber gezwungen, Kosten einzuspa-

---

[75] Pers. Anm. des Autors, die Netzverlustentgelte (NVE) werden in unterschiedlicher Höhe je Netzebene dem Netznutzungsentgelt hinzugefügt.

[76] Pers. Anm. des Autors, die Festsetzung über die Höhe der Systemnutzungstarife beeinflusst maßgeblich die Investitionstätigkeit der EVUs bezüglich Ausbau der Netzinfrastruktur, denn durch Investitionen in den Netzbereich (und Kraftwerke) bindet ein EVU Kapital für mehrere Jahrzehnte. Die EVUs werden daher nur dann investieren, wenn die politischen und ökonomischen Rahmenbedingungen klar sind und die Investitionen eine angemessene Rendite erwarten lassen.

ren, um eine befriedigende Erlössituation aufrechtzuerhalten. Dieses Anreizregulieren wurde vom Prinzip her in den Jahren 2004 und 2005 in Österreich angewendet. Eine erweiterte Variante stellt Vergleiche zwischen vergleichbaren Unternehmen an, um sich entweder am Branchendurchschnitt oder an den Klassenbesten zu orientieren. In diesem Fall wird von einem „Benchmarking" gesprochen. Zugestanden werden dann Tarife, die sich zum Beispiel am kostengünstigsten Unternehmen orientieren.

2.8.3.3.1 Preisobergrenzenregulierung

Dieses Preissystem wurde erstmals 1984 als „RPI-X-Regulierung" für die British Telekom eingeführt. Nach Festsetzung einer anfänglichen Preisobergrenze wird für ein Unternehmen über einen dem Unternehmen bekannten mehrjährigen Zeitraum eine gestufte degressive Preiskurve festgelegt, in der bereits eine Inflationsbereinigung und ein Effizienzfaktor eingebaut sind. Die Erlöse ergeben sich aus der Multiplikation von zugestandenen Preisen je Mengeneinheit und der Menge.

2.8.3.3.2 Erlösobergrenzenregulierung

Die „Revenue-Cap-Regulierung" legt im Unterschied zur „Preisobergrenzenregulierung" eine Erlösobergrenze unabhängig von der Energiemenge fest. In dieses Modell lassen sich dennoch Elemente wie Inflations- und Effizienzkoeffizienten einbauen, auch Mengenentwicklungen und die Kundenanzahlsteigerungen mit dem damit verbundenen Investitionsbedarf können berücksichtigt werden.

2.8.3.3.3 Yardstickregulierung

Die Yardstickregulierung vergleicht mehrere Unternehmen untereinander (Benchmarking) und weicht dadurch von den bisherigen Unternehmens-Einzelbetrachtungen ab. *„In der Yardstickregulierung ergeben sich die Erlöse und die Preise für ein Unternehmen aus den Kosten vergleichbarer Unternehmen. Je mehr vergleichbare Unternehmen für die Bestimmung der Kostenbasis herangezogen werden, umso bessere Ergebnisse können durch die Yardstickregulierung erzielt werden. Man kann den Yardstick (Maßstab) entweder auf die durchschnittlichen Kosten der berücksichtigten Unternehmen oder auf das Best-Practice-Unternehmen beziehen"*[77]. Bei diesem Modell sind Anreize für Kostenreduzierungen in den einzelnen Unternehmen sehr hoch.

2.9 Preisbildung und Preiskontrolle am Strommarkt

2.9.1 Der Mechanismus der Strompreisbildung

Der Wert der Ware Strom unterliegt tages- und jahreszeitlichen Schwankungen. Im Winter wird tendenziell mehr Strom benötigt als im Sommer. Werktags zwischen 6.00 Uhr und 18.00 Uhr wird deutlich mehr Strom verbraucht als während der Nachtstunden und am Wochenende. Lastspitzen treten in der Regel werktags um 12.00 Uhr auf, kleinere Spitzen um 9.30 bzw. 18.00 Uhr. In Hochtarifzeiten mit werktägigen Nachfragespitzen ist der Strom teuer, an Wochenenden und während der Nacht verhältnismäßig billig. Um den Bedarf an Strom jederzeit decken zu können, ist das Zusammenwirken verschiedener Kraftwerkstypen mit unterschiedlichen Voll- und Grenzkosten notwendig.

Die Energiegrundlast wird in Österreich durch Laufkraftwerke, in Deutschland durch Braunkohle-/Steinkohle- und Atomkraftwerke erzeugt. Durch die hohen Betriebs-

---

[77] Grönli, H., Heberfellner, M., Mechanismen der Anreizregulierung, Working Paper der ECG, 2002, 3

stunden der Grundlastkraftwerke sind die Produktionskosten für 1 kWh im Vergleich zu den Mittel- und Spitzenlastkraftwerken relativ niedrig.

Zur Abdeckung der Tagesnachfrage sind zusätzlich schnellstartende Gaskraftwerke sowie Steinkohlekraftwerke im Einsatz. Die geringeren Betriebsstunden verursachen neben anderen Faktoren höhere Produktionskosten.

Die Spitzenlastabdeckung erfolgt über Speicher- und Pumpspeicherkraftwerke mit sehr hohen spezifischen Kosten je kWh.

Aus Händlersicht ist jeder Verkäufer gezwungen, sein kundenabhängiges Stromverkaufsprofil so genau wie möglich zu prognostizieren. Erst dann kann er die benötigten Strommengen zeit- und bedarfsgerecht zukaufen. Abweichungen von der Prognose müssen teuer über die Lieferung und Verrechnung von Ausgleichsenergie ausgeglichen werden. Je geringer die Abweichung zwischen Prognose und Verbrauch ist, desto geringere Ausgleichsenergiezahlungen[78] fallen an.

Der Zusammenhang zwischen Preis und Nachfrage wird in der Abbildung 2-8 dargestellt.

ABB. 2-8 ENERGIEPREISBILDUNG: NACHFRAGE - PREISMECHANISMUS

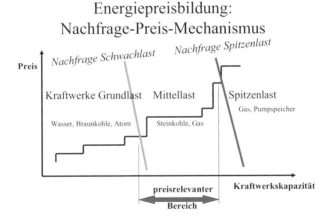

Quelle: Eigene Abbildung

Nachfrageabhängig richtet sich der Einsatzabruf der Kraftwerke nach den spezifischen Produktionskosten je Kraftwerk. Die Preissetzung erfolgt nach den zuletzt eingesetzten Kraftwerkstypen. In Zeiten mit gutem Wasserdargebot und gemäßigten Temperaturen steht mehr Grundlaststrom zur Verfügung, die Nachfrage ist gedämpft. In Zeiten mit geringer Wasserführung und hohem Sommerverbrauch (Klimaanlagen) ist teurer Spitzenstrom zur Deckung der Nachfrage nötig. Der Energiepreis am Spotmarkt ist deswegen extrem volatil.

---

[78] Pers. Anm. des Autors, als Ausgleichsenergie wird jener fehlende Teil der Strommenge bezeichnet, die sich aus der Differenz der dem Händler zur Verfügung stehenden und der tatsächlich benötigten Strommenge ergibt. Die Fehlmenge ist dem Bilanzgruppenkoordinator zu einem eigens ermittelten Preis abzugelten.

2.9.2 Handel an der Strombörse

Strombörsen bieten die Möglichkeit, Informationen über den aktuellen und die zukünftig zu erwartenden Energiepreise zu erhalten. Durch die Notwendigkeit, für diese Arbeit den Strompreis bis ins Jahr 2015 zu prognostizieren (siehe Kapitel 6), erscheint eine kurze Betrachtung des Börsemechanismus angebracht.

Seit Mitte 2000 wird in Deutschland Strom (zunächst nur am Spotmarkt) gehandelt. Durch die Zusammenlegung der Strombörsen von Frankfurt und Leipzig entstand im Juni 2002 die Strombörse EEX in Leipzig. Seit 2002 wird auch in Österreich Strom über die Strombörse EXXA, beheimatet in Graz, gehandelt[79].

Produzenten und Stromhändler bieten an der Strombörse definierte Strommengen für bestimmte Zeiträume an. Nachfrager fragen definierte Mengen für bestimmte Zeiträume nach. Die Energiepreisbildung gehorcht dem Börsemechanismus, der Angebots- und Nachfragepreise durch die Ermittlung des Marktpreises deckungsgleich bringt.

Zu unterscheiden ist zwischen Spot- und Futuremarkt. Der Spotmarkt deckt den physikalischen Bedarf des Händlers für den nächsten Tag (day ahead) ab.

Der Großteil des Handels beruht jedoch auf derivativen Geschäften. Der Nachfrager kann angebotene Mengen zu fixen Preisen für spätere Zeiträume ankaufen. Es ist dabei unerheblich, ob die gekaufte Menge als Handelsware dient oder zur tatsächlichen physikalischen Deckung des Eigenbedarfes eines Energieversorgungsunternehmens benötigt wird. Derzeit können beispielsweise über die EEX bereits Mengen zu Tagespreisen für 2012 gehandelt werden. Obwohl sich die Future-Preisstellungen je nach Angebot und Nachfrage jederzeit ändern können, ist auf diese Art eine indikative Einschätzung der zukünftigen Preisentwicklung möglich.

2.9.3 Preisbildung im Angebotsoligopol

Die Preise für Strom sind seit 2003 kontinuierlich angestiegen und steigen weiter. Europas Stromerzeugung wird von wenigen großen Konzernen dominiert. Nur diese Erzeuger sind in der Lage, große preisbeeinflussende Strommengen an der Börse anzubieten. Der Vergleich mit einem Angebotsoligopol drängt sich auf.

Bei einem Angebotsoligopol treffen die Nachfrager auf wenige Anbieter, von denen jeder einen nicht unbeachtlichen Marktanteil innehat. Jeder Anbieter übt mit seinen strategischen und taktischen Entscheidungen Einfluss auf die anderen Marktteilnehmer aus, unterliegt aber deren möglichen Reaktionen. Die wenigen Anbieter, die den Markt beherrschen, können die von ihnen angebotenen Mengen und damit ihre Preise so lange ähnlich wie Monopolisten hoch halten, als sie in stillschweigendem (oder tatsächlichem, wettbewerblich illegalem) Einvernehmen stehen und keiner, etwa durch Verbilligung seiner Produkte oder durch eine Werbekampagne, aus diesem Verhalten "ausbricht". Erfolgt dieser Ausbruch aber doch, müssen die anderen nachziehen, was die Situation aller Oligopolisten insgesamt verschlechtert. Daher haben Oligopolisten eher den Anreiz zu kooperieren als miteinander im Wettbewerb zu stehen. Das Ergebnis eines Angebotsoligopols ist einem Monopol ähnlich und führt auf jeden Fall zu einer Fehlallokation der Ressourcen und einem nachteiligen Ergebnis für den Nachfrager. Angebotsoligopole stellen daher ein klassisches Problem der Ökonomie dar.

---

[79] Pers. Anm. des Autors, Strombörse Leipzig (EEX), Strombörse Graz (EXXA)

Mikroökonomische Betrachtung des KWK-Marktes

Im unten angeführten theoretischen Beispiel wird ein „big player" in der europäischen Energiewirtschaft angenommen, der in der Mehrzahl „Base-Load-Kraftwerke" zur Grundlastabdeckung betreibt. Nimmt der Stromproduzent eine genügend große Anzahl von Kraftwerken aus dem Markt, so führt die Reduktion des Angebots an elektrischer Energie zu einer Verschiebung der Angebotskurve nach links. Das bedeutet unter der Voraussetzung gleich bleibender Nachfrage einen höheren Preis Pm bei geringerer Outputmenge Qm an Strom. Die Einnahmen bei gleicher Nachfrage für den mengenreduzierenden Produzenten und für die anderen Oligopolisten steigen. Trotz Oligopol stellt sich ein monopolistisches Gleichgewicht ein. Zur Veranschaulichung dieser Vorgänge dient Abbildung 2-9.

ABB. 2-9   PREISBILDUNG IM OLIGOPOL

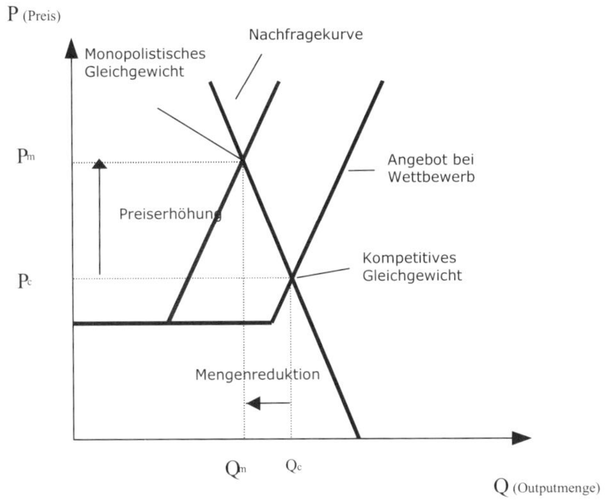

Quelle: Eigene Darstellung

In diesem Zusammenhang wird wieder auf die Preise für Gas und Strom als wesentliche Einflussfaktoren auf die Wirtschaftlichkeit von KWK-Anlagen hingewiesen. Jede Veränderung der Energiepreise, besonders wenn sich der Strompreis unterschiedlich zum Erdgaspreis entwickelt, zieht wirtschaftliche Konsequenzen für diesen speziellen Markt nach sich.

Zur Verhinderung solcher den Wettbewerb behindernder Marktstrukturen wurden Kartellbehörden ins Leben gerufen. Für den österreichischen Markt wurde die Bundeswettbewerbsbehörde installiert.

2.9.4 Bundeswettbewerbsbehörde

Gestützt auf das Bundesgesetz über die Errichtung einer Wettbewerbsbehörde (BGBl I Nr. 62/2002) wurde die „Bundeswettbewerbsbehörde" (BWB) eingerichtet. Die BWB hat die Aufgabe, jene Wirtschaftszweige einer Untersuchung zu unterziehen, die vermuten lassen, dass der Wettbewerb in diesen Bereichen eingeschränkt, verfälscht oder unterbunden wird. In Zusammenhang mit den Strompreisbildungen in Österreich wurde die Bundeswettbewerbsbehörde bereits tätig.

Durch den Zusammenschluss von fünf regionalen österreichischen Elektrizitätsunternehmen im Vertrieb zur „Energie Allianz Austria"[80] mit einem Marktanteil von rund 80% und der damit zusammenhängenden Marktmacht war die Elektrizitätswirtschaft Ziel von Untersuchungen der BWB. Darüber hinaus wurde seit Jahren über die so genannte „Österreichische Stromlösung (ÖSL)" verhandelt, dem Zusammenschluss der Energie Allianz mit der Vertriebstochter der Österreichischen Verbund AG. Falls die ÖSL doch noch zu Stande kommt, droht eine weitere Steigerung der Marktmacht. Im April 2005 erschien die „Allgemeine Untersuchung der österreichischen Elektrizitätswirtschaft", 2. Zwischenbericht. Die Branchenuntersuchung wurde, in enger Zusammenarbeit mit der Energie-Control GmbH, wegen deutlicher Strompreissteigerungen bei Massen- und Großkunden im 2. Halbjahr 2004 durchgeführt[81]. Die zitierte Studie kommt aber zum Schluss, dass in Beantwortung der Frage 6 „Gibt es allenfalls doch schlüssige, konkrete, gerichtsfähige Hinweise auf wettbewerbsrechtswidrige Absprachen oder sonstige Praktiken?" folgende Antwort folgt: „Gerichtsfeste Hinweise auf wettbewerbswidrige Absprachen und Ähnliches haben sich nicht ergeben"[82].

2.9.5 Regulative Maßnahmen zur Wettbewerbssteigerung

Zur Stärkung des Wettbewerbes wurden und werden seitens EU und der nationalen Energiepolitik verschiedene Maßnahmen gesetzt.

Zur besseren Transparenz und um Quersubventionierung zwischen den einzelnen Stufen der Wertschöpfungskette zu vermeiden, wurde den Energieversorgungsunternehmen in Österreich unter dem Fachbegriff „Unbundling" vorgeschrieben, ab 1.1.2006 den Netzbereich in eine eigene Netzgesellschaft[83] ausgliedern. Dieser Schritt wurde inzwischen von den betroffenen Unternehmen in unterschiedlicher Form umgesetzt.

Von der ECG wurden gegen Ende 2005[84] weitere Vorschläge zur Wettbewerbsbelebung unterbreitet. Das Paket umgefasst Wettbewerbsbelebungsmaßnahmen, eine Qualitätsregulierung und den „Carry-over-Mechanismus" zum Übergang von der 1. in die 2. Regulierungsperiode.

2.10 Schlussfolgerungen

- Primär- und Sekundärenergien, speziell Strom, Erdgas und Wärme sind essenzielle Güter für unsere Gesellschaft
- Investitionen in Energieerzeugungsanlagen unterliegen besonderen Anforderungen
- Kraft-Wärme-Kopplungen wandeln zugeführte Primärenergien in die Produkte Strom und Wärme um, allerdings effizienter als getrennte Strom- und Wärmeerzeugungsanlagen.
- Der KWK-Anbietermarkt bietet ein heterogenes, polypolistisches und intransparentes Erscheinungsbild, weil die Anbieter herkömmlicher Hubkol-

---

[80] Pers. Anm. des Autors, die Landes- bzw. Regionalversorgungsunternehmen Wienstrom, EVN, EAG, BEWAG und Linz Strom haben ihren Stromvertrieb in eigene Vertriebs GmbH u. Co KGs eingebracht. Mit Ende April 2006 sind die Linz AG und Energie AG Oberösterreich aus der Allianz ausgeschieden.

[81] Vgl. BWB „Allgemeine Untersuchung der österreichischen Elektrizitätswirtschaft", 2. Zwischenbericht, Wien 2005, 5

[82] Ebenda, 7

[83] Pers. Anm. des Autors, gilt nur für Unternehmen mit mehr als 100.000 Kundenanlagen.

[84] Vgl. Enquete der ECG am 14.12.2005 „Anreizregulierung Strom"

- bentechnik zusätzlich durch Anbieter neuer Technologien konkurrenziert werden.
- Der Markt für KWK ist als dynamisch und expansiv einzuschätzen. Durch das begrenzte Leistungsniveau der beschriebenen Geräte beschränkt sich der Nachfragemarkt auf den Gewerbe- und Dienstleistungssektor.
- Die Preise für Gas, Strom und Wärme sind die wesentlichsten die Wirtschaftlichkeit beeinflussenden Faktoren. Gas und Strom unterliegen aber regulativen Maßnahmen, weil in der Vergangenheit Monopolstrukturen den Wettbewerb verhindert haben.
- Marktversagen ist der klassische Ansatz der normativen Theorie für die regulative Steuerung am Elektrizitäts- und Gassektor. Die Leitungsgebundenheit, Nichtspeicherbarkeit von Elektrizität, beschränkter Speicherbarkeit von Gas, die damit notwendige Ausrichtung der Kapazitäten an Höchstlasten, starre Märkte hinsichtlich Markteintritt, hohe Kapitalintensität und Fixkostenbelastung stellen Besonderheiten dieses Wirtschaftsbereiches dar. Dies führt infolge zu natürlichen Monopolen im Netzbereich. Im Bereich Übertragung und Verteilung ist das Postulat des Wettbewerbs nicht funktionsfähig.
- Verstärkt wird diese Situation dadurch, dass für den Netzbetreiber eine Anschluss- und Versorgungspflicht auch für unrentable Tarifkunden besteht. Im Falle einer wettbewerblichen Ausgestaltung würden diese Kunden höhere Elektrizitätspreise zahlen müssen, da durch neue Anbieter das Phänomen des „cream skimming" auftreten würde. Ferner würden die Netzbetreiber in einem kompetitiven System möglichst geringe Investitionsstandards anstreben, mit negativen Folgen für die Versorgungssicherheit und somit auch für die jeweilige nationale Volkswirtschaft. Es würde mittelfristig zu einer verteuerten Energieversorgung kommen.
- In den restlichen drei Wertschöpfungsstufen Erzeugung, Handel und Vertrieb führte die Deregulierung zu einem Aufbrechen der alten Monopolstrukturen (vertikalen Strukturen), verbunden mit der Erhöhung der gesamtwirtschaftlichen Effizienz durch eine Koordination über den Markt[85].
- Die Energiepreisgestaltung wird von den Strombörsen maßgeblich beeinflusst. Zwar sind gegenwärtig sehr starke Tendenzen im Bereich Erzeugung in Richtung Angebotsoligopol zu konstatieren, doch wirken hier eine Vielzahl von „Regulierungsmaßnahmen" wie Unbundling oder die EU-weite Totalöffnung der Strommärkte entgegen

---

[85] Vgl. dazu Kumkar, L., 2000, 92ff. Industrieökonomische Erklärungen für eine vertikale Integration basieren traditionell auf Kostenkomplementaritäten bei zwei hintereinander angeordneten Produktionsprozessen unter der Annahme exogener Preise auf den Input- und Outputmärkten. Aus gesamtwirtschaftlicher Sicht wird durch die vertikale Unternehmensintegration die Effizienz ebenfalls erhöht, wie anhand des im integrierten Gleichgewicht größeren Outputs und des geringeren Preises festzustellen ist. Sowohl die Produzentenrente als auch die Konsumentenrente steigen gegenüber dem Fall der desintegrierten gegenwärtigen Wertschöpfungskette in der Stromwirtschaft.

3 KWK-Technologie

3.1 Zielsetzung und Methodik des Kapitels

Die Zielsetzung des Kapitels besteht darin, technisches Basiswissen zu vermitteln und die damit zusammenhängenden Daten und Details im notwendigen Umfang darzustellen.

Eingangs wird der Begriff „kleine KWK-Anlagen" definiert. Effizienzvergleiche mit der getrennten Wärme- und Stromerzeugung münden in die Darstellung von Vor- und Nachteilen von KWK-Anlagen. Als Hauptpunkt werden die unterschiedlichen KWK-Technologien vorgestellt und nach ihrer Marktrelevanz beurteilt. Beispiele innovativer Weiterentwicklungen runden das Kapitel ab.

3.2 Begriff „kleine" KWK-Anlagen

3.2.1 Begriffsdefinitionen

Kleine Kraft-Wärme-Kopplungsanlagen (KWK-Anlagen), auch Mikro- und Miniblockheizkraftwerke oder ganz allgemein auch BHKW genannt[86], sind kompakte[87] Energieerzeugungsanlagen, die aus einem einzelnen oder mehreren Aggregaten, auch Module genannt, bestehen können. Je nach Leistung nehmen die Geräte maximal die Größe eines Kleiderschrankes ein. Falls die KWK-Anlage aus mehreren Aggregaten besteht, sind die Geräte untereinander funktional[88] abgestimmt.

In der einschlägigen Literatur gibt es keine einheitlichen Definitionen zu den Begriffen „klein", „mini" und „mikro". Obwohl KWK-Anlagen in der Hauptsache für die Wärmeerzeugung genutzt werden, der Strom also ein Nebenprodukt darstellt, wird in der Regel die elektrische Leistung als Klassenmerkmal verwendet.

- Die KWK-Richtlinie 2004/8/EG[89] definiert Anlagen mit einer Leistung bis 50 kW_{el} als „Mikro-KWK-Anlagen" und bis 1000 kW_{el} als „Mini-KWK-Anlagen".
- Im Bericht der Energieverwertungsagentur „Mikro- und Mini-KWK-Anlagen in Österreich"[90] sind die Grenzen mit 10 kW_{el} für die Mikroanlagen und 500 kW_{el} für Mini-BHKW definiert.
- Die im November 2005 erschienene „Studie über KWK-Potenziale in Österreich"[91] hält sich analog zur EU-Richtlinie an die Begriffe „Kleinst-KWK-Anlagen" unter 50 kW_{el} und „Klein-KWK-Anlagen" zwischen 50 kW_{el} und 1000 kW_{el}.

Für diese Arbeit wird als Sammelbegriff der Ausdruck „kleine KWK-Aggregate" oder „kleine KWK-Anlagen" verwendet. Eine Anlage besteht entweder aus einem oder aus mehreren Aggregaten.

---

[86] Vgl. Simader, G., u.a., Mikro- und Mini-KWK in Österreich, Energieverwertungsagentur, 2004, 3

[87] Pers. Anm. des Autors, die Aggregate werden anschlussfertig mit Schall hemmenden Verkleidungen geliefert. Im Kasteninneren sind sämtliche prozessnotwendigen Teile wie bspw. Motor, Brenner, Katalysator, Wärmetauscher, Pumpen, Generator und Elektronik auf engstem Raum eingebaut.

[88] Pers. Anm. des Autors, durch die so genannte „Regelung" wird der Einsatz der Geräte nach einem vorprogrammierten Schema je nach Leistungsbedarf im Objekt abgerufen.

[89] Vgl. Amtsblatt der Europäischen Union, EU-Richtlinie 2004/8/EG über die Förderung einer am Nutzwärmebedarf orientierten Kraft-Wärme-Kopplung im Energiebinnenmarkt, L 52/53

[90] Simader, G., u.a., 2004, 4

[91] Smole, E., u.a., Studie über KWK-Potenziale in Österreich, Wien 2005, 8

3.2.2 Festlegung des Leistungsbereiches „kleine" KWK-Aggregate

Für die in dieser Arbeit behandelten „kleine" KWK-Aggregate wird der Leistungsbereich folgendermaßen festgelegt:

- **Leistungsuntergrenze:** Die untere Leistungsgrenze beträgt 5 kW$_{el}$. Das entspricht der Leistung des „Dachs"-Aggregates der Fa. Senertec. Mit der Wahl dieses Aggregates ist auch die unterste thermische Leistung mit 12,3 kW definiert. Für eine sinnvolle Nutzung in Objekten im Gewerbe- und Dienstleistungssektor stellen beide Leistungswerte derzeit die unterste Grenze dar. Geräte mit geringeren Leistungsdaten sind dem Haushaltsbereich zuzuordnen!

- **Leistungsobergrenze:** Die obere Leistungsgrenze wird aus technischen Gründen und hinsichtlich der Häufigkeit von Anwendungsmöglichkeiten mit maximal 100 kW$_{el}$ festgelegt. Technisch deshalb, weil bei den innovativen neuen Aggregaten die Leistungsobergrenze bei 100 kW$_{el}$ (Aggregat „Turbec 100") liegt und erst zukünftig schrittweise leistungsstärkere Module zur Verfügung stehen. Von der Anwendungshäufigkeit deshalb, weil bei Aggregaten über 100 kW$_{el}$ die produzierten Mengen an Wärme und Strom nur noch in Großobjekten und industriellen Anlagen bedarfsorientiert verwendet werden können.

3.3 Effizienzvergleich KWK versus konventionelle Erzeugung

KWK-Anlagen unterscheiden sich von konventionellen, getrennten Strom- bzw. Wärmeerzeugungsanlagen durch die effizientere Ausnutzung des zugeführten Primärenergieträgers. Produziert wird gleichzeitig Wärme und Strom. Je nach Gerätetyp, Lastbereich und Leistungsvermögen schwankt der elektrische Wirkungsgrad erheblich und erreicht beim derzeitigen Technologiestand bei Anlagen bis 100 kW$_{el}$ maximal 35%[92]. Der große Erzeugungsrest entfällt auf die nutzbare Wärme und auf Verluste. Im Idealfall werden rund 93% der eingesetzten Energie in Strom und Wärme umgesetzt. Die nachfolgende Abbildung 3-1 zeigt den Unterschied in der Brennstoffnutzung zwischen einer KWK-Anlage und der konventionellen Stromerzeugung in einem thermischen Kraftwerk, welches ausschließlich Strom erzeugt und einer Heizanlage, die ausschließlich Wärme produziert.

ABB. 3-1 PRIMÄRENERGIENUTZUNG KWK VERSUS KONVENTIONELLE ERZEUGUNG

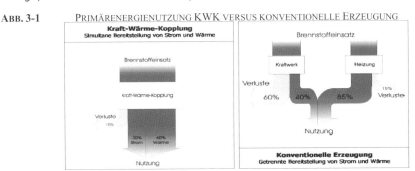

Quelle: Simader, G., u.a., Mikro- und Mini-KWK-Anlagen in Österreich, 5

Der Brennstoffeinsatz in der KWK-Anlage (linkes Schaubild) erfolgt wesentlich effizienter gegenüber dem Brennstoffeinsatz (rechten Schaubild) bei getrennten Erzeugungsanlagen. Der Energieverlust wird in KWK-Anlagen minimiert.

---
[92] Vgl. Simader, G., u.a., 2004, 11

3.4 Vor- und Nachteile von KWK-Anlagen

Der Einsatz von KWK-Anlagen ist nur dort sinnvoll, wo örtlich gleichzeitig ein ausreichender Bedarf an Wärme und Strom besteht. KWK-Anlagen waren bisher mit Vor- und Nachteilen behaftet. In jüngster Zeit konnten durch die Anstrengungen der Hersteller technische und wirtschaftliche Verbesserungen erzielt werden.

Für den Einsatz sprechen:

- Geringerer Primärenergieverbrauch durch die kombinierte Wärme- und Stromerzeugung

Primärenergieeinsatz der KWK-Anlage
abzüglich Primärenergieeinsatz getrennte Wärmeerzeugung
abzüglich Primärenergieeinsatz getrennte Stromerzeugung
Primärenergieeinsparung durch die KWK-Anlage

Quelle: Bremer Energie Institut, Investitionen im liberalisierten Energiemarkt[93]

- Stromnetzunabhängige Versorgung mit Wärme und Strom[94]
- Geringere Schadstoffemissionen gegenüber der getrennten Erzeugung

Primärenergieeinsatz der KWK-Anlage x spez. Emissionen
abzüglich Primärenergieeinsatz getrennte Wärmeerzeugung x spez. Emissionen
abzüglich Primärenergieeinsatz getrennte Stromerzeugung x spez. Emissionen
Emissionsveränderung durch die KWK-Anlage

Quelle: Bremer Energie Institut, Investitionen im liberalisierten Energiemarkt[95]

- Geringe Übertragungsverluste durch den erzeugungsnahen Verbrauch

Gegen den Einsatz sprachen bisher:

- Hohe Anschaffungskosten aufgrund der aufwändigen Technik für die kombinierte Wärme- und Stromerzeugung
- Das geringe Angebot an Aggregaten mit einer Nennleistung unter 100 KW_{el}
- Häufige Ausfallzeiten („geringe Standfestigkeit")
- Wartungsintensivität
- Gegenüber dem konventionellen Strom- und Wärmebezug spezifisch höhere Erzeugungskosten pro kWh mit Ausnahmen in Sonderfällen[96].

---

[93] Vgl. Pfaffenberger, W., Hille, M., Investitionen im liberalisierten Energiemarkt: Optionen, Marktmechanismen, Rahmenbedingungen, Bremer Energie Institut, 2004, 7ff.

[94] Pers. Anm. des Autors, nur bei Verwendung eines Synchrongenerators

[95] Vgl. Pfaffenberger, W., u.a., 2004, 7ff.

[96] Pers. Anm. des Autors, beispielsweise Notstromaggregate, entlegene Wohn-, Freizeit-, Forschungs- und Arbeitsstätten ohne Stromversorgung

Gerhard Zettler

3.5 Technologieanalyse

3.5.1 Entwicklungsstände und Marktpräsenzen

Die im November 2005 publizierte E-Bridge- „Studie über KWK-Potenziale in Österreich" listet für kleine Leistungen („100 kW-Klasse") und kleinste Leistungen („10 kW-Klasse") folgende theoretisch zur Verfügung stehende Technologien auf[97]:

- Verbrennungsmotor (Hubkolbenmotor)
- Mikrogasturbine
- Stirlingmotor
- Brennstoffzelle
- Dampfmotor
- Rankine-Kreislauf

Von diesen aufgelisteten Technologien sind nur wenige marktpräsent oder marktreif. Der Vollständigkeit halber sind in der nachfolgenden Tabelle 3-1 zwei zusätzliche Technologien ersichtlich.

Tab. 3-1 KWK-Technologien, Entwicklungsstände, Marktpräsenzen

Technologie	Entwicklungsstand	Marktpräsenz
Hubkolbenmotore	ausgereift	weltweit im Einsatz
Mikrogasturbinen	marktfähig/Weiterentwickl.	Marktnischen
Stirlingmotore	Marktschwelle/Weiterentw.	Referenzanlagen
Brennstoffzellen	Forschung/Entwicklung	Forschungs-/Schauanlagen
Organic Ranking Cycle	Forschung/Entwicklung	Pilotanlagen
Steam Cell	Forschung/Entwicklung	Pilotanlagen
Thermoelektr. Systeme	Forschung/Entwicklung	Pilotanlagen
Thermofotovoltaik	Forschung/Entwicklung	Pilotanlagen

Quelle: Pehnt, M., u.a., Micro CHP – a sustainable innovation?[98] und eigene Recherchen

Der ausgereifte Hubkolbenmotor dominiert den KWK-Markt. Mikrogasturbine und Stirlingmotor sind im Begriff, in den angestammten Markt der Hubkolbenmotore einzudringen. Die restlichen Technologien werden im untersuchten Bereich 5 bis 100 kW_{el} aller Voraussicht nach im kommenden Jahrzehnt keine signifikante Verbreitung finden.

3.5.2 KWK-Technologien

3.5.2.1 Hubkolbenmotore

Wie der Tabelle 3-1 zu entnehmen ist, sind die KWK-Anlagen auf Basis **Hubkolbenmotor** (Otto- und Dieselmotore) ausgereift und vielfach im Einsatz. Es gibt einen weltweiten Markt, allein für Österreich existiert eine umfangreiche Referenzliste[99]. Das Leistungsspektrum reicht von 1 kW_{el} bis weit über 1.000 kW_{el}. Hubkolbenmotore können mit Erdgas, Flüssiggas, Deponie-, Klär- und Güllegasen, herkömmlichen Heizölen und Pflanzenölen betrieben werden. Bis zu einer Leistung von 200 kW_{el}

---

[97] Vgl. Smole, E., u.a., 2005, 16
[98] Pehnt, M., u.a., 2004, 4
[99] Vgl. Simader, G., u.a., 2004, 94

werden die Aggregate in schallgedämmter Ausführung und anschlussfertig geliefert. Weltweit gibt es zahlreiche Hersteller[100].

3.5.2.2 Mikrogasturbine

Mikrogasturbinen wurden ursprünglich zur Wärme- und Stromproduktion für entlegene Objekte ohne öffentliche Versorgung entwickelt. Sie gehören zur Familie der Turbomaschine, wie sie im Flugzeugbau Verwendung finden. Innovativ ist diese Technik insoferne, weil z.B. hochmoderne Luftlager wartungsarme 90.000 Umdrehungen/min erlauben und der Strom mittels Permanentmagnet-Generator und einem elektronischen Getriebe anstelle des mechanischen Getriebes erzeugt wird. Die Drehzahlregelung ermöglicht auch im Teillastbetrieb einen vergleichsweise hohen Wirkungsgrad. Durch die Verwendung eines Rekuperators[101] können beim derzeitigen Entwicklungsstand elektrische Wirkungsgrade bis 30% erreicht werden. Durch die bei ca. 300°C liegende Abgastemperatur kann die Mikrogasturbine auch Prozesswärme zur Verfügung stellen. Die Kälteerzeugung stellt eine zusätzliche Anwendungsmöglichkeit dar. Die Abgaswerte sind vergleichsweise niedrig, besonders die NO_x-Werte.

Diese Technologie hat noch weiteres Entwicklungspotenzial[102], was sich letztendlich positiv auf den Wirkungsgrad und die spezifischen Kosten auswirken wird. Das Leistungsspektrum für den österreichischen Markt ist mit derzeit 65 kW_{el} (bis 2005 stand ein 60 kW-Aggregat zur Verfügung) begrenzt. Neue Aggregate mit 200 kW_{el} stehen in den USA schon zur Verfügung[103], sind aber noch nicht auf die europäische Norm von 50 Hertz ausgelegt.

ABB. 3-2   MIKROGASTURBINEN, REINHALTEVERBAND HALLSTÄTTERSEE, OÖ

Quelle: Wels Strom GmbH, Dezember 2005

Die Abbildung 3-2 zeigt die in der Kläranlage Bad Goisern (RHV Hallstättersee) im Dezember 2005 in Betrieb genommenen Capstone Mikrogasturbinen mit je 30 kW

---

[100] Pers. Anm. des Autors, z.B. Senertec, GE Jenbacher, Buderus, Oberdorfer, Ecopower, Honda, Mitsubishi, usw. In den folgenden Kapiteln wird das Dachs-Aggregat der Firma Senertec näher analysiert.

[101] Pers. Anm. des Autors, der Rekuperator wärmt die Verdichteraustrittsluft vor Brennkammereintritt vor, dadurch wird der Wirkungsgrad gesteigert.

[102] Pers. Anm. des Autors, die Quellen stammen von den Firmen Verdesis und Wels Strom, Stand September 2005.

[103] Pers. Anm. des Autors, die Quellen stammen von den Firmen Verdesis, DI Näf, Vertrieb Capstone Mitteleuropa, Stand Oktober 2005

elektrischer Leistung. Die Turbinen wandeln das aus dem Faulprozess gewonnene Methangas geräuschfrei und schadstoffarm in Strom und Wärme um. Beide Endenergieformen finden im Betriebsprozess der Kläranlage Verwendung.

3.5.2.3 Stirlingmaschinen

Unter dem Begriff „Stirling" sind Motore zu verstehen, die Wärme in Bewegung umwandeln. Im Unterschied zu den Hubkolbenmotoren findet keine explosionsartige periodische Zündung eines Brennstoff-Luft-Gemisches statt. Vielmehr wird die notwendige Energie kontinuierlich von außen durch externe Verbrennung (Oxidation) zugeführt. Die zugeführte Energie wird über einen Hitze-Wärme-Tauscher in einen geschlossenen Gaskreislauf eingebracht und über einen Kühler-Wärme-Tauscher wieder abgegeben. Die ausgelöste Gasdruckschwankung (das Gasvolumen expandiert durch Wärmezufuhr und treibt einen Kolben) wird in mechanische Arbeit umgewandelt. Durch die räumliche Trennung in „Verbrennungsraum" und „Antriebsraum" lassen sich sowohl die Verbrennung als auch der Expansionsbereich getrennt optimieren. Als Brennstoffe können derzeit Erd-, Flüssig- und Biogase eingesetzt werden. Das Ergebnis dieser Technik drückt sich in höherer Brennstoffeffizienz, Wartungsarmut und sehr geringen Schadstoffwerten aus.

Die nachfolgende Abbildung 3-3 zeigt den Stirling der Fa. Solo Stirling GmbH mit den Leistungsdaten 26 kW$_{th}$ und 9 kW$_{el}$, der für Gewerbe- und Dienstleistungsbetriebe, vorzugsweise im Hotel-, Gastronomie- und Wellnessbereich geeignet ist. Stirlingmotore werden anschlussfertig und schallgedämmt geliefert. Der Solo Stirling hat Truhengröße. Die Geräte sind optisch gestylt und sehr geräuscharm.

ABB. 3-3   SOLO STIRLING MOTOR V 161

Quelle: Fa. Solo Stirling, Sindelfingen

3.5.2.4 Weitere KWK-Technologien

Brennstoffzelle: Durch Verbrennung (Oxidation) eines Brennstoffes (Gas) wird durch einen Elektrolyten ein kontrollierter Ionentausch angeregt und daraus direkt elektrische Energie gewonnen. Zweifelsohne wurden in den letzten Jahren in diese Technologie die meisten Forschungsgelder investiert. Obwohl vielfach angekündigt, lässt der wirtschaftliche Durchbruch auf sich warten. Die Autoren gehen davon aus, dass die Brennstoffzelle in den kommenden 10 Jahren zwar in speziellen Bereichen einsetzbar sein wird, kaum jedoch im Bereich der gewerblich genutzten kleinen KWK-

Anlagen. Aus diesem Grund wird die Brennstoffzelle nicht in die weiteren Betrachtungen einbezogen[104]!

Dampfprozess: Durch Wassererhitzung (Prinzip Dampflokomotive) wird Dampf erzeugt, die Verstromung erfolgt über eine Dampfturbine oder einen Spilling-Dampfkolbenmotor.

Der **ORC-Prozess** (Organic Rankine Cycle) basiert auf einem dem Wasser-Dampf-Prozess ähnlichen Verfahren mit dem Unterschied, dass an Stelle von Wasser ein organisches Arbeitsmedium (Kohlenwasserstoffe wie Iso-Pentan, Iso-Oktan, Toluol oder Silikonöl) verwendet wird. Dieses Medium besitzt zwar günstigere Verdampfungseigenschaften bei tieferen Temperaturen und Drücken, findet jedoch nur bei deutlich höheren Leistungen („1- MW-Klasse") Anwendung.

Ergänzend seien noch **Steam Cell, thermoelektrische Systeme** und **Thermofotovoltaik** erwähnt. Die Steam Cell ist ein Kompaktgerät in der Größe eines PC-Tower-Gehäuses, welches in einem am Dampfprozess orientierten Ablauf Heizwärme, Warmwasser und Strom liefert. Wegen der geringen Leistungen ist diese Technologie dem Haushaltssektor zuzuordnen.

Der **thermoelektrische Effekt** dient zur direkten Wandlung von Wärme in elektrische Energie durch die Verwendung von Halbleitern. Wird die Kontaktstelle des Elementes erwärmt, wird Strom erzeugt.

Bei der **Thermofotovoltaik** wird an Stelle von Sonnenlicht zugeführte Wärmeenergie durch Fotozellen in elektrische Energie umgewandelt. All diese Technologien befinden sich noch in der Entwicklungsphase.

3.6 Leistungsdatenvergleich

In der nachfolgenden Tabelle 3-2 wurden aus einer Vielzahl von Modellen jene drei Aggregate ausgewählt, die in Kapitel 5 für die Wirtschaftlichkeitsbetrachtungen herangezogen werden. Ergänzt wurde die Tabelle mit einem Hubkolbenmotor 90 kW$_{el}$. Diese Aggregatgröße bildet das obere Leistungsende des Marktes für kleine KWK-Anlagen stellvertretend ab. Aus Vergleichbarkeitsgründen wurden die Daten von Erdgasverbrennungsmaschinen herangezogen[105].

Tab. 3-2 Leistungsdatenvergleich ausgewählter KWK-Aggregate

		Dachs HKA-G	Solo-Stirling V 161	Capestone MGT C 60	Oberdorfer 90 NG V02
Elektrische Leistung	KW	5	9	60	90
Thermische Leistung	KW	12,3	26	115	136
Elektrischer Wirkungsgrad	%	25,4	23,9	28,1	33,5
Thermischer Wirkungsgrad	%	62,6	69,1	53,9	50,5
Brennstoffnutzung	%	88	93	82	84
Schadstoffemissionen		< TA-Luft	< TA-Luft	< TA-Luft	< TA-Luft
Wartungsintervalle	h	3500	5000	8000	3500
Angenommene Lebensdauer	Jahre	15	15	15	15

Quelle: Herstellerangaben, eigene Recherchen

---

[104] Vgl. Pfaffenberger, W., u.a., 2004, 7-6ff. und Simader, G., 2004, E.V.A, 33

[105] Pers. Anm. des Autors, lt. Herstellerangaben Senertec, Solo Stirling, Capestone, Oberdorfer

Auffallend ist der unterschiedliche elektrische Wirkungsgrad. Dies ist insoferne bemerkenswert, als der fiktive Erlös der Stromsubstitution aus dem öffentlichen Netz die Wirtschaftlichkeiten der Anlagen massiv beeinflusst[106]. Wirkungsgradverbesserungen und Wirkungsgradverschiebungen zwischen Wärme und Strom zu Gunsten des Stroms sind daher Ziele für die Weiterentwicklung der Aggregate.

3.7 Innovative Weiterentwicklungen an den Beispielen Mikrogasturbine und Solo Stirlingmotor

An den Beispielen „Capstone Mikrogasturbine" und „Solo Stirlingmotor" können 2 innovative Weiterentwicklungsrichtungen dargestellt werden. Beide Richtungen stellen unterschiedliche Möglichkeiten dar, die wirtschaftliche Attraktivität des Aggregates, gepaart mit Ressourcenschonung, durch technische Verbesserungen insgesamt zu steigern.

3.7.1 Effizienzerhöhung bei der Mikrogasturbine

Bis Jahresende 2005 wurde von Capstone die C 60 Turbine mit den Leistungswerten 60 kW_{el} und 115 kW_{th} hergestellt. Seit Beginn 2006 steht das Aggregat C 65 mit der Leistungserhöhung auf 65 kW_{el} bzw. 123 kW_{th} zur Verfügung. Nicht die Leistungserhöhung an und für sich, sondern die Verbesserung der Effizienz auf rund 84% ist bemerkenswert. Dadurch steigen sowohl Wirtschaftlichkeit als auch Nachhaltigkeit. Die Firma Solo Stirling GmbH beschreitet hingegen einen anderen Weg.

3.7.2 Pelletsvergaser für den Solo Stirling

Wie bereits in Kapitel 2 dargelegt, bekennen sich sowohl die EU als auch Österreich zur Nachhaltigkeit in unserer Energiepolitik. Im Sinne der EU-Richtlinie 2001/77/EG verpflichtete sich Österreich, den Anteil der Stromerzeugung durch erneuerbare Energien von 70% auf 78,1% bis 2010 zu erhöhen[107]. Dazu müssten allerdings jedes Jahr 1,2% zusätzlich zur Wasserkrafterzeugung aus anderen erneuerbaren Energieträgern gewonnen werden[108]!

Die Verwendung nachwachsender Energieträger muss also forciert werden. Im Kontext mit KWK-Aggregaten bedeutet die Realisierung dieser Zielsetzung die Notwendigkeit, weiter in Forschung und Entwicklung zu investieren. Besonders der Brennertechnologie kommt eine herausragende Bedeutung zu, weil biologisches Brenngut generell technisch schwieriger verwertbar ist als fossiles. Erdölprodukte und Naturgas sind vergleichsweise brennerfreundliche homogene Stoffe mit geringen unerwünschten Beimengungen.

Biogenes Brenngut weist neben den geringeren Energieinhalten vor allem eine stofflich deutlich ungünstigere Zusammensetzung auf. Die pyrotechnischen Probleme sind auf die relativ hohen Anteile von Chlor, Schwefel, Wasser und weiteren flüchtigen Stoffen sowie den Aschegehalt und das Ascheschmelzverhalten zurückzuführen. Der Brenner, also jener Raum, in dem der Verbrennungsvorgang abläuft, ist dadurch außergewöhnlichen chemisch-physikalischen Belastungen ausgesetzt mit dem Resultat einer kürzeren Lebensdauer.

---

[106] Pers. Anm. des Autors, näheres siehe Kapitel 5 „Wirtschaftlichkeiten und Elastizitäten"

[107] Vgl. Amtsblatt der Europäischen Union, Richtlinie 2001/77/EG zur Förderung der Stromerzeugung aus erneuerbaren Energiequellen im Elektrizitätsbinnenmarkt, 13

[108] Quelle abrufbar unter: 2005-04-15, http://www.e-control.at/portal/page/portal/ECONTROL_HOME/ZAHLEN_DATEN_FAKTEN

Die Fa. Solo Stirling GmbH hat sich zum Ziel[109] gesetzt, im Jahre 2007 einen Brenner marktreif anbieten zu können, der Holzpellets[110] verwerten kann. Damit wäre die Firma Solo Stirling GmbH als einzige in der Lage, die wesentlichsten fossilen und biogenen Brennstoffe mit dem 9-kW-Aggregat verwerten zu können. Im Fall der erfolgreichen Verwirklichung eines marktreifen Pelletsbrenners entstünde der Fa. Solo Stirling ein Wettbewerbsvorteil.

Komplettiert wird das Spektrum durch den Solarstirling, der die durch einen Parabolspiegel gebündelte Sonnenenergie als Wärmequelle nutzt und in Strom umwandelt.

3.8 Technologische Schlussfolgerungen

- Kraft-Wärme-Kopplungen entsprechen der energiepolitischen Zielsetzung, den Primärenergieeinsatz gegenüber der getrennten Erzeugung von Wärme und Strom zu verringern.
- Die kombinierte Erzeugung von Wärme und Strom kann einen Beitrag zu Emissionsreduktionen leisten.
- Hubkolbenmotore sind am Markt etabliert und werden in den verschiedensten Bereichen eingesetzt. Technisch sind die Hubkolbenmotore zwar weiter entwicklungsfähig, vermutlich aber nicht mehr in jenem Umfang wie die neuen Technologien.
- Die Mikrogasturbine und der Stirlingmotor haben die technische Marktreife erreicht. Die permanenten technologischen Fortschritte lassen noch auf erhebliches Entwicklungs- und Optimierungspotenzial bei beiden Technologien schließen. Dies berechtigt zur Annahme, dass die Nachfrage nach Stirlingmotoren und Mikrogasturbinen in absehbarer Zeit rasch ansteigen wird[111]. Wie die wirtschaftliche Marktreife aussieht, wird noch gesondert in Punkt 6 untersucht.
- Gelingt der Firma Solo Stirling 2007 der Marktauftritt mit einem Pelletsbrenner, wäre damit ein Wettbewerbsvorteil verbunden.
- Die restlichen beschriebenen KWK-Techniken eignen sich entweder nicht für das untersuchte Leistungsspektrum von 5 bis 100 kW_{el} oder sie sind von einer Marktreife weit entfernt. Zur Marktreife bedarf es bei diesen Technologien noch zeit- und kostenintensiver Weiterentwicklungsschritte, sodass sie von den weiteren Betrachtungen ausgeschlossen werden.

Diese Schlussfolgerungen decken sich weitgehend mit den Einschätzungen der jüngsten zur Verfügung stehenden Studien aus 2004 und 2005 zum Thema KWK-Anlagen[112]

---

[109] Pers. Anm. des Autors, gemäß Auskunft von Luft, S., Geschäftsführer der Solo Stirling GmbH, Oktober 2005

[110] Pers. Anm. des Autors, Pellets sind Reinstoffe oder eine Mischung aus chemisch unbehandelten Rohstoffen aus der Land- und Forstwirtschaft. Die im Haushalt gebräuchlichen millimetergroßen Zylinder bestehen aus gepressten Holzresten. Die Forschung zielt auf die Entwicklung möglichst homogener und brennerfreundlicher Pellets ab.

[111] Pers. Anm. des Autors, die Quellenangaben stammen von Wels Strom, DI. Nedomlel bzw. Solo Stirling GmbH, Fa. Verdesis

[112] Vgl. mit den bereits zitierten Studien von E-Bridge, E.V.A., Pehnt et. al, Haas, Bremer Energie Institut, usw.

4 KWK-Potenzialanalyse

4.1 Zielsetzung und Methodik

4.1.1 Zielsetzung

Die Zielsetzung dieses Kapitels besteht darin, das Potenzial der am Wärmebedarf orientierten und erst dadurch wirtschaftlich sinnvoll einsetzbaren KWK-Aggregate für den österreichischen Markt zu ermitteln. Für die Stückzahlermittlung müssen Referenzaggregate, die stellvertretend für die am Markt angebotenen Module gelten, definiert werden. Das Gesamtpotenzial ist in Leistungsklassen zu trennen und separat je Aggregatklasse auszuweisen.

4.1.2 Methodik

Im Normalfall wird der Wärmeverbrauch in Objekten nicht gemessen. Weil es daher auch keine objektbezogenen Wärmestatistiken gibt, muss auf indirekte Methoden zurückgegriffen werden. Die so ermittelten Werte geben näherungsweise Auskunft über Aggregatmengen in den ausgewählten Leistungsklassen. Als Basis zur Ermittlung des KWK-Potenzials für Aggregate zwischen 5 und 100 kW_{el} werden die Erkenntnisse und Festlegungen aus der technischen Analyse des Kapitels 3 herangezogen. Das heißt, dass bei der Potenzialermittlung auf den technisch sinnvollen Einsatz der Aggregate und auf die Wärmebedürfnisse der zu versorgenden Objekte Rücksicht zu nehmen ist.

In die Potenzialermittlung fließen vier getrennte Informationsströme:

- Im **ersten Schritt** werden die für den österreichischen Markt verfügbaren KWK-Referenzlisten analysiert und nach verschiedenen Kriterien ausgewertet. Durch diese Ist-Werte sind erste fundierte Rückschlüsse auf die verwendeten Aggregate und auf jene Objekte möglich, die sich für die Ausrüstung mit KWK-Anlagen anbieten.
- Mangels verfügbarer Wärmemessdaten werden im **zweiten Schritt** die von einem Energieversorgungsunternehmen zur Verfügung gestellten Daten über Fernwärmeverbräuche analysiert. Dadurch können erstmals Rückschlüsse auf Verbrauchsmuster angestellt werden.
- Im **dritten Schritt** werden die von einem weiteren Versorgungsunternehmen zur Verfügung gestellten Gasverbrauchsdaten auf Wärmeprofile umgerechnet. Über diesen Umweg können in Verbindung mit den Erkenntnissen aus der Fernwärmeanalyse verdichtete Rückschlüsse auf geeignete KWK-Objekte getroffen werden.
- Zur Abrundung fließen im **vierten Schritt** qualitative Merkmale in Form von Erfahrungswerten mehrerer KWK-Anbieter in die Überlegungen ein.

Aus den zusammengefassten Erkenntnissen werden in der Folge jene Branchen definiert, die für den Einsatz kleiner KWK-Aggregate geeignet sind. Diesen Branchen können unter Zuhilfenahme von diversen statistischen Quellen Objektzahlen zugeordnet werden.

Der letzte, schwierigste und ungenaueste Schritt besteht in der begründeten Abschätzung, wie viele Aggregate je Leistungskategorie letztendlich in der jeweiligen Branche realistischerweise zum Einsatz gelangen könnten. Als Resultat wird eine Auflistung vorgenommen, die das am Wärmebedarf orientierte und dadurch wirtschaftlich sinnvoll nutzbare Potenzial für kleine KWK-Aggregate ausweist.

4.2 Status der KWK-Anlagen in Österreich

4.2.1 Aggregatmengen

Die Referenzlisten[113] der beiden führenden österreichischen Anbieter von realisierten Anlagen unter 100 kW$_{el}$ bieten einen guten Ausgangspunkt zur Darstellung des tatsächlich existierenden KWK-Marktes in Österreich. Zunächst interessieren die elektrischen Leistungen und die Mengen der eingesetzten Aggregate.

Tab. 4-1   Elektrische Leistungswerte und KWK-Aggregatmengen

Leistung	Aggregate	Verteilung	Ges. kWel	Verteilung
5 kWel	305	78,6%	1525	23,2%
20 kWel	8	2,1%	160	2,4%
30 kWel	5	1,3%	150	2,3%
35 kWel	3	0,8%	105	1,6%
40 kWel	5	1,3%	200	3,0%
50 kWel	3	0,8%	150	2,3%
60 kWel	27	7,0%	1620	24,6%
70 kWel	12	3,1%	840	12,8%
90 kWel	17	4,4%	1530	23,3%
100 kWel	3	0,8%	300	4,6%
	388	**100,0%**	**6580**	**100,0%**

Quelle: Simader, G., u.a., Mikro- und Mini-KWK-Anlagen in Österreich, 94 ff

In Tabelle 4-1 sind die Leistungsgrößen, die Anzahl der Aggregate, die installierten Leistungen und die jeweiligen Verteilungen dargestellt. Die Verteilung der Aggregate lässt klare Präferenzen für bevorzugte Leistungsgrößen erkennen. Die Tabelle weist bis Jänner 2004 einen Anlagenbestand von 388 Aggregaten in der Leistungsbreite von 5 bis 100 kWel aus. De facto wird damit nur ein Promilleanteil[114] des gesamten Wärmebedarfes in diesem Marktsegment abgedeckt.

Folgende Rückschlüsse sind zu ziehen:

- Allein 78,1% der Aggregate sind der Kategorie „Dachs" mit einer Leistung von 5 kW$_{el}$ zuzuordnen.
- Der Referenzliste ist zu entnehmen, dass bis zum Leistungsbedarf von 20 kW$_{el}$ (in Einzelfällen darüber hinaus) bis zu vier Geräte der 5- kW-Klasse gekoppelt eingesetzt werden. Hier macht sich wahrscheinlich das Fehlen eines 10- kW-Gerätes, wie es zukünftig der Solo Stirling V161 sein wird, extrem bemerkbar.
- Im Leistungsbereich zwischen 20 und 50 kW$_{el}$ werden verhältnismäßig wenige Geräte eingesetzt.
- Im Leistungsbereich zwischen 60 und 100 kW$_{el}$ finden mit 59 Stück (15,2%) und mit einer installierten Leistung von 4.290 kW (65,3%) in Leistungsrelation viele Geräte Verwendung. Das meistverwendete Modul ist das 60- kW-Aggregat mit 27 Stück (7% aller Geräte).
- Die 388 ausgewiesenen KWK-Aggregate spielen mengenmäßig im Verhältnis zum österreichischen Strom- und Wärmebedarf so gut wie keine Rolle.
- Die einzelnen Anbieter von KWK-Anlagen finden einen Wachstumsmarkt mit großem Absatzpotenzial vor.

---

[113] Vgl. Simader, G., u.a., 2004, Referenzanlagen, 94ff.

[114] Pers. Anm. des Autors, theoretisch marktrelevant sind alle Wärmeerzeugungsanlagen in Österreich, die den Bedarf von mindestens 55.000 kWh Wärmebedarf pro Jahr abdecken. Dies entspricht den Leistungsdaten des in der Tabelle 4-1 in Zeile 1 angeführten „Dachs" der Firma Senertec mit max. 12,3 kW$_{therm}$ und 5 kW$_{el}$ pro Jahr.

4.2.2 Vertiefte analytische Datenauswertung

Aus den erwähnten Referenzlisten lassen sich wichtige Informationen ableiten. Die interessantesten Analyseergebnisse sind in den Abbildungen 4-1 bis 4-4 dargestellt.

- Allein 96 (42,9%) von 224 KWK-Anlagen[115] finden in Hotelanlagen Verwendung. Mit Abstand folgen Gasthöfe, Pensionen etc., in denen 38 (16,9%) Anlagen installiert sind und Gewerbeobjekte mit 25 (11,1%). Die Verteilung weist insgesamt auf breit gestreute Anwendungsmöglichkeiten hin.
- Keine wesentliche Abweichung zeigt sich bei der objektbezogenen Verteilung der elektrischen Leistung. Das Gast- und Beherbergungsgewerbe dominiert, mit Abstand gefolgt von Freizeitanlagen.

ABB. 4-1   OBJEKTBEZOGENE ELEKTRISCHE LEISTUNGSVERTEILUNG

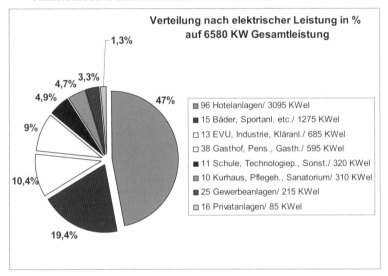

Quelle: Eigene Abbildung gemäß Auswertung der Referenzlisten aus Simader, G., u.a., Mikro- und Mini-KWK-Anlagen in Österreich, 94 ff

- Ähnlich verhält sich die Verteilung nach den 388 installierten KWK-Aggregaten. Allein 50,5% finden in Hotelanlagen und 16,8% in Gasthöfen Verwendung[116]. Überraschend scheinen die 8% für Bäder, Sport- und Freizeitanlagen. Dies ist aber plausibel, weil auch in den Sommermonaten in diesen Objekten viel Warmwasserbedarf anfällt. In Privatanlagen wurden 17 Aggregate installiert.

---

[115] Pers. Anm. des Autors, eine Anlage umfasst ein oder mehrere Aggregate

[116] Pers. Anm. des Autors, als typische Vertreter für einen höheren, jahresdurchgängigen Wärmebedarf wurden eindeutig Hotelanlagen und Gasthöfe identifiziert.

ABB. 4-2 INSTALLIERTE KWK-AGGREGATE IN OBJEKTEN

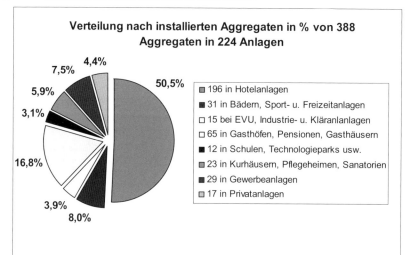

Quelle: Eigene Abbildung gemäß Auswertung der Referenzlisten aus Simader, G., u.a., Mikro- und Mini-KWK-Anlagen in Österreich, 94 ff

Etwas überraschend fällt die Anlagenverteilung in % nach Leistung auf die insgesamt 224 Anlagen aus. Allein 75% (39,7 + 35,3%) der Anlagen entfallen auf Leistungen (elektrisch) bis maximal 20 kW, obwohl leistungsstärkere Geräte wirtschaftlich rentabler zu betreiben sind. Der Leistungsbereich ab 5 bis 20 kW$_{el}$ dominiert mit einer Ausprägung von knapp 40%. Diese Verteilung bestätigt den Bedarf nach einem Gerät mit 10 kW$_{el}$. Im Bereich zwischen 20 und 60 kW$_{el}$ macht sich das Fehlen eines wirtschaftlich zu betreibenden Aggregates bemerkbar. Durch die mit der Gerätegröße steigende wirtschaftliche Konkurrenzfähigkeit finden sich verhältnismäßig viele Anlagen (27 oder 12,1%) im obersten Segment mit Leistungen ab 60 kW$_{el}$.

ABB. 4-3 ANLAGENVERTEILUNG IN LEISTUNGSKLASSEN

Quelle: Eigene Abbildung gemäß Auswertung der Referenzlisten aus Simader, G., u.a., Mikro- und Mini-KWK-Anlagen in Österreich, 2004, 94 ff.

- Die Abbildung „Verwendete Energieträger" zeigt ein verzerrtes Bild, weil der hauptsächlich verwendete „5-kW-Dachs" (305 Stück, Tabelle 4-1) in der Regel mit Heizöl als Primärenergieträger betrieben wird. Heizöl dominiert daher bis 20 kW installierter elektrischer Leistung. Von den 168 Anlagen in diesem Segment werden 61% (102) mit diesem Energieträger betrieben. Die Heizöl-dominanz kann aber auch Indiz dafür sein, dass das leitungsgebundene Erdgas bei weitem nicht überall verfügbar ist. Andererseits könnte Heizöl zukünftig durch Pflanzenöle oder durch die Umstellung auf Pelletsvergasung „biogen" substituiert werden. Je höher die Leistung, desto überwiegender wird Gas in den Ausprägungen Erd- oder Propangas eingesetzt.

ABB. 4-4   VERWENDETE PRIMÄRENERGIETRÄGER

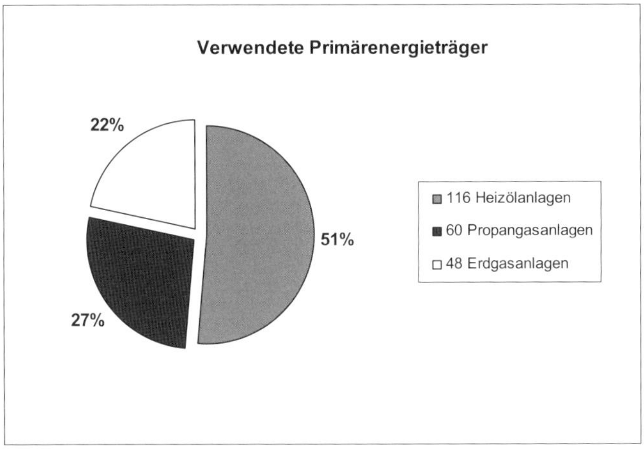

Quelle: Eigene Abbildung gemäß Auswertung der Referenzlisten aus Simader, G., u.a., Mikro- und Mini-KWK-Anlagen in Österreich, 2004, 94 ff.

Als nächster Schritt erfolgt die Auswahl von Referenzaggregaten, die stellvertretend für die am Markt angebotenen Module verschiedener Hersteller und Techniken zur weiteren Betrachtung herangezogen werden.

4.3 Auswahl der Referenzaggregate

Grundsätzlich steht ein Spektrum an Aggregaten mit unterschiedlichsten Leistungsangeboten und unterschiedlichen Techniken zur Verfügung. Für alle weiteren Überlegungen ist es notwendig, einzelne Aggregate als Referenzaggregate auszuwählen. Ein Aggregat, gegebenenfalls zwei oder drei, decken mit ihren Leistungsdaten ein begrenztes Bedarfssegment ab. Erst durch die Festlegung von definierten Modulen sind konkrete Berechnungen möglich.

Mit dem Stirlingmotor und der Mikrogasturbine stehen innovative KWK-Technologien zur Verfügung, die infolge als Referenzaggregate herangezogen werden. Mangels technischer Alternativen wird für das unterste Leistungssegment das Dachs-Aggregat zur weiteren Betrachtung ausgewählt. Zusätzlich bietet Capstone ein 30- kW-Aggregat an, das den Bedarf zwischen 20 und 50 kW_{el} befriedigt.

Die Erkenntnisse aus den Referenzlistenauswertungen sind, verknüpft mit dem Leistungsangebot der unterschiedlichen Aggregate, in die nachfolgende Tabelle 4-2 eingeflossen. Seit Jahren befindet sich die Beherbergungsbranche in einer Umbruchphase. Die steigende Nachfrage nach Hotel- und Gasthofkategorien mit mindestens drei, durchschnittlich vier und teilweise fünf Sternen, in denen neben Gastlichkeit und Ambiente auch ein Mindeststandard im „Wellnessbereich" geboten werden muss, hält unvermindert an. Durch den erhöhten Warmwasserbedarf wurde der Wärmebedarf insgesamt und damit die KWK-Relevanz im Sommer signifikant angehoben.

Als Zielobjekte kommen weiters Sport- und Freizeitanlagen, Schulen, Senioren- und Altersheime, Pflegeanstalten, Objekte mit Gewerbe- und Dienstleistungsunternehmen und größere Wohnanlagen in Frage.

Tab. 4-2 Objektgruppen und KWK-Erzeugungsdaten

Aggregatgröße	kW_{el}	kW_{th}	kWh_{el}/7000 h	kWh_{th}/7000 h
Objektgruppegruppe I Anlagengröße > 60 kW_{el}				
Hotelanlagen, Industrie, Kläranlagen, Schulen, Sport- und Freizeitanlagen				
Turbec 100	100	267	700.000	1.869.000
Objektgruppe II Anlagengröße > 40-60 < kW_{el}				
Hotelanlagen, Gasthöfe, Großgewerbe				
Capestone C 60	60	115	420.000	805.000
Objektgruppe III Anlagengröße > 5-40 < kW_{el}				
Gasthöfe, Gewerbe, Dienstleister, Wohnobjekte				
Capestone C 30	30	72	210.000	504.000
Solo Stirling	9	26	63.000	182.000
Senertec "Dachs"	5	12,3	35.000	86.100
Objektgruppe IV < 5 kW_{el}				
Einfamilienhaus				
Whisper Gen	1,2	8	7.000	56.000

Quelle: Eigene Ausarbeitung, Leistungsdaten gemäß Herstellerangaben. Für die Mikrogasturbine wurden die Werte für 2005 (C 60) dargestellt. Zum Vergleich mit dem Haushaltsbedarf wurde auch der Whisper Gen in die Tabelle aufgenommen.

Wie bereits ausgeführt, können zur optimierten Bedarfsdeckung oft zwei oder mehrere Geräte einer Produktlinie installiert werden. Dadurch können auch Leistungslücken geschlossen werden. In diesen Fällen werden einerseits die Betriebsstunden erhöht und andererseits die Betriebssicherheit erheblich verbessert. Dieser Umstand ist in die Stückzahlermittlung erhöhend einzubeziehen, weil dadurch auf jedes KWK-geeignete Objekt mindestens ein KWK-Aggregat kommt. Diese Erkenntnis geht klar aus den Referenzlisten hervor. Beispielsweise werden zur Leistungsabdeckung von 100 kW_{el} eventuell sogar drei 60- kW-Aggregate eingesetzt, eines davon als Ausfallreserve.

Im nächsten Schritt werden durch Auswertung von Fernwärmedaten weitere KWK-relevante Objekte identifiziert. Durch die Verknüpfung Objektwärmebedarf/KWK-Erzeugung sind Aggregatzuteilungen nach Leistungsgrößen möglich.

4.4 Der Verlauf des Wärmebedarfes innerhalb eines Kalenderjahres

Da die allermeisten KWK-Anlagen „wärmegeführte" sind, ist der Verlauf des Wärmebedarfes im Kalenderjahr die bestimmende Einflussgröße. Beim Wärmebedarf ist zwischen Raumwärme, Warmwasserbedarf und Prozesswärme zu unterscheiden. Prozesswärme setzt allerdings höhere Temperaturen über 250°C voraus. Die Praxistauglichkeit und Wirtschaftlichkeit von KWK-Anlagen hängt von der sorgfältigen thermischen Leistungsdimensionierung in Relation zur benötigten Wärmemenge ab. Nachfolgende Abbildung 4-5 zeigt schematisch eine fiktive Wärmekurve mit dem typischen Verlauf des Wärmebedarfes pro Jahr unter der Annahme, dass keine Prozesswärme benötigt wird.

ABB. 4-5 TYPISCHE JAHRESWÄRMEKURVE

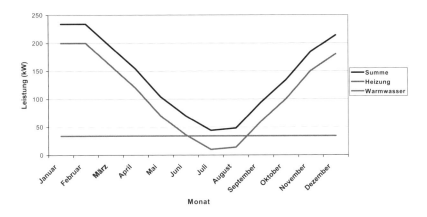

Quelle: Simader, G., u.a., Mikro- und Mini-KWK-Anlagen in Österreich, 2004, 47

Die Wärmekurve in Abbildung 4-5 zeigt schematisch den extrem unterschiedlichen Wärmebedarf während eines Kalenderjahres. In den Sommermonaten wird die Wärme fast ausschließlich zur Befriedigung des Warmwasserbedarfes benötigt. In den Wintermonaten ist zu Heizzwecken oftmals ein Vielfaches des Sommerbedarfes an Wärme bereitzustellen[117].

KWK-Anlagen zielen auf Objekte mit erhöhtem, jahresdurchgängigem Wärmebedarf ab. Im Idealfall sorgt ein permanenter, in Relation zur thermischen Leistung hoher Wärmebedarf für einen kontinuierlichen Gerätebetrieb, was aber nur selten der Fall ist. Meist werden deshalb bivalente Systeme (siehe 5.2.1) betrieben. Die Wahl und Anzahl der dabei eingesetzten Geräte stellt einen rechnerischen Kompromiss zwischen zeitlichem Leistungsbedarf und möglichst vielen Volllaststunden dar.

4.5 Quellen zur Ermittlung des Wärmebedarfes

4.5.1 Fernwärmedaten

In der Praxis werden von Unternehmen nur in den seltensten Fällen Wärmemessdaten erhoben, die zur Berechnung der Heizkosten je kWh herangezogen werden können. Fernwärmedaten sind diesbezüglich die einzigen exakten Datenquellen. Fernwärmeabrechnungsdaten basieren auf gemessenen Wärmeverbräuchen. Bei größeren Wärmeverbrauchern messen Zählwerke sowohl die Arbeits- als auch die Leistungsdaten. Die Abrechnung erfolgt monatlich.

Aus Gründen des Datenschutzes werden diese Daten von den Fernwärmeunternehmen weder publiziert noch zugänglich gemacht.

Zwecks Wärmedatenanalyse gestattete ein Unternehmen die Einsicht auf anonymisierte Daten.

---

[117] Pers. Anm. des Autors, der Leistungsbedarf im Winter würde den Einsatz eines leistungsstärkeren Gerätes rechtfertigen. Im Sommer müsste das Gerät unter Umständen stillgelegt werden, weil der Teillastbetrieb entweder technisch nicht möglich oder der Wirkungsgrad wirtschaftlich unbefriedigend ist. Vorzuziehen sind deswegen Geräte, die effizient im Teillastbetrieb arbeiten.

4.5.1.1 Fernwärmekurven < 100.000 kWh/Monat

Aus der nachfolgenden Abbildung 4-6 sind Monatsverbrauchsdaten ersichtlich, die den typischen Wärmebedarf des Jahres hervorragend darstellen. Der Wärmebedarf in den Sommermonaten beträgt ungefähr 1/5 des Winterbedarfes. Um den Vergleich zwischen Wärmebedarf und Wärmeerzeugung aufzuzeigen, wurden die maximal möglichen thermischen Monatserzeugungswerte mit Leistung x 8760 Betriebsstunden/12 (8.979 / 18.980 / 83.950 kWh) für die drei gewählten Aggregate als jahresdurchgängiger Bandwert[118] in die Abbildung hinzugefügt.

ABB. 4-6   WÄRMEKURVEN AUS FERNWÄRMEDATEN < 100.000 KWH/MONAT

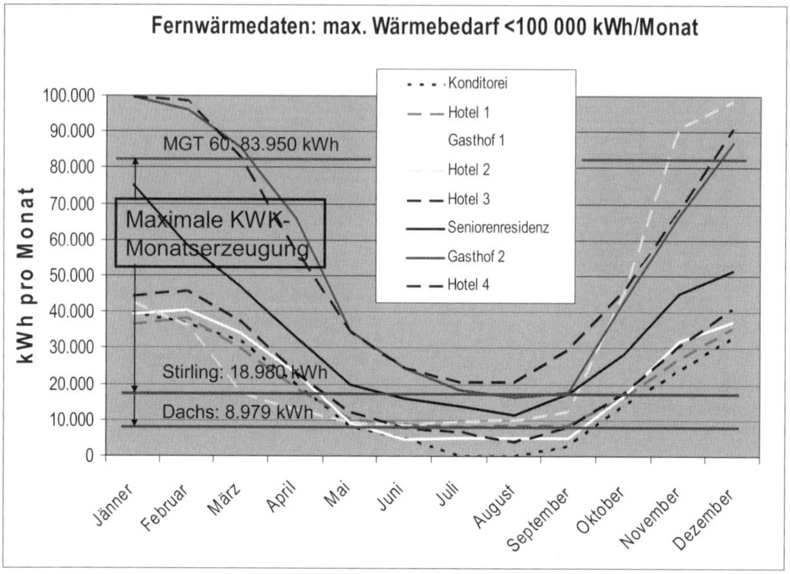

Quelle: Eigene Ausarbeitung

Abbildung 4-6 basiert auf monatlich gemessenen Fernwärmedaten mit einem Verbrauch von max. 100.000 kWh pro Monat. Alle angeführten Objekte sind als KWK-tauglich für „Dachs" und „Stirling" einzustufen. In den Objekten Hotel 4, Gasthof 2 und Seniorenresidenz könnten zwei Stirling mit den geschilderten positiven Effekten eingesetzt werden. Der Einsatz der Mikrogasturbine wäre zwar für fünf Monate ideal, die restliche Jahreszeit könnte aber nur mit Teillast gefahren werden. Alternativ bietet sich hier eine MGT 30 mit 52.560 kWh$_{th}$/Monat an.

4.5.1.2 Fernwärmekurven > 100.000 kWh/Monat

Abbildung 4-7 weist jene Objekte aus, die in den verbrauchsstarken Winter- und Übergangsmonaten einen Monatsverbrauch von mehr als 100.000 kWh benötigen. Durch den hohen Wärmeverbrauch bietet sich die Verwendung mehrerer Geräte an. Zur besseren Veranschaulichung sind die jeweiligen doppelten Erzeugungsniveaus aller Aggregate grafisch eingearbeitet.

---

[118] Pers. Anm. des Autors, als Band oder Bandwert wird ein gleichmäßiger Bedarf an Strom, Gas und Wärme während eines Kalenderjahres verstanden.

ABB. 4-7 WÄRMEKURVEN AUS FERNWÄRMEDATEN > 100.000 KWH/MONAT

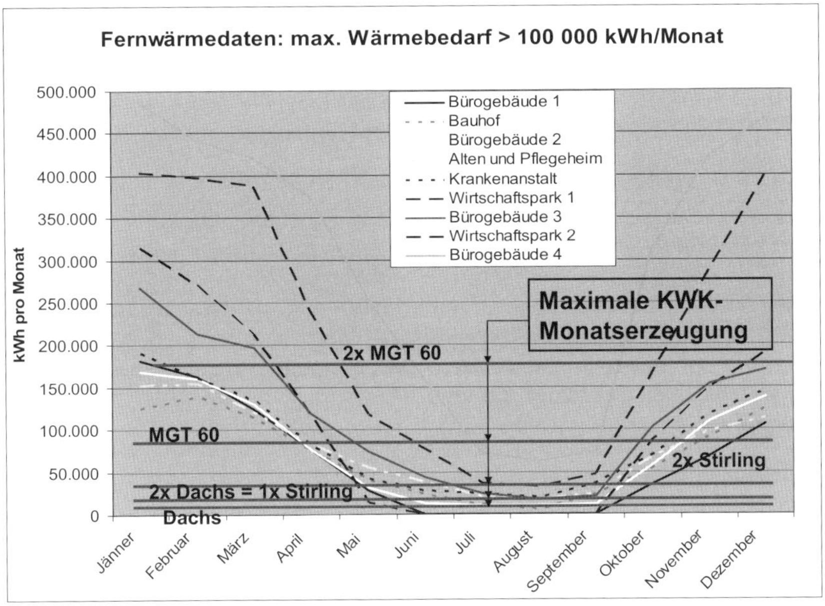

Quelle: Eigene Ausarbeitung

Die Wärmemessdaten in der Abbildung 4-7 bestätigen grundsätzlich die Analyse aus den Referenzanlagen. Wirtschaftsparks, Bürohäuser und Dienstleistungszentren sind nach den vorliegenden Daten ebenfalls als Zielobjekte klassifizierbar. Auffallend ist der Unterschied Winter/Sommer im Verhältnis ungefähr 10 zu 1. Auch hier ist das typische Wärmejahresprofil lehrbuchmäßig ausgebildet. Sämtliche Objekte sind als KWK-geeignet anzusehen. Durch die weit in die Jahresmitte reichenden Wärmebedürfnisse sind hohe Betriebsstunden garantiert.

4.5.2 Umrechnung Gasverbrauchsdaten auf Wärmemengen

Monatliche Gasverbrauchsdaten eignen sich nur bedingt zur Ermittlung von Wärmeverbrauchsdaten. Gas wird von Gewerbe- und Industriebetrieben nicht nur für die Bereitstellung von Raumwärme und zur Warmwasseraufbereitung verwendet, sondern zusätzlich zur Gewinnung von Prozesswärme und als Rohstoffquelle eingesetzt. Dennoch lassen sich aus den Verbrauchsdaten Informationen über den Wärmebedarf gewinnen.

So wie bei den Fernwärmedaten werden auch Gasverbrauchsdaten von den Energieversorgungsunternehmen aus Datenschutzgründen nicht veröffentlicht. Auch hier gestattete ein Unternehmen die Einsichtnahme unter der Bedingung, nur anonymisierte und schematisierte Daten zu veröffentlichen. Durch die zur Verfügung stehenden historischen Gasverbrauchsdaten lassen sich dennoch einige interessante Rückschlüsse auf relevante Branchen mit KWK-Potenzial anstellen.

In den drei nachfolgenden Abbildungen wurde von Erdgasmengen, gemessen in Nm^3 (Normkubikmeter), auf Wärme in kWh nach folgendem Schema umgerechnet:

Nm³ je Monat, umgerechnet in kWh je Monat, mit einem Wirkungsgrad von 80%[119] Umrechnungsschlüssel 11,07 (für 2005)

Die Clusterung erfolgte in Anlehnung an die maximalen thermischen Erzeugungsmöglichkeiten der drei ausgewählten Aggregate in einem Monat mit 8.760/12 = 730 Stunden.

Dachs: max. 8.979 kWh/Monat

Stirling: max. 18.980 kWh/Monat

Mikrogasturbine C 60: max. 83.950 kWh/Monat

Die Abbildungen 5-8 bis 5-10 zeigen monatliche Wärmebedarfskurven für Wohnbauten, Gewerbebetriebe und Großverbraucher aus verschiedenen Branchen. Fast alle Kurven weisen das typische Heizlastprofil mit hohem Winter- und geringem/keinem Sommerbedarf aus. Ausgewiesene Sommerlasten sind der Warmwasseraufbereitung zuzuordnen. Aus Gründen der Datenkonsistenz wurden ausschließlich zwei Folgejahre des gleichen Objektes in der Analyse berücksichtigt. Durch diese Methode sind Ausreißer auszuschließen. Leider standen nicht aus allen Branchen verwertbare Daten zur Verfügung.

4.5.2.1 Wärmebedarf im Wohnbau

Die Abbildung 4-8 zeigt vier dem sozialen Wohnbau zuzuordnende Wohnobjekte mit zirka 15 bis 20 Wohneinheiten. Die Warmwasseraufbereitung erfolgt dezentral.

ABB. 4-8   HEIZUNGSWÄRMEBEDARF VON WOHNBLÖCKEN (OHNE WARMWASSER)

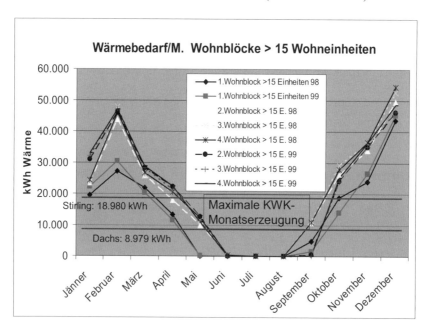

Quelle: Eigene Ausarbeitung

---

[119] Pers. Anm. des Autors, der Wirkungsgrad wurde in Anlehnung an die Berechnungen in „Mikro- und Mini-KWK-Anlagen in Österreich", Wien 2004, 55, angenommen.

Abbildung 4-8 zeigt den typischen Wärmebedarf von Wohnobjekten im verdichteten Siedlungsbau. Der hohe Bedarf im Winter steht dem gänzlich fehlenden Bedarf in den Monaten Juni, Juli und August gegenüber. Die Warmwasseraufbereitung erfolgt demnach dezentral. Die angeführten Objekte wären geeignet für die Verwendung von Dachs- und eventuell Stirlingmotore.

4.5.2.2 Wärmebedarf von Gewerbebetrieben

Die Abbildung 4-9 zeigt einen Querschnitt von einigen gewerblich genutzten Objekten. Der signifikante Unterschied zu den Wohnobjekten besteht im Wärmebedarf in den Sommermonaten. Die einfache Begründung liegt im Warmwasserbedarf, welcher durch die Aufbereitung in der Heizzentrale gedeckt wird. Extrem auffallend verläuft der Wärmebedarf einer Wäscherei mit einem beinahe konstant durchgehenden Wärmeband.

In modernen Bauten werden in jüngster Zeit aus Komfortgründen zunehmend Klimaanlagen zur Kühlung von Büro- und Rechnerräumen eingebaut. Zur Kühlung wird Wärme benötigt (Wärmetauscheffekt!). Abgesehen vom ressourcen- und umweltbedenklichen zusätzlichen Energieverbrauch würde ein steigender Klimatisierungsgrad eine hohe Jahresauslastung für KWK-Aggregate bedeuten.

ABB. 4-9 MONATLICHER WÄRMEBEDARF VON GEWERBEBETRIEBEN

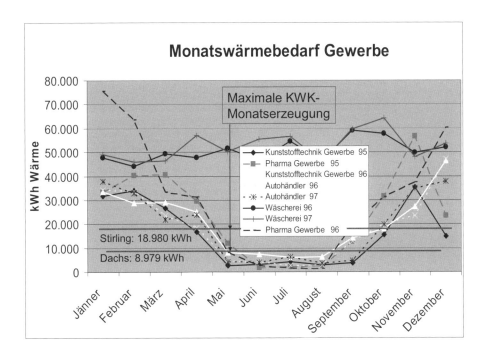

Quelle: Eigene Ausarbeitung

Die obige Abbildung weist den Wärmebedarf verschiedener Gewerbebetriebe aus. Auffallend ist der Bedarf der Wäscherei mit einem gleichmäßigen Verlauf während des gesamten Jahres. Dies ist auf den Warmwasser- und Dampfbedarf zur Kleiderreinigung zurückzuführen. Die Mikrogasturbine C 30 wäre in diesem Fall ideal eingesetzt, weil der monatliche Wärmebedarf ca. 50.000 kWh beträgt. Die übrigen Gewerbebetriebe könnten hervorragend mit einem Dachsmotor, eventuell mit einem Solo Stirling, ausgerüstet werden.

4.5.2.3 Wärmegroßverbraucher

Der auf Heiz- und Warmwasser entfallende Energiebedarf ist bei den nachfolgenden „Wärmegroßverbrauchern" aus den zur Verfügung stehenden Gasverbrauchsdaten nicht explizit ableitbar. Die Energieverbräuche im Sommer könnten auch Indiz für eine Prozesswärmeerzeugung im Sommer sein.

ABB. 4-10   MONATLICHER WÄRMEVERBRAUCH VON GROßBETRIEBEN

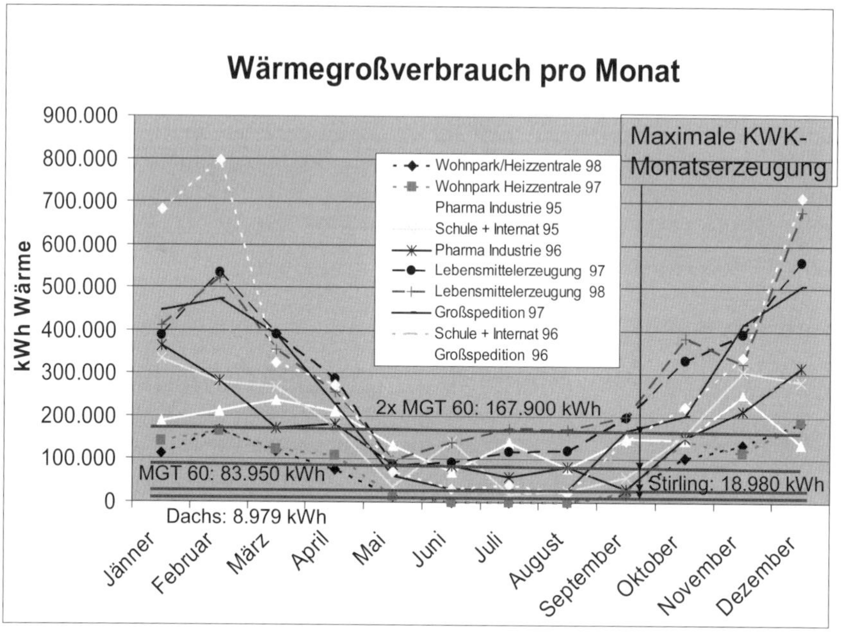

Quelle: Eigene Ausarbeitung

Trotz der hohen Energieverbräuche ist noch immer die typische Sommersenke festzustellen. Im Sommer dürfte das zentral aufbereitete Warmwasser für den Erdgasverbrauch verantwortlich sein (Ausnahme Wohnpark). Der Einsatz mindestens einer Mikrogasturbine C 60 wäre ideal. Teilweise (Lebensmittelbetrieb) bietet sich der Einsatz mehrerer Mikrogasturbinen an. Hervorragend geeignet wäre zum Beispiel die Kombination von einer MGT C 60 zur Abdeckung der Grundlast und einer C 30 für den Zusatzbedarf.

Auffallend ist auch der Wärmebedarf einer Schule mit angeschlossenem Internat während der Sommermonate. Vermutlich ist dieser Umstand auf den Warmwasserbedarf für den Hotel- und Seminarbetrieb (Teilnehmer und Küche) im Sommer zurückzuführen.

Aus den gezeigten Abbildungen 4-8 bis 4-10 lassen sich folgende zusätzlichen Informationen ableiten:

- Das Einsatzspektrum für KWK-Aggregate ist um Wohnobjekte im sozialen und gewerblichen Wohnbau zu erweitern. Allerdings sind mindesten 15 Wohneinheiten erforderlich, eine zentrale Warmwasseraufbereitung würde die Rentabilität der eingesetzten Aggregate steigern.
- Interessant sind außerdem Wäschereien, die Warmwasser und Dampf zur Reinigung verwenden. Hier könnte die Mikrogasturbine gute Voraussetzungen vorfinden.
- Autohäuser mit Werkstattbetrieb
- Dem Wärmeprofil nach zu schließen könnten überraschenderweise auch Unternehmen aus der Kunststoff- und Pharmabranche in Frage kommen. Die Wärme dient zur Beheizung der Produktions- und Verwaltungsbereiche.
- Schulen, idealerweise mit Internat
- Speditionen mit Lagerlogistik
- Lebensmittelindustrie

4.5.3 Erkenntnisse aus der Praxis der Vertriebsfirmen

Seit 2004 wird der KWK-Markt aktiv, neben den etablierten Firmen, von weiteren Vertriebsfirmen bearbeitet[120]. Die Vertriebsleiter „Energiesysteme" der Firmen Wels Strom GmbH[121] und E-Werk Gösting GmbH[122] vertreten unabhängig von einander die Meinung, dass sich durch die technischen Fortschritte der KWK-Technologien das Anwendungsspektrum erheblich verbreitern wird. Folgende Argumente begründen die Annahme auf rasche Zunahme der Nachfrage:

- In den letzten Jahren konnte die Standfestigkeit der Aggregate wesentlich verbessert werden, ebenso die Lebensdauer. Die geringe Zuverlässigkeit der eingesetzten KWK-Technologien, möglicherweise in der mangelnden Serviceleistung begründet, wurde als Haupthindernis für die Marktdurchdringung erkannt. Kraft-Wärme-Kopplungsanlagen standen im Ruf, durch häufige Defekte viele Stillstandszeiten und hohe Reparaturkosten zu verursachen.
- Die Angebotspalette an Aggregaten mit einer Nennleistung kleiner 100 kW_{el} hat sich in den letzten Jahren wesentlich verbessert. Außerdem gestatten nunmehr elektronische Komponenten auch den Teillastbetrieb (geringere Erzeugung bei geringerer Brennstoffaufnahme).
- Durch die Effekte Energiepreiserhöhungen, technische Weiterentwicklungen, Erhöhung der Zuverlässigkeit, Verbesserung der Serviceleistungen und Reduzierung der Gerätepreise sind die angebotenen Module als wirtschaftlich marktreif zu bezeichnen.
- Die Kosten für die erzeugten Wärme- und Strommengen können erstmalig mit den Marktpreisen für Wärme und Strom konkurrieren. Nach der ersten Strom-Liberalisierungsphase 2000/01 fiel der Strompreis so deutlich, dass die Wirtschaftlichkeit nicht mehr darstellbar war. Strompreiserhöhungen wirken sich vor allem verkaufspsychologisch positiv aus.
- Nicht zuletzt wird der Verkaufserfolg von den unterschiedlichen Marketing- und Vertriebsstrategien der Unternehmen beeinflusst. Es ist grundsätzlich davon auszugehen, dass sich die einzelnen KWK-Anbieter über Preise und Technologien konkurrenzieren werden[123]. Die EU-richtlinienkonforme Weiterent-

---

[120] Pers. Anm. des Autors, gemeint sind neben den etablierten Firmen Lackner und Oberdorfer (siehe Referenzlisten) die in der Studie „Mikro- und Mini-KWK-Anlagen in Österreich" im Anhang, 89ff., aufgelisteten Unternehmen.

[121] Interviewpartner Leopold Berger, März 2006

[122] Interviewpartner Ing. Weigend, Dezember 2005

[123] Pers. Anm. des Autors, dies deckt sich mit den Meinungen der Vertriebstechniker Leopold Berger (Wels Strom GmbH) und Ing. Weigend (E-Werk Gösting GmbH&CoKG)

wicklung der angebotenen Technologien in Richtung „Befriedigung der Nachhaltigkeit" wird ein wichtiger zukünftiger Erfolgsfaktor sein.

Durch die Erkenntnisse der Vertriebsleiter der Firmen Wels Strom GmbH und E-Werk Gösting GmbH & Co KG ist die Liste mit KWK-geeigneten Objekten zu erweitern. Speziell genannt wurden Einkaufszentren, Möbelhäuser, Brauereien, Gärtnereien, Fleisch und Holz verarbeitende Betriebe, Bäckereien, Molkereien und Autobahnrasthöfe. Die Klär- und Deponiegasverwertung genießt oberste Priorität, weil wirtschaftlich und im wahrsten Sinn des Wortes umweltschonend, weil Geruch vermeidend.

4.5.4 Schlussfolgerungen

Die Rückschlüsse aus den Fernwärme- und Gasverbrauchsdaten bestätigten und erweiterten die Erkenntnisse aus der Referenzlistenanalyse. Die Wärmebedarfsprofile informierten über die gezielten Einsatzmöglichkeiten von kleinen KWK-Anlagen. Weitere Informationen über Einsatzmöglichkeiten in bislang nicht identifizierten Wirtschaftszweigen flossen aus den Erfahrungsberichten von Vertriebsfirmen ein. Mit den zur Verfügung stehenden Daten ist es nunmehr möglich, Objektarten, getrennt nach den Referenzaggregaten, tabellarisch aufzulisten. Als Sammelposition für alle anderen Objekte in den unterschiedlichsten Branchen wurde der Begriff „Sonstige" gewählt.

Tab. 4-3 Qualitative Auflistung von KWK-geeigneten Objektarten

OBJEKTARTEN	Mikrogasturbine	Stirling	Dachs
4-5* Hotels, Gasthöfe >100 Betten			nicht geeignet
3* Hotels, Gasthöfe	nicht geeignet		
private Krankenanstalten und Kurbetriebe			nicht geeignet
Spitäler		nicht geeignet	nicht geeignet
Alten- und Pflegeheime			nicht geeignet
öffentliche Hallenbäder			nicht geeignet
Fleischereien, Schlachtbetriebe			
Milchverarbeitung, Molkereien		nicht geeignet	nicht geeignet
Herstellung Nahrungs- u. Genussmittel	nicht geeignet		
Gärtnereien	nicht geeignet		
Holzverarbeitende Industrie	nicht geeignet		
Großeinrichtungshäuser			nicht geeignet
Brauereien		nicht geeignet	nicht geeignet
Energieversorgungsunternehmen			nicht geeignet
Einkaufszentren		nicht geeignet	nicht geeignet
Autobahnrasthöfe			nicht geeignet
Landwirtschaft (Biogas)			nicht geeignet
Kläranlagen			nicht geeignet
Deponien mit Restmüll			nicht geeignet
Wohnblöcke (genossenschaftlich u.Ä.)	nicht geeignet		
Bürohäuser, Gründer- u. Dienstleistungszentren	nicht geeignet		
Speditionen mit Lagerlogistik			
Schulen			nicht geeignet
Autohäuser (i.d.R. mit KFZ-Werkstätten)	nicht geeignet		
Industriebetriebe			
Sonstige (Rechenzentren, ...)			

Quelle: Eigene Ausarbeitung

4.6 Potenzialberechnung

4.6.1 Berechnungsannahmen

Der letzte und entscheidende Schritt besteht nun darin, aus statistischem Zahlenmaterial das **technisch sinnvoll nutzbare KWK-Potenzial** zu ermitteln. Zu ermitteln sind **Objektmengen, die für KWK-Anlagen geeignet sind**.

Durch die bisher in diesem Kapitel erarbeiteten Informationen lassen sich in Verknüpfung mit statistischen Daten KWK-Bruttopotenziale je Objektart ermitteln. Einschränkend muss bemerkt werden, dass aus dem Datenmaterial nicht zwingend auf Objektmengen geschlossen werden kann. Beispielsweise ist in der Bilanzdatenbank der KMU-Forschung nur die Zahl der Betriebe angeführt. Jeder Betrieb könnte aber kein, ein oder mehrere Betriebsobjekte besitzen. Das Problem besteht nun darin, Abminderungsfaktoren festzulegen, um realitätsnahe Potenziale je Aggregattype zu erhalten. Es wird an dieser Stelle ausdrücklich betont, dass es sich bei den ermittelten Werten um Abschätzungen handelt, die sich aus der Summe der Erkenntnisse aus den statistischen Daten und den Erfahrungen der kontaktierten Vertriebsfirmen ableiten lassen! Die Abminderungsfaktoren sind entsprechend zu begründen.

Von den Bruttozahlen aus der Statistik sind daher abzuziehen:

- Ungeeignete Objekte mit zu geringen Wärmebedürfnissen (weder die Wärmemengen pro Einzelmonat noch die Aggregatauslastung ist ausreichend). Hierbei handelt es sich mit Sicherheit um den wichtigsten Abminderungsfaktor.
- Relevante Objekte in Fernwärmegebieten (beschränken sich auf die urbanen Zentren in Wien, Linz, Graz, Salzburg, Klagenfurt, Wels und Orten mit Auskopplung der Wärme aus thermischen Stromerzeugungsanlagen wie in Timelkam/Vöcklabruck oder Riedersbach/OÖ)
- Relevante Objekte mit Nahwärmeanschluss (geringe Bedeutung, weil hauptsächlich für kleinere Wohnobjekte im ländlichen Siedlungsbereich und für Gemeindegebäude konzipiert)
- Objekte mit Wärmerückgewinnung aus industriellen und gewerblichen Wärmeprozessen
- Grundsätzlich Objekte mit solarer Warmwasseraufbereitung (geringe Bedeutung, weil für größere Objekte unüblich)
- Sonstige Gründe

Eine weitere Schwierigkeit besteht in der Zuteilung des Nettopotenzials auf die drei ausgewählten Aggregattypen:

- Wie die Referenzlisten praktisch zeigen, sind Überschneidungen hinsichtlich der Gesamtleistungen möglich. So können zwei Dachsmotore durch einen Stirling ersetzt werden.
- Außerdem ist zu beachten, dass es außer den drei ausgewählten Aggregaten mit 5, 9 und 60 kW elektrischer Leistung noch weitere Aggregate mit dazwischen oder darüber liegenden Leistungsmerkmalen gibt, die in speziellen Fällen wirtschaftlich sinnvoller eingesetzt werden können. So gesehen sind die Zuteilungen der Nettopotenziale auf die Aggregate Sammelwerte.
- In einer Anlage können mehrere Aggregate eines Erzeugers (Dachs, Stirling, Mikrogasturbine) eingesetzt werden, falls der Bedarf dies rechtfertigt oder weil Sicherheitsüberlegungen (Ausfallkompensation) ausschlaggebend sind.

Das Ziel im nächsten Schritt besteht in darin, Objektmengen je Aggregattype mit Bruttomengen, statistischen Quellenhinweisen, Abminderungswerten und Nettopotenzialen in Tabellenform zusammenzufassen.

4.6.2 Statistische Quellen

Als Zwischenschritt werden den im Vorverfahren ermittelten Objektarten/Branchen auf Basis der Tabelle 4-3 unter Nutzung der unterschiedlichsten statistischen Quellen Bruttomengen zugeordnet. Zur Nachvollziehbarkeit der Datenerhebung aus diesen Quellen dient nachfolgende Tabelle 4-4.

KWK-Potenzialanalyse

Tab. 4-4 Objektarten, Objektmengen und deren statistische Quellen:

OBJEKTARTEN	Mengen	Statistische Quellen
4-5* Hotels, Gasthöfe >100 Betten	2003	WKO, Tourismus in Zahlen, Ausgabe März 2004, 15
3* Hotels, Gasthöfe	5641	WKO, Tourismus in Zahlen, Ausgabe März 2004, 15
private Krankenanstalten und Kurbetriebe	867	WKO, Tourismus in Zahlen, Ausgabe März 2004, 8
Spitäler	272	BMGF, Krankenanstalten in Österreich, 5.Auflage, Mai 2005, 8
Alten- und Pflegeheime	761	http://www.bmsg.gv.at/cms/site/detail.htm?channel=CH0041&doc=CMS1132839357185
öffentliche Hallenbäder	139	WKO, Tourismus in Zahlen, Ausgabe März 2004, 68
Fleischereien, Schlachtbetriebe	524	KMU Forschung Austria, Bilanzdatenbank 2003/04, 1
Milchverarbeitung, Molkereien	32	KMU Forschung Austria, Bilanzdatenbank 2003/04, 1
Herstellung Nahrungs- u. Genussmittel	1014	KMU Forschung Austria, Bilanzdatenbank 2003/04, 2
Gärtnereien	1444	http://www.statistik.at/fachbereich_landwirtschaft/schnellberichte/Gartenbauerhebung2004.pdf
Holzverarbeitende Industrie	1774	WKO, Fachverband Holzindustrie, Branchenbericht 2003-2004
Großeinrichtungshäuser	102	eigene Recherche, Standorte Lutz, Kika, Leiner, Ikea
Brauereien	49	KMU Forschung Austria, Bilanzdatenbank 2003/04, 2
Energieversorgungsunternehmen	190	KMU Forschung Austria, Bilanzdatenbank 2003/04, 7
Einkaufszentren	151	http://www.acsc.at/ekz-daten%5Cdeutsch%5CEinkaufszentren%20in%20C3%oesterreich%202005.pdf
Autobahnrasthöfe	62	http://www.autohof.net
Landwirtschaft (Biogas)	124	http://www.umweltbundesamt.at/umweltschutz/landschft/bio_energie/biogas/
Kläranlagen	1525	http://www.qpool.lfrz.at/qpoolexport/media/file/Abwasserentsorgung_in_Oesterreich_-_Stand_2001_14Feb03.pdf
Deponien mit Restmüll, Massenabfall	64	http://www.umweltbundesamt.at/umweltschutz/abfall/abfall_datenbank/anlagendb/abfrage03/
Wohnblöcke (genossenschaftliche u.Ä.)	20735	Statistik Austria, Gebäude- und Wohnungszählung 2001, Hauptergebnis
Bürohäuser, Gründer- u. Dienstleistungszent-	700	eigene Hochrechnung, Standort in Österreich
Speditionen mit Lagerlogistik	557	KMU Forschung Austria, Bilanzdatenbank 2003/04, 7
Schulen	5960	http://www.bmbwk.gv.at/medienpool/13058/stat_tb_2005.pdf
Autohäuser (i.d.R. mit KFZ-Werkstätten)	1182	KMU Forschung Austria, Bilanzdatenbank 2003/04, 8
Industriebetriebe	1969	KMU Forschung Austria, Bilanzdatenbank 2003/04, 1
Sonstige (Rechenzentren, Internate, usw.)	300	Sport- und Freizeitanlagen, priv. Ambulatorien, Internate, Studentenheime, Wäschereien, usw.
Summe	**48141**	

Quelle: Eigene Recherchen

Tabelle 4-4 weist insgesamt 48141 Objekte aus, ermittelt aus den unterschiedlichsten statistischen Quellen. Nur ein Bruchteil dieser Gesamtmenge ist für den Einsatz von Kraft-Wärme-Kopplungen geeignet. Die Zeile „Sonstige" dient als Sammelposition für alle nicht extra ausgewiesenen Objektarten

4.6.2.1 Potenzialanalyse „Dachs"

Der Dachs produziert bei 7000 Volllaststunden Wärme- und Strommengen von 86.100 kWh$_{th}$ und 35.000 kWh$_{el}$. Nachfolgende Tabelle 4-5 ordnet den relevanten Objektarten die aus diversen Statistiken zur Verfügung stehenden Objektmengen zu. Durch zweifach geschätzte Abminderungen wird das Absatzpotenzial für den Dachs für die kommenden 10 Jahre ausgewiesen. Die Abminderungen wurden selektiv je Objektart gemäß den Erfahrungswerten der befragten Vertriebsfirmen vorgenommen. Beispielsweise werden für Hotelanlagen mit drei Sternen und Gasthöfe 25% der Bruttomenge als nutzbar eingeschätzt. Hingegen kommen nur 5% der Holz verarbeitenden Betriebe/Betriebsobjekte in Frage. Andererseits sind in der Sammelposition „Sonstige" bei einer Menge von 300 alle als KWK-würdig eingestuft. Von der Bruttomenge in Höhe von 35.840 Stück kann nur ein Bruchteil dem wärmetechnisch sinnvoll nutzbaren Dachs-Potenzial zugewiesen werden. Erhebliche Anteile entfallen auf Mikrogasturbine und Stirling (Spalte Restpotenzial Stirling/MGT).

Tab. 4-5   Marktpotenzial „Dachs"

OBJEKTARTEN	Mengen	Wärmeprofil KWK-geeignet	tatsächliches KWK-Potential	davon Potenzial DACHS	Restpotenzial Stirling/MGT
3* Hotels, Gasthöfe	5641	2820	1410	900	510
Fleischereien, Schlachtbetriebe	524	264	100	45	55
Herstellung Nahrungs- u. Genussmittel	1014	507	180	100	80
Gärtnereien	1444	300	200	120	80
Holzverarbeitende Industrie	1774	180	90	20	70
Wohnblöcke (genossenschaftlich u.Ä.)	20735	2000	1500	500	1000
Bürohäuser, Gründer- u. Dienstleistungszentren	700	500	300	150	150
Speditionen mit Lagerlogistik	557	100	80	30	50
Autohäuser (i.d.R. mit KFZ-Werkstätten)	1182	1000	500	100	400
Industriebetriebe	1969	1000	300	20	280
Sonstige (Rechenzentren, ...)	300	300	200	50	150
Summen	35840	8971	4860	2035	2825

Quelle: Eigene Annahmen unter Berücksichtigung von Expertenmeinungen

Tabelle 4-5 weist für den Dachs eine Aggregatanzahl von 2035 Stück aus. Das entspricht 5,68% der Bruttomenge. Der Dachs könnte aufgrund seiner Leistungscharakteristik, unabhängig von seiner Wirtschaftlichkeit, durchaus auch ein größeres Potenzial haben, weil bei höherem Bedarf mehrere Aggregate zum Einsatz gelangen können. Kommen aber zwei oder mehrere Aggregate zum Einsatz, so trifft der Dachs auf die Konkurrenz des Stirlingmotors.

4.6.2.2 Potenzialanalyse „Solo Stirling"

Der Stirling produziert bei 7000 Volllaststunden Wärme- und Strommengen von 182.000 kWh$_{th}$ und 63.000 kWh$_{el}$. Nachfolgende Tabelle 4-6 listet gemäß den Prämissen aus Punkt 4.6.2.1 den definierten Objektarten die aus diversen Statistiken zur Verfügung stehenden Objektmengen zu. Anders als beim Dachs (im Bereich 5 kW$_{el}$ konkurrenzlos) könnte ein Stirling durch zwei Dachse substituiert werde. Gleichzeitig besteht aber die berechtigte Chance, durch die Kombination von zumindest zwei Aggregaten in höhere Leistungsbereiche vorzustoßen. Insgesamt stößt der Stirling durch seine ausgewiesenen Leistungswerte in die zwischen 5 und 20 kWh$_{el}$ bestehende Aggregatlücke. Durch geschätzte Abminderungen wird das Absatzpotenzial für den Stirling für die kommenden 10 Jahre wie folgt angenommen:

Tab. 4-6   Marktpotenzial „Stirling"

OBJEKTARTEN	Mengen	Wärmeprofil KWK-geeignet	tatsächliches KWK-Potential	davon Potenzial STIRLING	Restpotenzial MGT/Dachs
4-5* Hotels, Gasthöfe >100 Betten	2003	2003	660	220	440
3* Hotels, Gasthöfe	5641	2820	1410	510	900
private Krankenanstalten und Kurbetriebe	867	867	440	140	300
Alten- und Pflegeheime	761	761	600	300	300
öffentliche Hallenbäder	139	100	60	50	10
Fleischereien, Schlachtbetriebe	524	264	100	55	45
Herstellung Nahrungs- u. Genussmittel	1014	507	180	80	100
Gärtnereien	1444	300	200	80	120
Holzverarbeitende Industrie	1774	180	90	70	20
Großeinrichtungshäuser	102	80	80	22	58
Energieversorgungsunternehmen	190	95	50	25	25
Autobahnrasthöfe	62	62	40	10	30
Landwirtschaft (Biogas)	124	124	62	25	37
Kläranlagen (reduziert auf Faulturmanlagen)	170	150	120	30	90
Deponien mit Restmüll	64	0	64	15	49
Wohnblöcke (genossenschaftlich u.Ä.)	20735	2000	1500	1000	500
Bürohäuser, Gründer- u. Dienstleistungszentren	700	500	300	150	150
Speditionen mit Lagerlogistik	557	100	80	30	50
Schulen	5960	2000	1000	800	200
Autohäuser (i.d.R. mit KFZ-Werkstätten)	1182	1000	500	400	100
Industriebetriebe	1969	1000	300	80	220
Sonstige (Rechenzentren, ...)	300	300	200	100	100
Summen	**46282**	**15213**	**8036**	**4192**	**3844**

Quelle: Eigene Recherchen und Annahmen

Tabelle 4-6 weist für den 9 kW$_{el}$-Stirling ein Aggregatpotenzial von 4192 Stück aus, das sind 9,06% der Bruttomenge von 46282 Stück. 3844 Aggregate werden dem Gesamtpotenzial von Mikrogasturbine und Dachs zugewiesen.

4.6.2.3 Potenzialanalyse Mikrogasturbine „Capstone C60"

Auch für die Mikrogasturbine gelten die in den Punkten 8.6.2.1 und 8.6.2.2 festgelegten Prämissen. Die Mikrogasturbine C 60 produziert bei 7000 angenommenen Betriebsstunden 805.000 kWh$_{th}$ und 420.000 kWh$_{el}$. Eine derart hohe Wärmenachfrage kann nur bei einem Bruchteil (6,40%) aller Objektmengen (48.141, siehe Tabelle 4-4) angenommen werden. Wenn allerdings die Wirtschaftlichkeit der eingesetzten Aggregate steigt, verursacht durch sich ändernde Berechnungsinputs, bedeutet dies ein gleichzeitiges Absinken der rentabilitätsnotwendigen Betriebsstunden und eine Erhöhung des in Frage kommenden Objektpotenzials. Die nachfolgende Auflistung ordnet in der bereits gezeigten Art den relevanten Objekten die aus diversen Statistiken zur Verfügung stehenden Objektmengen zu. Durch geschätzte zweifache Abminderungen wird das Absatzpotenzial für die Mikrogasturbine für die kommenden 10 Jahre folgendermaßen ausgewiesen:

Tab. 4-7 Marktpotenzial „Mikrogasturbine"

OBJEKTARTEN	Mengen	Wärmeprofil KWK-geeignet	tatsächliches KWK-Potential	davon Potential **MGT**	Restpotential Dachs/Stirling
4-5* Hotels, Gasthöfe >100 Betten	**2003**	2003	660	**440**	220
private Krankenanstalten und Kurbetriebe	**867**	867	440	**300**	140
Spitäler	**272**	272	500	**500**	0
Alten- und Pflegeheime	**761**	761	600	**300**	300
öffentliche Hallenbäder	**139**	100	60	**10**	50
Fleischereien, Schlachtbetriebe	**524**	264	100	**20**	80
Milchverarbeitung, Molkereien	**32**	32	16	**16**	0
Großeinrichtungshäuser	**102**	80	80	**58**	22
Brauereien	**49**	49	16	**16**	0
Energieversorgungsunternehmen	**190**	95	50	**25**	25
Einkaufszentren	**151**	151	75	**75**	0
Autobahnrasthöfe	**62**	62	40	**30**	10
Landwirtschaft (Biogas)	**124**	124	62	**37**	25
Kläranlagen (reduziert auf Faulturmanlagen)	**170**	150	120	**90**	30
Deponien mit Restmüll	**64**	0	64	**49**	15
Speditionen mit Lagerlogistik	**557**	100	80	**20**	60
Schulen	**5960**	2000	1000	**200**	800
Industriebetriebe	**1969**	1000	300	**200**	100
Sonstige (Rechenzentren, ...)	**300**	300	200	**50**	150
Summen	**14296**	8410	4463	**2436**	2027

Quelle: Eigene Recherchen und Annahmen

Tabelle 4-7 weist dem Potenzial „Mikrogasturbinen" eine Menge von 2436 Stück zu, das entspricht einer Zuteilung aus der Bruttomenge von 17,04%. Diese im Vergleich zu den Aggregaten Dachs und Stirling hohe Nettoquote kann durch die Erkenntnisse aus den Referenzlisten kombiniert mit den Erfahrungswerten der Vertriebsfirmen als plausibel eingeschätzt werden.

4.7 Zusammenfassung

Durch die Kombination verschiedener Potenzialermittlungsmethoden und unter Berücksichtigung geschätzter Abminderungsfaktoren kann das wirtschaftlich nutzbare KWK-Potenzial für Aggregate zwischen 5 und 100 kW$_{el}$ tabellarisch komprimiert zusammengefasst werden.

Tab. 4-8 Zusammengefasstes Aggregatpotenzial

OBJEKTARTEN	Mikrogasturbine	Stirling	Dachs
4-5* Hotels, Gasthöfe >100 Betten	440	220	nicht geeignet
3* Hotels, Gasthöfe	nicht geeignet	510	900
private Krankenanstalten und Kurbetriebe	300	140	nicht geeignet
Spitäler	500	nicht geeignet	nicht geeignet
Alten- und Pflegeheime	300	300	nicht geeignet
öffentliche Hallenbäder	10	50	nicht geeignet
Fleischereien, Schlachtbetriebe	20	55	45
Milchverarbeitung, Molkereien	16	nicht geeignet	nicht geeignet
Herstellung Nahrungs- u. Genussmittel	nicht geeignet	80	100
Gärtnereien	nicht geeignet	80	120
Holzverarbeitende Industrie	nicht geeignet	70	20
Großeinrichtungshäuser	58	22	nicht geeignet
Brauereien	16	nicht geeignet	nicht geeignet
Energieversorgungsunternehmen	25	25	nicht geeignet
Einkaufszentren	75	nicht geeignet	nicht geeignet
Autobahnrasthöfe	30	10	nicht geeignet
Landwirtschaft (Biogas)	37	25	nicht geeignet
Kläranlagen	90	30	nicht geeignet
Deponien mit Restmüll	49	15	nicht geeignet
Wohnblöcke (genossenschaftlich u.Ä.)	nicht geeignet	1000	500
Bürohäuser, Gründer- u. Dienstleistungszentren	nicht geeignet	150	150
Speditionen mit Lagerlogistik	20	30	30
Schulen	200	800	nicht geeignet
Autohäuser (i.d.R. mit KFZ-Werkstätten)	nicht geeignet	400	100
Industriebetriebe	200	80	20
Sonstige (Rechenzentren, ...)	50	100	50
	2436	4192	2035

Quelle: Eigene Recherchen, Eigen- und Expertenannahmen

Tabelle 4-8 fasst die geschätzten Aggregatzahlen je Leistungsklasse übersichtlich in einer Matrix zusammen. Die höhere Zahl an Stirling-Aggregaten lässt sich mit der größeren Bandbreite an potenziellen Objekten erklären, umgekehrt stehen für den Dachs bei weitem nicht so viele Branchen als potenzielle Nachfrager zur Verfügung.

Die ermittelten Stückzahlen stellen das realisierbare KWK-Potenzial unter Beachtung des Wärmebedarfes, technischer Erfordernisse und der grundsätzlichen Wirtschaftlichkeit im Sinne hoher Jahresnutzungsstunden dar. Die tatsächliche Marktdurchdringung hängt davon ab, wie sich die exogenen und endogenen Einflussfaktoren bis 2015 ändern. Diese ausgewiesenen Potenziale bilden nunmehr die Basis zur Klärung der Frage, wie die Marktdurchdringung bis 2015 verlaufen könnte.

4.8 Verweis auf die Objektgruppe Haushalte

Diese Objektgruppe umfasst den klassischen Haushaltsbereich in Ein- und Zweifamilienhäusern. Aus Gründen der Wirtschaftlichkeit waren Haushalte bis vor kurzem kein Zielgebiet für kleine KWK-Anlagen. Gem. einem Artikel im Branchenblatt Sonne Wind & Wärme[124] wird nun auch dieses Kundensegment bearbeitet. Die britische Powergen, ein Tochterunternehmen der E.ON, plant in den kommenden fünf Jahren 80.000 Whispergen als Hausenergiezentralen einzusetzen. Da in den kommenden Jahren am österreichischen Energiemarkt diesbezüglich keinesfalls mit hohen Stückzahlen bzw. Energiemengen zu rechnen ist, wurde diese Zielgruppe vernachlässigt.

---

[124] Vgl. Gailfuß, M., Stirling-BHKW aus Neuseeland, Sonne Wind & Wärme 12/2004, 77

5 Wirtschaftlichkeiten und Elastizitäten

5.1 Zielsetzung und Methodik

5.1.1 Zielsetzung

Die Zielsetzung des Kapitels besteht darin, die Wirtschaftlichkeiten für die ausgewählten Aggregate „Dachs", „Stirling" und „Mikrogasturbine" für das Ausgangsjahr 2005 zu errechnen. Die „Wirtschaftlichkeit" wird mit Hilfe des Amortisationszeitraumes dargestellt. Da sich der Betrachtungszeitraum bis 2015 erstreckt, interessiert in weiterer Folge die Frage, welche Einflussfaktoren in welchem Ausmaß Veränderungen hinsichtlich der Wirtschaftlichkeit bewirken. Dies soll mit Hilfe von Elastizitäten bezogen auf die Amortisationsdauern analysiert werden.

5.1.2 Methodik

Zuerst werden alle zur Berechnung der Amortisationsdauer notwendigen Faktoren beschrieben und tabellarisch zusammengefasst. Weiters wird der Rechenalgorithmus grundsätzlich gezeigt. Die errechneten Amortisationszeiträume werden grafisch dargestellt und kommentiert. Ähnlich wird mit den Elastizitäten (grafische Darstellung und Kommentar) verfahren. Schlussfolgerungen beschließen dieses Kapitel.

5.2 Grundlagen zur Berechnung der Anlagenwirtschaftlichkeit

5.2.1 Monovalenter versus bivalenter Betrieb

Beim **„monovalenten Betrieb"** sorgt ausschließlich eine einzige Anlage für die Wärmeproduktion. Die thermische Leistungsauslegung des installierten Gerätes muss die benötigte Wärmehöchstlast jederzeit abdecken können. Außerdem soll das Gerät teillastfähig sein, damit bei geringem Leistungsbedarf die Menge des zugeführten Brennstoffes im Verhältnis zum Wärmebedarf annähernd proportional bleibt. Dies stellt eine Herausforderung an die Geräteelektronik dar. Neben der Weiterentwicklung der Brennertechnologien wird daher bei den verschiedenen Herstellern intensiv an der Effizienz im Teillastbereich gearbeitet.

Beim **„bivalenten Betrieb"** wird eine KWK-Anlage zusätzlich zu einer bestehenden Wärmeerzeugung eingesetzt. Die Wirtschaftlichkeit ist nur dann gegeben, wenn die KWK-Vollkosten (Brennstoffeinsatz, Kapitalisierung, Reparatur/Wartung, sonstige Kosten) niedriger sind als die substituierten spezifischen Kosten der Kesselanlage.

Der Vorteil im Parallelbetrieb drückt sich in deutlich höheren Volllaststunden pro Jahr für die KWK-Anlage aus[125].

Je nach Leistungsbedarf sind ein oder mehrere Aggregate im Einsatz. Die einzelnen Module können unterschiedliche Leistungen ausweisen und werden durch eine Gesamtsteuerung geregelt. Pufferspeicher dienen zur Optimierung und überbrücken Stillstandzeiten. Aus den bisherigen Erfahrungen der beiden österreichischen Vertriebsfirmen E-Werk Gösting GmbH und Wels Strom GmbH stellt der bivalente Betrieb derzeit den Normalfall dar.

---

[125] Pers. Anm. des Autors, die Anzahl der Volllaststunden pro Jahr (Maximum = 8760 h) ist das gebräuchliche Maß für den Ausnutzungsgrad der Anlage.

5.2.2 Die Investitionsrechnung

Die Investitionsrechnung wird zur Ermittlung der Gerätewirtschaftlichkeiten herangezogen. Betriebswirtschaftlich gibt es grundsätzlich zwei Methoden, die sich zur Investitionsrechnung anbieten:

- Statische Verfahren
- Dynamische Verfahren

Bei den Verfahren der statischen Investitionsrechnung werden die zeitlichen Unterschiede zwischen Investitionskosten und den laufenden Erlösen nicht berücksichtigt. Die Verzinsung des Kapitals geht verloren.

Bei der dynamischen Investitionsrechnung werden die zeitlichen Unterschiede zwischen dem Anfall der Kosten und den Erlösen berücksichtigt. Der Unterschied wird durch einen Kalkulationszinssatz ausgeglichen.

Die Studie „Mini- und Mikro-KWK-Anlagen in Österreich" bietet zwei Methoden an[126]:

- Standard-Verfahren zur Differenzkostenbetrachtung
- Erweitertes Verfahren zur Vollkostenbetrachtung (BHKW und Kessel)

Das „Standard-Verfahren" berücksichtigt nur die Jahreskosten, die durch den Betrieb des KWK unmittelbar beeinflusst werden. *„Es werden die Kapital- und Betriebskosten des BHKW betrachtet sowie die erzielbare Einsparung an Brennstoff für den Kessel und beim Fremdstrombezug. Die Kapital- und Betriebskosten des eventuell vorhandenen Heizkessels werden beispielsweise nicht betrachtet, da sie sich durch die BHKW-Erzeugung nur geringfügig ändern"*[127].

Im „erweiterten Verfahren" zur Vollkostenbetrachtung wird die durch den Betrieb der KWK-Anlage induzierte Auswirkung auf die Wirtschaftlichkeit des bestehenden Kessels in die gesamte Kostensituation der Strom- und Wärmeversorgung mit einbezogen. Dem Vorteil der höheren Genauigkeit steht der Nachteil eines erheblichen Mehraufwandes (und meistens fehlender Daten) bei der Berechnung gegenüber.

Deshalb wird auf das Standard-Verfahren zurückgegriffen. Die Praxiserfahrung der Wels Strom[128] bestätigt diesen Ansatz, weil der Großteil der kontaktierten Anlagenbetreiber keine oder falsche Wärmekostenanalysen für ihre Kesselanlagen durchführen! In den meisten Fällen werden die Heizkosten nur aus den Brennstoffkosten ermittelt, weder die Wartung noch die Abschreibung oder Verzinsung finden Berücksichtigung.

Weiters ist darauf hinzuweisen, dass die Errechnung der Wirtschaftlichkeit einer Anlage nur eine Momentaufnahme darstellt, weil sich laufend einzelne oder mehrere Berechnungsparameter ändern können. Als herausragende Beispiele seien die Preise für Gas und Strom genannt, die im Sog des Ölpreisanstieges seit 2004 bei den Endkonsumenten kontinuierlich ansteigen.

5.2.3 Amortisationsdauer

In der gängigen Praxis wird vorrangig unter dem Sammelbegriff „Amortisationsdauer" auf die Beantwortung der Frage abgezielt, wie lange es dauert, Investments

---

[126] Vgl. Simader, G., u.a., 2004, 55
[127] Ebenda, 55
[128] Pers. Anm. des Autors, Erfahrungsbericht Wels Strom, L. Berger, März 2005

durch gegenzurechnende Vorteile rückzuverdienen. *„Die Amortisationsrechnung ist ein statistisches Investitionsrechenverfahren, bei dem die Rückflüsse einer Investition kumuliert der Anfangsinvestition gegenübergestellt werden. Beim Amortisationszeitpunkt überschreiten die kumulierten Zahlungsüberschüsse die Anfangsinvestition"*, und: *„Um aus der an sich statischen Rechenmethode ein dynamisches Verfahren zu machen, sind lediglich die prognostizierten künftigen Zahlungen mit einem Kalkulationszinsfuß abzuzinsen und so in die Durchschnitts- oder Kumulationsbetrachtung einzubeziehen"*[129].

Als Amortisationsdauer wird also jener Zeitraum angesehen, nach dem sich eine Investition samt allen Nebenkosten und Zinsbelastungen rechnet.

5.2.4 Kosten versus Erlöse

Wie bereits in Punkt 2.4.2 sind zur rechnerischen Darstellung der Wirtschaftlichkeit die anfallenden Kosten den Erlösen gegenüberzustellen. Die KWK-Anlage muss zu dynamisierten Vollkosten (Kapitalkosten inkl. Zinsen, Reparaturen und Wartung, Brennstoffeinsatz, Steuern und Abgaben, jedoch ohne Umsatzsteuer) angesetzt werden. Die Berücksichtigung der Lebensdauer einer KWK-Anlage ist zwingend erforderlich, weil maximal auf Lebensdauer abgezinst werden kann.

Demgegenüber stehen die fiktiven Einnahmen aus der Produktion von Wärme und Strom. Fiktiv deshalb, weil die Stromproduktion aus dem KWK-Betrieb den Fremdstrombezug substituiert. Der Wert der Wärme orientiert sich am bestehenden Kessel.

Die Kosten einer Anlage, präziser gesagt die Fixkosten, werden von Förderungen beeinflusst. Es ist daher notwendig, die Fördersituation für KWK-Anlagen zu analysieren.

5.2.5 KWK-Förderungen in Österreich

5.2.5.1 Fossile Kraft-Wärme-Kopplung

Kraft-Wärme-Kopplungen nutzen den eingesetzten Brennstoff in so hohem Ausmaß, dass deren Einsatz gefördert wird. Die vom Bund beauftragte Österreichische Kommunalkredit Public Consulting gewährt Förderungen nach Erfüllung von definierten Formalerfordernissen. Unterstützt werden Unternehmen, konfessionelle Einrichtungen und Vereine, Einrichtungen der öffentlichen Hand mit marktbestimmter Tätigkeit sowie Energieversorgungsunternehmen.

Ohne Einschränkungen werden Anlagen bis 2 MW_{th} (2000 kW) gefördert[130]. Unter dem Begriff „De-minimis"-Förderung werden alle umweltrelevanten Investitionskosten ab einer Höhe von EUR 10.000 (nicht rückzahlbar) unterstützt. Der Standardfördersatz beträgt 30% und 40% bei umweltrelevanten Mehrinvestitionskosten. In den folgenden Wirtschaftlichkeitsberechnungen wird von der 30%-„De-minimis"-Förderung als Regelfall ausgegangen.

5.2.5.2 Biomasse-Kraft-Wärme-Kopplung

Eine KWK auf Basis Biomasse wurde bis zum Auslaufen der Verordnung des Bundesministers für Wirtschaft und Arbeit (BGBl. II Nr. 508/2002) durch die Gewährung von unterschiedlichen Einspeisetarifen unterstützt. Für die Einspeisung von Ökostrom

---

[129] Quelle abrufbar unter: 2005-04-17, http://www.manalex.de/d/amortisationsrechnung/amortisationsrechnung.php

[130] Quelle abrufbar unter: 2005-12-12, http://www.public-consulting.at/de/portal/umweltfoerderungen/bundesfoerderungen/betriebliche umweltfoerderungen /effizienteenergienutzung

in das öffentliche Stromnetz wurden bis 31.12.2004 für Strom aus fester Biomasse (bis 2 Megawatt, MW) 16,00 Ct./kWh, aus flüssiger Biomasse (bis 200 kW) 13,00 Ct./kWh, aus landwirtschaftlichen Produkten (Mais, Gülle, bis 100 kW) 16,50 Ct./kWh und aus Deponie- und Klärgas (bis 1 MW) 6,00 Ct./kWh vergütet[131]. Am 25.11.2005 wurde vom Wirtschaftsausschuss des Nationalrates eine Regierungsvorlage für ein neues Ökostromgesetz beschlossen, mit dessen Inkrafttreten aus EU-rechtlichen und nationalen Gründen erst in der 2. Hälfte des Jahres 2006 zu rechnen ist[132]. Zur Festsetzung neuer Einspeisetarife existiert der Entwurf einer „Verordnung des Bundesministers für Wirtschaft und Arbeit, mit der Preise für die Abnahme elektrischer Energie aus Ökostromanlagen festgesetzt werden (Ökostromverordnung 2005)"[133]. Die daraus ersichtlichen Einspeisetarife[134] liegen durchwegs unter den derzeitigen Marktpreisen von rund 14,00 Ct./kWh (Netzebene 7, exklusive Umsatzsteuer). In Konsequenz zu den im Entwurf des neuen Ökostromgesetzes 2005 bzw. der Ökostromverordnung 2005 skizzierten Rahmenbedingungen würde sich der Einsatz biogener Energieträger in Kraft-Wärme-Kopplungen wirtschaftlich verschlechtern. Werden Einspeisetarife in Anspruch genommen, so entfällt die De-minimis-Förderung! Für die Wirtschaftlichkeitsbetrachtungen von Biomasse-KWK bedeutet dies den vollen Ansatz der Anlageninvestitionskosten und eine Verlängerung des Amortisationszeitraumes.

5.2.5.3 Sonstige Förderungen

Als weitere Einreichstellen sind anerkannt: Bürges-Förderbank, ERP-Fonds, Forschungsförderungsfonds für die gewerbliche Wirtschaft, Österreichische Hotel- und Tourismusbank GmbH, Fonds zur Förderung der wissenschaftlichen Forschung. Neben der Bundesförderung betreiben alle Bundesländer eigene Fördereinrichtungen, deren Aufzählung den Rahmen dieser Arbeit sprengen würde. Ergänzend sei in Zusammenhang auf die Bundesförderungen des BMLFUW für den landwirtschaftlichen Raum hingewiesen, insbesondere auf die Agrarumweltmaßnahmen (ÖPUL) und die Förderung der Anpassung zur Entwicklungsanpassung von ländlichen Gebieten (Artikel 33).

5.2.6 Weitere Entscheidungsfaktoren

In unserer vorwiegend rational orientierten Wirtschaftswelt hängt der Verkaufserfolg hauptsächlich von den Preisfaktoren ab. Wirtschaftliche Analyse bedeutet daher, die verschiedenen zur Verfügung stehenden Produkte nach kaufmännischen Kriterien zu vergleichen. Dennoch dürfen wichtige zusätzliche Faktoren wie die Eigenart der Kunden, eine erfolgreiche Vertriebsorganisation, der Platzbedarf und das Platzangebot im Objekt, das Anlagendesign, der Geräuschpegel, Emissionswerte sowie ökologische Zukunftsaspekte usw. sowohl subjektiv als auch objektiv nicht außer Acht gelassen werden.

---

[131] Quelle abrufbar unter: portal/page/portal/ECONTROL_HOME/OKO/EINSPEISETARIFE, www.e-control.at

[132] Vgl. Vereinigung Österreichischer Elektrizitätswerke, VÖEW, Graz, Rundschreiben 1-A, 2

[133] Quelle abrufbar unter: 2005-10-16, http://www.e-control.at/portal/page/portal/ECONTROL_HOME/OKO/Rechtliche_GRUNDLAGEN/BUNDES RECHT/VERORDNUNGEN, www.e-control.at

[134] Vgl. Entwurf zur Ökostromverordnung 2005, 4

5.3 Wirtschaftlichkeitsberechnungen

5.3.1 Parameterannahmen

Für die Berechnungen der Amortisationszeiten sind folgende Kosten-, Preis- und Erlösannahmen zu treffen:

- Die **Anlagenkosten** (Investitionskosten) beinhalten den Preis für ein KWK-Aggregat und die Planungs- und Einbindungskosten in das bestehende Heizsystem. Vom Anlagenpreis werden 30% nicht rückzahlbarer **Förderung** abgezogen.
- Die **Nutzungsdauer** für den Solo Stirling und für die Mikrogasturbine wurde mit jeweils 15 Jahre angesetzt. Aus Vergleichsgründen gilt dies auch für den Hubkolbenmotor.
- Der Preisansatz für **Erdgas** entspricht dem durchschnittlichen Preisniveau in Oberösterreich auf Basis März 2006. Der Summenpreis besteht aus Netztarif (Gebiet OÖ) und Energie, die Erdgasabgabe wird extra berücksichtigt. Die eingesetzten Geräte benötigen unterschiedliche Gasmengen. Die Gasmenge beeinflusst hauptsächlich den Netztarif, nur geringfügig den Energiepreis. Dadurch erklärt sich die Differenz im Erdgaspreis zwischen Stirling und Dachs einerseits und Mikrogasturbine andererseits. Der Energiepreis wurde als Kundendurchschnittspreis angenommen[135]. Die Summenpreise aus Netztarifen und Energiepreisen werden in Abhängigkeit der Verbrauchswerte unterschiedlich angesetzt.
- Der **Strompreis** setzt sich aus dem Netztarif (Gebiet OÖ) und dem Energiepreis zusammen. Die Preise sind je nach Jahresverbrauch und Netzebene unterschiedlich. Der Stirling-Tarif wird z.B. mit 63.000 kWh berechnet, das entspricht der Jahresproduktion bei 7000 Volllaststunden.
- Der Wärmepreis wird auf Basis Erdgas ermittelt.
- Unter dem Begriff „Zinsen" ist der interne Zinsfuß bzw. WACC-Ansatz zu verstehen.
- Die Steuern inklusive Freibetrag und Abgaben bilden die Situation im Jahre 2005 ab.

Hinweis: Sämtliche Parameter werden in den Kapiteln 6 und 7 je nach Wichtigkeit detailliert behandelt.

5.3.2 Rechenalgorithmus

Die Eingangsdaten für die Amortisationsrechnungen müssen grundsätzlich auf vergleichbare Einheiten umgerechnet werden. Einen Sonderfall stellt der Gaseinsatz dar, weil hier je nach Anforderung unterschiedliche Werte zu verwenden sind. Auf die richtige Verwendung von Nm^3 (Normkubikmeter), Ho (oberer Heizwert) und Hu (unterer Heizwert) sei extra hingewiesen.

Der Rechenalgorithmus basiert auf folgendem Schema:

Gesamtkosten = Fixkosten + variable Kosten

Fixkosten = (Investition − Förderung) + dynamische Verzinsung

Variable Kosten in Betriebskosten je Stunde =

= *Erdgaspreis Ho x Umrechnung Ho/Hu x Bedarf Hu/h +*

---

[135] Vgl. E-Werk Wels AG, Energieverrechnung/Reithmayer, März 2006

+ Erdgasabgabe EUR/kWh x Bedarf Hu/kWh/h x Anteil in % +

+ Elektrizitätsabgabe /kWh x elektrische Leistung +

+ Wartungskosten/Betriebsstunde

- Erdgaspreis Ho = Energie + Netzkosten Netzebene 3
- Umrechnungsfaktor Ho auf Hu: Ho = Hu x 1,107 (2005) bzw. 1,111 (2006)
- Umrechnung m³ auf kWh mit Faktor 10
- Umrechnungsfaktor Erdgasabgabe (z.B.. 75%) im Verhältnis Wärmeleistung/Gesamtleistung

Erlöse = Wärmeerlös + Stromerlös =

= **(Wärmeleistung x Wärmepreis + elektrische Leistung x Strompreis)/Gesamtleistung**

- Strompreis = Energie + Netzkosten je Netzebene + gesetzliche Abgaben ohne Energiesteuer
- Wärmepreis = (Gaspreis + Erdgasabgabe)/Wirkungsgrad
- Kosten und Erlöse in Ct./kWh

5.4 Spezifische Eingabetabellen und Amortisationskurven

5.4.1 Eingabetabellen

In der nachfolgenden Tabelle 5-1 sind die spezifischen Eingabewerte, gültig für das Jahr 2006, für die KWK-Aggregate „Dachs", „Solo Stirling" und „Mikrogasturbine MGT 65" dargestellt. Die Berechnungen der gewichteten Erlöse und die dazugehörenden Amortisationskurven sind in den folgenden Unterpunkten zu sehen. Die Amortisationskurven geben Auskunft über die Beziehung Erlöse je kWh Energieoutput und Amortisationszeit in Jahren in Abhängigkeit von Betriebsstunden pro Jahr.

Tab. 5-1 Eingabewerte 2006 für die Amortisationszeiträume

	Dachs	Stirling	MGT 65	
Thermische Leistung	12,3	26	123,3	kW
Elektrische Leistung	5	9	65	kW
Erdgasbedarf	19,49	37,63	224,40	kWh[Hu]/h
Brennstoffausnutzung	89	93	84	%
Einspeisetarif Wärme	0,0488	0,0488	0,0429	€/kWh
Einspeisetarif Strom	0,1374	0,1374	0,1020	€/kWh
Erdgaspreis	0,0331	0,0331	0,0284	€/kWh[Ho]
Erdgasabgabe	0,066	0,066	0,066	€/Nm³
Wartungskosten/kWhel	0,02	0,0135	0,0093	€/kWel
Wartungskosten	0,1	0,1215	0,6045	€/BStd.
Wärmeleistung/Gesamtleistung	71%	75%	66%	tats. Erdgasabgabe
Energiesteuer	0,015	0,015	0,015	€/kWh
davon befreit	5.000	5.000	5.000	kWh/Jahr
Investitionskosten inkl. Einbind.	21.560	41.000	125.000	€ Anlagenkosten
Investitionsförderung	30	30	30	%
Kapitalverzinsung	5,50	5,50	5,50	%

Quelle: Eigene Recherchen und Herstellerangaben

5.4.2 Amortisationskurven „Dachs"

Mit 5 kW$_{el}$ deckt der Dachs den untersten Teil des untersuchten Leistungsbereiches von 5 bis 100 kW$_{el}$ ab. Für die Energiepreise wurden die Marktpreise des Kalenderjahres 2006 herangezogen. Der Gaspreis beinhaltet Netz (NE 3) + Energie ohne Erdgasabgabe. Im Strompreis sind Netz (NE 7), Energie, Zuschläge und Abgabe enthalten.

Die Erlöse aus der Wärme- und Stromerzeugung sind gewichtet folgendermaßen berücksichtigt:

- *Gesamterlös (Ct./kWh) =*
- *(kW$_{th}$/geskW)*Wärmepreis +(kW$_{el}$/geskW)*Strompreis*
- *Gesamterlös „Dachs" = 12,3/17,3*4,88 + 5/17,3*13,74 = 7,44*

Der Wärmepreis errechnet sich aus dem Gaspreis unter Berücksichtigung der Brennstoffausnutzung (Wirkungsgrad, Effizienz) und der Erdgasabgabe.

In Anwendung des oben angeführten Rechenalgorithmus und den Werten aus Tabelle 5-1 ergeben sich die in Abbildung 5-1 dargestellten Amortisationskurven.

ABB. 5-1 AMORTISATIONSKURVEN DACHS

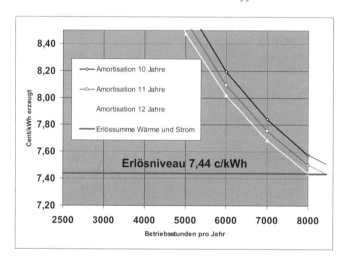

Quelle: Eigene Berechnungen

Die Abbildung 5-1 zeigt drei unterschiedliche Amortisationszeiträume in Abhängigkeit von den Betriebsstunden pro Jahr. Der Dachs amortisiert sich unter den gewählten Parametern erst ab dem 12. Jahr und 8000 Betriebsstunden! 10 und 11 Amortisationsjahre sind in der Praxis nicht mehr möglich. Deshalb wurde auf eine Verlängerung der Skalierung auf 8760 Jahresstunden bewusst verzichtet, weil ein durchgehender Volllastbetrieb praktisch unmöglich ist. Sinken die Volllaststunden, bewirkt das höhere Amortisationszeiträume.

5.4.3 Amortisationskurven „Stirling"

Der Solo Stirling deckt mit 9 kW$_{el}$ die nächsthöhere Leistungsstufe im untersuchten Leistungsspektrum ab. Die ausgewiesenen Leistungen bedeuten gegenüber dem „Dachs" insgesamt eine Leistungsverdopplung.

Die Erlöse aus der Wärme- und Stromerzeugung wurden in Analogie zum „Dachs" folgendermaßen berücksichtigt:

- *Gesamterlös „Stirling" = 26/35*4,88 + 9/35*13,74 = 7,16 Ct./kWh*

Der gewichtete Stirling-Erlös von 7,16 Ct./kWh liegt unter dem Dachs-Erlös von 7,44 Ct./kWh, weil der Anteil des „wertvolleren" Strompreises im Verhältnis Stromleistung/Wärmeleistung mit 0,346 (9/26) geringer ausfällt als beim „Dachs" mit 0,407 (5/12,3). Der Wärmepreis orientiert sich wie beim „Dachs" am Gaspreis. Der Gaspreis beinhaltet die Netzkosten auf Netzebene 3, den Energiepreis und die Erdgasabgabe. Der Strompreis beinhaltet den Netzanteil auf Netzebene 7, gemessen bei 7000 Betriebsstunden, den Energiepreis und die Abgaben. Alle Preisansätze ohne Umsatzsteuer.

ABB. 5-2   AMORTISATIONSKURVEN STIRLING

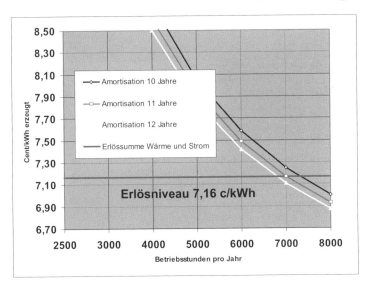

Quelle: Eigene Berechnungen

Die Abbildung 5-2 zeigt wiederum drei unterschiedliche Amortisationsverläufe in Abhängigkeit von den Betriebsstunden pro Jahr. Der Stirling amortisiert sich unter den gewählten Parametern ab dem 11. Jahr und 7000 Betriebsstunden! Höhere oder niedrigere Volllaststunden verändern den Amortisationszeitraum.

Im Vergleich zum Dachs bietet der Stirling eine deutlich verbesserte Wirtschaftlichkeit.

5.4.4 Amortisationskurven „Mikrogasturbine C 65"

Die Mikrogasturbine deckt den oberen Bereich des betrachteten Leistungsspektrums ab. Die Leistungsdaten sind geeignet, größere Gewerbe- und Dienstleistungsbetriebe mit Wärme und Strom zu versorgen. Zur Berechnung wurden die Leistungsdaten der ab 2006 zur Verfügung stehenden MGT 65 herangezogen. Bis 2005 stand die leistungsschwächere Version C 60 zur Verfügung. Die Erlöse aus der Wärme- und Stromerzeugung wurden folgendermaßen berücksichtigt:

- *Gesamterlös „MGT 65" = 123,3/188,3*4,29 + 65/188,3*10,20 = 6,33 Ct./kWh*

Der gewichtete MGT-Erlös liegt unter den Dachs- und Stirling-Erlösen, obwohl die Gewichtung des „wertvolleren" Strompreises im Verhältnis Stromleistung/Wärmeleistung 65/123,3 mit 0,527 deutlich besser ausfällt. Die Begründung liegt im niedrigeren Strompreis, der durch die angenommene, erlösärmere Netzebene 6 um 3,54 Ct./kWh niedriger ist als beim Stirling. Der Wärmepreis errechnet sich wie bei Dachs und Stirling auf Gaspreis-Basis. Der Gaspreis beinhaltet die Netzkosten auf Netzebene 3, den Energiepreis und die Erdgasabgabe. Alle Preisansätze ohne Umsatzsteuer.

ABB. 5-3   AMORTISATIONSKURVEN MIKROGASTURBINE C 65

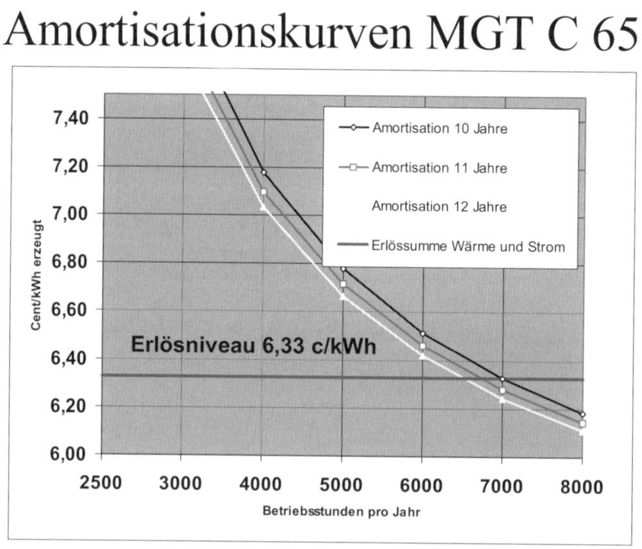

Quelle: Eigene Berechnungen

Auch diese Abbildung 5-3 zeigt drei unterschiedliche Amortisationsverläufe in Abhängigkeit von den Betriebsstunden pro Jahr. Die C 65 amortisiert sich unter den gewählten Parametern ab dem 10. Jahr und 7000 Betriebsstunden!

Im Vergleich zu Dachs und Stirling zeigt die C 65 eine deutlich bessere Wirtschaftlichkeit.

5.4.5 Variante Amortisationskurven „2x Stirling"

Der Einsatz von zwei oder mehreren Aggregaten in einem Objekt stellt eine praxistaugliche Variante gegenüber den bisher betrachteten Annahmen mit einem Einzelaggregat dar. Wie dargelegt liegt der Vorteil in der höheren Betriebssicherheit und vermutlich in der verbesserten Wirtschaftlichkeit. Zur Berechnung der Amortisationszeit gelten folgende Rahmenbedingungen:

- Einzelpreis Aggregat EUR 20.000.-
- Packaging + Engineering: Heizungseinbindung, Abluft, Elektronik, Planung, Behördenkosten EUR 21.000.-
- Aufschlag auf Packaging + Engineering für 2. Aggregat 35%, weil nur noch die Zusatzinstallation für das 2. Aggregat und der geringfügig höhere Regelungs- und Planungsaufwand anfallen.
- Die Gesamtkosten betragen daher EUR 68.350.-
- Der Stromerlös wird auf 13,3 Ct./kWh verringert, weil sich sowohl Netz- als auch Energiepreis reduzieren
- Der Wärmeerlös auf Basis Gas wird verringert mit 4,76 angesetzt
- Der Gaspreis reduziert sich um 0,1 Ct./kWh (Mengenerhöhung, Netztarifreduzierung)
- Das Erlösniveau aus Wärme und Strom sinkt auf 6,96 Ct./kWh
- Alle anderen Annahmen bleiben gleich

Das interessante Ergebnis dieser Variantenrechnung wird in Abbildung 5-4 präsentiert.

ABB. 5-4 AMORTISATIONSKURVEN 2X STIRLING

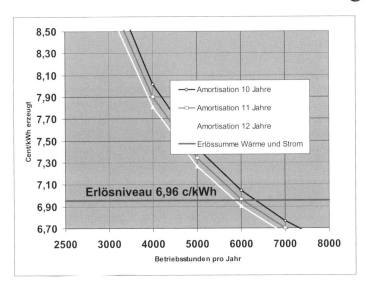

Quelle: Eigene Berechnungen

Der Einsatz eines 2. Gerätes bewirkt eine Reduzierung der Betriebsstunden bei vergleichbarem Amortisationszeitraum (11 Jahre) um 14,3% von 7000 auf 6000 Betriebsstunden.

Mit der Reduzierung der wirtschaftlich notwendigen Betriebsstunden steigen die Einsatzmöglichkeiten an.

5.4.6 Schlussfolgerungen „Wirtschaftlichkeit"

- Es gibt einen direkten Zusammenhang zwischen Aggregatgröße und Wirtschaftlichkeit. Grundsätzlich gilt: je höher die Leistung, desto wirtschaftlicher das Gerät.
- Die Amortisationszeiten weichen erheblich voneinander ab. Das deutlich wirtschaftlichste Gerät ist die Mikrogasturbine, welche 10 Jahre bei 7000 Betriebsstunden für die Amortisation benötigt. Der Solo Stirling „rechnet" sich ab dem 11 Jahr, ebenfalls bei 7000 Betriebsstunden. Der Dachs fällt wirtschaftlich deutlich ab, weil bei einer Amortisationszeit von 12 Jahren 8000 Betriebsstunden notwendig sind.
- Aus wirtschaftlicher Sicht hat im Hinblick auf die Langlebigkeit von Energieerzeugungsanlagen[136] die Mikrogasturbine die Schwelle zur Marktfähigkeit erreicht, der Stirling nähert sich dieser Schwelle. Der Dachs folgt weit abgeschlagen. Trotzdem wurden in Österreich bereits mehrere hundert Geräte am Markt untergebracht!
- Der Einsatz eines 2. Aggregates (falls der Wärmebedarf dies rechtfertigt) steigert die Wirtschaftlichkeit einer Anlage deutlich.

In den nächsten Jahren werden mit Bestimmtheit viele, eventuell sogar alle Berechnungsparameter eine Veränderung erfahren. Durch Ermittlung der Elastizitäten auf Basis 2006 soll der Grad der Wirkung von Parameter-Veränderungen aufgezeigt werden.

5.5 Elastizitäten von Amortisationszeiträumen

5.5.1 Zweck und Begriff Elastizität

Mit Hilfe der Ermittlung von Elastizitätswerten soll die Veränderungswirkung einzelner Parameter auf die Amortisationszeiträume der drei ausgewählten Aggregate dargestellt werden. Im Hinblick auf den 10-jährigen Betrachtungszeitraum ist es von entscheidender Bedeutung, welchem Einflussfaktor erhöhtes Augenmerk aufgrund der objektiven Einflussnahme auf die Wirtschaftlichkeit geschenkt werden muss. Die weiterführende Untersuchung richtet sich nach der Veränderungswirksamkeit, d.h. je größer die Elastizität, desto genauer ist die spezifische Parameter-Zeitreihe bis ins Jahr 2015 zu analysieren.

„In den Wirtschaftswissenschaften ist eine Elastizität ein Maß, das angibt, wie eine abhängige Größe auf eine Änderung einer ihrer Einflussgrößen reagiert"[137].

Übertragen auf die KWK-Untersuchung interessiert die Frage, welche Änderung der Amortisationszeitraum der KWK-Anlage bei 1%-Änderung einer Eingabevariablen

---

[136] Pers. Anm. des Autors, in diesem Zusammenhang wird nochmals darauf hingewiesen, dass Investitionen in Energieerzeugungsanlagen einen längerfristigen Betrachtungszeitraum einnehmen als „klassische" Investitionen in Produktionsanlagen. Daher dürfen die Amortisationszeiträume grundsätzlich länger sein als bei herkömmlichen Investitionen in Produktionsanlagen.

[137] Quelle abrufbar unter: 2005-08-03, http://de.wikipedia.org/wiki/Elastizit%C3%A4t_%28Wirtschaft%29

unter der Bedingung „ceteris paribus" erfährt. Der Amortisationszeitraum in der Funktion

$$y_t (x_1, x_2, \ldots x_n)$$

hängt von der Einwirkung der Einflussgrößen x_1 bis x_n ab. Die gegenständliche Ermittlung der Elastizitäten errechnet den absoluten Veränderungsbetrag $\Delta y/y$ (bewusste Vernachlässigung des Vorzeichens, mit dem die Veränderungsrichtung definiert wird), wenn sich die Einflussgröße x_n um den marginalen Betrag $\Delta x/x$ ändert. Die Elastizität wird in % ausgewiesen.

Ziel ist es, den Veränderungseinfluss der einzelnen Parameter sowohl auf der Kosten- als auch auf der Erlösseite darzustellen. Dadurch lassen sich die Wirkungen beeinflussbarer und unbeeinflussbarer Parameter aufzeigen und gegebenenfalls Sichtweisen für die Zukunft ableiten.

5.5.2 Elastizitäten

Im folgenden Teil werden die Elastizitäten der drei ausgewählten Geräteklassen dargestellt. Als Berechnungsbasis dienen die zur Ermittlung der Amortisationskurven verwendeten Werte aus 2006.

5.5.2.1 Elastizitäten „Dachs"

Der Dachs von Hersteller Senertec gehört der am Markt etablierten alten Generation von KWK-Motoren an. Er benötigt 12 Amortisationsjahre bei 8000 Betriebsstunden. Zur besseren Unterscheidung der Wichtigkeit der Veränderungswirkung eines Parameters werden in Abbildung 5-5 die Balken in vier verschiedenen Farben dargestellt.

Die Elastizitäten beziehen sich auf den Amortisationszeitraum 12 Jahre bei 8000 Stunden.

ABB. 5-5   AMORTISATIONS-ELASTIZITÄTEN „DACHS"

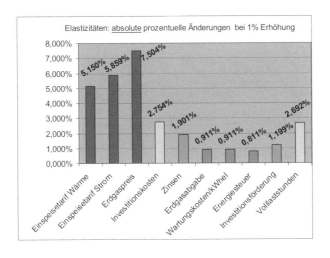

Quelle: Eigene Berechnung

Der Gaspreis erweist sich als der Faktor mit der höchsten Veränderungswirkung. Die Parameter Strom- und Wärmeerlöse folgen in der Bedeutung. Der Wärmepreis steht in direkter Abhängigkeit zum Gaspreis. Die Verringerung der Investitionskosten würde einen interessanten Ansatzpunkt zur Hebung der Wirtschaftlichkeit ergeben. Der Dachs befindet sich schon seit Jahren auf dem Markt. Die Nachfrage konzentriert sich zwangsläufig auf dieses Gerät, da es ein leistungsbedingtes Alleinstellungsmerkmal besitzt. Es ist daher fraglich, ob der Anbieter Preisreduktionen anbietet, um so die Wirtschaftlichkeit und infolge den Absatz zu erhöhen. Alle anderen Parameter sind im Gegensatz zu den vorgenannten von verhältnismäßig geringer Bedeutung. Die Anhebung der Volllaststunden ist theoretisch bis 8760 Jahresstunden möglich, besitzt aber aus praktischen Gründen keinerlei Relevanz. Der Einfluss der restlichen Parameter fällt wesentlich geringer aus.

5.5.2.2 Elastizitäten „Stirling"

Das Stirling-Aggregat V 161 der Firma Solo GmbH stellt die neue Generation von KWK-Geräten dar. Der Stirling befindet sich momentan in der Markteinführungsphase. Die Elastizitätenanalyse gemäß Abbildung 5-6 dient daher auch dem Zweck, Erkenntnisse für wirtschaftlich sinnvolle Verbesserungen zu erhalten. Die Elastizitäten wurden für den Amortisationszeitraum 11 Jahre bei 7000 Stunden berechnet.

ABB. 5-6   AMORTISATIONS-ELASTIZITÄTEN „STIRLING"

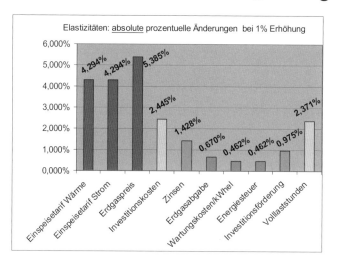

Quelle: eigene Berechnungen

Die Abbildung weist den Parametern Gas, Wärme- und Stromerlösen die höchsten Elastizitäten zu, gefolgt von den Investitionskosten und Volllaststunden. Damit zeigt sich ein ähnliches Bild wie beim Dachs, wenngleich sich die Bedeutung von Strom und Gas annähern. Auch bei 7000 Betriebsstunden pro Jahr ist eine Erhöhung unwahrscheinlich.

Technisch bietet sich zur Hebung der Wirtschaftlichkeit die Erhöhung der elektrischen Leistung (und Senkung des Wärmeanteils) als wirksamer Ansatz an. Der Einfluss der

Investitionskosten mit 2,445% ist insofern hochinteressant, als für den Stirling Kosteneffekte durch die Lernkurve zu erwarten sind. Die restlichen Parameter beeinflussen deutlich geringer, die Volllaststunden sind praktisch ausgereizt.

5.5.2.3 Elastizitäten „Mikrogasturbine C 65"

Die Mikrogasturbine ist das mit deutlichem Abstand wirtschaftlichste Gerät. Es gehört wie der Stirling der neuen Gerätegeneration an, befindet sich jedoch schon einige Jahre am Markt. Es sind durchaus weitere Verbesserungsschritte, die die Wirtschaftlichkeit erhöhen, zu erwarten. Die berechnete Elastizität bezieht sich auf 10 Jahre und 7000 Stunden.

ABB. 5-7 AMORTISATIONS-ELASTIZITÄTEN „MIKROGASTURBINE"

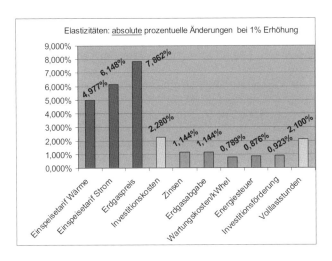

Quelle: eigene Berechnungen

Abbildung 5-7 weist wie bei den beiden anderen Aggregaten den Wärme-, Strom- und Gaspreisen die höchsten Elastizitätswerte zu. Besonders sensibel reagiert die Wirtschaftlichkeit auf den Gaspreis. Die Bedeutung der Investitionskosten ist gesunken. Die Volllaststunden unterliegen wie beschrieben der praktischen Begrenzung. Alle anderen Parameter fallen in der Bedeutung weit ab.

Die deutlichsten Verbesserungen könnten, falls technisch möglich, im Bereich der Energieeffizienz erzielt werden. Der Wirkungsgrad im Vergleich zu Dachs und insbesondere Stirling erscheint verbesserungsfähig. Die C 65 zeigt sich gegenüber der C 60 bereits verbessert. Alle anderen Einflussgrößen liegen in der Bedeutung unter den vergleichbaren Werten von Dachs und Stirling.

5.6 Schlussfolgerungen und Ausblick

Die wichtigsten Einflussgrößen sind der Gaspreis und die Wärme- und Stromerlöse. Mit Abstand folgen die Investitionskosten und die Zahl der Betriebsstunden. Eher von untergeordneter Bedeutung sind die Parameter Zinsen, Wartungskosten, Erdgasabgabe, Energiesteuer und die Investitionsförderung. Die zur Berechnung der Wirtschaftlichkeit herangezogenen Faktoren werden sich in den kommenden Jahren mit hoher Wahrscheinlichkeit ändern. Unter Berücksichtigung der sehr unterschiedlichen Veränderungswirkungen sind folgende Maßnahmen zur Verbesserung der Wirtschaftlichkeiten denkbar:

- Ganz allgemein bieten sich weitere Verbesserungen hinsichtlich der Wirkungsgrade (Brennstoffausnutzung) an.
- Die Verbesserung des elektrischen Wirkungsgrades im Verhältnis zum Wärmewirkungsgrad, weil der Strom „wertvoller" ist.
- Die Reduzierung des KWK-Anlagenpreises (Gerätepreises inklusive „Package + Engineering") stellt eine wesentliche Möglichkeit zur Hebung der Wirtschaftlichkeit dar. Ein gesteigerter Geräteabsatz würde sich positiv auf die Produktionskosten und eventuell auf die Anlagenpreise auswirken.
- Der Anlagenpreis wird durch nicht rückzahlbare Förderungen reduziert, es ist jedoch aus der Sicht des Autors unwahrscheinlich, dass die Fördersätze erhöht werden.
- Falls der Wärmebedarf gegeben ist, hebt der Einsatz eines zweiten Gerätes die Wirtschaftlichkeit merkbar an, weil der Aufwand von Package + Engineering unterproportional steigt.
- Die Wartungskosten beeinflussen die Wirtschaftlichkeiten nur in geringem Ausmaß.
- Die Hebung der Volllaststunden ist mit den Werten aus 2006 nicht möglich.
- Verhältnismäßig geringfügig wirkt sich der kalkulatorische Zinssatz aus, der einerseits von den Marktzinsen und andererseits von firmeninternen Faktoren abhängt.
- Auf eine Reduzierung von Steuern und Abgaben zu hoffen, erscheint illusorisch.

Die Wirtschaftlichkeit der kleinen KWK-Anlagen wird im Wesentlichen von den Energiepreisen beeinflusst. Der nächste Schritt ist daher den Preisprognosen für die Primärenergieträger Erdgas, Pellets und Pflanzenöle bzw. den Preisen für Strom und Wärme gewidmet. Die restlichen Parameter werden in Kapitel 7 abgehandelt.

6 Netztarife und Energiepreise

6.1 Fragestellung, Zielsetzung und Methodik des Kapitels

6.1.1 Fragestellung und Zielsetzung

Die Preise für Gas, Pellets, Pflanzenöl, Strom und Wärme sind jene Faktoren, die in der Hauptsache die Wirtschaftlichkeit und damit die Marktdurchdringung von KWK-Anlagen beeinflussen. Dieses Kapitel beschäftigt sich mit der Frage, welche Preisentwicklungen die genannten Primär- und Sekundärenergieformen innerhalb von 10 Jahren nehmen werden. Die Gas- und Strompreise, die wichtigsten exogenen Faktoren, werden, abgesehen von Steuern und Abgaben, durch regulierte Netztarife und liberalisierte Energiepreise gebildet.

Die Zielsetzung besteht darin, die derzeit absehbaren Rahmenbedingungen zu beschreiben und darauf aufbauend Preisprognosen darzustellen.

6.1.2 Methodik

Das Hauptaugenmerk gilt zunächst den Netztarifen für Strom und Gas als wichtige Bestandteile der Energiepreise. Fallende Netztarife wirken den steigenden Energiepreisen entgegen.

Auf Basis der seit dem 4. Quartal 2005 zur Verfügung stehenden Methode der österreichischen Regulierungstheorie werden die Netztarife bis 2015 ermittelt. Beginnend mit den gesetzlichen und theoretischen Grundlagen, werden schrittweise und unter Beiziehung von zur Verfügung gestellten Echtdaten Netztarife errechnet und die Ergebnisse in tabellarischer Form zusammengefasst.

Den Energiepreisbildungsmechanismen für Strom und Gas wird wegen deren herausragender Bedeutung hinsichtlich der Wirtschaftlichkeiten von KWK-Anlagen breiter Raum gewidmet. Auch die Preisbildungen für Pellets, Pflanzenöle und Wärme werden beschrieben.

Die so gewonnenen Werte fließen in die Berechnungen der Amortisationszeiten des Kapitels 8 ein.

6.2 Netztarife

6.2.1 Die wesentlichen gesetzlichen Grundlagen

6.2.1.1 Gesetzliche Grundlagen bei Strom

6.2.1.1.1 Elektrizitätswirtschafts- und -organisationsgesetz „ElWOG"

Mit dem ElWOG 2000 wurde die Vollliberalisierung des Strommarktes in Österreich bundesgesetzlich per 1. Oktober 2001 verankert. Im § 25 wurden einige für die Festlegung von Netztarifen wichtige normative Rahmenbedingungen definiert, die als wesentliche Eckpunkte den weiteren Betrachtungen zu Grunde liegen:

- Vom Regulator sind Festpreise festzulegen
- Die Festpreise sind je Netzebene festzulegen
- Effizienzfaktoren können eingeführt werden

Außerdem werden die Festpreise unterschiedlich für jeweils geografisch definierte Netzzonen, Netzbereiche genannt, festgelegt. In der Praxis werden daher nicht nur für die Netzgebiete der österreichischen Übertragungsnetz- und Regionalversorgungsunternehmen, sondern darüber hinaus noch für einige städtische und geografisch dislozierte Gebiete eigene Netztarife je Netzebene ausgewiesen. Derzeit ist das ElWOG in der Fassung des Bundesgesetzblattes I Nr. 44/2005 gültig[138]. Auf ElWOG-Basis wird eine Verordnung erlassen, in der die tarifliche Umsetzung geregelt wird.

6.2.1.1.2 Systemnutzungstarife-Verordnungen, SNT-VO

SNT-VO definieren die tariflich relevanten Begriffe, Grundsätze, Netzbereiche und vor allem die Netznutzungsentgelte und Netzverlustentgelte je Netznutzungsebene[139] und Netzgebiet.

In der SNT-VO 2003 bzw. der Novelle 2005, wurden die grundsätzlichen Weichenstellungen für die zeitlich nachfolgenden Regulierungsschritte geschaffen.

Die SNT-VO 2006 nimmt daher ausdrücklich Bezug auf die SNT-VO 2003, Novelle 2005: „Durch einen ersten Regulierungsmodellvorschlag des Verbandes der Elektrizitätsunternehmen Österreichs (VEÖ) im Zuge der Tarifprüfungsverfahren zur Novelle 2005 der SNT-VO 2003 wurde die Diskussion zum Thema Umstieg von einer kosten- auf eine anreizorientierte Regulierung wieder aufgenommen. Der Diskussionsprozess wurde nach den umfassenden Vorarbeiten im Zuge des Projektes „Neue Netztarife" mit der SNT-VO 2003 bekanntlich mit November 2003 vorläufig beendet."[140]

Daraufhin wurde seitens der ECG in den Jahren 2004 und 2005 unter Einbeziehung der VEÖ-Vorschläge intensiv an der effektiven Umsetzung der Anreizregulierung gearbeitet.

Als Zwischenschritt wurde von der ECG zur Berechnung der „anerkannten Netzkosten"[141] ein neues mathematisches Ermittlungsschema zur Berechnung der Kostenbasis eingeführt, welches bereits wesentliche Elemente des späteren Benchmark-Verfahrens enthielt. Berücksichtigt wurden unter Einrechnung der Dauer der vergangenen Regulierungsperiode Produktivitätsfortschritte, Mengenänderungen und Teuerungen mit nachfolgendem Rechenalgorithmus:

$$K_t = [(1-X_{gen,fix})*(1-k.\Delta M)]^t*(1+\Delta NPI_t)*K_{t-1}$$

K_t = Errechnete Kostenbasis zum Zeitpunkt t

K_{t-1} = Kostenbasis der Vorperiode

t = Dauer der Periode in Jahren

$X_{gen,fix}$ = fixer Produktivitätsfaktor als Abschlag

k = Mengen-Kosten-Faktor (0,50)

ΔM = Energiemengenänderung Netzebenen 3-7 (Endkunden und Weiterverteiler)

ΔNPI_t = Kostensteigerungsindex im Netzbetrieb als Zuschlag

---

[138] Vgl. Elektrizitätswirtschafts- und -organisationsgesetz (ElWOG), Bundesgesetzblatt I Nr. 44/2005

[139] Pers. Anm. des Autors, per Definition gibt es 7 Netzebenen: 1. 380 kV, 2. 220 kV, 3. 110 kV, 4. Umspannwerke, 5. eigener Transformator Mittelspannung/Niederspannung, 6. eigene Leitung vom Transformator, 7. Objektanspeisung aus dem Niederspannungsverteiler

[140] Erläuterungen zur SNT-VO 2006, Energie Control Kommission, September 2005, 1

[141] Pers. Anm. des Autors, als „anerkannte Netzkosten" sind jene Kosten zu verstehen, die im Zuge des methodischen Kostenfeststellungsverfahrens von ECG einem Netzbetreiber als Kriterium zur Ermittlung des Netztarifes zugestanden werden. Die im Verfahren von ECG abgewiesenen Kosten werden als „nicht anerkannten Kosten" bezeichnet.

Anfang 2005 führte die ECG bei den österreichischen Übertragungs- und Verteilnetzbetreibern ein weiteres Kostenfeststellungsverfahren[142] durch. Dies führte in Oberösterreich[143] unter Zugrundelegung des o.a. Berechnungsschemas per 1.6.2005 als Zwischenschritt zum „Benchmarking" abermals zu neuen, niedrigeren Netznutzungstarifen.

Die seit 1.1.2006 gültige SNT-VO 2006 bildet den vorläufigen Schlusspunkt in der Entwicklung des regulativen Verfahrens zur Tarifbestimmung. Die Resultate finden in der zitierten SNT-VO 2006 ihren deklarativen Niederschlag. Die entsprechenden Erläuterungen dazu finden sich in den „Erläuterungen zur Systemnutzungstarife-Verordnung 2006"[144].

Als **„die" wesentliche Bereicherung** im Schema für die Netztarifermittlung wurde das alle Netzbetreiber vergleichende Element „Effizienzwert" eingeführt.

6.2.1.2 Gesetzliche Regelungen beim Gas

6.2.1.2.1 *Gaswirtschaftsgesetz (GWG)*

Das mit 1. August 2000 in Kraft getretene Gaswirtschaftsgesetz (GWG) regelt den Netzzugang von Verbrauchern. Zum Netzzugang wurden in der 1. Stufe die Betreiber von gasbefeuerten Stromerzeugungsanlagen und Verbraucher mit mehr als 25 Millionen m³ p.a. zugelassen. Weiters wurde der Stufenplan für die vollständige Marktöffnung definiert.

Mit 1. Oktober 2002 trat die vollständige Öffnung des Gasmarktes für alle Kunden inklusive der Haushalte ein. Gemäß § 23 des GWG in der gültigen Fassung[145] ist die ECK für die Festsetzung von Tarifen für die Systemnutzung in der österreichischen Gaswirtschaft zuständig. Die ECK kommt ihrer Aufgabe durch den Erlass von Gas-Systemnutzungstarife-Verordnungen, GSNT-VO, nach.

6.2.1.2.2 *Gas-Systemnutzungstarife-Verordnungen (GSNT-VO)*

Die GSNT-VO sind analog zu den Strom-SNT-VO aufgebaut und enthalten netzrelevante Definitionen, Bestimmungen und deklarativ festgelegte Tarife. Die erste GSNT-VO wurde am 30. September 2002 in der Wiener Zeitung veröffentlicht. Mit 1. Oktober 2002 wurden erstmals eigene Netzzonen definiert, in denen gesonderte Staffelpreise nach Verbrauchsmengen gelten.

Nach einer zwischenzeitlichen Novellierung 2003 und einer neuen G-SNT-VO 2004 wurde im Oktober 2005 die GSNT-VO-Novelle 2005 erlassen. In ihr wurden vor allem neue, niedrigere Netztarife per 1.11.2005 festgelegt und diverse Bestimmungen den regulatorischen Entwicklungen angepasst. Im allgemeinen Teil wird auf die enge Beziehung zur SNT-VO Strom folgendermaßen hingewiesen: *„Weiters hat eine Steigerung der abgegebenen Mengen zu einer Senkung der Durchschnittskosten je Einheit geführt. Weitere Ursachen der Tarifsenkung sind niedrige Finanzierungskosten, die gesunkene Körperschaftssteuerbelastung sowie die* **erstmalige Umsetzung von**

---

[142] Pers. Anm. des Autors, beim Kostenfeststellungsverfahren werden die auf das Transport- und Verteilnetz verbuchten Kosten auf Richtigkeit geprüft. Nach Abschluss des Verfahrens liegen die von der ECG „anerkannten Netzkosten" des überprüften Unternehmens vor. Diese anerkannten Kosten dienen als Grundlage zur rechnerischen Ermittlung der Netztarife.

[143] Pers. Anm. des Autors, der Stichtag der Einführung der novellierten SNT-VO 2005 variierte in den Netzgebieten, weil die Kostenfeststellungsverfahren und deren Umsetzung in der SNT-VO kapazitätsbedingt von der ECG nicht durchführbar waren.

[144] Erläuterungen zur SNT-VO 2006, Energie Control Kommission, September 2005

[145] Vgl. GWG, Gaswirtschaftsgesetz-Novelle 2002, Bundesgesetz, mit dem das Gaswirtschaftsgesetz und das Bundesgesetz über Aufgaben der Regulierungsbehörden im Elektrizitätsbereich und die Einrichtung der Elektrizitäts-Control GmbH und der Elektrizitäts-Control Kommission geändert werden.

Zielvorgaben, die von der ECK bereits im Zuge der Ermittlungen für die Systemnutzungstarife Strom in bewährter Weise zur Anwendung gebracht wurden.[146]" In den Erläuterungen zur Novelle sind ausführlich die Grundsätze der Novelle erklärt. Darin finden sich, abgesehen von den spezifischen Eigenheiten zur Unterhaltung von Gasnetzen, viele der SNT-VO Strom entlehnte Grundsätze. **Es ist daher nahe liegend, für die zukünftige Entwicklung der Netznutzungsentgelte für Gas dem Grunde nach die zeitverschobene Tarifentwicklung für Strom in Form der aus den Stromnetznutzungstarifen bekannten Berechnungsmethode heranzuziehen.**

6.2.2 „Netznutzungstarifierung"

Im Zusammenhang mit der Ermittlung und Festlegung von Netztarifen wird sehr oft der Ausdruck „Tarifierung" verwendet, der folgendermaßen umschrieben werden kann: *„Unter Tarifierung wird die Zusammenführung des Kosten- und Mengengerüsts zur Ermittlung der daraus resultierenden Tarife, also die Ansätze pro Tarifeinheit verstanden. Den genehmigten Kosten, die [........] mit diversen Kostenanpassungsfaktoren zu versehen sind, ist ein Mengengerüst gegenüberzustellen"* [147].

Aus dem komplexen Tarifierungsvorgang, in dem mehrere Tarifierungskomponenten[148] wie

- vorgelagerte Netzkosten
- Ausgleichszahlungen unter den Netzbetreibern
- verrechnete Leistungen und abgegebene Mengen zu Hoch- und Niedertarifzeiten
- Messkosten und Baukostenzuschüsse

zu berücksichtigen sind, wird daher das Netznutzungsentgelt grundsätzlich ermittelt aus der rechnerischen Kombination von

Leistungspreis in Cent + Arbeitspreis in Cent/kWh

Ein erklärendes Beispiel wird zu Beginn der Netztarifermittlung berechnet. Die in einem eigenen Verfahren ermittelten Netzverlustkosten sind netzebenengerecht den Netznutzungsentgelten hinzuzufügen.

6.2.2.1 Netznutzungstarife Strom

6.2.2.1.1 Ziele der Regulierung

In der SNT-VO 2006 wird von Anreizregulierung gesprochen. Die Anreizregulierung verfolgt umfassende Ziele[149], die sich teilweise widersprechen:

- Effizientes Verhalten der regulierten Unternehmen im Sinne eines wirtschaftlichen Optimums
- Schutz der Konsumenten
- Sicherstellung der wirtschaftlichen Grundlage samt Planungssicherheit für regulierte Unternehmen
- Ausgewogene Behandlung der regulierten Unternehmen

---

[146] Erläuterungen zur G-SNT-VO 2005, 2
[147] Erläuterungen zur SNT-VO 2006, 70
[148] Ebenda, 71
[149] Vgl. Erläuterungen zur SNT-VO 2006, 2

- Minimierung der direkten Regulierungskosten
- Transparenz des Systems
- Sicherstellung der allgemeinen Akzeptanz des Regulierungssystems durch alle betroffenen Interessengruppen
- Rechtliche Stabilität

Die regulatorischen Maßnahmen müssen so ausgewogen sein, dass sowohl das Interesse der Konsumenten an niedrigen Preisen gewahrt als auch die finanzielle Überlebensfähigkeit der Netzbetreiber gesichert bleibt. Das Tarifbestimmungsverfahren ist so ausgelegt, dass den österreichischen Netzbetreibern in der kommenden Regulierungsperiode das wirtschaftliche Überleben ermöglicht wird. Die Erläuterungen zur SNT-VO 2006 formulieren diesen Umstand folgendermaßen: *„Dies kann im Widerspruch zur produktiven Effizienz stehen, da dadurch der wirksamste Sanktionsmechanismus einer Wettbewerbswirtschaft, nämlich das Ausscheiden eines Unternehmens aus dem Produktionsprozess, beschränkt wird.* [150]"

Umgekehrt würde eine Abkehr von dieser Vorgehensweise einen zu radikalen Eingriff in Eigentumsrechte und Werthaltigkeit von Unternehmen bedeuten.

6.2.2.1.2 Kriterien für das Benchmarking-Verfahren

In der SNT-VO 2006 sind neben den notwendigen netzbegrifflichen Definitionen die Kriterien für die Ermittlung und die Zuordnung der Kosten für die Tarifbestimmung sowie die Tarife für die zu entrichtenden Entgelte für die Netznutzung angeführt.

In § 16 (1) bis (7) der SNT-VO werden diese „Kriterien für die Tarifbestimmung für das Netznutzungsentgelt" taxativ aufgezählt[151]:

- Bei der kostenorientierten Bestimmung der Netztarife werden den Netzbetreibern Zielvorgaben auferlegt, die sich am Einsparungspotenzial der Unternehmen orientieren. Dem Einsparungspotenzial liegen generelle branchenübliche Produktivitätsentwicklungen im Netzbetrieb und das Effizienzsteigerungspotenzial im Vergleich zu rationeller geführten Unternehmen zu Grunde.
- Die branchenübliche Produktivitätsentwicklung beträgt 1,95%.
- Die Kostenveränderung durch Teuerungen wird über einen Netzbetreiberindex abgebildet.
- Das Effizienzsteigerungspotenzial gegenüber rationeller geführten Unternehmen beträgt maximal 3,5%, in Verbindung mit § 16 Absatz 2 wird das Einsparpotenzial mit 5,45% gedeckelt.
- Mengenabhängige Änderungen sind im Netznutzungsentgelt zu berücksichtigen.
- Die Periode dauert vier Jahre. Jedes Jahr sind die Tarife gemäß den definierten Vorgaben zu reduzieren.
- Außerordentliche Umstände für den Netzbetreiber können geltend gemacht werden.

In den Erläuterungen zur SNT-VO 2006 sind detailliert Begründungen, Definitionen und Rechenregeln nachvollziehbar dargestellt. Als nächster Schritt wird anhand der Rechenregeln die Ermittlungsmethode für das Netznutzungsentgelt gezeigt und in weiterer Folge der Verlauf der Netznutzungsentgelt-Kurve bis einschließlich zum Jahr 2015 entwickelt.

---

[150] Vgl. Erläuterungen zur SNT-VO 2006, 2
[151] Vgl. Erläuterungen zur SNT-VO 2006, 9f.

6.2.2.1.3 Ermittlungsmethode der Systemnutzungstarife gemäß Benchmarkingsystem der SNT-VO 2006

6.2.2.1.3.1 Kostenbasis 2005

Ausgangsbasis für die Ermittlung der Netznutzungsentgelte ist beim Netzbetreiber XY die Kostenbasis K_{2005} für das Jahr 2005, die jedoch von keinem österreichischen Netzunternehmen geprüft vorliegt. Um die Einführung des Anreizregulierungssystems per 1.1.2006 nicht zu verzögern, wurde auf die von allen 23 geprüften österreichischen Netzbetreibern[152] vorliegenden Bilanzen aus dem Jahr 2003 zurückgegriffen und schrittweise auf die Kostenbasis 2005 hochgerechnet. Im 1. Schritt wird aus der Netzkostenbasis 2003 durch Berücksichtigung des in den Erläuterungen ersichtlichen WACC[153]-Ansatzes[154] und abzüglich der Netzverlustkosten[155] zunächst die bereinigte **Netzkostenbasis K_{2003}** errechnet:

1. Bereinigung der Netzkosten-Basis
Netzkosten-Basis (exkl. vorgelagerte Netzkosten)
Anpassung WACC-Finanzierungskosten 6,12%
abzgl. Bereinigung anerkannte Netzverlustkosten
K_{2003} auf Basis SNT-VO Novelle 2005

Im 2. Schritt wird unter Berücksichtigung der Zeitdifferenz T von 2 Jahren (von 2003 auf 2005, abhängig vom Bilanzstichtag[156]) eine hochgerechnete Kostenaktualisierung auf **K_{2005}** vorgenommen, die zwei gegenläufige Faktoren berücksichtigt:

- die Kostenerhöhung durch **Teuerungen**, ausgedrückt im Faktor **Netzbetreiberindex NPI** und
- die **Produktivitätssteigerung X** durch den Skaleneffekt.

Für den Zeitraum von 2003 bis 2005 wurde $X_{2005} = 4\%$ angenommen und ab 2006 gilt $X_{Rest} = 3,5\%$[157].

Für den Erhöhungsfaktor NPI ist das Delta (Δ) zwischen 2003 und 2005 heranzuziehen. Der NPI setzt sich aus den gewichteten Einzelindizes[158] „Tariflohnindex", „Baupreisindex" und „Verbraucherpreisindex" zusammen.

2. Anpassung bis 31.12.2005
$K_{2005} = K_{2003} \cdot (1-X_{2005}) \cdot (1-X_{Rest})^{(T-1)} \cdot (1+\Delta NPI_{31.12.2003})$

Im 3. Schritt soll die Zukunft abgebildet werden. Hier ist auf das Konfliktpotenzial zwischen den Regulierungszielen

- Schutz der Konsumenten vor Monopolrenten des regulierten Unternehmens und
- Förderung effizienten Verhaltens des regulierten Unternehmens durch Gewinnanreize

---

[152] Vgl. Erläuterungen zur SNT-VO 2006, Stichprobe für das Benchmarking, 53
[153] Pers. Anm. des Autors, WACC (Weighted average cost of capital) – gewogener Kapitalkostensatz
[154] Ebenda, 17
[155] Ebenda, 6f.
[156] Vgl. Erläuterungen zur SNT-VO 2006, 18, T in Abhängigkeit des Stichtages: 2 oder 2,25 oder 2,75
[157] Ebenda, 18
[158] Ebenda, 30

besonders Bedacht zu nehmen.

Für die „Ex ante"-Betrachtung ab 2006 ist daher ein so genannter **„Frontier Shift" (FS)** festzulegen. Der FS soll den Produktivitätsfortschritt der Branche abbilden und so gewählt werden, dass ein Kompromiss zum oben angeführten Widerspruch gefunden wird. ECG/ECK orientieren sich in der Festlegung des FS an internationalen Erfahrungswerten und an nationalen Notwendigkeiten, sodass schließlich ein FS-Wert von 1,95%[159] festgelegt wurde.

6.2.2.1.3.2 Benchmarking

Der objektiv komplexeste Schritt betrifft die Zuordnungen von Effizienzwerten je Unternehmen und damit die eigentliche Einführung eines Benchmarking-Systems. Durch das **Benchmarken** sollen einerseits die Effizienzunterschiede der Unternehmen zueinander ermittelt und andererseits effizienter arbeitende Unternehmen mit einem im Verhältnis geringeren Abschlag auf die genehmigte Kostenbasis „belohnt" (ineffizientere mit einem höheren bestraft) werden. Aus den Effizienzen lassen sich Effizienzsteigerungspotenziale ableiten. Ohne auf das in den Erläuterungen zur SNT-VO 2006 genau beschriebene Benchmark-Modell einzugehen[160], seien folgende Merkmale des verwendeten Systems erwähnt:

Die Effizienzwerte werden durch die gewichtete Verwendung der Benchmarking-Verfahren[161]

- **DEA** Data Envelopment Analysis (60% Gewichtung) und
- **MOLS** Modified Ordinary Least Squares (40%)

als "nicht-parametrisches/deterministisches (constant returns to scale) bzw. parametrisches/stochastisches Verfahren ermittelt. Für die beiden Verfahren wurden

- als Inputvariablen die Unternehmenskosten und
- als Outputvariablen Mittel- und Niederspannungshöchstlasten
- sowie Hoch-, Mittel- und Niederspannungs-Anschlussdichten

zur Berechnung herangezogen[162].

Nachfolgende Abb. 6-1 zeigt grafisch die Effizienzwerte (ES 2005) der letztlich 20 bewerteten Netzversorgungsunternehmen[163], in dem die effizientesten mit 100% bewertet wurden. Das ineffizienteste Unternehmen weist mit rund ES = 70% die maximale Abweichung von 30% aus.

---

[159] Vgl. Erläuterungen zur SNT-VO 2006, Festlegung des Frontier Shift, 27ff.
[160] Pers. Anm. des Autors, tiefergehende Erläuterungen sind der ECG-Ausarbeitung „Benchmarking des Stromnetzbetriebes in Österreich – Bericht zu Methoden- und Variablenauswahl", Juni 2003, 7ff. zu finden.
[161] Vgl. Erläuterungen SNT-VO 2006, Verfahrensauswahl, 34ff.
[162] Ebenda, 40ff.
[163] Ebenda, Stichproben für das Benchmarking, 53f.

ABB. 6.1 GEWICHTETER EFFIZIENZWERT ES 2005

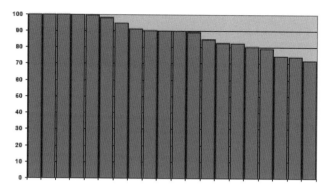

Quelle: Erläuterungen zur SNT-VO 2006, 59.

Der statistische Durchschnitt der Netzbetreiber liegt bei 88,67%. Für vier Unternehmen wurden 100% Effizienz ermittelt. Den ineffizienteren Unternehmen werden insgesamt acht Jahre zur Erreichung der Effizienz = 100% gewährt.

6.2.2.1.3.3 Regulierungsperioden

Die ECK gesteht den Unternehmen zwei 4-jährige Regulierungsperioden, also einen 8-jährigen Zeitraum, zur schrittweisen Erreichung der 100%-Effizienzgrenze zu. Die 4-jährige Periode wird folgendermaßen begründet:

„Durch die vierjährige Regulierungsperiode wird auch die Schnelllebigkeit des wirtschaftlichen und rechtlichen Umfeldes abgebildet. Bekanntlich waren rückblickend innerhalb der letzten 4 Jahre wesentliche Änderungen der ökonomischen Rahmenbedingungen zu beobachten (etwa neue EU-Binnenmarktrichtlinien für Energie, Unbundling, gesetzliche Änderungen, Steuerreformen, arbeits- und sozialrechtliche Änderungen, Eigentümerveränderungen und Umgründungsmaßnahmen, währungspolitische Veränderungen im Wettbewerbsumfeld und der Erzeugungsstruktur, EU-Erweiterung). Auch die Systemnutzungstarife und die gesamte Tarif- und Preislandschaft zeigten seit 2001 eine hohe Dynamik, die sich möglicherweise fortsetzen wird"[164].

6.2.2.1.3.4 Kostenanpassungsfaktor, Netznutzungsentgelt

Der nächste Schritt zur tariflichen Umsetzung erfolgt über jährlich angepasste Zielvorgaben für die Kosten des Netzbetreibers. Ausgangspunkt für die zugestandenen Kosten K_{2013} nach zwei Regulierungsperioden mit je vier Jahren ist K_{2005}. Unter Berücksichtigung von FS auf 8 Jahre und von ES_{2005} ergibt sich

$$K_{2013} = K_{2005} * (1 - FS)^8 * ES_{2005}$$

Aus K_{2013} zu K_{2005} kann der jährliche Kostenanpassungsfaktor **KA** errechnet werden mit

$$K_{2013} = K_{2005} * (1 - KA)^8$$

und weiters durch Umformungen auf

---

[164] Vgl. Erläuterungen zur SNT-VO 2006, 70

$$KA = 1 - (1 - FS) \cdot \sqrt[8]{ES\,2005}$$

KA bleibt während der ersten vier Jahre konstant. Die Höhe des jährlichen Kostenanpassungsfaktors wurde unter Berücksichtigung von FS und ES folgendermaßen festgelegt[165]:

Effizienzwert	KA
74,76	5,45%
75%	5,41%
80%	4,65%
85%	3,92%
90%	3,23%
95%	2,58%
100%	1,95%

Selbst bei einer Effizienz ES = 100% wird dem Netzbetreiber ein jährlicher Abschlag von 1,95% auf die zugestandenen Kosten auferlegt!

Schließlich wird noch die Differenz der transportierten **Mengen x SNT** von zwei aufeinander folgenden Jahren

$$\Delta M_{2006} = \text{Menge 2006} - \text{Menge 2005}$$

mit dem zugestandenen Mengenfaktor **k = 0,5** multipliziert und der Formel hinzugefügt:

3. Anpassung ab 1.1.2006
$K_{2006} = K_{2005} \cdot (1-KA) \cdot (1+\Delta NPI_{2006}) \cdot (1+0,5 \cdot \Delta M_{2006})$

Die so ermittelte Kostenbasis 2006 wird unter Hinzurechnung oder Abrechnung von Ausgleichszahlungen (AGZ), Baukostenzuschüssen (BKZ) und Messerlösen schließlich in das zugestandene **Netznutzungsentgelt 2006** transformiert:

$K_{2006,\,mengenkorr.}$
+/- AGZ
Summe Netzkosten
abzgl. BKZ$_{2004}$
abzgl. Messerlöse$_{2006}$
Netznutzungsentgelt$_{2006}$

Das Netznutzungsentgelt (NNE) wird für jeden Netzbetreiber individuell errechnet. Im NNE sind alle per Verordnung vom Regulator festgelegten und Kosten beeinflussenden Faktoren berücksichtigt. Nur die derzeit effizientesten Unternehmen mit ES = 100% werden von zusätzlichen Abschlägen auf die zugestandenen Kosten, die über das Mindestmaß von 1,95% hinausgehen, verschont.

---

[165] Vgl. Erläuterungen zur SNT-VO 2006, 62

6.2.2.1.3.5 Tarifierung

Als letzter Schritt erfolgt die Überführung der zugestandenen Netznutzungkosten in Tarife:

Die Umrechnung in Tarife erfolgt sodann in einem in § 15 „Kostenwälzung" in den Absätzen (1) bis (7) beschriebenen Kostenwälzungsverfahren[166]. Begonnen wird mit den ermittelten Kosten auf den Höchstspannungsebenen (Netzebenen 1 und 2), die auf die Netzebene 3 übergewälzt werden. Die Kostenwälzung erfolgt nach einem definierten Rechenalgorithmus, dessen genaue Erklärung an dieser Stelle zu weit führen würde. Grundsätzlich werden die Kosten jeweils von der vorgelagerten[167] auf die nächsthöhere Netzebene transferiert. Die Tarife je Netzebene ergeben sich aus dem Verhältnis Kosten zu transportierten Energiemengen unter rechnerischer Einbeziehung von elektrischen Leistungen.

6.2.2.1.4 Ermittlung der Stromnetztarife 2006 - 2015

Für die nachfolgenden Berechnungen der Netznutzungstarife 2006 wurden für den 9 kW_{el} Stirlingmotor die Netzebene 7 und für die 65 kW_{el} Mikrogasturbine die Netzebene 6 als praxisübliche Netzanbindung festgelegt. Die Werte aus der SNT-VO 2006[168] für das Netzgebiet Oberösterreich werden stellvertretend für alle anderen Netzgebiete Österreichs zur Berechnung herangezogen.

6.2.2.1.4.1 Netzebene 7, Netztarifberechnung bis 2015

Zunächst sind die erforderlichen Tarifberechnungsdaten darzustellen, dazu der Rechenalgorithmus. Die Stromerzeugungsmenge der KWK-Anlage wird als Stromsubstitution im Netztarifgegenwert gerechnet. Das Ergebnis ergibt den für die angenommene Verbrauchsmenge realen Netztarif für das gesamte Jahr 2006. Die Netztarifdaten entstammen den Tabellen der §§ 19 und 20 der SNT-VO 2006[169].

NS = 7000 Nutzungsstunden/Jahr

Ergibt bei 9 kW: 9 x 7000 = 63.000 kWh

Leistungspreis **LP** = 600 c/Jahr

Arbeitspreis **AP** (Sommertarif = Wintertarif): 5,71Ct./kWh

Netzverlustentgelt **NVE** = 0,26 Ct./kWh

Netztarif 2006 = AP + NVE + LP/63.000 =

Netztarif = 5,71 + 0,26 + 600/63.000 = 5,98 Ct./kWh

Mit Datenunterstützung der Wels Strom GmbH[170] wurden die historischen Netztarifdaten aus den vorangegangenen vier Regulierungsperioden ermittelt und in die Abb. 6-2 eingearbeitet. Zu beachten sind dabei die unterschiedlichen Regulierungszeiträume ab 1.1.2001 mit 16, 18, 19 und 7 Monaten, die eine optische Verzerrung bewirken:

---

[166] Vgl. SNT-VO, 8f.

[167] Pers. Anm. des Autors, z.B. Überwälzung der Kosten von der Netzebene 3 auf die Netzebene 4

[168] Vgl. SNT-VO 2006, 14ff.

[169] Vgl. SNT-VO 2006, 13ff.

[170] Pers. Anm. des Autors, die Informationen stammen von Wels Strom vom 7.12.2005, Abt. VED, Steininger.

ABB. 6-2 NETZTARIFE NETZEBENE 7 VON 2001 – 2006

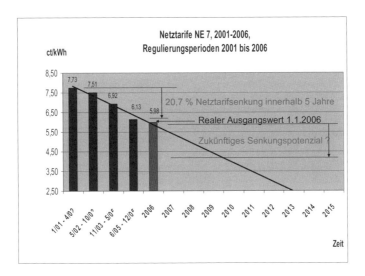

Quelle: Eigene Berechnungen, Datenquelle Wels Strom GmbH, 7.12.2005, Abt. VED/Steininger

Die verhältnismäßig hohe Netztarifsenkung von 20,7% im Verlauf von fünf Kalenderjahren ist auf Einsparungspotenziale bei den Energieversorgern und auf die Mengenzuwächse auf der Netzebene 7 zurückzuführen. Die Regulierungen vor 2006 erfolgten über unter- und überjährige Regulierungszeiträume, wodurch eine vermeintliche ungefähre Linearität der Netztarifreduzierungen grafisch vorgetäuscht wird. Der Wert 5,98 Ct./kWh für 2006 stellt den realen Ausgangswert für die Benchmarkperioden 1 und 2 dar und bedeutet einer abermalige Senkung des Netztarifes um 2,4%.

Durch die nachfolgende Umrechnung der Netztarife auf gewichtete Jahresdurchschnittswerte von 2001 bis 31.12.2005 erfolgt in einem weiteren Schritt die Bereinigung der über- und unterjährigen Perioden auf Jahresperioden. Dieser Schritt schafft Vergleichbarkeit zwischen den vergangenen und zukünftigen Regulierungen, weil ab 2006 jeweils ein Kalenderjahr als einzelner Regulierungszeitraum festgelegt wurde. Da der Untersuchungszeitraum für die KWK-Marktdurchdringung mit 10 Jahren (exklusive Basisjahr 2005) definiert wurde, reicht die Zeitskala bis in das Jahr 2015 und damit zwei Jahre über die gesetzlich festgelegten Regulierungsperioden 1 + 2, in Summe nur acht Jahre, hinaus.

Abb. 6-3 zeigt zwei unterschiedliche Trendkurven, verursacht durch die inhaltlich differenten Regulierungsmodelle bis zum 31.12.2005 und ab 1.1.2006 durch den Schwenk auf Anreizregulierung mit Benchmarking.

ABB. 6-3   Jahresgewichtete Netztarife Netzebene 7 von 2001 – 2006

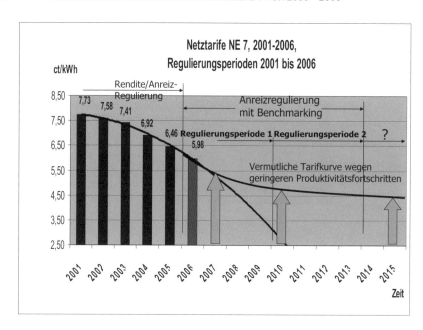

Quelle: Eigene Berechnungen, Datenquelle Wels Strom GmbH, Abt. VED

Der flache Auslauf der Trendkurve ab 2006 ergibt sich deswegen, weil laut Regulierungsmodell der jährliche Kostenabschlag auf Basis des Vorjahres erfolgt und bei angenommenen konstanten Abschlagsfaktoren eine Kurvenverflachung eintreten muss.

Für die weitere Vorgehensweise wurden folgende Annahmen getroffen:

Für die Tarifzone Oberösterreich, der neben den von der ECG auf Kosten geprüften Unternehmen Energie AG Oberösterreich, Wels Strom GmbH und Energie Ried GmbH 15 weitere in Relation kleine Netzbetreiber angehören, wurde der durchschnittliche Brancheneffizienzwert 2005 von ES = 85% zur Prognose der Netztarife herangezogen. Dadurch ergibt sich ein Kostenanpassungsfaktor von 3,92%[171] pro Jahr gegenüber den mit 100% eingestuften Unternehmen.

Die festgelegte Effizienzzunahme beträgt somit in acht Jahresschritten jeweils 15/8 = 1,875% (von 85 auf 100%) und endet 2013 bei 100% Effizienz. Diese Annahme ist nur dann korrekt, wenn sich die derzeit besten Unternehmen (100%) nur mit dem in der SNT-VO allgemein unterstellten Produktivitätsfortschritt FS = 1,95% weiterentwickeln!

Die sukzessive Steigerung der Effizienz wird durch den gleich bleibenden **Abschlagsfaktor KA$_{85\%}$ = 3,92%** für die Jahre 2006 bis 2009 erzwungen.

Der **ΔNPI = 2,2858%** wird unter der Annahme stabiler inflationärer Verhältnisse als konstant angenommen.

---

[171] Vgl. SNT-VO 2006, 62f.

Auch die **Mengenzuwächse** für die Folgejahre werden als Konstante mit **ΔM = 2%** vorgegeben.

In konsequenter Anwendung der Formel

$$K_{2006} = K_{2005} \cdot (1-KA) \cdot (1+\Delta NPI_{2006}) \cdot (1+0{,}5 \cdot \Delta M_{2006})$$

ergibt sich daher ein Kostenabschlagsfaktor auf die zur Berechnung herangezogene Kostenbasis K_{2006} von

$$(1-0{,}0392) \cdot (1+0{,}022858) \cdot (1+0{,}01) = 0{,}9924$$

Die anerkannte Kostenbasis wird also um 0,76% gesenkt!

Da sich die Tarifierung im Wälzungsverfahren aus **Kosten/Menge** errechnet, wirkt die Mengenzunahme von 2% im Divisor tarifreduzierend. Um daher direkt vom realen Netzausgangstarif von 5,98 mittels Abschlagsfaktor auf die nachfolgenden Jahre überleiten zu können, ist der Mengenzuwachs in obiger Gleichung mit dem Faktor 1,02 als Divisor zu beaufschlagen. Es ergibt sich damit ein Abschlagsfaktor auf den Netztarif von

$$0{,}9924 / 1{,}02 = 0{,}9729411, \text{ gerundet } 0{,}973$$

In der Folge sind daher die Netztarife bis einschließlich 2009 durchschnittlich mit einem Abschlag, bezogen auf das jeweilige Vorjahr, von

$$(1 - 0{,}973) * 100 = 2{,}70\%$$

fortzuschreiben.

Nach dem 4. Regulierungsjahr wird die Effizienz des Unternehmens abermals geprüft und ein neuer **KA** festgelegt. Zusätzlich wurde seitens ECG angekündigt, ein „Qualitäts-Bonus-Malus-System" einzuführen. Hierbei handelt es sich um Qualitätskriterien wie Ausfallhäufigkeiten und Stromqualität[172]. Nahe liegend wird auch diesbezüglich auf den Branchendurchschnitt abgezielt, sodass daraus keine Veränderung der Berechnung notwendig ist.

Steigt die Effizienz[173] tatsächlich auf 92,5%, so folgt unter Verwendung obiger Formel und KA = 2,905% ein Wert von

$$(1-0{,}02905) \cdot (1+0{,}022858) \cdot (1+0{,}01) = 1{,}0031$$

Unter abermaliger Berücksichtigung des Mengenzuwachses von 2% ergibt sich ein Abschlagsfaktor auf den Netztarif von

$$1{,}0031 / 1{,}02 = 0{,}983407 \text{ od. } 98{,}341\%$$

$$(1 - 0{,}983407) * 100 = \text{gerundet } 1{,}66\%$$

Wichtiger Hinweis: Die Mengenzuwächse auf den unterschiedlichen Netzebenen sind historisch gesehen sehr unterschiedlich verlaufen. Dadurch entwickelten sich die Tarife je Netzebene stark voneinander abweichend! Seit 2005 haben sich die Netz-

---

[172] Vgl. ECG-Veranstaltung Enquete „Anreizregulierung Strom" vom 14. Dezember 2005 in Wien, schriftliche Unterlagen „Das neue Regulierungssystem", 6.

[173] Pers. Anm. des Autors, Voraussetzung dafür ist die gleich bleibende Effizienz der Benchmark-Besten. Senken die besten Unternehmen ihre Kostenbasis um mehr als 1,95%, so stimmt diese Annahme nicht.

mengen auf den Netzebenen 6 und 7 stabilisiert. Das ist insoferne sehr wichtig, als zukünftig die gleichen Mengenzuwächse je Netzebene unterstellt werden können. Diese Überlegung liegt der Darstellung (Abb. 6-4) der Netztarifentwicklung zugrunde:

ABB. 6-4   NETZTARIFE 2001 – 2015, NETZEBENE 7

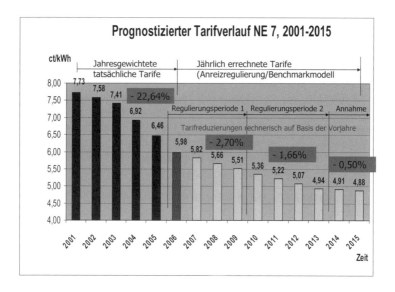

Quelle: Eigene Berechnungen und Annahmen

Die unverhältnismäßig hohen Abschläge der Regulierungsperioden bis einschließlich 2005 (- 22,64%) ergeben sich hauptsächlich aus den hohen Rationalisierungspotenzialen der kostengeprüften Unternehmen und den Mengenzuwächsen mit den einhergehenden Skaleneffekten. Ab 2006 verflacht die Abschlagskurve zunehmend. Die Werte für 2014 und 2015 sind aus der Logik begründete Annahmen, dass nur noch geringes Kostensenkunkungspotenzial vorhanden ist. Ab 2016 ist mit einem moderaten Anstieg der Netztarife zu rechnen.

6.2.2.1.4.2 Netzebene 6, Netztarifberechnung bis 2015

Mikrogasturbinen werden in Objekten eingesetzt, die in der Regel auf der Netzebene 6 an das öffentliche Stromnetz angeschlossen sind. Zur Berechnung der Stromsubstitution müssen daher die Netznutzungstarife für die Ebene 6 herangezogen werden.

Die Berechnungssystematik beinhaltet zusätzlich eine Leistungskomponente, die eine Annahme für die Jahresnutzungsstunden (NS) erzwingt. Unterschiedlich zur Berechnung für die Netzebene 7 ergibt sich für die Netzebene 6 folgendes Berechnungsschema[174]:

NS = 2500 Nutzungsstunden/Jahr[175]

LP = 3780 c/Jahr

---

[174] Vgl. SNT-VO 2006, 14ff.

[175] Pers. Anm. des Autors, Erfahrungswert der Wels Strom GmbH, Abt. VED, Chr. Steininger

Arbeitspreis Sommer: SHT = SNT = **ST** = 1,15 Ct./kWh

Arbeitspreis Winter: WHT = WNT = **WT** = 1,48 Ct./kWh

Gewichtung 50% Sommer + 50% Winter

NVE = 0,18 Ct./kWh

[(ST + NVE)*NS/2 + (WT + NVE)*NS/2 + LP] /NS =

= [(1,15 + 0,18)*1250 + (1,48 + 0,18)*1250 + 3780]/2500 =

Netztarif 2006 = 3,007 Ct./kWh (gerundet 3,01)

Damit steht der Ausgangswert 2006 für die Tarifentwicklung der Netzebene 6 am Beispiel Mikrogasturbine fest.

Für die Berechnung der Netznutzungstarife auf NE 6 gelten die gleichen Annahmen. Der Tarifverlauf in der nachfolgenden Abb. 6-5 wurde, beginnend mit dem Ausgangswert 3,01 für 2006, mit dem gleichen Verfahren wie für die NE 7 errechnet. Die Tarife von 2001 bis 2005 sind jahresgewichtet dargestellt.

ABB. 6-5   NETZTARIFE 2001 – 2015, NETZEBENE 6

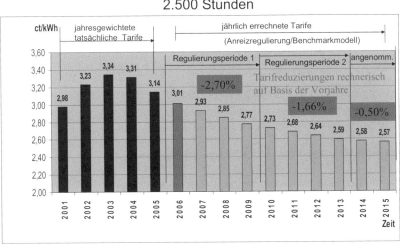

Quelle: Eigene Berechnung und Annahmen

Während der Regulierungsperiode 1 sinkt der Netztarif um 2,70%, in der Periode 2 um 1,66%, jeweils als Abschlag zum Vorjahr gerechnet. Die Werte für 2014 und 2015 sind der Logik gehorchend mit 0,5% angesetzt, weil das Senkungspotenzial nahezu ausgeschöpft ist.

6.2.2.1.4.3 Tabellarische Zusammenfassung

Die Netztarife 2005 bis 2015 für die Netzebenen 6 und 7 stellen sich tabellarisch zusammengefasst folgendermaßen dar:

Tab. 6-1 Netztarifentwicklung

Jahr	Regulierungsperiode 1					Regulierungsperiode 2				geschätzt	
	2005	2006	2007	2008	2009	2010	2011	2012	2013	2014	2015
Netzebene 6	3,14	3,01	2,93	2,85	2,77	2,73	2,68	2,64	2,59	2,58	2,57
Netzebene 7	6,46	5,98	5,82	5,66	5,51	5,36	5,22	5,07	4,94	4,91	4,89

Quelle: Eigene Berechnungen und Annahmen

6.2.2.2 Netznutzungstarife für Gas

6.2.2.2.1 Ausgangssituation

Bislang fanden für die Gaswirtschaft zwei Netztarifregulierungen statt. Erstmals wurden mit 1.10.2002 einheitliche Netztarifzonen und Staffelpreise in Abhängigkeit des Verbrauches festgelegt.

In der per 1.11.2005 gültigen GSNT-VO 2005 wurden neue Systemnutzungstarife, unterschiedlich je Bundesland, verordnet. Für die nachfolgenden Berechnungen wird der Tarif für Oberösterreich verwendet.

6.2.2.2.2 Ermittlung der Gasverbrauchswerte

Zur Ermittlung der Netztarife sind die Gasverbrauchswerte [in kWh] für den Stirlingmotor (für den leistungsschwächeren Dachsmotor wird infolge der gleiche Netztarif angenommen) und die Mikrogasturbine zu errechnen und mit den gestaffelten Netztarifelementen aus der GSNT-VO 2006, Netzbereich Oberösterreich, Seite 8, rechnerisch zu verknüpfen. Die Leistungsaufnahme Hu [in kW][176] sind zunächst mit den Jahresnutzungsstunden zu multiplizieren.

Stirlingmotor:

Leistungsaufnahme H_u = 37,63 kW x 7.000 h = 263.410 kWh/Jahr

Mikrogasturbine:

H_u = 224,40 kW x 7.000 h = 1.570.800 kWh/Jahr

6.2.2.2.3 Ermittlung der Gas-Netztarife 2006 – 2015
6.2.2.2.3.1 Netztarif-Ausgangswerte 2006

Die Netztarifermittlung für den Stirling erfolgt über Zonentarife. Mit den Zonenmengen x Zonenpreisen, Netzbereich Oberösterreich, errechnet sich der Netztarif wie folgt[177]:

---

[176] Pers. Anm. des Autors, Werte laut Herstellerangaben
[177] Vgl. GSNT-VO 2005, Bereich Oberösterreich, 8

Tab. 6-2 Netztarifermittlung 2006 „Stirling"

Berechnung Stirlingmotor 2006:			
	Leistung	37,63 kW	
	Betriebsstunden	7.000	
Zone 1	8.000 kWh	€ 0,015499	€ 123,99
Zone 2	7.000 kWh	€ 0,012466	€ 87,26
Zone 3	25.000 kWh	€ 0,010744	€ 268,60
Zone 4	40.000 kWh	€ 0,008913	€ 356,52
Zone 5	120.000 kWh	€ 0,008175	€ 981,00
Zone 6	63.410 kWh	€ 0,007234	€ 458,71
Gesamtarbeit	**263.410 kWh**		€ 2.276,08
Grundpreis/Monat		€ 2,30	€ 27,60
Gesamte Netzkosten			€ 2.303,68
Netzkosten /kWh			€ 0,008746

Quelle: Eigene Berechnung

Aus den Gasverbrauchswerten des Stirling resultiert für das Jahr 2006 ein gerundeter Netztarif von 0,87 Ct./kWh.

Der Netztarif für die Mikrogasturbine errechnet sich über die Wertansätze der Zone A, Oberösterreich[178]:

Tab. 6-3 Netztarifermittlung 2006 „Mikrogasturbine"

Berechnung Mikrogasturbine 2006:			
	Leistung	224,4 kW	
	Betriebsstunden	7.000	
Zone A	1.570.800 kWh	€ 0,003537	€ 5.555,92
Arbeit	**1.570.800 kWh**		€ 5.555,92
Leistungspreis*kW/Jahr		€ 3,950000	€ 886,38
Gesamte Netzkosten			€ 6.442,30
Netzkosten /kWh			€ 0,004101

Quelle: Eigene Berechnung

Aus den Gasverbrauchswerten der Mikrogasturbine resultiert für das Jahr 2006 ein gerundeter Netztarif von 0,41 Ct./kWh. Der Netztarif liegt im Vergleich zum Stirling bei nur 46,85%!

6.2.2.2.3.2 Grundsätze zur Netztarifermittlung für Gas

Die Grundsätze zur Ermittlung der Netztarife für Gas weisen viele Parallelen zur SNT-VO für Strom auf. So wurde zur Festsetzung der Finanzierungskosten ebenfalls der WACC-Ansatz gewählt. Die Grundsätze der Kostenzuordnung und Kostenermittlung unter Berücksichtigung von Kosten reduzierenden (Produktivitätsabschläge) und Kosten steigernden Faktoren (Netzbetreiberindex, mengenabhängige Änderungen) fanden analog zur SNT-VO 2006 Berücksichtigung, auch die Kostenwälzung beruht auf dieser Systematik. Zusätzlich wurden gasspezifische Eigenheiten in den Tarifierungsalgorithmus eingebaut wie z.B. ein Ausgleichsfaktor für die verschiedenen Netzzonen der Regelzone Ost, welcher die Vor- und Nachteile aus dem geografisch bedingten „Erdgas-Entry" Baumgarten im äußersten Osten Österreichs rechnerisch ausgleicht. Es stellt sich nunmehr die Frage, welchen Verlauf die Netztarife ab 2006

---
[178] Ebenda, 8

nehmen könnten. Nachfolgende Abb. 6-6 zeigt die Ausgangssituation beispielhaft für den Netztarif auf Basis Mikrogasturbine:

ABB. 6-6   SENKUNGSSYSTEMATIK DER GASNETZTARIFE BIS 2015

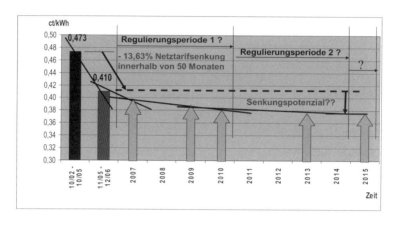

Quelle: Eigene Berechnung, Datenquelle E-Werk Wels, Abt. ENV

Wird der Logik der Netztarifentwicklung aus dem Strombereich gefolgt, so ist eine erneute Senkung der Netztarife per 1.1.2007 zu erwarten.

Um die Treffsicherheit der einzuschätzenden Netztarifentwicklung zu erhöhen, wurden die fachlich zuständigen Spezialisten der ECG um ihre **unverbindliche** Meinung hinsichtlich der weiteren Regulierungsschritte befragt[179]. Die Tendenz sieht folgendermaßen aus:

Unter Berücksichtigung der gasspezifischen Besonderheiten gilt für das weitere Vorgehen der ECG grundsätzlich das idente Schema wie für den Strom. Ob mit 1.1.2007 ebenfalls ein Benchmarkingmodell eingeführt wird, hängt einerseits vom Konsens mit der Gasbranche und andererseits mit der Lösung von Bewertungsproblemen zusammen.

Für die Einführung des Strom-Modells per 1.1.2007 sprechen folgende gewichtige Gründe:

- Die bisherigen Kostenermittlungen bei den Netzbetreibern und die resultierenden Tarifierungsverfahren sind sowohl für die ECG als auch für die Netzbetreiber extrem zeit- und damit kostenaufwändig. Zum beiderseitigen Nutzen bietet sich die rasche Einführung einer mehrjährigen Regulierungsperiode mit fixen Vorgaben an.
- Die unregelmäßigen und der Höhe nach nicht einschätzbaren Tarifveränderungen verursachen bei den Netzbetreibern erhebliche Unsicherheiten bei den

---

[179] Pers. Anm. des Autors, Kontaktaufnahme mit ECG: Ing. Mag. Graf telefonisch am 15.11.2005, MMag. Dr. Rodgarkia-Dara am 14.11.2005 persönlich

Budgetansätzen. Sowohl die Planung der Gewinn- und Verlustrechnungen als auch die Investitionsansätze wären seriös nur noch in Bandbreiten darstellbar.
- Der 1.1.2007 bietet sich als Stichtag an, weil damit der Rhythmus eines Kalenderjahres eingehalten werden könnte, ansonsten müsste auf den 1.1.2008 verschoben werden.

6.2.2.2.3.3 Netztarifermittlung für Stirlingmotor und Mikrogasturbine

Gestützt auf die obigen Argumente wird angenommen, dass mit 1.1.2007 ein von den Grundsätzen her gleiches Gas-Benchmarkingmodell wie für den Strom eingeführt wird. Analog zum Strom werden zwei Regulierungsperioden mit einer Dauer von je vier Jahren erwartet. Das Jahr 2015 würde in die 3. Regulierungsperiode fallen.

Stellt sich die Frage, welche prozentuellen Abschläge pro Jahr anzunehmen sind. Auch hier erscheint ein analoges Szenario wie bei der Netztarifentwicklung für den Strom plausibel. Es werden daher die gleichen Abschläge angenommen. Eine Ausnahme wird für den Übergangszeitraum bis zum 1.1.2007, das sind 14 Monate, in den prozentuellen Abschlägen angenommen. Für diesen überjährigen Zeitraum wird einmalig ein höherer Abschlag von 3,7% festgelegt. Der höhere Abschlag erscheint logisch, weil die Überjährigkeit und der erst insgesamt 3. Regulierungsschritt (höheres Kostensenkungspotenzial) dies rechtfertigen und weil der Produktivitätsfortschritt beim Gas mit 2,5%[180] höher als beim Strom (1,95%) festgelegt wurde. Dann folgen zwei Regulierungsperioden, Beginn mit 2007, mit konstanten Abschlägen in der Höhe von 2,7% und 1,66%. Der Abschlag im Jahr 2015, dem 1. Jahr nach der 2. Regulierungsperiode, wird mit 0,5% festgelegt. Grafisch ergibt sich für die Mikrogasturbine folgender Netztarifverlauf:

ABB. 6-7   GASNETZTARIFE BIS 2015, NETZEBENE 3, GASVERBRAUCH MIKROGASTURBINE

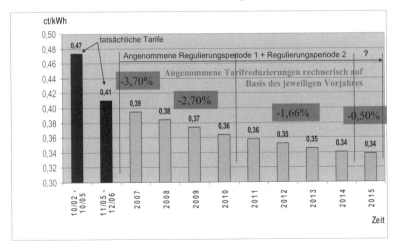

Quelle: Eigene Berechnungen und Annahmen

---
[180] Vgl. Erläuterungen GSNT-VO, 21

Für den Verbrauchswert „Stirlingmotor" ergibt sich folgender Verlauf:

ABB. 6-8 GASNETZTARIFE BIS 2015, NETZEBENE 3, GASVERBRAUCH STIRLINGMOTOR

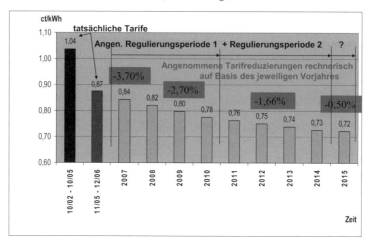

Quelle: Eigene Berechnung und Annahmen

6.2.2.2.3.4 Tabellarische Zusammenfassung

Die tabellarische Zusammenfassung der in den Abbildungen 6-7 und 6-8 gezeigten Netztarifentwicklungen für die Mikrogasturbine und den Stirlingmotor zeigt folgendes Bild:

Tab. 6-4 Netztarifentwicklung für Gas 2005 – 2015, Mikrogasturbine und Stirling

Jahr	Regulierungsperiode 1 ?						Regulierungsperiode 2 ?				gesch.
	2005	2006	2007	2008	2009	2010	2011	2012	2013	2014	2015
Netztarife Mikrogasturbine											
Netzebene 3	0,47	0,41	0,39	0,38	0,37	0,36	0,36	0,35	0,35	0,34	0,34
Netztarife Stirling											
Netzebene 3	1,04	0,87	0,84	0,82	0,80	0,78	0,76	0,75	0,74	0,73	0,72

Quelle: Eigene Berechnungen und Annahmen

6.2.3 Zusammenfassung

Durch die im 4. Quartal 2005 erlassenen SNT-VO für Strom und Gas sind die Netztarife für das kommende Jahrzehnt mit hinreichender Genauigkeit prognostizierbar. Durch die laufenden Reduzierungen der Netznutzungstarife wirken preisdämpfende Elemente auf die Gas- und Strompreisentwicklungen ein. Sinkende Netzeinnahmen bedeuten aber geringere Mittel für Netzinvestitionen und Instandhaltungen. Angesichts dieser Entwicklung ist der zukünftigen Versorgungssicherheit erhöhte Aufmerksamkeit beizumessen. Die ECG möchte diesem Umstand mit der Einführung von netzqualitativen Beurteilungsfaktoren Rechnung tragen.

Es kommt also zu einem komplexen Zusammenwirken zwischen Entscheidungen der regulierenden Behörde über das natürliche Monopol mit der Festsetzung der Tarife für den Übertragungs- bzw. Verteilungsbereich[181] einerseits und andererseits zu unternehmerischen Entscheidungen über Instandhaltungen und Investitionen in die Netze, in Energieerzeugungsanlagen, über Energiepreise sowie Handels- und Vertriebsstrukturen.

6.3 Energiepreise

6.3.1 Die Liberalisierung des Strom- und Gasmarktes

Vor der Liberalisierung des Strom- und Gasmarktes im Jahre 1999 wurden die Strom- und Gaspreise, die die Kunden ihren jeweiligen Versorgern zu zahlen hatten, gesetzlich geregelt. Diese Preise wurden von der Preiskommission im Rahmen eines Verhandlungsprozesses als Kompromiss für einen „betriebs- und volkswirtschaftlich gerechtfertigten Preis" festgelegt. Die Verhandlungen und infolge auch die Preisgestaltung wurden durch die jeweiligen Vertreter[182] der involvierten Institutionen und ihren unterschiedlichen wirtschafts- und verteilungspolitischen Zielen getrieben.

Nach der Öffnung der Strom- und Gasmärkte änderte sich das System der Preisgestaltung grundlegend. In den deregulierten Bereichen Erzeugung, Handel und Vertrieb wurde der zentralisierte Verhandlungsprozess durch Marktmechanismen abgelöst. Allerdings unterscheiden sich die Preisbildungsmechanismen für die Waren Strom und Gas wesentlich voneinander.

Der Gasmarkt wurde 29 Monate später als der Strommarkt liberalisiert. Trotz Liberalisierung beeinflusst die Angebotsseite massiv die Preisbildung der Ware Erdgas. So decken nur wenige Produzenten und Lieferanten den Bedarf des europäischen Gasnachfragemarktes. Langfristige Bezugsverträge und knappe Transport- und Speicherkapazitäten behindern die freie Preisbildung. Vielmehr hängt die Preisgestaltung in Österreich von den Ölpreisnotierungen in Rotterdam oder Wiesbaden ab. Im Verhältnis geringfügig wird der Preis von der Wettbewerbssituation zwischen den Anbietern beeinflusst.

Hingegen bildeten sich die Strompreise ab Liberalisierungsbeginn im Wettbewerb frei nach dem Zusammenspiel von Angebot und Nachfrage bzw. aufgrund der Verhandlungsmacht der jeweiligen Marktteilnehmer.

Historisch betrachtet zeigte die Realität vor allem während der ersten Liberalisierungsphase (1999 – 2001) extreme Wettbewerbsausformungen. Die Preise für die Ware Strom lagen unter den Grenzkosten! Anbieter gingen von der falschen Vorstellung aus, durch Preisdumping dauerhaft in fremde Märkte eindringen zu können. Die regional ansässigen Anbieter reduzierten ebenfalls die Preise, um die Kunden zu halten. Aus der Preisspirale nach unten resultierten ernüchternde Erträge aus dem Energieverkauf.

Von 2003 bis 2004 hob die gesamte Strombranche als betriebswirtschaftliche Antwort die Preise unverhältnismäßig stark an. Im 1. Halbjahr 2005 stiegen zunächst die Preise moderater.

---

[181] Pers. Anm. des Autors, die Festsetzung der Systemnutzungstarife beeinflusst maßgeblich die Investitionstätigkeiten der EVUs in den Ausbau der Netzinfrastruktur, denn durch Investitionen in den Netzbereich (und Kraftwerke) bindet ein EVU Kapital für mehrere Jahrzehnte. Die EVUs werden daher nur dann investieren, wenn die politischen und ökonomischen Rahmenbedingungen klar sind und die Investitionen eine angemessene Rendite erwarten lassen.

[182] Pers. Anm. des Autors, an den Verhandlungen nahmen Vertreter der Bundesbehörden, der Energieversorger und Interessensvertretungen teil.

Durch die dauerhafte Ölteuerung mit Spitzenpreisen bis zu US$ 70 pro Barrel und den damit zusammenhängenden Verteuerungen der Stromproduktionskosten stiegen die Energiepreise 2006 und 2007 weiter[183]. Der rasch gestiegene Ölpreis ist jedoch nicht der alleinige Grund für die Energiepreisschübe. Weitere Faktoren beeinflussen die Preisbildung. Welchen Einfluss auf die Energiepreisbildung haben aber Kraftwerks- und Transportkapazitäten, die CO_2-Kosten, Steuern und Abgaben?

Nachfolgende Abb. 6-9 zeigt zur Ausgangslage schematisch den Strompreisverlauf von der Monopolzeit über die Niedrigpreisphase, die Konsolidierungs- bis zur eventuell eintretenden Oligopolphase.

ABB. 6-9   ÜBERGANG VOM MONOPOL ZUM LIBERALISIERTEN MARKT

Quelle: Eigene Ausarbeitung der Grafik in Anlehnung an Haas, R., TU-Wien, Vortrag Jänner 2005

Nach dem Preisverfall im Zuge der Marktöffnung und einer Beruhigungsphase steigen die Energiepreise seit 2003 erheblich an. Die Preise an den Strombörsen entwickeln sich trotz zwischenzeitlichen Rückschlägen nach oben. Die zwischen Händlern und Kunden fixierten Energiepreise für die Jahre 2006 und 2007 bestätigen den Trend. Wie könnten sich aber die Energiepreise ab 2008 entwickeln? Nachfolgende Analysen dienen der Einschätzung.

6.3.2 Fundamentale Einflussfaktoren auf die Energiepreisbildung

6.3.2.1   Der Erdölpreis

Ein sehr wichtiger Einflussfaktor auf die Strom- und Gaspreise ist erfahrungsgemäß der Erdölpreis. Von 2004 bis Sommer 2005 stieg der Ölpreis pro Fass von ca. 30 US$ auf rund 70 US$. Nach einem zwischenzeitlichen Rückgang stieg der Preis gegen Jahresende 2005 auf rund 65 US$ an. Abb. 6-10 zeigt die Entwicklung.

---

[183] Pers. Anm. des Autors, Markteinschätzung auf Grund der tatsächlichen Vertragspreise für 2006 und 2007 laut Aussage von L. Müller, Vertriebsleiter Wels Strom, Stand Jänner 2006

ABB. 6-10   ROHÖLWELTMARKTPREISE 2001 - 2006

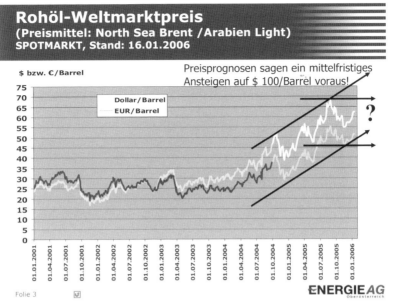

Quelle: Energie AG Oberösterreich

Entsprechend volatil verhielten sich die Notierungen für Öl- und Gasprodukte.

Wird der Ölpreis in den kommenden 10 Jahren real nochmals signifikant ansteigen? Wie die Vergangenheit zeigt, ist diese Frage realistischerweise in der tatsächlichen Höhe nicht seriös prognostizierbar. Selbst die aus 2005 stammende WIFO-Studie „Energieszenarien für Österreich bis 2020" geht noch von einem weit geringeren Ölpreisniveau aus: „Der Durchschnitt der Vorschauen der Finanzanalysten ergibt ein wesentlich stärkeres Absinken des Ölpreises auf ca. 24 US$ pro bbl nominell. Hier wird im Gegensatz dazu davon ausgegangen, dass (v.a. bei anhaltend niedrigem Dollarkurs) die untere Grenze des Preisbandes der OPEC bei über 30 US$ pro bbl liegt"[184].

Inzwischen sind sich viele, nicht alle, Fachkommentatoren einig, dass der Ölpreis weiter steigen wird. Die mediale Meinung der Fachpresse reicht von US$ 55 über US$ 70 bis zu US$ 160[185]. Allein Ankündigungen wie die des Iran, die Ölausfuhren zu drosseln, oder Bevölkerungsaufstände in Nigeria reichen aus, den Ölpreis nach kurzem Absinken sofort wieder ansteigen zu lassen. Meldungen über fehlende oder veraltete US-Raffineriekapazitäten tragen zur Unsicherheit bei.

Um kurzfristige, auch emotionale Faktoren wie Hurrikanankündigungen auszuschließen, interessiert in dieser Arbeit nur der längerfristige Trend, kurzfristige Preisschwankungen werden „ausgeblendet".

Ausschlaggebend für die weiteren Überlegungen ist die grundsätzliche Annahme, dass die Nachfrage nach Erdöl zumindest für die kommenden 25 Jahre gedeckt werden kann. Würde schon früher eine Nachfrageunterdeckung schlagend, angenommen

---

[184] Vgl. Kratena, K., Wüger, M., Energieszenarien für Österreich bis 2020, WIFO-Studie, 17
[185] Vgl. Oberösterreichische Nachrichten vom 19.1.2006, Wirtschaft, 9

2010, so würde es mit hoher Wahrscheinlichkeit rasch zu einem exorbitanten Ölpreisanstieg kommen, der im Sog alle anderen verfügbaren Energieträger mitreißt. Für diese Arbeit ist es unerheblich, ob die Deckung der Erdölnachfrage durch die Erschließung weiterer Erdölquellen oder durch die gebremste Nachfrage (Effizienzmaßnahmen) erreicht wird.

Im „World Energy Outlook 2004" der International Energy Agency IEA wird der Anstieg der gesamten Energienachfrage[186] bis 2030 zwar mit +60% gegenüber 2004 angegeben, gleichzeitig wird aber vermerkt: *„The Earth`s energy resources are more than adequate to meet demand until 2030 and well beyond. Less certain is how much it will cost to extract them and deliver them to the costumers. Fossil-fuel resources are, of course, finite, but we are far from exhausting them. The world is not running out of oil just yet. Most estimates of proven oil reserves are high enough to meet the cumulative world demand we project over the next three decades."* In Anlehnung an die Formulierung der IEA wird daher der optimistischen Variante der Abb. 7-12 der Vorzug gegeben. Die Ölpreise sollten daher nicht explosionsartig ansteigen, sondern moderat!

Zeitverzögert zur Ölteuerung hoben auch die Gas- und Stromanbieter ihre Preise an. Die Preiserhöhungen sind aber nur zum Teil auf die Erhöhung der Preise bei den Primärenergieträgern zurückzuführen, auch andere Faktoren sind zu berücksichtigen. Derzeit scheint das gegenüber der Vergangenheit doppelt so hohe Ölpreisniveau in die Strompreise „eingepreist" worden zu sein. Gas stieg mit den üblichen Indizierungen mit.

In dieser Arbeit wird daher von einem langfristig moderat steigenden Ölpreis, der kurzfristig stark volatil sein kann, ausgegangen.

6.3.2.2 Erdgas

Die weltweite Nachfrage nach Erdgas wird sich bis 2030 verdoppeln[187]. Der Großteil des Zuwachses entfällt auf Kraftwerke zur Erzeugung elektrischer Energie. Gaskraftwerken wird derzeit der Vorzug gegenüber Kohlekraftwerken wegen der geringeren Umweltbelastung, den niedrigeren Kapitalkosten und der höheren Einsatzflexibilität gegeben. Die bekannten Gasreserven, insbesondere jene in Russland und im Mittleren Osten, reichen nach Einschätzung der IEA aus, die steigende Nachfrage über 2030 hinaus zu befriedigen.

2005 stieg der Gaspreis für den Konsumenten durch die Ölbindung um rund 25% an. Die Indizierung an Ölnotierungen ist eine weltweit übliche Praktik, die nunmehr ins Kreuzfeuer der Kritik geriet. Aus derzeitiger Sicht ist jedoch nicht davon auszugehen, dass sich innerhalb der nächsten Dekade der Gaspreis vom Ölpreis entkoppelt. Folgende Argumente sprechen für eine Beibehaltung der Praxis[188]:

- Derzeit existieren langfristige Lieferverträge, Take-or-Pay-Verträge, die sowohl dem Exporteur als auch dem Importeur gesicherte Mengen garantieren.
- Die Gaspreise werden sich nicht vom internationalen Energiemarktgeschehen abkoppeln. Die Volatilität des Ölpreises beinhaltet auch die Möglichkeit, dass der Gaspreis fällt, wiewohl langfristig von einem kontinuierlichen Anstieg auszugehen ist.

---

[186] Vgl. International Energy Agency, World Energy Outlook 2004, 29
[187] Vgl. IEA, World Energy Outlook 2004, 33
[188] Vgl. Schmitt, D., Ölpreisbindung ein Dogma, Handelsblatt Newsletter 2/2005, 8

- Steigende Preise garantieren die Suche nach und die Erschließung von neuen Förderstätten sowie den Bau neuer Pipelines.
- Es ist davon auszugehen, dass die Produzenten Möglichkeiten zu Preiserhöhungen ausschöpfen werden.

Die europäischen Gasversorgungsunternehmen werden in der Regel diese Praktik so lange beibehalten, solange die Ergebnisneutralität durch Preisüberwälzung an die Nachfrager gewährleistet bleibt. Für den österreichischen Markt wird von durchschnittlichen Mengensteigerungen von 1,4% bis 2010 und 1,1% bis 2020 ausgegangen[189].

6.3.2.3 Kohlepreisentwicklung, Atomstrom

Kohle wird weiterhin eine wichtige Rolle im weltweiten Energiemarkt einnehmen. Der Anteil wird laut IEA[190] bis 2030 kontinuierlich bei 22% verbleiben. Hauptabnehmer werden Kraftwerke zur Produktion von elektrischem Strom sein. Im Sog der Rohölverteuerung im Sommer 2004 stieg auch der Kohlepreis auf dem Spotmarkt auf ca. US$ 80 an, fiel aber bis zum Jahresende 2005 überraschenderweise auf knapp über US$ 50 zurück. Es ist anzunehmen, dass sich der Kohlepreis tendenziell in Anlehnung an den Erdölpreis aufwärts bewegt.

Der Anteil von **Atomstrom** wird weltweit zurückgehen, weil der steigende Bedarf an Strom nicht anteilsmäßig durch den dafür notwendigen Nettozuwachs an Atomkraftwerkskapazitäten ausgeglichen wird. Es stehen sich Länder mit Ausstiegsszenarien wie Deutschland, Ländern mit Ausbauprogrammen wie China, Indien, Japan, Russland und Finnland gegenüber. In Deutschland wird derzeit via Medien über eine Verlängerung der Laufzeiten von Atomkraftwerken diskutiert. Es mehren sich weltweit die Stimmen, die als einzigen praktikablen Lösungsansatz den Ausbau der Atomkraft zur Befriedigung der Stromnachfrage sehen.

Für den mitteleuropäischen Strommarkt wirkt sich der Betrieb von Kohle- und Atomkraftwerken so lange preisstabilisierend aus, wie eine hohe Abdeckung der Grundlast gewährleistet sein wird. In Deutschland ist der Bau neuer Kohleblöcke geplant. In welchem Ausmaß damit Kraftwerksstilllegungen bei gleichzeitiger Bedarfsdeckung möglich sind, ist derzeit nicht abschätzbar.

6.3.2.4 Kraftwerkskapazitäten

Durch den weltweit steigenden Bedarf an elektrischer Energie (bis 2030 wird mit einer Verdopplung[191] gerechnet), sind nach Einschätzung der IEA Investitionen im Ausmaß von unglaublichen US$ 10 Billiarden (trillions) notwendig, davon fünf in den Entwicklungsländern. Auch der mitteleuropäische Bedarf steigt stark an.

Österreich entwickelte sich seit der Jahrtausendwende von einem Stromexport- in ein Stromimportland. Sollte in den nächsten 10 Jahren nicht in zusätzliche Kraftwerkskapazitäten investiert werden, droht trotz Forcierung „erneuerbarer" Erzeugungsanlagen ein Importbedarf von rund 1/3 des Verbrauches. Hervorgerufen wird diese zunehmende Versorgungslücke durch das Aufeinandertreffen von Kraftwerksstilllegungen, Minderproduktionen der Wasserkraftwerke infolge der EU-Wasserrahmenrichtlinie und dem steigenden Bedarf. Der Bedarfszuwachs ist mit mindestens 2,0% pro Jahr anzusetzen, das WIFO gibt 2,3% bis 2010 an, darüber

---

[189] Vgl. Kratena, K., Wüger, M., Energieszenarien für Österreich bis 2020, 40f.
[190] Vgl. IEA, World Energy Outlook 2004, 34
[191] Vgl. IEA, World Energy Outlook, 34

hinaus 2,7%[192]. Durch den gleichzeitigen starken Anstieg der Energiepreise werden allerdings preissensible Industrien zunehmend auf verstärkte Eigenerzeugung (Primärenergieeinsatz von Abfallstoffen) und Energieeffizienz setzen, wodurch sich ein dämpfender Effekt auf die Energienachfrage ergäbe. Das WIFO gibt dazu im Szenario „Brent +50%" sogar Verbrauchsreduzierungen an[193]! Es erscheint daher gerechtfertigt, den durchschnittlichen Zuwachs mit 2% anzunehmen. Für Österreich wurde von der Technischen Universität Wien bis 2015 folgendes Szenario entwickelt.

ABB. 6-11   GESAMTVERBRAUCH VERSUS GESAMTERZEUGUNG

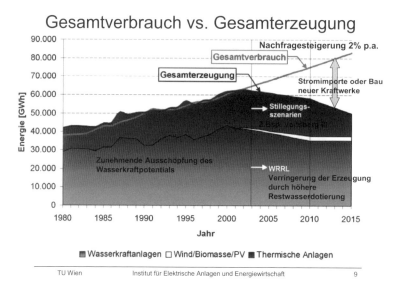

Quelle: Brauner, G., TU Wien, Institut für Elektrische Anlagen und Energiewirtschaft, Dezember 2004, ergänzt mit eigenen Kommentaren.

Dadurch ergibt sich in Österreich bis 2015 eine Unterdeckung von Kraftwerkskapazitäten, die entweder durch den Bau neuer Kraftwerke oder durch Importe kompensiert werden müssen. Der Anteil alternativer Erzeugungsanlagen steigt zwar an, stellt jedoch angesichts des Bedarfszuwachses keine Kompensation dar.

Die Preise für den Stromzukauf der österreichischen Stromhändler werden aller Voraussicht nach von ausländischen Brokern (OTC Handel) und Börsen diktiert. Preisbestimmend für den österreichischen Markt wird die Börse in Leipzig (EEX) sein. Händler werden verstärkt gezwungen sein, Strommengen über Future-Kontrakte längerfristig zu fixieren. Generell werden im Stromhandel die börsenüblichen Finanztechniken Einzug halten.

6.3.2.5 Übertragungskapazitäten

Neben globalen Faktoren sind zusätzlich die mitteleuropäischen Rahmenbedingungen der Energieversorgung relevant. Darunter sind vor allem die Stromerzeugungs- und Transportkapazitäten hauptsächlich in der Wechselwirkung zwischen Deutschland

---

[192] Vgl. Kratena, K., Wüger, M., Energieszenarien für Österreich bis 2020, 40
[193] Ebenda, 52ff.

und Österreich[194] und die Abhängigkeit von Gastransporten aus Russland zu verstehen.

Die Gasversorgung Österreichs ist durch leistungsfähige Anbindungen, in der Hauptsache durch den Entry Point Baumgarten im östlichsten Niederösterreich, für die nahe Zukunft ausreichend abgesichert. Regionale Transportleitungen werden trotz Umweltauflagen und dem Widerstand von Grundbesitzern[195] nach Bedarf errichtet.

Österreich ist galvanisch durch 380-kV-Höchstspannungsleitungen mit der Stromdrehscheibe Deutschland verbunden. Deutschland ist wiederum eng mit Frankreich und der Schweiz vernetzt. Ein wichtiger Wettbewerbsfaktor der Zukunft wird die Möglichkeit sein, große Strommengen über weite Entfernungen vom Erzeuger zum Konsumenten zu transportieren. Netzengpässe wirken wettbewerbhemmend, weil regional Strom zunehmend zu einem knappen und damit teureren Gut werden könnte. Als typisches Beispiel ist die Situation in der Steiermark zu erwähnen, wo bereits seit mehr als einem Jahrzehnt die Anbindung an das 380-kV-Netz der Austrian Power Grid (APG) an Umwelteinsprüchen scheitert. Die Realisierung derartiger Projekte ist zeit- und durch Umweltauflagen sehr kostenintensiv. Netzinvestitionen wirken mit Abschreibungsdauer erhöhend auf die Netztarife ein. Für das kommende Jahrzehnt sind regionale Netzengpässe nicht auszuschließen, wodurch ein latenter, schwer quantifizierbarer Preistreiber einzukalkulieren ist[196].

6.3.2.6 Nachhaltige Energiepolitik

6.3.2.6.1 CO_2-Zertifikate

Die Energiepolitik der vergangenen Jahre hat durch die Einführung bzw. laufende Erhöhung von energieverbrauchsrelevanten Steuern und Abgaben massiv zur Energieverteuerung beigetragen. Definierte Abgaben dienen zur Finanzierung nachhaltiger Energiesysteme und sollen Lösungsansätze für höhere Energieeffizienzen und Klimarettungsstrategien unterstützen. Eine zusätzliche Preissteigerungskomponente stellt die Ausgabe von CO_2-Zertifikaten dar. Durch nationale Allokationspläne wurden den CO_2-emittierenden Industrien in Europa und Österreich CO_2-Zuteilungen zugewiesen.

Jeder Stromerzeuger in Österreich bekommt für Kraftwerke, die CO_2 emittieren, Zertifikate in Abhängigkeit des umwelttechnischen Anlagenstandards zugewiesen. Die Zuteilung in Österreich deckt den Großteil des Bedarfes, der Rest muss über Börse-Zukäufe oder umweltrelevante Auslandsinvestitionen (Burden Sharing) ausgeglichen werden. Über Broker oder Börsen (EEX, EXXA, Nordpool) werden diese Zertifikate gehandelt. Die Handelsrange betrug während des Jahres 2005 zwischen EUR 21 und EUR 25 und lag damit doppelt so hoch wie von der Elektrizitätsbranche[197] angenommen. Somit ist CO_2 zu einem weiteren Kostenfaktor für den Stromproduzenten geworden, weil ein Teil der Kraftwerke mit Kohle oder Gas befeuert werden. Allgemein wird angenommen, dass die jüngsten Preiserhöhungen auch mit den benötigten CO_2–Zertifikaten zusammenhängen. Der Beobachtungszeitraum ist allerdings zu

---

[194] Pers. Anm. des Autors, selbstverständlich sind auch die Transportkapazitäten mit den übrigen Nachbarländern Österreichs wichtig, nehmen aber kapazitätsmäßig nicht den deutschen Stellenwert ein.

[195] Pers. Anm. des Autors, als Beispiel sei die Transportleitung der OÖ. Ferngas AG zwischen Bad Leonfelden und Linz genannt.

[196] Vgl. dazu Kratena, K., Wüger, M., Energieszenarien in Österreich bis 2020, 43: „Eine wesentliche Vorbedingung für eine Expansion der Importe in dem hier unterstellten Ausmaß ist eine Behebung der Engpässe in den innerösterreichischen Netzkapazitäten."

[197] Vgl. Fuhr, K.-M., Entwicklung des CO_2-Handels, Newsletter Energiewirtschaft, 10

kurz, um direkte Rückschlüsse zwischen Strompreis und Zertifikatspreis herstellen zu können. Bezüglich der Preisannahmen und Preisentwicklungen der CO_2-Zertifikate für energiepolitische Betrachtungen verweise ich auf den Anhang *Kap. 13.5 „Anmerkungen zur Preisentwicklung von CO_2-Zertifikaten"*.

6.3.2.6.2 Zuschläge auf den Strom- und Gaspreis

Durch die Forcierung ökologischer Strom- und Wärmeerzeugungsanlagen wächst der Finanzierungsbedarf für die Errichtung (Investitionszuschüsse) und den Betrieb (garantierte Einspeisetarife und Verlustvergütungen) der Anlagen in den kommenden Jahren kontinuierlich an. Kratena/Wüger gehen in ihrer Studie[198] von 0,5 Ct./kWh bis 2007 aus, für die Industrie wird der Zuschlag bei 0,57 Ct./kWh gedeckelt.

Aus Sicht des Autors wird in Anbetracht der prognostizierten Zuwachsraten mit diesem Ansatz der Finanzierungsbedarf für bestehende und zukünftige Ökoanlagen nicht zu decken sein. Tabelle 6-5 gestattet einen Überblick.

Tab. 6-5 Stromzuschläge Gegenüberstellung 2005 und 2006

Zuschläge in c/kWh	2005	2006	2005	2006
	Netzebene 7		Netzebene 6	
Förderbeitrag Sonstige Ökostromanlagen	0,270	0,464	0,270	0,398
Zuschlag Kraft-Wärme-Kopplung	0,130	0,070	0,130	0,070
Förderbeitrag Kleinwasserkraft	0.002	0,000	0,002	0,000
Beitrag Stranded Costs	0.021	0,021	0,021	0,021
Summe Zuschläge	**0,423**	**0,555**	**0,423**	**0,489**

Quelle: Vereinigung Österreichischer Elektrizitätswerke, VÖEW, Rundschreiben 1-A/2006

Die abweichenden Summenwerte für 2006 resultieren aus den unterschiedlichen Förderbeiträgen für „Sonstige Ökostromanlagen" auf den Netzebenen 6 und 7.

Für die Jahre 2007 bis 2015 ist mit einem weiteren Ansteigen der Zuschläge zu rechnen, allerdings fällt die Zuwachsrate auf Netzebene 6 geringer aus. Tab. 6-6 zeigt die Annahmen bis in das Jahr 2015, ergänzt um die Elektrizitätsabgabe und die Erdgasabgabe[199].

Tab. 6-6 Einschätzung der Zuschläge auf Strom und Gas 2005 - 2015

Zuschlag/Abgabe	2005	2006	2007	2008	2009	2010	2011	2012	2013	2014	2015
Zuschläge NE 7	0,423	0,555	0,640	0,720	0,750	0,770	0,780	0,800	0,810	0,830	0,840
Zuschläge NE 6	0,423	0,489	0,540	0,580	0,620	0,630	0,650	0,660	0,670	0,680	0,700
Elektrizitätsabgabe	1,50	1,50	1,50	1,50	1,50	1,50	1,50	1,50	1,50	1,50	1,50
Erdgasabgabe	0,596	0,594	0,594	0,594	0,594	0,594	0,594	0,594	0,594	0,594	0,594

Quelle: Eigene Annahmen

Es ist davon auszugehen, dass sich die Zuschläge, wie sie in den beiden ersten Spalten ausgewiesen sind, im Laufe der kommenden Jahre verursachungsorientiert ändern, je nach der tatsächlichen Mengen- und Preisentwicklung für Ökostromanlagen. Hingegen werden die Elektrizitätsabgabe und die Energieabgabe auf Erdgas (Erdgasabgabe) gleich bleibend angenommen.

---

[198] Vgl. Kratena, K., Wüger, M., Energieszenarien in Österreich bis 2020, 42ff.

[199] Pers. Anm. des Autors, der gesetzlich angegebene Wert beträgt 0,066 c/Nm³, umgerechnet in Ct./kWh beträgt der Wert 0,596 für 2005 und 0,594 für 2006!

6.3.3 Preise im Strom- und Gasmarkt

6.3.3.1 Ausgangssituation

Betrachtet man die europäischen Gas- und Elektrizitätsmärkte, so werden beide Märkte von einigen wenigen „big players" dominiert. Wettbewerb findet daher aus dieser Sichtweise nur im begrenzten Sinn statt, da durch die Marktmacht einiger großer Versorgungskonzerne ein wesentlicher Einfluss auf die Gestaltung des Strom- und Gaspreises ausgeübt werden kann[200]. Allerdings unterscheiden sich beide Märkte strukturell ganz wesentlich voneinander.

Der europäische Gasmarkt wird in der Preisgestaltung der Ware „Erdgas" hauptsächlich von den wenigen großen außereuropäischen Erdgasproduzenten beherrscht, denen wiederum wenige, aber große Energieversorgungsunternehmen als Importeure gegenüberstehen. Die Bezugspreisgestaltung für den Importeur wird in so genannten „Take-or-Pay-Verträgen"[201] langfristig geregelt. Der Preis je Verrechnungseinheit ist als Besonderheit fix an spezielle Ölpreisnotierungen, in der Regel an die Heizöle schwer und extraleicht, gebunden. Das beziehende Energieversorgungsunternehmen gibt diese Preisregelung de facto zeitverzögert an den Endkunden weiter.

Völlig konträr dazu der Elektrizitätsmarkt. In Mitteleuropa inklusive der Schweiz gibt es mehr als 1000 Stromversorgungsunternehmen, die Mehrzahl betreibt eigene Stromerzeugungsanlagen. Bei genauerer Analyse der Erzeugungskapazitäten fällt aber auf, dass nur wenige Stromkonzerne in der Lage sind, über den Eigenbedarf hinausgehende Mengen auf dem Markt zu verkaufen. In Österreich trifft dies für den Verbundkonzern zu. Der deutsche Markt wird von E.ON, RWE, EnBW und Vattenfall dominiert. Aus dieser Sichtweise bietet sich ein Vergleich mit einem Angebotsoligopol für den Bereich Erzeugung an. Der Handel und in weiterer Folge der Vertrieb geben das Preisdiktat der Erzeuger lediglich als Mittler an die Nachfrager weiter[202]. Die Marktmacht der wenigen großen Erzeuger kann daher als Erzeugeroligopol eingestuft werden. Eine Angebotsverknappung bewirkt Preissteigerungen, die sich durchaus mit den jüngsten Preissteigerungen in Verbindung bringen lassen.

Bezüglich der Gas- und Strompreisszenarien stellt das WIFO in der Studie „Energieszenarien für Österreich bis 2020" Folgendes fest: *„... für die Gasliberalisierung wird der Schluss gezogen, dass hier erst unter besonderen Voraussetzungen in der Zukunft (Spotmärkte für Gas, die zur Abkoppelung vom Ölpreis führen können) Preiseffekte wirksam werden können. Für das „Baseline"-Szenario wird unterstellt, dass es in Österreich bis 2015 zu keinen nennenswerten zusätzlichen Effekten der Gaspreisliberalisierung kommen wird. Im Elektrizitätssektor stehen zukünftige Netzsenkungen höheren Energiepreisen für Elektrizität aufgrund höherer Großhandelspreise gegenüber"*[203].

---

[200] Pers. Anm. des Autors, fasst man die fünf größten Stromkonzerne (EdF, RWE, E.ON, Vattenfall und Enel) hinsichtlich ihrer Erzeugungskapazitäten zusammen, so erzeugen diese 5 EVUs mehr als 46% der 2002 erzeugten Energie in der EU-15.

[201] Pers. Anm. des Autors, Take-or Pay-Verträge beinhalten die Pflicht des Gaskunden, eine definierte Mindestmenge tatsächlich abzunehmen. Bei Nicht- oder Minderabnahme wird die Differenz dennoch verrechnet.

[202] Vgl. Schneider, F., „Einige volkswirtschaftliche Überlegungen zur geplanten österreichischen Stromlösung", Linz 2003, 2. Die großen Player EdF, RWE, und E.ON nehmen bspw. mit über 90% eine dominante Marktposition in ihren traditionellen Versorgungsgebieten ein. Wettbewerbsverzerrend ist in diesem Kontext der unterschiedlich ausgeprägte Liberalisierungsgrad in den Mitgliedsstaaten der EU.

[203] Vgl. Kratena, K., Wüger, M., Energieszenarien für Österreich bis 2020, 19

6.3.3.2 Hinweis auf die Preisbildung zwischen Anbietern und Nachfragern

Die Preisvereinbarungen für die Waren Strom und Gas zwischen Kunden und Lieferanten hängen vom aktuellen Börsepreis, der Energiemenge, von den Vollastungsstunden, der Konkurrenzsituation der Anbieter und vom Verhandlungsgeschick ab. Der Energiehändler muss, um Deckungsbeiträge erzielen zu können, Aufschläge auf die Einkaufspreise hinzurechnen. Grundsätzlich gilt: je geringer die Menge, desto höher der Aufschlag auf den Händler-Bezugspreis. Die in den folgenden Preistabellen ausgewiesenen Energiepreise sind als durchschnittliche, mit dem Kunden vereinbarte Vertragspreise zu verstehen.

6.3.3.3 Gaspreisindizierung

Wie bereits ausgeführt, werden die Energiepreisentwicklungen[204] für Gas und Strom in Österreich von unterschiedlichen Faktoren beeinflusst. Durch die Bindung des Gaspreises an Ölnotierungen hängt die Einschätzung von der Entwicklung des Ölpreises ab. Die Bindung wird beispielhaft durch nachfolgende Preisformel erklärt:

$$P = PO + k_{FO}*(FO\_3M - FO_{Basis}) + k_{GO}*(GO\_6M - GO_{Basis})$$

Cent	PO Basis	FO-Basis	FO-Koeffizient	GO-Basis	GO-Koeffizient
c/m³	16,05	117,04	0,0419	228,55	0,0243
c/kWh	1,45	117,04	0,0038	228,55	0,0022

Der Preis P hängt für obige Formel von den Notierungen Heizöl „schwer" (FO Heavy Fuel Oil 1% FOB Barges Rotterdam) und „extraleicht" (GO Gasoil 0,2% FOB Barges Rotterdam) ab. Ausgegangen wird in diesem Beispiel einer Bindungsformel von den Basiswerten Jänner 2002, die Preisveränderung wird durch die unterschiedlich gewichteten (kFO = 0,0419 bzw. kGO = 0,0243) Notierungsdifferenzen FO_3M – 117,04 und GO_6M – 228,55 errechnet.

6.3.3.4 Strompreisindikationen

Eine herausragende Möglichkeit, die Strompreisentwicklung für die kommenden Jahre zumindest indikativ einschätzen zu können, sind die Preise an der Strombörse in Leipzig (EEX). Parallel zum Spotmarkt können derzeit Stromderivate zu Börsepreisen bis ins Jahr 2012 gehandelt werden. Dabei ist zwischen Baseload (Grundlastabdeckung) und Peakload (Verbrauchsspitzen) zu unterscheiden. Nachfolgende Tab. 6-7 zeigt die Preisstellungen für „Base" und „Peak" per 9.2.2006 und, um die Preisentwicklung zu dokumentieren, vergleichsweise den Preis per Ende Mai 2005[205]:

Tab. 6-7 EEX-Strompreisindikationen 2006 -2012

	Cal-06	Cal-07	Cal-08	Cal-09	Cal-10	Cal-11	Cal-12
Peak per 8.5.05 €/MWh	52,43	51,16	52,01	53,87	55,63	57,45	
Peak per 9.2.06 €/MWh	87,89	76,25	74,38	72,77	72,17	72,18	72,2
% Veränderung	67,6	49,0	43,0	35,1	29,7	25,6	
Base per 8.5.05 €/MWh	39,55	38,49	38,53	39,68	40,78	41,88	
Base per 9.2.06 €/MWh	62,9	54,46	52,95	52,29	51,08	51,1	51,12
% Veränderung	59,0	41,5	37,4	31,8	25,3	22,0	

Quelle: EEX-Futurepreise vom 8.5.2005 und 9.2.2006

---

[204] Pers. Anm. des Autors, Steuern und Abgaben bleiben vorerst unberücksichtigt

[205] Quelle abrufbar unter: 2005-05-08, www.eex.de/futures_market/market_data/intraday_table.asp?Type=all

Die Future-Preise verzeichneten innerhalb einer Zeitspanne von rund acht Monaten einen extremen Anstieg. Besonders augenfällig ist die Differenz zwischen den Preisen Cal-05 und den März-Preisen per 9.2.06, sowohl bei Peak als auch bei Base. Bis Cal-12 sinken die Preise geringfügig.

6.3.3.5 Ist-Preise und fundamentale Fakten

Die nominalen Preise für 2005 und 2006 sind im Gewerbe und in der Industrie stark gestiegen. Für das untersuchungsrelevante Gewerbesegment sind die Elektrizitätspreise von 2004 auf 2005 von EUR 47/MWh auf EUR 52/MWh und 2006 auf EUR 57/MWh angehoben worden[206]. Das entspricht im Jahresabstand jeweils rund 10% Preissteigerung. Für 2007 werden derzeit Lieferverträge bis zu EUR 60/MWh abgeschlossen.

Der Gaspreis[207] (ohne Netzkosten und Erdgasabgabe) stieg von 2005 auf 2006 von durchschnittlich 2,11 auf 2,44 Ct./kWh an, das entspricht einer Steigerung von 15,64%! Für 2007 zeichnet sich eine weitere Erhöhung auf 2,48 Ct./kWh (+ 1,5%) ab.

Für die Preisprognose können folgende Fakten zusammengefasst werden:

- Der Ölpreis sollte eher steigen, als dass wieder ein Preisniveau von US$ 30 in Sicht ist.
- Der Gaspreis ist aktuell durch die Ölpreiskopplung entsprechend stark angehoben worden und widerspiegelt das derzeitige Ölpreisniveau. Ein moderat steigender Ölpreis führt zu weiteren Gaspreissteigerungen, allerdings in kleineren Schritten.
- Die Atomstromproduktion stagniert.
- Die Kosten für Umweltschutz im Erzeugungsbereich steigen.
- CO_2-Zertifikate werden vermutlich teurer (EUR 26/t im Februar 2006).
- Durch den Ausbau der Ökostromerzeugung steigen die Aufschläge auf die Energiepreise.
- Die Kraftwerkskapazitäten, insbesondere unter Berücksichtigung der Wasserrahmenrichtlinie, können die steigende Nachfrage in Engpasszeiten nur mehr über den Einsatz der teuersten Produktionskapazitäten decken. Bei einem Gaspreis von EUR 25/MWh und einem energetischen Wirkungsgrad der kalorischen Erzeugung von 55% liegt der Energie-Umwandlungspreis knapp unter EUR 50/MWh. Dazu sind die Anlagenabschreibungs-, Kapital-, Personal- und sonstigen Kosten hinzuzuzählen. In Summe müsste der Vollkostenansatz der preissetzenden Kraftwerke rund EUR 70/MWh betragen! Durch den Aufbringungsmix (abgeschriebene Kraftwerke) könnte der Preis knapp unter EUR 70/MWh liegen.
- Die Transportkapazitäten für den internationalen, teilweise nationalen Stromaustausch sind nicht im erwünschten Ausmaß verfügbar.
- Die Netznutzungskosten werden weiter sinken. Die Strom- und Gaslieferanten sind gezwungen, die sinkenden Netznutzungseinnahmen auf den Strom- und Gaspreis überzuwälzen.
- Die großen europäischen Stromkonzerne werden ihre Marktmengen knapp halten, um damit oligopolistische Preisbildungstendenzen aufrechtzuerhalten. Die Börsen-Futures signalisieren weiterhin steigende Preise.

---

[206] Pers. Anm. des Autors, Preisauskunft Wels Strom GmbH vom 6.9.2005, Abt. VED, Müller, L.

[207] Pers. Anm. des Autors, Preisauskunft E-Werk Wels AG, vom 6.4.2006, Topf, W.

- Die Mengenzuwachsraten für Strom werden trotz Energieeffizienzmaßnahmen weiterhin im Schnitt 2% pro Jahr betragen, weil sich mittelfristig sogar höhere Steigerungsraten (3%) abzeichnen. Starke Preisanstiege würden allerdings die Nachfrage einbremsen.

6.3.4 Strom- und Gaspreisprognosen „Baseline"

In Anbetracht aller Fakten werden die Preise für elektrische Energie und für Gas weiterhin tendenziell steigen. Der Preis für die elektrische Energie sollte allerdings aus fundamentalen Gründen stärker ansteigen als der Gaspreis.

Strom: Für 2006 können vertraglich fixierte Realpreise angesetzt werden, zum Teil auch für 2007[208]. 2007 und 2008 steigt der Energiepreis noch überproportional. Ab 2009 werden die nominalen Preissteigerungen mit 1,5% angenommen.

Gas: Die extremen Rohölpreiserhöhungen aus 2004/2005 sind schon in die Preise 2005 und 2006 eingeflossen. Der Preis für 2007 erhöht sich noch um 1,5%, dann steigt der Preis um 1%. Die Preisprognose unterscheidet sich damit gegenüber der WIFO-Prognose um rund 0,75%! Tab. 6-8 zeigt die Vertragspreise für 2005, 2006 und mit hoher Wahrscheinlichkeit 2007 an, darüber hinaus die Energiepreisannahmen bis 2015.

Tab. 6-8 Energiepreise für Strom und Gas 2005 - 2015

Energiepreise Elektrische Energie											
Netzebene 7	2005	2006	2007	2008	2009	2010	2011	2012	2013	2014	2015
Energiepreis c/kWh	5,20	5,70	5,95	6,10	6,19	6,28	6,38	6,47	6,57	6,67	6,77
Veränderung %		9,62	4,39	2,50	1,50	1,50	1,50	1,50	1,50	1,50	1,50
Netzebene 6	2005	2006	2007	2008	2009	2010	2011	2012	2013	2014	2015
Energiepreis c/kWh	4,80	5,20	5,50	5,64	5,72	5,81	5,90	5,98	6,07	6,16	6,26
Veränderung %		8,33	5,77	2,50	1,50	1,50	1,50	1,50	1,50	1,50	1,50
Energiepreise Erdgas											
Jahr	2005	2006	2007	2008	2009	2010	2011	2012	2013	2014	2015
Stirling c/kWh	2,11	2,44	2,48	2,50	2,53	2,55	2,58	2,60	2,63	2,66	2,68
Veränderung %		15,64	1,50	1,00	1,00	1,00	1,00	1,00	1,00	1,00	1,00
Mikrogasturb. c/kWh	2,10	2,43	2,47	2,49	2,52	2,54	2,57	2,59	2,62	2,64	2,67
Veränderung %		15,71	1,50	1,00	1,00	1,00	1,00	1,00	1,00	1,00	1,00

Quelle: Eigene Berechnungen und Annahmen

6.3.4.1 Strompreisprognose 2005 - 2015

Werden in der Folge die Netzpreise, Steuern und Abgaben zu den Energiepreisen hinzugezählt, so ergibt sich gemäß Tabelle 6-9 das bemerkenswerte Bild, dass der Strompreis auf Netzebene 7 ab 2009 sinkt. Die Energiepreissenkung resultiert aus den überproportional wirkenden Netztarifsenkungen, deren preisbremsende Wirkung bis 2013 anhält. Auf Netzebene 6 wirken sich die Netztarifsenkungen wesentlich geringer aus, der Strompreis steigt kontinuierlich an.

---

[208] Pers. Anm. des Autors, Wels Strom GmbH, Abt. VED, Müller, L., April 2006

Tab. 6-9 Strompreise 2005 - 2015

Netzebene 7:	2005	2006	2007	2008	2009	2010	2011	2012	2013	2014	2015
Elektrizitätsabgabe	1,5	1,5	1,5	1,5	1,5	1,5	1,5	1,5	1,5	1,5	1,5
Div. Zuschläge	0,42	0,56	0,64	0,72	0,75	0,77	0,78	0,80	0,81	0,83	0,84
Energiepreis	5,20	5,70	5,95	6,10	6,19	6,28	6,38	6,47	6,57	6,67	6,77
Veränderung %		9,62	4,39	2,50	1,50	1,50	1,50	1,50	1,50	1,50	1,50
Netztarif	6,46	5,98	5,82	5,66	5,51	5,36	5,22	5,07	4,94	4,91	4,89
Veränderung %		-7,43	-2,68	-2,75	-2,65	-2,72	-2,61	-2,87	-2,56	-0,61	-0,41
Gesamtpreis c/kWh	13,58	13,74	13,91	13,98	13,95	13,91	13,88	13,84	13,82	13,91	14,00
Veränderung %		1,18	1,24	0,50	-0,21	-0,29	-0,22	-0,29	-0,14	0,65	0,65
Netzebene 6:	2005	2006	2007	2008	2009	2010	2011	2012	2013	2014	2015
Elektrizitätsabgabe	1,5	1,5	1,5	1,5	1,5	1,5	1,5	1,5	1,5	1,5	1,5
Div. Zuschläge	0,42	0,49	0,54	0,58	0,62	0,63	0,65	0,66	0,67	0,68	0,70
Energiepreis	4,80	5,20	5,50	5,64	5,72	5,81	5,90	5,98	6,07	6,16	6,26
Veränderung %		8,33	5,77	1,50	1,50	1,50	1,50	1,50	1,50	1,50	1,50
Netztarif	3,14	3,01	2,93	2,85	2,77	2,73	2,68	2,64	2,59	2,58	2,57
Veränderung %		-4,14	-2,66	-2,73	-2,81	-1,44	-1,83	-1,49	-1,89	-0,39	-0,39
Gesamtpreis c/kWh	9,86	10,20	10,47	10,57	10,61	10,67	10,73	10,78	10,83	10,92	11,03
Veränderung %		3,45	2,65	0,96	0,47	0,57	0,56	0,47	0,46	0,83	1,01

Quelle: Eigene Berechnungen und Annahmen

Die Strompreise steigen durch Energieverteuerungen und höheren Abgaben von 2006 bis 2015 um 3,1% auf NE 7 und um 11,9% auf NE 6 an.

6.3.4.2 Gaspreisprognose 2005 - 2015

In Tab. 6-10 ist die prognostizierte Gaspreisentwicklung für die kommenden 10 Jahre unter Einbeziehung von Energie und Netz zu sehen. Die Erdgasabgabe als Bestandteil des Gaspreises ergänzt die Preistafel.

Tab. 6-10 Gaspreise 2005 - 2015

Jahr	2005	2006	2007	2008	2009	2010	2011	2012	2013	2014	2015
Gaspreis Stirling											
Energiepreis	2,11	2,44	2,48	2,50	2,53	2,55	2,58	2,60	2,63	2,66	2,68
Netztarif	1,04	0,87	0,84	0,82	0,80	0,78	0,76	0,75	0,74	0,73	0,72
Gesamtpreis	3,15	3,31	3,32	3,32	3,33	3,33	3,34	3,35	3,37	3,39	3,40
Veränderung %		5,08	0,30	0,00	0,30	0,00	0,30	0,30	0,60	0,59	0,29
Erdgasabgabe/kWh	0,596	0,594	0,594	0,594	0,594	0,594	0,594	0,594	0,594	0,594	0,594
Gaspreis Mikrogasturbine											
Energiepreis	2,10	2,43	2,47	2,49	2,52	2,54	2,57	2,59	2,62	2,64	2,67
Netztarif	0,47	0,41	0,39	0,38	0,37	0,36	0,36	0,35	0,35	0,34	0,34
Gesamtpreis	2,57	2,84	2,86	2,87	2,89	2,90	2,93	2,94	2,97	2,98	3,01
Veränderung %		10,51	0,70	0,35	0,70	0,35	1,03	0,34	1,02	0,34	1,01
Erdgasabgabe/kWh	0,596	0,594	0,594	0,594	0,594	0,594	0,594	0,594	0,594	0,594	0,594

Quelle: Eigene Berechnungen und Annahmen

Durch die permanenten Netztarifsenkungen wächst der Gaspreis bis 2015 nur um 6,4% für den Stirling und 13,8% für die Mikrogasturbine. Die gegenüber dem Stirling rund doppelt so hohe Preissteigerung ist auf den rund halb so hohen Netzpreis und die damit zusammenhängende überproportionale Auswirkung der steigenden Energiekomponente zurückzuführen.

6.3.5 Strom- und Gaspreisprognosen „Baseline +3%"

Falls sich der Rohölpreis schneller als erwartet verteuert, zieht dies auch schneller ansteigende Energiepreise nach sich. Das Szenario „Baseline + 3%" simuliert, im

Gegensatz zur „Baseline"-Annahme, rasch ansteigende Preise. In Kapitel 8 werden beide Varianten zur Berechnung der Wirtschaftlichkeiten verwendet.

Bis ins Jahr 2007 gelten für beide Varianten die gleichen Preisansätze, weil rechtzeitig vertragliche Preisfixierungen zwischen Kunden und Lieferanten abgeschlossen wurden. Ab 2008 werden die Energiepreise für Strom und für Gas zusätzlich zur Grundsatzannahme in „Baseline" (1,5% bzw. 1,0%) mit einem Aufschlag von 3% bedacht. Die Energie- und Gesamtpreise entwickeln sich folgendermaßen:

Tab. 6-11 Energiepreise 2005 – 2015 im Szenario „Baseline + 3%"

Energiepreise Elektrische Energie											
Netzebene 7	2005	2006	2007	2008	2009	2010	2011	2012	2013	2014	2015
Energiepreis c/kWh	5,20	5,70	5,95	6,28	6,56	6,85	7,16	7,49	7,82	8,17	8,54
Veränderung %		9,62	4,39	5,50	4,50	4,50	4,50	4,50	4,50	4,50	4,50
Netzebene 6	2005	2006	2007	2008	2009	2010	2011	2012	2013	2014	2015
Energiepreis c/kWh	4,80	5,20	5,50	5,80	6,06	6,34	6,62	6,92	7,23	7,56	7,90
Veränderung %		8,33	5,77	5,50	4,50	4,50	4,50	4,50	4,50	4,50	4,50
Energiepreise Gas											
Jahr	2005	2006	2007	2008	2009	2010	2011	2012	2013	2014	2015
Enegiepreis Stirling	2,11	2,44	2,48	2,58	2,68	2,79	2,90	3,01	3,13	3,26	3,39
Veränderung %		15,64	1,50	4,00	4,00	4,00	4,00	4,00	4,00	4,00	4,00
Energiepreis MGT	2,10	2,43	2,47	2,57	2,67	2,77	2,89	3,00	3,12	3,25	3,38
Veränderung %		15,71	1,50	4,00	4,00	4,00	4,00	4,00	4,00	4,00	4,00

Quelle: Eigene Berechnungen und Annahmen

Von 2006 bis 2015 steigen die Energiepreise im Szenario „Baseline + 3%" bei Strom um 49,8% (NE 7) bzw. 51,9% (NE 6) an, bei Gas im gleichen Zeitraum um 39% bei beiden Aggregaten. Das hat wiederum gravierende Auswirkungen auf die Gesamtpreise. Jetzt steigen alle Gesamtpreise, trotz der unabhängig davon wirkenden Netztarifsenkungen.

Tab. 6-12 Gesamtpreise Strom 2005 – 2015 im Szenario „Baseline + 3%"

Netzebene 7:	2005	2006	2007	2008	2009	2010	2011	2012	2013	2014	2015
Elektrizitätsabgabe	1,5	1,5	1,5	1,5	1,5	1,5	1,5	1,5	1,5	1,5	1,5
Div. Zuschläge	0,42	0,56	0,64	0,72	0,75	0,77	0,78	0,80	0,81	0,83	0,84
Energiepreis	5,20	5,70	5,95	6,28	6,56	6,85	7,16	7,49	7,82	8,17	8,54
Veränderung %		9,62	4,39	5,50	4,50	4,50	4,50	4,50	4,50	4,50	4,50
Netztarif	6,46	5,98	5,82	5,66	5,51	5,36	5,22	5,07	4,94	4,91	4,89
Veränderung %		-7,43	-2,68	-2,75	-2,65	-2,72	-2,61	-2,87	-2,56	-0,61	-0,41
Gesamtpreis	13,58	13,74	13,91	14,16	14,32	14,48	14,66	14,86	15,07	15,41	15,77
Veränderung %		1,18	1,24	1,80	1,13	1,12	1,24	1,36	1,41	2,26	2,34
Netzebene 6:	2005	2006	2007	2008	2009	2010	2011	2012	2013	2014	2015
Elektrizitätsabgabe	1,5	1,5	1,5	1,5	1,5	1,5	1,5	1,5	1,5	1,5	1,5
Div. Zuschläge	0,42	0,49	0,54	0,58	0,62	0,63	0,65	0,66	0,67	0,68	0,70
Energiepreis	4,80	5,20	5,50	5,80	6,06	6,34	6,62	6,92	7,23	7,56	7,90
Veränderung %		8,33	5,77	5,50	4,50	4,50	4,50	4,50	4,50	4,50	4,50
Netztarif	3,14	3,01	2,93	2,85	2,77	2,73	2,68	2,64	2,59	2,58	2,57
Veränderung %		-4,14	-2,66	-2,73	-2,81	-1,44	-1,83	-1,49	-1,89	-0,39	-0,39
Gesamtpreis	9,86	10,20	10,47	10,73	10,95	11,20	11,45	11,72	11,99	12,32	12,67
Veränderung %		3,45	2,65	2,48	2,05	2,28	2,23	2,36	2,30	2,75	2,84

Quelle: Eigene Berechnungen und Annahmen

In Summe wirkt sich die Energiepreissteigerung (ab 2006) durch die gleichzeitigen Netztarifsenkungen nur mit 14,8% (NE 7) und 24,2% (NE 6) aus.

Tab. 6-13 Gesamtpreise Gas 2005 – 2015 im Szenario „Baseline + 3%"

Gaspreis Stirling											
Jahr	2005	2006	2007	2008	2009	2010	2011	2012	2013	2014	2015
Energiepreis	2,11	2,44	2,48	2,58	2,68	2,79	2,90	3,01	3,13	3,26	3,39
Netztarif	1,04	0,87	0,84	0,82	0,80	0,78	0,76	0,75	0,74	0,73	0,72
Gesamtpreis	**3,15**	**3,31**	**3,32**	**3,40**	**3,48**	**3,57**	**3,66**	**3,76**	**3,87**	**3,99**	**4,11**
Veränderung %		5,08	0,30	2,41	2,35	2,59	2,52	2,73	2,93	3,10	3,00
Gaspreis Mikrogasturbine											
Energiepreis	2,10	2,43	2,47	2,57	2,67	2,77	2,89	3,00	3,12	3,25	3,38
Netztarif	0,47	0,41	0,39	0,38	0,37	0,36	0,36	0,35	0,35	0,34	0,34
Gesamtpreis	**2,57**	**2,84**	**2,86**	**2,95**	**3,04**	**3,13**	**3,25**	**3,35**	**3,47**	**3,59**	**3,72**
Veränderung %		10,51	0,70	3,15	3,06	2,96	3,83	3,08	3,58	3,46	3,62

Quelle: Eigene Berechnungen und Annahmen

Der Gaspreis steigt ab 2006 für den Stirling um ca. 24,2% und für die Mikrogasturbine um 31% an.

6.4 Wärmepreise

6.4.1 Grundsätzliches

Der Wärmepreis ist einer der beiden Erlösfaktoren für die Berechnung der Wirtschaftlichkeit von KWK-Anlagen. Der Preis je kWh hängt von mehreren Faktoren ab. Den Hauptkostenfaktor übernimmt der gewählte Primärenergieträger. Weiters ist die Effizienz (η_{th}) der Energieumwandlung wichtig. Diese hängt wiederum von einigen technischen Details ab, wie die maximal mögliche Effizienz des Gerätes, Wartungsintervalle und Teillastverhalten. Schließlich ist noch der Stromeinsatz für Pumpen und Regelung zu erwähnen.

6.4.2 Wärmepreise 2005 – 2015 auf Basis Gas

6.4.2.1 Szenario „Baseline"

Sehr einfach gestaltet sich die Ermittlung des Wärmepreises auf Basis Gaseinsatz. In Anlehnung an die Energieverwertungsagentur wird die Anlageneffizienz der Wärmeerzeugungsanlage mit η_{th} = 80% angenommen, 20% sind somit als Energieverlust zu beklagen[209]. Das entspricht dem Wirkungsgrad einer durchschnittlich gewarteten Heizanlage unter Berücksichtigung eines effizienzmindernden Teillastverhaltens. Dem Gaspreis inklusive Netzkosten ist die Erdgasabgabe hinzu zu rechnen. Das Ergebnis ist in Tab. 6-14 ersichtlich.

---

[209] Vgl. Simader, G., u.a., Mikro- und Mini-KWK-Anlagen in Österreich, 2004

Tab. 6-14 Wärmepreise 2005 - 2015 auf Basis Gas

Jahr	2005	2006	2007	2008	2009	2010	2011	2012	2013	2014	2015
Wärmepreise Stirling											
Netzebene 3	1,04	0,87	0,84	0,82	0,80	0,78	0,76	0,75	0,74	0,73	0,72
Erdgasabgabe	0,596	0,594	0,594	0,594	0,594	0,594	0,594	0,594	0,594	0,594	0,594
Energiepreis	2,11	2,44	2,48	2,50	2,53	2,55	2,58	2,60	2,63	2,66	2,68
Gaspreis	3,746	3,904	3,914	3,914	3,924	3,924	3,934	3,944	3,964	3,974	3,994
Effizienz η_{th}	80%	80%	80%	80%	80%	80%	80%	80%	80%	80%	80%
Wärmepreis	4,68	4,88	4,89	4,89	4,91	4,91	4,92	4,93	4,96	4,97	4,99
Wärmepreise Mikrogasturbine											
Netzebene 3	0,47	0,41	0,39	0,38	0,37	0,36	0,36	0,35	0,35	0,34	0,34
Erdgasabgabe	0,596	0,594	0,594	0,594	0,594	0,594	0,594	0,594	0,594	0,594	0,594
Energiepreis	2,10	2,43	2,47	2,49	2,52	2,54	2,57	2,59	2,62	2,64	2,67
Gaspreis	3,166	3,434	3,454	3,464	3,484	3,494	3,524	3,534	3,564	3,574	3,604
Effizienz η_{th}	80%	80%	80%	80%	80%	80%	80%	80%	80%	80%	80%
Wärmepreis	3,96	4,29	4,32	4,33	4,36	4,37	4,41	4,42	4,46	4,47	4,51

Quelle: Eigene Berechnungen und Annahmen

6.4.2.2 Szenario „Baseline + 3 %"

Das Szenario „Baseline +3%" unterscheidet sich von der Berechnung in Tabelle 6-15 nur durch die schneller ansteigenden Energiepreise, wodurch auch höhere Wärmepreise resultieren.

Tab. 6-15 Wärmepreise „Baseline + 3%" 2005 – 2015

Jahr	2005	2006	2007	2008	2009	2010	2011	2012	2013	2014	2015
Wärmepreise Stirling											
Netzebene 3	1,04	0,87	0,84	0,82	0,80	0,78	0,76	0,75	0,74	0,73	0,72
Erdgasabgabe	0,596	0,594	0,594	0,594	0,594	0,594	0,594	0,594	0,594	0,594	0,594
Energiepreis	2,11	2,44	2,48	2,58	2,68	2,79	2,90	3,01	3,13	3,26	3,39
Gaspreis	3,746	3,904	3,914	3,994	4,074	4,164	4,254	4,354	4,464	4,584	4,704
Effizienz η_{th}	80%	80%	80%	80%	80%	80%	80%	80%	80%	80%	80%
Wärmepreis	4,68	4,88	4,89	4,99	5,09	5,21	5,32	5,44	5,58	5,73	5,88
Wärmepreise Mikrogasturbine											
Netzebene 3	0,47	0,41	0,39	0,38	0,37	0,36	0,36	0,35	0,35	0,34	0,34
Erdgasabgabe	0,596	0,594	0,594	0,594	0,594	0,594	0,594	0,594	0,594	0,594	0,594
Energiepreis	2,10	2,43	2,47	2,57	2,67	2,77	2,89	3,00	3,12	3,25	3,38
Gaspreis	3,166	3,434	3,454	3,534	3,634	3,724	3,834	3,944	4,064	4,184	4,314
Effizienz η_{th}	80%	80%	80%	80%	80%	80%	80%	80%	80%	80%	80%
Wärmepreis	3,96	4,29	4,32	4,42	4,54	4,66	4,79	4,93	5,08	5,23	5,39

Quelle: Eigene Berechnungen und Annahmen

Beide Wärmepreisszenarien werden zur Ermittlung der Amortisationszeiträume in Kapitel 8 verwendet.

6.5 Biologische Brennstoffe

6.5.1 Technische Voraussetzungen

Sowohl die Mikrogasturbine als auch der Stirling sind technisch so konzipiert, dass sie auch „biologische" Brennstoffe verwerten können. Unter biologischen Brennstoffen werden in dieser Arbeit jene Energieträger verstanden, die im Sinne der österreichischen Ökostromgesetzgebung als Primärenergieträger zur Stromerzeugung anerkannt werden. Dazu zählen unter anderem Ökostrom aus flüssiger Biomasse und

Biogas. Die Mikrogasturbine kann pflanzliche Öle verarbeiten, der Stirling ab 2007/08 Biogas aus Pellets.

6.5.2 Pelletspreise

Die Preise für Holzpellets sind ausschließlich für die Betrachtungen des Solo Stirling relevant. Die Fa. Solo Stirling GmbH plant für 2007 die Einführung von Stirling-Referenzanlagen mit Pelletsverbrennung (Biostirling). Derzeit laufen laut Auskunft der Firma Solo Stirling[210] die Entwicklungsarbeiten viel versprechend. In Arbeitsgemeinschaften mit Universitätsinstituten und Firmen mit Know-how in der Brennertechnologie befinden sich mehrere Prototypen in der Testphase.

Pellets sind daher für die Berechnung der Wirtschaftlichkeit des Stirling frühestens ab 2007 einzubeziehen.

Die Pelletspreise zeigten bis Mitte 2004 eine mit dem Erdölpreis synchrone Entwicklung. Mit Beginn der 2. Jahreshälfte 2004 bis zum November 2005 (Siehe Abb. 6-12) hat sich die Preiskurve völlig vom Ölpreis abgekoppelt und verharrt auf dem Niveau von rund EUR 350 – 400 je 1000 Liter Heizöläquivalent.

ABB. 6-12   PREISENTWICKLUNG ÖL/PELLETS

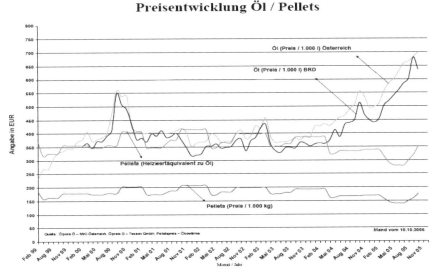

Quelle: http://www.uwe-energie.de

In Ermangelung eines fundierten Szenarios wird folgende Preisannahme bis 2015 gewählt:

Der Preis je kg Pellets wird auf Erdöläquivalent umgerechnet. Der Basispreis 2005 beträgt EUR 360 für 1000 l inklusive Transport.

Der Heizwert von Pellets beträgt laut OÖ. Energiesparverband[211] 4,9 kWh/kg. Derzeit liegt der Marktpreis inklusive Transportkosten je kg bei EUR 0,132 oder 13,2 c/kg.

---

[210] Pers. Anm. des Autors, Auskunft stammt von Fa. Solo Stirling vom 2.3.2006, Luft, S., Geschäftsführer
[211] Vgl. OÖ. Energiesparverband, Informationsbroschüre

Für 2005 ist demnach ein Preis von 13,2/4,9 = 2,69[212] Ct./kWh exklusive MWSt. anzusetzen. **Ein Nachziehen der Preise im Vergleich zu Erdölprodukten ist zu erwarten**. Bis 2009 wird eine jährliche Preissteigerung von 2% angenommen. Ab 2010 ist mit einem kostenintensiveren Durchforstungsbedarf auf Grund der gestiegenen Nachfrage zu rechnen. Aus diesem Grund werden einmalig 20% auf den Preis aufgeschlagen. Von 2011 bis 2015 steigt der Preis wieder mit 2% an.

In der Tab. 6-16 ist zusätzlich der Wärmepreis ersichtlich. Der Wärmepreis leitet sich aus dem Pelletspreis unter Berücksichtigung einer wie bisher angenommenen thermischen Effizienz von 80% ab.

Tab. 6-16   Energiepreise „Pellets" samt Wärmepreise 2005 - 2015

Pellets	2005	2006	2007	2008	2009	2010	2011	2012	2013	2014	2015
Energiepreis c/kWh	2,69	2,75	2,80	2,86	2,92	3,50	3,57	3,64	3,71	3,79	3,86
Veränderung %		2,00	2,00	2,00	2,00	20,00	2,00	2,00	2,00	2,00	2,00
Effizienz η_{th}	80%	80%	80%	80%	80%	80%	80%	80%	80%	80%	80%
Wärmepreise	3,37	3,43	3,50	3,57	3,64	4,37	4,46	4,55	4,64	4,73	4,83

Quelle: Eigene Annahmen

Weiterführende Informationen bezüglich der Preisannahmen sind in Kap. 13.6.2.4 „Preisentwicklung - Holzpellets" zu finden.

6.5.3 Pflanzenölpreise

Die Mikrogasturbine kann auch Pflanzenöle als Primärenergieträger verfeuern. Der Pflanzenölpreis auf Preisbasis 2005 wurde mit EUR 0,618 je Liter exklusive Steuern ermittelt. Die Umrechnung unter Berücksichtigung der Dichte/kg und geteilt durch den Energieinhalt von 10,33 kWh/kg ergibt den Ausgangswert von 6,49 Ct./kWh. Der Wärmepreis errechnet sich unter Berücksichtigung der Brennstoffnutzung (Effizienz = 80%). Die durchschnittliche Preissteigerung wurde mit 3% angenommen und resultiert aus der Annahme, dass die Preise für Biobrennstoffe die bisherige Abkopplung von den Ölpreissteigerungen sukzessive kompensieren werden.

Tab. 6-17   Energiepreise auf Basis Pflanzenöl samt Wärmepreise 2005 - 2015

Pflanzenölpreise	2005	2006	2007	2008	2009	2010	2011	2012	2013	2014	2015
Energiepreis c/kWh	6,49	6,68	6,88	7,09	7,09	7,30	7,52	7,74	7,98	8,22	8,47
Veränderung %		2,93	2,99	3,05	0,00	2,96	3,01	2,93	3,10	3,01	3,04
Effizienz η_{th}	80%	80%	80%	80%	80%	80%	80%	80%	80%	80%	80%
Wärmepreise	8,11	8,35	8,60	8,86	8,86	9,13	9,40	9,68	9,98	10,28	10,59

Quelle: Eigene Annahmen

Detaillierte Informationen über die zukünftige Pflanzenölproduktion in Österreich und eine mögliche Entwicklung der Pflanzenölpreise sind erneut im Anhang unter Kap. 13.6.1.3 „Preisentwicklung – Pflanzenöl" ersichtlich.

6.5.4 Einspeisetarife Strom

6.5.4.1   Österreich

Wie bereits festgestellt, fehlen derzeit die rechtlichen Voraussetzungen für Einspeisetarife aus der Ökostromproduktion. Auf Basis der nunmehr als Entwurf vorliegenden

---

[212] Quelle abrufbar unter: 2006-01-21, www.biomasseverband.at/biomasse?cid=1585, Preis inklusive MwSt. 3,2 Ct./kWh

Ökostromverordnung 2005[213], die im § 2 Absatz (2) eine 10-jährige Preisgarantie ab Inbetriebnahme in Aussicht stellt, sind folgende für den KWK-Betrieb relevante Einspeisetarife ausgewiesen:

Flüssige Biomasse § 8 elektrische Energie aus flüssiger Biomasse[214]: 8,00 Ct./kWh

Biogas § 9 Absatz (1): Elektrische Energie aus Anlagen mit Energieträger Biogas bis maximal 100 kW: 12,25 Ct./kWh

Kofermentation § 9 Absatz (2): Einsatz von Biogas aus der Kofermentation bis maximal 100 kW: 10,00 Ct./kWh

Deponie- und Klärgas § 10 Energie aus Deponie- und Klärgas bis maximal 1 MW: 6,00 Ct./kWh

6.5.4.2 Bundesrepublik Deutschland

In Deutschland sind die Einspeisetarife im „Gesetz für die Erhaltung, Modernisierung und den Ausbau der Kraft-Wärme-Kopplung (KWKG 2002)" geregelt. Im § 4 (1) wird der Netzbetreiber verpflichtet, die KWK-Anlage ans Netz anzuschließen und den erzeugten Strom abzunehmen. Gemäß § 4 (3) zahlt der Netzbetreiber dem Produzenten den Strompreis inklusive Netzanteil und darüber hinaus einen Zuschlag nach § 7 (4). Der Zuschlag ist leistungsabhängig und beträgt **5,11 Ct./kWh** für „kleine" Anlagen bis 50 KW$_{el}$. Die Preise gelten für Anlagen, die bis 31.12.2008 in Betrieb gehen. Die Preisgarantie beträgt 10 Jahre.

Da das deutsche Strompreisniveau mit dem österreichischen vergleichbar ist, beträgt der Einspeisetarif 2006 zumindest 13,74 + 5,11 = 18,85, gerundet also **19 Ct./kWh**.

6.6 Schlussbemerkungen

Durch das neu eingeführte Benchmarkingsystem zur Festlegung der österreichischen Netztarife sind die Strom-Netztarife für die Regulierungsperiode 1, welche bis einschließlich 2009 andauert, relativ exakt vorhersehbar. Für die 2. Regulierungsperiode bis 2013 ist noch immer von einem ausreichenden Genauigkeitsgrad auszugehen. Selbst die Jahre 2014 und 2015 sind noch gut abschätzbar, weil Rationalisierungsabschläge nur noch in geringen Umfängen möglich sein werden. Auch die Gas-Netztarife sind aufgrund der gleichen Ermittlungsmethodik gut voraussehbar.

Schwierig gestaltet sich hingegen jede Prognose über Energiepreisentwicklungen. In diesem Kapitel wurde versucht, Energiepreisentwicklungen durch Einbeziehung rationaler Faktoren zu prognostizieren. Der Haupteinfluss geht von der Rohölpreisentwicklung aus, wiewohl andere Faktoren wie Kraftwerkskapazitäten, CO_2-Zertifikate sowie Steuern und Abgaben erheblichen Einfluss auf die Energiepreise ausüben.

Im nachfolgenden Kapitel 7 werden die restlichen exogenen und endogenen Faktoren analysiert, die Einfluss auf die Wirtschaftlichkeit von KWK-Anlagen haben.

---

[213] Vgl. Entwurf Ökostromverordnung 2005, §§ 8, 9 (1,2), 10
[214] Pers. Anm. des Autors, vermutlich sind pflanzliche Öle gemeint

7 Weitere exogene und endogene Einflussfaktoren

7.1 Zielsetzung und Methodik

In diesem Kapitel sollen die restlichen, bisher noch nicht behandelten Einflussfaktoren, die die Marktdurchdringung mit kleinen KWK-Aggregaten beeinflussen, beschrieben und bis 2015 prognostiziert werden.

Ausgehend von der Marktdurchdringungsfunktion

$$Q = f \text{ (endogene + exogene Faktoren)}$$

werden die restlichen Einflussfaktoren aufgezeigt, beschrieben und im Sinne der wirtschaftlichen Relevanz analysiert. Das Endprodukt sollen Tabellen je Aggregat sein, in denen alle wesentlichen Faktoren, die die Marktdurchdringung beeinflussen, ersichtlich sind. Die Werte aus diesen Tabellen werden dann im 8. Kapitel als Basis zur Ermittlung der Amortisationszeiträume je Kalenderjahr herangezogen und daraus die entscheidenden Rückschlüsse auf die Marktdurchdringungskurve abgeleitet.

7.2 Die (restlichen) Einflussfaktoren

Die Marktdurchdringungsmenge Q hängt, abgebildet als Funktion, von folgenden Faktoren ab:

$$\textbf{KWK-Marktdurchdringung Q}$$

$$Q = f \text{ (endogene + exogene Faktoren)}$$

$$Q = f(\eta_{ges}, \eta_{el}, \eta_{th}, T, I, W, Z_i, MV, K_x, P_x, I_f, W_R, St, S)$$

η	Energieeffizienz (Brennstoffnutzungsgrad $\eta_{ges}, \eta_{el}, \eta_{th}$)
T	Technologieentwicklung (Brennerentwicklung, Wirkungsgrad...)
I	Investitionskosten (KWK + Sonstige Kosten)
W	Wartungskosten/Reparaturen
Z_i	Interner Zinsfuß/WACC
MV	Marketingmaßnahmen + Vertriebskonzept
K_x	Brennstoffkosten (Öl, Gas, Biomasse)
P_x	Erlöse für Wärme und Strom
I_f	Investitionsförderung
W_R	Währungskursrisiko
St	Steuern/Abgaben
S	Sonstige Einflüsse

Von diesen Einflussfaktoren sind die **Energiepreise** (Öl- und Gaspreise, die Preisentwicklung der biogenen Brennstoffe sowie die Strom- und Wärmepreisentwicklung) bereits in Kapitel 6 „Netztarife und Energiepreise" abgehandelt worden. Ebenso die **Steuern und Abgaben** auf Gas und Strom, weiters die Kriterien für die **Investitionsförderung**. Damit wurden bereits jene Einflussfaktoren analysiert, die gemäß den errechneten Elastizitäten den größten Einfluss auf die Wirtschaftlichkeiten der KWK-Anlagen ausüben.

Nicht mehr näher betrachtet werden die **Betriebsstunden**, weil die Notwendigkeit, möglichst hohe Betriebsstunden zu erzielen, ausreichend beschrieben wurde.

Die **sonstigen Einflüsse**, die die Errichtung von KWK-Anlagen ermöglichen oder verhindern, werden kurz im Unterkapitel „Marketing und Vertrieb" behandelt.

Die verbleibenden und zu untersuchenden Faktoren sind:

Endogene Faktoren

- Investitionskosten der gesamten KWK-Anlage
- Technische Verbesserungen, Weiterentwicklungen
- Wartungs- und Reparaturkosten
- Interner Zinsfuß
- Erfolgreiche Marketing- und Vertriebsmaßnahmen

Exogene Faktoren

- Marktzinsen (beeinflussen den internen Zinsfuß)
- Währungsschwankungen
- Unbekannte weitere Einflüsse

7.3 Investitionskosten

Gemäß den Elastizitätsvergleichen wirken die Investitionskosten, nach den Energiepreisen, am wesentlichsten auf die Wirtschaftlichkeiten der KWK-Anlagen ein. Es gilt daher zu hinterfragen, ob in den kommenden Jahren Preisreduzierungen realistisch sind oder nicht. Die Einschätzung soll mit Hilfe von Erfahrungskurven erfolgen.

7.3.1 Der Erfahrungskurveneffekt

Die in der Literatur auch als Henderson-Kurve, Bosten-Effekt und Lernkurve bezeichnete Erfahrungskurve versucht den von verschiedenen Einflussfaktoren geprägten Zusammenhang zwischen Stückkosten und kumulierten Mengen zu beschreiben. Der Effekt fußt auf empirischen Untersuchungen in den USA von schnell wachsenden Märkten der chemischen und elektronischen Industrie.

„Die auf der Erfahrungskurve basierende strategische Aussage postuliert, dass die Gesamtkosten eines Produktes mit jeder Verdopplung der kumulierten Ausbringungsmenge um 20-30% gesenkt werden können.

Dieser Effekt umfasst alle Kosten, die seit Produktionsbeginn im Unternehmen angefallen sind, d.h. die Kostensenkung bezieht sich nur auf die Wertschöpfung im Unternehmen. Der Erfahrungskurveneffekt tritt aber nicht von selbst ein, sondern ist ein Kostensenkungspotenzial, das vom Management genutzt werden muss" [215].

Abb. 7-1 zeigt einen Kurvenverlauf mit der Aussage, dass bei Verdoppelung der produzierten Mengen die Stückkosten um 20-30% sinken.

---

[215] Quelle abrufbar unter: 2005-01-03, http://www.legamedia.net/lx/result/match/22619558586363d5acf634c33e/index.php

ABB. 7-1 SCHEMATISCHE DARSTELLUNG EINER ERFAHRUNGSKURVE

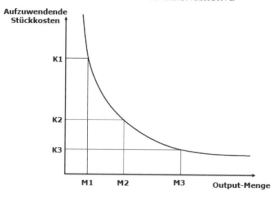

Quelle: 2004-11-30, http://www.4managers.de/10-Inhalte/asp/Erfahrungskurve.asp

Der Kostensenkungseffekt entsteht durch das Zusammenwirken mehrerer Faktoren. Abb. 7-2 beschreibt die verschiedenen Faktoren, die gemeinsam zu einem mengenbedingten Kostensenkungseffekt führen. Der Senkungseffekt muss allerdings vom Management und den Mitarbeitern gehoben werden.

ABB. 7-2 FAKTOREN FÜR DEN MENGENBEDINGTEN KOSTENSENKUNGSEFFEKT

Quelle: 2004-11-30, http://www.4managers.de/10-Inhalte/asp/Erfahrungskurve.asp?

Bei den kleinen, innovativen KWK-Anlagen ist von Erfahrungskurveneffekten auszugehen, weil die Voraussetzungen dazu ideal sind:

- Ein exakt definiertes, innovatives und weiterentwicklungsfähiges Produkt
- Ein Wachstumsmarkt
- Gestaltungsmöglichkeiten durch die Preispolitik

Es gilt allerdings zu hinterfragen und einzuschätzen, in welchem Ausmaß Kostensenkungen in den relevanten Unternehmen bereits realisiert wurden und was daher real an marktbeeinflussenden Preissenkungen zu erwarten ist. Für diese Arbeit interessiert ausschließlich die Preisstellung der gesamten KWK-Anlage, bestehend aus dem Aggregat, den Kosten für die Begleitinstallationen, den Administrationskosten und dem Personalaufwand für Planung und Montage.

7.3.2 Erfahrungskurveneffekte für Dachs, Stirling und Mikrogasturbine

7.3.2.1 Perspektiven des „Dachs"

Der Dachs repräsentiert gemäß den Referenzlisten das meistverkaufte Aggregat in Österreich.

Der Dachs ist ein auf herkömmlicher Hubkolbentechnologie basierender ausgereifter Motor, der sich technisch vermutlich nur noch geringfügig weiterentwickeln lässt. Durch die bisher schon hohen Produktionszahlen ist, wenn überhaupt, von geringen weiteren Erfahrungseffekten auszugehen. Von weiteren Erfahrungseffekten kann nur dann ausgegangen werden, wenn die produzierten Stückzahlen weiterhin stark ansteigen und die eingesetzten Produktionsfaktoren aufwandseitig unverändert bleiben. Um dies beurteilen zu können, liegen jedoch keine Informationen vor. Ob eventuell noch erzielbare Erfahrungskurveneffekte preisreduzierend an den Markt weitergegeben werden, hängt von der Marketingstrategie des Produzenten Senertec und der Erfahrung des projektierenden und installierenden Vertriebsunternehmens ab.

In Anbetracht der mehrjährigen Dachs-Marktpräsenz werden für den österreichischen Markt nur geringfügige Preisreduzierungen ab 2006 bis einschließlich 2009 im Ausmaß von 2% und 2010 mit 1,5% angenommen. Die Annahme wird damit begründet, dass der Stirling einen Teil des Dachs-Marktes als Konkurrenzprodukt für sich beanspruchen wird, was eventuell preisliche Reaktionen hervorruft. Recherchen bei Hersteller und Vertriebsfirmen des Dachs ergaben[216], dass die Nachfrage auf anderen Märkten, insbesondere in Deutschland, auf Grund des begünstigenden EEG (Energieeinspeisegesetzes) bzw. KWKG (Kraft-Wärme-Kopplungs-Gesetz), sehr hoch ist und in der nahen Zukunft mit mehrmonatigen Lieferzeiten zu rechnen ist.

Tab. 7-1 Dachs-Anlagenpreise bis 2015

Dachs	2005	2006	2007	2008	2009	2010	2011	2012	2013	2014	2015
Gesamtpreis €	22000	21560	21129	20706	20292	20000	20000	20000	20000	20000	20000
Reduzierung		-2%	-2%	-2%	-2%	-1,5%	0%	0%	0%	0%	0%

Quelle: Eigene Recherchen und Annahmen

Der Anlagenpreis reduziert sich schrittweise bis 2010 um 9,1%. Ab 2011 wird mit EUR 20.000.- das unterste Preisniveau für die Gesamtanlage angenommen.

7.3.2.2 Perspektiven des „Stirling"

7.3.2.2.1 Anlagenpreisentwicklung

Der Stirling wird erst seit Mitte 2003 in Einzelanfertigung (Vorseriengeräte) produziert. Laut Rücksprache mit der Firma Solo Stirling GmbH[217] konnte durch die Absatzsteigerungen in den Jahren 2004 und 2005 auf Kleinstserienfertigung umgestellt werden, was sich unmittelbar kostensenkend je Aggregat bemerkbar machte. Demnach konnten die internen Kosten durch die fortschreitende Produktstandardisierung, durch Lerneffekte der Organisation, technische Verbesserungen sowie durch Assembling-Erfahrungen gesenkt werden. Für die Zukunft sind noch weitere Einsparungen möglich, wenn die Kleinserienfertigung in eine Serienfertigung mündet. Zudem sollten technische Verbesserungen niedrigere Lieferantenpreise zusätzlich kostensen-

---

[216] Pers. Anm. des Autors, Wels Strom GmbH, Berger, L., Dezember 2005

[217] Pers. Anm. des Autors, Auskünfte von Dkfm. S. Luft, Geschäftsführer Solo Stirling GmbH, Dezember 2004, Juni 2005

kend wirken. Zur Markteinführung wurden aus preispolitischen Gründen die Stückkostenreduzierungen an den Markt bzw. an die Vertriebspartner weitergegeben. Nach Einschätzung der österreichischen Stirling-Vertriebsfirmen, die für die Planung und die Installation der Geräte verantwortlich sind, werden durch standardisierte Planungs- und Montageverfahren Kostenreduzierungen möglich sein[218].

Der gezeigte Verlauf der Anlagenkosten in der nachfolgenden Tab. 7-2 umfasst die Kosten für das gelieferte Erdgas-Aggregat sowie Behörden-, Installations- und Personalkosten. Mittelfristig wird durch die beschriebenen Effekte mit Preisreduzierungen im Ausmaß von 5% pro Jahr gerechnet. Dadurch ergibt sich folgender Preisansatz bis 2015:

Tab. 7-2 Stirling-Anlagenpreise bis 2015

Stirling	2005	2006	2007	2008	2009	2010	2011	2012	2013	2014	2015
Gesamtpreis €	42000	41000	38950	37003	35152	34000	34000	34000	34000	34000	34000
Reduzierung		-2,4%	-5%	-5%	-5%	-0,6%	0%	0%	0%	0%	0%

Quelle: Eigene Recherchen

Der in Tab. 8-2 dargestellte Anlagenpreis fällt ab 2007 (Serienfertigung) bis 2010 auf das geschätzte unterste Preisniveau von EUR 34.000.-. Voraussichtlich ab 2007 bestehen neue technologische Perspektiven, weil ein „Biostirling", welcher Pellets als Primärenergieträger nutzt, marktreif sein wird.

7.3.2.2.2 Technologische Perspektiven

Die Energiegewinnung aus biologischen Stoffen wird die Absatzchancen, sofern das Gerät wirtschaftlich und technisch wettbewerbsfähig ist, enorm steigern. Sowohl die derzeitigen und besonders die zukünftigen europäischen und österreichischen energiepolitischen Rahmenbedingungen schaffen dazu chancenreiche Ausgangsbedingungen.

Die technische Weiterentwicklung des Solo Stirling wird sukzessive fortgesetzt. Aus absatzpolitischen Gründen sind die Brennersysteme für biogene Brennstoffe besonders wichtige Entwicklungsschritte. Mit der Marktreife ist bis 2008 zu rechnen. Unter der Voraussetzung eines konkurrenzfähigen Preises sollten die Absatzzahlen ab diesem Zeitpunkt wesentlich ansteigen.

Mit der Markteinführung eines Aggregates auf Basis Pelletsverbrennung ist voraussichtlich Ende 2007, mit hoher Wahrscheinlichkeit 2008 zu rechnen. Ab diesem Zeitraum muss für die Variante „Bio" die Wirtschaftlichkeit neu bewertet werden. In die Berechnungen müssen zumindest der geänderte Anlagenpreis und die neuen Brennstoffkosten einbezogen werden.

Tab. 7-3 Anlagenkosten für den Bio-Stirling 2007 - 2015

Bio-Stirling	2007	2008	2009	2010	2011	2012	2013	2014	2015
Gesamtpreis €	45000	45000	42750	40613	40000	40000	40000	40000	40000
Reduzierung		0%	-5%	-5%	-1,5%	0%	0%	0%	0%

Quelle: Zielpreise laut Wels Strom GmbH, Vertrieb Energiesysteme

---

[218] Pers. Anm. des Autors, Wels Strom GmbH, Nedomlel, H., Berger, L., Dezember 2005

Tab. 7-3 weist den 1. Anlagenpreis ab 2007 aus, dem frühesten Zeitpunkt für den Markteintritt. Der Erfahrungseffekt aus der Produktion des Stirling auf Basis Erdgas bis 2007 wurde eingepreist. Von 2009 bis 2011 kann von weiteren Preisreduzierungen im Sinne des Erfahrungskurveneffektes ausgegangen werden.

7.3.2.3 Perspektiven der „Mikrogasturbine"

7.3.2.3.1 Mikrogasturbine auf Basis Erdgas

Die Mikrogasturbine C 60 bzw. deren Nachfolgemaschine C 65 werden in den USA gefertigt und seit dem Jahr 2000 an den Markt ausgeliefert. Es ist daher anzunehmen, dass die kostenreduzierenden Effekte, wie sie in Form einer Erfahrungskurve anzunehmen sind, bereits seit rund fünf Jahren wirken. Trotzdem sind durch weitere Mengensteigerungen Stückkostenreduktionen zu erwarten. Es ist aber fraglich, ob der Markt davon profitiert. Die C 60 erwies sich schon bisher als technisch und preislich marktfähig. Mit der Einführung der C 65 ist eine weitere Verbesserung gelungen. Es wird daher angenommen, dass die Aggregatpreise gegenüber den Vertriebsfirmen in Europa stabil[219] bleiben, wesentliche preispolitische Maßnahmen sind nicht zu erwarten.

Wirtschaftliche Verbesserungen werden über die Gerätetechnik angestrebt, weiters sind die „Packagekosten" reduzierbar. Über diesen Umweg wird die Wirtschaftlichkeit entscheidend verbessert. Mit Beginn 2006 steht die „neue" Capstone C 65 in zwei Versionen zur Verfügung. Der Systempreis für die komplette Anlage beträgt neu EUR 125.000.-[220]. Insgesamt wird trotz höherem Gaseinsatz aufgrund der Leistungssteigerung eine Verbesserung der Wirtschaftlichkeit erzielt.

Tab. 7-4 Anlagenpreise für die Mikrogasturbine auf Basis Gas 2005 - 2015

Mikrogasturb.	2005	2006	2007	2008	2009	2010	2011	2012	2013	2014	2015
Gesamtpreis €	122000	125000	120400	115342	113670	112067	112067	112067	112067	112067	112067
Reduzierung	C 60	C 65	-3,68%	-4,20%	-1,45%	-1,41%	0,00%	0,00%	0,00%	0,00%	0,00%

Quelle: Wels Strom GmbH, Energiesysteme und eigene Berechnung

Tab. 7-4 zeigt einen Preisverlauf für die Gesamtanlage, der bis 2010 auf EUR 112.067.- absinkt. Ab 2006 wird das verbesserte Aggregat an den Markt ausgeliefert. Die Kostenreduktion, verursacht durch die Reduzierung der „Packagekosten", wirkt sich ab 2007 und 2008 mit -3,68% bzw. -4,20% deutlich aus. Der Erfahrungskurveneffekt läuft 2010 mit -1,41% aus.

7.3.2.3.2 Mikrogasturbine auf Basis Pflanzenöl

Die Mikrogasturbine bietet auch die Möglichkeit, Pflanzenöl als Brennstoff zu nutzen. Durch den Entfall des Gasverdichters verringern sich die Aggregatkosten, wodurch es 2006 trotz Einführung der teureren C 65 nur zu einer geringen (0,31%) Anlagenpreissteigerung kommt. 2007 und 2008 sind ähnliche Erfahrungseffekte zu erwarten wie für die Erdgasmaschine. Einsparungen werden hauptsächlich bei den Administrationskosten, Planungs- und Installationskosten inklusive der Steuerelektronik erzielt.

---

[219] Pers. Anm. des Autors, Fa. Verdesis, DI. Näf, September 2005

[220] Pers. Anm. des Autors, Wels Strom GmbH in Abstimmung mit Fa. Verdesis, Jänner 2006

Tab. 7-5 Anlagenpreise für die Mikrogasturbine auf Basis Pflanzenöl 2005 – 2015

Mikrogasturb.	2005	2006	2007	2008	2009	2010	2011	2012	2013	2014	2015
Gesamtpreis €	118039	118402	113766	108213	106342	104830	104830	104830	104830	104830	104830
Reduzierung	C 60	C 65	-3,92%	-4,88%	-1,73%	-1,42%	0,00%	0,00%	0,00%	0,00%	0,00%

Quelle: Wels Strom GmbH, Energiesysteme, Berger, 23. März 2006

7.4 Wartungs- und Reparaturkosten

Die Wartungs- und Reparaturkosten beeinflussen die Wirtschaftlichkeit (siehe Kapitel 5) in einem deutlich geringeren Ausmaß als beispielsweise die Energiepreise. Dennoch trachten die KWK-Lieferanten, die Kosten dafür weiter zu reduzieren. Der viel wichtigere Aspekt in diesem Zusammenhang ist jedoch die Kundenzufriedenheit. Störungsunterbrechungen bedeuten betriebliche Nachteile, die erfahrungsgemäß aus der Sicht des Kunden subjektiv negativer beurteilt werden, als es dem tatsächlichen wirtschaftlichen Schaden entspricht. Dem störungsfreien Betrieb mit möglichst geringen Stillstandszeiten gilt daher das höchste Augenmerk. Die neuen Technologien gehen von Wartungsintervallen in der Höhe von 5000 - 8000 Betriebsstunden aus. Danach werden Einzelteile der Anlage getauscht. Die Lieferfirmen sind eher bestrebt, kundenorientiert und damit aufwändiger zu betreuen. Sinnvolle Wartungs- und Teileaustauschintervalle reduzieren ungeplante Reparaturarbeiten. Auf diese Weise soll ein positives Image aufgebaut werden. Aus besagten Gründen ist daher insgesamt nicht von fallenden Wartungs- und Reparaturkosten auszugehen.

7.5 Marktzinsen, interner Zinsfuß

Für die Investition in eine neue Energieerzeugungsanlage ist eine längerfristige Amortisationszeit anzusetzen und das eingesetzte Kapital dynamisch zu verzinsen. In der im 8. Kapitel ausgeführten dynamisierten Wirtschaftlichkeitsberechnung wird ein „interner Zinsfuß" von 5,5% für das Jahr 2005 angenommen. Der interne Zinsfuß hängt einerseits von den Geld- und Kapitalmarktzinsen ab und andererseits von der Auffassung des Unternehmens, ob zum reinen Kapitalmarktzinssatz zusätzlich eine Risikoprämie oder eine Eigenkapitalverzinsung hinzugerechnet werden soll. Der Kapitalmarktzins zielt zum Unterschied vom Geldmarktzinssatz auf Zinssätze, die für zwei oder mehrere Jahre gelten.

Die zu beantwortende Frage lautet, ob der durchschnittliche Zinsfuß von 5,5% durchgehend angenommen oder ob eine Korrektur vorgenommen werden muss. Deshalb erscheint es angebracht, die Entwicklung des Zinsniveaus der kommenden 10 Jahre einer Analyse zu unterziehen.

Die Verzinsungshöhe hängt grundsätzlich davon ab, in welcher Währung die Zinsbetrachtung angestellt wird. Weiters stellt sich die Frage, ob gegebenenfalls eine 10-Jahres-Fixzinsvereinbarung abgeschlossen wird oder ob Zinsvereinbarungen mit kürzeren Intervallen das Ziel sind.

7.5.1 Langfristige Euro-Zinssätze

Der Leitzinssatz der Europäischen Zentralbank (EZB) wurde in der jüngsten Vergangenheit mit Stand März 2006 durch zwei Zinsschritte auf derzeit 2,5% angehoben.

ABB. 7-3 LEITZINSEN EUROLAND IM VERGLEICH ZU USA

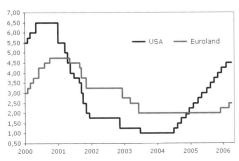

Quelle:2006-03-03, http:// www.leitzinsen.info, März 2006

Ende 2005/Anfang 2006 erhöhte die EZB den Leitzins in zwei Schritten zu je 25 Basispunkten auf 2,5%. Zur Bekämpfung der aufkeimenden Inflationsgefahr sind weitere Zinserhöhungen seitens der EZB in Aussicht gestellt worden[221]. Die Höhe des allgemein prognostizierten Wirtschaftswachstums mit 2-3% in Europa und Österreich lässt aber **nicht** auf eine akut drohende Inflationsgefahr schließen. Ein Anstieg der Kapitalmarktzinsen würde generell gesehen schlechtere Bedingungen für Wachstum und Beschäftigung zur Folge haben. Steigende Eurozinsen würden zudem den Euro stärken und die Exporte erschweren.

Als Marktindikationen für Zinsvereinbarungen können zum Beispiel die 2- oder mehrjährigen **Interest Rate Swaps** und **Refinanzierungssätze** herangezogen werden, die die Basis für Zinsvereinbarungen bilden. Die EZB benützt den Refinanzierungssatz als Lenkungsinstrument, um den Geld- und Kapitalmarkt in die gewünschte Richtung zu lenken. Aus dem Refinanzierungssatz + Zuschlag ergibt sich der Interbankenzins als Ausgangsbasis für das von Banken offerierte Zinsniveau.

Der Interest Rate Swap regelt den Austausch von Zinsverbindlichkeiten zwischen zwei Vertragspartnern. Getauscht wird ein Fixzins gegen einen variablen Zins, allerdings mit Risikobehaftung für beide Kontrahenten.

ABB. 7-4 MEHRJÄHRIGE EURO-ZINSSATZ-MARKTINDIKATIONEN

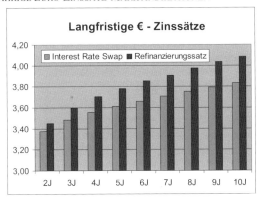

Quelle: Morning Mail der Invest Kredit AG vom 20. März 2006, eigene Grafik

---

[221] Vgl. „Morning Mail" der Invest Kredit AG vom 3.Juni 2004: EZB stemmt sich gegen Zinssenkungs-Forderungen

Bis auf weiteres sind aus momentaner Sicht keine Anzeichen erkennbar, dass die Zinspolitik der EZB Leitzinsanhebungen über das in Aussicht gestellte Niveau von 3,5% vornimmt.

7.5.2 Langfristige Dollar-, Franken- und Yen-Zinsen

Fremdwährungskredite in Franken oder in Yen sind nach wie vor attraktiv, trotz Währungsrisikos, weil die Verzinsung niedrig ist. Die kurzfristigen Leitzinsen des CHF (Schweizer Franken) und des JPY (Japanischer Yen) blieben längere Zeit unter der 1%-Marke. Erst Ende 2005/Anfang 2006 stiegen die Zinsen moderat an. Die SNB hat mit 16. März 2006 den 3-Monatszins um 25 Basispunkte und die Bandbreite auf 0,75-1,75 Prozent angehoben[222]. Obwohl sich die Schweizer Konjunktur erholt hat, belässt die SNB ihre Erwartungen für das Wirtschaftswachstum unverändert bei ca. 2 %. Die SNB betont, sie werde einem zu starken CHF entgegenwirken.

Die Deflationsgefahr in Japan dürfte gebannt sein, die Nullzinsphase damit auch. Es gibt derzeit keine Kommentare, die ein Ansteigen der Zinsen prophezeien.

In den USA gibt es Spekulationen auf ein baldiges Ende der Zinserhöhungen, weil eine Konjunkturabschwächung auf 3%[223] erwartet wird und eine echte Inflationsgefahr nicht in Sicht ist[224]. Dies könnte mittelfristig eine Reduzierung um mehr als 1% des gegenwärtigen Leitzinsniveaus bedeuten.

7.5.3 Schlussfolgerung

Die zukünftigen Konjunkturdaten für die wichtigen Wirtschaftsräume USA, Europa (inklusive der Schweiz) und Japan signalisieren keinesfalls eine Überhitzung des Wirtschaftswachstums. In Folge ist auch keine akute Inflationsgefahr zu sehen, wiewohl moderate Zinssteigerungen im Euroland, in Japan und der Schweiz absehbar sind. In den USA gibt es Signale, die ein Ende des Zinsanstieges sehen. Fremdkapital kann sowohl in Euro als auch in zinsgünstigeren Fremdwährungen wie Yen oder CHF aufgenommen werden. Derzeit sind selbst bei 10-jährigen Euro-Fixverzinsungen Zinssätze unter 5,5% möglich. Bei kürzeren Bindungszeiten sind niedrigere Fixverzinsungen erzielbar. Unternehmen mit besserer Bonität kalkulieren Fremdzinsen derzeit wesentlich unter diesem Zinssatz. Ohne Einbeziehung des Währungsrisikos liegen Yen- oder CHF-Kredite erheblich unter 5,5%.

Fazit:

In der Durchschnittsbetrachtung der Verzinsung des eingesetzten Kapitals werden konstant 5,50% für die kommenden 10 Jahre angenommen. Zwischenzeitlich höhere Zinsen werden durch Niedrigzinsphasen kompensiert.

7.6 Währungsschwankungen

Der wirtschaftliche Erfolg eines KWK-Gerätes und die damit einhergehende Marktdurchdringung in Österreich wird nur dann von Währungsschwankungen beeinflusst, wenn der Produktionsstandort außerhalb des EURO-Raumes liegt. Von den drei näher betrachteten Geräten wird nur die Mikrogasturbine außerhalb der EURO-Zone herge-

---

[222] Vgl. Morning Mail der Invest Kredit AG, 16. März 2006
[223] Vgl. Independent financial research, Weekly report, 16. März 2006, 1
[224] Vgl. Morning Mail der Invest Kredit AG vom 20. März 2006

stellt[225]. Die Fakturierung der Rechnung[226] erfolgt in US$, die Währungsschwankung ist daher relevant. Wie wird also das Verhältnis EUR zu $ längerfristig entwickeln? Von Juni 2005 bis März 2006 schwankte der Euro zum Dollar (EUR/$) rund um 1,20.

Vergleichsweise hohe Zinsen, wie derzeit in den USA, ziehen Kapital an. Der induzierte Kapitalfluss stützt den Dollar-Kurs. Die sehr offensiv agierende FED beeinflusst durch ihre Zinsentscheidungen direkt den Geld- und Kapitalmarkt und damit den Kapitalstrom in die USA zur Kompensation des Leistungsbilanzdefizits.

Längerfristige Währungsschwankungen sind fundamental auf die unterschiedlichen Entwicklungen von Volkswirtschaften zurückzuführen. Es ist nicht das vorrangige Ziel dieser Arbeit, den EUR zu $-Kurs der kommenden 10 Jahre zu begründen. In der WIFO-Studie „Energieszenarien für Österreich bis 2020" wird der Wechselkurs für 2006 im Verhältnis EUR zu $ mit 1,28 angenommen und fällt ab 2009 konstant auf 1,15[227].

Die in diesem Kapitel tabellarisch ausgewiesenen Preise für die Mikrogasturbine basieren auf einem Wechselkurs EUR/$ von 1,20. Nur das Sinken des Wechselkurses unter 1,20 würde sich nachteilig auf den Geräteimportpreis auswirken.

Aus der Summe der Erkenntnisse wird der Wechselkurs EUR zu $ als Konstante mit 1,20 angenommen. Dadurch muss in der Wirtschaftlichkeitsberechnung kein Währungsfaktor berücksichtigt werden.

7.7 *Erfolgreiche Marketing- und Vertriebsmaßnahmen*

Wie in 8.4 „Wartungs- und Reparaturkosten" vermerkt, setzen KWK-Lieferanten aus Imagegründen auf verlässlich laufende Geräte. Häufige Störungsausfälle würden den Ruf schädigen und den zukünftigen Verkaufserfolg erschweren. Umgekehrt entwickeln sich klaglos funktionierende Geräte innerhalb einer Branche zu Selbstläufern. Nach Angaben der Wels Strom GmbH ist dieser Effekt derzeit bei der Ausrüstung von Kläranlagen mit Mikrogasturbinen zu beobachten. Ein ähnlicher Effekt zeichnet sich bei Energieversorgungsunternehmen ab. Parallel dazu ermöglichen Marketing- und Vertriebsaktivitäten wie beispielsweise Einschaltungen in Fachzeitschriften, gezielte Abhaltung von Seminaren für einzelne Branchen, Direktmailings für Zielgruppen oder Einzelbesuche die Chance, den Anlagenverkauf zu stimulieren.

Der Verkaufserfolg der Zukunft liegt in der Einführung von betriebssicheren Geräten mit der zusätzlichen Fähigkeit, auch biologische Brennstoffe zu nutzen. Deponie- und Klärgase können derzeit weitestgehend anstandslos verfeuert werden. Die Markteinführung eines KWK-Aggregates mit Pelletsvergasung wäre aber eine echte Alternative zu öl- und gasbefeuerten Anlagen. Öl und Gas würden durch einen nachwachsenden Brennstoff substituiert. Die Förderung durch einen garantierten Stromeinspeisetarif, der zumindest gleich dem Marktpreis ist, würde auch die wirtschaftliche Attraktivität enorm steigern. Die Aussichten auf Erfolg sind als beachtlich einzuschätzen.

7.8 *Datenzeitreihen 2005 - 2015*

Der letzte Schritt in diesem Kapitel besteht darin, die relevanten Einflussfaktoren, getrennt je Aggregat, in einer Zeittafel darzustellen. Da im Jahr 2007 mit der Markteinführung des Biostirling zu rechnen ist, werden für den Stirling zwei unterschiedli-

---

[225] Pers. Anm. des Autors, die Mikrogasturbine wird in den Vereinigten Staaten hergestellt.
[226] Pers. Anm. des Autors, Auskunft durch Wels Strom GmbH, Leopold Berger, April 2005
[227] Vgl. WIFO, Energieszenarien in Österreich bis 2020, 18

che Zeitreihen ausgewiesen. Auch für die Mikrogasturbine werden zwei Zeitreihen ausgewiesen, weil zwischen der Verwendung von Gas oder Pflanzenölen zu unterscheiden ist. Der Dachs wird nur in der gasbetriebenen Variante dargestellt[228].

7.8.1 Datenzeitreihen „Dachs"

Die zusammengefassten Daten aus den Kapiteln 4, 5 und 6 ergeben für den Dachs folgende Datenzeitreihen:

Tab. 7-6 Datenzeitreihen „Dachs" 2005 - 2015 auf Basis Erdgas

Dachs	2005	2006	2007	2008	2009	2010	2011	2012	2013	2014	2015
Thermische Leistung kW	12,3	12,3	12,3	12,3	12,3	12,3	12,3	12,3	12,3	12,3	12,3
Elektrische Leistung kW	5	5	5	5	5	5	5	5	5	5	5
Erdgasbedarf kWh[Hu]/h	19,60	19,60	19,60	19,60	19,60	19,60	19,60	19,60	19,60	19,60	19,60
Brennstoffausnutzung %	89%	89%	89%	89%	89%	89%	89%	89%	89%	89%	89%
Wärmeerlös €/khH	0,0468	0,0488	0,0489	0,0489	0,0490	0,0491	0,0491	0,0493	0,0495	0,0497	0,0499
Stromerlös €/kWh	0,1358	0,1374	0,1391	0,1398	0,1395	0,1391	0,1388	0,1384	0,1382	0,1391	0,1400
Wartungskosten €/kWhel	0,02	0,02	0,02	0,02	0,02	0,02	0,02	0,02	0,02	0,02	0,02
Wartungskosten €/BStd.	0,1	0,1	0,1	0,1	0,1	0,1	0,1	0,1	0,1	0,1	0,1
Erdgaspreis €/kWh[Ho]	0,0315	0,0331	0,0332	0,0332	0,0333	0,0333	0,0334	0,0335	0,0337	0,0339	0,0340
Erdgasabgabe €/Nm³	0,0066	0,0066	0,0066	0,0066	0,0066	0,0066	0,0066	0,0066	0,0066	0,0066	0,0066
Wärmeleistung/Gesamtl.	71%	71%	71%	71%	71%	71%	71%	71%	71%	71%	71%
Energiesteuer €/kWh	0,015	0,015	0,015	0,015	0,015	0,015	0,015	0,015	0,015	0,015	0,015
davon befreit kWh	5.000	5.000	5.000	5.000	5.000	5.000	5.000	5.000	5.000	5.000	5.000
Investitionskosten €	22.000	21560	21129	20706	20292	20000	20000	20000	20000	20000	20000
Investitionsförderung %	30	30	30	30	30	30	30	30	30	30	30
Kapitalverzinsung	5,50%	5,50%	5,50%	5,50%	5,50%	5,50%	5,50%	5,50%	5,50%	5,50%	5,50%

Quelle: Eigene Berechnungen und Annahmen

7.8.2 Datenzeitreihen „Stirling"

Die zusammengefassten Daten aus den Kapiteln 4, 5 und 6 ergeben für den Stirling zwei unterschiedliche Datenzeitreihen.

7.8.2.1 Stirling auf Basis Erdgas

Tab. 7-7 Datenzeitreihen „Stirling" 2005 - 2015 auf Basis Erdgas

Stirling	2005	2006	2007	2008	2009	2010	2011	2012	2013	2014	2015
Thermische Leistung kW	26	26	26	26	26	26	26	26	26	26	26
Elektrische Leistung kW	9	9	9	9	9	9	9	9	9	9	9
Erdgasbedarf kWh[Hu]/h	37,63	37,63	37,63	37,63	37,63	37,63	37,63	37,63	37,63	37,63	37,63
Brennstoffausnutzung %	93%	93%	93%	93%	93%	93%	93%	93%	93%	93%	93%
Wärmeerlös €/kWh	0,0468	0,0488	0,0489	0,0489	0,0491	0,0491	0,0492	0,0493	0,0496	0,0497	0,0499
Stromerlös €/kWh	0,1358	0,1374	0,1391	0,1398	0,1395	0,1391	0,1388	0,1384	0,1382	0,1391	0,1400
Wartungskosten €/kWhel	0,0122	0,0122	0,0122	0,0122	0,0122	0,0122	0,0122	0,0122	0,0122	0,0122	0,0122
Wartungskosten €/BStd.	0,135	0,135	0,135	0,135	0,135	0,135	0,135	0,135	0,135	0,135	0,135
Erdgaspreis €/kWh[Ho]	0,0315	0,0331	0,0332	0,0332	0,0333	0,0333	0,0334	0,0335	0,0337	0,0339	0,0340
Erdgasabgabe €/Nm³	0,0066	0,0066	0,0066	0,0066	0,0066	0,0066	0,0066	0,0066	0,0066	0,0066	0,0066
Wärmeleistung/Gesamtl.	71%	71%	71%	71%	71%	71%	71%	71%	71%	71%	71%
Energiesteuer €/kWh	0,015	0,015	0,015	0,015	0,015	0,015	0,015	0,015	0,015	0,015	0,015
davon befreit kWh	5.000	5.000	5.000	5.000	5.000	5.000	5.000	5.000	5.000	5.000	5.000
Investitionskosten €	42.000	41000	38950	37003	35152	34000	34000	34000	34000	34000	34000
Investitionsförderung %	30	30	30	30	30	30	30	30	30	30	30
Kapitalverzinsung	5,50%	5,50%	5,50%	5,50%	5,50%	5,50%	5,50%	5,50%	5,50%	5,50%	5,50%

Quelle: Eigene Berechnungen und Annahmen

---

[228] Pers. Anm. des Autors, der Dachs kann neben der Verwendung von Erd- und Flüssiggas wahlweise auch mit Heizöl und Biodiesel (RME) betrieben werden, allerdings mit deutlichen Einbußen in der thermischen Leistungsfähigkeit.

7.8.2.2 Stirling auf Basis Pelletsvergasung

Für die Berechnung des „Biostirling" sind mehrere Parameterdaten zu ändern. Betroffen sind die Kostenansätze für den Brennstoff „Pellets" bei gleichzeitigem Entfall der Erdgasabgabe, die Brennstoffausnutzung und höheren Wartungskosten. Außerdem sind aus dem Titel Ökostrom die Fördervarianten „Einspeisetarife" oder „Investitionsförderung" möglich. In der Tab. 7-8 sind die Einspeisetarife eingetragen unter gleichzeitigem Entfall der Investitionsförderung.

Tab. 7-8 Datenzeitreihen „Stirling" 2005 – 2015 auf Basis Pelletsvergasung

Stirling/Pellets	2007	2008	2009	2010	2011	2012	2013	2014	2015
Thermische Leistung kW	26	26	26	26	26	26	26	26	26
Elektrische Leistung kW	9	9	9	9	9	9	9	9	9
Pelletsbedarf kWh[Hu]/h	39,77	39,77	39,77	39,77	39,77	39,77	39,77	39,77	39,77
Brennstoffausnutzung %	88%	88%	88%	88%	88%	88%	88%	88%	88%
Wärmeerlös €/kWh	0,0350	0,0357	0,0364	0,0437	0,0446	0,0456	0,0464	0,0473	0,0483
Einspeisetarif €/kWh	0,1225	0,1225	0,1225	0,1225	0,1225	0,1225	0,1225	0,1225	0,1225
Wartungskosten €/kWhel	0,025	0,025	0,025	0,025	0,025	0,025	0,025	0,025	0,025
Wartungskosten €/BStd.	0,225	0,225	0,225	0,225	0,225	0,225	0,225	0,225	0,225
Pelletspreis €/kWh[Ho]	0,0350	0,0357	0,0364	0,0437	0,0446	0,0456	0,0464	0,0473	0,0483
Erdgasabgabe €/Nm³	0,0000	0,0000	0,0000	0,0000	0,0000	0,0000	0,0000	0,0000	0,0000
Wärmeleistung/Gesamtl.	71%	71%	71%	71%	71%	71%	71%	71%	71%
Energiesteuer €/kWh	0,015	0,015	0,015	0,015	0,015	0,015	0,015	0,015	0,015
davon befreit kWh	5.000	5.000	5.000	5.000	5.000	5.000	5.000	5.000	5.000
Investitionskosten €	45000	45000	42750	40613	40000	40000	40000	40000	40000
Investitionsförderung %	0	0	0	0	0	0	0	0	0
Kapitalverzinsung	5,50%	5,50%	5,50%	5,50%	5,50%	5,50%	5,50%	5,50%	5,50%

Quelle: Eigene Berechnungen und Annahmen

7.8.3 Datenzeitreihen „Mikrogasturbine"

Die Datenzeitreihen für die Mikrogasturbine werden in den Varianten „Gas" und „Pflanzenöle" dargestellt.

7.8.3.1 Mikrogasturbine auf Basis Gas

Tab. 7-9 Datenzeitreihen „Mikrogasturbine" 2005 – 2015 auf Basis Gas

Mikrogasturbine	2005	2006	2007	2008	2009	2010	2011	2012	2013	2014	2015
Thermische Leistung kW	115	123,3	123,3	123,3	123,3	123,3	123,3	123,3	123,3	123,3	123,3
Elektrische Leistung kW	60	65	65	65	65	65	65	65	65	65	65
Erdgasbedarf kWh[Hu]/h	213,41	224,24	224,24	224,24	224,24	224,24	224,24	224,24	224,24	224,24	224,24
Brennstoffausnutzung	82%	84,0%	84,0%	84,0%	84,0%	84,0%	84,0%	84,0%	84,0%	84,0%	84,0%
Wärmeerlös €/kWh	0,0396	0,0429	0,0432	0,0433	0,0436	0,0437	0,0441	0,0442	0,0445	0,0447	0,0451
Stromerlös €/kWh	0,0986	0,1020	0,1047	0,1057	0,1061	0,1067	0,1073	0,1078	0,1083	0,1092	0,1103
Wartungskosten €/kWhel	0,0093	0,0093	0,0093	0,0093	0,0093	0,0093	0,0093	0,0093	0,0093	0,0093	0,0093
Wartungskosten €/BStd.	0,5580	0,6045	0,6045	0,6045	0,6045	0,6045	0,6045	0,6045	0,6045	0,6045	0,6045
Erdgaspreis €/kWh[Ho]	0,0257	0,0284	0,0286	0,0287	0,0289	0,0290	0,0293	0,0294	0,0297	0,0298	0,0301
Erdgasabgabe €/Nm³	0,0066	0,0066	0,0066	0,0066	0,0066	0,0066	0,0066	0,0066	0,0066	0,0066	0,0066
Wärmeleistung/Gesamtl.	66%	65%	65%	65%	65%	65%	65%	65%	65%	65%	65%
Energiesteuer €/kWh	0,015	0,015	0,015	0,015	0,015	0,015	0,015	0,015	0,015	0,015	0,015
davon befreit kWh	5.000	5.000	5.000	5.000	5.000	5.000	5.000	5.000	5.000	5.000	5.000
Investitionskosten €	122.000	125.000	120.400	115.342	113.670	112.067	112.067	112.067	112.067	112.067	112.067
Investitionsförderung %	30	30	30	30	30	30	30	30	30	30	30
Kapitalverzinsung	5,50%	5,50%	5,50%	5,50%	5,50%	5,50%	5,50%	5,50%	5,50%	5,50%	5,50%

Quelle: Eigene Berechnungen und Annahmen

7.8.3.2 Mikrogasturbine auf Basis Pflanzenöl

Für die ökologische Variante sind Parameteränderungen gegenüber der Gasvariante vorzunehmen. Zur Veranschaulichung wurde diesmal die Variante Investitionsförderung anstelle Einspeisetarife dargestellt.

Tab. 7-10 Datenzeitreihen „Mikrogasturbine" 2005 – 2015 auf Basis Pflanzenöl

Mikrogasturbine/Pflanzenöl	2005	2006	2007	2008	2009	2010	2011	2012	2013	2014	2015
Thermische Leistung kW	115	123,3	123,3	123,3	123,3	123,3	123,3	123,3	123,3	123,3	123,3
Elektrische Leistung kW	60	65	65	65	65	65	65	65	65	65	65
Pelletsbedarf kWh[Hu]/h	213,41	224,24	224,24	224,24	224,24	224,24	224,24	224,24	224,24	224,24	224,24
Brennstoffausnutzung	82%	84,0%	84,0%	84,0%	84,0%	84,0%	84,0%	84,0%	84,0%	84,0%	84,0%
Wärmeerlös €/kWh	0,0811	0,0835	0,0860	0,0886	0,0886	0,0913	0,0940	0,0968	0,0998	0,1028	0,1059
Stromerlös €/kWh	0,0986	0,1020	0,1047	0,1057	0,1061	0,1067	0,1073	0,1078	0,1083	0,1092	0,1103
Wartungskosten €/kWhel	0,0093	0,0093	0,0093	0,0093	0,0093	0,0093	0,0093	0,0093	0,0093	0,0093	0,0093
Wartungskosten €/BStd.	0,5580	0,6045	0,6045	0,6045	0,6045	0,6045	0,6045	0,6045	0,6045	0,6045	0,6045
Pflanzenöl €/kWh[Ho]	0,0649	0,0668	0,0688	0,0709	0,0709	0,0730	0,0752	0,0774	0,0798	0,0822	0,0847
Erdgasabgabe €/Nm³	0,0000	0,0000	0,0000	0,0000	0,0000	0,0000	0,0000	0,0000	0,0000	0,0000	0,0000
Wärmeleistung/Gesamtl.	66%	65%	65%	65%	65%	65%	65%	65%	65%	65%	65%
Energiesteuer €/kWh	0,015	0,015	0,015	0,015	0,015	0,015	0,015	0,015	0,015	0,015	0,015
davon befreit kWh	5.000	5.000	5.000	5.000	5.000	5.000	5.000	5.000	5.000	5.000	5.000
Investitionskosten €	118.039	118.402	113.766	108.213	106.342	104.830	104.830	104.830	104.830	104.830	104.830
Investitionsförderung %	30	30	30	30	30	30	30	30	30	30	30
Kapitalverzinsung	5,50%	5,50%	5,50%	5,50%	5,50%	5,50%	5,50%	5,50%	5,50%	5,50%	5,50%

Quelle: Eigene Berechnungen und Annahmen

Auf die Darstellung weiterer Varianten „Baseline 3%" wird aus Platzgründen verzichtet, sie werden aber mit einbezogen, falls sie für die Wirtschaftlichkeitsberechnungen sinnvoll anzuwenden sind. Damit stehen alle erforderlichen Daten in Form von Zeitreihen für die Berechnung aller Amortisationszeiträume im nachfolgenden Kapitel 8 zur Verfügung.

8 KWK-Marktdurchdringung

8.1 Zielsetzung und Methodik

Das zentrale Ziel der Arbeit, die Zahl kleiner KWK-Anlagen in Österreich für die nächsten 10 Jahre zu prognostizieren, soll in diesem Kapitel umgesetzt werden.

Die Voraussetzungen dazu wurden in den vorangegangenen Kapiteln geschaffen, die Erkenntnisse in diversen Tabellen und Abbildungen dargestellt. Mit Hilfe der bis 2015 zur Verfügung stehenden Parameter finden im ersten Schritt die Berechnungen der Amortisationszeiträume für jedes Gerät und für jedes einzelne Kalenderjahr statt. Steigende oder sinkende Amortisationszeiträume bedeuten Änderungen hinsichtlich der Wirtschaftlichkeit dieser Geräte. Logischerweise induzieren geringere Amortisationszeiten eine verstärkte Nachfrage. Durch die Verknüpfung mit weiteren Fakten soll letztendlich realitätsnah auf zukünftig installierte KWK-Stückzahlen pro Jahr geschlossen werden.

Als Ausscheidekriterium gelten Amortisationszeiten über 15 Jahre, weil damit die Lebensdauer eines Gerätes überschritten wird. Zusätzlich werden alle Aggregate auf den wirtschaftlich sinnvollen Einsatz von ökologischen Brennstoffen, die technisch machbar sind und in die Ökostromgesetzgebung fallen, untersucht.

8.2 Marktdurchdringung „Dachs"

8.2.1 Amortisationszeiträume „Dachs"

Aus wirtschaftlichen Gründen wird der Dachs nur in der Variante „Gas" dargestellt. Die Verwendung von RME[229] scheidet aus wirtschaftlichen Gründen wegen Überschreitung der 15-jährigen Amortisationszeit aus. Die Szenarien „Baseline" und „Baseline +3%" wurden in einer Darstellung zusammengefasst. „Baseline +3%" greift erst ab 2008, weil die Energiepreise bis 2007 bereits vielfach vertraglich vereinbart sind.

Die **Amortisationszeiträume** schwanken zwischen 9,54 und 11,99 Jahre bei 8000 und zwischen 13,29 und 14,69 Jahren bei 7000 Betriebsstunden. Der Dachs stößt damit bei 15 Jahren Abschreibungsdauer an die Grenze des betriebswirtschaftlich sinnvollen Einsatzes.

---

[229] Pers. Anm. des Autors, RME ist die Abkürzung für Raps-Methyl-Ester.

ABB. 8-1   AMORTISATIONSZEITRÄUME „DACHS" 2005 - 2015

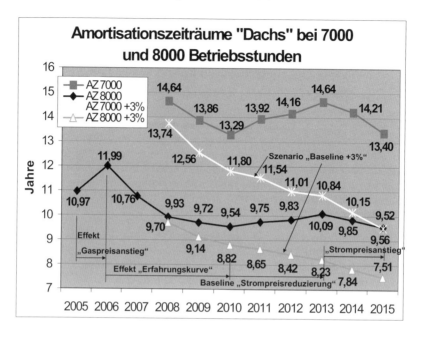

Quelle: Eigene Berechnungen

Im Vergleich zu Stirling und Mikrogasturbine ist der Dachs das unwirtschaftlichste Gerät. Trotzdem wurden bis Jänner 2004 in Summe 305 Aggregate[230] an den österreichischen KWK-Markt ausgeliefert. In diesem Zusammenhang sei nochmals darauf hingewiesen, dass intensive Marketing- und Verkaufsaktivitäten den Absatz stimulieren.

8.2.2 Faktensammlung

- Von November 1997 bis Jänner 2004, einem Betrachtungszeitraum von 6,25 Jahren, wurden 305 Aggregate an den Markt ausgeliefert. Daraus errechnet sich eine durchschnittliche Zuwachsrate von 49 Aggregaten/Jahr. Hochgerechnet mittels Extrapolation ergeben sich bis Ende 2005 rund 400 Dachs-Aggregate.
- In den Referenzlisten[231] werden 75 Einzel- und 75 Mehraggregatanlagen ausgewiesen. Mehraggregatanlagen (mindestens 10 kW_{el}) stellen grundsätzlich ein Stirling-Potenzial dar. Es ist begründet anzunehmen, dass aus wirtschaftlichen Gründen ein Teil der Mehraggregatanlagen zukünftig vom Stirling substituiert wird. Mit einem gleitenden Übergang ist ab 2006 zu rechnen.
- Bereinigt um das Stirlingsegment und bezogen auf die Vergangenheitswerte entspricht das einer Gesamtzahl von 150 Aggregaten innerhalb rund 6 Jahren und damit einem jährlichen Zuwachs von 25 Geräten pro Kalenderjahr.
- Die langjährige Marktpräsenz des Dachs und die fortschreitende Verbesserung der Wirtschaftlichkeit wirken sich nachfragefördernd aus. Insgesamt wird daher ein jährlicher Zuwachs von 40 Stück angenommen.

---

[230] Vgl. Simader, G., u.a., Mikro- und Mini-KWK-Anlagen in Österreich, 94ff.

[231] Ebenda, Referenzlisten Oberdorfer, 94ff. und Lackner, 100ff.

- Das Erdgasnetz wird weiterhin ausgebaut, sodass sukzessive der Betrieb auf Basis Erdgas steigt. Zusätzlich stehen Heizöl, Flüssiggas und Pflanzenöl zur Verfügung.

8.2.3 Marktdurchdringung „Dachs" 2005 - 2015

Ausgehend von einem wärmeprofilgeeigneten Gesamtpotenzial von 2035 (aus Tabelle 4-8) und unter Berücksichtigung von bisher 400 an den Markt ausgelieferten Aggregaten verbleibt ein theoretisches Potenzial von 1635 Stück. In Abb. 8-2 werden im Baseline-Szenario, beginnend mit 2006, jeweils 40 Aggregate der fortschreitenden Marktdurchdringung zugewiesen, obwohl ein theoretisches Potenzial von durchschnittlich 165 (1635/10) Stück pro Jahr zur Verfügung stünde. Der Zuwachs wird linear gewählt, weil der Verlauf der Wirtschaftlichkeit im „Baseline-Szenario" kein Abweichen von der durchschnittlichen Jahreszuteilung rechtfertigt.

Im Szenario „Baseline + 3%", beginnend 2008, verbessert sich die Wirtschaftlichkeit durch die raschere Energieverteuerung, insbesondere beim Strom, schneller. Die Absatzchancen erhöhen sich zwar, die extrem hohen 7000 wirtschaftlich notwendigen Betriebsstunden verbleiben aber als Manko. Die tendenzielle Senkung der Amortisationszeiten im Szenario „Baseline +3%" rechtfertigt einen Aufschlag von höchstens 20 Geräten pro Jahr in Relation zu „Baseline".

ABB. 8-2   ANNAHME MARKTDURCHDRINGUNG „DACHS" 2005 – 2015

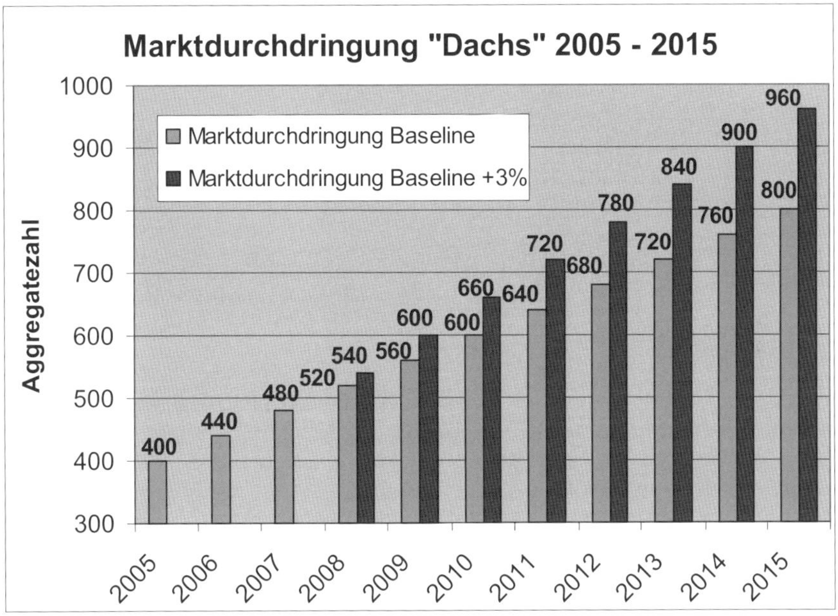

Quelle: Eigene Berechnungen und Schätzungen

Das in Kapitel 4 ermittelte Dachs-Potenzial von 2035 Stück wird in den Szenarien „Baseline" nur zu 39% und im „Baseline +3%" nur zu 47% ausgeschöpft.

8.3 Marktdurchdringung „Stirling"

8.3.1 Amortisationszeiten „Stirling"

8.3.1.1 Erdgas-Stirling

Als Ausgangsbasis zur Beurteilung der Stirling-Marktdurchdringungszahlen dienen wiederum die Amortisationszeiten. Die Szenarien „Baseline" und „Baseline +3%" werden in der nachfolgenden Abb. 8-3 zusammengefasst dargestellt. Das Szenario „Baseline +3%" gilt, wie bereits unter 8.2.1 ausgeführt, ab 2008.

ABB. 8-3   AMORTISATIONSZEITRÄUME „STIRLING" 2005 - 2015

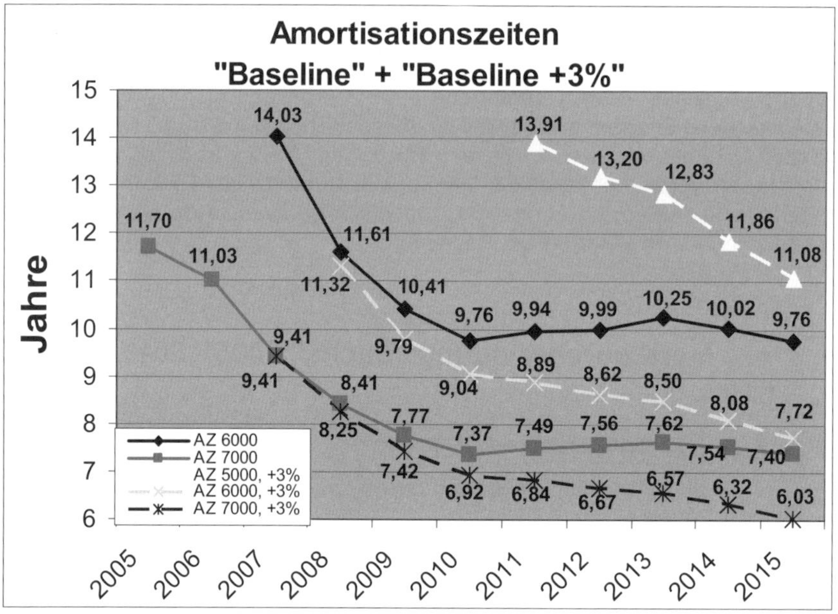

Quelle: Eigene Berechnungen

Die signifikante Verbesserung der Wirtschaftlichkeiten bis 2010 wird durch den Erfahrungskurveneffekt verursacht. Im Szenario „Baseline" steigen die **Amortisationszeiten** geringfügig, weil sich der Strompreis auf Netzebene 7 von 2009 bis 2013 leicht verbilligt. In der Annahme „Baseline +3%" steigt der Energiepreis für Strom rascher an, überkompensiert die Netztarifsenkung, bewirkt eine Erlössteigerung aus der Fremdstromsubstitution und infolge sinkende Amortisationszeiträume. Erstmalig sinken 2011 die betriebsnotwendigen Stunden auf 5000, wodurch sich das Einsatzspektrum verbreitert.

8.3.1.2 Pellets-Stirling

Der „Bio-Stirling" auf Basis Pelletsvergasung steht ab 2007 zur Verfügung. Mit den herkömmlichen Preisansätzen und Fördermechanismen lässt sich der Bio-Stirling wirtschaftlich nicht darstellen. Im Entwurf der Ökostromverordnung 2005, mit der die Preise für die Abnahme elektrischer Energie aus Ökostromanlagen festgesetzt werden, ist für derartige Anlagen ein Einspeisetarif[232] von 12,25 Ct./kWh vorgese-

---

[232] Vgl. Entwurf „Verordnung des BMfWA, mit der Preise für die Abnahme elektrischer Energie aus Ökostromanlagen festgesetzt werden" (Ökostromverordnung 2005), § 9 (1)

hen. Aus wirtschaftlicher Sicht bietet dieser Tarif nicht den geringsten Anreiz, weil der aus dem öffentlichen Netz substituierte Strom einen Wert von 13,74 Ct./kWh (2006, Tabelle 6-12) besitzt. Die Amortisationszeitenberechnung stützt sich daher auf das geltende deutsche KWKG, welches den Einspeisetarif[233] mit 5,11 Ct./kWh zusätzlich zum ortsüblichen Strompreis inklusive Netzkosten ansetzt. Das ergibt in Summe einen Erlös aus der Stromproduktion von 19 Ct./kWh. Tarife unter 19 Ct./kWh würden Amortisationszeiten von mehr als 15 Jahren nach sich ziehen und damit das Ausscheidekriterium erfüllen. Die Amortisationszeiten für den Erdgas-Stirling sind deutlich besser als jene für den Dachs. Selbst der Bio-Stirling wäre unter Berücksichtigung des hohen Einspeisetarifes wirtschaftlicher zu betreiben. In die Abb. 8-4 wurde das Szenario „Baseline" und zusätzlich „Baseline +3%" in die Abb. (strichliert) eingearbeitet.

ABB. 8-4 AMORTISATIONSZEITRÄUME „BIO-STIRLING" AUF PELLETSBASIS 2007 - 2015

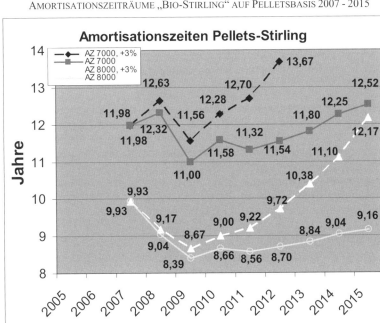

Quelle: Eigene Berechnungen

Beim Erdgas-Stirling sinken die Amortisationszeiten tendenziell, während sie beim Bio-Stirling ab 2009 steigen. Die einfache Begründung lautet: steigende Pelletspreise stehen dem gleich bleibend angenommenen Stromeinspeisetarif gegenüber, folglich steigen die Amortisationszeiten bis 2015 an. Bis 2009 macht sich der Erfahrungskurveneffekt bei beiden Varianten positiv bemerkbar. Zur Erzielung einer gleich bleibenden Wirtschaftlichkeit müssten die Einspeisetarife laufend angehoben werden.

8.3.1.3 Nutzung von Klär- und Deponiegasen

8.3.1.3.1 Klärgasnutzung

---

[233] Vgl. KWKG 2002 (BRD), Gesetz für die Erhaltung, die Modernisierung und den Ausbau der Kraft-Wärme-Kopplung, § 7, Abs. 2, Satz 1, Nr. 1

Wirtschaftlich unterschiedlich gestaltet sich die Nutzung von Klärgasen aus Faultürmen (Abwasseraufbereitung) und Gärgasen aus Deponien[234]. Der Stirlingmotor ist für einen Kläranlagenbetrieb sehr gut geeignet, der Gasanfall sollte mindestens 8 – 12 m³/h betragen. Angeordnet werden zumindest zwei Aggregate. Als Zusatzinstallationen sind ein Gasgebläse zur Druckerhöhung und ein Siloxanfilter zu berücksichtigen, wodurch die Investitionssumme zusätzlich um rund EUR 12.000 ansteigt. In Kläranlagen kann die Wärme für den Faulprozess und der Strom für die unterschiedlichsten Eigenbedürfnisse genutzt werden. In der Baseline-Annahme schwanken die **Amortisationszeiten** auf Basis 2006 zwischen 6,7 Jahren bei 8000 Stunden und 11,9 Jahren bei 6000 Stunden. Im Jahre 2015 sinken die Amortisationszeiten auf 5,1/8000 und 11,6/5000. Im Fall Baseline +3% sinken die Werte unter 5 Jahre bzw. unter 5000 Betriebsstunden.

8.3.1.3.2 Deponiegasnutzung

Der erzeugte Strom aus der Deponiegasnutzung wird im „Best Case" für strombetriebene Verbraucher am Deponiegelände genutzt (rechnerische Stromsubstitution) oder im „Worst Case" mangels Eigennutzung ganz (teilweise) ins öffentliche Netz eingespeist. Im ersten Fall gelten die gleichen Amortisationswerte wie für den Klärgasbetrieb.

Im zweiten Fall ist nur der jeweils gültige Tarif aus der Ökostromverordnung als Erlöskomponente anzusetzen, im Entwurf der Ökostromverordnung 2005 ist dafür ein Tarif[235] von 6 Ct./kWh vorgesehen. Unter der bekannten Annahme, dass keine Brennstoffkosten anfallen, der Zusatzaufwand bei Doppelaggregateinsatz für die Gasfassung und die Filteranlage bei EUR 12.000 verbleibt, im Gegenzug kein Erlös aus der Wärmenutzung gutgeschrieben wird und höhere Wartungskosten aufgrund des verunreinigten Gases anfallen, ist ein wirtschaftlicher Betrieb nicht möglich. Der sinnvolle Einsatz hängt daher von der Eigenstromnutzung ab.

8.3.2 Faktensammlung

- Im Vergleich zum Dachs weist der Erdgas-Stirling eine deutlich bessere Wirtschaftlichkeit aus. Der Bio-Stirling benötigt einen Zieltarif von 19 Ct./kWh!
- Vom Dachs wurden vergleichsweise bis 2005 hochgerechnete 400 Stück an den Markt geliefert, davon rund 300 Geräte für Mehraggregateanlagen mit mindestens 10 kW_{el}. Folgen die Kunden wirtschaftlichen Prinzipien, so wird der Markt ab 5 kW_{el} (eventuell ab 10 kW bei sinnvoller Doppelaggregatausführung) zukünftig vom Stirling abgedeckt.
- Die fiktive durchschnittliche Nachfrage aus der 6-jährigen Vergangenheit beträgt überschlägig gerechnet 300/6 = 50. Geteilt durch die rund doppelte Stirling-Leistung errechnen sich 25 Aggregate, die dem Stirling-Segment zufallen.
- Die Stirlingmarkteinführung erfolgt zu Beginn langsam, weil noch zu wenige vorzeigbare Referenzanlagen zur Verfügung stehen und die Marketingmaßnahmen zeitverzögert wirken.
- Die Vertriebsstrukturen müssen schrittweise der steigenden Nachfrage angepasst werden. Die Vertriebs- und Montagefirmen müssen jederzeit in der Lage sein, die ermittelten Aggregatzahlen pro Jahr verkaufen und installieren zu können.
- Der Gas-Stirling ist gegenüber dem Bio-Stirling das deutlich wirtschaftlichere Aggregat, weshalb es aus rein kaufmännischen Gesichtspunkten bevorzugt

---

[234] Pers. Anm. des Autors, auch Grubengase können genutzt werden, das Potenzial ist in Österreich allerdings als gering einzuschätzen.

[235] Vgl. Entwurf Ökostromverordnung 2005, § 10 (1)

wird. Es ist jedoch begründet anzunehmen, dass der Biomasse-Stirling auf jeden Fall ein zusätzliches Verkaufspotenzial darstellt.
- Der Bio-Stirling trägt wesentlich zur Imagesteigerung kleiner KWK-Geräte bei.
- Beim Bio-Stirling sind Parallelen zum Haushaltssektor vorstellbar, in dem der Anteil der Hackschnitzel, Pellets- und Scheitholzbrenner in Oberösterreich den Hauptanteil aller jährlich verkauften Heizgeräte ausmacht. Wenngleich dies für Gewerbeanlagen völlig unrealistisch ist, so ist von einer zusätzlichen Aggregatnachfrage ab 2008 auszugehen. Es wird angenommen, dass pro Kalenderjahr zusätzlich 15% Bio-Stirling im Verhältnis zu den neu in den Markt gelangenden Gas-Stirling vom Markt aufgenommen werden. Für 2007 wird eine Referenzanlage angesetzt, für 2008 deren vier.
- Der Bio-Stirling entspricht vollständig den energiepolitischen Ansätzen der EU, weil er CO_2-neutral ist und der Import fossiler Brennstoffe substituiert wird. Die Nachfrage nach KWK-Modulen wird zusätzlich zu den materiellen Förderungen (Investitionsförderungen und Einspeisetarife) durch öffentliche PR-Kampagnen stimuliert.
- Zusätzlich zu den bestehenden Referenzanlagen in verschiedenen Branchen sind die nächsten Stirling-Installationen in Kläranlagen und fallweise in Deponien zu erwarten, wo der Stirling-Einsatz unmittelbar wirtschaftlich ist. Nach vorliegenden Informationen seitens der Vertriebsfirmen laufen bereits diesbezügliche Kundengespräche. Die realistische Zielsetzung für 2006 sind mindestens acht Anlagen[236], für 2007 weitere 14.
- Ab 2008 trägt die steigende Wirtschaftlichkeit zur Nachfragesteigerung bei. Bestenfalls sinkt die Amortisationszeit bei 7000 Betriebsstunden und „Baseline +3%" auf 6 Jahre, ein für Energieerzeugungsanlagen respektabler Zeitraum.
- Für das Szenario „Baseline +3%" wird ein Stückzahl-Aufschlag von 10% auf „Baseline" geschätzt.
- Mehraggregatanlagen tragen durch die sprunghafte Verbesserung der Wirtschaftlichkeit insgesamt zur Nachfragesteigerung bei.
- Das aus den Wärmeprofilen abgeleitete nutzbare Potenzial beträgt 4192 Stück (siehe Tabelle 4-8).
- Der Stirling besetzt mit 9 kW_{el} ein bisher nicht besetztes Leistungssegment.
- Das Erdgasnetz wird weiterhin ausgebaut. Zusätzlich steht Flüssiggas als Brennstoff zur Verfügung.

8.3.3 Marktdurchdringung „Stirling" 2005 - 2015

Für die realitätsnahe Stückzahlenermittlung ist ab 2008 zwischen den Szenarien „Baseline" und „Baseline +3%" zu unterscheiden.

Sinkende Amortisationszeiten, zunehmend vorzeigbare Referenzanlagen im breit gestreuten Branchenmix, vertriebsorientierte Firmen und die politisch grundsätzlich gewollte umweltgerechte Darstellung der KWK-Technologien bewirken ein progressives Ansteigen der in den Markt gelangenden Aggregate.

Der Stirling besetzt den Markt ab 5 bis max. 27 kW_{el} (3 Module). Ab dieser Grenze gibt es sinnvollere Alternativen wie die 30 kW_{el} Mikrogasturbine.

Weil der Stirling de facto erst ab 2005 marktpräsent ist, startet dieser Aggregattyp 2005 mit nur fünf Modulen. 2006 und 2007 gelangen nach Einschätzung der Vertriebsfirmen acht bzw. 14 neue Anlagen in den Markt. Ab 2008 bis 2012 wird mit

---
[236] Pers. Anm. des Autors, Wels Strom GmbH, L. Berger, 23. April 2006

einer jährlichen Verdopplung der Absatzzahlen gerechnet. Ab 2013 stabilisiert sich die Nachfrage auf hohem Niveau.

Für den Bio-Stirling wird ab 2009 ein zusätzliches Marktpotenzial im Ausmaß von 15% auf den jährlichen Zuwachs beim Gas-Stirling (Szenario „Baseline") angesetzt.

ABB. 8-5   MARKTDURCHDRINGUNG „STIRLING" 2005 - 2015

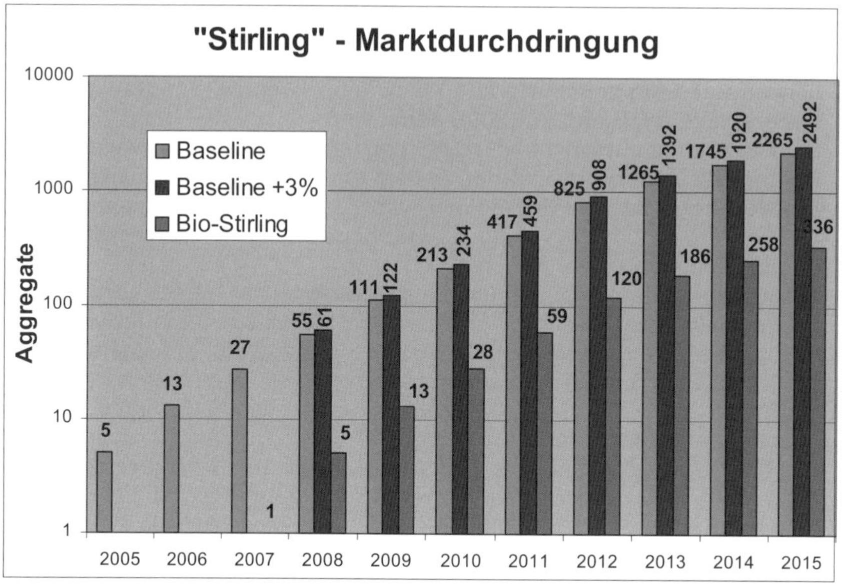

Quelle: Eigene Berechnungen und Annahmen

In den Jahren 2005 und 2006 entwickelt sich der Markt auf Basis der wenigen bestehenden Referenzanlagen. Durch die sukzessive Verbesserung der Wirtschaftlichkeit, im Wesentlichen begründet durch die Verbilligung der Anlagenkosten, wird ab 2007 mit einer progressiven Zunahme der Marktdurchdringung gerechnet. Ab 2013 stabilisiert sich der Absatz auf hohem Niveau. Es wird davon ausgegangen, dass bis ins Jahr 2015 zusätzlich zu den 2265 Gas-Aggregaten 336 Bio-Stirling vom Markt aufgenommen werden. Das Potenzial von 4192 Stück wird zu maximal 67% (Baseline +3% und Biostirling) ausgeschöpft.

8.4 Marktdurchdringung „Mikrogasturbine"

8.4.1 Amortisationszeiten „Mikrogasturbine"

8.4.1.1 Mikrogasturbine auf Basis Erdgas

Die Mikrogasturbine ist im Vergleich zu Dachs und Stirling das wirtschaftlichste Gerät. In der nachfolgenden Abb. 8-6 wurden die Szenarien „Baseline" und „Baseline +3%" (strichliert) berücksichtigt.

ABB. 8-6 AMORTISATIONSZEITRÄUME „MIKROGASTURBINE" 2005 – 2015 AUF BASIS ERDGAS

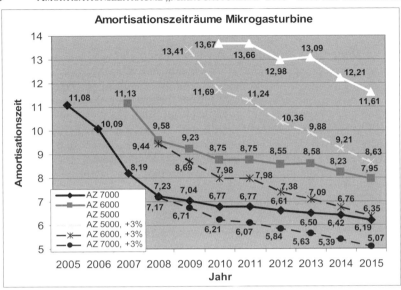

Quelle: Eigene Berechnungen

Die **Amortisationszeiten** sinken beständig bis 2015 auf minimal 5,07 Jahre bei 7000 Betriebsstunden und respektable 8,63 Jahre bei 5000 Betriebsstunden, in beiden Fällen im Szenario „Baseline +3%". Diese Werte können sehr wohl als den Verkauf unterstützende Argumentation eingesetzt werden. Die kontinuierliche Verbesserung der Wirtschaftlichkeit liegt, anders als bei „Dachs" und „Stirling", am beständig steigenden Strompreis auf Netzebene 6.

8.4.1.2 Mikrogasturbine auf Basis Pflanzenöle, Klär- und Deponiegase

Mikrogasturbinen sind technologisch in der Lage, sowohl Pflanzenöle als auch Klär- und Deponiegase als Brennstoff zu verwenden.

8.4.1.2.1 Klärgasnutzung

Der Einsatz von Mikrogasturbinen in Kläranlagen funktioniert klaglos[237]. Selbst im Winterbetrieb bei geringerem Gasanfall und oftmaligem Neustart traten bisher keinerlei Probleme auf. Wirtschaftlich rechnet sich der Einsatz in Kläranlagen im Vergleich zum Erdgasbetrieb sensationell, weil der Brennstoff „Klärgas" kostenlos zur Verfügung steht. Die Anlagenkosten betragen für eine C 65 EUR 160.000.- bis 175.000.- Darin sind sämtliche Baunebenkosten und die aufwändige Gasaufbereitung enthalten. Die Wartungskosten sind durch den regelmäßigen Filterwechsel höher anzusetzen. Mit der Abwärme wird der Faulprozess im Gärturm unterstützt, jedoch kein Erlös angesetzt! Der Strom dient zur Deckung des Eigenbedarfes.

Die **Amortisationszeiten** mit den Werten für 2006 betragen rund 4,5 Jahre bei 7000 Betriebsstunden und rund 7 Jahre bei 5000 Betriebsstunden. Nach Aussagen der Vertriebsfirmen entwickelt sich die Ausrüstung von Kläranlagen mit Mikrogasturbinen derzeit als Selbstläufer.

---

[237] Pers. Anm. des Autors, Erfahrungsbericht Wels Strom GmbH, KWK-Anlage „Reinhalteverbandes Hallstatt", 28.4.2006, Berger, L.,

Die Zahl der eingesetzten Mikrogasturbinen richtet sich nach dem Klärgasanfall. Der sinnvolle Einsatz mit Mikrogasturbinen ist mit maximal vier Aggregaten begrenzt, weil dann leistungsstärkere Aggregate wirtschaftlicher sind.

8.4.1.2.2 Deponiegasnutzung

Die Nutzung von Deponiegas hängt aufwandseitig im Wesentlichen von den Gasfassungskosten und der dazu notwendigen Gasfiltereinrichtung ab. Der erzeugte Strom wird entweder selbst benötigt oder in das öffentliche Netz eingespeist. Im zweiten Fall besteht der Nachteil (vgl. 8.3.1.3.1) im niedrigen Einspeisetarif[238] von 6 Ct./kWh, der Wärmeerlös entfällt. Mit diesem Erlös lässt sich derzeit nur dann ein wirtschaftlicher Betrieb darstellen, wenn zwei Mikrogasturbinen ab 120 m³/h Gasanfall eingesetzt werden können (Anmerkung: Kostendegression!). Die Deponiegasnutzung ist grundsätzlich als nutzbares Potenzial für die Mikrogasturbine anzusehen.

8.4.1.2.3 Pflanzenölnutzung

Die Verwendung von Pflanzenölen wäre technisch, ähnlich wie beim Klärgas, ohne Probleme möglich. Die Gesamtanlage wäre sogar billiger als die Erdgasanlage, weil kein Gasverdichter notwendig ist. Demgegenüber steht ein Pflanzenölpreis, der 2006 mit 6,68 Ct./kWh wesentlich über dem Erdgaspreis von 3,434 Ct./kWh (inklusive Erdgasabgabe) und dem derzeitigen Heizölpreis (5,45 Ct./kWh, Tagesabfrage am 15. März 2006) liegt. Mit dem im Entwurf der Ökostromverordnung vorgesehenen Tarif[239] von 8 Ct./kWh ist ein kostendeckender Betrieb keinesfalls gewährleistet, die Amortisationszeit beträgt wesentlich mehr als 15 Jahre. Die Pflanzenölanlage rechnet sich mit einem Zielpreis von 15 Ct./kWh für den Stromerlös in 14 Jahren mit 6000 Stunden (in 9,5 J./7000 bzw. 7 J./8000). Dennoch ist damit zu rechnen, dass aus den unterschiedlichsten Gründen (Forschung und Entwicklung, Demonstrationsanlagen, ökologische Motive) Mikrogasturbinen auf Pflanzenölbasis installiert werden.

8.4.2 Faktensammlung

- Von November 1997 bis Jänner 2004 gelangten laut Referenzlisten (siehe Tabelle 5-1) im Leistungsbereich 35 bis 100 kW$_{el}$ 70 Aggregate in den österreichischen Markt, bis auf Ausnahmen auf der herkömmlichen Hubkolbentechnologie basierend. Davon entsprechen allein 27 Stück mit 60 kW, 12 Stück mit 70 kW und 17 Stück mit 90 kW sehr gut der gewählten „Leistungsklasse" Mikrogasturbine C 65.
- Im Jahresdurchschnitt gelangten also je Kalenderjahr 11,2 (70/6,25) Aggregate in den Markt, extrapoliert für 2005 ergeben sich rechnerisch 81 Stück.
- Der Anlagenstatus der Mikrogasturbine im Jahre 2005 beträgt zwei Stück.
- Ab 2006 setzen sich Mikrogasturbinen in Kläranlagen und zusätzlich in den unterschiedlichsten Branchen wie Einkaufszentren, Bürogebäuden, Badeanlagen und bei Energieversorgungsunternehmen durch. In diesem Jahr ist mit sieben in den Markt gelangende MGT-Aggregate zu rechnen[240].
- Ab 2007 beschleunigt sich die Marktdurchdringung
- Bis 2009 werden hauptsächlich Kläranlagen mit Mikrogasturbinen ausgerüstet. Durch die geringen Amortisationszeiten entwickelt sich daraus ein „Selbstläufer"! Zur Ausführung gelangen sowohl 30- als auch 65-kW$_{el}$-Aggregate[241].

---

[238] Vgl. Entwurf Ökostromverordnung 2005, § 10 (1)

[239] Vgl. Entwurf Ökostromverordnung 2005, § 8

[240] Pers. Anm. des Autors, Wels Strom, 28. April 2006, L. Berger

[241] Pers. Anm. des Autors, bei den derzeit in den Kläranlagen eingesetzten Aggregaten werden anstelle einer 60 kW$_{el}$-Turbine 2x30 kW$_{el}$-Turbinen eingesetzt. In Fällen höherer Klärgasmengen werden die leistungsstärkeren Turbinen eingesetzt.

- Es wird davon ausgegangen, dass die Vertriebsfirmen die Nachfrage kapazitätsmäßig befriedigen können.
- Das aus den Wärmeprofilen abgeleitete nutzbare Potenzial beträgt 2436 Aggregate.
- Das Erdgasnetz wird weiterhin ausgebaut. Zusätzlich stehen die Brennstoffe Flüssiggas, Deponiegas und Pflanzenöle zur Verfügung.
- Deponiegase können bei entsprechend hohem Gasanfall und Stromeigenverbrauch wirtschaftlich genutzt werden.
- Trotz fehlender Wirtschaftlichkeit werden auch Anlagen auf Basis Pflanzenöle installiert. Die Argumentation dafür besteht darin, dass Behörden, Interessenverbände, Forschungs- und Entwicklungseinrichtungen, Unternehmen und Privatpersonen aus wissenschaftlichen und ökologischen Gründen laufend Anlagen ordern. Die ökonomische Sicht rückt in den Hintergrund. Für 2007 wird eine Anlage angenommen, 2008 zwei zusätzliche.
- Bestehende und funktionierende Referenzanlagen stimulieren die Nachfrage. In den Folgejahren wird eine sukzessive Nachfragesteigerung um ein zusätzliches Aggregat je Jahr angenommen, ab 2012 um zwei.

Aus der Faktenlage resultiert folgende Annahme zur Marktdurchdringung:
Das Jahr 2006 ist ein Schlüsseljahr, weil Objekte in verschiedenen Branchen mit MGT ausgerüstet werden und dadurch ein Multiplikatoreffekt zu erwarten ist. Dieser Effekt wird durch die steigende Wirtschaftlichkeit verstärkt. Deshalb wird ab 2007 bis 2010 eine Verdoppelung der jeweiligen Jahresnachfrage angenommen. Ab 2011 stagnieren die Stückzuwächse auf hohem Niveau. Ab 2008 wird das Szenario „Baseline +3%" als gesonderte Zeitreihe ausgewiesen.

8.4.3 Marktdurchdringung „Mikrogasturbine C 65" 2005 - 2015

Aus der logischen Verarbeitung aller Fakten ist eine rasch zunehmende Marktdurchdringung mit Mikrogasturbinen zu erwarten.

ABB. 8-7   MARKTDURCHDRINGUNG „MIKROGASTURBINE" 2005 - 2015

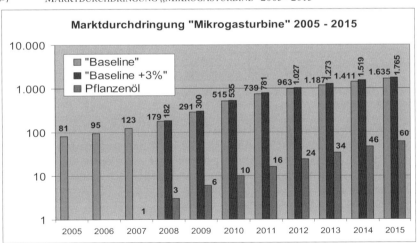

Quelle: Eigene Berechnungen und Annahmen

Das ermittelte Potenzial von 2436 Stück wird im Szenario „Baseline" bis 2015 zu 67% genutzt. Bei Hinzurechnung der Mikrogasturbinen auf Pflanzenöl erhöht sich der Wert auf knapp 70%, im Szenario „Baseline +3%" auf 75%.

8.5 Energieerzeugungsdaten

Die Energieerzeugungsdaten werden nach mehreren Kriterien ausgewertet. Grundsätzlich ist in Wärme- und Stromerzeugung zu unterteilen, darüber hinaus ist eine Unterscheidung zwischen fossiler und biogener Erzeugung möglich. Weiters sind die Szenarien „Baseline" und „Baseline +3%" zu berücksichtigen. Zum besseren Verständnis werden die prognostizierten Wärmeerzeugungswerte plakativ mit dem Wärmebedarf von Wohnungen oder die summierten Engpassleistungen mit den Erzeugungsdaten real existierender Kraftwerke verglichen.

8.5.1 Wärmeerzeugungsdaten

8.5.1.1 Wärmeerzeugung „Dachs"

In der nachfolgenden Tabelle 8-1 werden Engpassleistungen und Erzeugungswerte aller Aggregate bei angenommenen 7000 Betriebsstunden je Kalenderjahr ausgewiesen. Um die erzeugte Wärmemenge zu relativieren, wird als Vergleichszahl ein Jahreswärmeverbrauch[242] von 8,2 MWh für eine durchschnittliche, mit Fernwärme versorgte Wohnung im sozialen Wohnbau herangezogen. Mit den Erzeugungsdaten 2006 („Baseline") könnten gerundet 4620 Wohnungen, für 2015 im Szenario „Baseline +3%" immerhin 10081 Wohnungen mit Wärme versorgt werden.

Tab. 8-1 Wärmeerzeugung „Dachs" 2005 - 2015

	Baseline		Baseline +3%	
	Engpassleist.	Erzeugung	Engpassleist.	Erzeugung
	MW_{th}	GWh_{th}	MW_{th}	GWh_{th}
	12,3 KW	7000 h	12,3 KW	7000 h
2005	4,92	34,44	4,92	34,44
2006	5,41	37,88	5,41	37,88
2007	5,90	41,33	5,90	41,33
2008	6,40	44,77	6,64	46,49
2009	6,89	48,22	7,38	51,66
2010	7,38	51,66	8,12	56,83
2011	7,87	55,10	8,86	61,99
2012	8,36	58,55	9,59	67,16
2013	8,86	61,99	10,33	72,32
2014	9,35	65,44	11,07	77,49
2015	9,84	68,88	11,81	82,66

Quelle: Eigene Berechnungen

8.5.1.2 Wärmeerzeugung „Stirling"

Durch den Stirling-Markteinstieg 2005 sind sowohl die summierten Leistungs- als auch Arbeitswerte in den ersten Jahren als marginal zu bezeichnen, was sich in der Folge durch die fortschreitende Marktdurchdringung rasch ändert. 2015 könnten fiktiv im Szenario „Baseline +3%" inklusive Bio-Stirling 62.756 Wohnungen (Annahme gemäß 8.5.1.1) mit Wärme versorgt werden.

---

[242] Pers. Anm. des Autors, E-Werk Wels, 28. März 2006, Kirchmayr

Tab. 8-2 Wärmeerzeugung „Stirling" 2005 – 2015

	Baseline		Baseline +3%		Pellets	
	Engpassleist.	Erzeugung	Engpassleist.	Erzeugung	Engpassleist.	Erzeugung
	MW$_{th}$ 26 KW	GWh$_{th}$ 7000 h	MW$_{th}$ 26 KW	GWh$_{th}$ 7000 h	MW$_{th}$ 26 KW	GWh$_{th}$ 7000 h
2005	0,13	0,91	0,13	0,91		
2006	0,34	2,37	0,34	2,37		
2007	0,70	4,91	0,70	4,91	0,03	0,18
2008	1,43	10,01	1,57	11,01	0,13	0,91
2009	2,89	20,20	3,17	22,22	0,34	2,37
2010	5,54	38,77	6,09	42,64	0,73	5,10
2011	10,84	75,89	11,93	83,48	1,53	10,74
2012	21,45	150,15	23,60	165,17	3,12	21,84
2013	32,89	230,23	36,18	253,25	4,84	33,85
2014	45,37	317,59	49,91	349,35	6,71	46,96
2015	58,89	412,23	64,78	453,45	8,74	61,15

Quelle: Eigene Berechnungen

8.5.1.3 Wärmeerzeugung „Mikrogasturbine"

Die Leistungs- und Arbeitswerte der Mikrogasturbine starten, vergangenheitsbedingt, von einem vergleichsweise hohen Niveau. Zum Quervergleich der Produktionsmengen wird daher auf den vom Fachverband der Gas- und Wärmeversorgungsunternehmen in Österreich prognostizierten Fernwärmeverkauf[243] von 14,6 TWh für 2014 hingewiesen. Die Mikrogasturbine würde in diesem Jahr immerhin 1,04 TWh, Szenario „Baseline", an Wärme produzieren und 127.300 Wohneinheiten versorgen.

Tab. 8-3 Wärmeerzeugung „Mikrogasturbine" 2005 – 2015

	Baseline		Baseline +3%		Pflanzenöl	
	Engpassleist.	Erzeugung	Engpassleist.	Erzeugung	Engpassleist.	Erzeugung
	MW$_{th}$ 123,3 KW	GWh$_{th}$ 6000 h	MW$_{th}$ 123,3 KW	GWh$_{th}$ 6000 h	MW$_{th}$ 123,3 KW	GWh$_{th}$ 6000 h
2005	9,99	59,92	9,99	59,92		
2006	11,71	70,28	11,71	70,28		
2007	15,17	91,00	15,17	91,00	0,12	0,74
2008	22,07	132,42	22,44	134,64	0,37	2,22
2009	35,88	215,28	36,99	221,94	0,74	4,44
2010	63,50	381,00	65,97	395,79	1,23	7,40
2011	91,12	546,71	96,30	577,78	1,97	11,84
2012	118,74	712,43	126,63	759,77	2,96	17,76
2013	146,36	878,14	156,96	941,77	4,19	25,15
2014	173,98	1043,86	187,29	1123,76	5,67	34,03
2015	201,60	1209,57	217,62	1305,75	7,40	44,39

Quelle: Eigene Berechnungen

8.5.2 Stromerzeugungsdaten

8.5.2.1 Stromerzeugung „Dachs"

Die Stromerzeugungsdaten der summierten Dachswerte sind in ihrer Dimension sehr einfach mit Kleinwasserkraftwerken zu vergleichen. Das 2004 revitalisierte Kraftwerk Agonitz der Energie AG Oberösterreich erzeugt am Fluss Steyr mit einer Engpassleis-

---

[243] Quelle abrufbar unter: 2006-04-16, http://www.gaswaerme.at/fw/themen/index-html?uid:int=370,

tung[244] von 3,1 MW. Zum Vergleich beträgt für den Dachs die summierte Engpassleistung 2,2 MW im Jahr 2006. Mit der Menge von 15,4 MWh lässt sich vergleichsweise ein mittlerer Industriebetrieb mit Strom versorgen.

Tab. 8-4 Stromerzeugung „Dachs" 2005 – 2015

	Baseline		Baseline +3%	
	Engpassleist.	Erzeugung	Engpassleist.	Erzeugung
	MW_{el} 5 KW	GWh_{el} 7000 h	MW_{el} 5 KW	GWh_{el} 7000 h
2005	2,00	14,00	2,00	14,00
2006	2,20	15,40	2,20	15,40
2007	2,40	16,80	2,40	16,80
2008	2,60	18,20	2,70	18,90
2009	2,80	19,60	3,00	21,00
2010	3,00	21,00	3,30	23,10
2011	3,20	22,40	3,60	25,20
2012	3,40	23,80	3,90	27,30
2013	3,60	25,20	4,20	29,40
2014	3,80	26,60	4,50	31,50
2015	4,00	28,00	4,80	33,60

Quelle: Eigene Berechnungen

8.5.2.2 Stromerzeugung „Stirling"

Die Erzeugungsdaten bewegen sich bis 2008 aus beschriebenen Gründen (Anmerkung: Markteinstieg 2005) im marginalen Bereich. Erst ab 2011 wird das Erzeugungsniveau des „Dachs" erreicht. Zum Erzeugungs-Quervergleich eignen sich Wasserkraftwerke an der Traun, beispielsweise das Kraftwerk Lambach mit 13,9 MW Engpassleistung und 73 GWh Regelarbeitsvermögen[245].

Tab. 8-5 Stromerzeugung „Stirling" 2005 – 2015

	Baseline		Baseline +3%		Pellets	
	Engpassleist.	Erzeugung	Engpassleist.	Erzeugung	Engpassleist.	Erzeugung
	MW_{el} 9 KW	GWh_{el} 7000 h	MW_{el} 9 KW	GWh_{el} 7000 h	MW_{el} 9 KW	GWh_{el} 7000 h
2005	0,05	0,32	0,05	0,32		
2006	0,12	0,82	0,12	0,82		
2007	0,24	1,70	0,24	1,70	0,01	0,06
2008	0,50	3,47	0,54	3,81	0,05	0,32
2009	1,00	6,99	1,10	7,69	0,12	0,82
2010	1,92	13,42	2,11	14,76	0,25	1,76
2011	3,75	26,27	4,13	28,90	0,53	3,72
2012	7,43	51,98	8,17	57,17	1,08	7,56
2013	11,39	79,70	12,52	87,66	1,67	11,72
2014	15,71	109,94	17,28	120,93	2,32	16,25
2015	20,39	142,70	22,42	156,96	3,02	21,17

Quelle: Eigene Berechnungen

---

[244] Quelle abrufbar unter: 2006-05-12, http://www.energieag.at/Strom/Kraftwerke/Agonitz,

[245] Quelle abrufbar unter: 2006-05-12, http://www.energieag.at/Strom/Wasserkraftwerke/Lambach,

8.5.2.3 Stromerzeugung „Mikrogasturbine"

Die summierten Stromerzeugungsdaten für die Mikrogasturbine lassen sich mit den Erzeugungsdaten des Innkraftwerkes Egglfing-Obernberg vergleichen. Die Erzeugung des Innkraftwerkes[246] beläuft sich aktuell auf 80,7 MW Engpassleistung und 485 GWh RAV, die Erzeugung der Mikrogasturbine würde 2014 diese Werte erreichen.

Tab. 8-6 Stromerzeugung „Mikrogasturbine" 2005 – 2015

	Baseline		Baseline +3%		Pflanzenöl	
	Engpassleist.	Erzeugung	Engpassleist.	Erzeugung	Engpassleist.	Erzeugung
	MW$_{el}$ 65 KW	GWh$_{el}$ 6000 h	MW$_{el}$ 65 KW	GWh$_{el}$ 6000 h	MW$_{el}$ 65 KW	GWh$_{el}$ 6000 h
2005	5,27	31,59	5,27	31,59		
2006	6,18	37,05	6,18	37,05		
2007	8,00	47,97	8,00	47,97	0,07	0,39
2008	11,64	69,81	11,83	70,98	0,20	1,17
2009	18,92	113,49	19,50	117,00	0,39	2,34
2010	33,48	200,85	34,78	208,65	0,65	3,90
2011	48,04	288,21	50,77	304,59	1,04	6,24
2012	62,60	375,57	66,76	400,53	1,56	9,36
2013	77,16	462,93	82,75	496,47	2,21	13,26
2014	91,72	550,29	98,74	592,41	2,99	17,94
2015	106,28	637,65	114,73	688,35	3,90	23,40

Quelle: Eigene Berechnungen

8.6 Schlussfolgerungen und politische Empfehlungen

8.6.1 Schlussfolgerungen

- Die einflussreichsten Parameter auf die Wirtschaftlichkeit von KWK-Anlagen sind die Energiepreise, gefolgt von den Anlagekosten und der Investitionsförderung. Zinsen, Wartungskosten, Erdgasabgabe und Energiesteuer beeinflussen deutlich geringer.
- Die Wirtschaftlichkeit von KWK-Anlagen hängt bei Verwendung von Erdgas als Primärenergieträger entscheidend vom Wertverhältnis zum substituierten Strom ab. Wird Erdgas im Verhältnis zu Strom teurer, sinkt die Wirtschaftlichkeit – und umgekehrt!
- Die Wirtschaftlichkeit von KWK-Anlagen nimmt mit der Leistungsgröße zu. Die „Mikrogasturbine" bietet die höchste Wirtschaftlichkeit der drei untersuchten Aggregate und schöpft bis 2015 maximal 68% des ermittelten Potenzials aus. Der dahinter gereihte „Stirling" schöpft 54% und der „Dachs" 47% aus, jeweils im Szenario „Baseline +3%".
- Es sind sehr hohe Betriebsstunden pro Jahr erforderlich. Bestenfalls sinken die erforderlichen Stunden auf einen Wert von 5000.
- Der Dachs stößt an die Grenze der Wirtschaftlichkeit. Ohne extrem hohe 7000 bis 8000 Betriebsstunden ist der Einsatz dieses Gerätes ökonomisch nicht sinnvoll. Trotzdem wurden bisher rund 400 Stück am Markt abgesetzt. Einen Teil des Marktes muss sich der Dachs hinkünftig mit dem Stirling teilen.
- Der Erdgas-Stirling hat die Marktfähigkeit erreicht, allerdings sind mindestens 6000 Betriebsstunden pro Jahr nötig.

---

[246] Quelle abrufbar unter: 2006-05-12, http://www.verbund.at/konzern/Kraftwerke/kraftwerke/inn_b/4.5.2._eggelfing-obernberg,

- Der Pellets-Stirling kommt voraussichtlich ab 2007 auf den Markt. Zum wirtschaftlich sinnvollen Betrieb ist als Zielwert ein Einspeisetarif von 19 Ct./kWh nötig.
- Die Mikrogasturbine auf Basis Klärgas entwickelt sich durch die kurzen Amortisationszeiten ab 2006 zum „Selbstläufer".
- Der Mikrogasturbine auf Basis Erdgas kann durch die sukzessive Steigerung der Wirtschaftlichkeit die Marktfähigkeit attestiert werden.
- Die Mikrogasturbine auf Pflanzenölbasis ist wirtschaftlich nicht darstellbar, trotzdem ist mit einer geringen Marktdurchdringung zu rechnen.
- Die Vertriebsfirmen müssen auf Grund der Nachfrage sukzessive technisch qualifiziertes Vertriebspersonal einstellen.
- Die „Studie über KWK-Potenziale in Österreich" weist für das technisch realisierbare Potenzial[247] bis 50 kW_{el} 3210 MW_{el} und für Anlagen unter 1000 kW 1617 MW_{el} aus. Dachs und Stirling nutzen dieses Potenzial mit summierten 24,39 MW (bzw. 27,22 MW Baseline +3%) nur marginal. Die Mikrogasturbine beansprucht 106,28 MW (114,73 MW Baseline +3%) vom Potenzial. Diese Verhältniswerte erscheinen plausibel, weil eine enorme Diskrepanz zwischen Potenzial und wirtschaftlich sinnvoller Anwendbarkeit vorherrscht.

8.6.2 Politische Empfehlungen

- Die Investitionsförderung „De minimis" ist unbedingt erforderlich, um kleinen KWK-Anlagen zur Marktfähigkeit zu verhelfen.
- KWK-Anlagen auf Basis biologischer Brennstoffe sind nur dann wirtschaftlich einsetzbar, wenn langfristig stabile Einspeisetarife garantiert werden.
- Mit den im Entwurf der Ökostromverordnung ausgewiesenen Einspeisetarifen von

    8,0 Ct./kWh für flüssige Biomasse
    12,25 Ct./kWh für Biogas und
    6,0 Ct./kWh für Gase aus Deponien und Kläranlagen

  kann bei weitem nicht das wirtschaftliche Auslangen gefunden werden.
- Das Preisniveau könnte sich am geltenden deutschen KWK-Gesetz orientieren. Für Anlagen unter 50 kW_{el} errechnet sich summiert ein Einspeisetarif im Wert von 19 Ct./kWh.
- Da die in dieser Arbeit untersuchten KWK-Aggregate im Ausland produziert werden, ist die Zulieferung von Einzelteilen anzustreben, insbesondere als es sich um Nischenprodukte mit hoher Wertschöpfung handelt.
- Mittelfristige Zielsetzung könnte die Errichtung eines Produktionsstandortes innerhalb Österreichs sein (näheres siehe Kap. 12 Politikempfehlungen).
- Dezentrale KWK-Anlagen generieren regionale Wertschöpfung durch Engineering, Material und Montage, soferne Ortsansässige beauftragt werden.
- Der Einsatz von regional produzierten biogenen Brennstoffen wirkt wertschöpfend.

Schlussinformation: „Der Landtag beschloss auf Initiative von Umwelt- und Energielandesrat Rudi Anschober und Agrarlandesrat Josef Stockinger, dass Österreich – wie schon 30 Länder zuvor – das deutsche Gesetz für den Vorrang erneuerbarer Energie als Basis übernehmen soll. Kernpunkte sind"[248]:

- Langfristige Tarifgarantien (20 Jahre) für Betreiber von Ökostromanlagen

---

[247] Vgl. Smole, E., u.a., Studie über KWK-Potenziale in Österreich, Tabelle 21, 59
[248] Vgl. OÖ. Rundschau Nr. 18, 3.5.2006, 18

- Jährlich sinkende Förderungen für die neuen Anlagen, sodass diese bei Auslaufen des Gesetzes 2020 marktreif sind
- Deckelung des Ökostrombeitrages für energieintensive Unternehmen

9 Dimensionen volkswirtschaftlicher Bedeutung von kleinen dezentralen KWK-Anlagen in Österreich

9.1 Einleitung

In Unterkapitel *9.2 [Methodische Grundlagen zur Ermittlung volkswirtschaftlicher Effekte von Energiesystemen]* kommen die gängigsten Instrumente zur Abschätzung volkswirtschaftlicher Effekte exogener Eingriffe von Energiesystemen in den Wirtschaftskreislauf kursorisch zur Darstellung. Im Einzelnen werden, neben einleitenden allgemein theoretischen Überlegungen, die Kosten-Nutzen-Analyse, die Input-Output-Analyse sowie Allgemeine Gleichgewichtsmodelle u. ökonometrische Makromodelle hinsichtlich einer Systemabgrenzung zu der in weiterem Zuge angewandten ökonomischen Theorie dargestellt. Ein ökonomischer Umriss des Untersuchungsgegenstandes hinsichtlich der untersuchten Effekte soll den Beginn des nächsten Unterkapitels *9.3 [Nationalökonomische Kriterien]* bilden. In einem weiteren Arbeitsschritt erfolgt anhand der I/O-Analyse die Berechnung von Einkommens-, Wertschöpfungs- u. Beschäftigungseffekten mittels Multiplikatoren aus der I/O-Tabelle 2000 der STATISTIK AUSTRIA, mit parallel dazu ausgeführter, ausführlicher Diskussion der Annahmen u. Einschränkungen der I/O-Analyse. Schließlich runden Überlegungen zur Berechnung der Effekte auf die LB dieses Teilkapitel ab. Die anschließenden Unterkapitel *9.4* bis *9.7* stellen das Grundgerüst zur Darstellung der facettenreichen Ergebnisse der I/O-Analyse dar. Die Vorgangsweise der Untersuchung mit ihren zahlreichen Annahmen u. einer Sensitivitätsanalyse wird in Kap. *9.4 [Gang der Untersuchung]* erläutert, ebenso erfolgt in den beiden Spezialkapiteln *9.5 [Aufteilung der Nachfrageimpulse dezentraler innovativer KWK-Technologien auf die ÖCPA-Güterklassifikationen der I/O-Tabelle 2000]* u. *9.6 [Verdrängungseffekte]* eine Beschreibung, welche die empirische Datenerhebung über die untersuchten KWK-Anlagen als auch die substituierten Ref-Anlagen, die wiederum zur Ermittlung der Nettoeffekte benötigt werden, mit ihren Annahmen behandelt. Ferner wird der eintretende Budgeteffekt in Kap. *9.7 [Budgeteffekt]* abgehandelt. Nach Darstellung der Annahmen sowie der empirischen Datenbasis zur Ermittlung der Effekte auf die LB in Kap. *9.8 [Außenhandelseffekte]* ergibt sich anschließend in Abschnitt *9.9 [Ergebnisse der I/O-Analyse]* bzw. *9.10 [Auswirkung der Ergebnisse auf die österreichische LB]* die Präsentation der Ergebnisse der I/O-Analyse bzw. der Auswirkungen auf die österreichische LB. Im Anschluss gelangen in Teilkapitel *9.11 [Ergebnisse aus der Sensitivitätsanalyse]* die mannigfaltigen Ausprägungen der Effekte durch Veränderungen der relevanten Eingangsparameter im Rahmen einer Sensitivitätsanalyse zur Anzeige.

9.2 Methodische Grundlagen zur Ermittlung volkswirtschaftlicher Effekte von Energiesystemen

9.2.1 Einleitung

Entwickelte Volkswirtschaften sind durch eine hochgradige Arbeitsteilung u. Spezialisierung gekennzeichnet. Die Konsequenz daraus ist der Tausch, welcher in marktwirtschaftlich organisierten Volkswirtschaften über Märkte per Angebot u. Nachfrage abgewickelt wird. Die zur Gleichgewichtsfindung erforderlichen Tauschvorgänge lassen dabei sowohl ein engmaschiges Netz von Wertschöpfungseffekten als auch wechselseitiges Abhängigkeitsverhältnis der Wirtschaftseinheiten untereinander entstehen[249]. Resultierend daraus lassen sich diese Effekte in einer modernen Volkswirtschaft nur unter Berücksichtigung erwähnter wirtschaftlicher Verflechtungen bestimmen. Die im Anschluss angeführten Modelle stellen häufig angewandte Methoden zur Bestimmung dieser Effekte dar, deren Gliederung sinnvollerweise in „Top-down" u. „Bottom-up" Ansätze erfolgt[250]. Erstere generieren aggregierte makroökonomische Modelle, mit deren Hilfe Wertschöpfungs- u. Beschäftigungseffekte, aber auch die Dimensionen von Steuern, Preiserhöhungen sowie Subventionen, die bspw. durch den Einsatz von Energieerzeugungsanlagen entstehen, untersucht werden können. Der Bottom-up-Ansatz geht wiederum von konkreten Energieerzeugungsanlagen aus u. berechnet auf Grund genauer Analysen am Untersuchungsgegenstand die hervorgerufenen volkswirtschaftlichen Kosten u. Nutzen dieser Anlage. Wertschöpfungs- u. Beschäftigungseffekte spielen dabei eine eher untergewichtige Rolle, da sie häufig als pekuniäre Effekte nicht Gegenstand der Analyse sind[251].

Erläutert werden folglich typische Charakteristika der verschiedenen Modellansätze: als Vertreter der Top-down-Ansätze die Instrumente der I/O-Analyse, Allgemeine Gleichgewichtsmodelle u. ökonometrische Makromodelle sowie die K/N-Analyse als Repräsentant des Bottom-up-Ansatzes.

Anhand dieses Exposés wird sowohl unter der zweiseitigen Maßgabe, nämlich der empirischen Datenerfassung u. des sekundären Datenbestandes als auch der Möglichkeit einer theoretisch fundierten ökonomischen Bildung eines der vorher beschriebenen Modelle zur Erklärung nachfolgender makroökonomischer Effekte ausgewählt u. gegen die anderen Modelle systematisch abgegrenzt.

9.2.2 Zusammenfassende Gegenüberstellung der verschiedenen Modelle

Auf Grund der aufgeworfenen Kritikpunkte[252] ist vom Einsatz der K/N-Analyse als einzig fungierendes Instrument einer volkswirtschaftlichen Analyse – insb. im Umweltbereich – Abstand zu nehmen. Insbesondere bei fehlenden Marktpreisen eröffnet die Berücksichtigung von Schattenpreisen eine große methodische Problematik. Gesamt- u. betriebswirtschaftliche Kosten- bzw. Nutzeffekte stimmen dann überein, wenn die Annahmen des vollkommenen Marktes gegeben sind u. keine externen Effekte auftreten. Da diese Annahmen sehr restriktiv sind, müssen der Ermittlung von Schattenpreisen, die den Knappheitsverhältnissen entsprechen, andere Bewertungsansätze dienen. Der Usus der K/N-Analyse zur Berechnung der volkswirtschaftlichen Effekte des S.M. u. der MGT würde jedoch genau diese Thematik aufgreifen, da für eine Vielzahl von Nutzen- u. Kostenkomponenten (durch externe Effekte u. öffentliche Güter) keine Marktpreise existieren u. somit Schattenpreise, inkl. ihrer Nachteile hinsichtlich Bewertung, herangezogen werden müssten, wodurch sich eine Reihe ökonomischer u. ethischer Bewertungsfragen ergeben würden. Das Bewertungsver-

---

[249] Pers. Anm. des Autors, der Begriff Wertschöpfungseffekt ist hier synonym für die anderen untersuchten Effekte wie Einkommens- u. Beschäftigungseffekt u. Effekte auf die LB zu verstehen.

[250] Vgl. Greisberger, H., u.a., Beschäftigung und Erneuerbare Energieträger; Hrsg. Bundesministerium für Verkehr, Innovation und Technologie, Wien 2001, 6

[251] Vgl. Haas, R., Kranzl, L., Bioenergie und Gesamtwirtschaft: Analyse der volkswirtschaftlichen Bedeutung der energetischen Nutzung von BM für Heizzwecke und Entwicklung von effizienten Förderstrategien für Österreich; Hrsg. Bundesministerium für Verkehr, Innovation und Technologie, Wien 2002, 44, *Vgl. dazu des Weiteren* Köppl, A., u.a., Makroökonomische und sektorale Auswirkungen einer umweltorientierten Energiebesteuerung in Österreich; Hrsg. Bundesministerium für Umwelt, Jugend und Familie, Wien 1995, 4, in Top-down-Modellen werden ökonomische, aus Änderungen der Preisstruktur od. Nachfrage resultierende Reaktionsmuster erfasst, während Bottom-up-Modelle eine Charakterisierung der durch verschiedene Technologien bereitgestellten Energie-DL bieten.

[252] Pers. Anm. des Autors, die Kritikpunkte der verschiedenen ökonomischen Modelle sowie die gesamte Arbeit inkl. aller Anhänge ist unter www.energieinstitut-linz.at abrufbar.

fahren muss somit flexibel konstruiert sein, um dem Anwender eine Anpassung desselben an die Problemsituation zu ermöglichen u. den Bewertungsansatz dementsprechend auszugestalten. Damit bleibt die qualitative Formgebung eines nicht unwesentlichen Teiles der Ergebnisse dem Anwender überlassen, der durch Manipulationen im Verfahren die Resultate dementsprechend beeinflussen kann.

Während die K/N-Analyse z.B. konkrete Handlungsempfehlungen abgibt, verfolgt die I/O-Analyse das prävalente Ziel nach Darstellung von Wertschöpfungs-, Einkommens- u. Beschäftigungseffekten. In ihrer Methodik weist die I/O-Analyse einige Vorteile auf wie etwa die tiefe sektorale Abbildung der Volkswirtschaft mit ihren facettenreichen Vorleistungsverflechtungen sowie die relativ unkomplizierte Handbarkeit des Instruments. Insbesondere ist auch das notwendige Datenerfordernis ungleich geringer als bei anderen Methoden, vor allem im Vergleich zu den Allgemeinen Gleichgewichtsmodellen u. ökonometrischen Makromodellen[253]. Durch Entwicklung von I/O-Modellen mit preisabhängigen Koeffizienten (d.h. die Einführung substitutionaler Produktionsfunktionen) sowie durch Endogenisierung der Endnachfrage kann sowohl ein dynamisches Element als auch eine Erweiterung erzielt werden, wodurch einige Kritikpunkte relativiert werden[254]. Ferner zieht die Ergänzung der Multiplikatoren um eine Produktivitätssteigerung eine weitere Dynamisierung in den I/O-Modellen nach sich. Die Erweiterung der I/O-Analyse um den Keynes'schen Multiplikator macht eine partielle Korrektur der autonomen Endnachfrage possibel, da durch Erhöhung des Einkommens privater Haushalte sowie jenes der Unternehmer u. daraus resultierende zu weiteren Wertschöpfungs- u. Beschäftigungseffekten führende Konsummöglichkeiten berücksichtigt werden können. Weiterhin kann auf Basis der letztgültigen I/O-Tabelle u. der Rahmendaten der VGR die I/O-Tabelle fortgeschrieben u. dadurch aktueller gehalten werden[255]. Die I/O-Analyse bietet sich somit als ein probates Instrument zur Darstellung volkswirtschaftlicher Indikatoren an, doch kann auf Grund der sehr restriktiven Annahmen ein gewisser Raum für Fehlinterpretationen, bedingt durch methodische Ungenauigkeiten, geschaffen werden, welcher nicht außer Acht gelassen werden sollte.

Die praktische Umsetzung von Allgemeinen Gleichgewichtsmodellen erfolgt zumeist computergestützt via sogenannte CGE-Modelle, die Weiterentwicklungen der I/O-Modelle darstellen[256]. Allgemeine Gleichgewichtsmodelle weisen die vorteilhafte u. adäquate Einbeziehung einer konsistenten Berücksichtigung langfristiger Gleichgewichte sowie der rationalen Verhaltensweisen der Wirtschaftsakteure auf. Ein wesentliches Plus dieser Modelle gegenüber konventionellen I/O-Modellen zeigt sich in einer möglichen Abbildung von Änderungen der relativen Preise bzw. des technologischen Fortschritts u. daraus folgenden Anpassungsreaktionen der Wirtschaftssubjekte. Der Lösungsalgorithmus von Gleichgewichtsmodellen ist insbesondere für Anwendungsbereiche geeignet, die sich auf einen ausreichend langen Zeitraum beziehen, welcher die konsistente Bildung eines Gleichgewichtszustandes zulässt sowie Auswirkungen gesamtstaatlicher Maßnahmen, wie z.B. die Erhöhung von Energiesteuern auf die ökonomischen Parameter BIP, Beschäftigung, fiskalische Effekte etc. inne hat. Indem sich CGE-Modelle auf die neoklassische Theorie berufen, lässt sich der Nachteil einer unterstellten Annahme bzgl. ökonomischen Gleichgewichtes im Basis-

---

[253] Vgl. Bodenhöfer, H. J., u.a., Bewertung der volkswirtschaftlichen Auswirkungen der Unterstützung von Ökostrom in Österreich: Endbericht; Hrsg. Institut für höhere Studien und wissenschaftliche Forschung Kärnten, Klagenfurt 2004, 72

[254] Vgl. Haas/Kranzl, 2002, 64f.

[255] Vgl. Pichl, C., u.a., Erneuerbare Energien in Österreich, Volkswirtschaftliche Evaluierung am Beispiel der Biomasse, Studie im Auftrag der Wirtschaftskammer Österreich; Hrsg. Österreichisches Institut für Wirtschaftsforschung, Wien 1999, in: Greisberger, H., u.a., 2001, 12

[256] Pers. Anm. des Autors, zur Erstellung eines CGE-Modells verweise ich bspw. auf Bodenhöfer, H. J., u.a., 2004, 72

jahr sowie einer steten rationalen Handlungsweise sämtlicher Akteure nicht von der Hand weisen. Diese theoretische Ansicht ist keineswegs unumstritten. Als weitere Hürde zur praktischen Realisierung kann der immense Aufwand zur Erstellung eines solchen Modells angeführt werden[257]. Im Rahmen der vorliegenden Untersuchung zur Berechnung der volkswirtschaftlichen Effekte einer Integration innovativer KWK-Anlagen in den österreichischen Elektrizitätsmarkt sehe ich mich auf Grund folgender Überlegungen gezwungen auf den „einfacheren" methodischen Ansatz der statischen I/O-Analyse zurückgreifen zu müssen:

- Eine entsprechende Unterstützung zur Lösung meiner Forschungsfragen mittels eines computergestützten CGE-Modells steht mir nicht zur Verfügung. Die selbstständige Erarbeitung eines solchen würde, unabhängig von zu lösenden Problemen hinsichtlich Methodik u. Systemtechnik sowie von dem - meinem Ermessen nach - die institutionellen Forschungseinrichtungen betreffenden Betätigungsfeld, den Rahmen dieser Dissertation bei weitem sprengen.
- Auf Grund der – ceterum censeo - dringenden Notwendigkeit einer raschen Publikation der originären Ergebnisse dieser wissenschaftlichen Arbeit habe ich den Entschluss gefasst, auf eine komplexere u. demnach auch zeitaufwendigere Modellbildung (wie sie CGE-Modelle darstellen) zu verzichten.

Simulationsmodelle - wie die hier angeführten ökonometrischen Makromodelle - integrieren dynamische Komponenten, wodurch sie sich bzgl. Aussagekraft erheblich präziser als I/O-Modelle erweisen. Durch die Einbeziehung von Verhaltensgleichungen können Reaktionsmuster sehr genau quantifiziert u. daher Reaktionen auf „exogene Schocks" durch die Wirtschaftspolitik explizit abgebildet werden. Die sehr hohe Aggregationsebene, welche für ökonometrische Modelle kennzeichnend ist, verlangt jedoch nach einer extrem aufwendigen Sammlung von Sekundärdaten sowie einem komplexen Gleichungssystem, welches mittels einer speziellen Software simulativ zur Lösung gelangt. Die Erstellung eines solchen Simulationsmodells würde den Rahmen dieser Dissertation ebenso bei weitem sprengen, da zahlreiche konzeptionelle u. systemtechnische Hürden zu überwinden wären, welche meiner Meinung nach nur von institutionellen Forschungseinrichtungen gelöst werden können.

9.2.3 Abgrenzung - angewandte ökonomische Theorie

Eingangs ist zu erwähnen, dass die im volkswirtschaftlichen Teil angewandte Theorie jenen der Wirtschaft zuzuordnen ist, da sie als „theoretisches Wirtschaftsziel" stets den ökonomischen Aspekt beliebiger Sachverhalte beleuchtet[258].

Dabei wird zuallererst im Sinne der angewandten Wissenschaft auf teilweise bereits vorhandenem Wissen aufgebaut. Um bestehende Lücken in der wissenschaftlichen Diskussion zu schließen, sollen empirische Forschungen am Untersuchungsgegenstand diese durch Befragungen bereinigen. Trotz der beschriebenen Nachteile wird die I/O-Analyse als ökonomisches Modell zur Berechnung der Wertschöpfungs-, Einkommens- u. Beschäftigungseffekte herangezogen. Zum Einsatz kommt dabei ein offenes Mengenmodell, welches die Endnachfrage ohne Verknüpfung mit anderen Größen des Modells durch fixe Input-Koeffizienten ermittelt. Dabei kommen einige Bereinigungen u. Erweiterungen zur Anwendung, um systematische Ungenauigkeiten zu eliminieren od. zumindest einzugrenzen sowie den statischen Charakter der I/O-

---

[257] Vgl. dazu Bodenhöfer, H. J., u.a., 2004, 72

[258] Vgl. Chmielewicz, K., Forschungskonzeptionen der Wirtschaftswissenschaft, Stuttgart 1970, 27, als Abgrenzung zur Entscheidungstheorie kann diese eine wirtschaftliche Fragestellung aufweisen, soziologisch u./od. psychologisch od. interdisziplinär orientiert sein.

Analyse ein wenig aufzulockern[259]. Außerdem ergeben sich durch die Wahl des Forschungsgegenstandes einige Besonderheiten, die wiederum die Vernachlässigung der vorhin angeführten Kritikpunkte der I/O-Analyse teilweise rechtfertigen[260].

Durch die Heranziehung des I/O-Modells, das in groben Zügen partial die Realität aufzeigt u. aus dessen enthaltenen Prämissen formallogisch unbestreitbare Schlüsse mit normativem Charakter gezogen werden können, besteht die Option, allen Wirtschaftssubjekten trotz systembedingter Ungenauigkeiten einen Weg zu rationalem Handeln zu eröffnen.

Fragen, betreffend die Effekte auf die österreichische LB, werden abseits eines hochaggregierten Außenhandelsmodells durch Kombination einer mit Marktpreisen bewerteten LB aufgearbeitet u. auf ihre volkswirtschaftlichen Auswirkungen hin analysiert. Das dahinterliegende Mengengerüst ist das Resultat der einerseits benötigten Importe für die KWK-Anlagen (Errichtung u. Betrieb) u. andererseits der durch die verdrängten Ref-Anlagen zu berücksichtigenden substituierten Importe (Anlagen u. Energieträger).

Das Instrument der K/N-Analyse wurde vor allem hinsichtlich Fragen intra- u. intergenerationeller Gerechtigkeit, die eine Reihe von Unsicherheiten u. ethischen Bewertungen aufwerfen, nicht eingesetzt. Daneben führten die Existenz bzw. das Auftreten externer Effekte u. die daraus resultierende Beeinträchtigung der K/N-Analyse in ihrer Funktionsfähigkeit als marktkongeniales Bewertungsverfahren zu einer Abweisung derselben.

Allgemeine Gleichgewichtsmodelle sowie Formen ökonometrischer Makromodelle wurden aus Gründen hoher Komplexität in der Modellgestaltung bzw. dem nicht vorhandenen Zugriff auf bereits bestehende Modelle u. deren Adaption ebenso außer Betracht gelassen.

9.3 Nationalökonomische Kriterien

Zur Beschreibung der volkswirtschaftlichen Auswirkungen aus der Errichtung u. dem Betrieb innovativer KWK-Technologien werden hier die wichtigsten gesamtwirtschaftlichen Indikatoren verwendet. Im Konkreten werden somit die Auswirkungen der untersuchten Energieerzeugungsanlagen auf folgende volkswirtschaftliche Größen ermittelt[261]:

- Wertschöpfung
- Einkommen – direkter Kaufkrafteffekt
- Beschäftigung
- LB[262]

---

[259] Pers. Anm. des Autors, zur weiteren Abhandlung über die angewandten Bereinigungen u. die basierenden Annahmen weise ich auf Kap. *9.3.2.2.1 [Annahmen u. Restriktionen zu den Multiplikatorberechnungen aus der I/O-Tabelle, f.]* hin.

[260] Pers. Anm. des Autors, bspw. erlaubt die spezielle Produktion der KWK-Anlagen inkl. benötigter VL im Ausland die Vernachlässigung der Modellierung eines Mehr-Länder-Modells, da alle Komponenten der KWK-Anlagen ohne importierte VL in ausländischen Volkswirtschaften erzeugt werden.

[261] Pers. Anm. des Autors, natürlich erhebt die Aufzählung der in dieser Arbeit untersuchten Indikatoren keinen Anspruch auf Vollständigkeit, da bspw. der gesamte Staatshaushalt hinsichtlich Steuern nicht behandelt wird.

[262] Vgl. Ahrns, H. J., Grundzüge der Volkswirtschaftlichen Gesamtrechnung, Kurzfassung, 3. Aufl., Regensburg 2001, 94f., in der Zahlungsbilanz eines Landes spiegeln sich ökonomische Transaktionen zw. In- u. Ausländern wider. Diese Transaktionen umfassen: Kauf u. Verkauf von Gütern (Handelsbilanz) u. DL (Dienstleistungsbilanz); unentgeltliche Leistungstransfers zw. In- u. Ausland (Übertragungsbilanz); den internationalen Kapitalverkehr (Kapitalbilanz) u. die Währungsreserveverschiebungen bei der Zentralbank (Devisenbilanz). Handels-, Dienstleistungs- u. Übertragungsbilanz bilden methodisch aggregiert die LB. *Pers. Anm. des Autors*, in der vorliegenden Arbeit wird jedoch unter LB ein engerer Begriff gefasst, da nur die Handels- u. DL-bilanz unter dem Titel LB subsumiert wird, die Übertragungsbilanz jedoch von mir unberücksichtigt bleibt.

9.3.1 Ökonomische Abgrenzung des Untersuchungsgegenstandes

Für die Interpretation der Ergebnisse der Berechnung von Wertschöpfungs- u. Beschäftigungseffekten sowie Auswirkungen auf die LB ist die Abgrenzung der ermittelten Effekte von immanenter Bedeutung. Daher werden an dieser Stelle zunächst Definitionen unterschiedlicher Abgrenzungen ökonomischer Effekte angeführt. In der später nachfolgenden Analyse werden diese Effekte entsprechend dieser Diktion ermittelt u. verwendet.

Zu beachten ist dabei, dass die Volkswirtschaft ein vielfältig miteinander vernetztes, gegenüber dem Ausland jedoch offenes System darstellt, sodass die Berechnung dieser Effekte zunächst immer voraussetzt, dass die zu Grunde gelegten Strukturen der Vernetzung in diesen Systemen durch die betrachteten Maßnahmen nicht verändert werden[263]. Je nach zu Grunde gelegter Definition erfahren daher die berechneten ökonomischen Effekte quasi eine statische Betrachtung, da bspw. die Sparquote für den priv. Konsum od. die marginale Konsumneigung über den gewählten Untersuchungszeitraum konstant gehalten werden[264].

9.3.1.1 Übersicht über mögliche auftretende ökonomische Effekte von KWK-Anlagen in Österreich – Ein Aufriss

9.3.1.1.1 *Investitionseffekt*

Investitionseffekte zeigen, welche Wertschöpfungs- u. Beschäftigungseffekte durch Investitionen beim Hersteller (direkter Effekt) u. seinen Vorlieferanten (indirekter Effekt) bei der Produktion u. Errichtung des jeweiligen Investitionsgutes ausgelöst werden[265]. Jede Investitionsmaßnahme kann daher als ein Nachfrageimpuls betrachtet werden, der eine Vielzahl von vernetzten Produktionsaktivitäten auslöst. Die Quantifizierung der diesbezüglichen direkten u. indirekten Wertschöpfungs- u. Beschäftigungseffekte erfolgt im Rahmen der I/O-Analyse; vorher werden die Direktimporte von den gesamten Investitionsausgaben abgezogen[266].

Bezogen auf Österreich lassen sich keine nennenswerten Produktionseffekte, wohl aber Errichtungseffekte der verwendeten KWK-Anlagen ausmachen, da die Produzenten des S.M. u. der MGT im Ausland beheimatet sind u. somit die KWK-Anlagen inkl. benötigter VL importiert werden. Eine Berücksichtigung dieser Importe erfolgt daher als Außenhandelseffekt in der LB.

Die heimischen Errichtungseffekte begrenzen sich im Wesentlichen auf die Auswirkungen der Errichtungsinvestitionen u. folglich auf die relativ kurzen Bauzeiten für die Aufstellung u. technische Einbindung der Anlagen. Nachdem eine jeweilige Anlage in Betrieb genommen wurde, treten in dieser Hinsicht keine weiteren Investitionseffekte auf, sondern erst wesentl. später, wenn die Anlage durch eine neue ersetzt wird od. Rückbauaktivitäten der bestehenden Anlage erfolgen. Da die Gesamtlebensdauer des S.M. u. der MGT über den gewählten Betrachtungszeitraum hinausreicht, sind jene ökonomischen Effekte, welche durch Ersatzinvestitionen bzw. Rückbauakti-

---

[263] Vgl. Pfaffenberger, W., Nguyen, K., Gabriel, J., Ermittlung der Arbeitsplätze und Beschäftigungswirkungen im Bereich Erneuerbarer Energien; Hrsg. Bremer Energie Institut, Bremen 2003, 15

[264] Pers. Anm. des Autors, dies gilt natürlich auch für sämtliche Quotienten, die aus der I/O-Tabelle herausgerechnet werden (wie bspw. die Importquote, der Anteil des AN-Entgeltes am BIP od. der Anteil des Brutto-Betriebsüberschusses am BIP) sowie für den Wechselkurs EUR/USD. Bezügl. der gesamten Annahmen u. Bereinigungen für die Berechnungen der Effekte aus der I/O-Tabelle sowie der eingegangenen Parameter im I/O-Modell weise ich wiederum auf das Kap. 9.3.2.2.1 *[Annahmen u. Restriktionen zu den Multiplikatorberechnungen aus der I/O-Tabelle, f.]* hin.

[265] Pers. Anm. des Autors, unter dem Begriff Wertschöpfungseffekte werden in diesem Teil der Arbeit auch Kaufkrafteffekte subsumiert.

[266] Vgl. Pfaffenberger/Nguyen/Gabriel, 2003, 16

vitäten entstehen, nicht in den Ergebnissen integriert. Ferner können durch die Errichtung dieser Anlagen Vorzieh- u. Mitnahmeeffekte in anderen Bereichen auftreten, welche für zusätzliche Nachfrageimpulse sorgen. Diese Effekte werden jedoch ebenso außer Betracht gezogen. Der Tatbestand dieser „Nicht-Berücksichtigungen" lässt infolgedessen auf eine Unterbewertung der errechneten Investitionseffekte mittels des I/O-Modells schließen.

9.3.1.1.2 Betriebseffekt

Produziert die einmal errichtete KWK-Anlage Strom u. Wärme, so sind Ausgaben u. Beschäftigte für Wartung, Reparatur u. Betrieb der Anlagen notwendig. Originäre Betriebseffekte resultieren etwa durch einen heimischen Brennstoffeinsatz, da unter Verwendung von Pellets od. Pflanzenöl als Energieträger die heimische Forst- bzw. Landwirtschaft mit ihren jeweiligen Produktlieferungen einen Beitrag zu inl. ökonomischen Effekten leistet. Ebenso führen heimische Wartungsarbeiten inkl. vielfältiger Vorleistungsvernetzungen zu Wertschöpfungs- u. Beschäftigungsauswirkungen in der österreichischen Volkswirtschaft. Erfolgt der Betrieb der Anlagen mit fossilen Energieträgern, reduzieren sich die inl. Wertschöpfungs- u. Beschäftigungseffekte, denn ein überwiegender Anteil des benötigten Primärenergieträgers wird in diesem Fall aus dem Ausland bezogen. Die volkswirtschaftlichen Effekte kommen in diesem Fall verstärkt im Ausland zum Tragen u. belasten folglich die österreichische LB bzw. finden darin monetär ihren ökonomischen Niederschlag.

Die aus dem Betrieb u. der Wartung/Reparatur unmittelbar resultierenden inl. Effekte können wieder hinsichtlich ihrer Auswirkungen - nach Abzug der benötigten Direktimporte - in direkte u. indirekte Effekte unterschieden werden, wobei beide erneut mit Hilfe des Modells der I/O-Analyse zu ermitteln sind[267].

Für die Berechnung der Betriebseffekte wird immer nur die Hälfte der neuinstallierten KWK-Anlagenzahlen im jeweiligen Errichtungsjahr wirksam, da ich angenommen habe, dass die Installationen der KWK-Aggregate gleichmäßig verteilt über das ganze Jahr erfolgt[268].

9.3.1.1.3 Budgeteffekt

Investitionen in Anlagen zur Nutzung EE verursachen den Betreibern Kosten, die derzeit noch über dem Marktpreis für Strom liegen u. somit höher sind als für herkömmliche konventionelle Anlagen[269]. Durch das derzeit geltende Ökostromförderregime werden diese Mehrkosten letztlich an die Abnehmer der Energie weitergegeben. Dies führt zu Mehrausgaben bei den Energienutzern u. infolge (da deren Budgets begrenzt sind), zur Verringerung anderer Ausgaben; es findet daher eine Verlagerung von den bisher getätigten Ausgaben für bestimmte Güter hin zur (teureren) EE statt; der Budgeteffekt dreht sich in eine negative Ausprägung. Durch die Verringerung der Konsummöglichkeiten der Endverbraucher wird folglich die sekundäre Wertschöpfung u. Beschäftigung aus priv. Konsumausgaben um diesen Budgeteffekt reduziert[270].

---

[267] Vgl. Pfaffenberger/Nguyen/Gabriel, 2003, 16

[268] Vgl. Hantsch, S., u.a., Wirtschaftsfaktor Windenergie Arbeitsplätze-Wertschöpfung in Österreich: Endbericht; Hrsg. Bundesministerium für Verkehr, Innovation und Technologie, St. Pölten 2002, 75, *Pers. Anm. des Autors,* der jeweils um 50 % reduzierte Jahreswert wird zu den kumulierten Vorjahreswerten, welche per se die bis dahin installierte Gesamtanlagenzahl repräsentieren, dazugezählt. Dadurch werden nicht der volle, sondern nur 50 % des Betriebseffekts im Jahr der Errichtung wirksam. Im darauffolgenden Jahr tragen diese Anlagen mit ihren gesamten Effekten zum volkswirtschaftlichen Ergebnis bei.

[269] Pers. Anm. des Autors, ohne auf eine Diskussion von Kostenwahrheit unter dem Postulat – externer Kosten – der herkömmlichen Stromerzeugung näher einzugehen.

[270] Pers. Anm. des Autors, da ja auch diese Mehrkosten der Ökoenergie teilweise von der Industrie u. dem Gewerbe getragen werden, könnte bspw. bei geringen Nachfrageelastizitäten einzelner Güter versucht werden, diese höheren Ausgaben für Strom

Wie in Kap. *8.3 [Marktdurchdringung „Stirling"]* analysiert, wird angenommen, dass ausschließlich der S.M. im Pelletbetrieb einen fixen Einspeisetarif erhält u. somit durch diesen Anlagentyp in der Betriebsphase ein Einkommensentzugseffekt entsteht. Die restlichen KWK-Anlagen speisen nicht in das öffentliche Stromnetz, wodurch kein negativer Budgeteffekt durch Mehraufwendungen für Ökofördersysteme resultiert. Der Einkommensentzugseffekt für die private Konsumnachfrage kann durch Anwendung des durchschnittlichen Konsumvektors lt. I/O-Modell und mit Hilfe des Einkommensmultiplikators errechnet werden.

9.3.1.1.4 Verdrängungseffekt

Negative Verdrängungseffekte entstehen durch substituierte Investitionen, wenn z.B. ein S.M. statt eines Gaskessels angeschafft wird, wodurch inländische Wertschöpfung u. Beschäftigung nicht zum Tragen kommt. Hervorgerufen wird dieser Verdrängungseffekt durch den mono- bzw. bivalenten Betrieb der KWK-Anlagen. Einerseits verdoppelt dabei nahezu die bivalente Betriebsweise die Lebensdauer eines Gaskessels, wodurch die Ersatzinvestition pekuniär zeitlich später wirksam wird, andererseits erfolgt bei monovalenter Betriebsweise die völlige Substitution des Gaskessels. Der Verdrängungseffekt tritt natürlich auch während der Betriebsphase auf, deshalb sind auch hier negative Wertschöpfungs- u. Beschäftigungseffekte durch substituierte Betriebsausgaben für den verdrängten Gaskessel in den betroffenen Branchen zu berücksichtigen. Die Berechnung dieser negativen ökonomischen Auswirkungen erfolgt anhand des erstellten I/O-Modells, in dem eine vergleichbare Ref-Anlage dem S.M. u. der MGT methodologisch gegenübergestellt wird, um die Nettoeffekte auf Wertschöpfung u. Beschäftigung zu ermitteln. Durch die Substitution der Ref-Anlagen entsteht weiters eine Verringerung der Importströme, da sich der Import von Anlagenteilen u. VL in der Errichtungsphase u. vorwiegend von fossilen Primärenergieträgern während der Betriebsphase reduziert. Die beiden Außenhandelseffekte finden folglich in der LB monetär ihre Abbildung.

Investitionen in die Errichtung von KWK-Anlagen verdrängen durch ihre installierte elektr. Nennleistung geplante konventionelle Großkraftwerke zur Grund- bzw. Mittellastabdeckung von Strom. Es entsteht dadurch ein Investitionsrückgang, der ebenfalls im I/O-Modell zu einem Wertschöpfungs- u. Beschäftigungsrückgang in Österreich führt. Gleichzeitig implizieren diese Verdrängungen wiederum reduzierte Importe von Anlagenteilen inkl. importierter VL, die für die Herstellung zentraler GuD-Kraftwerke benötigt werden, weshalb dadurch positive Effekte auf die heimische LB zu erwarten sind.

Die Berücksichtigung eines weiteren negativen Verdrängungseffektes, der sich durch die Substitution konventionell erzeugten Stromes durch den Strom aus KWK-Anlagen negativ auf die Umsatzzahlen der EVU's niederschlägt, findet ebenso in dem I/O-Modell seinen Niederschlag. Neben gesunkenen Stromverkäufen der EVU's entstehen auch Ertragseinbußen durch fallende Einnahmen aus dem Netzentgelt, da mit der Stromeigenversorgung der KWK-Anlagen geringere Mengen an Strom über das öffentliche Netz transportiert werden. Durch die Umsatzrückgänge der EVU's ist mit negativen Auswirkungen auf die österreichische Wertschöpfung u. Beschäftigungssi-

---

in Form von höheren Preisen an den Konsumenten überzuwälzen. Diese indirekte Strompreisüberwälzung würde somit zu einer zusätzlichen Budgetbeschränkung für den Konsumenten führen. Man kann sich ebenso vorstellen, dass dieser Budgeteffekt in Bezug auf die Wertschöpfung u. Beschäftigung etwa neutral ist, wenn die zusätzlich od. substitutional erzeugte Energie ca. genauso viel kostet wie die aus konventionellen Kraftwerken erzeugte. Entwickelt sich der Strompreis infolge einer Angebotsverknappung nach oben od. reduzieren sich die Stromerzeugungskosten der Öko-Anlagen, sodass der Marktpreis über den Vollkosten dieser Technologien liegt, würden Mittel im Haushaltsbudget frei u. könnten somit anderweitig für Konsumzwecke genutzt werden.

tuation in diesem Wirtschaftssektor zu rechnen. Es erfolgt darum eine Berücksichtigung dieser Verdrängungseffekte in dem konstruierten I/O-Modell, um eine quantitative Aussage tätigen zu können. Durch die Nutzung innovativer KWK-Technologien zur regenerativen Stromerzeugung werden typischerweise eingesetzte importierte fossile Brennstoffe unter Voraussetzung einer Verringerung der Betriebsdauer vorwiegend fossil befeuerter Grund- u. ev. Mittellastkraftwerke ersetzt. Es kristallisiert sich somit erneut ein positiver Außenhandelseffekt auf die österreichische LB heraus.

Ein weiterer Verdrängungseffekt, der ebenso Energieversorger betrifft, entsteht durch die Eigenversorgung von Wärme der in Betracht gezogenen Verbrauchseinheiten. Voraussetzung dafür ist, dass der Verbraucher vor dem Errichtungszeitpunkt der KWK-Anlage über ein öffentliches Fernwärmenetz versorgt wurde u. nicht bereits eine „autonome" Wärme-Eigenversorgung installiert hat[271]. Es entstehen dadurch Umsatzrückgänge bei zentralen Wärmeerzeugern wegen geringerer verkaufter Mengen an Wärme. Eine Berücksichtigung dieses Verdrängungseffektes wird jedoch nicht vorgenommen, weil davon ausgegangen werden kann, dass die zu versorgenden Verbrauchseinheiten, abgesehen von wenigen vernachlässigbaren Ausnahmen, nicht am öffentlichen Fernwärmenetz angeschlossen waren bzw. nicht von zentralen BHKW über Wärmenetze versorgt wurden.

Ferner führen bei den Gasversorgern weniger verkaufte u. transportierte Mengen an Gas zu reduzierten Umsatzeinnahmen durch Mengeneinbußen u. auch zu Erlösrückgängen, hervorgerufen durch gesunkene Gasnetztariferlöse. Dieser Effekt, der jedoch nur bei einem späteren Betrieb mit regenerativen Energieträgern auftritt, wird in den substituierten Gaskesselanlagen bereits mitberücksichtigt. Erfolgt nach Installation der KWK-Anlage weiterhin der Betrieb mit Gas, so ist in diesem Fall nur das Delta des Gasverbrauches der Ref-Anlage zur jeweiligen KWK-Anlage zu beachten. Dieser Mengenunterschied an verbrauchtem u. transportiertem Gas, der natürlich auch zu Veränderungen in den ökonomischen Effekten führt, ist im I/O-Modell für die Ref-Anlagen zur Wärmeerzeugung inkludiert. Die heimischen Gassubstitutionen durch verdrängte Stromproduktionen einer GuD-Anlage sind entsprechend der I/O-Systematik im Rückgang der Nachfrage nach dem Gut Strom über intermediäre Verflechtungen in den VL berücksichtigt u. werden demnach nicht explizit im I/O-Modell behandelt.

9.3.1.1.5 Dynamischer Effekt

Ändern sich bestimmte Größen in der Volkswirtschaft wie z.B. Preisrelationen, so passt sich das System an diese geänderte Nachfrage an u. es entsteht ein neues Gleichgewicht; die dabei entstehenden Veränderungen werden als dynamische Effekte bezeichnet. Treten bspw. Änderungen der Energiepreise ein, so führt dies zu einer Überprüfung der Verbrauchsentscheidungen unter den Verbrauchern sowie zu einer Evaluierung des Energieeinsatzes im Verhältnis zu anderen Produktionsfaktoren. Eine Preisänderung löst somit einen Anpassungsdruck aus, auf den Wirtschaftssubjekte in unterschiedlichen u. mannigfaltigen Dimensionen reagieren können. Solche Anpassungseffekte sind jedoch nur zum Teil prognostizierbar, da sie zu einem wesentlichen Teil Innovationen initialisieren, die zu einer erneuten Änderung vieler bestehender technischer Strukturen u. in weiterer Folge zur Angleichung von Preisen u. Kosten in der Volkswirtschaft führen können[272].

---

[271] Pers. Anm. des Autors, die Verdrängung der „autonomen" Wärmeerzeugungsanlage wurde bereits in den substituierten Ref-Anlagen für die Wärmeerzeugung berücksichtigt.

[272] Vgl. Pfaffenberger/Nguyen/Gabriel, 2003, 17, *Pers. Anm. des Autors*, durch die verstärkte Nachfrage nach erneuerbaren Energieträgern können Veränderungen im gesamten volkswirtschaftlichen System stattfinden, z. B. kann durch die verstärkte

In Bezug auf die Umgestaltung des Energiesystems in Richtung zu mehr Umweltfreundlichkeit u. Energieeffizienz, wie sie der S.M. u. die MGT darstellen, sind die dynamischen Effekte nicht unbedeutend. Ihre unmittelbare Auswirkung auf die Wertschöpfung, Beschäftigung sowie auf die LB ist aber schwer zu quantifizieren, weil eine große Anzahl von Faktoren beträchtlichen Einfluss nimmt. Zum einen hängt dies wesentl. davon ab, wie sich die Kosten für die Erzeugung des Stromes durch Kostenänderungen im Rahmen des technologischen Fortschrittes dieser untersuchten Technologien entwickelt, zum anderen ist zu berücksichtigen, wie sich bspw. die Preise für fossile Energieträger, die ebenfalls mit vielen Einflussfaktoren korrelieren, am Weltmarkt entwickeln. Letzt genannte Vorhersage ist jedoch höchst spekulativ u. facettenreich; sie wird deshalb im Rahmen einer Abbildung auf dynamische Effekte nicht weiter beleuchtet. Der Verfasser möchte aber ausdrücklich an dieser Stelle daran erinnern, dass sich die Untersuchung auf die aktuellen Begebenheiten bezieht u. Veränderungen der Rahmenbedingungen auch im großen Stil per se jederzeit möglich sind[273]. Um jedoch einer steigenden KWK-Anlagenzahl bzw. Lernkurveneffekten u. damit sinkenden Produktionskosten für KWK-Anlagen Rechnung zu tragen, wird versucht, eine realistische Abschätzung einer Kostendegression zu treffen u. diese in die Herstellungskosten für die verschiedenen KWK-Anlagenkomponenten zu involvieren; siehe dazu Kap. 7 *[Weitere exogene u. endogene Einflussfaktoren]*.

Des Weiteren erfolgt ausschließlich in diesem Kapitel der Arbeit eine deskriptive Beschreibung eines weiteren dynamischen Effektes, der durch geringere transportierte Mengen von Strom u. Gas in den Verteilnetzen entsteht. Wie bereits erwähnt, führt die Energieversorgung der KWK-Anlagen bzw. der Betrieb mit regenerativen Energieträgern zu einem Verdrängungseffekt, der sich negativ auf die Erlöse der EVU's niederschlägt. Durch geringere transportierte Strom- bzw. Gasmengen in den öffentlichen Netzen erhöhen sich jedoch die spezifischen Netzgebühren pro bezogener kWh für den Verbraucher, da die Instandhaltungskosten bzw. Investitionen im Vergleich dazu nahezu gleich bleiben. Dadurch erhöhen sich die Ausgaben der Verbraucher für Energiekosten u. es stellt sich somit zeitverzögert ein negativer dynamischer Effekt als Budgeteffekt ein.

Durch die gestiegene Nachfrage nach Pellets u. Pflanzenöl stellt sich noch ein weiterer dynamischer Effekt ein. Als Rohstoff von Pellets kommen gegenwärtig bevorzugt Koppelprodukte (Hobel- u. Sägespäne) aus dem holzverarbeitenden Gewerbe zum Einsatz. Durch Kaskadenprozesse wird dieser Rohstoff jedoch auch teilweise in diesen Industriesektoren benötigt u. weiterverarbeitet. Bei einem begrenzten Angebot führt die verstärkte Nachfrage nach dem Rohstoff einerseits zu einem Preisanstieg, der teilweise auf die Konsumenten übergewälzt werden könnte, andererseits steuert die erhöhte Nachfrage nach billigen Holzreststoffen zu einer Veränderung der Import- bzw. Exportströme, wodurch Implikationen auf die österreichische LB auftreten können. Ferner führt auch die verstärkte Nachfrage nach heimischem Raps durch den Betrieb der MGT zu einer Konkurrenzsituation, da ja bekanntlich Raps zur Biodieselerzeugung eingesetzt wird u. Lieferengpässe zum einen den Preis in die Höhe treiben, zum anderen wiederum zusätzliche Importe an Pflanzenöl eine Verschlechte-

---

Nachfrage nach erneuerbaren Energieträgern der Innovationsdruck im Bereich der konventionellen Technologien verstärkt werden od. der Düngemitteleinsatz zur Produktion von BM aus Energiewäldern steigen etc.

[273] Vgl. Pfaffenberger/Nguyen/Gabriel, 2003, 17f., *Vgl. dazu* Farkasch, H., Volkswirtschaftliche Effizienz alternativer Energieträger – Spezielle Berücksichtigung der Windenergienutzung, Marchtrenk 1998, 72, die Entwicklung der Kostensituation betreffend die Stromerzeugung aus Windkraft ist dafür ein plakatives Beispiel der letzten Jahre u. zeigt, wie durch gestiegene Innovationen der Effizienz die Marktdurchdringung vorangetrieben wurde. Eine damalige Berücksichtigung dieses Trends ist aus heutiger Sicht schwer abzuschätzen. *Pers. Anm. des Autors*, neben einer spezifischen Kostenreduktion pro erzeugter kWh waren natürlich auch die großzügigen langfristigen Subventionen über das Ökostromgesetz maßgeblich für die rasant gestiegene Anzahl der Windkraftanlagen verantwortlich.

rung der LB herbeiführen. Demzufolge werden ummittelbare Veränderungen in der Preisstruktur bzw. in den inl. Stoffströmen durch eine vermehrte Nachfrage nach Pellets näherungsweise berücksichtigt. Zusätzliche benötigte Importe von Pflanzenöl finden auf Grund der begrenzten heimischen Anbauflächen in der LB ihren ökonomischen Niederschlag.

Abschließend sei noch angemerkt, dass durch die verstärkte Nachfrage nach regenerativen Energieträgern ev. zusätzliche Investitionen in Anlagen zur Herstellung von Pflanzenöl od. Pellets getätigt werden müssen, wodurch erneut konjunkturelle Impulse für die österreichische Volkswirtschaft entstehen. Dieser Effekt wird jedoch in meinen Überlegungen völlig ausgeklammert bzw. gem. I/O-Systematik in der erhöhten Nachfrage der jeweils betroffenen ÖCPA-Güterklassifikationen indirekt - über intermediäre Verflechtungen - mitberücksichtigt. Es stellen sich infolgedessen geringere Effekte in meinen Berechnungen ein, als sie sich in der Realität wahrscheinlich darstellen lassen können.

9.3.1.1.6 Außenhandelseffekt

Im Zuge der Darstellung der Verdrängungseffekte wurden bereits die meisten Effekte, die einen Einfluss auf die österreichische LB besitzen, kurz beschrieben. Unter Beibehaltung einer stringenten Kontinuität werden jedoch an dieser Stelle noch einmal alle in Betracht gezogenen Auswirkungen auf die Import- u. Exportstruktur erläutert, sodass es zu einigen Wiederholungen kommen kann.

Führt die Entwicklung u. die damit verbundene Innovation der KWK-Anlagen zu einer verbesserten Exportfähigkeit, so entstehen daraus positive heimische Wertschöpfungs- u. Beschäftigungseffekte durch die ausländische Nachfrage nach solchen Anlagen. Weiterhin muss jedoch berücksichtigt werden, dass Inländer auch ausländische Anlagen erwerben können. In diesem Fall finden der Investitionseffekt u. somit die konjunkturellen Impulse in der jeweiligen ausländischen Volkswirtschaft statt. Dabei trägt meist nur der reine Produktionseffekt der Anlagen zur Verschlechterung der LB bei, da üblicherweise Aufstellung u. Wartung von ortsansässigen Firmen durchgeführt werden u. somit in der importierenden Volkswirtschaft die ökonomischen Effekte zum Tragen kommen.

Bezogen auf den Einsatz des S.M. u. der MGT ist in Österreich die zweite beschriebene Situation vorherrschend. Der S.M. u. die MGT werden im Ausland produziert, jedoch von österreichischem Personal errichtet u. gewartet, der Investitionseffekt aus der Produktion der Anlagen kommt daher einer ausländischen Volkswirtschaft zu Gute, der Effekt aus der Errichtung u. der Wartung der österreichischen Volkswirtschaft. Die dabei benötigten Direktimporte inkl. der importierten VL, welche aus einer heimischen Nachfrageänderung resultieren, werden in der LB berücksichtigt u. belasten dadurch die österreichische Außenhandelsbilanz. In diesem Kontext betrachtet findet eine Erhöhung von Exportchancen durch den Aufbau von Know-how für Errichtung sowie während der Betriebsphase von KWK-Anlagen keinen Platz in meiner Analyse.

Durch die Verwendung heimischer regenerativer Energieträger im Betrieb der KWK-Anlagen erfolgt eine Verringerung der fossilen Energieimporte. Dieser wichtige Effekt auf die österreichische LB wird unter spezifischen Annahmen quantifiziert u. berücksichtigt. Der Betrieb der untersuchten Anlagen mit Erdgas verstärkt vice versa die Menge an importierten Gütern, wodurch sich in diesem Fall die österreichische LB verschlechtert. Des Weiteren erfolgt auch ein anteiliger Import von Pflanzenöl, woraus sich auch hier negative Effekte auf die LB ausmachen lassen.

Die Verdrängung der importierten Ref-Anlagen für Wärme inkl. der benötigten Primärenergieträgerimporte durch die KWK-Anlagen wird hinsichtlich der Auswirkungen auf die LB in der Errichtungs- u. Betriebsphase ebenso monetär bewertet u. dargestellt.

Ferner wurde unterstellt, dass das bei der heimischen Rapsölproduktion als Koppelprodukt anfallende Rapsschrot zu Tierfutter weiterverarbeitet wird u. dadurch Importe von Sojaschrot nach Österreich substituiert werden. Die hierdurch vermiedenen Sojaschrotimporte werden in der LB monetär der MGT gutgeschrieben.

Die Substitution heimischer Stromerzeugungsanlagen (GuD-Anlagen) reduziert zum einen die Importe von benötigten Anlagenteilen u. importierten VL in der Errichtungsphase, zum anderen entsteht im Betrieb gleichfalls eine Reduzierung von importierten fossilen Primärenergieträgern, die einen positiven Effekt auf die österreichische LB werfen. Außerdem führen in geringerem Umfang benötigte importierte VL bzw. Strommengen auf Grund einer geringeren Nachfrage der österreichischen EVU's zu einer Entlastung der LB. Diese Verdrängungseffekte werden in ihren Auswirkungen in dem B.A.U.-Szenario in der LB abstrahiert. Zum Vergleich wird in einem weiteren Szenario die Höhe der inl. Stromproduktion durch die jährliche Stromerzeugung der KWK-Anlagen nicht reduziert, dafür werden aber die Stromimporte um diese Menge verringert, wodurch sich wiederum positive Effekte auf die österreichische LB darstellen lassen (VSI-Szenario). In der Realität wird sich meines Erachtens ohne tiefergehende Analyse vorwiegend das B.A.U.-Szenario behaupten, welches jedoch ebenfalls Inhalte des VSI-Szenarios inkludieren wird.

Erfolgt die Substitution bisheriger importierter Primärenergieträger in größerem Format durch heimische Energieträger, verringern sich die Deviseneinnahmen der Energielieferanten aus dem Verkauf fossiler Energieträger. Dies führt ev. zu einem Absinken der Nachfrage nach heimischen Exportprodukten. Da solche globalen Rückwirkungen von sehr vielen Faktoren abhängen u. komplexen außenwirtschaftlichen Verflechtungen unterliegen, die nur im Rahmen eines globalen offenen Modells systematisch abgebildet werden können, habe ich diese nicht in meiner Arbeit berücksichtigt. Ferner betragen die substituierten Mengen an Strom u. Gas eine sehr geringe Ausprägung, sodass diese auf internationaler Ebene völlig vernachlässigbar ist.

Ein weiterer Außenhandelseffekt findet abschließend ebenfalls in dieser Arbeit eine systematische Betrachtung. Durch den Einsatz von KWK-Anlagen mit den zahlreichen korrespondierenden Verdrängungseffekten erfolgt eine Veränderung der Menge von CO_2-Emissionen in der Energieaufbringungsstruktur, verglichen mit der herkömmlich-konventionellen Erzeugung durch die Ref-Anlagen. Diese Mengenveränderungen werden mit Marktpreisen bewertet u. stellen je nach Vorzeichen des Saldos gewonnene od. zusätzlich benötigte Emissionszertifikate für den Emissionshandel dar. Es erfolgt daher annahmegem. entsprechend dem Vorzeichen ein Export od. Import von Emissionszertifikaten, der somit Implikationen für die österreichische LB aufwirft.

9.3.1.2 Abgrenzungen des Untersuchungsgegenstandes hinsichtlich der berücksichtigten Effekte

Im Rahmen dieser Untersuchung erfolgt die quantitative Darstellung der Auswirkungen sowohl auf den Investitionseffekt, Betriebseffekt, Budgeteffekt sowie die berücksichtigten Teile der Verdrängungseffekte u. dynamischen Effekte als auch auf die diversen beschriebenen Teile der Außenhandelseffekte. Aus den dargelegten Gründen habe ich Bereiche der dynamischen Effekte sowie einige Außenhandelseffekte in dem quantitativen Teil der Arbeit nicht berücksichtigt. Meines Erachtens können einzig u. allein mögliche, aber nicht berücksichtigte dynamische Effekte unmittelbare größere Verzerrungen herbeiführen, die zu einer Beeinträchtigung der Qualität der errechneten Wertschöpfungs- u. Beschäftigungseffekte sowie der Ergebnisse in der LB führen. Diese Möglichkeit muss daher stets bei einer Interpretation der Ergebnisse bedacht werden. Bezügl. einer tendenziellen Auswirkung der unberücksichtigten Effekte auf die errechneten Ergebnisse ist mir eine ernsthafte Aussage nicht möglich. Eine tabellarische Darstellung der berücksichtigten Effekte sowie die in dieser Arbeit dafür angewandte Methodik u. die dadurch beantwortete Forschungsfrage ist in Tabelle 9-1, welche dieses Unterkapitel für den weiteren Fortgang der Analyse abschließt, enthalten.

Tab. 9-1 Berücksichtigte Effekte, dahinterliegende Methodik u. die damit korrespondierende Beantwortung der Forschungsfrage

Effekt	Forschungsfrage	Ökonomische Theorie	Kommentar
Investitionseffekt	-Einkommen -Wertschöpfung -Beschäftigung	I/O-Analyse	Nachdem die Anlage errichtet ist, treten in dieser Hinsicht keine weiteren Effekte auf; erst zu einem späteren Zeitpunkt, wenn die Anlage durch eine neue ersetzt wird od. Rückbaukosten auftreten. Die beiden resultierenden Effekte werden neben möglicher Mitnahme- u. Vorzieheffekte im Rahmen dieser Arbeit jedoch nicht berücksichtigt.
Betriebseffekt	-Einkommen -Wertschöpfung -Beschäftigung	I/O-Analyse	Langfristiger Effekt, welcher über den Betrachtungszeitraum durch eine steigende kumulierte KWK-Anlagenzahl eine Erhöhung erfährt
Budgeteffekt	-Einkommen -Wertschöpfung -Beschäftigung	Teile der I/O-Analyse (sekundärer Effekt)	im Fokus: Stromerzeugungsvolumen des S.M.-Pellets
Verdrängungseffekt	-Einkommen -Wertschöpfung -Beschäftigung	I/O-Analyse	-Substitution der Ref-Anlagen für Wärme in der Errichtungs- u. Betriebsphase -Substitution von Investitionen in konventionelle zentrale inländische GuD-Kraftwerke -Substitution konventioneller heimischer Stromproduktion österreichischer EVU's (verringerte Umsätze durch gesunkene verkaufte Strommengen u. geringere Einnahmen aus dem Netzentgelt) - Substitution heimischer Gasabsätze u. transportierter Gasmengen (inkludiert bei den Wärme-Ref-Anlagen)
Außenhandelseffekt	-LB	Modellannahme: auf Basis der jährlichen Anlagenzahlen, multipliziert mit den marktpreisgewichteten Mengengerüsten; (z.B. jährlicher Gasverbrauch pro Anlage, multipliziert mit der Anlagenzahl u. dem anteiligen Importanteil sowie dem Marktpreis, welcher über den Betrachtungszeitraum indiziert wird)	-Importe von Anlagenteilen, DL u. VL während der Errichtungs- u. Betriebsphase der KWK-Anlagen -Importe von CO_2-Zertifikaten durch den Betrieb von KWK-Anlagen mit Gas -Importe von Pflanzenöl u. Gas für KWK-Anlagen -Substitution importierter Anlagenteile, DL u. VL in der Errichtungs- u. Betriebsphase durch verdrängte Ref-Anlagen für Wärme -Substitution importierter CO_2-Zertifikate durch Verdrängung der Wärme-Ref-Anlagen im Betrieb -Substitution importierter Gasmengen durch Verdrängung der Wärme-Ref-Anlagen im Betrieb -Substitution an Importen von Anlagen, DL u. VL durch verdrängte GuD-Anlagen in der Errichtungsphase -Substitution importierter Gasmengen durch gesunkene heimische Stromproduktion (R.A.U.-Szenario) -Substitution importierter CO_2-Zertifikate durch gesunkene heimische Stromproduktion (B.A.U.-Szenario) -Substitution benötigter importierter VL bzw. geringere Stromimporte, durch geringere Nachfrage der EVU's (B.A.U.- u. anteilig VSI-Szenario) -Substitution von Stromimporten (VSI-Szenario) bzw. anteilig B.A.U.-Szenario -Substitution von Sojaschrotimporten
Dynamischer Effekt	-Einkommen -Wertschöpfung -Beschäftigung -LB	-	-Kostendegression durch Lernkurveneffekte u. größere Stückmengen bei den KWK-Anlagen -Änderungen der Import- u. Preisstruktur von Pflanzenöl -Änderungen der Mengen- und Preisströmen bei der Pelletherstellung

Quelle: eigene Überlegungen

9.3.2 Einkommen – Wertschöpfung

Die von der Produktion, Errichtung u. dem Betrieb dezentraler KWK-Anlagen ausgehenden Konjunkturimpulse lassen sich in zwei Teile, den primären u. den sekundären Wertschöpfungseffekt eingliedern[274].

9.3.2.1 Primäre Bruttowertschöpfungseffekte – Schematischer Aufbau

Jede „Investitionsmaßnahme" kann als ein konjunktureller Nachfrageimpuls betrachtet werden, durch den eine Vielzahl von Produktionsaktivitäten u. DL initiiert werden, denn der unmittelbare Erzeuger erstellt u. errichtet in der Regel die KWK-Anlage nicht allein, sondern greift auf vielfältige VL u. DL anderer Lieferanten zurück. Diese wiederum beauftragen ebenfalls weitere Vorlieferanten, vice versa wieder einen anderen Zulieferanten usw. Je vollkommener das System der Arbeitsteilung ist, desto schneller erfolgt diese Multiplikation[275]. Die Ermittlung dieser direkten u. indirekten Wertschöpfungseffekte lässt sich, wie bereits im Theorieteil erwähnt, durch die I/O-Analyse ableiten[276]. Der primäre Wertschöpfungseffekt, der durch diese zusätzliche Nachfrageänderung hervorgerufen wird, kann anhand der Abbildung 9-1 näher betrachtet werden.

ABB. 9-1   SCHEMATISCHE DARSTELLUNG – PRIMÄRE BRUTTOWERTSCHÖPFUNGSWIRKUNG

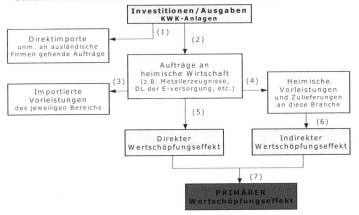

Quelle: eigene Recherchen u. in Anlehnung an Quartalshefte der Girozentrale, Heft IV, 1982

Die gesamten jährlichen Ausgaben, die für den S.M. od. MGT für die Errichtung u. den Betrieb zu tätigen sind, gliedern sich in direkte unmittelbare Importlieferungen ausländischer Firmen (1) u. Aufträge an heimische Unternehmen (2). Damit die heimischen Firmen diese Leistungen u. Produkte erbringen können, müssen sie VL bzw. Zulieferungen in Anspruch nehmen, die wiederum in eine ausländische (3) u. inländische Komponente (4) zerfallen. Der direkte Wertschöpfungseffekt (5) fällt nun in allen Sektoren der österreichischen Wirtschaft an, welche Aufträge (Güter u. DL) für die Errichtung u. den Betrieb innovativer KWK-Technologien erhalten. Indirekte Wertschöpfungseffekte (6) ergeben sich in jenen Wirtschaftsbereichen, die mittels intermediärer Verflechtungen VL für die direkt an Her- u. Aufstellung od. Betrieb innovativer KWK-Technologien beteiligten Firmen erbringen. Beide Wertschöpfungsef-

---

[274] Vgl. Statistik Austria, Input-Output-Tabelle 2000, 2004, 29, die Wertschöpfung entspricht der Nettoquote vom Produktionswert der jeweiligen Aktivität. Der Produktionswert ergibt sich somit aus Vorleistung u. Wertschöpfung.

[275] Vgl. Farny, O., Kratena, K., Roßmann, B., Beschäftigungswirkungen ausgewählter Staatsausgaben, in: Wirtschaft und Gesellschaft, 14 Jg., Nr.1, Wien 1988, 68

[276] Vgl. dazu Pfaffenberger/Nguyen/Gabriel, 2003, 16

fekte münden schlussendlich in den primären Wertschöpfungseffekt *(7)*. Damit sind nun die unmittelbaren Auswirkungen auf die primäre Wertschöpfung abgedeckt[277].

9.3.2.2 Berechnung der primären Bruttowertschöpfungseffekte

Der primäre Wertschöpfungseffekt wird mit Hilfe der Wertschöpfungsmultiplikatoren aus der I/O-Tabelle 2000 der STATISTIK AUSTRIA berechnet. Die Wertschöpfungsmultiplikatoren wurden mir auf Anfrage von STATISTIK AUSTRIA für alle 57 Güter der I/O-Tabelle 2000 übermittelt[278].

9.3.2.2.1 Annahmen und Restriktionen zu den Multiplikatorenberechnungen aus der Input-Output-Tabelle

Das I/O-Modell ist ein wichtiges Instrument zur Analyse der konjunkturellen Auswirkungen unterschiedlicher Investitionen. Bei der Ergebnisinterpretation darf jedoch nicht übersehen werden, dass diese Analyse auf einigen restriktiv getätigten Annahmen beruht, die im Folgenden kurz erörtert werden[279]. Der Multiplikator kristallisiert sich in dieser Diskussion als ein ganz zentrales Theorieelement heraus, das hier eine nähere Betrachtung verdient. Anhand eines Überblicks sollen propädeutisch schrittweise die Stärken u. Schwächen der Multiplikatortheorie zum eigentlichen Erkenntnisziel, nämlich den Wertschöpfungs- u. Beschäftigungswirkungen aus Nachfrageeffekten durch den Einsatz des S.M. u. der MGT führen.

Ausgehend von der analytischen Version der Aufkommens- u. Verwendungstabellen sind dabei zwei Schritte notwendig, um zu den I/O-Multiplikatoren zu gelangen[280]. Diese Grundannahmen des I/O-Modells müssen bei der Interpretation der Ergebnisse berücksichtigt werden u. sollen folglich kurz erläutert werden[281].

Der erste Schritt betrifft die Überleitung der Aufkommens- u. Verwendungstabellen unter Setzung bestimmter Annahmen in eine symmetrische I/O-Tabelle (Güter *x* Güter- bzw. Aktivität *x* Aktivität-Matrizen). Hinsichtlich der Annahmen gilt für den ersten Schritt somit die Gütertechnologie als Technologieannahme. Die Gütertechnologieannahme basiert darauf, dass jedes Gut eine bestimmte Produktionstechnologie

---

[277] Vgl. Frisch, H., Wörgötter, A., Beschäftigungswirkungen des Konferenzzentrums, in: Quartalshefte der Girozentrale, Heft IV, 1982, 45

[278] Quelle: Email, 2004-11-10, Erwin Kolleritsch, Statistik Austria, *Vgl. dazu* Statistik Austria, Volkswirtschaftliche Gesamtrechnungen, Input-Output-Multiplikatoren 1976, 1983, 1990, in: Statistische Nachrichten 7/1999, 601, I/O- Multiplikatoren sind Kennzahlen der Intensität von Verflechtungen in einer Volkswirtschaft auf Grund der arbeitsteiligen Wirtschaftsstruktur sowohl innerhalb der österreichischen Volkswirtschaft als auch mit dem Ausland. Mithilfe der Standardmethoden der I/O-Analyse lässt sich somit eine Reihe von Multiplikatoren ableiten, die je nach Art verschiedene Aspekte der wirtschaftlichen Verflechtungen zum Ausdruck bringen. *Pers. Anm. des Autors*, um der gewählten Aufgabenstellung gerecht zu werden, kommen daher Wertschöpfungs- u. Beschäftigungsmultiplikatoren in dieser Arbeit zur Anwendung.

[279] Pers. Anm. des Autors, die Annahmen u. Restriktionen gelten sinngem. auch für die Ableitung von I/O-Multiplikatoren zur Ermittlung von Beschäftigungseffekten.

[280] Pers. Anm. des Autors, an dieser Stelle wird nur auf den Tatbestand der Überleitung der I/O-Tabelle aus den Aufkommens- u. Verwendungstabellen hingewiesen. Ausführliche Erläuterungen zur der Ableitung der beiden Schritte finden sich bspw. unter Statistik Austria, Input-Output-Tabelle 2000, 2004, 14ff., od. ÖSTAT, Input-Output-Tabelle 1983, Band 2, Technologiematrizen, Beiträge zur österreichischen Statistik; Hrsg. Österreichischen Statistischen Zentralamt, Heft 1.138/2, Wien 1994, 7ff. *Pers. Anm. des Autors*, in der I/O-Tabelle 1983 basieren sämtliche Ergebnisse auf der Industrietechnologieannahme. Die vorher zitierten Seiten aus der I/O-Tabelle 1983 lassen sich folglich mit der darin beschriebenen Methodik nicht direkt mit der I/O-Tabelle 2000 vergleichen, da in dieser wiederum die Gütertechnologieannahme Basis war, zeigen jedoch sehr detailliert die theoretische u. konzeptive Darstellung des Make- u. Usesystems sowie die Erläuterung der angewandten Berechnungsmethoden, *Vgl. dazu* ÖSTAT, Input-Output-Tabelle 1990, Güter- und Produktionskonten, Beiträge zur österreichischen Statistik; Hrsg. Österreichischen Statistischen Zentralamt, Heft 1.298, Wien 1999, 7f. *Pers. Anm. des Autors*, auch in dieser Ausgabe wird auf die ausführlichen Darstellungen in der Publikation von ÖSTAT zur I/O-Tabelle 1983 verwiesen. Ferner lassen sich neben der in dieser Arbeit sehr komprimierten Darstellung der Ableitung der I/O-Tabellen auch ausführlichere Erläuterungen der Ableitung sowohl unter der Gütertechnologie- als auch der Industrietechnologieannahme, jeweils in den Versionen Güter *x* Güter bzw. Aktivitäten *x* Aktivitäten nachlesen.

[281] Vgl. Statistik Austria, in: Statistische Nachrichten 7/1999, 611

aufweist, egal in welcher Aktivität es produziert wird[282]. Die I/O-Matrizen zeigen nun die für die Produktion jedes Gutes erforderlichen direkten Inputs[283].

Der zweite Schritt wird zur Überleitung der direkten Input-Koeffizienten in die kumulativen Koeffizienten benötigt, um die induzierten indirekten Produktionsverflechtungen darzustellen. Es wird also unterstellt, dass jede Erhöhung genau im Ausmaß der durch die direkten Input-Koeffizienten gegebenen Anteilsstruktur erfolgt. Ferner wird daher angenommen, dass streng proportionale Beziehungen zw. Outputveränderungen u. den notwendigen Inputveränderungen bestehen. Diesen starren Zusammenhang (linear-limitationale Funktion) nimmt summa summarum weiters die Leontief-Produktionsfunktion an[284]. Ein analoges Element *ij* dieser Matrix zeigt nun den direkten u. indirekten (kumulativ über Produktionsverflechtungen) Anteil des Gutes *i* an der Produktion des Gutes *j*. Die Koeffizienten der Leontief-Inversen sind größer od. zumindest gleich groß wie die entsprechenden direkten Input-Koeffizienten[285]. Der hier beschriebene Vorgang kommt dabei in der Anwendung der jeweiligen Multiplikatoren zum Ansatz, welche den gesamten durchschnittlichen kumulierten Effekt auf Grund der Struktur der I/O-Tabelle eines bestimmten Jahres errechnen.

Neben diesen grundlegenden Annahmen wird außerdem von der Homogenität der Güterströme (keine Substitutionsmöglichkeiten der Inputfaktoren) sowie der Gleichheit von Güteraufkommen u. –verwendung ausgegangen[286].

Des Weiteren muss davon ausgegangen werden, dass die Produktionstechnologie für KWK-Anlagen, die sich einerseits in den Vorleistungsverflechtungen u. andererseits in den entsprechenden Wertschöpfungs- u. Beschäftigungskoeffizienten niederschlägt, in der I/O-Tabelle repräsentativ abgebildet ist. Liegt die I/O-Tabelle, die als Grundlage für die Berechnungen der primären Wertschöpfungs- u. Beschäftigungseffekte herangezogen wird, auf einer relativ hohen Aggregationsstufe vor, so besteht die Möglichkeit, dass einzelne Effekte über- bzw. unterbewertet werden. Folgt man den Ausführungen von MEYER, so gewährleistet eine Zahl zw. 50 u. 150, verschiedenen Produktionsbereichen das Aggregationsproblem in einem vertretbaren Maße bei der Produktionsfunktion zu berücksichtigen[287]. Die in dieser Arbeit angewandten Matrizen weisen zumindest eine Dimension von 57-mal *X* auf, wodurch diese Bedingung erfüllt wird. Ein Vergleich mit einer amerikanischen Studie[288], die sich auf eine sehr stark deduktive I/O-Tabelle bezieht, zeigt, dass Abweichungen auf den primären Gesamteffekt relativ unbeeinflusst davon bleiben. Unterschiede treten einzig allein bei der Aufteilung der primären Effekte in direkte u. indirekte Komponenten auf. Es ist daher anzunehmen, dass die Berechnungen, soweit sie sich auf den gesamten primären Effekt beziehen, in ihrer Validität u. Reliabilität nicht wesentl. durch eine höhere Aggregationsebene beeinträchtigt werden. Bei Aufteilung der primären Effekte auf die

---

[282] Vgl. Statistik Austria, Input-Output-Tabelle 2000, 2004, 14ff.

[283] Vgl. Statistik Austria, in: Statistische Nachrichten 7/1999, 611, ein Element *ij* dieser Input-Koeffizientenmatrix zeigt entsprechend den Anteil des Gutes *i* an der Produktion einer Einheit (z.B. EUR 1,0 Mio.) des Gutes *j*. Sie berechnen daher bei einer zusätzlichen Produktion von Gut *j* die zusätzliche benötigte Produktion des Gutes *i*, das sich eben durch die Input-Koeffizienten quantitativ darstellen lässt.

[284] Pers. Anm. des Autors, soll der Output eines Gutes verändert werden, so müssen sämtliche Inputs (VL) für dieses Gut ebenfalls genau proportional verändert werden.

[285] Vgl. Statistik Austria, in: Statistische Nachrichten 7/1999, 616

[286] Vgl. Statistik Austria, Input-Output-Tabelle 2000, 2004, 16

[287] Vgl. Meyer, P., Die Bedeutung wichtiger Typen von Produktionsfunktionen für die Input-Output-Analyse, in: Schriften zur quantitativen Wirtschaftsforschung, Band 8, Frankfurt (Main) 1983, 29ff.

[288] Vgl. Ball, R., Employment created by construction expenditures, Monthly Labour Review, December 1981, in: Frisch/Wörgötter, in: Quartalshefte der Girozentrale, Heft IV, 1982, 45

direkten u. indirekten Effekte können ev. leichte Verzerrungen auftreten[289]. Problematisch könnte sich das höhere Aggregationsniveau ebenso auch auf Aussagen beziehen, die einzelne ÖCPA-Gliederungen hinsichtlich der sektoralen Wertschöpfung u. Beschäftigung betreffen. Ich werde dennoch die gesamten jährlichen Wertschöpfungs- u. Beschäftigungseffekte auf einzelne ÖCPA-Güterbranchen sektionieren, um strukturelle Bewegungstendenzen, welche durch den Einsatz dezentraler KWK-Anlagen induziert werden, zu skizzieren. Aus dieser tiefer liegenden Motivation muss jedoch immer berücksichtigt werden, dass mögliche Verzerrungen in den Aussagen inkludiert sind.

Des Weiteren beziehen sich Auswirkungen auf die Beschäftigung, die sich aus der I/O-Tabelle berechnen, auf Durchschnittswerte. Damit wird unterstellt, dass Nachfrage- bzw. Produktionsänderungen theoretisch sofort Beschäftigungsauswirkungen generieren, wobei bei angenommener gleich bleibender Technologie in diesem Fall eine Beschäftigungselastizität von Eins existiert[290]. Bei kurzfristiger Betrachtung müsste man jedoch davon ausgehen, dass in der Realität die Unternehmen entweder Arbeitskräfte „horten" od. die diversen Beschäftigungsgruppen wie Hilfsarbeiter, Arbeiter u. Angestellte zeitlich flexibel an Produktionsänderungen (erforderlichenfalls mit Überstunden od. Sonderschichten) angepasst werden[291]. Die zusätzlichen kurzfristigen Beschäftigungseffekte sind somit geringer, weil die Beschäftigung nur bedingt reagiert[292]. Es kann dabei unterstellt werden, dass bei Ausweitung der Nachfrage die Beschäftigungselastizität bei den Angestellten eher gering ausfällt (d.h. keine wesentliche Zunahme der Beschäftigung), während Hilfsarbeiter u. Facharbeiter auf Produktionsschwankungen mit einer höheren Elastizität reagieren[293]. MARGARETE CZERNY-ZINEGGER schätzt in diesem Kontext die Beschäftigungswirkungen einer 1-%igen Produktionssteigerung auf 0,66 % im ersten Jahr u. 0,28 % ein Jahr später[294]. Ob u. in welchem Ausmaß tatsächlich neue Arbeitsplätze geschaffen werden, hängt daher von der Auslastung der bereits bestehenden Arbeitskräfte ab u. von der Beschäftigungselastizität im jeweiligen Wirtschaftsbereich. Der volle Beschäftigungseffekt wird sich nur bei einer bereits 100-%igen Auslastung u. einer entsprechenden Aufstockung der Kapazitäten entfalten.

Die Annahme einer möglichen Unterauslastung der Arbeitskräfte u. somit einem bestehenden „Pool von Mitarbeitern", auf den bei kurzfristiger Betrachtung zurückgegriffen wird, erfährt von mir insofern eine Bereinigung, als die meisten Unternehmen in der augenblicklichen Konjunktursituation keine Reserven bei Arbeitskräften halten, vielmehr die Beschäftigung in verstärktem Ausmaß einer gesunkenen Kapazitätsauslastung in der Vergangenheit angepasst wurde u. somit die zusätzlichen Beschäftigungswirkungen voll greifen müssten. Als Anhaltspunkt dafür, dass in der österreichischen Volkswirtschaft auf mittlere Sicht kaum Beschäftigte gehortet werden, sei behelfsmäßig die Entwicklung der Arbeitslosenrate angeführt. Eine steigende kontinuierliche Arbeitslosenrate von 6,1 % im Jahre 2001 auf eine prognostizierte Arbeitslosenrate von 7,1 % im Jahr 2004 zeigt, dass die Zahl der Beschäftigten zurückge-

---

[289] Vgl. Frisch/Wörgötter, in: Quartalshefte der Girozentrale, Heft IV, 1982, 45

[290] Vgl. Frisch/Wörgötter, in: Quartalshefte der Girozentrale, Heft IV, 1982, 46

[291] Vgl. Bodenhöfer, H. J., u.a., Evaluierung der Solarinitiative „Sonnenland Kärnten": Endbericht; Hrsg. Institut für höhere Studien und wissenschaftliche Forschung Kärnten, Klagenfurt 2003, 22

[292] Vgl. Breuss, F., Wirkungen des Beschäftigungsprogramms, in: WIFO-Monatsberichte 3/1982, Wien 1982, 137

[293] Vgl. Mundoch, G., Schmoranz, I., Beschäftigungswirkungen von Bauinvestitionen in Österreich, in: Quartalshefte der Girozentrale, 17 Jg., Heft IV, 1982, 31

[294] Vgl. Frisch/Wörgötter, in: Quartalshefte der Girozentrale, Heft IV, 1982, 46

gangen ist[295]. Sollte dennoch in einzelnen Wirtschaftssparten eine Unterauslastung der Arbeitskräfte existieren, so führen die resultierenden Beschäftigungseffekte zu einer gegenwärtigen Arbeitsplatzsicherung u. zu einer höheren Auslastung der Kapazitäten, die relativ gesehen ja auch zu positiven Beschäftigungswirkungen führt[296].

Die von mir getätigten Überlegungen hinsichtlich der zusätzlichen Beschäftigungswirkungen können auf jeden Fall als richtig eingestuft werden, sieht man das Problem einer möglichen Unterauslastung aus dem infolge skizzierten Blickwinkel. Durch die lineare Technologieannahme entspricht der Produktionseffekt bei Ausweitung der Nachfrage um eine Einheit sowohl den Effekten bei Unterauslastung als auch diesen bei annähernder Vollauslastung, wodurch absolut gesehen mit gleichen Effekten zu rechnen ist. Will man dennoch diese Schwäche völlig vermeiden, müsste eine „dynamische" I/O-Tabelle konstruiert werden, auf die ich jedoch verzichtet habe[297].

Darüber hinaus wird über einen Zeitraum von 11 Jahren die Marktdurchdringung innovativer KWK-Technologien untersucht. Man kann daher davon ausgehen, dass innerhalb dieses Zeitraumes neben den kurzfristigen auch alle mittel- u. langfristigen Beschäftigungswirkungen zum Tragen kommen u. somit mögliche Beschäftigungsreserven od. die Erhöhung von Überstunden nur temporären Charakter besitzen u. sich in positive Beschäftigungseffekte überleiten lassen. Außerdem ist anzunehmen, dass die jährlichen berechneten Beschäftigungswirkungen teilweise bereits vor Inkrafttreten der jeweiligen Aufträge wirksam werden, da entsprechende Firmen, welche zukünftig mit Aufträgen rechnen, ihr Beschäftigungsniveau nicht einer augenblicklichen niedrigen Kapazitätsauslastung anpassen, sondern den zukünftigen prognostizierten Produktionsaufträgen. Die jährlichen errechneten Beschäftigungseffekte sind daher einerseits durch eine mögliche latente Unterauslastung, andererseits auf die Zukunft bezogene, jedoch gegenwärtig eintretende Beschäftigungswirkungen mit einer Ungenauigkeit versehen[298].

Da das Hauptziel dieser Untersuchung in der Abschätzung des gesamten Beschäftigungseffektes über einen Zeitraum von 11 Jahren liegt, stellt somit auch die Verwendung der durchschnittlichen Beschäftigungswirkungen keine wesentliche Einschränkung für meine Berechnungen dar, da sich gegenseitig wirkende Effekte größtenteils über diesen Zeitraum ausgleichen. Ferner werden durch die zusätzliche Nachfrage vorwiegend der primäre u. sekundäre Wirtschaftssektor angesprochen, in denen jeweils prioritär Arbeiter beschäftigt sind, welche eine höhere Beschäftigungselastizität aufweisen, es erfolgt somit eine höhere Zunahme der Beschäftigung in diesen Kategorien.

Abschließend werden an dieser Stelle die wesentlichsten Annahmen, die zur Berechnung der konjunkturellen Effekte mittels des I/O-Modells herangezogen wurden, in

---

[295] Vgl. Die Presse, 23.12.2004, 15, Titel: „Konjunkturprognose erneut gesenkt, Wifo: Ein Aufschwung ist das nicht", *Pers. Anm. des Autors,* die Arbeitslosenrate wird in Prozent der Unselbstständigen angegeben. Der Wert für 2004 stellt eine Prognose von WIFO u. IHS dar.

[296] Vgl. Die Presse, 23.12.2004, 15, Titel: „Konjunkturprognose erneut gesenkt, Wifo: Ein Aufschwung ist das nicht", für eine nachhaltige Absenkung der Arbeitslosenrate reichen reale Wachstumsraten der Wirtschaft unter 2,5 % nicht aus, weil unter dieser Schwelle die Kapazitäten der Wirtschaft nicht ausgelastet sind. *Pers. Anm. des Autors,* in den letzten Jahren (von 2001 bis 2003) betrug die Wachstumsrate der österreichischen Wirtschaft 0,7 %; 1,2 % sowie 0,8 % des BIP, real zum Vorjahr. Für 2004 wird wiederum von WIFO u. IHS eine reale BIP-Erhöhung zum Vorjahr von ca. 2 % prognostiziert. Für die Jahre 2005 u. 2006 erwartet man ca. 2,3 % bzw. 2,4 %. Angesichts dieser Zahlen kann man a priori von einer Unterauslastung der Kapazitäten in der Vergangenheit ausgehen; die Entwicklung der Arbeitslosenrate zeigt jedoch, dass die personellen Überkapazitäten durch den Abbau von Arbeitsplätzen vermindert wurden u. man somit vereinfacht davon ausgehen kann, dass in der österreichischen Volkswirtschaft derzeit keine bzw. geringe Beschäftigungsreserven vorhanden sind.

[297] Vgl. Farny/Kratena/Roßmann, in: Wirtschaft und Gesellschaft, 14 Jg., Nr.1, 1988, 80

[298] Vgl. Frisch/Wörgötter, in: Quartalshefte der Girozentrale, Heft IV, 1982, 46

Tabelle 9-2 angeführt. Weiters erfolgt eine gegebenenfalls mögliche Veranschaulichung der Auswirkungen von individuellen Annahmen zu den errechneten Effekten.

Tab. 9-2 Annahmen zur Berechnung der Wertschöpfungs-, Einkommens- u. Beschäftigungseffekte

Annahme	Bemerkungen	Ökonomische Auswirkung
Identität für Aktivitäten	Der Produktionswert (Output) der Aktivitäten ist gleich den gesamten Inputs der Aktivitäten. Für jede Aktivität gilt daher folgende Identitätsbeziehung: Produktionswert (Output) = Wertschöpfung + VL	k.A.
Identität für Güter	Das Güteraufkommen ist gleich der Güterverwendung. Für jedes Gut gilt demnach: Heimische Produktion + Importe = VL + Exporte + Konsumausgaben + Bruttoinvestitionen	k.A.
Gütertechnologieannahme	Die symmetrischen I/O-Tabellen wurden nach den Prinzipien der Gütertechnologieannahme analytisch aus den Aufkommens- u. Verwendungstabellen mit einer Gliederungstiefe von 57 Gütern u. 58 Aktivitäten durch STATISTIK AUSTRIA abgeleitet.	k.A.
Leontief-Produktionsfunktion	linear-limitationale Produktionsfunktion – strenger, direkter proportionaler Zusammenhang zw. Input u. Output; starre Produktionszusammenhänge; im Zeitraum wird annahmegem. keine Änderung der Produktionsverflechtungen u. technologischen Produktionsstrukturen berücksichtigt	k.A.
fixe statische technische Koeffizienten	durch Effizienzsteigerungen ausgelöste Substitutions- od. Einsparungseffekte werden nicht berücksichtigt	maximale Preiseffekte werden abgebildet
Homogenität der Güterströme	keine Substitutionsmöglichkeiten der Inputfaktoren	k.A.
konstante gütermäßige Zusammensetzung der Endnachfrage	in der Endnachfrage darf keine Substitution zw. den Gütern vorkommen	k.A.
offenes Modell	mittels Keynes'schen Multiplikator erweitert, um die autonome Endnachfrage teilweise zu korrigieren	k.A.
Bewertung der Preise	nach Möglichkeit Ab-Werk-Preis (exkl. Handelsspanne); Transportkosten der KWK-Anlagen werden jedoch berücksichtigt	bei Berücksichtigung: geringere ökonomische Auswirkungen, da die Handelsspanne nicht in der I/O-Analyse bewertet wird
Einkommensimpuls für sekundäre Effekte wird durch die Nettolöhne u. -gehälter sowie den Nettobetriebsüberschuss determiniert	Einkommen der AN u. Gewinne der Unternehmer tragen zu den sekundären Effekten bei	bei Berücksichtigung des Nettobetriebsüberschusses: Erhöhung der errechneten sekundären Effekte
Ein-Länder-Modell	Rückkoppelungen durch ausländische Konjunktureffekte, hervorgerufen durch importierte VL ausländischer Volkswirtschaften werden nicht berücksichtigt	bei Berücksichtigung: Erhöhung der errechneten primären u. sekundären Effekte
Unterauslastung des Anlagevermögens	kein Akzeleratoreffekt (d.h. durch den Auslastungszuwachs notwendige Kapazitätserweiterung)	bei Berücksichtigung: Erhöhung der errechneten sekundären Effekte
Abschreibungen bleiben unberücksichtigt	Die im Produktionsprozess angelaufenen Abschreibungen sollten korrekterweise – um den Kapitalstock konstant zu halten – reinvestiert werden, wodurch zusätzliche Arbeitskräfte beschäftigt werden müssen.	bei Berücksichtigung: Erhöhung der errechneten sekundären Effekte
durchschnittliche Beschäftigungswirkungen	Beschäftigungselastizität von 1, unabhängig ob eine Unter- od. Vollauslastung der Beschäftigten existiert; bei Unterauslastung tragen die Beschäftigungseffekte zur Sicherung der Arbeitsplätze bei	maximale Beschäftigungseffekte

Quelle: eigene Recherchen u. Statistik Austria, Input-Output-Tabelle 2000, 2004

9.3.2.2.2 *Angewandte Bereinigungen in den verwendeten Multiplikatoren*

Die von der STATISTIK AUSTRIA errechneten Multiplikatoren sind in ihrer Eigenschaft statisch, d.h. sie berücksichtigen z.B. keine Preisveränderungen u. ebenso keine Produktivitätssteigerungen in der österreichischen Volkswirtschaft seit Erstellung der I/O-Tabelle im Jahr 2000. Bei ihrer Verwendung zur Berechnung der Wertschöpfungs- u. Beschäftigungseffekte müsste man daher die inlandswirksamen Auftragssummen um die in Zukunft zu erwartenden Preissteigerungen durch Division von Deflatoren bereinigen[299]. Nach reiflicher Überlegung ging ich jedoch einen völlig anderen Weg, da durch die Inflationsbereinigung wertvolle Informationen in meiner Arbeit verloren gehen würden. Als Beispiel sei nur die gegenwärtig u. auch zukünftig zu erwartende Hausse von Erdöl- bzw. Gaspreis angeführt; die erhöhten Preise lassen massive Implikationen auf die Höhe der berechneten Außenhandelseffekte erwarten. Natürlich birgt der von mir eingeschlagene Weg - branchenspezifische Indizierung sämtlicher Investitions- u. Betriebsausgaben über den Betrachtungszeitraum - erhebliche Unwägbarkeiten mit der grundlegenden Systematik der I/O-Analyse. Durch die generellen Annahmen der Preissteigerungen erhöht sich der jeweilige monetäre Nachfrageimpuls pro ÖCPA-Güterklassifikation, wodurch die direkten u. indirekten u. damit auch die sekundären Effekte vergrößert werden. Da ich jedoch im Gegensatz zu vielen anderen Studien eine Vielzahl von Verdrängungseffekten im I/O-Modell berücksichtige, welche auch dieser Indizierung unterzogen werden, kommt es bei der Ermittlung der Nettoeffekte zu einer gewissen Kompensation dieser Annahme. Es erleiden somit nur die Bruttoeffekte eine höhere Ausprägung, die jedoch gerechtfertig ist, wenn diese unter dem nominellen Gesichtspunkt betrachtet wird. Um einer jährlichen Preissteigerung der Güter u. DL, welche während der Errichtungs- u. Betriebsphase benötigt werden, zu entsprechen, erfolgt daher mit verschiedenen in- u. ausländischen Preisindices eine Indizierung mittels gemittelter Wachstumsfaktoren[300].

Des Weiteren sind in den Wertschöpfungsmultiplikatoren bereits die importierten VL der verschiedenen Zulieferer berücksichtigt. Dies wird dadurch ausgedrückt, dass die Multiplikatoren kleiner als 1 sind, wodurch sich der Importanteil durch eine Subtraktion von 1 minus Wertschöpfungsmultiplikator ausrechnen lässt[301].

Die I/O-Koeffizienten beruhen auf der Technologie des Jahres 2000. Da sich seither ein technologischer Fortschritt sowie eine Erhöhung der Kapitalintensität eingestellt hat, müssen die Beschäftigungskoeffizienten bzw. die Beschäftigungsmultiplikatoren korrigiert werden[302]. Dies geschieht annäherungsweise dadurch, dass man die Beschäftigungsmultiplikatoren um den Produktivitätszuwachs verkleinert. Für die Korrektur der ursprünglichen, von STATISTIK AUSTRIA errechneten Beschäftigungsmultiplikatoren wird die durchschnittliche jährliche prozentuelle Arbeitsproduktivitätsänderung lt. WIFO-Monatsbericht 5/2005 herangezogen[303]. Für den Zeitraum von 2004 bis 2009 errechnete STATISTIK AUSTRIA eine durchschnittliche jährliche Änderung der Produktivität von 1,4 %, wobei in der Zeitreihe eine steigende Tendenz konstatierbar ist[304]. In dem Baseline-Szenario kommt daher - aus dem Umstand einer in-

---

[299] Vgl. Breuss, F., in: WIFO-Monatsberichte 3/1982, 137ff., *Pers. Anm. des Autors,* die Deflatoren entsprechen realen Produktionswerten zu Preisen von 2000, *Vgl. dazu* Frisch/Wörgötter, in: Quartalshefte der Girozentrale, Heft IV, 1982, 50

[300] Pers. Anm. des Autors, es werden die jährl. anfallenden Ausgaben für Sachgüter mit branchenspezifisch errechneten gemittelten Wachstumsfaktoren Jahr für Jahr über den Untersuchungszeitraum indiziert, um eine mögliche zukünftige Preisentwicklung abzubilden. Ferner erfolgt durch die Verwendung spezifischer hochgerechneter heimischer u. ausländischer gemittelter Tariflohnindexes eine Abbildung der Tariflohnerhöhungen über den Betrachtungszeitraum. Eine genaue Darstellung über die Berechnungsmethode der verwendeten Indices ist im Anhang unter Kap. *14.6.2 [Verwendete Indices]* ersichtlich; abrufbar unter: www.energieinstitut-linz.at. *Vgl. dazu* Sixtl, F., Der Mythos des Mittelwertes: Neue Methodenlehre der Statistik, 2. Aufl., München 1996, 63f., *Pers. Anm. des Autors,* die Wachstumsrate wurde nach der Formel für das geometrische Mittel errechnet.

[301] Pers. Anm. des Autors, mit Ausnahme des Multiplikators für die Wertschöpfung der Güter 95 „DL privater Haushalte" sind alle Multiplikatoren kleiner als 1.

[302] Vgl. Frisch/Wörgötter, in: Quartalshefte der Girozentrale, Heft IV, 1982, 50ff.

[303] Vgl. Baumgartner, J., Kaniovski, S., Marterbauer, M., Mittelfristig langsame Erholung der Inlandsnachfrage – Prognose der österreichischen Wirtschaft bis 2009, in: WIFO Monatsberichte 5/2005, Wien 2005, 347, gemessen in BIP real je Erwerbstätigen (unselbständige Beschäftigungsverhältnisse u. Selbstständige lt. VGR).

[304] Vgl. Baumgartner/Kaniovski/Marterbauer, in: WIFO Monatsberichte 5/2005, Wien 2005, 347, in dem Zeitraum 1999 bis 2004 betrug die jährliche Steigerung der Produktivität durchschnittl. 1,1 %. Die durchschnittliche Steigerung der Arbeitsproduk-

nerhalb der letzten Jahre gestiegenen Produktivität - eine durchschnittliche Veränderung der Arbeitsproduktivität von 1,8 % p.a. für den gesamten Untersuchungszeitraum zur Anwendung, da mit einer weiter wachsenden Produktivität ab dem Jahr 2010 gerechnet werden kann. Die Berücksichtigung einer steigenden Produktivität führt zu einer Abschwächung der Beschäftigungseffekte, da derselbe Bruttoproduktionswert mit einer vergleichsweise geringeren Beschäftigungsanzahl erreicht wird. Abgebildet wird dieser geringere Beschäftigungseffekt durch Division des jeweiligen Beschäftigungsmultiplikators je ÖCPA-Gliederung aus der I/O-Tabelle mit der durchschnittlichen Arbeitsproduktivitätssteigerung beginnend, ab dem Jahr 2000 über den gesamten Untersuchungszeitraum[305].

9.3.2.2.3 Gang der Berechnung der primären Bruttowertschöpfungseffekte

Auf Basis der empirisch ermittelten jährlichen Investitionen u. Ausgaben kommen die benötigten Direktimporte, die von der Errichtung u. dem Betrieb innovativer KWK-Technologien herrühren, zum Abzug. Anschließend wird der jährliche anteilige heimische monetäre Nachfrageimpuls pro betroffenes Gut ermittelt u. mit dem betreffenden Wertschöpfungsmultiplikator multipliziert, um so die entstehende primäre Wertschöpfung pro Gut u. Jahr in Österreich zu erhalten.

Die Aufteilung der primären Wertschöpfungseffekte auf direkte u. indirekte erfolgt unter Zuhilfenahme eines errechneten Quotienten aus der I/O-Tabelle 2000; die gesamte Summe der Wertschöpfung zu Herstellungspreisen für die jeweilige Aktivität wird dividiert durch den jeweiligen kumulierten Bruttoproduktionswert pro Aktivität über alle Güter zu Herstellungspreisen[306]. Dieser Quotient wird mit dem induzierenden monetären Nachfrageimpuls für diese Güterkategorie multipliziert, um den direkten Effekt der betreffenden Güterkategorie zu bestimmen. Durch Abzug des errechneten jährlichen direkten Wertschöpfungseffektes vom gesamten primären Wertschöpfungseffekt je ÖCPA-Gut erhält man die jeweiligen indirekten Wertschöpfungseffekte. Diese Berechnung ist zwar nur eine näherungsweise Ermittlung der Aufteilung in direkte u. indirekte Effekte, ermöglicht dennoch, strukturelle Aussagen über deren Ausprägung zu tätigen.

9.3.2.3 Bruttoeinkommens- bzw. sekundäre Bruttowertschöpfungseffekte - Schematischer Aufbau

Die Einkommenseffekte (direkte Kaufkrafteffekte) u. die sekundären Wertschöpfungseffekte resultieren daraus, dass zusätzlich geschaffene Einkommen, die im Laufe der Errichtung u. des Betriebes innovativer KWK-Technologien entstehen, ausgegeben u. wieder nachfragewirksam werden. Es resultiert daher mehr Einkommen für Arbeitskräfte u. Unternehmer, welches zum Teil für Konsum- u. Investitionsgüter ausgegeben werden kann u. über diesen Weg wieder zu vermehrter Wertschöpfung führt. Sekundäre Wertschöpfungseffekte werden durch die Multiplikatorwirkungen des primären Effekts ausgelöst u. sind im gesamten Bereich der Wirtschaft, der mit der Herstellung von Konsumgütern befasst ist, wirksam. Ihr Ausmaß hängt davon ab, wie ausgabefreudig die Bezieher der zusätzlichen Einkommen sind[307].

---

tivität liegt dabei deutlich unter den Werten der achtziger u. neunziger Jahre, da durch die Ausweitung der Teilzeitbeschäftigung die Produktivität - gemessen in Output pro Kopf - wiederum gedämpft wurde.

[305] Pers. Anm. des Autors, die jährliche durchschnittliche prozentuelle Veränderung wird dabei, abhängig von der Jahreszahl mit diesem Wert potenziert, wobei die Potenzierung ab dem Jahr 2001 beginnt, da sich die Beschäftigungsmultiplikatoren auf die I/O-Tabelle aus dem Jahr 2000 beziehen; folglich beträgt die Produktivitätssteigerung im Jahr 2005 bspw. $1,018^5$.

[306] Vgl. Hantsch, S., u.a., 2002, 44, bzw. persönliches Gespräch vom 29.10.2004 mit HEIDI ADENSAM, Ökologie-Institut, Wien

[307] Vgl. Frisch/Wörgötter, in: Quartalshefte der Girozentrale, Heft IV, 1982, 44

Vor Beschreibung des Multiplikatorprozesses ist jedoch festzulegen, welcher Einkommensimpuls dem direkten Kaufkrafteffekt bzw. dem sekundären Wertschöpfungseffekt zu Grunde gelegt wird[308]. Der Einkommensimpuls, der die beiden Effekte initiiert, kann anhand der Abbildung 9-2 näher studiert werden.

ABB. 9-2 SCHEMATISCHE DARSTELLUNG - SEKUNDÄRE BRUTTOWERTSCHÖPFUNGSWIRKUNG, TEIL 1 – EINKOMMENSIMPULS

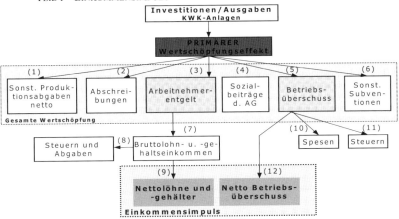

Quelle: Statistik Austria, Input-Output-Tabelle 2000, 2004 u. eigene Recherchen

Zur Berechnung der Einkommenseffekte bzw. der sekundären Wertschöpfungseffekte werden die errechneten primären Wertschöpfungseffekte herangezogen. Ausgangspunkt ist daher der errechnete primäre Wertschöpfungseffekt, der sich auf die Wertschöpfungskomponenten sonst. Produktionsabgaben netto *(1)*, Abschreibungen *(2)*, AN-Entgelt *(3)* sowie Sozialbeiträge der AG *(4)*, Betriebsüberschuss[309] *(5)* u. sonst. Subventionen *(6)* separiert. Die prozentuelle Aufteilung der primären Wertschöpfungseffekte auf die einzelnen Wertschöpfungskomponenten erfolgt auf Basis der I/O-Tabelle 2000 durch eine Quotientenbildung aus der jeweiligen, über alle Aktivitäten kumulierten Komponente der Wertschöpfung zur gesamten Wertschöpfung zu Herstellungspreisen[310].

Für die weiteren Betrachtungen werden nur mehr jene Komponenten der errechneten primären Wertschöpfung verfolgt die unmittelbar durch induziertes Einkommen eine zusätzliche Nachfrage ergo einen Kaufkrafteffekt bzw. sekundären Effekt generieren. Zum einen wären daher Löhne u. Gehälter aus unselbstständiger Arbeit *(7)* betroffen, die abzüglich aller Steuern u. Sozialabgaben *(8)* die Nettolöhne u. -gehälter *(9)* ergeben. Zum anderen ist der durch den primären Effekt induzierte Betriebsüberschuss *(5)* weiter zu verfolgen, da auch in diesem Fall mit stimulierenden Konsumausgaben aus Gewinneinkommen zu rechnen ist u. abzüglich Spesen *(10)* u. Steuern *(11)* der Nettobetriebsüberschuss *(12)* folglich im Inland zu mehr Nachfrage führt. Folgendes tabellarisch aufgelistete Berechnungsschema soll in Tabelle 9-3 das Zustandekommen des Einkommensimpulses nochmals erklären.

---

[308] Pers. Anm. des Autors, diese Frage stellt sich natürlich auch bei der Festlegung der sekundären Beschäftigungseffekte, wobei der Einkommensimpuls für die sekundären Beschäftigungseffekte der Gleiche ist.

[309] Pers. Anm. des Autors, lt. I/O-Tabelle 2000 ist hier der „Betriebsüberschuss, netto" angegeben. Nach einem Telefonat mit ERWIN KOLLERITSCH, Statistik Austria, sind jedoch die Steuern noch nicht abgezogen. Es wurde daher von mir zum leichteren Verständnis u. auch im Sinne der hier angewandten Methodik richtigerweise der Brutto-Betriebsüberschuss gemeint.

[310] Pers. Anm. des Autors, die Aufteilung des primären Wertschöpfungseffektes ist in Anleitung der I/O-Tabelle 2000, herausgegeben von STATISTIK AUSTRIA u. eigenen Überlegungen entstanden.

Tab. 9-3 Berechnungsschema für den induzierten Einkommensimpuls

gesamter primärer Wertschöpfungseffekt		gesamter primärer Wertschöpfungseffekt	
x	Anteil AN-Entgelt an der gesamten Wertschöpfung zu Herstellungspreisen (46,64 %)[311]	x	Anteil Betriebsüberschuss an der gesamten Wertschöpfung zu Herstellungspreisen (24,10 %)[312]
=	induziertes Lohn- u. Gehaltseinkommen aus dem primären Wertschöpfungseffekt	=	induzierter Betriebsüberschuss aus dem primären Wertschöpfungseffekt
-	Sozialversicherungsbeiträge der AN u. Steuern (32,5 %)	-	Steuern (25 %)[313]
=	**Nettolöhne u. -gehälter**	=	**Nettobetriebsüberschuss**

Quelle: eigene Recherchen u. in Anlehnung an IHS, Bewertung der volkswirtschaftlichen Auswirkungen der Unterstützung von Ökostrom in Österreich, Klagenfurt 2004

Basierend auf den oben angeführten Abläufen wird in der anschließenden Abbildung 9-3 schematisch der Multiplikatoreffekt erklärt, der schlussendlich mit dem inkludierten direkten Kaufkrafteffekt den sekundären Wertschöpfungseffekt determiniert.

ABB. 9-3 SCHEMATISCHE DARSTELLUNG - SEKUNDÄRE BRUTTOWERTSCHÖPFUNGSWIRKUNG, TEIL 2 - MULTIPLIKATOREFFEKT

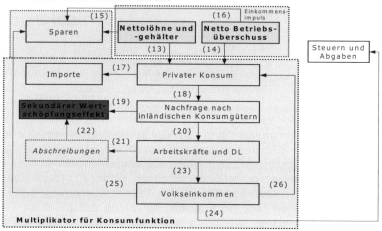

Quelle: in Anlehnung an Quartalshefte der Girozentrale, Heft IV, 1982 u. eigene Recherchen

Ausgehend von den Nettolöhnen u. -gehältern als Komponente des Einkommensimpulses wird ein Teil für private Konsumzwecke *(13)*, der verbleibende Rest für das Sparen *(15)* verwendet. Ferner wird ebenso der Nettobetriebsüberschuss zum Teil gespart *(16)* od. den priv. Konsumzwecken *(14)* zugerechnet u. daher teilweise ausgabewirksam[314]. Hierbei gehe ich, wie bereits erwähnt von der Annahme aus, dass sich die betroffenen Wirtschaftsbereiche in einer gegenwärtigen Unterauslastung ihrer Produktionskapazitäten befinden (Stagnationsphase) u. somit durch einen Auslastungszuwachs notwendige Kapazitätserweiterungen entfallen; es tritt somit kein „Akzeleratoreffekt" auf. Ein Teil der priv. Konsumausgaben fließt über importierte Konsumgüter *(17)* in das Ausland, der andere wird im Inland nachfragewirksam *(18)*

---

[311] Pers. Anm. des Autors, Prozentsatz errechnet aus der I/O-Tabelle 2000, publiziert von STATISTIK AUSTRIA im Jahr 2004.

[312] Pers. Anm. des Autors, Prozentsatz errechnet aus der I/O-Tabelle 2000, publiziert von STATISTIK AUSTRIA im Jahr 2004.

[313] Pers. Anm. des Autors, Spesen werden in der Berechnung nicht weiter berücksichtigt.

[314] Pers. Anm. des Autors, der thesaurierende Anteil des Nettobetriebsüberschusses in Form der Sparquote kann daher ebenso als finanzieller Beitrag betrachtet werden, der bspw. die Innenfinanzierung erhöht od. zur Tilgung von Kapitalzinsen Verwendung findet. Der Nettobetriebsüberschuss abzüglich der Sparquote wird demgem. für den Konsum aufgewandt, wobei korrekterweise klar gestellt wird, dass ein großer Anteil dieses „Gewinns" in der Realität für Erweiterungsinvestitionen bzw. Merger & Akquisition-Prozesse Verwendung findet. Es kann dadurch zu leichten Ungenauigkeiten kommen, da ich in meiner Analyse für den sekundären Multiplikatoreffekt eine Konsumfunktion sowie einen Wertschöpfungsmultiplikator für den priv. Konsum unterstellt habe u. daher diese Ausgaben vereinfacht als privater Konsum betrachtet wurden.

u. determiniert daher schlussendlich die direkten Kaufkrafteffekte (zusätzliche Nettoeinkommenseffekte). Die Importquote wird dabei durch Division des Importanteils der Endnachfrage privater Haushalte an den Konsumausgaben aller Güter durch die gesamte Endnachfrage privater Haushalte an den Konsumausgaben aller Güter zu Herstellungspreisen gem. I/O-Tabelle 2000 errechnet[315].

Zur Produktion der nachgefragten inl. Konsumgüter sind Arbeitskräfte u. DL *(20)* notwendig. Gleichzeitig entsteht damit wieder ein zusätzliches Einkommen für Beschäftigte u. Unternehmer *(23)*, welches teilweise nachfragewirksam wird. Der Zuwachs an Volkseinkommen, welches aus Löhnen u. Gehältern bzw. Unternehmensgewinnen besteht, kann dann nach Abzug der Steuern u. Abgaben *(24)* sowie der Ersparnisse *(25)* erneut für den priv. Konsum *(26)* nachfragewirksam verwendet werden. Die inländische Komponente des neuerlichen Zuwachses an priv. Konsumausgaben zieht wiederum einen Wertschöpfungseffekt nach sich u. der Kreislauf beginnt von neuem. Nach jedem Durchlauf werden die Einkommenszuwächse kleiner, bis sie schließlich vernachlässigbar werden. Die Summe der in diesem Kreislauf ausgelösten Wertschöpfungswirkungen bildet schlussendlich den sekundären Wertschöpfungseffekt *(19)*[316].

Korrekterweise müssten die im Produktionsprozess angelaufenen Abschreibungen wieder reinvestiert werden, um den Kapitalstock konstant zu halten *(21)*. Diese Reinvestitionen würden neuerlich eine Wertschöpfung mit sich ziehen u. somit den sekundären Wertschöpfungseffekt erhöhen *(22)*. Gem. den bereits erläuterten Annahmen habe ich den Abschreibungseffekt jedoch ignoriert. Bei der Interpretation der berechneten Ergebnisse sollte darauf Rücksicht genommen werden, dass daher die sekundären Wertschöpfungseffekte durch diese Nichtberücksichtigung auf der sicheren Seite liegen[317].

9.3.2.4 Berechnung der Bruttoeinkommens- bzw. sekundären Bruttowertschöpfungseffekte

9.3.2.4.1 *Gang der Berechnung der Bruttoeinkommenseffekte – direkter Kaufkrafteffekt*

Bevor im Detail auf den Multiplikatoreffekt eingegangen werden soll, wird in der Tabelle 9-4 das Berechnungsschema des zu Grunde gelegten inl. nachfragewirksamen Nettoeinkommens erläutert.

---

[315] *Pers. Anm. des Autors,* die gesamte Summe an Konsumausgaben priv. Haushalte wurde dabei um Gütersubventionen u. -steuern bereinigt.
[316] Vgl. Frisch/Wörgötter, in: Quartalshefte der Girozentrale, Heft IV, 1982, 45
[317] Vgl. dazu Frisch/Wörgötter, in: Quartalshefte der Girozentrale, Heft IV, 1982, 47, *Pers. Anm. des Autors,* der hier beschriebene Effekt der Abschreibungen bzw. ein Ignorieren des Akzeleratoreffektes ist selbstverständlich auch für die sekundären Beschäftigungswirkungen zutreffend.

Tab. 9-4 Berechnungsschema nachfragewirksames inländisches Nettoeinkommen – direkter Kaufeffekt

	Nettolöhne u. -gehälter
+	Nettobetriebsüberschuss
=	**durch den primären Wertschöpfungseffekt ausgelöste Zuwachsmöglichkeit des Konsums**
-	Zuführung zu den Ersparnissen - Sparquote (9,40 %)
=	**privater Konsum**
-	importierte Konsumgüter – Importquote (15,07 %)[318]
=	**im Inland nachfragewirksames Nettoeinkommen, generiert aus primärer Wertschöpfung – direkter Kaufeffekt**

Quelle: eigene Recherchen u. in Anlehnung an IHS, Bewertung der volkswirtschaftlichen Auswirkungen der Unterstützung von Ökostrom in Österreich, Klagenfurt 2004

9.3.2.4.2 Gang der Berechnung der sekundären Bruttowertschöpfungseffekte

Zur Berechnung der sekundären Wertschöpfungseffekte werden die aus der primären Wertschöpfung induzierten Einkommenseffekte herangezogen. Das zusätzliche Einkommen privater Haushalte (Nettolöhne u. -gehälter) sowie der Nettobetriebsüberschuss aus Firmengewinnen sind wie bereits dargestellt Teile der Wertschöpfung u. bilden die Basis für die weiteren angeführten Überlegungen. Die Integration des Keynes'schen Einkommensmultiplikators führt dabei zu einer Erweiterung des I/O-Modells, wodurch die sekundären Effekte des zusätzlichen priv. Konsums ermittelt werden können.

Analytisch lässt sich der sekundäre Wertschöpfungseffekt mit Hilfe folgender Gleichung beschreiben[319]. Bei exogenen Exporten, Staatsausgaben u. Investitionen zerfällt die Veränderung des Volkseinkommens ΔY in folgende Komponenten[320]:

$$\Delta Y = \Delta M_{AN-Brutto} * (1-Sq) * (1-Xq) * (1-T_{AN}) * M * W_{Koeff} + \Delta B\ddot{U} * (1-Sq) * (1-Xq) * (1-T_{K\ddot{o}St}) * M * W_{Koeff}$$

Vereinfacht ergibt das Folgenden formalen Zusammenhang[321]:

$$\Delta Y = (1-Xq) * (1-Sq) * M * W_{Koeff} * (\Delta B\ddot{U} * (1-T_{K\ddot{o}St}) + \Delta M_{AN-Brutto} * (1-T_{AN})) \quad od.$$

$$\Delta Y = (1-Xq) * (1-Sq) * M * W_{Koeff} * (\Delta B\ddot{U}_{Netto} + \Delta M_{AN-Netto})$$

ΔY Veränderung des Volkseinkommens (als induzierte sekundäre Wertschöpfung definiert)

$\Delta M_{AN-Brutto}$ durch den primären Wertschöpfungseffekt induzierte Bruttoeinkommen u. -löhne der AN

$\Delta M_{AN-Netto}$ durch den primären Wertschöpfungseffekt induzierte Nettoeinkommen u. -löhne der AN

---

[318] Pers. Anm. des Autors, errechnet aus der I/O-Tabelle 2000, *Vgl. dazu* Hantsch, S., u.a., 2002, 44, in dieser Studie kam eine Importquote in der Höhe 14,68 % zum Einsatz, welche aus der I/O-Tabelle 1990 errechnet wurde, *Vgl. dazu* Bodenhöfer, H. J., u.a., 2004, 65, in dieser Arbeit kam für das Baseline-Szenario eine Importquote von 15 % zur Anwendung, welche aus der I/O-Tabelle 2000 errechnet wurde u. mit meinem errechneten Wert daher übereinstimmt.

[319] Pers. Anm. der Autors, entsprechend der schematischen Darstellung wurden die Steuern u. Abgaben zur Ermittlung der Nettolöhne u. -gehälter sowie des Nettobetriebsüberschusses bereits abgezogen; es erfolgt jedoch in der Formelherleitung eine wegen der Vollständigkeit halber nochmalige Berücksichtigung der Bruttogrößen, um eine durchgängige formale Ableitung zu gewähren.

[320] Vgl. Frisch/Wörgötter, in: Quartalshefte der Girozentrale, Heft IV, 1982, 48

[321] Pers. Anm. des Autors, die vereinfachte Formel entspricht der vorherigen Herleitung aus dem Kap. 9.3.2.3 [Bruttoeinkommens- bzw. sekundäre Bruttowertschöpfungseffekte - Schematischer Aufbau].

$\Delta B\ddot{U}$	durch den primären Wertschöpfungseffekt induzierter Bruttobetriebsüberschuss
$\Delta B\ddot{U}_{Netto}$	durch den primären Wertschöpfungseffekt induzierter Nettobetriebsüberschuss
Sq	Sparquote
Xq	Importquote (lt. I/O-Tabelle 2000)
T_{AN}	Sozialversicherungsbeiträge u. Steuern der AN
$T_{K\ddot{o}St}$	Körperschaftssteuer[322]
M	Einkommensmultiplikator für die Konsumfunktion
W_{Koeff}	Wertschöpfungskoeffizient für den priv. Konsum (lt. I/O-Tabelle 2000)

Im Anschluss erfolgt eine detaillierte Darstellung u. Herleitung der wesentlichsten Komponenten, welche in der Formel Einzug finden.

Als Sparquote Sq wird entsprechend einer umfassenden Literaturrecherche 9,4 % angenommen[323]. Eine hohe Sparquote, sprich eine niedrige Konsumneigung stellt eine „Versickerungsgröße" dar, die das wirtschaftliche Aktivitätsniveau im Kreislaufprozess dämpft. Ignoriert man die Sparquote od. besitzt sie eine theoretische Ausprägung von Null, so würde ein Einschuss von einer Geldeinheit in das geschlossene System zu einem kumulierten Multiplikator von Plus ∞ führen[324].

Der zusätzliche induzierte inl. Konsum $\Delta C_Y = (\Delta B\ddot{U}_{Netto} + \Delta M_{AN-Netto})*(1-Sq)*(1-Xq)$, der sich durch die ursächliche Nachfrage nach KWK-Anlagen ergibt, wird noch um einen Einkommensmultiplikator M erweitert, da angenommen werden muss, dass die zusätzlichen Konsumausgaben in den betroffenen Konsumgütersektoren wiederholt Wertschöpfungseffekte induzieren[325]. Daraus folgt, dass das Volkseinkommen steigt, dann aus der Konsumfunktionseigenschaft der Konsum C steigt, ferner wieder das Volkseinkommen Y usw. Die zeitliche Abfolge kann formal durch eine einfache lineare Konsumfunktion, wie im Anschluss dargestellt, gezeigt werden. Die Funktion impliziert, dass der Konsum C_t vom Einkommen Y_{t-1} der vorherigen Periode abhängt[326]:

---

[322] Pers. Anm. des Autors, die Bezeichnung gilt sinnbildlich für Kapitalgesellschaften, bei Personengesellschaften ist demnach die Einkommensteuer gemeint.

[323] Vgl. Die Presse, 16.11.2004, 1, 21, Titel: „Österreicher legen heuer zwölf Milliarden auf die hohe Kante", eine Prognose der ÖSTERREICHISCHEN NATIONALBANK schätzt die Sparquote für 2004 auf 7,7 % ein. Den Höchststand erreichte die Sparquote im Jahr 1991 mit 14,9 % der verfügbaren Einkommen. Seither sank die Sparquote bis 1997 auf ein historisches Tief von 7,4 %. Der langfristige Rückgang der Sparquote ist hauptsächlich auf das gesunkene Zinsniveau zurückzuführen sowie auf eine gesunkene Inflationsrate u. schwächer gestiegene verfügbare Einkommen. Für 2005 sollte die Sparquote lt. Notenbank-Schätzung auf 8,1 % steigen, 2006 auf 8,3 %. Der Anstieg dürfte vor allem aus dem immer stärkeren Trend zur priv. Pensionsvorsorge resultieren. Eine Rückkehr der Sparquote auf den Durchschnittswert der Periode von 1960 bis 2002, der bei 11,3 % lag, hält die Notenbank für ausgeschlossen. Vgl. dazu Hantsch, S., u.a., 2002, 44, in dieser Studie wurde als Sparquote 12 % angenommen, Vgl. des Weiteren Bodenhöfer, H. J., u.a., 2004, 65, in dem I/O-Modell kam eine Sparquote von 8,5 % zum Ansatz. Vgl. des Weiteren Baumgartner/Kaniovski/Marterbauer, in: WIFO Monatsberichte 5/2005, Wien 2005, 340, die durchschnittliche Sparquote der priv. Haushalte wird für den Zeitraum von 2004 bis 2009 mit 9,4 % angenommen. Das Wachstum der Konsumausgaben der priv. Haushalte sollte sich durch die prognostizierten höheren Lohnabschlüsse sowie durch die kurzfristigen Effekte der Steuerreform 2005 von 1,4 % auf 2,1 % p.a. beschleunigen. Ferner sollten eine Konjunkturbelebung u. die Verbesserung der Beschäftigungslage diesen Trend positiv beeinflussen. Die Prognose unterstellt daher, dass ab 2007 eine leichte Erhöhung der Konsumneigung u. somit eine Reduzierung der Sparquote von 9,6 % für die Jahre 2005 u. 2006 auf 9,2 % im Jahr 2009 stattfindet. Pers. Anm. des Autors, in dem Baseline-Szenario wird somit eine konstante Sparquote von 9,4 % für den gesamten Untersuchungszeitraum angenommen. Damit wird den Überlegungen des WIFO Rechnung getragen, welche nach einem kurzfristigen Anstieg der Sparquote im Anschluss mittelfristig einen leichten Abfall der Sparquote vorsehen.

[324] Vgl. Farny/Kratena/Roßmann, in: Wirtschaft und Gesellschaft, 14 Jg., Nr.1, 1988, 69

[325] Vgl. Breuss, F., in: WIFO-Monatsberichte 3/1982, 142, od. Frisch/Wörgötter, in: Quartalshefte der Girozentrale, Heft IV, 1982, 48, bzw. Farny/Kratena/Roßmann, in: Wirtschaft und Gesellschaft, 14 Jg., Nr.1, 1988, 70

[326] Vgl. Blanchard, O. J., Macroeconomics, 1st ed, Prentice-Hall, 1997, 44ff.

$C_t = c_0 + c_1 * Y_{t-1}$ wobei folgende Kurzzeichen bedeuten:

c_0 autonomer Konsum
c_1 marginale Konsumneigung
Y_{t-1} Einkommen der vorigen Periode

Wird im Zeitpunkt t=0, das Volkseinkommen Y um ΔY_0 (=ΔI) erhöht, erhöhen sich der Konsum C u. das Volkseinkommen Y in den weiteren Perioden folgendermaßen:

$\Delta C_1 = c * \Delta Y_0 = c * \Delta I$ [327]

$\Delta Y_1 = \Delta C_1$

$\Delta C_2 = c * \Delta Y_1$

$\Delta Y_2 = \Delta C_2$

$\Delta C_n = c * \Delta Y_{n-1}$

$\Delta Y_n = \Delta C_n$ u. so fort

Führt man dieses unendliche „Spiel" des Konsumverhaltens, als geometrische Reihe dargestellt, gegen Limes unendlich, so erhält man den Einkommensmultiplikator M für die Konsumfunktion. Im Anschluss soll daher die theoretische Ableitung des Einkommensmultiplikators in einem geschlossenen System dargestellt werden.

MPC_1 entspricht dem Teil, der für Konsumgüter in einem geschlossenen System ausgegeben wird. Folgt man der Annahme, es herrsche für Konsumgüter ein vollkommenes elastisches Angebot u. ein zusätzlicher Strom an Konsumgütern, der in seiner Höhe bei unveränderten Preisen dem zusätzlichen Konsumangebot entspricht, so induziert die zusätzliche Konsummöglichkeit aus der primären Wertschöpfung ΔC_Y eine Wertschöpfung von $\Delta C_Y * MPC_1$. Die Konsumausgaben der letzteren erfordern wiederum die zusätzliche Wertschöpfung von $MPC_1^2 * \Delta C_Y$. Schließlich wird also der anstoßende Konsumimpuls ΔC_Y infolge der wiederkehrenden Konsumption die zusätzliche Wertschöpfung von $MPC_1 + MPC_1^2 + MPC_1^3 + ... \Delta C_Y$ erzeugen. Somit wird eine geometrische Reihe generiert, deren Summenformel mit $\frac{1}{1-MPC_1}$ ($MPC_1 < 1$) den Einkommensmultiplikator M darstellen lässt[328]. Man erkennt, dass der Multiplikator umso größer ist, je größer die Konsumneigung MPC_1 ist.

Zu beachten ist dabei stets bei der Verwendung solcher Summenformeln, dass sie unendliche Zeithorizonte voraussetzen u. ihr Endwert auch nur annähernd nach dem Ablauf mehrerer Perioden erreicht wird, wie im Anschluss rudimentär gezeigt wird:

$$\lim_{n \to \infty} \Delta Y_{(n)} = \Delta Y_0 * \frac{1}{1-MPC_1} = \Delta Y_0 * M = \Delta C_Y * M$$

Die marginale Konsumneigung MPC_1, die in den Multiplikator der Konsumfunktion eingeht u. damit für die Höhe der sekundären Effekte ausschlaggebend ist, wird mit 0,907 angenommen[329]. Da sich die marginale Konsumneigung auf das zusätzliche

---

[327] Pers. Anm. des Autors, c bedeutet in diesem Fall die marginale Konsumneigung MPC.

[328] Vgl. Farny/Kratena/Roßmann, in: Wirtschaft und Gesellschaft, 14 Jg., Nr.1, 1988, 69f., od. Breuss, F., in: WIFO-Monatsberichte 3/1982, 142

[329] Quelle: Email, 2005-01-11, Martina Agwi, WIFO, die marginale Konsumneigung wurde aus den Konsumerhebungen 1999/2000 der STATISTIK AUSTRIA (Querschnittsdaten) durch das WIFO errechnet. Die Berechnung erfolgte mit Hilfe von Regressionen. Pers. Anm. des Autors, vergleicht man den Wert mit dem Wert 0,715 aus der Konsumerhebung 1993/1994, so zeigt sich, dass die marginale Konsumneigung des Jahres 1999/2000 um ca. 26 % gestiegen ist. Auf Grund der hohen Bedeu-

Nettoeinkommen ohne Steuern u. Abgaben bezieht, müssen noch für die AN-Entgelte die Sozialversicherung u. Lohnsteuer bzw. die DG-Beiträge sowie die Einkommenssteuer bei dem Betriebsüberschuss von der marginalen Konsumneigung abgezogen werden[330]. Bei der ersten Runde wurde diese Bereinigung bereits berücksichtigt. Da aber im Multiplikator die Formel der unendlichen Reihe inkludiert ist, muss für die Folgerundeneffekte diese Korrektur erfolgen, weil sonst das zusätzliche Einkommen durch den erstmaligen Konsum zu rd. 91 % in den weiteren Konsum fließen würde, was nicht stimmt, weil ja davon wieder Abgaben u. Steuern bezahlt werden müssen[331]. Damit ergibt sich für das Baseline-Szenario eine bereinigte marginale Konsumneigung MPC von 0,507 u. somit ein Wert für den Einkommensmultiplikator M der Konsumfunktion von 2,030[332].

Entsprechend einem von JOHN MAYNARD KEYNES entwickelten psychologischen Gesetz müsste die marginale Konsumneigung mit steigendem Einkommen abnehmen. Langfristige Untersuchungen in den USA ergaben jedoch, dass die Konsumquote im Zeitablauf erstaunlich stabil ist, obwohl die Einkommen der Wirtschaftssubjekte real gestiegen sind[333]. Neuere Theorien zur Erklärung dieses Phänomens wie die von MILTON FRIEDMANN gehen davon aus, dass die Höhe des Konsums nicht vom jeweiligen aktuellen Einkommen abhängt, sondern vom in der Lebenszeit erwarteten Einkommen. Nimmt man nun entsprechend den empirischen Ergebnissen an, dass der Anteil des permanenten Konsums am laufenden Einkommen konstant bleibt, dann impliziert das eine gleiche langfristige Grenzneigung des Konsums u. auch der Konsum-

---

tung der marginalen Konsumneigung für das Ausmaß des Multiplikators wird dieser Tatsache in den nächsten Zeilen besondere Aufmerksamkeit geschenkt. Vgl. dazu Kaniovski, S., Kratena, K., Marterbauer, M., Auswirkungen öffentlicher Konjunkturimpulse auf Wachstum u. Beschäftigung; Hrsg. WIFO, 3ff., die marginale Konsumneigung der priv. Haushalte unterscheidet sich stark nach Einkommensschichten. Die Konsumneigung des unteren Einkommensdrittels beträgt kurzfristig 0,8 u. mittelfristig sogar 1,2, d.h. diese Einkommensbezieher geben den weitaus überwiegenden Teil ihres verfügbaren Budgets sofort wieder aus. Hingegen liegt das Konsumverhalten im mittleren bzw. oberen Einkommensdrittel kurzfristig bei 0,5 bzw. 0,4, d.h. das Zusatzeinkommen wird etwa zu gleichen Teilen konsumiert u. gespart; mittelfristig bewegt sich die Konsumneigung bei 1,0 bzw. 0,8. *Pers. Anm. des Autors,* in der Arbeit ist weiters auf *Seite 12* nachzulesen, dass durch das durch Erhöhung der öffentlichen Infrastrukturinvestitionen gestiegene Einkommen der priv. Haushalte zu einen Anstieg der Konsumausgaben um ca. 0,7 % bis 0,8 % geführt hat. Die marginale Konsumneigung liegt bei etwa 0,5, daher liegt der in meiner Arbeit zum Einsatz kommende bereinigte Wert der marginalen Konsumneigung auf diesem Niveau. Ferner könnte man aus dem oben angeführten Umstand, dass vorwiegend untere Einkommensschichten auf die Einkommenserhöhung kurzfristig mit Mehrausgaben reagieren den Wert der marginalen Konsumneigung sogar noch erhöhen. Auf diese Maßnahme habe ich jedoch verzichtet. Ein Vergleich zu Deutschland zeigt folgenden Wert für die marginale Konsumneigung, *Vgl. dazu,* Ripp, K., Schulze, P. M., Konsum u. Vermögen – Eine quantitative Analyse für Deutschland, Arbeitspapier Nr. 29; Hrsg. Institut für Statistik und Ökonometrie, Johannes Gutenberg-Universität Mainz, Mainz 2004, 23, Quelle abrufbar unter: 2005-01-13, http://www.statoek.vwl.uni-mainz.de/downloads/Publikationen_Arbeitspapiere/Arbeitspapier%20Nr_29%20Konsum%20und%20Verm%F6gen.pdf; für den Zeitraum von 1991 bis 2002 wird eine Elastizität des Einkommens von 0,662 errechnet.

[330] Vgl. Bodenhöfer, H. J., u.a., 2004, 65, *Pers. Anm. des Autors,* zur Berechnung des nachfragwirksamen Nettoeinkommens verwendeten die Autoren als Prozentsatz für die Sozialversicherungsbeiträge der AN u. Steuern insges. 32,5 % u. für den DG-Beitrag 21 %. Es wurde daher die marginale Konsumneigung entsprechend einer Gewichtung von 2 : 1 von AN-Anteil zu Betriebsüberschuss (gem. der Anteile an der Wertschöpfung) folgendermaßen näherungsweise bereinigt: 0,907 x (1-(0,325+0,21)) x 0,666+0,907 x (1-0,25) x 0,333.

[331] Pers. Anm. des Autors, die Korrektur basiert auf einem Gespräch vom 16.01.2005 mit HEIDI ADENSAM, Ökologie-Institut, Wien.

[332] Pers. Anm. des Autors, Werte wurden auf die dritte Dezimalstelle gerundet; vergleicht man einige Arbeiten, so zeigt der Einkommensmultiplikator folgende Ausprägungen, *Vgl. dazu* Frisch/Wörgötter, in: Quartalshefte der Girozentrale, Heft IV, 1982, 54, M=1,574 (Konsumneigung 0,587). *Pers. Anm. des Autors,* der Einkommensmultiplikator wurde jedoch mit einer Multiplikation eines Abschreibungskoeffizienten (1-0,126) mit der Konsumneigung sowie einem Wertschöpfungsmultiplikator (0,71) im Nenner bereinigt, wodurch sich in Summe der Konsummultiplikator reduziert. Diese Bereinigung wurde von mir teilweise vernachlässigt (Abschreibungskoeffizient) od. außerhalb der Multiplikatorberechnung durchgeführt, demzufolge sich der Konsummultiplikator vergrößert. In Summe resultiert jedoch daraus wiederum ein geringerer sekundärer Effekt, da gem. meiner Berechnungsmethodik der Wertschöpfungskoeffizient (<1) voll wirksam wird. Bei HELMUT FRISCH u. ANDREAS WÖRGÖTTER wird dieser durch die Multiplikation mit der Konsumneigung u. dem Abschreibungskoeffizient (beide <1) in seiner Wirkung reduziert. *Vgl. dazu* Breuss, F., in: WIFO-Monatsberichte 3/1982, 142, M=1,33 (Konsumneigung 0,25), *Vgl. dazu* Hantsch, S., u.a., 2002, 44, M=1,28 (Konsumneigung 0,25).

[333] Vgl. Goldsmith, R., A Study of Saving in the United States, Vol. 1, Princeton 1955, in: Farny/Kratena/Roßmann, in: Wirtschaft und Gesellschaft, 14 Jg., Nr.1, 1988, 70

quote. Kurzfristige transitorische Einkommen werden zur Gänze gespart; erst bei dauerhaftem Zufließen solcher Einkommen wird erwartungsgem. das kurzfristige Konsumverhalten dem langfristigen angeglichen[334]. In meinen Ansätzen zur Berechnung der sekundären Wertschöpfungseffekte werden Auswirkungen der Lebenseinkommenshypothese nicht berücksichtigt u. somit die marginale Konsumneigung isoliert von der Einkommensentwicklung als konstant angenommen.

Der Wertschöpfungskoeffizient des priv. Konsums W_{Koeff} kann aus der I/O-Tabelle errechnet werden u. gibt den Zuwachs heimischer Wertschöpfung bei einer Erhöhung der priv. Konsumausgaben an[335]. Er entspricht einem gewichteten Multiplikator der einzelnen sektoralen Güter mit ihren Anteilen am durchschnittlichen Konsumvektor privater Haushalte lt. I/O-Tabelle. Der Wertschöpfungskoeffizient wird durch jeweiliges additives Multiplizieren des Quotienten aus Konsumausgaben der einzelnen anteiligen Güter an der Gesamtsumme der Konsumausgaben privater Haushalte mit den dazupassenden sektoralen Wertschöpfungsmultiplikatoren, (jeweils aus der I/O-Tabelle 2000 der STATISTIK AUSTRIA) errechnet[336]. Der Multiplikatorprozess resultiert aus der Tatsache, dass für die Produktion zusätzlicher Konsumgüter wiederum VL benötigt werden, wodurch erneut Wertschöpfungseffekte ausgelöst werden. Demgem. ist der Multiplikator immer kleiner als 1, da durch die erhöhten Konsumausgaben die Importe für VL ansteigen. Lt. meinen Berechnungen ergibt sich ein Wert für den Wertschöpfungskoeffizient des priv. Konsums W_{Koeff} von 0,751[337].

9.3.3 Beschäftigung

Die vom Bau u. Betrieb eines S.M. od. einer MGT ausgehenden Beschäftigungsimpulse zerfallen ebenso in zwei Teile, den primären u. den sekundären Beschäftigungseffekt. Auf eine schematische Darstellung wird aus Gründen der Konformität zur Berechnung der Wertschöpfungseffekte verzichtet.

9.3.3.1 Primäre Bruttobeschäftigungseffekte

Der primäre Beschäftigungseffekt bezieht sich unmittelbar auf die Errichtung u. den Betrieb innovativer Technologien selbst u. erfasst Arbeitskräfte, die entweder mit entsprechenden Aufträgen betrauter Firmen beschäftigt sind (direkter Beschäftigungseffekt) od. für die Erstellung von VL bzw. Zulieferungen an diese Firmen reüssieren (indirekter Beschäftigungseffekt) u. somit weitere Arbeitsplätze schaffen. Die Summe aus direktem u. indirektem Beschäftigungseffekt ergibt wiederum den primären Beschäftigungseffekt. Die in weiterer Folge berechneten primären Beschäftigungseffekte zeigen daher für die jeweiligen innovativen KWK-Energietechnologien, wie viele Arbeitseinheiten erforderlich sind, um die ausgewiesene zusätzliche Nachfrage zu befriedigen.

---

[334] Vgl. Farny/Kratena/Roßmann, in: Wirtschaft und Gesellschaft, 14. Jg., Nr.1, 1988, 71

[335] Vgl. Frisch/Wörgötter, in: Quartalshefte der Girozentrale, Heft IV, 1982, 48

[336] Pers. Anm. des Autors, die Herleitung des Wertschöpfungsmultiplikators entspricht der gängigen Praxis, *Vgl. dazu* Hantsch, S., u.a., 2002, 44, *od.* Bodenhöfer, H. J., u.a., 2004, 66

[337] Pers. Anm. des Autors, Wert wurde auf die dritte Dezimalstelle gerundet, er entspricht auch in seiner Ausprägung ungefähr den Werten in anderen Arbeiten, *Vgl. dazu* Frisch/Wörgötter, in: Quartalshefte der Girozentrale, Heft IV, 1982, 54, Wert von 0,71 errechnet aus der I/O-Tabelle 1976 *bzw.* Telefonat (Jänner 2005) mit HEIDI ADENSAM, Ökologie-Institut, Wien, die in einer Arbeit einen Wert anhand der I/O-Tabelle 1983 von 0,75 errechnete.

9.3.3.2 Gang der Berechnung der primären Bruttobeschäftigungseffekte

Der primäre Beschäftigungseffekt wird mit Hilfe der Beschäftigungsmultiplikatoren aus der I/O-Tabelle 2000 der STATISTIK AUSTRIA berechnet[338]. Auf Basis der empirisch ermittelten jährlichen Ausgaben wird dabei die anteilige monetäre Summe pro nachgefragtem ÖCPA-Gut ermittelt u. mit dem betreffenden sektoralen Beschäftigungsmultiplikator multipliziert, um so die entstehende Beschäftigungsnachfrage pro ÖCPA-Gut zu erhalten[339].

Die Aufteilung der primären Beschäftigungseffekte auf direkte u. indirekte Effekte erfolgt analog der Aufteilung der direkten primären Wertschöpfungseffekte durch Division der Werte aus der I/O-Tabelle 2000: Beschäftigte je Gut auf VZÄ-Basis[340], dividiert durch den jeweilig kumulierten Bruttoproduktionswert pro Aktivität für alle Güter zu Herstellungspreisen. Dieser Wert wird wiederum mit dem ursächlich in Verbindung stehenden sektoralen monetären Nachfrageimpuls für diese Güterkategorie multipliziert[341]. Der indirekte Beschäftigungseffekt wird durch Subtraktion ermittelt. Damit können grobe strukturelle Aussagen über die Aufteilung der direkten u. indirekten Beschäftigungseffekte, die sich aus dem Einsatz innovativer KWK-Technologien ergeben, getätigt werden.

9.3.3.3 Sekundäre Bruttobeschäftigungseffekte

Der sekundäre Beschäftigungseffekt ergibt sich daraus, dass die überdies erforderlichen und für eine Abdeckung der zusätzlich geschaffenen Wertschöpfung maßgebenden Beschäftigten Einkommen beziehen, die sie wieder ausgeben u. dadurch weitere Beschäftigungseffekte auslösen. Vor Beschreibung des Multiplikatorprozesses ist wiederum festzulegen, welcher Einkommensimpuls dem sekundären Beschäftigungseffekt zu Grunde gelegt wird. In Analogie zur Bestimmung des für Konsumausgaben wirksamen Nettoeinkommens u. Nettobetriebsüberschusses verweise ich auf Abb. 9-2 [Schematische Darstellung - Sekundäre Bruttowertschöpfungswirkung, Teil 1 - Einkommensimpuls], da der betreffende Einkommensimpuls für die Berechnung der sekundären Beschäftigungseffekte ebenso aus der primären Wertschöpfung abgeleitet wird u. die gleiche Ausprägung besitzt.

9.3.3.4 Gang der Berechnung der sekundären Bruttobeschäftigungseffekte

Der einzige Unterschied bei der Berechnung von sekundären Bruttobeschäftigungseffekten gegenüber sekundären Bruttowertschöpfungseffekten liegt in der Verwendung eines Beschäftigungskoeffizienten N_{Koeff} für private Konsumausgaben statt des wie bei der Ermittlung der sekundären Wertschöpfungseffekte eingesetzten Wertschöpfungskoeffizienten. Alle anderen erforderlichen Rechenschritte sind ident mit der herangezogenen Systematik, welche bei der Errechnung der sekundären Wertschöpfungseffekte zum Einsatz kamen.

---

[338] Pers. Anm. des Autors, es werden dabei vorher die Multiplikatoren für VZÄ-Selbstständige (VZS) u. VZÄ-Unselbstständige (VZU) addiert.

[339] Pers. Anm. des Autors, lt., Email, 2004-12-01, Erwin Kolleritsch, Statistik Austria, werden die Beschäftigungsmultiplikatoren pro EUR 1.000,-- zusätzlicher Nachfrage abgeleitet. Um eine entsprechende Aussage Anzahl Beschäftigte pro EUR Nachfrageimpuls tätigen zu können, müssen die Beschäftigungsmultiplikatoren durch 1.000 dividiert werden. Wie bereits erwähnt, werden ferner die Beschäftigungsmultiplikatoren aus dem Jahr 2000 um eine durchschnittliche Arbeitsproduktivitätssteigerung, beginnend ab dem Jahr 2001 jährlich. bereinigt.

[340] Pers. Anm. des Autors, der Wert stellt die Summe aus Selbstständigen u. AN dar.

[341] Pers. Anm. des Autors, bei der Errechnung der direkten Beschäftigungseffekte muss das Ergebnis ebenfalls durch 1.000 sowie durch die durchschnittliche Arbeitsproduktivitätssteigerung dividiert werden. Ansonsten würde der direkte Effekt den gesamten primären Effekt übersteigen u. somit einen negativen indirekten Beschäftigungseffekt ergeben.

Bei einer exogenen Betrachtung von Exporten, Staatsausgaben u. Investitionen lässt sich die Veränderung der Beschäftigten ΔN in folgende Komponenten aufteilen:

$$\Delta N = \Delta M_{AN-Brutto}*(1-Sq)*(1-Xq)*(1-T_{AN})*M*N_{Koeff} + \Delta B\ddot{U}*(1-Sq)*(1-Xq)*(1-T_{K\ddot{o}St})*M*N_{Koeff}$$

ΔN Veränderung der Beschäftigten (als induzierter sekundärer Beschäftigungseffekt definiert)

N_{Koeff} Beschäftigungskoeffizient für den priv. Konsum (lt. I/O-Tabelle 2000)

Vereinfacht ergibt das wiederum folgenden formalen Zusammenhang:

$$\Delta N = (1-Xq)*(1-Sq)*M*N_{Koeff}*(\Delta B\ddot{U}_{Netto} + \Delta M_{AN-Netto})$$

Die Importquote Xq, die Sparneigung Sq sowie der Einkommensmultiplikator für die Konsumfunktion M entsprechen der Analogie zur Ermittlung der sekundären Wertschöpfungseffekte. Ebenso ist der Einkommensimpuls, bestehend aus Nettolöhnen u. -gehälter bzw. dem Nettobetriebsüberschuss der gleiche hinsichtlich seiner Ausprägung.

Der Beschäftigungskoeffizient des priv. Konsums N_{Koeff} kann wiederum über die I/O-Tabelle 2000 errechnet werden u. gibt den Zuwachs der inl. Beschäftigung bei einer Erhöhung der priv. Konsumausgaben an. Er entspricht einem gewichteten Multiplikator der einzelnen sektoralen Güter mit ihren Anteilen am durchschnittlichen Konsumvektor privater Haushalte aus der I/O-Tabelle. Errechnet wird der Beschäftigungskoeffizient durch jeweiliges additives Multiplizieren des Quotienten aus Konsumausgaben des einzelnen Gutes per gesamter Konsumausgaben privater Haushalte gem. I/O-Tabelle mit den entsprechenden sektoralen Beschäftigungsmultiplikatoren aus der I/O-Tabelle. Für das Jahr 2005 errechnete ich einen Beschäftigungskoeffizienten je EUR 1.000,-- Nachfrage des priv. inl. Konsums iHv. 0,0125[342]. Dieser Wert wurde entsprechend der angesprochenen Bereinigungen wiederum jährl. um die durchschnittliche Arbeitsproduktivitätssteigerung, beginnend ab dem Jahr 2001, bereinigt.

9.3.3.5 Exkurs – Unsicherheiten bei der Berechnung von Sekundäreffekten

Vor Erklärung der Berechnungsmethodik für Nettoeffekte möchte ich kurz allgemein auf einige Unsicherheiten u. Unschärfen, die bei der Berechnung der Sekundäreffekte auftreten, hinweisen.

Zum einen müssen ökonomische Annahmen hinsichtlich Sparquote, marginaler Konsumneigung, Importneigung etc. getroffen werden, welche entsprechende Unsicherheiten bei der Ermittlung der sekundären Effekte enthalten. Zum anderen baut die Berechnung der Sekundäreffekte auf der errechneten primären Wertschöpfung auf, die, wie bereits beschrieben, auch mit Unschärfen bzw. Unsicherheiten behaftet ist. Ich möchte daher an dieser Stelle nur plakativ an zwei wesentliche Fragestellungen erinnern, welche massiven Einfluss auf die Höhe der primären bzw. sekundären Effekte ausüben:

1. Wird hauptsächlich eine bestehende Kapazität bzw. eine unterlastete Kapazität besser ausgelastet od. werden neue Kapazitäten geschaffen?

---

[342] Vgl. Breuss, F., in: WIFO-Monatsberichte 3/1982, 142, in der Arbeit von FRITZ BREUSS wurde anhand der I/O-Tabelle 1976 ein bereinigter Beschäftigungskoeffizient des durchschnittlichen priv. Konsums von 1,39 errechnet. *Pers. Anm. des Autors*, es war mir leider nicht möglich, herauszufinden, auf welche Einheit sich dieser Beschäftigungskoeffizient bezieht. Nach telefonischer Rückfrage (Jänner 2005) mit HEIDI ADENSAM, Ökologie-Institut, Wien, wurde von ihr in einer Arbeit (I/O-Tabelle 1983) ein um die Produktivitätssteigerung bereinigter Wert von 0,0137 je EUR 1.000,-- Nachfrage des priv. inl. Konsums eingesetzt.

2. Welcher Anteil an zusätzlicher Wertschöpfung bzw. Beschäftigung kann tatsächlich durch Überstunden bzw. einen existierenden Beschäftigtenpool abgedeckt werden od. ab wann u. vor allem in welchem Umfang ist die tatsächliche zusätzliche Schaffung von Arbeitsplätzen erforderlich?

Diese volkswirtschaftlichen Fragestellungen korrelieren dabei wesentl. mit den Ergebnissen u. sind daher immer in diesem Lichte zu betrachten.

Außerdem wurden, wie bereits erwähnt, nicht alle Effekte berücksichtigt; insbesondere durch die Ignorierung der dynamischen Effekte könnte eine Reduzierung od. auch Erhöhung der primären Wertschöpfung bzw. Beschäftigung entstehen u. damit auch die Ausprägung der Sekundäreffekte beeinflussen.

Ferner ist bei Interpretation der Ergebnisse zu beachten, dass sich Sekundäreffekte durch das Einkommen aus Investitionen in KWK-Anlagen nicht von Sekundäreffekten durch Einkommen aus anderen Investitionen, wie z. B. in zentrale GuD-Kraftwerke unterscheiden. Unterschiede bei den Sekundäreffekten unterschiedlicher Investitionsvorhaben treten nur dann auf, wenn auch bei der jeweiligen Schaffung von Einkommen in Österreich Unterschiede entstehen, z. B. wenn Investitionsalternative A auf Grund geringerer Importe mehr Einkommen in Österreich schafft als Variante B[343]. Entsprechend dieser Aussagen müsste daher ein Referenzmodell als Vergleich zu den innovativen KWK-Technologien ebenfalls einer I/O-Analyse unterzogen werden, um unterschiedliche Effekte zw. den Technologien aufzuzeigen. Dieser Schritt wurde im Rahmen der Internalisierung der Verdrängungseffekte für die Strom- u. Wärmeerzeugung bei der Berechnung der Nettoeffekte näherungsweise berücksichtigt.

Abschließend wird bemerkt, dass trotz einiger erwähnter Probleme Sekundäreffekte in dieser Arbeit berechnet wurden, da durch die Erweiterung der I/O-Analyse um den Keynes'schen Multiplikator die autonome Endnachfrage nach Konsumgütern teilweise internalisiert u. damit ein wesentlicher Schwachpunkt der I/O-Analyse behoben wurde. Um einer Fehlinterpretation vorzubeugen, werden jedoch zum Vergleich die Sekundäreffekte getrennt von den Primäreffekten in den Ergebnissen ausgewiesen.

9.3.4 Nettoeffekte

9.3.4.1 Nettoeffekte – Schematischer Aufbau

Mit der Nutzung der KWK-Anlagen zur Energieerzeugung sind unterschiedliche Effekte in der österreichischen Volkswirtschaft verbunden. Zunächst lösen einmalige Investitionen in die Errichtung von KWK-Anlagen sowie der anschließende Betrieb primäre u. sekundäre Wertschöpfungs- u. Beschäftigungseffekte über den Untersuchungszeitraum aus. Die positiven Investitions- u. Betriebseffekte dieser Anlagen bilden zusammen den Bruttoeffekt. Es muss jedoch - um eine seriöse Bewertung der gesamtheitlichen Effekte darzustellen - berücksichtigt werden, dass durch den Einsatz von KWK-Anlagen Verdrängungseffekte auftreten, welche den Bruttoeffekten gegenüber zu stellen sind. Nach Abzug dieser Verdrängungseffekte von den Bruttoeffekten ergibt sich der Nettoeffekt. Dieser kann positiv, aber auch negativ sein u. betrifft sowohl das Einkommen u. die Wertschöpfung, als auch die Beschäftigung. Die einzelnen berücksichtigten Verdrängungseffekte werden in Kap. *9.6 [Verdrängungseffekte]* und Kap. *9.7 [Budgeteffekt]* näher beschrieben.

---

[343] Quelle: Email, 2004-11-03, Heidi Adensam, Ökologie-Institut, Wien

9.3.4.2 Berechnung der Nettoeffekte

Eingangs sei erwähnt, dass zur Berechnung der Nettoeffekte sämtliche Annahmen u. Restriktionen im Zusammenhang mit der I/O-Analyse sowie auch die angewandten Bereinigungen in den verwendeten Multiplikatoren in Analogie zu den Berechnungen der Wertschöpfungs- u. Beschäftigungseffekte für den Bruttoeffekt gemacht wurden. Ferner blieben auch die Annahmen über die ökonomischen Indikatoren unverändert. Weiters sind die errechneten Verdrängungseffekte auch mit den gleichen Unsicherheiten u. Verzerrungen behaftet, wie sie bereits bei den Bruttoeffekten eingehend diskutiert wurden.

Die jeweiligen Verdrängungseffekte werden mit Hilfe der Multiplikatoren für die Wertschöpfung bzw. Beschäftigung aus der I/O-Tabelle 2000 der STATISTIK AUSTRIA errechnet. Dabei werden die ermittelten jährlichen monetären Nachfrageänderungen durch verdrängte Anlagen abzüglich der entsprechenden Direktimporte anteilig den betreffenden ÖCPA-Güterklassifikationen zugeordnet u. mit dem jeweiligen Multiplikator multipliziert, um den primären Wertschöpfungs- bzw. primären Beschäftigungseffekt pro Gut u. Jahr zu ermitteln. Die Aufteilung der primären Effekte auf die direkten u. indirekten Effekte erfolgt nach dem bereits erläuterten Schema. Ebenso folgt die Berechnung der sekundären Verdrängungseffekte der bereits ausführlich beschriebenen Prozedere u. entspricht der Ermittlung der sekundären Bruttoeffekte. Durch Addition des primären u. sekundären Verdrängungseffektes ergibt sich anschließend der gesamte Verdrängungseffekt.

9.3.5 Leistungsbilanz

9.3.5.1 Außenhandelseffekte - Methodischer Aufbau und Annahmen

Abseits eines hochaggregierten ökonomischen Außenhandelmodells wird die Veränderung der Importe M u. Exporte X - hervorgerufen durch innovative dezentrale KWK-Technologien u. deren gesamtheitliche Außenhandelseffekte - ermittelt. Dazu werden sämtliche Effekte auf die österreichische LB entsprechend ihrer positiven bzw. negativen Ausprägung über den Untersuchungszeitraum addiert u. die beiden Summen schlussendlich gegenübergestellt. Durch den resultierenden Saldo lassen sich quantitative Aussagen über Auswirkungen auf die österreichische LB tätigen, die neben den Wertschöpfungs- u. Beschäftigungseffekten einen weiteren wesentlichen nationalökonomischen Indikator abbilden.

Als Teilbilanz der Zahlungsbilanz werden in der von mir erstellten LB ausschließlich die Volumina der Importe von kompletten KWK-Anlagen (inkl. importierter VL für die Errichtungsphase, für den Betrieb benötigter Anlagenteile u. VL bzw. Importen von Energieträgern sowie emittierten CO_2-Zertifikaten) den substituierten Importen, hervorgerufen durch die Verdrängung der Ref-Anlagen, gegenübergestellt. Eine Berücksichtigung der zusätzlich nachgefragten importierten Konsumgüter - hervorgerufen durch induzierte „sekundäre" Kaufkrafteffekte - erfolgt im Rahmen der Berechnung der Außenhandelseffekte nicht.

Sämtliche eingeführten als auch substituierten Güter u. DL werden gem. der getätigten Annahme in der I/O-Analyse einer Preisanpassung über den Untersuchungszeitraum unterzogen. Eine detaillierte Darstellung aller in Betracht kommenden Indices, bezogen auf die jeweilige ÖCPA-Güterklassifikation bzw. nationale Volkswirtschaft ist im Anhang unter Kap. *14.6.2 [Verwendete Indices],* abrufbar unter: www.energieinstitut-linz.at, einsehbar.

Da die MGT aus Amerika importiert wird, bestehen natürlich Währungsschwankungen in der Umrechnung. Es wurde deshalb im Baseline-Szenario mit einem langfristig konstanten Wechselkurs Euro zu Dollar von 1,20 gerechnet[344].

9.3.5.2 Berechnung der Außenhandelseffekte

Die formale Behandlung der Auswirkungen auf die LB kann daher vereinfacht gem. folgender Gleichung dargestellt werden:

$$\Delta(M - X) = \Delta LB$$

Da in meiner Arbeit im eigentlichen Sinne keine direkten Exporte stattfinden, werden an dieser Stelle die substituierten Importe der Ref-Anlagen, welche durch die Verdrängung auftreten, als Ausfuhren betrachtet u. somit von den ursächlichen, mit der Implementierung der KWK-Anlagen in Zusammenhang stehenden Einfuhren abgezogen.

Es werden dabei, aufbauend auf der gewählten Systematik betreffend der Errechnung der primären Wertschöpfungs- u. Beschäftigungseffekte, die benötigten Direktimporte der KWK-Anlagen für die Errichtung u. den Betrieb in der LB monetär mit entsprechenden Preisindizes berücksichtigt. Ferner erfolgt ebenso eine Verbuchung der importierten VL, welche sich durch Subtraktion der ermittelten gesamten jährlichen primären Wertschöpfung über alle Güter von dem gesamten inl. monetären Nachfragevolumen für alle Güterkategorien p.a. errechnen lassen. Die Berechnung der Importe erfolgt sowohl für die Errichtungsphase als auch für die Betriebsphase getrennt. Um eine Quantifizierung der Importströme benötigter Energieträger für die KWK-Anlagen zu ermöglichen, werden diese mit Marktpreisen inkl. einer entsprechenden Indizierung bewertet u. mit dem jeweiligen jährlichen Verbrauch multipliziert. Derselbe Vorgang kommt zur Bewertung der verbrauchten CO_2-Emissionszertifikate in Anwendung.

Die als „Exporte" verstandenen substituierten Importströme der Ref-Anlagen werden entsprechend ihrem direkten jährlichen Importvolumen für die Errichtungs- bzw. Betriebsphase nach demselben Schema ermittelt. Korrespondierende importierte VL werden wiederum aus dem I/O-Modell abgeleitet u. in die LB einbezogen. Die während der Betriebsphase der Ref-Anlagen fiktiv zu verbrauchenden Energieträger bzw. CO_2-Zertifikate kommen anhand eines mit indizierten Marktpreisen bewerteten Mengengerüstes ebenfalls zur Verbuchung. Ebenso werden die substituierten Importe von Sojaschrot im Rahmen der Pflanzenölgewinnung mittels einem von Marktpreisen bestimmten Mengengerüstes bewertet, womit sich eine monetäre Illustration bezogen auf die LB vornehmen lässt.

9.4 Gang der Untersuchung

9.4.1 Ausgangspunkt

Durch die dargestellten Berechnungen soll verdeutlicht werden, welche Nettowirkung ein Ausgabeimpuls am Beispiel des Baues u. Betriebes innovativer KWK-Technologien über einen Betrachtungszeitraum von 11 Jahren auf die Faktoren Wertschöpfung, Einkommen, Beschäftigung u. LB in Österreich auslöst[345]. Als Untersu-

---

[344] Vgl. dazu Kap. *7.6 [Währungsschwankungen]*

[345] Pers. Anm. des Autors, da der Betrachtungszeitraum insges. 11 Jahre beträgt, kommen die vollen Effekte aus Betrieb/Wartung nicht zur Geltung, weil die Anlagen, welche bspw. im Jahr 2015 errichtet werden, nur mit 50 % der Wartungs- u. Betriebskosten zu den ökonomischen Effekten beitragen. Eine weitere Betrachtung über den hier definierten Untersuchungszeitraum hinaus würde diese Effekte natürlich erhöhen, da bspw. die im Jahre 2015 installierten Anlagen eine max. Lebensdauer von ca. 15 Jahren aufweisen u. somit während des Betriebes in diesem Zeitraum weiterhin ökonomische Effekte erzeugen. Wie

chungsgegenstand dienen einerseits die mit Pflanzenöl- u. Gas betriebenen MGT, andererseits der S.M. im Pellet- u. Gasbetrieb[346]. Ferner werden zur Abschätzung der Verdrängungseffekte eine GuD-Anlage (Stromverdrängung) u. verschiedene Gaskessel-Anlagen (Wärmeverdrängung) - als Ref-Anlagen - im I/O-Modell simuliert.

9.4.2 Vorgehensweise

Wesentliche Eingangsdaten für die I/O-Analyse sind die für die einzelnen KWK-Technologien eingeflossenen inl. monetären Nachfrageimpulse. Die dabei jeweils jährl. anfallenden Investitions- bzw. Betriebskosten werden sodann in die entsprechenden Güterklassifikationscodes der I/O-Tabelle überführt, auf die sie als primärer Nachfrageimpuls wirken. Die Annahmen der jährl. installierten Anlagen korrelieren dabei naturgem. mit der Höhe des induzierten Nachfrageimpulses. Die Aufteilung in die einzelnen Gütergruppen laut I/O-Tabelle schafft die Vorraussetzung für die Berechnung der direkten u. indirekten Wertschöpfungs- bzw. Beschäftigungseffekte durch spezielle Multiplikatoren aus der I/O-Analyse. Ausgangsbasis für die durchgeführte Aufteilung ist die zuletzt verfügbare I/O-Tabelle 2000 von STATISTIK AUSTRIA[347]. Es entstehen somit jährl. anfallende Effekte, die über den Untersuchungszeitraum über alle Güterklassifikationen kumuliert werden u. in direkte, indirekte u. sekundäre Effekte zur Aufteilung kommen. Zur besseren Veranschaulichung werden die ökonomischen Effekte aus der Errichtungs- u. Betriebsphase - über den Beobachtungszeitraum kumuliert - ebenfalls getrennt je KWK-Anlagentyp dargelegt. In einem weiteren Schritt werden, die der Errichtungs- bzw. Betriebsphase entsprungenen Ergebnisse zusammengezählt, wodurch sich die gesamten Bruttoeffekte über den Untersuchungszeitraum je KWK-Anlage darstellen lassen.

Die Darstellung der Nettoeffekte verlangt ein analoges methodisches Vorgehen. Es werden dabei wiederum die jeweils benötigten Investitionen bzw. Betriebsausgaben – nach Abzug der Direktimporte- der einzelnen substituierten Ref-Anlagen den entsprechenden ÖCPA-Güterklassifikationen im I/O-Modell als „zusätzlicher" Nachfrageimpuls zugeordnet. Als Ergebnis erhält man ebenso direkte u. indirekte Wertschöpfungs- bzw. Beschäftigungseffekte. Neben der Errechnung der sekundären Effekte werden die ermittelten Effekte wiederum in der bereits beschriebenen Aufteilung (Errichtung/Betrieb) plakativ über alle Güter kumuliert für die gesamten 11 Jahre dargestellt. In einem nächsten Schritt kommen die errechneten Verdrängungseffekte zu den ermittelten Bruttoeffekten in Abzug. Um jedoch auch Aussagen zu strukturelle Veränderungen in den einzelnen betroffenen Branchen tätigen zu können, werden die direkten verdrängten Wertschöpfungs- bzw. Beschäftigungseffekte je betroffener Branche von den direkten geschaffenen Effekten aus der Errichtung u. dem Betrieb der KWK-Anlagen abgezogen.

Bei der Berechnung der Handelsbilanzeffekte kommt im eigentlichen Sinn die gleiche Systematik hinsichtlich der Ermittlung der saldierten Nettoeffekte auf die LB zur Anwendung. Es wird daher in Analogie an erster Stelle das resultierende Importvolumen der KWK-Anlagen für die Errichtungs- u. Betriebsphase, getrennt über den Untersuchungszeitraum, ermittelt. In einem zweiten Schritt werden die verdrängten Importe durch die substituierten Ref-Anlagen, geteilt in Errichtung u. Betrieb, quanti-

---

bereits erwähnt, kommen diese Effekte nach dem Jahr 2015 nicht mehr zum Ansatz, da eine seriöse Abschätzung der Entwicklung einiger Eingangsparameter über einen Zeitraum darüber hinaus mehr od. weniger unmöglich ist.

[346] Pers. Anm. des Autors, in der Mikroanalyse wurde unter Kap. *5 [Wirtschaftlichkeiten und Elastizitäten]* eine weitere KWK-Anlage mit geringerer elektr. u. therm. Leistung hinsichtlich der Wirtschaftlichkeit behandelt. Diese wurde von mir aus Gründen der geringen volkswirtschaftlichen, energiepolitischen u. ökologischen Relevanz in der Makroanalyse ausgespart.

[347] Vgl. Statistik Austria, Input-Output-Tabelle 2000, 2004, 20ff.

fiziert u. in einer nächsten Stufe von den ursächlichen Importen für die KWK-Anlagen subtrahiert. Die Ergebnisse dieses Prozesses werden ebenfalls über die Untersuchungsperiode kumuliert u. als Saldo ausgeworfen, der je nach Vorzeichen zu einer Erhöhung des LB-Defizits bzw. –Überschusses beiträgt.

9.4.3 Szenarienanalyse

Durch die Möglichkeit verschiedener Annahmen bieten Szenarienanalysen die Option, deren Auswirkungen auf die Realität unter verschiedenen erdenklichen Rahmenbedingungen abzubilden. In der vorliegenden Arbeit werden grundsätzlich zwei Szenarien beschrieben. Dem B.A.U.-Szenario wird unterstellt, dass die Stromerzeugung der KWK-Anlagen zu einem Absatzrückgang heimischer EVU's inkl. der damit verbundenen Verdrängungseffekte führt. In einer zweiten Überlegung, dem VSI-Szenario, wird ein anderer Ansatz gewählt, der die inländische Stromerzeugung heimischer EVU's durch die Stromerzeugung der KWK-Anlagen unbeeinflusst erscheinen lässt. Demzufolge würden dadurch ausschließlich die Stromimporte nach Österreich sinken[348]. Das B.A.U.-Szenario erfährt jedoch eine intensivere Betrachtung, da es meines Erachtens hinsichtlich der Wahrscheinlichkeit des Eintreffens größere Relevanz besitzt[349]. Es werden daher vergleichsweise für das VSI-Szenario ausschließlich die resultierenden ökonomischen Endergebnisse präsentiert. Es ist anzunehmen, dass sich in der Realität eine Situation zw. den beiden Szenarien - jedoch mehr in Richtung B.A.U.-Szenario - einstellen wird, wodurch durch diese zwei „Extrempositionen" die äußerste Bandbreite der Möglichkeiten quantitativ beschrieben werden kann.

9.4.4 Sensitivitätsanalyse

Sensitivitätsanalysen können die Auswirkungen möglicher relevanter zentraler Parameteränderungen untersuchen u. bspw. Grenzen für den volkswirtschaftlichen Einsatz der untersuchten KWK-Anlagen herausfinden. In der Sensitivitätsanalyse wird daher die Empfindlichkeit der berechneten ökonomischen Effekte hinsichtlich der Änderungen bestimmter Parameterausprägungen für beide Szenarien (B.A.U. u. VSI) analysiert. Die Modellsimulationen werden für den Zeitraum von 2005 bis 2015 durchgeführt. Das Baseline-Szenario stellt die Basislösung dar, wobei die Auswirkungen der Parameteränderungen als Abweichungen der entsprechenden Simulationsszenarien von der Basislösung in absoluten Werten u./od. in Prozenten dargestellt werden. Die Berechnungen werden jeweils separat unter Beibehaltung aller anderen Einflussgrößen, d.h. unter sonst gleichen Rahmenbedingungen, durchgeführt. Eine daraus mögliche Änderung der jährl. installierten KWK-Anlagenzahlen wird nicht berücksichtigt[350]! Dargestellt werden die Sensitivität der Nettowertschöpfung, der di-

---

[348] Pers. Anm. des Autors, die beiden Szenarien unterscheiden sich nur in der Art u. Weise der berücksichtigten Verdrängungseffekte (B.A.U.: Substitution heimischer Stromerzeugung bzw. VSI: Substitution der Stromimporte, jeweils inkl. sämtlicher korrespondierender Effekte). Sämtliche Annahmen, wie von installierten Anlagenzahlen bis hin zu verschiedenen Preisveränderungen stehen folglich in einem kongruenten Verhältnis zueinander.

[349] Pers. Anm. des Autors, da in Österreich zukünftig mit Stromverbrauchszuwachsraten von rd. 2,3 % p.a. zu rechnen ist, decken die erzeugten Strommengen der KWK-Anlagen nur einen Teil der jährlichen zusätzlich verbrauchten Strommenge ab. Es kann daher für die I/O-Analyse angenommen werden, dass der Betrieb der KWK-Anlagen auf die bestehende Stromaufbringungsstruktur in Österreich keinen wesentlichen Einfluss nimmt. Die Deckung des jährlichen Strombedarfszuwachses fällt jedoch um die KWK-Menge geringer aus, weshalb österreichische EVU's prioritär um diese geringere Strommengen absetzen, da der verbleibende Saldo zw. Erzeugung u. Verbrauchsanstieg per se durch Importe od. einen Anstieg der Eigenerzeugung simultan gedeckt wird. Es wird sich daher in der Praxis kaum eine wesentliche Verringerung der Stromimporte durch die erzeugten Strommengen der KWK-Anlagen einstellen. Daher wurden auch keine Simulationen wie bspw. eine Monte Carlo-Simulation zur Ermittlung der Wahrscheinlichkeiten des Eintritts eines Szenarios angewandt.

[350] Pers. Anm. des Autors, sämtliche volkswirtschaftlichen und ökologischen Berechnungen basieren auf den KWK-Marktdurchdringungszahlen für das „Baseline" - Modell, näheres siehe dazu Kap. *8 [KWK-Marktdurchdringung]*.

rekten Nettokaufkrafteffekte, der Nettobeschäftigung sowie der Netto-LB auf Veränderungen folgender Variablen.

Ökonomische Indikatoren[351]:

- marginale Konsumneigung privater Haushalte u. Unternehmungen
- Sparquote des priv. Konsums
- Importquote des priv. Konsums
- Arbeitsproduktivität der österreichischen Volkswirtschaft
- Wechselkurs Euro zu Dollar
- Preisänderungen der importierten KWK-Module

Energiewirtschaftliche bzw. ökologische Indikatoren[352]:

- Pflanzenölpreisentwicklung
- Gaspreisentwicklung
- Strompreisentwicklung
- Preisentwicklung substituierter Sojaschrotimporte
- Anteil der heimischen Erzeugung von Pflanzenöl für die MGT bzw. prozentuelle jährliche Verringerung
- Anteil der heimischen Stromaufbringung
- Anteil der heimischen Exploration von Gas
- Preisentwicklung für CO_2-Emissionszertifikate

9.5 Aufteilung der Nachfrageimpulse dezentraler innovativer KWK-Technologien auf die ÖCPA-Güterklassifikationen der Input-Output-Tabelle 2000

9.5.1 Einleitung und empirische Datenbasis

Die getroffenen Annahmen über die Investitions- u. Betriebskosten beruhen vorwiegend auf Expertengesprächen u. sekundärstatistischem Datenmaterial. Bei manchen Gütern lassen sich die Wertebereiche gut eingrenzen, bei anderen gibt es relativ große Bandbreiten. Einige Positionen sind daher als Richtpreiswerte zu verstehen u. können je nach örtlicher Gegebenheit u. Anlage variieren, wodurch sich die von mir eingesetzten Kosten fallweise als grobe Schätzkosten widerspiegeln. Die Schwierigkeit bei der Berechnung volkswirtschaftlicher Effekte liegt daher weniger bei den notwendigen Berechnungsformeln, sondern ergibt sich vielmehr infolge der Nichtverfügbarkeit zuverlässiger relevanter Daten. Je detaillierter u. aktueller die bereitstehenden Basisdaten sind, desto aussagekräftiger sind die Berechnungsergebnisse. Alle Angaben in diesem Kapitel als auch in den Kapiteln 9.6 u. 9.7 beruhen auf den aktuellsten verfügbaren Daten u. können für den Zeitpunkt der Erstellung der Arbeit als gültig angesehen werden. Zwischenzeitliche Änderungen relevanter Eingangspara-

---

[351] Pers. Anm. des Autors, die ersten vier beschriebenen ökonomischen Indikatoren beeinflussen die Ergebnisse aus der I/O-Analyse; die Veränderung des Wechselkurses bzw. Preisänderungen der importierten KWK-Module verändern einerseits die Ergebnisse der LB, andererseits durch die Systematik der Kostenaufteilung der MGT unwesentl. auch die Ergebnisse der I/O-Analyse. Diese marginalen Änderungen gegenüber der Basislösung im I/O-Modell werden jedoch nicht weiter kommentiert, da sie nicht im Fokus eines volkswirtschaftlichen Interesses liegen u. rein formal auf Grund der gewählten Kostenaufteilung zur Ermittlung anteiliger Planungskosten an den Gesamtprojektkosten – die bei Änderung des Wechselkurses/KWK-Modul-Preises einer Änderung unterliegen – eintreten.

[352] Pers. Anm. des Autors, die Annahmen betreffend Preisentwicklungen determinieren dabei klar die energiewirtschaftliche Komponente, wobei jedoch erwähnt sei, dass z.B. die Änderung der heimischen Erdgasaufbringung bzw. Pflanzenölproduktion auch ökologische Gesichtspunkte aufzeigt, da sich dadurch die Luftschadstoffemissionen der Vorprozesse ändern. Dieser Umstand wird aber im ökologischen Teil der Arbeit weiter verfolgt.

meter können jedoch bis zur Publizierung der Arbeit zu leichten Verzerrungen der Ergebnisse führen.

Ferner wurde durch den Umstand, dass es sich bei den untersuchten KWK-Anlagen um ein sehr originäres Wissenschaftsgebiet handelt u. somit keine gesicherte umfassende Sekundärliteratur vorliegt, die Informationssuche erheblich erschwert.

9.5.2 Detaillierte Aufteilung der Investitionskosten und der Betriebsausgaben für die evaluierten KWK-Anlagen auf die ÖCPA-Güterklassifikationen

Die Aufteilung der Investitions- u. Betriebskosten in ausländische u. inländische Komponenten erfolgte durch eigene Recherchen u. mit Unterstützung der WELS STROM GmbH, Wels[353]. Unter zu Hilfenahme der I/O-Tabelle 2000 der STATISTIK AUSTRIA erfolgte die Überleitung der inl. Kostenblöcke in die entsprechenden Güterklassen gem. der damit kompatiblen ÖCPA-Klassifikation. Die Gliederungstiefe beträgt max. ÖCPA-Zweisteller.

Im Anschluss werden jeweils für die MGT u. den S.M., getrennt nach Errichtung u. Betrieb sowie dem Energieträger, die einzelnen Kostenkomponenten detailliert angeführt. Da die infolge angegebenen monetären Nachfrageimpulse sowohl inländische Komponenten, als auch Direktimporte enthalten, werden diese entsprechend der angeführten schematischen Darstellung der Berechnung der Bruttowertschöpfungs- u. Bruttobeschäftigungseffekte im Anschluss noch aufgesplittert. Die angegebenen Preise stellen die Nettopreise für die Jahre 2005 (MGT-Gas u. S.M.-Gas) bzw. 2007 (MGT-Pflanzenöl u. S.M.-Pellets) dar. Für die anschließenden Jahre sind entsprechende kostendämpfende Effekte auf Grund größerer Stückzahlen bzw. Lernkurveneffekte analog den Ausführungen im Mikroteil unter Kap. *7 [Weitere exogene u. endogene Einflussfaktoren]* quantitativ berücksichtigt.

9.5.2.1 Investitionskosten – Mikrogasturbine für Gasbetrieb

Die notwendigen Investitionen, welche eine MGT während des Errichtungsprozesses auslöst, werden entsprechend der Darstellung in Tabelle 9-6 am Ende dieses Teilkapitels zusammenfassend erläutert.

Die Planung umfasst alle Vorbereitungstätigkeiten, um das Projekt umzusetzen. Darin sind sowohl Leistungen, angefangen von der techn. Planung u. Bemessung der Einbaukomponenten, als auch Kosten für die Durchführung der energie- u. gewerberechtl. Genehmigungsverfahren u. die Unterlagenerstellung bis hin zu Kosten für die Begleitung der endgültigen Umsetzung des Projektes inkludiert. Die Planungskosten betragen für Projekte dieser Größenordnung ca. 5 bis 8 % der relevanten Projektkos-

---

[353] Pers. Anm. des Autors, nach zwei persönlichen Gesprächen am 19.11.2004 bzw. 10.12.2004 in Wels mit LEOPOLD BERGER, WSG, KWK-Energiesysteme, erfolgte eine grundsätzliche, detailliertere Spezifikation der verschiedenen Kostenblöcke sowie eine konkrete Aufteilung der Investitions- u. Betriebsausgaben auf die einzelnen involvierten Branchen. Die Kosten wurden folglich entweder aus den mir vorliegenden Angeboten der WSG od. durch telefonische Anfragen bei einzelnen Wirtschaftssektoren eruiert u. auf die ÖCPA-Güterklassifikationen umgelegt. Sämtliche Kostenangaben sind auf die Einerstelle gerundet u. exkl. MwSt. Die zur volkswirtschaftlichen Bewertung herangezogenen Investitionen lassen keinen direkten Rückschluss auf die betriebswirtschaftlichen Kosten pro erzeugter kWh Strom bzw. Wärme dieser KWK-Technologien zu. Bspw. wurden für eine makropolitische Betrachtung Baumaßnahmen berücksichtigt, da dadurch Wertschöpfungs- u. Beschäftigungseffekte in Österreich generiert werden; bei einem direkten Vergleich mit einer anderen Energieerzeugungsanlage müsste dieser Betrag zwangsläufig herausgerechnet werden, weil Baumaßnahmen, unabhängig von der Art der Erzeugungsanlage, für andere Energiesysteme ungefähr in der selben Höhe auftreten. Diese Restriktion gilt ebenso beispielhaft für den benötigten öffentlichen Gasanschluss od. zusätzliche bautechnische Aufwendungen für die Biovariante, würde man die hier ermittelten Kosten durch die erzeugten kWh dividieren u. mit anderen Erzeugungsanlagen vergleichen, welche meistens diese Kosten nicht in ihren Kostenkurven berücksichtigt haben. Aus diesem Grund kommt es auch zu kleinen Divergenzen zw. den gesamten Projektkosten je Anlagentyp aus der Makro- bzw. Mikroanalyse.

ten u. tragen mit 100 % zur österreichischen Wertschöpfung bei. Im I/O-Modell wird ein Wert von 5 % lt. Angaben der WSG, dies entspricht EUR 5.703,--, verwendet. Davon entfallen wiederum 32,5 % auf die behördlichen Genehmigungsverfahren, somit EUR 1.853,--. Grundsätzlich werden heute die meisten Schritte der Planung u. Projektumsetzung von professionellen Planungsbüros durchgeführt. Da sich jedoch die WSG aus ihrer Tätigkeit als EVU ein entsprechendes Know how für Genehmigungsverfahren u. Projektabwicklung aufgebaut hat, rechne ich den Teil der resultierenden Planungskosten iHv. 67,5 % der Sparte „40.1 Elektrischer Strom u. DL der Energieversorgung" mit einem Wert von 80 %, d.h. EUR 3.080,--, zu. Die restlichen 20 %, EUR 770,--, entfallen auf „74.2 Architektur- u. Ingenieurbüro-DL". Es ergibt sich daher folgende Aufteilung der Planungskosten lt. Tabelle 9-5.

Tab. 9-5 Relevante Komponenten zur Ermittlung der Planungskosten - Aufteilung der Planungskosten für MGT - Gasbetrieb

Komponenten zur Ermittlung der Basis für die Planungskosten in EUR	
MGT	60.254,--
Gasverdichter	14.933,--
Transporte	2.558,--
Einbringung, Aufstellung ohne baul. Maßnahmen	2.000,--
Hydraulische Einbindung	9.610,--
Elektrische Einbindung	9.080,--
Be- u. Entlüftung	7.655,--
Erdgasanschluss KWK-Anlage	3.470,--
Inbetriebnahme	4.500,--
Summe relevante Projektkosten	**114.060,--**
Planungskosten entsprechen 5 % der Projektkosten[354]	**5.703,--**
davon 32,5 % behördliche Genehmigungsverfahren	1.853,--
davon 54 % elektrischer Strom u. DL der Energieversorgung[355]	3.080,--
davon 13,5 % Ingenieurbüro-DL[356]	770,--

Quelle: Informationen der Wels Strom GmbH, Wels

Die Kosten der kompletten MGT (inkl. Gasverdichter) machen mit rd. 59 % der Gesamtprojektkosten von EUR 126.995,-- den bei weitem dominierenden Anteil aus. Die mir vorliegenden Investitionskosten betragen für die MGT pro Stück EUR 60.254,-- sowie für den Gasverdichter EUR 14.933,--[357]. Da diese Investitionskostenanteile inklusive der benötigten VL nicht zur inl. Wertschöpfung beitragen, werden sie keine Berücksichtigung in dem I/O-Modell finden, sondern bei der Berechnung der Außenhandelseffekte berücksichtigt. Eine leichte, aber tolerierbare Verzerrung tritt insofern auf, da sich in den Kosten für die importierte MGT ein kalkulierter Gewinnaufschlag der WSG befindet. Aus strategischen Überlegungen wurde mir dieser Aufschlag nicht preisgegeben. Die ermittelten Effekte sind daher hinsichtlich der LB überbewertet, bezogen auf die österreichischen Wert- u. Beschäftigungseffekte jedoch unterbewertet, weil somit ein dem Gewinnaufschlag entsprechender, in der österreichischen Volkswirtschaft vorwiegend wirkender Geldbetrag nicht berücksichtigt wurde.

---

[354] Pers. Anm. des Autors, ohne die Kosten für einen möglichen öffentlichen Erdgasanschluss (EUR 1.560,--), wird zum Gebäude eingestuft u. daher separat behandelt. Ebenso erfolgt keine Berücksichtigung der bauseitigen Maurerarbeiten (EUR 4.000,--) sowie der Zollgebühren (EUR 2.410,--) u. der Ausgaben für Betankungen (EUR 42,--) in der Ermittlung der Basis für die Planungskosten, Quelle: Email, 2005-02-02, Leopold Berger, WSG, die Ableitung der relevanten Projektkosten u. die Höhe des Prozentsatzes von 5 % entsprang in Analogie zur Systematik lt. „Honorarleitlinie für Industrielle Technik technische Gebäudeausrüstung der Bundeskammer der Architekten und Ingenieurkonsulenten (HO-IT)", Quelle abrufbar unter: 2005-02-02, http://www.aikammer.org/bilder/ho-it_1.12.2004.pdf

[355] Pers. Anm. des Autors, durchgerechneter Prozentwert.

[356] Pers. Anm. des Autors, durchgerechneter Prozentwert.

[357] Pers. Anm. des Autors, in den Kosten für die MGT sind bereits die Transportkosten, die Kosten für die Inbetriebnahme der MGT sowie die Ausgaben für den Zoll herausgerechnet.

Da die MGT aus den USA importiert wird, kommen Aufwendungen für den Zoll zum Tragen. In den Berechnungen wird für die Zollabwicklung mit 4 % der Kosten der kompletten importierten MGT gerechnet, diese machen EUR 2.410,-- aus[358].

Der Transport der MGT zum Aufstellungsort erfolgt annahmegem. ab dem Flughafen Wien-Schwechat durch einen heimischen Spediteur per LKW. Die Kosten dafür wurden pauschal mit EUR 600,-- pro Lieferung einer Anlage angenommen u. entstammen einer internen Annahme aus der Kostenrechnung der WSG. Der Betrag trägt daher zur heimischen Wertschöpfung u. Beschäftigung in meinen Berechnungen bei. Fallweise mögliche zusätzliche Effekte, die durch Luftfahrtleistungen heimischer Fluglinien von Amerika nach Österreich entstehen, fanden keine Berücksichtigung. Die errechneten Teileffekte aus dieser Güterklassifikation sind deshalb möglicherweise unterbewertet. Der Effekt auf die LB, der durch importierte ausländische Luftfahrtleistungen entsteht, wird mit EUR 1.458,-- pro transportierte Anlage berücksichtigt.

Der Gasverdichter wird aus den Niederlanden zollfrei importiert u. trägt, wie auch die MGT, nicht zur inl. Wertschöpfung bei, wodurch eine wertmäßige Berücksichtigung des Importes in der LB erfolgt. Ebenso wird angenommen, dass der Transport des Gasverdichters nach Österreich durch ein ausländisches Frachtunternehmen erfolgt, es werden daraus EUR 500,-- in der LB quantitativ berücksichtigt. Durch stattfindende Betankungen iHv. EUR 42,-- bei österreichischen Tankstellenbetrieben werden jedoch inländische Effekte angestoßen[359]. Der Betrag trägt daher in meinen Analysen im vollen Ausmaß zur inl. Wertschöpfung u. Beschäftigung bei. Etwaige fallweise durch heimische Speditionsleistungen auftretende Effekte finden erneut keine Berücksichtigung.

Ausgaben für bauseitige Maßnahmen, wie Maurerarbeiten für einen Fundamentsockel od. Spenglerarbeiten für den Kamin, betragen nach Auskunft von WSG je nach Anwendungsfall EUR 3.000,-- bis 5.000,--. In meiner Analyse wurde daher ein Durchschnittswert von EUR 4.000,-- als heimischer Nachfrageimpuls für das I/O-Modell berücksichtigt. Eine Aufteilung der Maurer- u. Spenglerarbeiten erübrigt sich, da beide Tätigkeiten unter der ÖCPA-Gliederung „45.2 Hoch- u. Tiefbauarbeiten" subsumiert werden. Ebenso wird eine Untergliederung der Ausgaben für Arbeit u. Materialien vernachlässigt.

---

[358] Pers. Anm. des Autors, die Ausgaben für die Zollabwicklung sind im Pauschalpreis der MGT enthalten u. werden somit explizit nach Subtraktion der Transportkosten u. Kosten für die Inbetriebnahme herausgerechnet; sie enthalten typischerweise einen heimischen Wertschöpfungs- u. Beschäftigungsanteil.

[359] Pers. Anm. des Autors, lt. telefonischer Auskunft vom 12.01.2005, Firma MAN NUTZFAHRZEUGE VERTRIEB OHG, Nutzfahrzeuge Gruppe Österreich, Quelle abrufbar unter: http://www.man.at/de/de.jsp; besitzen die gängigen Fernverkehrszüge ein Fassungsvermögen von ca. 1.300 bis 1.400 Liter Diesel. Entsprechend dem geringeren Preis für Diesel in Österreich erfolgen daher Betankungen deutscher Fernverkehrszüge an österreichischen Tankstellen. Es wird daher des Weiteren angenommen, dass 90 % des durchschnittlichen Tankvolumens (1.350 Liter) von LKW-Zügen, die Transporte nach Österreich durchführen, durch heimische Tankstellen betankt werden. Im Konkreten werden geschätzte 5 % des von österreichischen Tankstellenbetrieben betankten Tankvolumens von 1.215 Liter dem Transport des Gasverdichters zugeschrieben. Diese 60,75 Liter Diesel ergeben bei einem Nettopreis iHv. EUR 0,695 (Stand 12.01.2005) einen heimischen Nachfrageimpuls pro transportierter Anlage von EUR 42,--. Gem. einer Auskunft des BP-Tankstellenbetreibers, Bockgasse 4020-Linz, besteht die Möglichkeit, dass Speditionen durch Flottenkarten zu verbilligten Preisen Diesel beziehen können. Diese Möglichkeit habe ich in Betracht gezogen, sondern die vorgenommenen Betankungen wurden zu normal erhältlichen Preisen durchgeführt. *Vgl. dazu* Wirtschaftsblatt, Nr. 2321, 11.03.2005, 15, Ressort: Wirtschaft und Politik Europa, Titel: „Pröll hat Statistikproblem wegen Tanktourismus", gem. einer Studie der TU Graz stammen rd. 30 % der zugerechneten Verkehrsemissionen aus dem Tanktourismus. Der Großteil der Tanktouristen kommt dabei aus Deutschland, wo Treibstoff höher besteuert wird als in Österreich. *Pers. Anm. des Autors*, da sich zwischenzeitlich (mit Stand Anfang Mai 2006) ein deutlicher Anstieg der Benzin- u. Dieselpreise verzeichnen lässt, müsste diese Preissteigerung korrekterweise mitberücksichtigt werden; auf Grund untergeordneter Bedeutung des Nachfrageimpulses wird jedoch auf ein Update der aktuellsten verfügbaren Daten verzichtet; dies gilt auch für die restlichen KWK-Anlagen.

Die Einbringung u. Aufstellung der GT wird von Mitarbeitern der EWW-AG in ganz Österreich durchgeführt. Der Preis für die Montage beträgt EUR 2.000,-- u. trägt durch erbrachte heimische „DL der Energieversorgung" zu inl. Effekten bei.

Die hydraulische Einbindung der GT beinhaltet die Lieferung u. Montage eines Heizungsverteilers inkl. aller notwendigen Pumpen, Mischer u. Ventile. Des Weiteren erfolgt die Einbindung in die bestehenden Heizkreisläufe. Sämtliche dazu notwendigen Materialien u. DL werden durch heimische Betriebe erstellt, wobei die Montage entweder durch die EWW-AG od. von größeren regionalen Installationsbetrieben der Gas- u. Heizungsbranche erfolgt. Da die MGT in ganz Österreich zum Einsatz kommt wird davon ausgegangen, dass in OÖ die Montage durch die EWW-AG u. in den restlichen Bundesländern jeweils durch Installationsbetriebe im Sinne einer übergeordneten Montagekooperation mit der EWW-AG durchgeführt wird. Um eine geografische Aufteilung bzw. Zuordnung der betroffenen ÖCPA-Güterklassifikationen „40.1 Elektrischer Strom u. DL der Elektrizitätsversorgung" sowie „45.3 Bauinstallationsarbeiten" zu bewerkstelligen, wird das Bundesland OÖ näherungsweise im Verhältnis zu den restlichen Bundesländern nach den prozentuellen Strom-Erzeugungskapazitäten gewichtet[360]. Eine passende Aufteilung der gesamten Investitionssumme von EUR 9.610,-- in geleistete Arbeit u. „28 Metallerzeugnisse" erfolgt nach einem mir bekannt gegebenen Aufteilungsschlüssel von 35 % zu 65 %. Der 35 %-Anteil für geleistete Arbeiten wird entsprechend den vorhin erläuterten Ausführungen zu 24 % auf DL der Energiebranche u. zu 76 % auf „Bauinstallationsarbeiten" gem. ÖCPA-Gliederung aufgeteilt.

Die Kosten für die elektr. Einbindung umfassen die Mess- u. Regeltechnik, eine übergeordnete Steuerung für die Leistungsregelung sowie Schutz u. Überwachung. Im Einzelnen erfolgen die Montage des Leitungsschaltschrankes u. Heizwasserpumpe, die Verkabelung aller Pumpen, Mischer sowie der notwendigen Mess- u. Regelungstechnik, der elektr. Anschluss der Turbine sowie die Einbindung in die bestehende Schaltanlage mittels Verlegung der Energieleitung. Insges. beträgt der gesamte Kostenblock für Material u. Arbeit EUR 9.080,--. Sämtliche Montagearbeiten in Österreich werden durch den Bereich „E-Installation" u. „Anlagenbau" der EWW-AG durchgeführt u. daher der ÖCPA-Güterklassifikation „40.1 Elektrischer Strom u. DL der Elektrizitätsversorgung" zugeschrieben. Für die Ermittlung einer notwendigen Aufteilung in DL u. Materialien wurde mir ein Aufteilungsschlüssel von 30 % zu 70 % bekannt gegeben. Der Materialanteil trägt in der ÖCPA-Gliederung „31 Geräte der Elektrizitätserzeugung u. –verteilung u.ä." durch eine Nachfrageerhöhung zu volkswirtschaftlichen Effekten bei.

Unter dem Investitionsposten Be- u. Entlüftung - Rauchgas erfolgt die Montage der Zu- u. Abluftkanäle für die Belüftung des Heizraumes u. die Errichtung eines doppelt isolierten Edelstahlkamines inkl. Abgasschalldämpfer; in Summe beträgt der Preis für Material u. Arbeit EUR 7.655,--. 26 % dieser Investitionssumme werden dabei im

---

[360] Pers. Anm. des Autors, für die Kalenderjahre 2002 u. 2003 waren keine aufgeschlüsselten Daten der Stromerzeugung nach Bundesländern erhältlich, es wurden daher die Daten aus dem Jahr 2001 verwendet. Das Bundesland OÖ liegt mit ca. 12.470 GWh, entspricht rd. 22,8 % Anteil der öffentlichen Bruttojahreserzeugung im Jahre 2001, vor Niederösterreich (11.516 GWh) an erster Stelle. Vgl. dazu Quelle abrufbar unter: Zahlen,Daten,Fakten/Österreichische Statistik/Archiv/Ergebnisse 2001, 2004-02-02, http://www.e-control.at; würde man für die Aufteilung den Verbrauch heranziehen, so würde sich der Prozentsatz nur unmerklich auf ca. 20 % für OÖ verschieben. Entsprechend einer Aussage von RUDI ANSCHOBER, Landesrat für Energie u. Umwelt in OÖ, bei einer Veranstaltung des ENERGIEINSTITUTES DER JOHANNES KEPLER UNIVERSITÄT LINZ vom 06.12.2004 in Linz, Titel: „Aktuelle Fragen des Energierechts" steigerte sich der Stromverbrauch in OÖ im Jahr 2003 für österreichische Verhältnisse überdurchschnittl. (um ca. 7 %), wodurch sich eine ähnliche prozentuelle Aufteilung wie für die Aufbringung ergeben würde. Für meine Berechnungen kommt daher ein konstanter geschätzter Anteil von 24 % der gesamten Investitionen aus der hydraulischen Einbindung in der entsprechenden Güterklassifikation „Elektrischer Strom u. DL der Elektrizitätsversorgung", zum Tragen; der Rest der Investitionen wird mit 76 % der Güterklassifikation „Bauinstallationsarbeiten" zugeordnet.

I/O-Modell der Montage gem. ÖCPA-Güterklassifikation „45.3 Bauinstallationsarbeiten" sowie 74 % der Klassifikation „27 Metalle u. Halbzeug daraus" als zusätzlicher Nachfrageimpuls zugeordnet.

Der benötigte Erdgasanschluss für den Gasbetrieb beinhaltet die Einbindung der GT u. Gasverdichter inkl. Druckregler, Gasfilter, Zähler u. notwendiger Gasabsperrungen. Die Kosten für Material u. Arbeit betragen zusammen EUR 3.470,--. Die Aufteilung der Nachfragekomponenten in das I/O-Modell erfolgt analog der bei der hydraulischen Einbindung zum Einsatz kommenden[361].

Da in einigen Fällen kein Erdgasanschluss zum öffentlichen Erdgasnetz besteht, müssen im Einzelfall Investitionen für einen Neuanschluss berücksichtigt werden. Laut einer Preisauskunft der Erdgas OÖ. GmbH beträgt ein Netzanschluss für Erdgas im Netz der OÖ. Ferngas AG EUR 1.560,--[362]. Der Preis hängt dabei vom Erdgasnetzbetreiber, von der Leitungslänge sowie der angeschlossenen Brennstoffleistung ab. Der mir bekannt gegebene Preis wird einheitlich für ganz Österreich verwendet[363]. Da jedoch ein Großteil der zu versorgenden Anlagen möglicherweise bereits einen öffentlichen Gasanschluss besitzt, wird diese Nachfragekomponente mit 50 % im I/O-Modell gewichtet. Der dadurch entstehende reduzierte Nachfrageimpuls wird der ÖCPA-Gliederung „40.22 DL der Gasverteilung u. des Gashandels durch Rohrleitungen" zugeteilt, da dieser im Falle eines Anschlusses vom jeweiligen lokalen Gasnetzbetreiber durchgeführt wird.

Der Punkt Inbetriebsetzung der Gesamtanlage berücksichtigt die Inbetriebnahme der MGT inkl. des gesamten Heizungssystems, den Probelauf, die Einregulierung, den Leistungstest u. die Übergabe der Anlage sowie Einweisung des Bedienpersonals. Der Preis für diese DL beträgt EUR 4.500,--. Die Durchführung der Arbeiten erfolgt durch die WSG; es entstehen daraus ebenfalls heimische Effekte für die österreichische Volkswirtschaft, die wiederum der ÖCPA-Güterklassifikation „40.1 Elektrischer Strom u. DL der Energieversorgung" zugeordnet werden.

Im Anschluss stellt, wie eingangs in diesem Kapitel erwähnt, Tabelle 9-6 eine Separierung der zur Errichtung einer MGT angestoßenen Investitionen in eine inländische u. ausländische Komponente, gem. den erläuterten Annahmen, dar.

---

[361] Quelle: Email, 2005-01-24, Leopold Berger, WSG

[362] Quelle: Email, 2005-01-26, Eduard Becker, Erdgas OÖ. GmbH, Linz. In den hier vorliegenden Szenarien wird davon ausgegangen, dass sich in der Nähe eine Gasleitung befindet u. die notwendige Anschlusslänge der Leitung bis zum Verteiler der Anlage max. 7 m beträgt.

[363] Pers. Anm. des Autors, die Annahme birgt einige Ungenauigkeiten, da die Anschlusskosten von Netzbetreiber zu Netzbetreiber leicht variieren können; die gesamtheitlichen Auswirkungen sind jedoch daraus vernachlässigbar.

Tab. 9-6   Investitionskostenaufteilung einer MGT für Gasbetrieb, 2005

Pos.	Investitions-komponente	ÖCPA-Güterklassifikation	Inl. monetärer Nachfrageimpuls [EUR]	Direktimporte [EUR][364]
1	Produktion der gesamten Anlage	29 Maschinen od. 31 Geräte der Elektrizitätserzeugung u. -verteilung u.ä.	-	60.254,-- (62.500,--)
1/1	Gasverdichter	29 Maschinen	-	14.933,-- (18.500,--)
2	Planung	40.1 Elektrischer Strom u. DL der Elektrizitätsversorgung od. 74.2 Architektur- u. Ingenieurbüro-DL	3.080,-- 770,--	-
3	Behördliche Genehmigungsverfahren	75 DL der öffentlichen Verwaltung, der Verteidigung u. der Sozialversicherung	1.853,--	-
4	Zollabwicklung	75 DL der öffentlichen Verwaltung, der Verteidigung u. der Sozialversicherung	2.410,--	-
5	Transport - Luftfahrt	62 Luftfahrtleistungen	-	1.458,--
6	Transport - Betankung	50 Handelsleistungen mit Kraftfahrzeugen, Instandhaltungs- u. Reparaturarbeiten an Kraftfahrzeugen; Tankstellenleistungen	42,--	-
7	Transport-DL - Spedition	63.4 Speditionsleistungen u. sonst. Verkehrsvermittlungsleistungen	600,--	500,--
8	Bauseitige Maßnahmen, Maurerarbeiten u. Spenglerleistungen	45.2 Hoch- u. Tiefbauarbeiten	4.000,--	-
9	Einbringung, Aufstellung ohne baul. Maßnahmen	40.1 Elektrischer Strom u. DL der Elektrizitätsversorgung	2.000,--	-
10	Hydraulische Einbindung - Arbeit	40.1 Elektrischer Strom u. DL der Elektrizitätsversorgung od. 45.3 Bauinstallationsarbeiten	807,-- 2.556,--	-
11	Hydraulische Einbindung - Material	28 Metallerzeugnisse	6.247,--	-
12	Elektrische Einbindung - Arbeit	40.1 Elektrischer Strom u. DL der Elektrizitätsversorgung	2.724,--	-
13	Elektrische Einbindung - Material	31 Geräte der Elektrizitätserzeugung u. -verteilung u.ä.	6.356,--	-
14	Be- u. Entlüftung, Rauchgas - Arbeit	45.3 Bauinstallationsarbeiten	1.990,--	-
15	Be- u. Entlüftung, Rauchgas - Material	27 Metalle u. Halbzeug daraus	5.665,--	-
21	Erdgasanschluss – Arbeit KWK-Anlage	40.22 DL der Gasverteilung u. des Gashandels durch Rohrleitungen od. 45.3 Bauinstallationsarbeiten	291,-- 923,--	-
22	Erdgasanschluss – Material KWK-Anlage	28 Metallerzeugnisse	2.256,--	-
23	Erdgasanschluss - Erdgasnetzbetreiber	40.22 DL der Gasverteilung u. des Gashandels durch Rohrleitungen	780,--	-
26	Inbetriebsetzung der Gesamtanlage	40.1 Elektrischer Strom u. DL der Elektrizitätsversorgung	4.500,--	-
		Gesamte Anlage	**49.850,--**	**77.145,--**

Quelle: eigene Recherchen u. Information der Wels Strom GmbH, Wels

Von den gesamten Investitionskosten einer MGT iHv. EUR 126.995,-- tragen rd. 39 % durch inländische Nachfrageimpulse zu einer zusätzlichen Wertschöpfung in Österreich bei. Ungefähr 61 % der notwendigen Investitionen führen durch benötigte Direktimporte zu einem Kaufkraftabfluss u. belasten damit die österreichische LB[365].

---

[364] Pers. Anm. des Autors, die in Klammer gesetzten Werte stellen die realen Investitionsausgaben für die leistungsstärkere MGT C65 ab dem Jahr 2006 dar, gem. Gespräch vom 17.04.2006 mit LEOPOLD BERGER, WSG. Auf Grund des Berechnungsschemas zur Ermittlung der Planungskosten vergrößern durch die höheren Ausgaben sich demnach auch diese. Sowohl dieser Effekt als auch die höheren Zollgebühren werden selbstverständlich im I/O-Modell berücksichtigt. Die mit Errichtung der KWK-Anlage korrespondierenden Einbautätigkeiten bzw. die benötigten Materialien unterscheiden sich bei den beiden MGT-Typen nur gering u. sind als vernachlässigbar zu werten.

[365] Pers. Anm. des Autors, der Import der MGT aus den USA dominiert dabei mit über 59 % maßgeblich die hohe Importquote. Die errechneten Prozentsätze beziehen sich auf das Jahr 2005 als Preisbasis, unterschiedliche Teuerungsraten im Inland u. Ausland sowie eine stattfindende Kostendegressionen vor allem bei den Komponenten der KWK-Anlage können die Relation zueinander verändern; bspw. beträgt durch eine geschätzte Kostendegression bis zum Jahr 2010 das Verhältnis der realen Investitionen im Inland zum Ausland 32 % zu 68 % (mehr reale Kosteneinsparungen im Montagebereich als bei der Herstellung der KWK-Anlage). Die ermittelten Prozentsätze sollen nur vereinfacht die Geldflussströme zw. verschiedenen Volkswirtschaften

9.5.2.2 Investitionskosten – Mikrogasturbine für Pflanzenölbetrieb

Zum Vergleich werden in diesem Unterkapitel die notwendigen Investitionen, welche für die Errichtung der MGT mit Pflanzenöl als Energieträger notwendig sind, aufgezeigt. Eine Zusammenfassung der resultierenden Investitionen erfolgt wiederum in einer tabellarischen Darstellung in Tabelle 9-7. Um die Ausführungen nicht unnötig zu strapazieren, werden nur mehr die Unterschiede, die für einen Pflanzenölbetrieb erforderlich sind, exemplarisch angeführt. Ein direkter Preisvergleich mit der MGT für Gasbetrieb aus dem Jahr 2005 ist nicht möglich, da die hier abgebildeten Preise Basis für das Jahr 2007 sind u. somit nominellen Charakter besitzen. Ferner beziehen sich die dargestellten Kosten auf die leistungsstärkere MGT C65, welche ab 2006 am Markt zur Verfügung steht und daher für den Pflanzenölbetrieb in Österreich ab 2007 eingesetzt wird.

Die bei der Errichtung der MGT anfallenden Planungskosten, müssen da sie von den Kosten für Gasbetrieb differieren, neu berechnet werden[366].

Durch den Betrieb der MGT mit Pflanzenöl im Jahr 2007 verringern sich die „realen" Kosten des KWK-Moduls durch - Wegfall des Gasverdichters - von EUR 79.380,-- auf EUR 68.177,--. Da die gesamte Anlage aus Amerika importiert wird, verkleinern sich im Vergleich die Direktimporte, wodurch ein höherer Teil der Wertschöpfung im Inland verbleibt. Die nominellen Gesamtprojektkosten betragen für das Jahr 2007 EUR 137.475,--[367]. Mit ca. 55 % schlägt sich das KWK-Modul als größter Kostenfaktor in den Gesamtprojektkosten zu Buche.

Die Kosten für den Pflanzenölanschluss belaufen sich in Summe auf EUR 21.169,--. Der dafür benötigte Öltank mit einem Fassungsvermögen von 20.000 Liter Pflanzenöl kostet EUR 11.224,-- u. wird zur Gänze in Österreich angefertigt. Eine Aufteilung nach Material u. Arbeit erübrigt sich, da beide Komponenten in der ÖCPA-Güterklassifikation „28 Metallerzeugnisse" ihren Niederschlag finden. Das dafür notwendige Equipment (Öl-Vorwärmer, Wärmetauscher, Pumpe u. Steuerung) kostet inkl. Einbau EUR 9.945,--. Die einzelnen Komponenten werden in Österreich von der EWW-AG/WSG zusammengebaut, die Arbeitskosten machen demnach EUR 6.804,-- aus u. kommen in der ÖCPA-Güterklassifikation „40.1 Elektrischer Strom u. DL der Elektrizitätsversorgung" volkswirtschaftlich zum Tragen. Der Materialanteil beträgt EUR 3.141,--, davon werden EUR 1.691,-- des Nachfrageimpulses durch Direktimporte abgedeckt. Die restlichen EUR 1.450,-- finden in der ÖCPA-Güterklassifikation „29 Maschinen" ihre ökonomische Zugehörigkeit.

---

darstellen, welche durch die Errichtung einer MGT entstehen. Der Vollständigkeit halber muss an dieser Stelle gesagt werden, dass durch entsprechende Importe in den VL die inländische primäre Wertschöpfung mit Sicherheit geringer ist als der hier anteilige errechnete Prozentwert der inl. Investitionen an der Gesamtsumme. Dieser Effekt wird jedoch in den Multiplikatoren aus der I/O-Tabelle abgebildet u. bei der Errechnung der primären inl. Wertschöpfung entsprechend berücksichtigt.

[366] Pers. Anm. des Autors, analog der Errechnung der Basis für die Planungskosten der MGT für Gasbetrieb erfolgt keine Berücksichtigung der bauseitigen Maurerarbeiten, der Zollgebühren sowie der Ausgaben für den Tankkessel zur Pflanzenöllagerung. Korrekterweise werden jedoch wiederum die importierten Komponententeile berücksichtigt. Die Ermittlung der Planungskosten basiert dabei auf den realen relevanten Projektkosten für das Jahr 2006, wobei im Anschluss die Planungskosten für das Jahr 2007 indiziert wurden.

[367] Pers. Anm. des Autors, in den Preisangaben für das Jahr 2007 sind Kostendegressionen u. Lernkurveneffekte für das entsprechende KWK-Modul berücksichtigt. Des Weiteren werden die internalisierten Kosteneffekte bis Ende 2006 aus der Errichtungsphase der MGT für den Gasbetrieb in der Bio-Variante berücksichtigt. Vergleicht man die realen Kosten beider Errichtungsformen miteinander, so liegt im Jahr 2007 die MGT für Pflanzenölbetrieb durch höhere Aufwendungen für die Pflanzenöleinbindung mit rd. 3 % über der für Gasbetrieb.

Tab. 9-7 Investitionskostenaufteilung einer MGT für Pflanzenölbetrieb, 2007

Pos.	Investitions-komponente	ÖCPA-Güterklassifikation	Inl. monetärer Nachfrageimpuls [EUR]	Direktimporte [EUR]
1	Produktion der gesamten Anlage	29 Maschinen od. 31 Geräte der Elektrizitätserzeugung u. – verteilung u.ä.	-	73.311,--
2	Planung	40.1 Elektrischer Strom u. DL der Elektrizitätsversorgung od. 74.2 Architektur- u. Ingenieurbüro-DL	2.328,-- 581,--	-
3	Behördliche Genehmigungsverfahren	75 DL der öffentlichen Verwaltung, der Verteidigung u. der Sozialversicherung	1.392,--	
4	Zollabwicklung	75 DL der öffentlichen Verwaltung, der Verteidigung u. der Sozialversicherung	2.776,--	
5	Transport - Luftfahrt	62 Luftfahrtleistungen	-	1.183,--
7	Transport-DL - Spedition	63.4 Speditionsleistungen u. sonst. Verkehrsvermittlungsleistungen	579,--	
8	Bauseitige Maßnahmen, Maurerarbeiten u. Spenglerleistungen	45.2 Hoch- u. Tiefbauarbeiten	4.077,--	
9	Einbringung, Aufstellung ohne baul. Maßnahmen	40.1 Elektrischer Strom u. DL der Elektrizitätsversorgung	1.852,--	-
10	Hydraulische Einbindung - Arbeit	40.1 Elektrischer Strom u. DL der Elektrizitätsversorgung od. 45.3 Bauinstallationsarbeiten	747,-- 2.373,--	
11	Hydraulische Einbindung - Material	28 Metallerzeugnisse	5.741,--	
12	Elektrische Einbindung - Arbeit	40.1 Elektrischer Strom u. DL der Elektrizitätsversorgung	2.523,--	
13	Elektrische Einbindung - Material	31 Geräte der Elektrizitätserzeugung u. – verteilung u.ä.	5.804,--	-
14	Be- u. Entlüftung, Rauchgas - Arbeit	45.3 Bauinstallationsarbeiten	1.847,--	
15	Be- u. Entlüftung, Rauchgas - Material	27 Metalle u. Halbzeug daraus	5.207,--	-
16	Tanksystem für Pflanzenöl - Arbeit	28 Metallerzeugnisse	7.929,--	
17	Tanksystem für Pflanzenöl - Material	28 Metallerzeugnisse	3.295,--	
18	Equipment für Betrieb mit Pflanzenöl - Arbeit	40.1 Elektrischer Strom u. DL der Elektrizitätsversorgung	6.804,--	-
19	Equipment für Betrieb mit Pflanzenöl - Material	29 Maschinen	1.450,--	1.691,--
26	Inbetriebsetzung der Gesamtanlage	40.1 Elektrischer Strom u. DL der Elektrizitätsversorgung	3.985,--	-
		Gesamte Anlage	**61.291,--**	**76.185,--**

Quelle: eigene Recherchen u. Information der Wels Strom GmbH, Wels

Rd. 45 % der benötigten Investitionskosten pro Anlage tragen zufolge heimischer Produktionen u. DL zu inl. volkswirtschaftlichen Effekten bei. Durch direkte Zukäufe im Ausland fließen über 55 % der gesamten Projektkosten fremden Volkswirtschaften zu, wodurch der österreichischen Volkswirtschaft Kaufkraftabflüsse entstehen[368].

9.5.2.3 Betriebsausgaben - Mikrogasturbine für Gasbetrieb

Die Wartungskosten resultieren hauptsächlich aus der Wartung der Einheit der MGT, welche in OÖ durch die EWW-AG durchgeführt wird. In den restlichen Bundesländern erfolgt wiederum die Wartungstätigkeit durch regional angesiedelte Installationsbetriebe entsprechend der prozentuellen Aufteilung nach Energieintensitäten. Pro erzeugter elektrischer kWh betragen die Wartungskosten für den Betrieb mit Erdgas 0,0093 EUR bzw. 0,558 EUR/h[369]. Gem. den Ergebnissen aus dem Mikroteil leistet

---

[368] Pers. Anm. des Autors, eine geschätzte Kostendegression der MGT für Pflanzenölbetrieb bis zum Jahr 2010 zeigt, dass sich das reale Verhältnis inländische - ausländische Kostenanteile auf rd. 43 % zu 57 % hinbewegt, wodurch die inl. Effekte in ihrer Wirkung über den Untersuchungszeitraum leicht abgeschwächt werden.

[369] Vgl. Kap. *5.4 [Spez. Eingabetabellen u. Amortisationskurven]*, Pers. Anm. des Autors, ab dem Jahr 2006 betragen infolge des Einsatzes der leistungsstärkeren MGT C65 die Wartungskosten 0,6045 EUR/h.

eine MGT durchschnittl. rd. 6.000 Betriebsstunden im Jahr; es entstehen somit EUR 3.348,-- an Wartungskosten. 96 % der Wartungskosten entfallen dabei auf Material, 4 % auf geleistete Arbeit. Von den benötigten Materialien werden wiederum 50 % importiert, welche zum Abzug kommen, da dadurch keine Effekte im I/O-Modell auftreten; eine monetäre Berücksichtigung der Importe iHv. EUR 1.607,-- erfolgt jedoch in der LB. Zur Ermittlung der Wertschöpfungs- u. Beschäftigungseffekte aus der Wartungstätigkeit werden nun die 4 % Ausgaben für den Arbeitsanteil, in Summe EUR 134,--, auf EUR 32,-- (24 %) „40.1 Elektrischer Strom u. DL der Elektrizitätsversorgung" sowie EUR 102,-- (76 %) „45.3 Bauinstallationsarbeiten" pro Anlage u. Jahr aufgeteilt. Ferner erzeugen (nach Abzug der Importe) die verwendeten Materialien mit EUR 482,-- bzw. EUR 1.125,-- (Aufteilung 30 % zu 70 %) volkswirtschaftliche Effekte in den Kategorien „28 Metallerzeugnisse" bzw. „31 Geräte der Elektrizitätserzeugung u. –verteilung u.ä.".

Die Betriebskosten resultieren aus dem Verbrauch von Erdgas als fossiler Primärenergieträger. Der Gasverbrauch pro Stunde liegt für die MGT C60 bei ca. 213,41 kWh (unterer Heizwert, H_u)[370]. Die errechneten Brennstoffkosten für 2005 ergeben bei einer verbrauchten Erdgasmenge von rd. 1.280.460 kWh (ca. 115.670 m³[371]) rd. EUR 26.890,--[372]. Eine plausible Aufteilung des verbrauchten Erdgases in inländisch erzeugte Komponenten u. importierte Anteile an Erdgas erfolgt nach der aktuellen prozentuellen Aufteilung inländischer Produktion von Erdgas inkl. Speichersaldo, bezogen auf den inl. Gesamtgasverbrauch aus dem Zeitraum von 2003 bis 2004 der E-CONTROL[373]. Der auf Österreich entfallende Prozentanteil iHv. 21,17 % wird mit den gesamten Brennstoffkosten multipliziert u. als Inputgröße in das I/O-Model iHv. EUR 5.693,-- der ÖCPA-Güterklassifikation „40.22 DL der Gasverteilung u. des Gashandels durch Rohrleitungen" zugeordnet. Der importierte Anteil im Ausmaß von EUR 21.197,-- wird entsprechend der gewählten Systematik in der LB berücksichtigt. Folglich wird angenommen, dass pro Anlage 271.073 kWh (24.487 m³) durch heimische Erdgasproduktion gedeckt u. 1.009.387 kWh (91.183. m³) importiert werden.

---

[370] Quelle: Email, 2005-01-24, Leopold Berger, WSG, für die MGT C65 wird ein Gasverbrauch von 224,24 kWh, H_u angenommen.

[371] Quelle: Email, 2005-01-27, Eduard Becker, Erdgas OÖ GmbH, Linz, im Versorgungsgebiet der Erdgas OÖ GmbH entspricht 1 m³ Erdgas (H_u) im Betriebszustand am Gaszähler durchschnittlichen 9,7 kWh. Zur besseren Vergleichbarkeit, insb. um keine Widersprüche im österreichweiten Kontext zu erzeugen, wurde die Umrechnung gem. E-CONTROL mit einem Brennwert von 11,070 kWh/m³ angenommen. Dadurch wird auch dem österreichweiten Einsatz der GT Rechnung getragen, da diese Umrechnung von Gasnetzbetreiber zu Gasnetzbetreiber schwankt. Vgl. dazu Quelle abrufbar unter: 2005-07-04, www.kelag.at; im Normalzustand (0°C u. 1,01325 bar) hat Erdgas einen Brennwert von 11,07 kWh/m³.

[372] Pers. Anm. des Autors, die Ermittlung der jährlichen Brennstoffkosten erfolgte mittels Energiepreis für 2005 iHv. 2,10 Ct./kWh, multipliziert mit dem jährlichen Gasverbrauch.

[373] Quelle abrufbar unter: Gas/Zahlen,Daten,Fakten/Energiestatistik/Berichtsjahr 2004/Erdgasbilanz_200412.xls, 2005-05-26, http://www.e-control.at; das gesamte Inlandaufkommen an Erdgas betrug im Jahr 2004 1.898 Mio. m³ inkl. Saldo zw. Speicherentnahme u. -einpressung. Die im Kalenderjahr 2004 abgegebene Menge an Erdgas inkl. Eigenverbrauch u. Verlusten betrug 8.993 Mio. m³. In Prozenten betrug daher die inländische Erdgaserzeugung 21,11 % des österreichischen Gesamtverbrauches. Für das Jahr 2003 ergab sich ein Wert von 21,23 %. Als Mittelwert erhält man 21,17 %. Das Jahr 2002 wurde nicht mitberücksichtigt, da durch die Umstellung der Darstellung der Erdgasbilanzen kein direkter Vergleich der Mengen von 2002 mit 2003 u. 2004 möglich ist. Würde man das Jahr 2002 bei der Mittelwertberechnung miteinbeziehen, so stiege der Anteil der inl. Erzeugung am Gasverbrauch auf 23,48 %. Vgl. dazu Brauner, G., Pöppl, G., Abschätzung der Verfügbarkeit der Erzeugungskapazitäten in Österreich bis 2015 u. deren Auswirkungen auf die Netzkapazitäten; Studie im Auftrag vom VEÖ, Wien 2004, 35, in dieser Studie wird erwähnt, dass die inl. österreichische Erdgasaufbringung derzeit 22,50 % beträgt. Pers. Anm. des Autors, in den weiterführenden Berechnungen habe ich den von mir errechneten Wert iHv. 21,17 % für den gesamten Untersuchungszeitraum für das Baseline-Szenario verwendet. Die Berechnung des Wertes basiert jedoch auf der Annahme, dass keine prozentuelle Verschiebung zw. den österreichischen Importen u. der inl. Erzeugung eintritt. Diese Annahme ist hinsichtlich ihrer Richtigkeit schwer einzuschätzen, da einerseits durch die Verdrängungseffekte zusätzliche Mengen an Erdgas frei werden, andererseits sich keine Prognosen treffen lassen, wie der zukünftige Bedarf an Erdgas (Inlandaufkommen vs. Importe) gedeckt wird, da eine beträchtliche Menge externer Parameter, welche zum jetzigen Zeitpunkt nur schwer bis gar nicht einzuschätzen sind, wesentliche Einflüsse ausüben. Auf jeden Fall liegt der von mir gewählte Wert auf der sicheren Seite, wodurch die errechneten volkswirtschaftlichen Werte hinsichtlich Wertschöpfung u. Beschäftigung unterbewertet, die negativen Effekte auf die österreichische LB überbewertet werden.

Hinsichtlich des relevanten Marktes wurde vorausgesetzt, dass ein einheitlicher Marktpreis existiert, weshalb sowohl für die inländische Gaserzeugung als auch für die Gasimporte der gleiche Preis iHv. 2,10 Ct./kWh für das Jahr 2005 zum Ansatz kommt.

Für Leitungs-DL ist zusätzlich eine Leitungsgebühr für die NE 3 zu berücksichtigen. Gem. dem Mikroteil, Kap. *6.2 [Netztarife]*, wird für die NE 3 ein Netztarif iHv. 0,47 Ct./kWh herangezogen. Der Nachfrageimpuls, resultierend aus der transportierten Erdgasmenge mal dem Netztarif, kommt dem jeweiligen inl. Netzbetreiber, unabhängig von der Wahl des Gaslieferanten, zu Gute. Es erfolgt deshalb eine Zuteilung im Ausmaß von EUR 6.018,-- in die ÖCPA-Güterklassifikation „40.22 DL der Gasverteilung u. des Gashandels durch Rohrleitungen". Betreffend prozentuelle Abschläge des Netznutzungsentgeltes über den Untersuchungszeitraum möchte ich erneut auf Kap. *6.2* verweisen.

Eine übersichtliche Aufteilung der einzelnen Kostenblöcke, die während des Betriebes einer MGT mit Erdgas entstehen, zeigt Tabelle 9-8.

Tab. 9-8 Betriebskostenaufteilung einer MGT für Gasbetrieb, 2005

Pos.	Betriebskosten-komponente	ÖCPA-Güterklassifikation	Inl. monetärer Nachfrageimpuls [EUR]	Direktimporte [EUR]
27	Wartung/Reparatur - Arbeit	40.1 Elektrischer Strom u. DL der Elektrizitätsversorgung *od.* 45.3 Bauinstallationsarbeiten	32,-- 102,--	- -
28	Wartung/Reparatur - Material	28 Metallerzeugnisse *od.* 31 Geräte der Elektrizitätserzeugung u. –verteilung u.ä.	482,-- 1.125,--	1.607,--
34	Betriebskosten - Gasbetrieb	40.22 DL der Gasverteilung u. des Gashandels durch Rohrleitungen	5.693,--	21.197,--
35	Betriebskosten - Netztarif	40.22 DL der Gasverteilung u. des Gashandels durch Rohrleitungen	6.018,--	-
		Gesamte Kosten	**13.452,--**	**22.804,--**

Quelle: eigene Recherchen u. Information der Wels Strom GmbH, Wels

Aus den Darlegungen geht hervor, dass im Jahr 2005 knapp 37 % der entstehenden Gesamtbetriebskosten im Ausmaß von EUR 36.256,-- in Österreich volkswirtschaftlich zum Tragen kommen. Die Majorität von über 63 % der modellierten Nachfrage betreffen Importe. Durch die zusätzlich erforderliche Einfuhr von Erdgas steigt der Anteil von Direktimporten über den Untersuchungszeitraum stark an.

9.5.2.4 Betriebsausgaben - Mikrogasturbine für Pflanzenölbetrieb

Neben notwendigen Wartungs- u. Reparaturarbeiten ist vor allem die Erbringung von DL bei der heimischen Landwirtschaft u. der industriellen Herstellung von pflanzlichen Ölen mit ihren Vorleistungsverflechtungen für die Pflanzenölgewinnung von Bedeutung. Für die Berechnung der Betriebseffekte sind folglich jene Wirtschaftssektoren von besonderem Interesse, die für die Brennstoffgewinnung bzw. -aufbereitung verantwortlich sind. Einen Überblick über die Aufteilung der einzelnen Kostenblöcke, die während des Betriebes einer MGT mit Pflanzenöl entstehen, zeigt beispielhaft für das Jahr 2007, Tabelle 9-9.

Durch den Einsatz von Pflanzenöl als Energieträger erhöhen sich die Wartungskosten auf 0,0197 EUR/kWh bzw. 1,28 EUR/h. Bei 6.000 geleisteten Betriebsstunden ergeben sich somit jährliche Wartungskosten von EUR 7.680,--, die entsprechend dem bereits bekannten Verteilungsschlüssel als Nachfrageimpuls in das I/O-Modell Einzug finden[374].

Die Betriebskosten resultieren aus dem Verbrauch des Pflanzenöles als Brennstoffeinsatz. Die verbrauchte Menge wird mit ca. 22,5 Liter Pflanzenöl pro Betriebsstunde angenommen[375]. Bei einem geschätzten Betrieb von 6.000 Betriebsstunden p.a. würden somit für eine Anlage jährl. rd. 135.540 Liter bzw. 125 t Pflanzenöl benötigt[376]. Bepreist man 1.000 Liter Pflanzenöl mit EUR 656,64 so betragen die Brennstoffkosten für 2007 rd. EUR 88.853,--[377]. Betreffend Zuordnung des verbrauchten Pflanzenöles wird die resultierende heimische Nachfrage für den Zeitraum von 2007 bis 2008 direkt den beiden ÖCPA-Güterklassifikation „01 Erzeugnisse der Landwirtschaft u. Jagd" bzw. „15.4 Pflanzliche u. tierische Öle u. Fette" im Verhältnis 20:80 näherungsweise zugeordnet. Ab dem Jahr 2009 werden wegen der großen Nachfrage nach Pflanzenöl - zur Erreichung der 5,75 % Biodieselbeimischung – jährl. ansteigende Importe von Pflanzenöl für den Bedarf der KWK-Anlagen angenommen[378]. Die Bewertung der importierten Pflanzenöle erfolgt auf Basis deutscher Großhandelspreise, welche über die Zentrale Markt- u. Preisberichtstelle für Erzeugnisse der Land-, Forst- u. Ernährungswirtschaft GmbH, Bonn in Erfahrung gebracht wurden. Es erfolgt daher eine Bepreisung mit einem Durchschnittswert für 2005 iHv. 556,67 EUR/t exkl. Transportkosten[379].

---

[374] Pers. Anm. des Autors, die Angaben der Kosten für die Wartung resultieren aus einem persönlichen Gespräch mit LEOPOLD BERGER, WSG am 17.04.2006 und beziehen sich auf die ab 2006 am Markt erhältliche, leistungsstärkere MGT C65. Die in Tabelle 9-9 angeführten monetären Nachfrageimpulse für Wartung wurden für das Jahr 2007 indiziert.

[375] Quelle: Persönliches Gespräch mit LEOPOLD BERGER, WSG, am 17.04.2006

[376] Quelle abrufbar unter: Info/GEMIS 4.3, 2005-11-29, http://www.oeko.de/service/gemis/de/index.htm; Prozess „Raps-Öl-DE-2010, Pers. Anm. des Autors, in GEMIS 4.3 ist die Dichte von Pflanzenöl iHv. 0,922 kg/Liter zu Grunde gelegt.

[377] Quelle: Email, 2004-12-15, Markus Glaßner, Waldland-VWP Pflanzenöltechnologieentwicklungsges.m.b.H., Friedersbach, die Preisangabe beträgt für 2005 je 1.000 Liter Pflanzenöl EUR 680,-- inkl. 10 % MwSt, in: Email, 2005-01-11, Leopold Berger, WSG. Pers. Anm. des Autors, wird zum Vergleich der Preis für einen Liter Pflanzenöl, der in Deutschland zu zahlen ist, betrachtet, so ergibt dies bspw. für das Jahr 2004 einen Durchschnittswert von EUR 0,684 pro Liter (inkl. 7 % MwSt.), demzufolge die Bruttopreise pro Liter annähernd gleich hoch sind, Quelle: Email, 2005-03-30, Sebastian Kilburg, C.A.R.M.E.N. e.V., http://www.carmen-ev.de; Pers. Anm. des Autors, gem. einer bis 2007 angenommenen Verteuerung von 3 % p.a. erhöht sich der Pflanzenölpreis von EUR 0,618 auf EUR 0,656 pro Liter. Informationen bzw. eine kurze Beschreibung der Markt- bzw. Preissituation für Pflanzenöl können im Anhang unter Kap. 13.6.1 [Pflanzenölpotenzial in Österreich] nachgelesen werden.

[378] Pers. Anm. des Autors, pro Jahr werden zusätzlich 10 % Steigerung der Pflanzenölimporte für die KWK-Anlagen angenommen, der verbleibende inländische Nachfrageimpuls wird im Verhältnis 50:50 auf die beiden ÖCPA-Güterklassifikationen aufgeteilt; Hintergrund: durch die österreichische Umsetzung der EU-Richtlinie zur Förderung von Biokraftstoffen entsteht eine erhöhte Nachfrage nach Pflanzenöl, wodurch massive Angebotsengpässe von Pflanzenöl konstatierbar sind, Vgl. dazu Quelle: Info & Service/Biodiesel/Download „Biodiesel Broschüre", 2005-09-25, www.energiesparverband.at; die Nachfrage nach Biodiesel u. damit auch nach Rapsöl wird vor allem durch die mit 01.01.2005 in Kraft getretene Novelle der österreichischen Kraftstoffverordnung gesteigert werden. Durch die Verordnung sind Unternehmen, die Treibstoffe für den Verkehr auf den Markt bringen, verpflichtet, ab 01.10.2005 2,5 % der gesamten verbrauchten Energiemenge durch Biotreibstoffe zu ersetzen. Ab 01.10.2007 erhöht sich der Prozentsatz auf 4,3 % u. ab 01.10.2008 soll die Richtlinienziel von 5,75 % der Substitutionsverpflichtung erreicht werden. Die derzeitig in Österreich bestehende theoretische Biodieselproduktionskapazität liegt bei ca. 150.000 t/a, Vgl. dazu Vortrag von STEFAN SALCHENEGGER, Umweltbundesamt Wien, „Biodiesel-Produktionsanlage Ennshafen" in einer Veranstaltung vom O.Ö. Energiesparverband „Biotreibstoffe - mit erneuerbarer Energie auf der Überholspur", vom 28.09.2005 in Linz. Im Jahr 2003 wurden in Österreich lediglich 55.000 t Biodiesel erzeugt, davon wiederum 90 % auf Grund höherer erzielbarer Preise nach Deutschland u. Italien exportiert. Zur Substitution eines Anteils von 2,5 % sind ca. 220.000 t nötig. Zur Erreichung der 5,75 % (energetisch) im Jahr 2008 sind rd. 470.000 t Biodiesel u. 156.000 t Ethanol erforderlich. Pers. Anm. des Autors, anhand dieses kurzen Exkurses ist klar ersichtlich geworden, dass die Umsetzung dieser Richtlinie in österreichisches Recht einerseits zu einer Änderung der Handelsströme im Hinblick auf zusätzliche Importe von Biodiesel nach Österreich führen wird - da die Erzeugungskapazitäten bei weitem den Bedarf nicht decken werden -, andererseits die EU-weite Umsetzung dieser Richtlinie zu einer massiven Nachfrage nach Biodiesel in ganz Europa führen wird u. letztlich als preistreibendes Element wirkt. Eine Implikation dieser Umstande auf den Betrieb der MGT im Pflanzenölbetrieb ist sehr komplex u. erfordert eine ausführliche Recherche der Rahmenbedingungen. Nichts desto trotz werde ich dennoch einen seriösen Ansatz generieren, der die Aufteilung der heimischen Pflanzenölmengen, welche für die KWK-Anlagen zur Biodieselerzeugung verwendet werden, darlegt. Diese Ausführungen sind im Anhang unter Kap. 13.6.1 [Pflanzenölpotenzial in Österreich] ersichtlich.

[379] Quelle abrufbar unter: ufop-Marktinformation Ausgabe „Jänner, Februar, Juli, September, Oktober u. Dezember 2005", Titel: UFOP-Marktinformation Ölsaaten und Biokraftstoffe, 3, 2006-01-05, http://www.ufop.de/publikationen_marktinformationen.php; Pers. Anm. des Autors, die Verkaufspreise für rohes Pflanzenöl exkl. MwSt stellen in Deutschland die aktuellen Han-

Da bei der Rapsölproduktion als Koppelprodukt Rapsschrot anfällt, wurde unterstellt, dass das anfallende Rapsschrot zu Tierfutter verarbeitet wird, wobei 54,03 t Sojaschrot pro TJ erzeugtem Pflanzenöl substituiert werden. Die hierdurch vermiedenen, ansonsten bei der Sojaschrotverfütterung anfallenden Importe werden mit Marktpreisen bewertet u. in der LB anteilig berücksichtigt. Die Umrechnung der Gutschrift erfolgt mittels GEMIS 4.3[380] u. wird entsprechend dem Preis für Sojaschrot „cif Rotterdam" mit einem Wert für 2005 iHv. rd. 195 EUR/t näherungsweise bewertet[381]. Im Baseline-Szenario wird davon ausgegangen, dass der gesamte inländische Anteil an anfallendem Rapsschrot bzw. die Sojaschrot-Gutschriften zur Verringerung der Importe von Sojaschrot nach Österreich beitragen[382].

Der Transport des jährl. importierten Pflanzenöls wird pro Anlage mit EUR 3.279,-- angenommen u. belastet somit die österreichische LB durch einen in das Ausland abfließenden Geldstrom[383]. Durch prognostizierte Betankungen iHv. EUR 469,-- bei österreichischen Tankstellenbetrieben werden jedoch ab dem Jahr 2009 inländische Effekte im I/O-Modell pro Lieferung (Anlage) ausgelöst[384]. Mögliche fallweise auftretende Effekte, die durch heimische Speditionsleistungen auftreten, finden erneut keine Berücksichtigung.

Für den Transport des im Inland erzeugten Pflanzenöles zu den Verbrauchsstätten werden pro Anlage Pauschalkosten iHv. EUR 453,-- der ÖCPA-Gliederung „63.4 Speditionsleistungen" zugeschrieben[385]. Der heimische Nachfrageimpuls wird daher zur Gänze im I/O-Modell modelliert. Ab anno 2009 fallen infolge der Pflanzenölimporte nur mehr die anteiligen Nachfrageimpulse ins Gewicht.

---

delspreise für den jeweiligen Zeitraum, fob Ölmühle, erhoben bei Ölmühlen/Handel dar. Aus den gewählten Zeiträumen wurde näherungsweise ein Mittelwert für 2005 errechnet. Da jedoch annahmegem. erstmalig im Jahr 2009 Pflanzenöl aus Deutschland importiert wird, erfolgt mit der angenommenen jährlichen Preissteigerung eine Hochrechnung des Preises.

[380] Quelle abrufbar unter: Detailinformation für den Prozess „Fabrik/Rapsöl-dezentral/Sojaschrot", 2005-04-25, http://www.oeko.de/service/gemis/de/index.htm; *Pers. Anm. des Autors,* die Gutschrift wird mit dem pro Anlage u. Jahr anfallenden Pflanzenölverbrauch, gemessen in TJ, multipliziert.

[381] Vgl. Agrar Markt Austria, Marktbericht Dezember 2005, Getreide und Ölsaaten, JG 2005, 12. Stück, Ausgabe 11.01.2006, Wien 2006, 39, Preis vom 20.12.2005, Umrechnungskurs 1 EUR = 1,33 USD, *Pers. Anm. des Autors,* auf Änderungen des Dollarkurses u. damit auch auf Veränderungen der monetären Exportströme wird nicht näher eingegangen.

[382] Quelle abrufbar unter: Moder, G., Pöchtrager, S., Heissenberger, A., Gentechnik in der Futtermittelproduktion: Ein praxisnahes Forschungsprojekt; im Auftrag von BMLFUW, BMWA und BMGF, 2, in: Darnhofer, I., Pöchtrager, S., Schmid, E., Jahrbuch der Österreichischen Agrarökonomie, Band 14, Wien 2005, 2005-12-29, http://gpool.lfrz.at/gpoolexport/media/file/Poechtrager-Moder-Heissenberger-pdf.pdf; die Importe von Sojaschrot nach Österreich liegen im Durchschnitt bei 0,5 Mio. t im Jahr. *Pers. Anm. des Autors,* die umgerechneten jährlichen Sojaschrotgutschriften aus dem Betrieb der MGT liegen dabei deutlich unter diesem Wert, wodurch die gesamten Gutschriften zur Reduzierung der Sojaschroteinfuhren nach Österreich beitragen.

[383] Quelle: Email, 2005-10-17, Hannelore Seidl, Wildenhofer Spedition und Transport GmbH, Salzburg, für die Analyse kommt folgender Richtpreis lt. Information von HANNELORE SEIDL zum Einsatz: für eine Fahrtstrecke Augsburg – Salzburg werden für das Jahr 2005 EUR 2,05/100 Liter an Frachtpreisen angenommen, das ergibt in Summe pro Anlage EUR 2.779,--. Da sich jedoch das Einsatzgebiet einer KWK-Anlage auf ganz Österreich verteilt, werden zusätzlich geschätzte EUR 500,-- für innerösterreichische Transporte berücksichtigt.

[384] *Pers. Anm. des Autors,* nähere Details siehe Kap. 9.5.2.1 [*Investitionskosten – Mikrogasturbine für Gasbetrieb*], entsprechend dem geringeren Preis für Diesel in Österreich erfolgen Betankungen deutscher Fernverkehrszüge durch österreichische Tankstellen. Es wird daher des Weiteren angenommen, dass 50 % des durchschnittlichen Fassungsvermögens (1.350 Liter) bei LKW-Zügen, welche Pflanzenöltransporte nach Österreich durchführen, durch inl. Tankstellen betankt werden. Bei einem Nettodieselpreis vom 12.01.2005, EUR 0,695, ergibt sich näherungsweise ein heimischer Nachfrageimpuls pro Transport von EUR 469,--. Der monetäre Nachfrageimpuls wird vereinfacht mit den anteiligen prozentuellen Pflanzenölimporten gewichtet und für das Jahr 2009 indiziert.

[385] *Pers. Anm. des Autors,* für eine Jahresauslastung von ca. 5.000 h werden lt. WSG für das Jahr 2005 Transportkosten von EUR 360,-- veranschlagt; der Wert wurde von mir entsprechend der höheren Auslastung aliquot hochgerechnet und bis 2007 indiziert.

Tab. 9-9 Betriebskostenaufteilung einer MGT für Pflanzenölbetrieb, 2007

Pos.	Betriebskosten-komponente	ÖCPA-Güterklassifikation	Inl. monetärer Nachfrageimpuls [EUR]	Direktimporte [EUR]
27	Wartung/Reparatur - Arbeit	40.1 Elektrischer Strom u. DL der Elektrizitätsversorgung od. 45.3 Bauinstallationsarbeiten	75,-- 239,--	- -
28	Wartung/Reparatur - Material	28 Metallerzeugnisse od. 31 Geräte der Elektrizitätserzeugung u. - verteilung u.ä.	1.116,-- 2.596,--	4.055,--
29	Betriebskosten - Erzeugung Pflanzenöl	01 Erzeugnisse der Landwirtschaft u. Jagd 15.4 Pflanzliche u. tierische Öle u. Fette	17.771,-- 71.082,--	[386] -
30	Transportkosten - Pflanzenöl	63.4 Speditionsleistungen u. sonst. Verkehrsvermittlungsleistungen	453,--	-
		Gesamte Kosten	**93.332,--**	**4.055,--**

Quelle: eigene Recherchen u. Information der Wels Strom GmbH, Wels

Aus den Darlegungen geht hervor, dass im Jahr 2007 knapp 96 % der entstehenden nominellen Gesamtbetriebskosten im Ausmaß von EUR 97.387,-- in Österreich volkswirtschaftlich zum Tragen kommen. Die Majorität von über 91 % der modellierten Nachfrage im I/O-Modell trägt dabei die heimische Erzeugung des Pflanzenöls. Ca. 4 % der notwendigen Ausgaben betreffen Importe. Durch die zusätzlich erforderliche Einfuhr von Pflanzenöl ab dem Jahr 2009 steigt jedoch der Anteil von Direktimporten über den Untersuchungszeitraum stark an, wodurch sich der im Inland wirkende Nachfrageimpuls mehr und mehr dezimiert.

9.5.2.5 Investitionskosten - Stirling Motor für Gasbetrieb

Analog der Darstellung der einzelnen erforderlichen Investitionen für die Errichtung der MGT u. der dadurch entstehenden Nachfrageimpulse im I/O-Modell erfolgt in diesem Unterkapitel die strukturelle Aufarbeitung der Investitionskostenanteile für den S.M. Die grundlegende Vorgangsweise zur Ermittlung der verschiedenen Kostenkomponenten u. deren Aufteilung entspricht dem Prozedere der MGT. Es wird daher explizit nur mehr auf Besonderheiten, die mit der Errichtung des S.M. korrespondieren, näher eingegangen. Eine übersichtliche Darstellung findet der Leser unter Tabelle 9-10.

Berücksichtigte Planungskosten beinhalten die Vorbereitungstätigkeiten zur Umsetzung des Projektes, wie Leistungen, beginnend mit der technischen Planung sowie Kosten für die Durchführung des Genehmigungsprozesses (elektrizitätsrechtl. Genehmigung) bis hin zu Begleitung einer endgültigen Umsetzung. Die im Inland wirkenden Planungskosten betragen dabei EUR 2.346,--. Die prozentuelle Aufteilung auf die einzelnen ÖCPA-Güterklassifikationen entspricht der Aufteilung der MGT.

Die Kosten des kompletten S.M. machen mit rd. 48 % ebenfalls den dominierenden Anteil der Gesamtprojektkosten von EUR 44.864,-- pro Anlage aus. Die mir vorliegenden Investitionskosten pro KWK-Modul betragen EUR 21.604,--. Da diese Investitionskostenanteile inkl. der benötigten VL wiederum nicht zur inl. Wertschöpfung beitragen, finden sie in dem I/O-Modell keine Berücksichtigung, jedoch bei der Berechnung der Auswirkungen auf die LB. Da der S.M. aus Deutschland importiert wird, kommen keine Zollaufwendungen zum Tragen.

Der Transport des S.M. zum späteren Aufstellungsort erfolgt annahmegm. durch ein ausländisches Speditionsunternehmen u. wird mit durchschnittlichen Ausgaben iHv.

---

[386] Pers. Anm. des Autors, ab dem Jahr 2009 kommen durch den bedingten Import von Pflanzenöl in den Pos. 29 u. 30 negative Außenhandelseffekte für die österreichische Volkswirtschaft zum Tragen, des Weiteren erfolgen durch Betankungen heimischer Tankstellenbetreiber inl. Wertschöpfungsimpulse.

EUR 500,-- in der LB berücksichtigt. Durch inländische Betankungen iHv. EUR 84,-- werden jedoch heimische Effekte ausgelöst[387].

Ausgaben für bauseitige Maßnahmen betragen nach Auskunft von WSG je nach Anwendungsfall EUR 2.000,-- bis 3.000,--. In meinen Analysen wurde ein Wert von EUR 2.000,-- als heimischer Nachfrageimpuls im I/O-Modell berücksichtigt.

Die Einbringung u. Aufstellung der Turbine wird in Österreich von Mitarbeitern der EWW-AG durchgeführt. Der Preis für die Montage beträgt EUR 600,-- u. trägt durch erbrachte heimische DL der Energieversorgung zu inl. Effekten bei.

Die hydraulische Einbindung der Anlage beinhaltet die Lieferung u. Montage eines isolierten Pufferspeichers mit geeignetem Ausdehnungsgefäß, eines Heizungsverteilers inkl. aller notwendigen Umwälzpumpen, einer Pufferregelung sowie der Rohrmaterialien u. Ventile. Sämtliche dazu notwendigen Materialien u. DL werden durch heimische Betriebe erstellt, wobei die Montage ebenso entweder durch die EWW-AG od. fallweise von größeren regionalen Installationsbetrieben der Gas- u. Heizungsbranche erfolgt. Die prozentuelle Aufgliederung der gesamten Kosten für Material u. Arbeit iHv. EUR 6.400,-- wird analog wie bei der MGT durchgeführt. Der Pufferspeicher mit Kosten iHv. EUR 1.780,-- wird jedoch vor Aufteilung von der Gesamtsumme subtrahiert u. der ÖCPA-Güterklassifikation „28 Metallerzeugnisse" zugeordnet.

Die Kosten für elektr. Installationen umfassen den Einspeiseverteiler für die elektr. Einbindung der KWK-Anlage, die Verkabelung aller Pumpen, Mischer sowie der notwendigen Mess- u. Regelungstechnik samt dem dazu benötigten Elektromaterial, weiters die Verkabelung der Energieleitung von der Anlage zum Einspeiseverteiler. Insges. beträgt der inlandswirksame Kostenblock für Material u. Arbeit EUR 6.590,--. Das Aufteilungsschema ist wiederum identisch mit dem der MGT.

Der Kostenblock Leistungsregelung umfasst die komplette Regelungstechnik mit Sensoren für den strom- od. wärmegeführten Betrieb inkl. der Softwareerstellung; der Preis für die Lieferung beträgt EUR 1.260,--. Ausgeführt wird diese von Matrix 3000 Facility Management, einer 100 %-Tochter der EWW-AG, die gem. ÖCPA-Gliederung in die Klassifikation „74 Unternehmensbezogene DL" mit 50 % wertmäßigem Anteil einfließt. Die Materialnachfrage nimmt die restlichen 50 % ein u. wird der Klassifikation „30 Büromaschinen, Datenverarbeitungsgeräte u. -einrichtungen" zugeordnet.

Unter dem Investitionsposten Be- u. Entlüftung für die KWK-Anlage erfolgt die Errichtung eines Abgassystems. In Summe beträgt der im Inland wirksam werdende Preis für Material u. Arbeit EUR 2.200,--, die prozentuelle Aufteilung entspricht gleichfalls der MGT.

Im Falle, dass ein Erdgasanschluss zum Erdgasnetzbetreiber notwendig ist, werden überschlagsmäßig wiederum EUR 1.560,-- der zur Gasverteilung zugehörigen ÖCPA-Güterklassifikation österreichweit zugeteilt. Entsprechend der Annahme, dass bei rd. 50 % der Anlagen bereits ein Gasanschluss vorhanden ist, erfolgt eine Gewichtung des Nachfrageimpulses im I/O-Modell mit dem Faktor 0,5.

---

[387] Pers. Anm. des Autors, nähere Ausführungen sind in Kap. *9.5.2.1 [Investitionskosten – Mikrogasturbine für Gasbetrieb]* zu finden. Da im Vergleich zur MGT (Transport des Gasverdichters) die Kubatur des gesamten S.M. größer ist, werden geschätzte 10 % des von österreichischen Tankstellenbetreibern befüllten Tankvolumens eines Lkws von 1.215 Litern dem Transport des S.M. zugeschrieben.

Die Inbetriebnahme der Gesamtanlage berücksichtigt den Probelauf, die Einregulierung, den Leistungstest sowie die Übergabe der Anlage; der Preis für diese DL beträgt EUR 500,-- u. wird im I/O-Modell der EVU-Branche zugeteilt.

Tab. 9-10 Investitionskostenaufteilung eines S.M. für Gasbetrieb, 2005

Pos.	Investitions-komponente	ÖCPA-Güterklassifikation	Inl. monetärer Nachfrageimpuls [EUR]	Direktimporte [EUR]
1	Produktion der gesamten Anlage	29 Maschinen od. 31 Geräte der Elektrizitätserzeugung u. -verteilung u.ä.	-	21.604,--
2	Planung	40.1 Elektrischer Strom u. DL der Elektrizitätsversorgung od. 74.2 Architektur- u. Ingenieurbüro-DL	1.266,-- 317,--	- -
3	Behördliche Genehmigungsverfahren	75 DL der öffentlichen Verwaltung, der Verteidigung u. der Sozialversicherung	763,--	-
6	Transport - Betankung	50 Handelsleistungen mit Kraftfahrzeugen, Instandhaltungs- u. Reparaturarbeiten an Kraftfahrzeugen; Tankstellenleistungen	84,--	-
7	Transport-DL - Spedition	63.4 Speditionsleistungen u. sonst. Verkehrsvermittlungsleistungen	-	500,--
8	Bauseitige Maßnahmen, Maurerarbeiten u. Spenglerleistungen	45.2 Hoch- u. Tiefbauarbeiten	2.000,--	-
9	Einbringung, Aufstellung ohne baul. Maßnahmen	40.1 Elektrischer Strom u. DL der Elektrizitätsversorgung	600,--	-
10	Hydraulische Einbindung - Arbeit	40.1 Elektrischer Strom u. DL der Elektrizitätsversorgung od. 45.3 Bauinstallationsarbeiten	388,-- 1.229,--	- -
11	Hydraulische Einbindung – Material (inkl. Pufferspeicher)	28 Metallerzeugnisse	4.783,--	-
12	Elektrische Einbindung - Arbeit	40.1 Elektrischer Strom u. DL der Elektrizitätsversorgung	1.977,--	-
13	Elektrische Einbindung - Material	31 Geräte der Elektrizitätserzeugung u. -verteilung u.ä.	4.613,--	-
14	Be- u. Entlüftung, Rauchgas - Arbeit	45.3 Bauinstallationsarbeiten	572,--	-
15	Be- u. Entlüftung, Rauchgas - Material	27 Metalle u. Halbzeug daraus	1.628,--	-
23	Erdgasanschluss - Erdgasnetzbetreiber	40.22 DL der Gasverteilung u. des Gashandels durch Rohrleitungen	780,--	-
24	Leistungsregelung - Material	30 Büromaschinen, Datenverarbeitungsgeräte u. -einrichtungen	630,--	-
25	Leistungsregelung - Arbeit	74 Unternehmensbezogene DL	630,--	-
26	Inbetriebsetzung der Gesamtanlage	40.1 Elektrischer Strom u. DL der Elektrizitätsversorgung	500,--	-
		Gesamte Anlage	**22.760,--**	**22.104,--**

Quelle: eigene Recherchen u. Information der Wels Strom GmbH, Wels

Knapp 51 % der ausgegebenen Investitionen für Material u. Arbeit, die durch die Errichtung eines S.M. für Gasbetrieb entstehen, werden durch heimische Betriebe abgedeckt u. bewirken folglich volkswirtschaftliche Effekte im Inland. Über 49 % der Investitionen für die Anlage fließen infolge benötigter Direktimporte von Gütern u. DL ausländischen Volkswirtschaften zu. Wie auch bei der Errichtung der MGT determiniert das importierte KWK-Modul mit rd. 48 % maßgeblich die Höhe der Importe, bezogen auf die gesamten Projektkosten iHv. EUR 44.864,--.

9.5.2.6 Investitionskosten - Stirling Motor für Pelletbetrieb

Als Vergleich werden die resultierenden Nachfrageimpulse aus der Errichtung des S.M. für den Pelletbetrieb dargestellt. Ein direkter Preisvergleich mit dem S.M. für Gasbetrieb ist nicht möglich, da die hier abgebildeten Preise Basis für das Jahr 2007 sind u. somit nominellen Charakter besitzen. Analog wie bei der MGT werden nur die Unterschiede zum Gasbetrieb herausgearbeitet.

Durch den Betrieb des S.M. mit Pellets erhöhen sich die „realen" Kosten des KWK-Moduls von EUR 21.100,-- auf EUR 27.180,--. Da die gesamte Anlage aus Deutschland importiert wird, vergrößern sich im Vergleich die Direktimporte, wodurch ein höherer Teil der Wertschöpfung ins Ausland abfließt. Die nominellen Gesamtprojektkosten betragen für das Jahr 2007 EUR 48.441,--. Mit ca. 56 % schlägt sich das KWK-Modul als größter Kostenfaktor in den Gesamtprojektkosten zu Buche[388].

Die Kosten für den Anschluss zur Versorgung mit Pellets sind, wie bereits erwähnt, in dem Preis für den S.M. bereits berücksichtigt. Zu berücksichtigen sind ferner die Baukosten für einen Lagerraum, der ca. 18 m³ fasst[389]. Erstellt wird der Raum durch das österreichische Baugewerbe, die für 2007 indizierten Baukosten iHv. EUR 1.324,-- kommen als zusätzlicher inländischer Nachfrageimpuls zur Wirkung[390]. Da jedoch in einigen Fällen bestehende Wärmeerzeugungs-Altanlagen durch den S.M. substituiert werden u. geeignete, den Vorschriften entsprechende Lagerräume wie bspw. ein ehemaliger Öltankraum vorhanden sind, kommt in meinen Berechnungen der Nachfrageimpuls mit 50 % der pro Jahr zu errichtenden Anlagen zum Tragen. Ferner wird bei der Errichtung des Lagerraumes noch eine Brandschutztüre T30 benötigt, welche für 2007 mit einem Nettopreis von EUR 216,-- veranschlagt wird u. von der österreichischen metallverarbeitenden Industrie erzeugt wird[391].

Die gesamte Aufteilung der notwendigen Investitionen, welche durch die Errichtung des S.M. für Pelletbetrieb entstehen veranschaulicht Tabelle 9-11.

Rd. 43 % der Investitionen tragen durch induzierte Nachfrageimpulse zur inl. Wertschöpfung bei. Die restlichen 57 %, die zur Errichtung eines S.M. für Pelletbetrieb notwendig sind, werden als Direktimporte aus dem Ausland bezogen. Bezugnehmend auf die im Inland wirkende anteilige monetäre Nachfrage besteht kein wesentlicher Unterschied zw. den beiden Errichtungsformen. Die Gesamtkosten der Errichtung erhöhen sich für den Pelletbetrieb des S.M. auf Grund des höheren Importanteils des KWK-Moduls, wodurch in diesem Fall mit einer zusätzlichen Belastung der LB zu rechnen ist.

---

[388] Pers. Anm. des Autors, in den Preisangaben für das Jahr 2007 sind die internalisierten Kostendegressionen u. Lernkurveneffekte aus der Errichtungsphase für den Gasbetrieb der Bio-Variante zugerechnet. Ein Vergleich beider Errichtungsformen zeigt, dass die realen Kosten des S.M.-Pelletbetrieb mit rd. 14,5 % über jenen für Gasbetrieb liegen.

[389] Quelle: Email, 2004-12-22, Leopold Berger, WSG, das Fassungsvermögen reicht ca. für 2 bis 3 Monate Volllastbetrieb, *Vgl. dazu* Folder „Heizen mit Pellets, Ein Brennstoff mit Zukunft"; Hrsg. O.Ö. Energiesparverband, Linz, 1.000 kg Pellets entsprechen ca. 1,5 m³. *Pers. Anm. des Autors,* es können somit 12.000 kg Holzpellets gelagert werden, welche für rd. 1.500 Betriebsstunden reichen.

[390] Quelle: Email, 2005-01-13, Albert Steinegger, Landwirtschaftskammer OÖ, Biomassefonds OÖ, lt. Auskunft kann man gem. Baurichtlinienpreis des Landes OÖ zw. EUR 60,-- u. 80,-- pro m³ umbauten Raum rechnen. Die Spanne ergibt sich durch die Art der Deckenausführung, die bei weniger aufwändiger Konstruktion mit EUR 60,-- pro m³ zu veranschlagen ist. *Pers. Anm. des Autors,* in meinen Berechnungen habe ich den Durchschnittswert von EUR 70,-- pro m³ umbautem Raumes verwendet.

[391] Quelle abrufbar unter: Info & Service/Pellets & Biomasse/Heizen mit Holzpellets, 2005-01-14, http://www.esv.or.at; die Türe des Lagerraumes ist als Brandschutztüre mind. T 30 auszuführen. *Pers. Anm. des Autors,* der Preis entstammt einer telefonischen Auskunft am 14.01.2005 von einem Mitarbeiter der bauMax-Kette in der Wiener Straße in Linz. Die Preisangabe von EUR 212,00 war inkl. der MwSt, sodass 20 % herausgerechnet wurden. Auf Grund der Möglichkeit, dass vorhandene Brandschutztüren Wiederverwendung finden könnten, wird der Nachfrageimpuls erneut mit 50 % gewichtet.

Tab. 9-11 Investitionskostenaufteilung eines S.M. für Pelletbetrieb, 2007

Pos.	Investitions-komponente	ÖCPA-Güterklassifikation	Inl. monetärer Nachfrageim-puls [EUR]	Direktim-porte [EUR]
1	Produktion der gesamten Anlage	29 Maschinen od. 31 Geräte der Elektrizitätserzeugung u. -verteilung u.ä.	-	27.180,--
2	Planung	40.1 Elektrischer Strom u. DL der Elektrizitätsversorgung od. 74.2 Architektur- u. Ingenieurbüro-DL	993,-- 248,--	- -
3	Behördliche Genehmigungsverfahren	75 DL der öffentlichen Verwaltung, der Verteidigung u. der Sozialversicherung	594,--	-
6	Transport - Betankung	50 Handelsleistungen mit Kraftfahrzeugen, Instandhaltungs- u. Reparaturarbeiten an Kraftfahrzeugen; Tankstellenleistungen	88,--	-
7	Transport-DL - Spedition	63.4 Speditionsleistungen u. sonst. Verkehrsvermittlungsleistungen	-	532,--
8	Bauseitige Maßnahmen, Maurerarbeiten u. Spenglerleistungen	45.2 Hoch- u. Tiefbauarbeiten	2.039,--	-
9	Einbringung, Aufstellung ohne baul. Maßnahmen	40.1 Elektrischer Strom u. DL der Elektrizitätsversorgung	556,--	-
10	Hydraulische Einbindung - Arbeit	40.1 Elektrischer Strom u. DL der Elektrizitätsversorgung od. 45.3 Bauinstallationsarbeiten	359,-- 1.141,--	- -
11	Hydraulische Einbindung – Material (inkl. Pufferspeicher)	28 Metallerzeugnisse	4.396,--	-
12	Elektrische Einbindung - Arbeit	40.1 Elektrischer Strom u. DL der Elektrizitätsversorgung	1.831,--	-
13	Elektrische Einbindung - Material	31 Geräte der Elektrizitätserzeugung u. -verteilung u.ä.	4.213,--	-
14	Be- u. Entlüftung, Rauchgas - Arbeit	45.3 Bauinstallationsarbeiten	531,--	-
15	Be- u. Entlüftung, Rauchgas - Material	27 Metalle u. Halbzeug daraus	1.469,--	-
20	Lagerraum für Pellets-Bauwerk Brandschutztür	45.2 Hoch- u. Tiefbauarbeiten 28 Metallerzeugnisse	662,-- 108,--	- -
24	Leistungsregelung - Material	30 Büromaschinen, Datenverarbeitungsgeräte u. -einrichtungen	532,--	-
25	Leistungsregelung - Arbeit	74 Unternehmensbezogene DL	552,--	-
26	Inbetriebsetzung der Gesamtanlage	40.1 Elektrischer Strom u. DL der Elektrizitätsversorgung	392,--	-
		Gesamte Anlage	**20.730,--**	**27.712,--**

Quelle: eigene Recherchen u. Information der Wels Strom GmbH, Wels

9.5.2.7 Betriebsausgaben - Stirling Motor für Gasbetrieb

Mit dem Betrieb des S.M. sind wiederum Wertschöpfungs- u. Beschäftigungseffekte während der gesamten Lebensdauer der Anlage verknüpft. Die Wartungskosten resultieren hauptsächlich aus der Wartung der gesamten Einheit des S.M. u. werden durch heimische DL abgedeckt. Die benötigten Materialien werden im Gegensatz zur Gänze aus dem Ausland importiert. Die Wartungskosten für einen S.M. belaufen sich gem. Ausführungen in Kap. *5.4 [Spezifische Eingabetabellen u. Amortisationskurven]* auf EUR 0,122 pro h. Wird ein S.M. durchschnittl. 7.000 Betriebsstunden im Jahr eingesetzt, so ergibt das jährliche Wartungskosten iHv. EUR 854,--; 80 % der Wartungskosten entfallen auf Material, welches direkt importiert wird u. in der österreichischen LB Berücksichtigung findet. EUR 171,-- (20 %) der geleisteten Wartungsarbeit fließen entsprechend der Aufteilung nach Energieintensitäten (24 % OÖ zu 76 % Rest von Österreich) in die ÖCPA-Klassifikationen „40.1 Elektrischer Strom u. DL der Elektrizitätsversorgung" sowie „45.3 Bauinstallationsarbeiten" des I/O-Modells ein.

Die Betriebskosten resultieren aus dem Verbrauch von Erdgas als fossilem Brennstoffeinsatz. Der Verbrauch pro Betriebsstunde beträgt dabei 37,63 kWh (unterer

Heizwert), das entspricht ca. 263.410 kWh od. 23.795 m³ Erdgas, bei einem geschätzten Betrieb von jährl. 7.000 Betriebsstunden. Davon werden 207.646 kWh od. 18.758 m³ importiert, 55.764 kWh bzw. 5.037 m³ werden durch inländische Produktion aufgebracht. Die gesamten jährlichen Brennstoffkosten für eine Anlage betragen im Jahr 2005 EUR 5.558,--[392] und werden entsprechend dem inl. Anteil der Erdgasaufbringung mit EUR 1.177,-- im I/O-Modell modelliert.

Für die Benützung des Erdgasnetzes der NE 3 muss wiederum ein Netznutzungsentgelt berücksichtigt werden. Der aus den zu bezahlenden Netztarifen resultierende Nachfrageimpuls kommt ebenso dem jeweiligen inl. Netzbetreiber im Ausmaß von EUR 2.739,-- im I/O-Modell zu Gute[393]. Sämtliche Kostenblöcke sind wiederum in Tabelle 9-12 zusammengefasst.

Tab. 9-12 Betriebskostenaufteilung eines S.M. für Gasbetrieb, 2005

Pos.	Betriebskostenkomponente	ÖCPA-Güterklassifikation	Inl. monetärer Nachfrageimpuls [EUR]	Direktimporte [EUR]
27	Wartung/Reparatur - Arbeit	40.1 Elektrischer Strom u. DL der Elektrizitätsversorgung od. 45.3 Bauinstallationsarbeiten	41,-- 130,--	- -
28	Wartung/Reparatur - Material	28 Metallerzeugnisse od. 31 Geräte der Elektrizitätserzeugung u. - verteilung u.ä.	-	683,--
34	Betriebskosten - Gasbetrieb	40.22 DL der Gasverteilung u. des Gashandels durch Rohrleitungen	1.177,--	4.381,--
35	Betriebskosten - Netztarif	40.22 DL der Gasverteilung u. des Gashandels durch Rohrleitungen	2.739,--	-
		Gesamte Kosten	**4.087,--**	**5.064,--**

Quelle: eigene Recherchen u. Information der Wels Strom GmbH, Wels

Durch den Gasbetrieb des S.M. erhöht sich der Anteil an importierten Gütern, vice versa vermindert sich der für die inländische Wertschöpfung verantwortliche Anteil. Die maßgebliche Ursache für diese Veränderung ist das importierte Erdgas, welches pro Anlage im Schnitt rd. 48 % der gesamten Betriebskosten iHv. EUR 9.151,-- ausmacht. Somit tragen 55 % der gesamten, aus dem Betrieb eines S.M. entstehenden Betriebskosten zu einem Kaufkraftabfluss in der österreichischen Volkswirtschaft bei, dito kommen ihr 45 % zu Gute.

9.5.2.8 Betriebsausgaben - Stirling Motor für Pelletbetrieb

Es treten wie bei der MGT für Pflanzenölbetrieb neben Wartungs- u. Reparaturarbeiten vor allem heimische Nachfrageeffekte durch die Aufbereitung von Reststoffen (Sägespänen) aus der holzverarbeitenden Industrie bzw. die Aufbereitung von WHG zu Holzpellets durch die Forstwirtschaft auf.

Die Wartungskosten resultieren wie beim S.M. für Gasbetrieb hauptsächlich aus der Wartung der gesamten Einheit des S.M., welche ebenso durch heimische DL abgedeckt wird. Die benötigten Materialien werden komplett aus dem Ausland importiert. Die Wartungskosten für den S.M. mit Pelletbetrieb belaufen sich auf EUR 0,225 pro Betriebsstunde. Wird der S.M. durchschnittl. 7.000 Betriebsstunden im Jahr eingesetzt, so ergibt das Wartungskosten iHv. EUR 1.575,--. Die Aufteilung der Wartungskosten entspricht jener der bei Gasbetrieb angewandten.

---

[392] Pers. Anm. des Autors, ermittelt wurde der monetäre Nachfrageimpuls aus dem Energiepreis 2005 für Gas iHv. 2,11 Ct./kWh, multipliziert mit der verbrauchten Gasmenge.

[393] Pers. Anm. des Autors, die Ermittlung erfolgte durch Multiplikation von Netztarif 2005 iHv. 1,04 Ct./kWh mit verbrauchter (transportierter) Gasmenge. Betreffend Netztarif bzw. die prozentuellen Abschläge über den Untersuchungszeitraum verweise ich erneut auf Kap. *6.2 [Netztarife]*.

Die Betriebskosten resultieren aus dem Verbrauch von Pellets als Brennstoffeinsatz. Der Verbrauch beträgt dabei rd. 8,12 kg Pellets pro Betriebsstunde[394]. Bei einer geschätzten jährl. Betriebsdauer von 7.000 Stunden u. einem Nettopreis iHv. EUR 0,137 pro kg Pellets[395] ergeben sich Brennstoffkosten für die verbrauchte Menge von 56.840 kg Pellets iHv. EUR 7.787,--. Betreffend systematische Zuordnung der in Österreich erzeugten Pellets erfolgt anfänglich der Nachfrageimpuls in der ÖCPA-Güterklassifikation „20 Holz sowie Holz- Kork- u. Flechtwaren (ohne Möbel)"[396]. Durch die stark steigende Nachfrage nach SNP durch die Papier- u. Plattenindustrie bzw. durch die energetische Nutzung dieser Holzkoppelprodukte (Holzpellets) wird prognostiziert, dass in Österreich diese Rohstoffgrundlage „trockene Sägespäne" als Abfallprodukt der holzverarbeitenden Industrie in ca. 5 Jahren nicht mehr ausreichend zur Verfügung stehen. Um eine ökologische Produktion zu gewährleisten, müssen daher alternative Rohstoffquellen herangezogen werden[397]. Dieser Entwicklung Rechnung tragend werden annahmegem. im Laufe des Untersuchungszeitraumes ab dem Jahr 2010 20 % des Nachfrageimpulses direkt der ÖCPA-Güterklassifikation „02 Forstwirtschaftliche Erzeugnisse" zugeordnet, da eine verstärkte Durchforstung bestehender Wälder sowie rasch wachsendes Energieholz die Lücke zw. Angebot u. Nachfrage in der Pelletproduktion schließen sollen[398].

Für die Entladung der Pellets fallen jährl. pro Anlage Pauschalkosten von EUR 228,-- an welche, der ÖCPA-Gliederung „63.4 Speditionsleistungen u. sonst. Verkehrsvermittlungsleistungen" dem I/O-Modell zugeordnet werden[399]. Eine tabellarische Darstellung der soeben erläuterten Nachfrageimpulse zeigt Tabelle 9-13.

Tab. 9-13 Betriebskostenaufteilung eines S.M. für Pelletbetrieb, 2007

Pos.	Betriebskosten-komponente	ÖCPA-Güterklassifikation	Inl. monetärer Nachfrageimpuls [EUR]	Direktimporte [EUR]
27	Wartung/Reparatur - Arbeit	40.1 Elektrischer Strom u. DL der Elektrizitätsversorgung od. 45.3 Bauinstallationsarbeiten	76,-- 239,--	- -
28	Wartung/Reparatur - Material	28 Metallerzeugnisse od. 31 Geräte der Elektrizitätserzeugung u. -verteilung u.ä.	- -	- 1.260,--
32	Betriebskosten - Erzeugung Pellets (Pelletierung)	02 Forstwirtschaftliche Erzeugnisse od. 20 Holz sowie Holz-, Kork- u. Flechtwaren (ohne Möbel)	- 7.787,--	- -
33	Transportkosten - Pellets	63.4 Speditionsleistungen u. sonst. Verkehrsvermittlungsleistungen	228,--	-
		Gesamte Kosten	**8.330,--**	**1.260,--**

Quelle: eigene Recherchen u. Information der Wels Strom GmbH, Wels

---

[394] Quelle: Email, 2004-12-22, Leopold Berger, WSG

[395] Quelle: Email, 2004-12-22 sowie 2005-01-11, Leopold Berger, WSG, *Pers. Anm. des Autors,* der Steuersatz von 20 % USt wurde vorher herausgerechnet. In dem Preis sind auch die aliquoten Transportkosten inkludiert. Auf eine Trennung in reinen Pelletpreis u. Transportkosten wurde verzichtet. Der Betrag wurde auf die Dritte Dezimalzahl gerundet. Da der Preis die Basis für 2005 bildet, wird er, entsprechend dem für das Jahr 2007 benötigten Wert, mit 2 % p.a. indiziert.

[396] Pers. Anm. des Autors, Holzpellets werden grundsätzlich aus Abfallprodukten der Holzverarbeitung erzeugt. Gem. der CPA 2002 finden sich diese unter der Kategorie „20.10.4 Sägespäne, Holzabfälle u. Holzausschuss, auch zu Pellets, Briketts, Scheiten od. ähnlichen Formen zusammengepresst"; es wird daher gem. der Systematik der I/O-Tabelle der Nachfrageimpuls für Pellets dieser Güterkategorie zugeordnet.

[397] Vgl. Pölz, W., Emissionen aus der Produktion von Holzpellets, in: Nachwachsende Rohstoffe; Hrsg. Bundesanstalt für Landtechnik, Nr. 22, Dezember 2001, Wieselburg 2001, 11

[398] Pers. Anm. des Autors, einige grundsätzliche Erläuterungen zu dem vorhandenen Holzpotenzial bzw. zur möglichen Preisentwicklung sind im Anhang unter Kap. *13.6.2 [Pelletpotential in Österreich]* vermerkt.

[399] Quelle: Email, 2005-01-11, Leopold Berger, WSG, *Pers. Anm. des Autors,* der mir zur Verfügung gestellte Wert von EUR 156,-- für ca. 5.000 Betriebsstunden wurde im Verhältnis 7.000 : 5.000 neu berechnet und bis 2007 indiziert.

Analog wie bei der MGT mit Pflanzenölbetrieb überwiegen auch in der Betriebsphase des S.M. mit Pellets die inl. Anteile an den gesamten Kostenausgaben iHv. EUR 9.590,--. 87 % der gesamten Betriebskosten, welche aus dem Betrieb eines S.M. entstehen, kommen somit der österreichischen Volkswirtschaft zu Gute, 13 % der Betriebskosten werden importiert. Über 81 % der gesamten Betriebsausgaben resultieren dabei aus den Pellets-Brennstoffkosten.

9.6   Verdrängungseffekte

Mit der Errichtung u. dem Betrieb von KWK-Anlagen sind nicht nur positive Investitions- u. Betriebseffekte verbunden. Im Hinblick auf eine korrekte u. seriöse Einschätzung der resultierenden Gesamteffekte auf die österreichische Volkswirtschaft müssen auftretende Verdrängungseffekte ebenfalls im I/O-Modell berücksichtigt werden. Es erfolgt daher im Anschluss sowohl eine empirische, als auch eine deskriptive Darstellung der berücksichtigten Verdrängungseffekte. Auf diesen Rahmendaten basierend werden sodann die primären u. sekundären Effekte auf Wertschöpfung, Einkommen u. Beschäftigung berechnet u. von den Bruttoeffekten subtrahiert. Des Weiteren erfolgt gleichfalls eine pekuniäre Berücksichtigung dieser Verdrängungseffekte in der österreichischen LB.

9.6.1 Substitution der Heizanlagen für die Wärmeproduktion

9.6.1.1   Einleitung und Annahmen

Durch die Errichtung u. den anschließenden Betrieb kleiner KWK-Anlagen werden einerseits Investitionen für einzelne Heizanlagen verdrängt, andererseits Betriebsausgaben für diese Heizanlagen substituiert. Dieser Effekt führt zu einem Nachfragerückgang in den entsprechenden Branchen, der ebenso auch die Vorlieferanten trifft, wodurch ein Rückgang der primären Wertschöpfung verzeichnet werden kann, der wiederum negative primäre Beschäftigungseffekte nach sich zieht. Damit wird ebenso das verfügbare Einkommen der Konsumenten u. als Konsequenz sowohl der Konsum, als auch die Beschäftigung aus priv. Konsumausgaben reduziert, womit sich ebenfalls der sekundäre Wertschöpfungs- u. Beschäftigungseffekt vermindert.

Die Berechnung der direkten u. indirekten als auch der sekundären Verdrängungseffekte erfolgt analog den Annahmen sowie Berechnungsschritten zur Ermittlung der Bruttoeffekte für die KWK-Anlagen. Dementsprechend werden die monetären Nachfrageimpulse, welche durch die Errichtung u. den Betrieb der verdrängten Heizanlagen pro Jahr entstehen, den jeweiligen ÖCPA-Güterklassifikationen im I/O-Modell zugeordnet u. mit den entsprechenden Wertschöpfungs- u. Beschäftigungsmultiplikatoren multipliziert. Sämtliche Bereinigungen in den Multiplikatoren sowie auch die Restriktionen des I/O-Modells gelten ebenso auch für die Berechnung der Verdrängungseffekte.

Als Ref-Anlage für die verdrängten Heizanlagen wird jeweils ein Gaskessel für Heizung u. Warmwasserbetrieb eingesetzt, welcher den angegebenen Wärmeleistungen der MGT u. des S.M. entspricht. Die Preisangaben für beide Heizanlagen stammen von der Firma ENSERV Energieservice GmbH & Co KG, Linz, einem energietechnischen Komplettanbieter am Wärmemarkt[400]; sie gelten exkl. USt für das Jahr 2005. Betreffend der angewandten Indizierungen verweise ich auf Kap. *14.6.2 [Verwendete Indices]*, da für die Ref-Anlage die gleichen Indices gem. ÖCPA-Systematik gewählt

---

[400] Quelle: Email, 2005-02-01, Kurt Weinacht, ENSERV, Linz

wurden[401] bzw. auf die MGT u. S.M. für Gasbetrieb zur Veranschaulichung der Preisentwicklungen von Gas u. der Netztarife.

Laut Auskunft von KURT WEINACHT liegt die Betriebsdauer einer Gasheizungsanlage dieser Größenordnung bei ca. 1.600 Stunden im Jahr. Da die KWK-Anlagen jedoch rd. 6.000 bzw. 7.000 Betriebsstunden jährl. im Einsatz sind, erfolgt eine soweit als mögliche Adaption der Verbrauchswerte bzw. der Wartungskosten für die Ref-Anlagen auf diese Betriebstundenanzahl[402]. Infolge dieser modellmäßigen Hochrechnung erzeugen die im I/O-Modell eingesetzten Ref-Anlagen die gleiche Wärmemenge wie die KWK-Anlagen, womit ein methodischer Vergleich durchführbar wird.

9.6.1.2 Empirische Datenbasis

9.6.1.2.1 Gaskessel, 120 kW$_{th}$, als verdrängte Ref-Anlage für die Errichtung und den Betrieb einer Mikrogasturbine

Annahmegem. wird ein deutsches Kesselfabrikat für 120 kW$_{th}$ verwendet. Es erfolgt daher ein Direktimport des gesamten Gaskessels iHv. EUR 15.000,--, der mit über 59 % auch den größten Anteil an den Gesamtprojektkosten iHv. EUR 25.364,-- pro Heizanlage aufweist.

Für Planungsarbeiten, Abwicklung u. Inbetriebnahme werden EUR 1.000,-- veranschlagt. Der Betrag kommt zu 100 % der inl. Wertschöpfung zu Gute, monetär wird er im I/O-Modell der ÖCPA-Klassifikation der Ingenieur-DL zugeordnet[403].

Die bauseitigen Maßnahmen iHv. EUR 1.000,-- werden der ÖCPA-Gliederung „45.2 Hoch- u. Tiefbauarbeiten" zugeschrieben[404].

Analog den bisherigen Annahmen kommen durch Betankungen österreichischer Tankstellenbetriebe iHv. EUR 84,-- inländische Effekte zur Geltung[405].

Die hydraulische Einbindung der Kesselanlage erfolgt durch heimische Installationsbetriebe u. kostet EUR 5.500,--. Eine Zuteilung der Investitionskosten erfolgt im I/O-Modell in der ÖCPA-Güterklassifikation der Wasser- u. Heizungsinstallateure[406].

Durch Elektroinstallationsarbeiten erfolgt in der ÖCPA-Güternotifikation „45.31 Elektroinstallationsarbeiten" ein inländischer Nachfrageimpuls iHv. EUR 2.000,--.

---

[401] Pers. Anm. des Autors, die gesamte Arbeit sowie die angewandten Indizierungen sind unter: www.energieinstitut-linz.at abrufbar.

[402] Pers. Anm. des Autors, da die KWK-Anlagen einerseits bestehende Heizanlagen substituieren, andererseits diese bei Neuinvestitionen verdrängen, müssen die Ref-Anlagen an den Wärmebedarf des Verbrauchers angeglichen werden. Im Rahmen der Marktanalyse wurden Verbraucher identifiziert, die einen Jahresbedarf an Wärmeenergie im Ausmaß von rd. 6.000 bis 7.000 Betriebstunden verzeichneten, demzufolge auch die Ref-Anlagen fiktiv an dieses Verbrauchsprofil angepasst werden müssen. Nach telefonischer Rücksprache mit der Firma ENSERV, Linz vom 23.05.2006, RUDOLF LAHNSTEINER, ist eine jährliche Betriebsauslastung iHv. 6.000 bis 7.000 Stunden technisch möglich; in Anlehnung an VDI 2067 weisen Gaskesselanlagen von diesem Typ, bei einer Nutzungsdauer von ca. 4.000 bis 5.000 h, eine Lebensdauer von ungefähr 20 Jahren auf, wodurch aus volkswirtschaftlicher Sicht keine Ersatzinvestition innerhalb des Untersuchungszeitraumes zum Tragen kommt u. daher kein zusätzlicher Verdrängungseffekt generiert wird. Ergo werden die mit 1.600 h standardisierten Betriebskosten bzw. der Energiebedarf der Ref-Anlage mit folgenden Faktoren multipliziert: MGT C60 (2005) mit 3,59, MGT C65 mit 3,85 sowie die Ref-Anlage für den S.M. mit 4,55.

[403] Quelle: Email, 2005-02-03, Kurt Weinacht, ENSERV, Linz

[404] Pers. Anm. des Autors, nach telefonischer Rücksprache mit KURT WEINACHT, ENSERV, Linz, am 04.02.2005.

[405] Siehe z.B. Kap. *9.5.2.5 [Investitionskosten – Stirling Motor für Gasbetrieb]*

[406] Pers. Anm. des Autors, eine detaillierte Aufteilung der Investitionen auf Material u. Arbeit waren auf Grund fehlender Informationen nicht möglich. Es wurde daher der induzierende Nachfrageimpuls gänzlich der ÖCPA-Güterklassifikation „45.33 Gas-, Wasser-, Heizungs- u. Lüftungsinstallationsarbeiten" im I/O-Modell zugeordnet, da die Majorität der Investitionen dieser Sparte zukommt.

Die Investitionskosten für den Gasanschluss durch den Netzbetreiber werden (analog Errichtung des S.M. u. der MGT) mit 50 % der gesamten Anschlusskosten von EUR 1.560,-- der Gasversorgerbranche zugeordnet[407].

Eine tabellarische Aufzählung der verschiedenen Investitionsblöcke für das Jahr 2005 ist der Tabelle 9-14 zu entnehmen.

Tab. 9-14 Investitionskostenaufteilung Gaskessel, 120 kW$_{th}$, 2005

Investitions-komponente	ÖCPA-Güterklassifikation	Inl. monetärer Nachfrageim-puls [EUR]	Direktim-porte [EUR]
Produktion der gesamten Anlage	28.2 Kessel u. Behälter (ohne Dampfkessel)	-	15.000,--
Planung	74.2 Architektur- u. Ingenieurbüro-DL	1.000,--	-
Transport - Betankung	50 Handelsleistungen mit Kraftfahrzeugen, Instandhaltungs- u. Reparaturarbeiten an Kraftfahrzeugen; Tankstellenleistungen	84,--	-
Bauseitige Maßnahmen	45.2 Hoch- u. Tiefbauarbeiten	1.000,--	-
Hydraulische Einbindung	45.33 Gas-, Wasser-, Heizungs- u. Lüftungsinstallationsarbeiten	5.500,--	-
Elektrische Einbindung	45.31 Elektroinstallationsarbeiten	2.000,--	-
Erdgasanschluss - Erdgasnetzbetreiber	40.22 DL der Gasverteilung u. des Gashandels durch Rohrleitungen	780,--	-
	Gesamte Anlage	**10.364,--**	**15.000,--**

Quelle: eigene Recherchen u. Information der ENSERV, Linz

Über 59 % der gesamten Investitionskosten iHv. EUR 25.364,-- fließen durch Direktimporte ausländischen Volkswirtschaften zu, die restlichen 41 % für die Errichtung des Gaskessels tragen zur inl. Wertschöpfung u. Beschäftigung bei.

In der Betriebsphase des Gaskessels treten Wartungskosten iHv. EUR 600,-- auf, welche durch Nachfrageeffekte in der ÖCPA-Klassifikation „45.33 Gas-, Wasser-, Heizungs- u. Lüftungsinstallationsarbeiten" für inl. Wertschöpfungseffekte sorgen[408].

Durchschnittliche Kosten iHv. EUR 100,-- für Reparaturmaterial werden der ÖCPA-Gliederung „28 Metallerzeugnisse" zugeordnet.

Für „Sonstiges" kommen noch EUR 500,-- zur Berücksichtigung. Die Aufteilung erfolgt analog der prozentuellen Aufteilung der Investitionen in der Errichtungsphase mit 70 % für die Sparte Heizungsinstallation, mit 20 % für den Bereich Geräte der Elektrizitätserzeugung u. mit 10 % für Datenverarbeitungsgeräte[409].

An Brennstoffkosten fallen insges. EUR 3.255,-- an. Für Erdgas kam der gleiche Preis wie beim Betrieb der MGT zum Ansatz (2,10 Ct./kWh). Die Energiemenge an Erdgas beträgt für angenommene 1.600 Betriebsstunden rd. 155.000 kWh. Entsprechend der errechneten Aufteilung - wie auch bei den KWK-Anlagen - tragen EUR 689,-- durch eine erhöhte Nachfrage zur inl. Wertschöpfung in dem Sektor DL der Gasverteilung bei, EUR 2.566,-- fließen durch Direktimporte ausländischen Volkswirtschaften zu. Durch den Betrieb des Gaskessels (1.600 h) werden rd. 14.002 m³ Erdgas

---

[407] Quelle: Email, 2005-02-03, Kurt Weinacht, ENSERV, Linz, u. telefonische Rücksprache am 04.02.2005, *Pers. Anm. des Autors*, für die maschinell-hydraulische Einbindung wurde mir ein Wert iHv. EUR 7.000,-- bekannt gegeben. Nach Abzug der Netzanschlusskosten iHv. EUR 1.560,-- habe ich den aufgerundeten Rest von EUR 5.500,-- gänzlich der hydraulischen Einbindung zugeordnet; Annahme: die Infrastruktur des Netzbetreibers befindet sich in unmittelbarer Nähe (max. 7 m). Da nicht nur sich in Betrieb befindliche Heizanlagen mit bereits bestehendem Gasanschluss durch die KWK-Anlage substituiert werden, sondern diese auch bei der Errichtung neuer Energiesysteme, kommt der verdrängte Gasanschluss mit einer Gewichtung von geschätzten 50 % zur Geltung.

[408] Quelle: Email, 2005-02-03, Kurt Weinacht, ENSERV, Linz

[409] Pers. Anm. des Autors, nach telefonischer Rücksprache mit KURT WEINACHT, ENSERV, Linz, am 04.02.2005

verbraucht. Davon werden 2.964 m³ durch inländische Produktion, 11.038 m³ durch Importe bereitgestellt.

Das Netznutzungsentgelt der NE 3 beträgt für die transportierte Gasmenge von 155.000 kWh EUR 729,--, das entspricht 0,47 Ct./kWh, u. wird den DL der Gasverteilung im I/O-Modell zugeordnet.

Nachstehende Tabelle 9-15 zeigt sämtliche Betriebsausgaben eines Gaskessels für das Jahr 2005.

Tab. 9-15   Betriebskostenaufteilung Gaskessel, 120 kW$_{th}$ für 1.600 h, 2005

Betriebskosten-komponente	ÖCPA-Güterklassifikation	Inl. monetärer Nachfrageimpuls [EUR]	Direktimporte [EUR]
Wartung/Reparatur - Arbeit	45.33 Gas-, Wasser-, Heizungs- u. Lüftungsinstallationsarbeiten	600,--	-
Wartung/Reparatur - Material	28 Metallerzeugnisse	100,--	-
Sonstiges	45.33 Gas-, Wasser-, Heizungs- u. Lüftungsinstallationsarbeiten	350,--	
	31 Geräte der Elektrizitätserzeugung u. -verteilung u.ä.	100,--	
	30 Büromaschinen, Datenverarbeitungsgeräte u. -einrichtungen	50,--	-
Betriebskosten - Gasbetrieb	40.22 DL der Gasverteilung u. des Gashandels durch Rohrleitungen	689,--	2.566,--
Betriebskosten - Netztarif	40.22 DL der Gasverteilung u. des Gashandels durch Rohrleitungen	729,--	-
Gesamte Kosten		**2.618,--**	**2.566,--**

Quelle: eigene Recherchen u. Information der ENSERV, Linz

Ungefähr 50 % der (EUR 5.184,-- ausmachenden) Betriebskosten für einen Gaskessel - mit 1.600 h - werden im Inland nachfragewirksam. Die restlichen 50 % der Betriebskosten einer Anlage betreffen die Auslandsnachfrage bezügl. fossiler Energieimporte.

9.6.1.2.2   *Gaskessel, 25 kW$_{th}$, als verdrängte Ref-Anlage für die Errichtung und den Betrieb eines Stirling Motors*

Die durch den S.M. verdrängte Ref-Anlage besteht ebenfalls aus einem Gaskessel für Heizung u. Warmwasserbetrieb mit einer adäquaten Wärmeleistung[410].

Annahmegem. wird dafür gleichfalls ein deutsches Kesselfabrikat (THERME) mit 25 kW$_{th}$ verwendet. Die Importkosten für den gesamten Gaskessel iHv. EUR 5.000,-- weisen mit beinahe 57 % den größten Anteil an den Gesamtprojektkosten einer Anlage im Ausmaß von EUR 8.864,-- auf.

Für Planungsarbeiten, Abwicklung u. Inbetriebnahme werden EUR 100,-- der ÖCPA-Güterklassifikation „74.2 Architektur- u. Ingenieurbüro-DL" zugeordnet.

Die bauseitigen Maßnahmen iHv. EUR 500,-- werden als heimischer Nachfrageimpuls der ÖCPA-Gliederung „45.2 Hoch- u. Tiefbauarbeiten" im I/O-Modell zugeschrieben.

Analog bisheriger Annahmen kommen die an österreichischen Tankstellen vorgenommenen Betankungen iHv. EUR 84,-- inl. Effekten zu Gute.

Die hydraulische Einbindung der Kesselanlage erfolgt durch heimische Installationsbetriebe, die Kosten iHv. EUR 2.100,-- werden der ÖCPA-Güterklassifikation „45.33 Gas-, Wasser-, Heizungs- u. Lüftungsinstallationsarbeiten" zugeordnet.

---
[410] Quelle: Email, 2005-02-01 u. 2005-02-03, Kurt Weinacht, Linz u. telefonische Rücksprache am 04.02.2005

Durch Elektroinstallationsarbeiten erfolgt in der gleichnamigen ÖCPA-Güternotifikation ein inländischer Nachfrageimpuls iHv. EUR 300,--.

Die Investitionskosten für einen Gasanschluss durch den Netzbetreiber iHv. EUR 780,-- (analog bisheriger Usancen mit 50 %-Gewichtung entsprechend) werden der ÖCPA-Güterklassifikation der Gasverteilung zugeschrieben.

Eine tabellarische Aufzählung der verschiedenen Investitionsblöcke für das Jahr 2005 ist der Tabelle 9-16 zu entnehmen.

Tab. 9-16 Investitionskostenaufteilung Gaskessel, 25kW$_{th}$, 2005

Investitions-komponente	ÖCPA-Güterklassifikation	Inl. monetärer Nachfrageim-puls [EUR]	Direktim-porte [EUR]
Produktion der gesamten Anlage	28.2 Kessel u. Behälter (ohne Dampfkessel)	-	5.000,--
Planung	74.2 Architektur- u. Ingenieurbüro-DL	100,--	-
Transport - Betankung	50 Handelsleistungen mit Kraftfahrzeugen, In-standhaltungs- u. Reparaturarbeiten an Kraftfahr-zeugen; Tankstellenleistungen	84,--	-
Bauseitige Maßnahmen	45.2 Hoch- u. Tiefbauarbeiten	500,--	
Hydraulische Einbindung	45.33 Gas-, Wasser-, Heizungs- u. Lüftungsinstal-lationsarbeiten	2.100,--	
Elektrische Einbindung	45.31 Elektroinstallationsarbeiten	300,--	
Erdgasanschluss - Erd-gasnetzbetreiber	40.22 DL der Gasverteilung u. des Gashandels durch Rohrleitungen	780,--	-
	Gesamte Anlage	**3.864,--**	**5.000,--**

Quelle: eigene Recherchen u. Information der ENSERV, Linz

Etwas mehr als die Hälfte, nämlich über 56 % der gesamten Investitionskosten für die Errichtung einer Anlage iHv. EUR 8.864,-- kommen aus dem Ausland. Somit tragen lediglich 44 % durch heimische Nachfrageimpulse zu einer inl. Wertschöpfung u. Beschäftigung bei.

In der Betriebsphase des Gaskessels treten Wartungskosten iHv. EUR 250,-- auf, welche durch Nachfrageeffekte in der Sparte Gas-, Wasser- u. Heizungsinstallationen für nationale ökonomische Effekte sorgen.

Bei Reparaturen anfallende Materialkosten iHv. durchschnittl. EUR 50,-- werden der ÖCPA-Gliederung „28 Metallerzeugnisse" zugeordnet.

Für „Sonstiges" sind weiters EUR 100,-- zu berücksichtigen. Die Zuordnung erfolgt analog der prozentuellen Aufteilung der Investitionen in der Errichtungsphase.

An Brennstoffkosten fallen insges. EUR 681,-- an[411]. Entsprechend der errechneten Aufteilung der heimischen Erdgaserzeugung tragen EUR 144,-- zur inl. Wertschöpfung bei, EUR 537,-- werden als Direktimporte von Erdgas in der LB berücksichtigt. Die verbrauchte Erdgasmenge des Gaskessels mit 25 kW$_{th}$ wurde behelfsmäßig im Verhältnis zur verbrauchten Gasmenge des Gaskessels mit 120 kW$_{th}$ errechnet[412]; das Ergebnis ist ein durchschnittlicher Gasbedarf für rd. 1.600 Betriebsstunden von 32.292 kWh bzw. 2.917 m³ Erdgas. Die Aufteilung in inländische Produktion u. Exporte, analog dem Betrieb des Gaskessels mit 120 kW$_{th}$, ergibt 618 m³ aus inländischer Erdgasproduktion sowie Importe von 2.299 m³.

---

[411] Pers. Anm. des Autors, als Energiepreis 2005 wurde der Gaspreis für den Betrieb des S.M. iHv. 2,11 Ct./kWh herangezogen.

[412] Pers. Anm. des Autors, telefonische Rücksprache mit KURT WEIHNACHT am 04.02.2005

Das Netznutzungsentgelt der NE 3 für die transportierte Gasmenge von 32.292 kWh p.a. beträgt rd. EUR 336,-- u. kommt der heimischen Gasbranche zu Gute[413].

Eine tabellarische Aufzählung der verschiedenen Betriebskosten für das Jahr 2005 ist der Tabelle 9-17 zu entnehmen.

Tab. 9-17 Betriebskostenaufteilung Gaskessel, 25 kW$_{th}$ für 1.600 h, 2005

Betriebskosten-komponente	ÖCPA-Güterklassifikation	Inl. monetärer Nachfrageimpuls [EUR]	Direktimporte [EUR]
Wartung/Reparatur - Arbeit	45.33 Gas-, Wasser-, Heizungs- u. Lüftungsinstallationsarbeiten	250,--	-
Wartung/Reparatur - Material	28 Metallerzeugnisse	50,--	-
Sonstiges	45.33 Gas-, Wasser-, Heizungs- u. Lüftungsinstallationsarbeiten	90,--	-
	31 Geräte der Elektrizitätserzeugung u. -verteilung u.ä.	7,50	-
	30 Büromaschinen, Datenverarbeitungsgeräte u. -einrichtungen	2,50	-
Betriebskosten - Gasbetrieb	40.22 DL der Gasverteilung u. des Gashandels durch Rohrleitungen	144,--	537,--
Betriebskosten - Netztarif	40.22 DL der Gasverteilung u. des Gashandels durch Rohrleitungen	336,--	-
	Gesamte Kosten	**880,--**	**537,--**

Quelle: eigene Recherchen u. Information der ENSERV, Linz

Somit ergeben sich bei 1.600 h anteilsmäßig aus den entstehenden Gesamtkosten für Betrieb u. Wartung des Gaskessels iHv. EUR 1.417,-- eine Importquote von rd. 38 % für fossile Energieträger, während 62 % durch heimische Nachfrageimpulse zu einer inl. Wertschöpfung führen.

9.6.2 Substitution von Investitionen in konventionelle zentrale inländische GuD-Kraftwerke für die Stromproduktion

9.6.2.1 Einleitung und Annahmen

Die Stromerzeugung in den KWK-Anlagen führt zur Substitution von konventionell produziertem Strom, demzufolge ceteris paribus die entsprechenden zentralen Erzeugungseinheiten öffentlicher EVU's in Österreich (zentrale Gas- bzw. Kohlekraftwerke) einer geringeren Betriebsauslastung unterliegen. Es wurde daher von mir modellmäßig im B.A.U.-Szenario angenommen, dass dem Verhältnis der jährl. installierten KWK-Erzeugungskapazitäten entsprechend zukünftig ein mit 94,53 % gewichteter Investitionsrückgang in konventionelle inländische Erzeugungseinheiten auftritt[414]. Durch den Rückgang der Investitionsnachfrage treten somit in den betroffenen Branchen inkl. der intermediären Verflechtungen Verdrängungseffekte als makroökonomische Auswirkungen auf, die zu berücksichtigen sind. Der Verdrängungseffekt auf bestehende Kraftwerkskapazitäten ist jedoch nur als fiktiv zu betrachten, da

---

[413] Pers. Anm. des Autors, die prozentuellen Abschläge des Netznutzungsentgeltes über den Untersuchungszeitraum entsprechen den im Betrieb des S.M. zum Ansatz gekommen, als Netztarif für 2005 wurden 1,04 Ct./kWh angesetzt.

[414] Pers. Anm. des Autors, die Aufteilung in eine heimische u. ausländische Komponente wurde mit Hilfe der Strombilanzen der E-CONTROL aus den Jahren 2002 bis 2004 ermittelt. Dazu wird jeweils p.a. das Verhältnis inl. Eigenproduktion bzw. der Saldo zw. Importen u. Exporten zum gesamten öffentlichen Stromverbrauch verglichen; daraus wird der Durchschnitt der drei Jahre für die Aufteilung der Erzeugung in inländische u. ausländische gebildet. Mittels dieser 3-Jahresbetrachtung werden Erzeugungsschwankungen, basierend auf variierende Wasserverfügbarkeit, als Implikation auf die Stromimporte zur Berücksichtigung. Die prozentuelle Aufteilung wird dabei über den gesamten Betrachtungszeitraum konstant gehalten, bezugnehmend auf die Annahme, dass sowohl die Eigenproduktion als auch der Importanteil jährl. im gleichen Verhältnis zum gesamten gestiegenen Stromverbrauch (abzüglich des KWK-Stromes) steigen. Die restlichen 5,47 % an verdrängten Investitionen betreffen ausländische Energieversorger, da die Stromimporte nach Österreich um diesen Betrag reduziert werden u. somit in deren Volkswirtschaft ein bemerkbarer Absatzrückgang erfolgt. Da der Fokus auf Österreichs Volkswirtschaft liegt, wird dieser Verdrängungseffekt nicht im I/O-Modell verfolgt; die rückläufigen Stromimporte kommen in der LB zum Ausdruck.

diese auf Grund ihrer langen Nutzungsdauer nicht einfach ersetzt werden können. Bei den vorhandenen Kraftwerken verringert sich daher einzig u. allein die Auslastung, daraus resultierend kommt es zu Verschiebungen in den fixen u. variablen Kostenaufbringungsstrukturen; diese werden jedoch nicht weiter verfolgt. Für die Zukunft kann jedoch angenommen werden, dass in Österreich eine um den Betrag an installierten KWK-Erzeugungskapazitäten verminderte Kraftwerksleistung von zentralen Einheiten gebaut wird. Langfristig wird sich der Verdrängungseffekt jedoch in seiner Tragweite nur sehr bescheiden auswirken, da diesem einerseits die Konservierung bestehender österreichischer kalorischer Kraftwerke, andererseits ein beträchtliches Wachstum des Stromverbrauches (um ca. 2,3 % p.a.) einem folglichen Mehrbedarf an Kraftwerkskapazitäten in Österreich gegenübersteht.

In meiner Arbeit wird dieser Verdrängungseffekt insofern berücksichtigt, als anhand einer Ref-Anlage die jährl. entfallenden Investitionen anteilsmäßig modelliert werden. Der verdrängte monetäre Nachfrageimpuls ergibt sich aus der jährl. installierten elektr. Leistung der KWK-Anlagen, multipliziert mit dem pro kW standardisierten Investitionsanteil der Ref-Anlage je betroffener ÖCPA-Notifikation u. dem inl. Gewichtungsanteil. Dazu erfolgt in den jeweiligen ÖCPA-Güterklassifikationen eine Bezugnahme der monetären Nachfrageimpulse, um den Rückgang von primärer u. sekundärer Wertschöpfung bzw. Beschäftigung zu quantifizieren. Das Schema zur Berechnung der ökonomischen Effekte entspricht dabei erneut den Usancen, welche zur Ermittlung der primären u. sekundären Bruttowertschöpfungs- bzw. Bruttobeschäftigungseffekte angewandt wurden.

9.6.2.2 Empirische Datenbasis

9.6.2.2.1 GuD-Anlage, 100 MW als Substitutionsanlage für die installierten KWK-Anlagen

Zur Darstellung des Verdrängungseffektes kommt eine 100 MW GuD-Anlage als Ref-Anlage zum Einsatz. In der Tabelle 9-18 sind die relevanten Investitionen in eine GuD-Anlage, aufgeteilt auf die entsprechenden ÖCPA-Gütercodes, angeführt. Eine verbale Beschreibung der einzelnen Investitionsblöcke entfällt ausnahmsweise, Besonderheiten sind in den Fußnoten vermerkt. Die Preise, Material u. DL zusammenfassend, sind als grobe Richtpreise exkl. MwSt zu verstehen u. gelten für das Jahr 2005. Betreffend angewandter Indizierungen verweise ich auf Kap. *14.6.2 [Verwendete Indices]*, da für die GuD-Anlage die gleichen Indices gem. ÖCPA-Systematik gewählt wurden[415]. Je nach den örtlichen Begebenheiten u. der vorherrschenden Netzkonfiguration können sich die Preise von den hier angenommenen Werten unterscheiden. Als Informationsquelle dienten interne Recherchen im Energie AG-Konzern.

---

[415] Pers. Anm. des Autors, die gesamte Arbeit sowie die angewandten Indizierungen sind unter: www.energieinstitut-linz.at abrufbar.

Tab. 9-18 Investitionskostenaufteilung, 100 MW GuD-Anlage, 2005

Investitions-komponente	ÖCPA-Güterklassifikation	Inl. monetärer Nachfrageimpuls [EUR]	Direktimporte [EUR]
Planung - extern	74.2 Architektur- u. Ingenieurbüro-DL	940.000,--	560.000,--
Planung, Abwicklung, Inbetriebnahme - EVU	40.1 Elektrischer Strom u. DL der Elektrizitätsversorgung	1.300.000,--	-
Hoch- u. Tiefbau	45.2 Hoch- u. Tiefbauarbeiten	6.000.000,--	-
Gasturbine	29 Maschinen	6.100.000,--	15.100.000,--
Abhitzekessel	29 Maschinen	2.700.000,--	6.300.000,--
Katalysator	29 Maschinen	3.100.000,--	-
Dampfturbine	29 Maschinen	2.700.000,--	6.300.000,--
Wasser-Dampfkessel	29 Maschinen	3.600.000,--	400.000,--
Elektrotechnische Komponenten (Trafos, Generator etc.)	31 Geräte der Elektrizitätserzeugung u. -verteilung u.ä.	5.200.000,--	-
Elektr. Netzeinbindung[416]	40.1 Elektrischer Strom u. DL der Elektrizitätsversorgung	4.000.000,--	-
Ersatzinvestitionen - Maschinenbau	29 Maschinen	250.000,--	600.000,--
Ersatzinvestitionen - Elektrotechnik	31 Geräte der Elektrizitätserzeugung u. -verteilung u.ä.	250.000,--	-
Sonstiges - Maschinenbau	29 Maschinen	1.280.000,--	320.000,--
Unvorhergesehenes - Maschinenbau[417]	29 Maschinen	500.000,--	500.000,--
Unvorhergesehenes - Elektrotechnik	31 Geräte der Elektrizitätserzeugung u. -verteilung u.ä.	1.000.000,--	-
Gesamte Anlage		**38.920.000,--**	**30.080.000,--**

Quelle: Energie AG Oberösterreich, Linz

9.6.3 Substitution konventioneller Stromproduktion österreichischer Elektrizitätsunternehmen

9.6.3.1 Einleitung und Annahmen

In den beiden Subkapiteln werden die verdrängten Wertschöpfungs- u. Beschäftigungseffekte während der Betriebsphase der KWK-Anlagen beschrieben, die durch die Substitution von konventionell erzeugtem Strom bzw. den Rückgang der Netztariferlöse entstehen. Der Verdrängungseffekt, hervorgerufen durch gesunkene verkaufte Strommengen, tritt dabei nur im B.A.U.-Szenario auf. Durch entgangene Netzentgelte tritt ein weiterer Verdrängungseffekt in der Betriebsphase der KWK-Anlagen auf. Da dieser Effekt sowohl im B.A.U.-Szenario als auch im VSI-Szenario auftritt, wird er in beiden Szenarien der Analyse Einzug finden[418].

9.6.3.1.1 *Umsatzrückgang durch gesunkene verkaufte Strommengen*

Wegen der Stromeigenversorgung bzw. Einspeisung in das öffentliche Netz der verschiedenen installierten KWK-Anlagen kommt es zu einer Substitution konventionell erzeugten Stromes öffentlicher EVU's u. damit zu Umsatzrückgängen im Stromgeschäft, wodurch die Unternehmensgewinne der EVU's geschmälert werden. Durch die verringerte Nachfrage nach DL der Energieversorger wird die primäre Wertschöpfung bzw. Beschäftigung reduziert. Der Nachfragerückgang trifft dabei ebenso Firmen mit Vorleistungslieferungen für die Energiebranche. Die Verringerung des inl. Einkommens führt weiters dazu, dass der private Konsum zurückgeht, wodurch es zu einem Rückgang der sekundären Wertschöpfung u. Beschäftigung kommt.

---

[416] Pers. Anm. des Autors, die Netzanbindung an das öffentliche Netz wird vom ortsansässigen Netzbetreiber durchgeführt u. besitzt eine 100 %-ige inländische Nachfragekomponente abzüglich der importierten VL.

[417] Pers. Anm. des Autors, der Posten „Unvorhergesehenes" wurde zu 50 % auf Maschinenbau und Elektrotechnik aufgeteilt.

[418] Pers. Anm. des Autors, der Umsatzrückgang durch entfallene Netzentgelte tritt, unabhängig von der Substitution von Stromimporten od. österreichischer Stromproduktion, beim jeweiligen inl. Netzbetreiber auf.

In den Berechnungen wird dabei angenommen, dass die erzeugte Strommenge der KWK-Anlagen zu 94,53 % den Absatz österreichischer Energieversorger u. zu 5,47 % den Absatz ausländischer Stromhändler in Österreich substituiert. Die Aufteilung in eine heimische u. ausländische Komponente wurde erneut mit Hilfe der Strombilanzen der E-CONTROL aus den Jahren 2002 bis 2004 ermittelt. Anschließend wird die jährliche Stromerzeugung der KWK-Anlagen mit dem inl. durchschnittlichen Prozentanteil der Stromerzeugung u. dem Marktpreis für Strom multipliziert, um die Opportunitätskosten aus einem gesunkenen Stromverkauf ermitteln zu können. Für das Jahr 2005 wird mit einem Strompreis von 48,0 EUR/MWh (MGT) bzw. 52,0 EUR/MWh (S.M.) gerechnet; ab dem Jahr 2006 erfolgt eine Indizierung über den Betrachtungszeitraum, näheres dazu siehe Kap. 6.3 [Energiepreise]. Der gesunkene monetäre Nachfrageimpuls wird im I/O-Modell mit den entsprechenden Multiplikatoren für die ÖCPA-Güterklassifikation „40.1 Elektrischer Strom" verknüpft, um die substituierten primären als auch sekundären Wert- u. Beschäftigungseffekte zu berechnen. Der substituierte importierte Stromanteil wird in der LB mitberücksichtigt.

Ergänzend sei noch vermerkt, dass der energiewirtschaftliche Wert[419] einer kWh dezentraler Stromeinspeisung nicht in allen Fällen einer kWh konventionell erzeugten Stromes entspricht, da bspw. die Produktion u. Einspeisung von Strom aus Windkraft- u. PV-Anlagen nur bedingt planbar ist u. daher bei diesen Stromerzeugungsanlagen eine hohe Regelenergieleistung bereitgestellt werden muss. Bei den hier untersuchten Energieerzeugungsanlagen handelt es sich jedoch um solche, die von der Verfügbarkeit der Energiequelle unabhängig sind. Durch den wärmegeführten Betrieb wird eine gute Planbarkeit ermöglicht; eine notwendige Vorhaltung von flexiblen Erzeugungseinheiten entfällt dabei, wodurch kein tendenzieller Bedarf an steigender Regelleistung konstatierbar ist[420]. Es kann daher angenommen werden, dass der Wert einer kWh KWK-Strom dem aktuellen Marktpreis entspricht.

9.6.3.1.2 Umsatzrückgang durch entgangene Netzentgelte

Durch die autarke Stromeigenerzeugung der konkreten Verbrauchsstätten (mit Ausnahme des S.M. für Pelletbetrieb) reduzieren sich neben den Umsatzerlösen aus dem Energieverkauf auch die Erlöse aus den Netznutzungstarifen, da das öffentliche Netz nicht in Anspruch genommen wird u. keine Netznutzung monetär abgegolten werden muss. Dieser Erlöseinbruch trifft in beiden Szenarien ebenfalls österreichische Netzbetreiber u. führt zu einem Nachfragerückgang von Netzinvestitionen u. einem fiktiven Stellenabbau in der Energiewirtschaft, welcher negative Auswirkungen auf die österreichische Volkswirtschaft mit sich bringt[421].

Als Netztarife (Netznutzungs- u. Netzverlustentgelt) für die NE 6 kommen rd. 3,14 Ct./kWh sowie für die NE 7 (gemessene Leistung) 6,46 Ct./kWh zum Ansatz. Durch Multiplikation dieser Netztarife mit der sich jährl. verringernden abgesetzten Strommenge[422] ergibt sich der „negative" monetäre Nachfrageimpuls. Zur Berechnung der daraus resultierenden rückläufigen Wertschöpfung u. Beschäftigung werden anschließend die ermittelten monetären Nachfragewerte in das I/O-Modell eingefügt u. mit den entsprechenden Multiplikatoren für Wertschöpfung u. Beschäftigung multipli-

---

[419] Vgl. Bodenhöfer, H. J., u.a., 2004, 76, unter „Wert" versteht man die Kosteneinsparung, die aus der Einspeisung von Ökostrom in das öffentliche Versorgungsnetz entsteht.

[420] Pers. Anm. des Autors, bei einer installierten Windkraftleistung von einem kW braucht man bspw. 0,8 kW an Vorhalteleistung.

[421] Vgl. dazu Schneider, F., Die Auswirkungen einer weiteren Senkung der Netzkosten um 20 % auf die EVU und auf die österreichische Volkswirtschaft, Linz 2003, 2ff.

[422] Pers. Anm. des Autors, Stromerzeugung je KWK-Anlage, multipliziert mit der jährl. gewichteten Anlagezahl (Faktor 0,5). Bezügl. der zukünftigen Entwicklung der Netztarife verweise ich auf Kap. 6.2 [Netztarife].

ziert. Dabei erfolgt eine Zuteilung in die ÖCPA-Güterklassifikation „40.1 Elektrischer Strom". Die Berechnung der Effekte erfolgt analog der Ermittlung der primären u. sekundären Bruttowertschöpfungs- bzw. Bruttobeschäftigungseffekte.

9.7 Budgeteffekt

9.7.1 Einleitung und Annahmen

Durch die angenommene Förderung der Stromerzeugung des S.M. für Pelletbetrieb werden die Endverbraucher mit höheren Stromkosten belastet, was mit einem negativen Einkommensentzugseffekt verbunden ist. Es wird unterstellt, dass die gesamte jährliche Stromerzeugung in das öffentliche Netz eingespeist wird u. im Gegenzug der S.M. einen fixen Einspeisetarif iHv. 19 Ct./kWh vergütet bekommt[423]. Dabei wird angenommen, dass der Stromkonsum relativ preisunelastisch ist, wodurch der mengenmäßige Stromverbrauch bei geringfügigen Preiserhöhungen nur unwesentl. zurückgeht. Der Mehraufwand aus dieser Förderung errechnet sich aus der Differenz zw. Einspeisetarif u. dem Marktpreis für konventionell erzeugten Strom, multipliziert mit dem eingespeisten Stromvolumen der KWK-Anlage[424]. Durch die beständige Stromeinspeisung des S.M. entfällt eine zusätzlich benötigte Regelleistung bzw. ergeben sich keine Kosten eines Risikomanagements. Das Problem einer schwankenden Stromproduktion kann demnach vernachlässigt werden[425].

9.7.2 Berechnung des Budgeteffektes

Die Kosten der Ökostromförderung werden von den Verbrauchern (Unternehmen u. private Haushalte) entsprechend ihres anteiligen Stromverbrauches getragen. Vereinfachend kann daher unterstellt werden, dass die betroffenen Unternehmen die Mehrbelastungen letztlich auf die Güterpreise abwälzen, wodurch die höheren Stromkosten folglich von den Konsumenten getragen werden. Fehlende Überwälzbarkeit der höheren Stromkosten belastet letztendlich durch sinkende Unternehmensgewinne u. geringere Kapitalerträge ebenso die Konsumenten als Eigentümer der Unternehmen, wodurch crosso modo die Mehrbelastungen die priv. Konsumausgaben reduzieren. Der Budgeteffekt für die private Konsumnachfrage kann gem. Tabelle 9-19 berechnet werden. Sowohl die Sparquote u. Importquote, als auch die beiden Multiplikatoren werden im Baseline-Szenario als konstant angenommen[426].

Tab. 9-19 Berechnungsschema für den Einkommensentzugseffekt durch die Ökostromförderung

	Mehrkosten durch die Ökostromförderung
-	Zuführung zu den Ersparnissen - Sparquote (9,4 %)
=	privater Konsum
-	importierte Konsumgüter – Importquote (15,07 %)
=	**im Inland verringertes nachfragewirksame Nettoeinkommen**
x	Einkommensmultiplikator (2,030)
x	Wertschöpfungskoeffizient des priv. Konsums (0,751)
=	**Sekundärer Effekt als Budgeteffekt**

Quelle: eigene Überlegungen u. in Anlehnung an IHS, Bewertung der volkswirtschaftlichen Auswirkungen der Unterstützung von Ökostrom in Österreich, Klagenfurt 2004 bzw. Wirtschaftsfaktor Windenergie Arbeitsplätze-Wertschöpfung in Österreich; Hrsg. Bundesministerium für Verkehr, Innovation und Technologie, St. Pölten 2002

---

[423] Pers. Anm. des Autors, die Ableitung des Einspeistarifs ist in Kap. 6.5.4 [Einspeistarife Strom] bzw. Kap. 8.3 [Marktdurchdringung „Stirling"] erläutert.

[424] Pers. Anm. des Autors, als Marktpreis wird näherungsweise der indizierte Energiepreis für die Netzebene 7, dargestellt in Kap. 6.3.4 [Strom- u. Gaspreisprognosen „Baseline"], angenommen.

[425] Vgl. Bodenhöfer, H. J., u.a., 2004, 76f.

[426] Vgl. Bodenhöfer, H. J., u.a., 2004, 77, bzw. Hantsch, S., u.a., 2002, 95

9.8 Außenhandelseffekte

9.8.1 Einleitung und Annahmen

Grundsätzlich sei eingangs erwähnt, dass sämtliche Positionen in der LB über den Untersuchungszeitraum mittels entsprechender Indices angepasst werden. Weiterführende Informationen über den jeweils verwendeten Index u. die Ausprägung können in Kap. *14.6.2 [Verwendete Indices]*; abrufbar unter: www.energieinstitut-linz.at. bzw. in Kap. *6 [Netztarife und Energiepreise]* nachgelesen werden

9.8.2 Empirische Datenbasis

Die nachstehende Tabelle 9-20 beinhaltet eine Aufzählung sämtlicher Effekte auf die LB mit den wesentlichen Annahmen u. Werten sowie der Datenbasis.

Tab. 9-20 Auftretende Außenhandelseffekte je Anlagentyp u. Szenario im Überblick – Werte für Baseline

Außenhandelseffekt	Anlagentyp	Preis$_{2005}$	Berechnung/Bemerkungen u. empirische Datenbasis	Szenario
Importe von Anlagenteilen, DL u. VL für die Errichtung u. den Betrieb der KWK-Anlagen	MGT S.M.	-	Berechnung: - direkte Importe der KWK-Anlagenteile u. DL pro KWK-Anlage, multipliziert mit der jährl. KWK-Anlagenzahl (Errichtung - unbereinigt, Betrieb mit Faktor 0,5 bereinigt) u. einem Index (ab 2006) - importierte VL: Subtraktion der gesamten, p.a. errechneten primären Wertschöpfung über alle Güter vom gesamten inl. Investitionsvolumen für alle Güterkategorien p.a. je KWK-Anlagentyp Bemerkungen u. empirische Datenbasis: - Kap. *9.5.2 [Detaillierte Aufteilung der Investitionskosten u. der Betriebsausgaben für die evaluierten KWK-Anlagen auf die ÖCPA-Güterklassifikationen]*	B.A.U. u. VSI
Importe der Energieträger (Gas bzw. Pflanzenöl ab 2009)	MGT-Gas S.M.-Gas MGT-Pflanzenölbetrieb	MGT-Gas: 2,10 Ct./kWh S.M.-Gas: 2,11 Ct./kWh MGT-Pfl.: rd. 556,7,- EUR/t exkl. Transport	Berechnung: - jährliche Verbrauchswerte pro KWK-Anlage, multipliziert mit der Anzahl der betriebenen KWK-Anlagen p.a. (bereinigt um den Faktor 0,5) u. den indizierten Preisen Bemerkungen u. empirische Datenbasis: - Importanteil für Gas: ca. 78,8 %, für Pflanzenöl: progressiv steigend (2009: 10%; ab 2010: + 10% p.a.) - Kap. *9.5.2* - Kap. *13.6.1.3 [Preisentwicklung – Pflanzenöl]*	B.A.U. u. VSI
Importe von CO_2-Zertifikate für KWK-Anlagen	MGT S.M.	2005: 20 EUR/t; Entwicklung bis 2012: 30 EUR/t; ab 2013 bis 2015 langfristig Vermeidungskosten von 19 EUR/t	Berechnung: - direkte CO_2-Emissionen pro TJ erzeugter KWK-Strommenge im Gasbetrieb (MGT: 65.656 kg/TJ; S.M.: 59.303 kg/TJ), multipliziert mit der jährl. erzeugten Strommenge der KWK-Anlage in TJ und der Anzahl der betriebenen KWK-Anlagen p.a. (bereinigt um den Faktor 0,5) sowie dem indizierten Zertifikatspreis Bemerkungen u. empirische Datenbasis: - Kap. *13.5 [Anmerkungen zur Preisentwicklung von CO_2-Zertifikaten]* - Kap. *11.4 [Quantitativer Beitrag dezentraler KWK-Technologien zur Reduktion der Schadstoffemissionen in Österreich]*	B.A.U. u. VSI
Substitution der Importe für die Errichtung u. den Betrieb der Heizanlagen (Anlage, DL u. VL)	Gaskessel	-	Berechnung: - direkte Importanteile u. DL pro Anlage, multipliziert mit der jährl. adaptierten Stückzahl der Heizanlagen (Errichtung - unbereinigt, Betrieb mit dem Faktor 0,5 bereinigt bzw. Adaption auf die höheren Betriebsstunden der KWK-Anlagen) u. einem Index (ab 2006) - importierte VL: Schema analog den KWK-Anlagen Bemerkungen u. empirische Datenbasis: - Kap. *9.6.1 [Substitution der Heizanlagen für die Wärmeproduktion]*	B.A.U. u. VSI
Substitution der Gasimporte durch verdrängte Heizanlagen	Gaskessel	2,10 bzw. 2,11 Ct./kWh	Berechnung: - jährliche Verbrauchswerte pro Anlage, multipliziert mit der Anzahl der betriebenen Anlagen p.a. (bereinigt um den Faktor 0,5 bzw. Adaption auf höhere Betriebsstunden der KWK-Anlagen) u. den indizierten Gaspreisen	B.A.U. u. VSI

			Bemerkungen u. empirische Datenbasis: - Importanteil für Gas: ca. 78,8 % - Kap. 9.6.1	
Substitution importierter CO_2-Zertifikate durch verdrängte Heizanlagen	Gaskessel	siehe KWK-Anlagen	Berechnung: - direkte CO_2-Emissionen pro TJ erzeugter Prozesswärme (64.884 kg/TJ), multipliziert mit der jährl. erzeugten Wärmemenge in TJ und der Anzahl der betriebenen Heizanlagen p.a. (bereinigt um den Faktor 0,5 bzw. Adaption auf höhere Betriebsstunden der KWK-Anlagen) sowie dem indizierten Zertifikatspreis Bemerkungen u. empirische Datenbasis: - Kap. 13.5 u. Kap. 11.4	B.A.U. u. VSI
Substitution der Importe von Anlagenkomponenten, VL u. DL für die Errichtung von GuD-Anlagen	GuD-Anlage	-	Berechnung: - direkte Importvolumina der Anlagenkomponenten u. DL werden pro kW standardisiert u. mit der jährl. installierten KWK-Erzeugungskapazität in kW sowie einem Index (ab 2006) multipliziert - importierte VL: Schema analog den KWK-Anlagen Bemerkungen u. empirische Datenbasis: - Importanteil für GuD-Anlage: rd. 94,5 % - Kap. 9.6.2 [Substitution von Investitionen in konventionelle zentrale inländische GuD-Kraftwerke für die Stromproduktion]	B.A.U.
Substitution der Gasimporte durch gesunkene heimische Stromproduktion	GuD-Anlage	2,10 bzw. 2,11 Ct./kWh	Berechnung: - Gasverbrauch der GuD-Anlage iHv. 204 Nm^3/MWh_{el}, multipliziert mit adäquater bereinigter Strommenge der KWK-Anlagen p.a. u. indizierten Gaspreis Bemerkungen u. empirische Datenbasis: - Importanteil für Gas: ca. 78,8 % - durch Substitution des heimischen Stromabsatzes iHv. 94,5 %, kommt eine Verringerung der erzeugten Strommenge um rd. 5,5 % zum Ansatz	B.A.U.
Substitution importierter CO_2-Zertifikate durch gesunkene heimische Stromproduktion	GuD-Anlage	siehe KWK-Anlagen	Berechnung: - direkte CO_2-Emissionen pro TJ erzeugter Strommenge der GuD-Anlage (105.050 kg/TJ), multipliziert mit adäquater bereinigter Strommenge der KWK-Anlagen p.a. u. indizierten Zertifikatspreis Bemerkungen u. empirische Datenbasis: - Anteil der heimischen Stromerzeugung: 94,5 % - Kap. 13.5 u. Kap. 11.4	B.A.U.
Substitution benötigter importierter VL durch gesunkene heimische Stromproduktion	Rückgang - Stromabsatz	-	Berechnung: - Subtraktion der verdrängten primären jährl. Wertschöpfung (gem. I/O-Modell ÖCPA-Gut 40.1) vom gesamten jährl. inl. verdrängten Nachfrageimpuls Bemerkungen u. empirische Datenbasis: - Importanteil VL: 94,5 % - Kap. 9.6.3 [Substitution konventioneller Stromproduktion österreichischer EVU's]	B.A.U.
Substitution benötigter importierter VL durch gesunkene heimische Stromproduktion	Rückgang - Netztarife	-	Berechnung: - Subtraktion der verdrängten primären jährl. Wertschöpfung (gem. I/O-Modell ÖCPA-Gut 40.1) vom gesamten jährl. inl. verdrängten Nachfrageimpuls Bemerkungen u. empirische Datenbasis: - Kap. 9.6.3	B.A.U. u. VSI
Substitution von Stromimporten	MGT S.M.	48,0 EUR/MWh (MGT) bzw. 52,0 EUR/MWh (S.M.)	Berechnung: - erzeugte Strommenge je KWK-Anlage p.a., multipliziert mit der Anzahl der betriebenen KWK-Anlagen p.a. (bereinigt um den Faktor 0,5) und dem indizierten Marktpreis für Strom Bemerkungen u. empirische Datenbasis: - Importanteil im B.A.U.-Szenario: 5,5 %	VSI B.A.U.
Substitution der Importe von Sojaschrot	MGT- Pflanzenölbetrieb	195,-- EUR/t	Berechnung: - substituierte Sojaschrotmenge pro TJ erzeugtem Pflanzenöl iHv. 54,03 t, multipliziert mit dem Verbrauch von Pflanzenöl in TJ je Anlage u. der Anzahl der betriebenen KWK-Anlagen p.a. (bereinigt um den Faktor 0,5) sowie dem indizierten Marktpreis für Sojaschrot Bemerkungen u. empirische Datenbasis: -substituierter Importanteil: korrespondiert mit dem Anteil der heim. Pflanzenölerzeugung - Kap. 13.6.1.3 u. Kap. 11.4	B.A.U. u. VSI

Quelle: eigene Recherchen

9.9 Ergebnisse der Input-Output-Analyse

In den nachfolgenden Teilabschnitten werden die Ergebnisse der Wertschöpfungs-, Einkommens- u. Beschäftigungseffekte für die verschiedenen KWK-Technologien gem. den getätigten Baseline-Annahmen aus der Sensitivitätsanalyse sowohl als Brutto- als auch Nettoeffekte über den Untersuchungszeitraum beschrieben. Die Präsentation der Nettoeffekte erfolgt sowohl für das B.A.U.-, als auch für das VSI-Szenario. Die dahinter stehenden Anlagenzahlen basieren auf Kap. *8 [KWK Marktdurchdringung „Baseline"]*. Da die MGT u. der S.M. annahmegem. zu Beginn des Betrachtungszeitraumes vorwiegend in Kläranlagen u. Deponien zum Einsatz kommen, werden die Aggregatszahlen für den reinen Erdgasbetrieb nach unten korrigiert[427].

9.9.1 Investitionskosten- und Betriebskostenverteilung dezentraler KWK-Anlagen in Österreich

Die anschließenden Abbildungen 9-4 bis 9-7 zeigen die aus den beschriebenen Annahmen in Kap. *9.5.2 [Detaillierte Aufteilung der Investitionskosten u. der Betriebsausgaben für die evaluierten KWK-Anlagen auf die ÖCPA-Güterklassifikationen]* resultierenden Investitionsausgaben u. Betriebskosten je Anlagentyp, die im Inland wirksam sind, verglichen mit den im Ausland wirksamen direkten Ausgaben. Basierend auf diesen monetären Nachfrageimpulsen werden in den anschließenden Kapiteln die resultierenden Implikationen auf Wertschöpfung, Nettoeinkommen u. Beschäftigung sowie auch auf die LB in Österreich präsentiert.

ABB. 9-4 INVESTITIONSKOSTEN- UND BETRIEBSKOSTENVERTEILUNG FÜR DIE MGT-PFLANZENÖLBETRIEB ÜBER DEN UNTERSUCHUNGSZEITRAUM

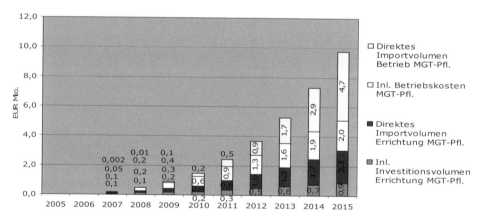

Quelle: eigene Berechnungen

Abbildung 9-4 zeigt, dass in den letzten Jahren des Betrachtungszeitraumes besonders die Direktimporte massiv ansteigen, was auf eine Verteuerung der indizierten eingeführten KWK-Module in der Errichtungsphase u. den progressiv steigenden Anteil der Pflanzenölimporte in der Betriebsphase zurückzuführen ist. Weiters zeigt sich

---

[427] Pers. Anm. des Autors, da sich der Fokus der Untersuchung auf Erdgas bzw. Pellets u. Pflanzenöl als Energieträger richtet, erfolgt keine Berücksichtigung jener KWK-Anlagen die mittels Klär- u. Deponiegas betrieben werden; für den Untersuchungszeitraum ergibt sich somit folgende bereinigte jährliche Anlagenzahl, die ursprünglichen Werte gem. Marktdurchdringung Kap. 8 sind in Klammer gesetzt: MGT-Gas, 2005: 6 (11), 2006: 8 (14), 2007: 20 (28), 2008: 46 (56), 2009: 102 (112), 2010: 214 (224), 2011: 224 (224), 2012: 224 (224), 2013: 224 (224), 2014: 224 (224), 2015: 224 (224); S.M.-Gas, 2005: 4 (5), 2006: 5 (8), 2007: 9 (14), 2008: 20 (28), 2009: 53 (56), 2010: 102 (102), 2011: 204 (204), 2012: 408 (408), 2013: 440 (440), 2014: 480 (480), 2015: 520 (520)

eine überproportionale Erhöhung der Ausgaben in der Betriebsphase, resultierend aus den kumulierten Aggregatszahlen[428]. Aus der Abbildung geht ebenso hervor, dass die jeweiligen Importanteile in der Errichtungs- u. Betriebsphase die inl. monetären Nachfrageimpulse teilweise deutlich übertreffen.

ABB. 9-5   INVESTITIONSKOSTEN- UND BETRIEBSKOSTENVERTEILUNG FÜR DIE MGT-GASBETRIEB ÜBER DEN UNTERSUCHUNGSZEITRAUM

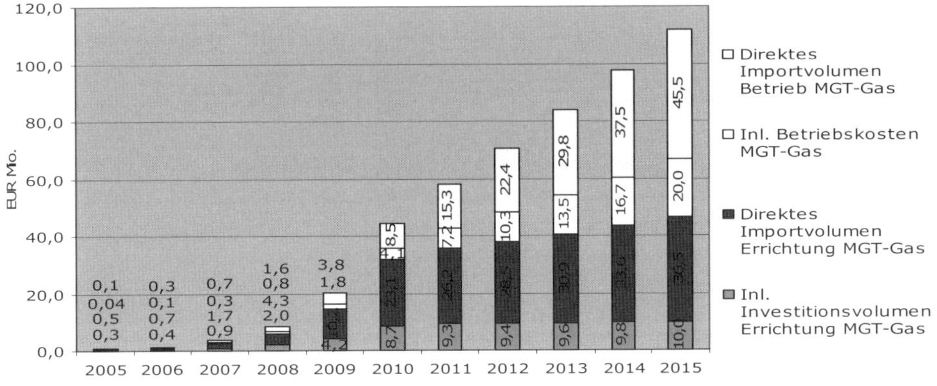

Quelle: eigene Berechnungen

Die deutliche Erhöhung der Investitionskosten im Jahr 2010 - aus Abbildung 9-5 zu entnehmen - ergibt sich durch die prognostizierte Verdoppelung der zu errichtenden MGT-Gasanlagen gegenüber dem Vorjahr. Im Anschluss daran findet ein gemäßigter Anstieg auf Grund einer langsamer wachsenden Marktdurchdringung statt. Wie bei der MGT für Pflanzenölbetrieb überwiegen im Gasbetrieb die Importausgaben die im Inland wirksamen Ausgaben. Der starke Anstieg der Einfuhren in der Errichtungsphase ist wiederum erneut durch die angenommene nominelle Verteilung der KWK-Module begründet. Der durch Gasimporte an fremde Volkswirtschaften abfließende Geldstrom dominiert in den letzten Jahren die gesamte Ausgabenstruktur.

Ein gegenläufiges Bild zeigt der Betrieb des S.M. mit Pellets in Abbildung 9-6. Durch den Einsatz heimischer Energieträger verbleibt die Majorität der kumulierten Betriebsausgaben im Inland. Eine als geringer angenommene Verteilung der importierten KWK-Anlagenkomponenten führt zu einer moderaten Zunahme der ausländischen Investitionsausgaben. Es übertreffen dabei jedoch wiederum in der Errichtungsphase die importierten KWK-Module den monetären inl. Nachfrageimpuls.

---

[428] Pers. Anm. des Autors, der Umstand der progressiv steigenden Ausgaben durch die kumulierten KWK-Anlagen gilt auch für die anderen in dieser Arbeit behandelten KWK-Typen.

ABB. 9-6 INVESTITIONSKOSTEN- UND BETRIEBSKOSTENVERTEILUNG FÜR DEN S.M.-PELLETBETRIEB ÜBER DEN UNTERSUCHUNGSZEITRAUM

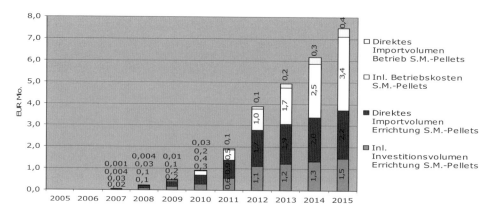

Quelle: eigene Berechnungen

ABB. 9-7 INVESTITIONSKOSTEN- UND BETRIEBSKOSTENVERTEILUNG FÜR DEN S.M.-GASBETRIEB ÜBER DEN UNTERSUCHUNGSZEITRAUM

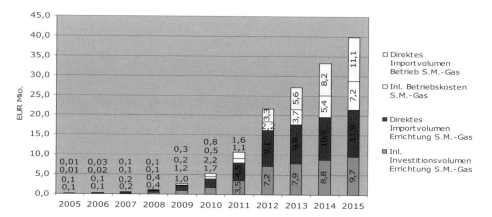

Quelle: eigene Berechnungen

Der Betrieb des S.M. mit Erdgas – in Abbildung 9-7 ersichtlich – führt, wie bereits beim Gasbetrieb der MGT erwähnt, zu einem starken Anstieg der monetären Importausgaben für fossile Energieträger. Da wie bei den anderen evaluierten KWK-Anlagen das KWK-Modul aus dem Ausland eingeführt wird, überwiegen folglich ebenso in der Errichtungsphase die Importe. Der Anstieg der Investitions- u. Betriebskosten im Jahr 2012 korreliert mit einer angenommenen Verdoppelung der abgesetzten KWK-Anlagen u. einer anschließenden moderat fortlaufenden Marktdurchdringung.

Abschließend sind in Tabelle 9-21 die kumulierten Investitions- u. Betriebsausgaben je Anlagentyp für die im Inland wirksam werdenden monetären Nachfrageimpulse als auch für Direktimporte über den gesamten Untersuchungszeitraum aufbereitet. Insges. entstehen durch die Errichtung u. den Betrieb der untersuchten KWK-Anlagen ca. EUR 701,3 Mio. an monetären Nachfrageeffekten über den gesamten Untersuchungszeitraum. Davon entfallen ca. EUR 228,7 Mio. (rd. 33 %) auf die österreichische Volkswirtschaft, der Rest iHv. ca. EUR 472,6 Mio. (rd. 67 %) wird an fremde

Volkswirtschaften durch Importe abgeführt. Verteilt man die gesamten Ausgaben auf die Errichtungs- u. Betriebsphase, so zeigt sich, dass für den Betrieb der KWK-Anlagen rd. EUR 322,3 Mio. (ca. 46 %) ausgegeben werden sowie die Investitionskosten mit knapp EUR 378,9 Mio. (ca. 54 %) den Hauptanteil des Nachfrageeffektes ausmachen[429].

Tab. 9-21 Inländische u. importierte Investitionsvolumina sowie Betriebsausgaben der untersuchten Anlagen im Überblick

EUR Mio.	Mikrogasturbine-Pflanzenöl							Mikrogasturbine-Gas						
	Errichtung			Betrieb			Errichtung und Betrieb	Errichtung			Betrieb			Errichtung und Betrieb
Jahr	inl. Invest.-volumen	direkte Importe	Summe Invest.-ausgaben	inl. Betriebs-kosten	direkte Importe	Summe Betriebs-kosten	Gesamt-summe	inl. Invest.-volumen	direkte Importe	Summe Invest.-ausgaben	inl. Betriebs-kosten	direkte Importe	Summe Betriebs-kosten	Gesamt-summe
2005								0,30	0,46	0,76	0,04	0,07	0,11	0,87
2006								0,39	0,66	1,05	0,14	0,28	0,42	1,47
2007	0,06	0,08	0,14	0,05	0,002	0,05	0,19	0,91	1,75	2,66	0,34	0,67	1,02	3,68
2008	0,12	0,16	0,28	0,19	0,01	0,20	0,48	1,96	4,26	6,22	0,81	1,63	2,43	8,65
2009	0,17	0,27	0,44	0,39	0,06	0,45	0,90	4,24	10,20	14,44	1,84	3,80	5,64	20,09
2010	0,23	0,39	0,62	0,64	0,20	0,84	1,46	8,71	23,12	31,84	4,06	8,53	12,58	44,42
2011	0,35	0,65	1,00	0,94	0,46	1,41	2,40	9,28	26,23	35,51	7,18	15,26	22,43	57,94
2012	0,47	0,95	1,42	1,29	0,95	2,24	3,66	9,45	28,46	37,91	10,31	22,39	32,69	70,60
2013	0,60	1,31	1,91	1,63	1,74	3,37	5,28	9,62	30,90	40,52	13,55	29,80	43,34	83,86
2014	0,73	1,73	2,46	1,89	2,94	4,83	7,29	9,79	33,59	43,38	16,67	37,50	54,18	97,56
2015	0,87	2,21	3,09	2,00	4,66	6,65	9,74	9,97	36,54	46,51	19,97	45,54	65,51	112,02
Summe	3,60	7,75	11,35	9,03	11,01	20,04	31,39	64,62	196,18	260,80	74,90	165,45	240,35	501,15

EUR Mio.	Stirling Motor-Pellets							Stirling Motor-Gas						
	Errichtung			Betrieb			Errichtung und Betrieb	Errichtung			Betrieb			Errichtung und Betrieb
Jahr	inl. Invest.-volumen	direkte Importe	Summe Invest.-ausgaben	inl. Betriebs-kosten	direkte Importe	Summe Betriebs-kosten	Gesamt-summe	inl. Invest.-volumen	direkte Importe	Summe Invest.-ausgaben	inl. Betriebs-kosten	direkte Importe	Summe Betriebs-kosten	Gesamt-summe
2005								0,09	0,09	0,18	0,01	0,01	0,02	0,20
2006								0,11	0,11	0,22	0,02	0,03	0,06	0,28
2007	0,02	0,03	0,05	0,004	0,001	0,005	0,05	0,19	0,20	0,38	0,05	0,07	0,12	0,51
2008	0,08	0,11	0,20	0,03	0,004	0,03	0,23	0,38	0,44	0,82	0,10	0,15	0,25	1,07
2009	0,16	0,22	0,38	0,08	0,01	0,09	0,47	0,95	1,15	2,10	0,24	0,34	0,58	2,68
2010	0,27	0,41	0,68	0,21	0,03	0,24	0,92	1,75	2,23	3,97	0,52	0,75	1,28	5,25
2011	0,55	0,85	1,40	0,46	0,06	0,52	1,92	3,55	4,50	8,05	1,07	1,58	2,66	10,71
2012	1,10	1,69	2,80	0,96	0,12	1,08	3,88	7,21	9,09	16,30	2,18	3,26	5,44	21,74
2013	1,21	1,85	3,06	1,68	0,20	1,88	4,94	7,91	9,90	17,81	3,71	5,61	9,32	27,13
2014	1,34	2,04	3,38	2,48	0,30	2,78	6,16	8,77	10,91	19,68	5,37	8,21	13,58	33,26
2015	1,48	2,23	3,71	3,39	0,40	3,79	7,50	9,66	11,95	21,60	7,17	11,08	18,24	39,85
Summe	6,23	9,44	15,66	9,29	1,11	10,41	26,07	40,56	50,57	91,13	20,46	31,09	51,54	142,68

Quelle: eigene Berechnungen

9.9.2 Bruttowertschöpfungs-, „Brutto"-Nettoeinkommens- und Bruttobeschäftigungseffekte durch Errichtung und Betrieb dezentraler KWK-Anlagen in Österreich

Im Anschluss werden die aus den im Inland getätigten monetären Nachfrageimpulsen resultierenden Bruttowertschöpfungs- u. -beschäftigungseffekte - jeweils getrennt für Inbetriebnahme u. Betrieb der KWK-Anlagentypen – in Tabelle 9-22 abgebildet. Die Angabe der Beschäftigungseffekte erfolgt dabei in VZÄ[430]. Eine detaillierte Partialisierung der Bruttoeffekte in eine direkte, indirekte u. sekundäre Komponente je KWK-Anlagentyp ist im Anhang unter Kap. *14.9.1 [Bruttowertschöpfungs- u. Bruttobeschäftigungseffekte durch Investitionen u. Betrieb dezentraler KWK-Anlagen in Österreich]*, abrufbar unter: www.energieinstitut-linz.at, ersichtlich. Ferner zeigt Tabelle 9-22 das gesamte nachfragewirksame inländische „Brutto"-Nettoeinkommen (Löhne, Gehälter bzw. Einkommen der Unternehmer), welches im Erstrundeneffekt aus der primären Wertschöpfung durch die Errichtung u. den Betrieb der KWK-Anlagen in Österreich generiert wird.

---

[429] Pers. Anm. des Autors, folgende Aufteilung der Gesamtausgaben ergibt sich für die betrachteten 11 Jahre: inl. Investitionsvolumen für die Errichtung der KWK-Anlagen EUR 115,0 Mio. (ca. 16,4 %); inl. Betriebskosten EUR 113,7 Mio. (ca. 16,2 %); Direktimporte für die Errichtungsphase EUR 263,9 Mio. (ca. 37,6 %); Direktimporte in der Betriebsphase EUR 208,7 Mio. (ca. 29,8 %).

[430] Vgl. Bodenhöfer, H. J., u.a., 2004, 89, dabei handelt es sich um ein Maß für die Anzahl von Personen, die jeweils ein Jahr lang vollzeiterwerbsmäßig beschäftigt wären.

Tab. 9-22 Inländische Bruttowertschöpfungs-, „Brutto"-Nettoeinkommens- u. Bruttobeschäftigungseffekte der untersuchten Anlagen im Überblick

EUR Mio.	Mikrogasturbine-Pflanzenöl			Mikrogasturbine-Gas			Stirling Motor-Pellets			Stirling Motor-Gas			Summe KWK-Anlagen		
Jahr	Errichtung	Betrieb	Summe BWS MGT-Pfl.	Errichtung	Betrieb	Summe BWS MGT-Gas	Errichtung	Betrieb	Summe BWS S.M.-Pellets	Errichtung	Betrieb	Summe BWS S.M.-Gas	Summe Errichtung	Summe Betrieb	Gesamtsumme
2005				0,34	0,05	**0,39**				0,10	0,01	**0,11**	0,44	0,06	**0,50**
2006				0,44	0,17	**0,60**				0,12	0,03	**0,15**	0,56	0,19	**0,76**
2007	0,07	0,06	**0,13**	1,04	0,40	**1,43**	0,02	0,005	**0,03**	0,21	0,06	**0,27**	1,34	0,52	**1,85**
2008	0,13	0,23	**0,37**	2,23	0,93	**3,16**	0,09	0,03	**0,12**	0,43	0,12	**0,55**	2,88	1,32	**4,20**
2009	0,19	0,48	**0,68**	4,85	2,13	**6,98**	0,17	0,09	**0,26**	1,07	0,28	**1,35**	6,28	2,98	**9,27**
2010	0,26	0,79	**1,05**	9,98	4,68	**14,66**	0,31	0,25	**0,56**	1,97	0,61	**2,58**	12,51	6,34	**18,85**
2011	0,39	1,16	**1,56**	10,64	8,28	**18,93**	0,62	0,56	**1,18**	4,00	1,26	**5,27**	15,66	11,27	**26,94**
2012	0,53	1,59	**2,13**	10,84	11,90	**22,74**	1,25	1,21	**2,46**	8,15	2,57	**10,72**	20,77	17,27	**38,05**
2013	0,68	2,00	**2,69**	11,04	15,64	**26,68**	1,37	2,17	**3,54**	8,94	4,38	**13,32**	22,04	24,19	**46,23**
2014	0,83	2,32	**3,15**	11,25	19,24	**30,49**	1,52	3,29	**4,82**	9,93	6,33	**16,26**	23,54	31,18	**54,72**
2015	0,99	2,44	**3,43**	11,46	23,04	**34,51**	1,68	4,61	**6,29**	10,94	8,45	**19,40**	25,08	38,54	**63,62**
Summe	**4,09**	**11,08**	**15,16**	**74,12**	**86,45**	**160,58**	**7,05**	**12,22**	**19,27**	**45,86**	**24,12**	**69,98**	**131,12**	**133,87**	**264,99**

EUR Mio.	Mikrogasturbine-Pflanzenöl			Mikrogasturbine-Gas			Stirling Motor-Pellets			Stirling Motor-Gas			Summe KWK-Anlagen		
Jahr	Errichtung	Betrieb	"Brutto"-Nettoeinkommen MGT-Pfl.	Errichtung	Betrieb	"Brutto"-Nettoeinkommen MGT-Gas	Errichtung	Betrieb	"Brutto"-Nettoeinkommen S.M.-Pellets	Errichtung	Betrieb	"Brutto"-Nettoeinkommen S.M.-Gas	Summe Errichtung	Summe Betrieb	Gesamtsumme
2005				0,08	0,01	**0,09**				0,02	0,002	**0,03**	0,11	0,01	**0,12**
2006				0,11	0,04	**0,15**				0,03	0,01	**0,04**	0,14	0,05	**0,18**
2007	0,02	0,01	**0,03**	0,25	0,10	**0,35**	0,01	0,001	**0,01**	0,05	0,01	**0,06**	0,32	0,13	**0,45**
2008	0,03	0,06	**0,09**	0,54	0,22	**0,76**	0,02	0,01	**0,03**	0,10	0,03	**0,13**	0,70	0,32	**1,01**
2009	0,05	0,12	**0,16**	1,17	0,51	**1,68**	0,04	0,02	**0,06**	0,26	0,07	**0,33**	1,52	0,72	**2,23**
2010	0,06	0,19	**0,25**	2,41	1,13	**3,54**	0,07	0,06	**0,13**	0,47	0,15	**0,62**	3,02	1,53	**4,55**
2011	0,09	0,28	**0,38**	2,57	2,00	**4,56**	0,15	0,14	**0,29**	0,97	0,31	**1,27**	3,78	2,72	**6,50**
2012	0,13	0,38	**0,51**	2,61	2,87	**5,48**	0,30	0,29	**0,59**	1,97	0,62	**2,59**	5,01	4,17	**9,18**
2013	0,16	0,48	**0,65**	2,66	3,77	**6,44**	0,33	0,52	**0,85**	2,16	1,06	**3,21**	5,32	5,83	**11,15**
2014	0,20	0,56	**0,76**	2,71	4,64	**7,35**	0,37	0,79	**1,16**	2,39	1,53	**3,92**	5,68	7,52	**13,20**
2015	0,24	0,59	**0,83**	2,77	5,56	**8,32**	0,41	1,11	**1,52**	2,64	2,04	**4,68**	6,05	9,30	**15,34**
Summe	**0,99**	**2,67**	**3,66**	**17,88**	**20,85**	**38,73**	**1,70**	**2,95**	**4,65**	**11,06**	**5,82**	**16,88**	**31,62**	**32,29**	**63,91**

VZÄ	Mikrogasturbine-Pflanzenöl			Mikrogasturbine-Gas			Stirling Motor-Pellets			Stirling Motor-Gas			Summe KWK-Anlagen		
Jahr	Errichtung	Betrieb	Brutto-VZÄ MGT-Pfl.	Errichtung	Betrieb	Brutto-VZÄ MGT-Gas	Errichtung	Betrieb	Brutto-VZÄ S.M.-Pellets	Errichtung	Betrieb	Brutto-VZÄ S.M.-Gas	Summe Errichtung	Summe Betrieb	Gesamtsumme
2005				5	1	**5**				1	0,1	**2**	6	1	**7**
2006				6	2	**8**				2	0,3	**4**	8	2	**10**
2007	1	1	**2**	15	4	**19**	0,3	0,1	**0,4**	3	1	**4**	19	6	**25**
2008	2	5	**7**	31	10	**41**	1	0,5	**2**	6	1	**7**	40	17	**57**
2009	3	13	**15**	66	23	**88**	2	1	**4**	14	3	**17**	85	39	**124**
2010	3	20	**23**	133	49	**182**	4	4	**8**	26	6	**32**	166	79	**245**
2011	5	29	**34**	139	85	**224**	8	9	**17**	52	13	**65**	205	135	**339**
2012	7	39	**46**	139	119	**259**	16	18	**35**	104	25	**129**	266	202	**468**
2013	8	48	**56**	139	154	**293**	18	32	**50**	112	42	**154**	277	276	**553**
2014	10	54	**64**	139	186	**326**	19	48	**67**	122	59	**182**	291	348	**639**
2015	12	55	**67**	139	219	**359**	21	67	**87**	132	78	**210**	304	419	**723**
Summe	**51**	**264**	**315**	**952**	**852**	**1.803**	**90**	**180**	**270**	**575**	**228**	**803**	**1.668**	**1.524**	**3.192**

Quelle: eigene Berechnungen

Von den insges. zwischen den Jahren 2005 u. 2015 getätigten Ausgaben iHv. knapp über EUR 701 Mio. werden rd. EUR 228,7 Mio. in Österreich monetär nachfragewirksam, die zu einer gesamten Bruttowertschöpfung von rd. EUR 265,0 Mio. u. einer Bruttobeschäftigung von in Summe 3.192 VZÄ führen. Das zusätzliche „Brutto"-Nettoeinkommen, welches durch die Errichtung u. den Betrieb der KWK-Anlagen entsteht, beläuft sich auf rd. EUR 64,0 Mio. Entsprechend den höheren prognostizierten Stückzahlen u. den damit verbundenen Nachfrageeffekten tragen die beiden KWK-Anlagen für den Gasbetrieb die Majorität zu den nationalen ökonomischen Effekten bei. Obwohl im Vergleichszeitraum die inl. Investitionskosten, die im Inland wirksamen Betriebskosten um ca. EUR 1,5 Mio. übersteigen, werden lt. dem I/O-Modell durch den Betrieb der KWK-Anlagen höhere Wertschöpfungs- u. Einkommenseffekte induziert. Die Ursache dafür liegt in den höheren Wertschöpfungsmultiplikatoren für die Pflanzenöl- u. Pelletherstellung, verglichen mit jenen, die in der Errichtungsphase zum Einsatz kommen. In der Errichtungsphase übersteigen die Beschäftigungseffekte jene aus der Betriebsphase um über 140 VZÄ. Dies liegt daran, dass einerseits - wie bereits erwähnt - der monetäre Nachfrageimpuls in der Errichtungsphase höher ist, andererseits die Beschäftigungsmultiplikatoren für die Herstellung der regenerativen Energieträger zwar deutlich größer sind, dieser Effekt jedoch erst durch die steigende kumulierte Anlagenzahl im letzten Drittel des Betrachtungszeitraums induziert wird, wodurch er sich aber durch die angenommene sukzessive Produktivitätssteigerung wiederum im Zeitverlauf abschwächt.

9.9.3 Aus berücksichtigten Verdrängungseffekten resultierende Nettoeffekte auf die österreichische Volkswirtschaft

Nachfolgende Tabelle 9-23 zeigt nun den resultierenden Saldo aus den Wertschöpfungs-, Nettoeinkommens- u. Beschäftigungseffekten, die einerseits durch die Errichtung u. den Betrieb von KWK-Anlagen, andererseits durch die auftretenden Substitutionseffekte am österreichischen Energiemarkt entstehen. Als Verdrängungseffekte in der Errichtungsphase kommen dabei die Substitution von Investitionen in Heizanlagen zur Wärmegewinnung sowie Investitionen in zentrale GuD-Anlagen zur Stromerzeugung zum Ansatz. In der Betriebsphase werden im Lichte der Verdrängungseffekte die Substitution von Heizanlagen bzw. die Substitution inländischer Stromerzeugung sowie die Mehrkosten der Ökostromförderung für den S.M.-Pellets berücksichtigt.

Tab. 9-23 Österreichische Gesamtbilanz der resultierenden Nettoeffekte – B.A.U.-Szenario

EUR Mio.	MGT-Pflanzenöl			MGT-Gas			S.M.-Pellets			S.M.-Gas			Summe KWK-Anlagen		
Jahr	Errichtung	Betrieb	NWS MGT-Pfl.	Errichtung	Betrieb	NWS MGT-Gas	Errichtung	Betrieb	NWS S.M.-Pellets	Errichtung	Betrieb	NWS S.M.-Gas	Summe Errichtung	Summe Betrieb	Gesamtsumme
2005				0,12	-0,08	0,03				0,07	-0,02	0,05	0,19	-0,10	0,09
2006				0,12	-0,31	-0,19				0,08	-0,06	0,02	0,20	-0,37	-0,17
2007	0,03	0,03	0,06	0,24	-0,79	-0,55	0,01	-0,00	0,01	0,13	-0,12	0,01	0,41	-0,88	-0,46
2008	0,05	0,13	0,19	0,37	-1,88	-1,52	0,06	-0,03	0,03	0,25	-0,25	0,01	0,73	-2,02	-1,29
2009	0,07	0,26	0,33	0,64	-4,35	-3,71	0,10	-0,08	0,02	0,60	-0,57	0,03	1,41	-4,73	-3,32
2010	0,09	0,39	0,48	1,03	-9,69	-8,67	0,17	-0,13	0,04	1,05	-1,25	-0,20	2,33	-10,68	-8,34
2011	0,14	0,51	0,65	1,12	-17,13	-16,01	0,34	-0,25	0,09	2,13	-2,60	-0,47	3,73	-19,46	-15,73
2012	0,19	0,59	0,78	1,17	-24,93	-23,76	0,68	-0,45	0,23	4,34	-5,30	-0,95	6,38	-30,09	-23,71
2013	0,24	0,54	0,78	1,22	-32,75	-31,53	0,75	-0,68	0,07	4,77	-9,06	-4,29	6,98	-41,95	-34,97
2014	0,30	0,27	0,57	1,27	-40,99	-39,72	0,83	-0,85	-0,02	5,30	-13,27	-7,96	7,70	-54,83	-47,13
2015	0,36	-0,30	0,06	1,32	-49,32	-48,00	0,92	-0,95	-0,03	5,85	-17,95	-12,10	8,45	-68,52	-60,07
Summe	1,47	2,43	3,90	8,62	-182,23	-173,61	3,86	-3,42	0,44	24,58	-50,42	-25,84	38,53	-233,63	-195,11

EUR Mio.	MGT-Pflanzenöl			MGT-Gas			S.M.-Pellets			S.M.-Gas			Summe KWK-Anlagen		
Jahr	Errichtung	Betrieb	"Netto"-Nettoeinkommen MGT-Pfl.	Errichtung	Betrieb	"Netto"-Nettoeinkommen MGT-Gas	Errichtung	Betrieb	"Netto"-Nettoeinkommen S.M.-Pellets	Errichtung	Betrieb	"Netto"-Nettoeinkommen S.M.-Gas	Summe Errichtung	Summe Betrieb	Gesamtsumme
2005				0,03	-0,02	0,01				0,02	-0,004	0,01	0,04	-0,02	0,02
2006				0,03	-0,08	-0,05				0,02	-0,01	0,01	0,05	-0,09	-0,04
2007	0,01	0,01	0,01	0,06	-0,19	-0,13	0,003	-0,003	0,000	0,03	-0,03	0,00	0,10	-0,21	-0,11
2008	0,01	0,03	0,04	0,09	-0,45	-0,37	0,01	-0,02	-0,004	0,06	-0,06	0,00	0,18	-0,50	-0,32
2009	0,02	0,06	0,08	0,16	-1,05	-0,89	0,02	-0,05	-0,03	0,14	-0,14	0,01	0,34	-1,18	-0,84
2010	0,02	0,09	0,12	0,25	-2,34	-2,09	0,04	-0,11	-0,07	0,25	-0,30	-0,05	0,56	-2,65	-2,09
2011	0,03	0,12	0,16	0,27	-4,13	-3,86	0,08	-0,23	-0,15	0,51	-0,63	-0,11	0,90	-4,86	-3,96
2012	0,05	0,14	0,19	0,28	-6,01	-5,73	0,16	-0,45	-0,29	1,05	-1,28	-0,23	1,54	-7,60	-6,06
2013	0,06	0,13	0,19	0,29	-7,90	-7,60	0,18	-0,75	-0,57	1,15	-2,18	-1,03	1,68	-10,70	-9,02
2014	0,07	0,07	0,14	0,31	-9,89	-9,58	0,20	-1,04	-0,84	1,28	-3,20	-1,92	1,86	-14,06	-12,21
2015	0,09	-0,07	0,01	0,32	-11,90	-11,58	0,22	-1,34	-1,12	1,41	-4,33	-2,92	2,04	-17,64	-15,60
Summe	0,35	0,59	0,94	2,08	-43,95	-41,87	0,93	-4,00	-3,07	5,93	-12,16	-6,23	9,29	-59,53	-50,23

VZÄ	MGT-Pflanzenöl			MGT-Gas			S.M.-Pellets			S.M.-Gas			Summe KWK-Anlagen		
Jahr	Errichtung	Betrieb	Netto-VZÄ MGT-Pfl.	Errichtung	Betrieb	Netto-VZÄ MGT-Gas	Errichtung	Betrieb	Netto-VZÄ S.M.-Pellets	Errichtung	Betrieb	Netto-VZÄ S.M.-Gas	Summe Errichtung	Summe Betrieb	Gesamtsumme
2005				2	-1	1				1	-0,2	1	2	-1	1
2006				2	-4	-2				1	-1	0,5	3	-4	-2
2007	0,4	1	1	3	-9	-6	0,2	-0,1	0,2	2	-1	0,4	5	-9	-4
2008	1	4	5	4	-20	-17	1	-0,3	1	3	-3	1	9	-19	-10
2009	1	10	11	6	-46	-40	1	-1	1	8	-6	1	16	-43	-27
2010	1	16	17	8	-101	-94	2	-1	1	13	-14	-1	24	-100	-76
2011	2	22	24	8	-176	-168	4	-2	3	27	-28	-2	41	-184	-143
2012	2	29	31	9	-252	-243	9	-3	6	53	-57	-4	73	-283	-210
2013	3	33	36	9	-325	-316	9	-3	6	58	-96	-38	79	-391	-312
2014	3	34	37	9	-400	-390	10	-2	8	63	-138	-75	86	-507	-421
2015	4	29	33	10	-473	-463	11	-0,30	11	68	-184	-116	93	-628	-536
Summe	16	179	195	69	-1.807	-1.738	48	-13	35	297	-529	-232	431	-2.170	-1.739

Quelle: eigene Berechnungen

Die Errichtung u. der Betrieb der KWK-Anlagen führen zu einem „Brutto"-Nettoeinkommen im Ausmaß von knapp EUR 64,0 Mio. sowie zu einer Bruttowertschöpfung von rd. EUR 265,0 Mio. u. einer Beschäftigung von 3.192 VZÄ. Bei gleichzeitiger Berücksichtigung der beschriebenen Verdrängungseffekte ergibt sich auf die österreichische Volkswirtschaft ein negativer Wertschöpfungseffekt iHv. EUR 195,1 Mio. Durch den Rückgang der Wertschöpfung u. damit verbundener Reduzierung der österreichischen Einkommen um ca. EUR 50,2 Mio. erfolgt ein Abbau der Beschäftigung um 1.739 VZÄ. Im Hinblick auf die errechneten ökonomischen Indikatoren zeigt sich bei sämtlichen Technologien in der Errichtungsphase ein positiver Nettoeffekt. In der Betriebsphase weist lediglich die mit Pflanzenöl betriebene MGT, positive Effekte auf[431]. Zusammengefasst lässt sich jedoch vermerken, dass sowohl die MGT als auch der S.M. in der Biovariante in Summe zu einer Erhöhung der Wertschöpfung um beinahe EUR 4,5 Mio. sowie zu einer bescheidenen Zunahme der Beschäftigung um 230 VZÄ führen[432]. Im Vergleich dazu werden durch den Gaseinsatz beider KWK-Anlagen rd. EUR 232,7 Mio. an österreichischer Wertschöpfung in der Betriebsphase verdrängt, das kommt einem Verlust von 2.336 VZÄ gleich. Auffallend ist dabei der im Zeitverlauf betreffende betragsmäßige Anstieg des Verdrängungseffektes während der Betriebsphase.

In der anschließenden Tabelle 9-24 sind - zum Vergleich – jene aus dem VSI-Szenario resultierenden Nettoeffekte aufbereitet. Durch ein Wegfallen von negativen Verdrängungseffekten während der Errichtungs- (GuD-Anlage) sowie Betriebsphase (Umsatzrückgang österreichischer EVU's) kann mittels des Einsatzes von KWK-Anlagen ein vermehrtes Nettoeinkommen von ungefähr EUR 5,0 Mio. bzw. eine zusätzliche Wertschöpfung iHv. ca. EUR 33,0 Mio. geschaffen werden, die ihrerseits wiederum 597 VZÄ induziert. Der negative ökonomische Beitrag zur Wertschöpfung während der Betriebsphase der beiden KWK-Gasanlagen reduziert sich demnach um rd. 70 %, das entspricht EUR 164,3 Mio.; desgleichen dezimiert sich der negative Effekt auf die österreichische Beschäftigungssituation, u. zwar um ca. 65 % Abbau von 1.529 VZÄ. Determiniert wird der positive ökonomische Nettobeitrag durch die Effekte in der Errichtungsphase sowie durch den regenerativen Betrieb der KWK-Anlagen der ebenfalls einen positiven Nettobeitrag leistet.

---

[431] Pers. Anm. des Autors, beim S.M. im Pelletbetrieb lässt sich durch den berücksichtigten Budgeteffekt gleichfalls eine negative ökonomische Ausprägung feststellen.

[432] Pers. Anm. des Autors, durch den steigenden Importanteil von Pflanzenöl verringert sich der Bruttoeffekt kontinuierlich in einem adäquaten Verhältnis, wodurch im letzten Jahr die Verdrängungseffekte bereits die Bruttoeffekte übertreffen. Durch die Höhe des Beschäftigungsmultiplikators für die Pflanzenölherstellung werden jedoch die negativen Verdrängungseffekte in ihrer Wirkung gedämpft, wodurch sich im Jahr 2015 trotz negativer Wertschöpfung ein rückläufiger aber dennoch positiver Nettobeschäftigungseffekt ergibt. Ein ähnliches „Paradoxon" tritt im Jahr 2014 u. 2015 in der Betriebsphase des S.M.-Pellets auf; obwohl sich der negative Nettoeffekt auf die Wertschöpfung u. das Nettoeinkommen sukzessive vergrößert, reduzieren sich ab dem Jahr 2014 die negativen Beschäftigungseffekte - ebenfalls kausal bedingt durch die stark gestiegenen Bruttoeffekte – mittels des Multiplikators für die Pelletherstellung.

Tab. 9-24 Österreichische Gesamtbilanz der resultierenden Nettoeffekte – VSI-Szenario

EUR Mio.	MGT-Pflanzenöl		NWS MGT-Pfl.	MGT-Gas		NWS MGT-Gas	S.M.-Pellets		NWS S.M.-Pellets	S.M.-Gas		NWS S.M.-Gas	Summe KWK-Anlagen		
Jahr	Errichtung	Betrieb		Errichtung	Betrieb		Errichtung	Betrieb		Errichtung	Betrieb		Summe Errichtung	Summe Betrieb	Gesamtsumme
2005				0,26	-0,03	0,23				0,08	-0,01	0,07	0,34	-0,04	0,31
2006				0,33	-0,09	0,24				0,10	-0,03	0,07	0,43	-0,12	0,31
2007	0,06	0,04	0,10	0,77	-0,21	0,55	0,02	-0,002	0,02	0,16	-0,06	0,10	1,00	-0,23	0,77
2008	0,10	0,18	0,29	1,60	-0,50	1,10	0,07	-0,01	0,06	0,33	-0,13	0,20	2,11	-0,46	1,64
2009	0,15	0,37	0,52	3,42	-1,13	2,29	0,13	-0,04	0,09	0,80	-0,29	0,51	4,51	-1,09	3,42
2010	0,20	0,59	0,79	6,95	-2,49	4,46	0,23	-0,04	0,19	1,44	-0,62	0,82	8,82	-2,56	6,26
2011	0,31	0,84	1,15	7,42	-4,28	3,13	0,46	-0,05	0,41	2,93	-1,28	1,64	11,11	-4,77	6,33
2012	0,42	1,10	1,52	7,56	-6,13	1,43	0,92	-0,05	0,87	5,96	-2,57	3,38	14,86	-7,65	7,20
2013	0,53	1,29	1,83	7,71	-7,83	-0,12	1,01	0,02	1,03	6,54	-4,34	2,20	15,79	-10,86	4,93
2014	0,65	1,33	1,98	7,86	-9,77	-1,91	1,12	0,19	1,31	7,26	-6,33	0,92	16,90	-14,59	2,31
2015	0,78	1,13	1,90	8,02	-11,63	-3,61	1,24	0,46	1,70	8,01	-8,54	-0,54	18,04	-18,59	-0,55
Summe	3,20	6,88	10,08	51,91	-44,11	7,80	5,21	0,47	5,68	33,59	-24,21	9,38	93,90	-60,96	32,94

EUR Mio.	MGT-Pflanzenöl		"Netto"-Nettoeinkommen MGT-Pfl.	MGT-Gas		"Netto"-Nettoeinkommen MGT-Gas	S.M.-Pellets		"Netto"-Nettoeinkommen S.M.-Pellets	S.M.-Gas		"Netto"-Nettoeinkommen S.M.-Gas	Summe KWK-Anlagen		
Jahr	Errichtung	Betrieb		Errichtung	Betrieb		Errichtung	Betrieb		Errichtung	Betrieb		Summe Errichtung	Summe Betrieb	Gesamtsumme
2005				0,06	-0,01	0,06				0,02	-0,002	0,02	0,08	-0,01	0,07
2006				0,08	-0,02	0,06				0,02	-0,01	0,02	0,10	-0,03	0,08
2007	0,01	0,01	0,02	0,18	-0,05	0,13	0,004	-0,003	0,002	0,04	-0,01	0,02	0,24	-0,06	0,18
2008	0,03	0,04	0,07	0,39	-0,12	0,26	0,02	-0,02	0,002	0,08	-0,03	0,05	0,51	-0,12	0,38
2009	0,04	0,09	0,13	0,83	-0,27	0,55	0,03	-0,04	-0,01	0,19	-0,07	0,12	1,09	-0,30	0,79
2010	0,05	0,14	0,19	1,68	-0,60	1,08	0,06	-0,09	-0,03	0,35	-0,15	0,20	2,13	-0,70	1,43
2011	0,07	0,20	0,28	1,79	-1,03	0,76	0,11	-0,18	-0,07	0,71	-0,31	0,40	2,68	-1,32	1,36
2012	0,10	0,27	0,37	1,82	-1,48	0,34	0,22	-0,36	-0,13	1,44	-0,62	0,82	3,58	-2,19	1,39
2013	0,13	0,31	0,44	1,86	-1,89	-0,03	0,24	-0,58	-0,33	1,58	-1,05	0,53	3,81	-3,20	0,61
2014	0,16	0,32	0,48	1,90	-2,36	-0,46	0,27	-0,79	-0,52	1,75	-1,53	0,22	4,08	-4,36	-0,28
2015	0,19	0,27	0,46	1,93	-2,80	-0,87	0,30	-1,00	-0,70	1,93	-2,06	-0,13	4,35	-5,60	-1,25
Summe	0,77	1,66	2,43	12,52	-10,64	1,88	1,26	-3,06	-1,81	8,10	-5,84	2,26	22,65	-17,88	4,77

VZÄ	MGT-Pflanzenöl		Netto-VZÄ MGT-Pfl.	MGT-Gas		Netto-VZÄ MGT-Gas	S.M.-Pellets		Netto-VZÄ S.M.-Pellets	S.M.-Gas		Netto-VZÄ S.M.-Gas	Summe KWK-Anlagen		
Jahr	Errichtung	Betrieb		Errichtung	Betrieb		Errichtung	Betrieb		Errichtung	Betrieb		Summe Errichtung	Summe Betrieb	Gesamtsumme
2005				4	-0,3	3				1	-0,1	1	5	-0,5	4
2006				5	-1	3				1	-0,4	1	6	-2	4
2007	0,8	1	2	10	-3	8	0,3	-0,03	0,2	2	-1	1	14	-2	11
2008	1	5	6	21	-6	15	1	-0,2	1	4	-2	3	28	-3	25
2009	2	11	13	45	-14	31	2	-0	1	11	-4	7	59	-7	52
2010	3	18	20	89	-30	59	3	-0	3	19	-8	11	113	-20	93
2011	4	26	29	93	-52	42	6	0	6	37	-16	22	141	-42	99
2012	5	34	39	93	-73	20	12	1	13	75	-31	44	185	-70	115
2013	6	40	47	94	-93	1	13	3	16	81	-52	29	193	-101	92
2014	8	44	51	94	-114	-20	14	7	21	88	-75	13	203	-138	65
2015	9	42	51	94	-134	-40	15	12,7	28	95	-99	-4	213	-179	34
Summe	39	220	259	642	-520	122	66	23	89	414	-287	127	1.161	-564	597

Quelle: eigene Berechnungen

9.9.4 Sektorale Analyse der direkten inländischen Wertschöpfungs- und Beschäftigungseffekte

Mit Hilfe der I/O-Analyse ist es möglich, die sektoralen Auswirkungen der Brutto- bzw. Verdrängungseffekte auf die betroffenen österreichischen Branchen näherungsweise abzuschätzen. Es wird dazu, jeweils je ÖCPA-Gruppierung, der direkte, primär zuzuordnende verdrängte Wertschöpfungs- bzw. Beschäftigungseffekt dem entsprechenden direkten primären Bruttoeffekt, jeweils durch die KWK-Anlagen generiert, im Branchenvergleich gegenübergestellt. Aus den folgenden Abbildungen lassen sich die Auswirkungen (Errichtung u. Betrieb zusammengefasst) auf die aggregierten Wirtschaftsklassen nach ÖCPA-Güterklassifikationen ablesen. An dieser Stelle möchte ich ausdrücklich darauf hinweisen, dass die Ergebnisse durch die Art der Berechnung der direkten Effekte in ihrer Aussagekraft beschränkt sind, sehr vorsichtig interpretiert werden müssen u. demnach nur als grober Näherungswert betrachtet werden können.

9.9.4.1 Sektorale Aufteilung der direkten Bruttoeffekte durch Errichtung und Betrieb dezentraler KWK-Anlagen in Österreich

In Tabelle 9-25 wird – kumuliert für den Untersuchungszeitraum – eine Entwicklung der sektoralen direkten Bruttoeffekte auf die Wertschöpfung u. Beschäftigung, resultierend aus Errichtung u. Betrieb der jeweiligen KWK-Anlagentypen, dargestellt. Es zeigt sich, dass die stärksten Wertschöpfungs- bzw. Beschäftigungszuwächse in den DL der Gas- u. Stromversorgung, im verarbeitenden Gewerbe (Metallbau), im Baugewerbe, den DL der Heizungs- u. Elektroinstallationen sowie im öffentlichen Bereich zu erwarten sind. Erwartungsgem. profitiert auch der primäre Sektor durch die BM-Nutzung der KWK-Anlagen; im Bereich der Pelletherstellung zieht die Forst- u. Holzindustrie, im Bereich der Pflanzenölproduktion die Landwirtschaft ihren Nutzen. Insges. führen die Nachfrageimpulse zu einer direkten Bruttowertschöpfung von EUR 102,9 Mio. u. damit zu einer unmittelbaren Beschäftigung von 1.064 VZÄ in den betroffenen inl. Branchen.

Tab. 9-25 Überblick über inländische sektorale direkte Bruttoeffekte für die Wertschöpfung u. Beschäftigung durch die Errichtung u. den Betrieb der KWK-Anlagen

ÖCPA-Güterklassifikation	Direkte Bruttowertschöpfung [EUR Mio.]					Direkte Bruttobeschäftigung [VZÄ]				
	MGT-Pfl.	MGT-Gas	S.M.-Pellets	S.M.-Gas	sektorale Summe	MGT-Pfl.	MGT-Gas	S.M.-Pellets	S.M.-Gas	sektorale Summe
40.1 Elektrischer Strom u. DL d. Elektrizitätsversorgung	0,49	7,18	0,65	4,11	**12,42**	2	37	3	21	**63**
74.2 Architektur- u. Ingenieurbüro-DL	0,02	0,54	0,05	0,33	**0,94**	0,3	8	1	5	**15**
75 DL d. öffentl. Verwaltung, d. Verteidigung u. d. Sozialversicherung	0,17	4,15	0,13	0,83	**5,29**	3	66	2	13	**84**
50 Handelsleistungen mit KFZ, Instandhaltungs- u. Reparaturarbeiten an KFZ; Tankstellenleistungen	0,03	0,04	0,02	0,13	**0,22**	0,4	1	0,3	2	**3**
63.4 Speditionsleistungen u. sonst. Verkehrsvermittlungsleistungen	0,03	0,28	0,08		**0,39**	0,3	3	1		**4**
45.2 Hoch- u. Tiefbauarbeiten	0,14	3,51	0,53	2,65	**6,83**	2	53	8	39	**102**
45.3 Bauinstallationsarbeiten	0,16	4,43	0,43	2,44	**7,46**	2	67	6	36	**112**
28 Metallerzeugnisse	0,55	6,02	0,53	3,30	**10,40**	7	83	7	45	**142**
31 Geräte d. Elektrizitätserzeugung u. -verteilung u.ä.	0,29	5,47	0,43	2,67	**8,86**	4	79	6	38	**128**
27 Metalle u. Halbzeug daraus	0,08	2,12	0,12	0,80	**3,13**	1	24	1	9	**35**
30 Büromaschinen, Datenverarbeitungsgeräte und -einrichtungen			0,03	0,19	**0,22**			0,1	1	**1**
74 Unternehmensbezogene DL			0,11	0,74	**0,86**			2	12	**13**
29 Maschinen	0,03				**0,03**	0,5				**0,5**
01 Erzeugnisse d. Landwirtschaft u. Jagd	2,00				**2,00**	74				**74**
15.4 Pflanzliche u. tierische Öle u. Fette	1,39				**1,39**	32				**32**
40.22 DL d. Gasverteilung u. des Gashandels durch Rohrleitungen		29,17		9,43	**38,60**		146		47	**193**
02 Forstwirtschaftliche Erzeugnisse			2,57		**2,57**			40		**40**
20 Holz sowie Holz-, Kork- u. Flechtwaren (o. Möbel)			1,28		**1,28**			20		**20**
Summe Anlagentyp	**5,38**	**62,90**	**6,95**	**27,64**	**102,88**	**130**	**568**	**98**	**268**	**1.064**

Quelle: eigene Berechnungen

9.9.4.2 Sektorale Aufteilung der direkten Verdrängungseffekte durch Substitution inländischer Heizanlagen für die Wärmeproduktion

Die Auswirkungen durch verdrängte Heizanlagen auf die betroffenen Branchen sind je KWK-Anlagentyp in Abbildung 9-8 u. 9-9 dargestellt. Im Hinblick auf die strukturelle Wirkung der verdrängten Gaskesselanlagen kann davon ausgegangen werden, dass vor allem das Heizungsinstallationsgewerbe sowie DL der Gasverteilung u. –versorgung aufgrund rückläufiger Umsätze Wertschöpfungs- u. Beschäftigungsrückgänge hinnehmen müssen[433]. In Summe werden rd. EUR 55,7 Mio. an direkter Wertschöpfung, dementsprechend also 627 VZÄ in den betroffenen heimischen Branchen verdrängt.

ABB. 9-8 DIREKTER WERTSCHÖPFUNGSRÜCKGANG IN DEN EINZELNEN HEIMISCHEN BRANCHEN DURCH SUBSTITUTION DER HEIZANLAGEN (ERRICHTUNG UND BETRIEB)

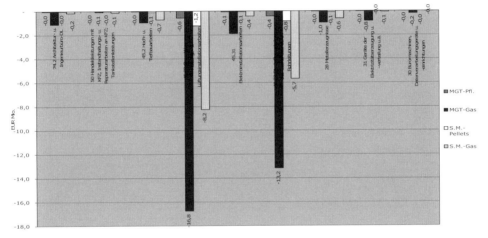

Quelle: eigene Berechnungen

ABB. 9-9 DIREKTER BESCHÄFTIGUNGSRÜCKGANG IN DEN EINZELNEN HEIMISCHEN BRANCHEN DURCH SUBSTITUTION DER HEIZANLAGEN (ERRICHTUNG UND BETRIEB)

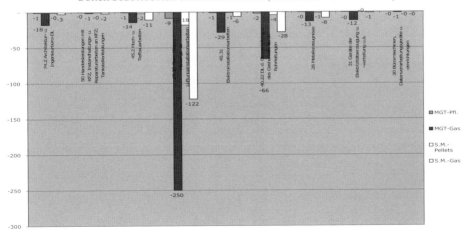

Quelle: eigene Berechnungen

---

[433] Pers. Anm. des Autors, der direkte Wertschöpfungsrückgang in der Gasbranche beläuft sich auf EUR 20,1 Mio., im Heizungsinstallationsgewerbe auf EUR 26,8 Mio., wodurch insges. 101 bzw. 399 VZÄ abgebaut werden.

9.9.4.3 Sektorale Aufteilung der direkten Verdrängungseffekte durch Substitution von Investitionen in konventionelle zentrale inländische GuD-Kraftwerke für die Stromproduktion

Durch die installierten KWK-Anlagen erfolgt im B.A.U.-Szenario ein Rückgang der Investitionen österreichischer Energieversorger in zentrale Erzeugungseinheiten. Die davon betroffenen Branchen kommen in Abbildung 9-10 u. 9-11, aufgeteilt nach den unterschiedlichen KWK-Anlagen, zur Präsentation. Der am stärksten betroffene Sektor ist der Maschinenbau, wobei hier die Umsatzrückgänge zu einer Verringerung der direkten Wertschöpfung um rd. EUR 10,3 Mio. u. zu einem Beschäftigungsrückgang von 145 VZÄ führen. Der gesamte direkte Wertschöpfungsrückgang beläuft sich auf ungefähren EUR 22,1 Mio., womit eine unmittelbare Verdrängung von 288 VZÄ in den betroffenen Branchen verbunden ist.

ABB. 9-10 DIREKTER WERTSCHÖPFUNGSRÜCKGANG IN DEN EINZELNEN HEIMISCHEN BRANCHEN DURCH SUBSTITUTION VON INVESTITIONEN IN ZENTRALE GUD-KRAFTWERKE (ERRICHTUNG)

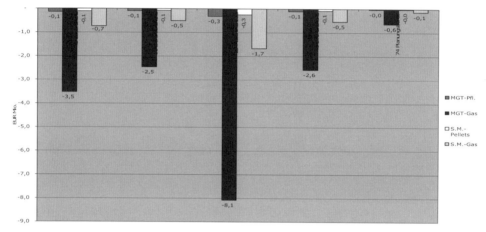

Quelle: eigene Berechnungen

ABB. 9-11 DIREKTER BESCHÄFTIGUNGSRÜCKGANG IN DEN EINZELNEN HEIMISCHEN BRANCHEN DURCH SUBSTITUTION VON INVESTITIONEN IN ZENTRALE GUD-KRAFTWERKE (ERRICHTUNG)

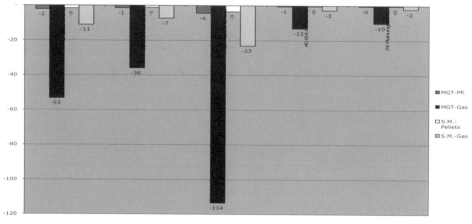

Quelle: eigene Berechnungen

9.9.4.4 Sektorale Aufteilung der direkten Verdrängungseffekte durch den Umsatzrückgang österreichischer Elektrizitätsunternehmen

Die Stromerzeugung der KWK-Anlagen führt ferner zu einem Rückgang des Stromabsatzes inländischer EVU's, wodurch, wie in Abbildung 9-12 u. 9-13 gezeigt, mit folgenden Auswirkungen auf diese Branche zu rechnen ist. Insges. werden durch die Umsatzrückgänge - hervorgerufen durch gesunkene Netzerlöse u. geringeren Stromabsatz - im B.A.U.-Szenario ca. EUR 97,1 Mio. an Wertschöpfung verdrängt, was wiederum einen Abbau von 486 VZÄ in der Energiewirtschaft nach sich zieht.

ABB. 9-12   DIREKTER WERTSCHÖPFUNGSRÜCKGANG IN DER EVU-BRANCHE DURCH RÜCKGANG DES STROMABSATZES (BETRIEB)

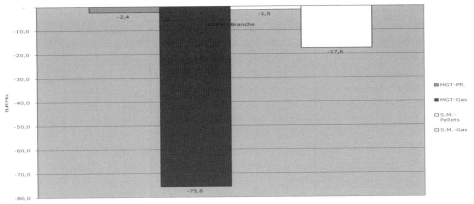

Quelle: eigene Berechnungen

ABB. 9-13   DIREKTER BESCHÄFTIGUNGSRÜCKGANG IN DER EVU-BRANCHE DURCH RÜCKGANG DES STROMABSATZES (BETRIEB)

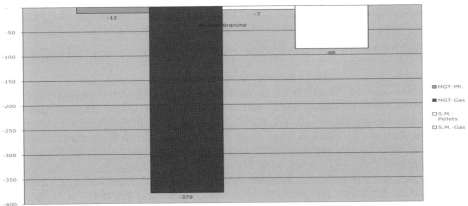

Quelle: eigene Berechnungen

Abschließend werden alle betroffenen Branchen hinsichtlich ihrer gesamten resultierenden direkten Nettowertschöpfungs- u. -beschäftigungseffekte für beide Szenarien in Tabelle 9-26 u. Tabelle 9-27 verglichen.

Im B.A.U.-Szenario wird in Tabelle 9-26 ersichtlich, dass die stärksten direkten Nettowertschöpfungs- u. -beschäftigungszuwächse in der Gaswirtschaft, im Metallgewerbe sowie in den DL der öffentlichen Verwaltung bzw. im primären Sektor durch die Produktion der biogenen Energieträger zu erwarten sind. Der durch die arbeitsintensive Produktion von Pflanzenöl u. Pellets zusätzlich auftretende Nachfrageimpuls generiert insges. einen direkten Wertschöpfungseffekt iHv. EUR 7,2 Mio. u. einen Beschäftigungseffekt von 166 VZÄ in den betroffenen Branchen. Durch Investitions- u. Umsatzrückgänge zeigt die heimische Stromwirtschaft den stärksten Rückgang an Wertschöpfung u. Beschäftigung (EUR 88,0 Mio. bzw. 440 VZÄ), gefolgt von den Gas- u. Heizungsinstallationsbetrieben, welche infolge verdrängter Heizanlagen einen Rückgang um ca. EUR 19,3 Mio. u. einen negativen Beschäftigungseffekt von 287 VZÄ verzeichnen. Summa summarum induziert eine verringerte direkte Wertschöpfung im Ausmaß von EUR 72,0 Mio. einen unmittelbaren Beschäftigungsrückgang von 336 VZÄ.

Tab. 9-26 Kumulierte resultierende Gesamtnettoeffekte auf die betroffenen Branchen im Überblick – B.A.U.-Szenario

ÖCPA-Güterklassifikation	Direkte Nettowertschöpfung [EUR Mio.]					Direkte Nettobeschäftigung [VZÄ]				
	MGT-Pfl.	MGT-Gas	S.M.-Pellets	S.M.-Gas	sektorale Summe	MGT-Pfl.	MGT-Gas	S.M.-Pellets	S.M.-Gas	sektorale Summe
75 DL d. öffentl. Verwaltung, d. Verteidigung u. d. Sozialversicherung	0,17	4,15	0,13	0,83	**5,29**	3	66	2	13	**84**
63.4 Speditionsleistungen u. sonst. Verkehrsvermittlungsleistungen	0,03	0,28	0,08		**0,39**	0,3	3	1		**4**
27 Metalle u. Halbzeug daraus	0,08	2,12	0,12	0,80	**3,13**	1	24	1	9	**35**
29 Maschinen	0,03				**0,03**	0,5				**0,5**
01 Erzeugnisse d. Landwirtschaft u. Jagd	2,00				**2,00**	74				**74**
15.4 Pflanzliche u. tierische Öle u. Fette	1,39				**1,39**	32				**32**
02 Forstwirtschaftliche Erzeugnisse			2,57		**2,57**			40		**40**
20 Holz sowie Holz-, Kork- u. Flechtwaren (o. Möbel)			1,28		**1,28**			20		**20**
74 Unternehmensbezogene DL			0,11	0,74	**0,86**			2	12	**13**
50 Handelsleistungen mit KFZ, Instandhaltungs- u. Reparaturarbeiten an KFZ; Tankstellenleistungen	0,03	-0,04			**-0,02**	0,4	-1			**-0,3**
45.33 Gas-, Wasser-, Heizungs- u. Lüftungsinstallationsarbeiten	-0,42	-12,32	-0,80	-5,80	**-19,34**	-6	-183	-12	-86	**-287**
45.31 Elektroinstallationsarbeiten	-0,08	-1,90	-0,06	-0,43	**-2,47**	-1	-29	-1	-6	**-37**
40.22 DL d. Gasverteilung u. des Gashandels durch Rohrleitungen	-0,43	15,99	-0,84	3,76	**18,48**	-2	80	-4	19	**93**
28 Metallerzeugnisse	0,52	5,05	0,43	2,68	**8,68**	7	69	6	36	**119**
30 Büromaschinen, Datenverarbeitungsgeräte u. -einrichtungen	-0,01	-0,21	0,03	0,18	**-0,01**	-0,03	-1	0,1	1	**-0,04**
45.2 Hoch- u. Tiefbauarbeiten	-0,04	-0,97	0,31	1,19	**0,49**	-1	-15	5	18	**7**
31 Geräte d. Elektrizitätserzeugung u. -verteilung u.ä.	0,17	2,17	0,34	2,09	**4,76**	2	31	5	30	**69**
29 Maschinen	-0,29	-8,07	-0,25	-1,67	**-10,29**	-4	-114	-3	-23	**-144**
74.2 Architektur- u. Ingenieurbüro-DL	-0,05	-1,22	0,01	0,03	**-1,23**	-1	-19	0,1	0,5	**-19**
40.1 Elektrischer Strom u. DL d. Elektrizitätsversorgung	-2,05	-71,00	-0,89	-14,05	**-87,99**	-10	-356	-4	-70	**-440**
Summe Anlagentyp	**1,06**	**-65,98**	**2,56**	**-9,66**	**-72,02**	**96**	**-442**	**57**	**-47**	**-336**

Quelle: eigene Berechnungen

Das VSI-Szenario - in Tabelle 9-27 dargestellt - ist geprägt durch bedeutend geringere negative Verdrängungseffekte, wobei sich diese auf Grund der substituierten Stromimporte ausschließlich auf die damit korrelierenden ÖCPA-Gütercodes (letzten 5 in obiger Tab. 9-27) niederschlagen. Im Hinblick auf die strukturelle Wirkung der reduzierten Verdrängungseffekte kann angenommen werden, dass im Besonderen der Elektrotechnik-Bereich durch eine zusätzliche Wertschöpfung iHv. rd. EUR 7,9 Mio. profitiert, welche ihrerseits zu einer Beschäftigungszunahme von 114 VZÄ führt. Der im B.A.U.-Szenario am stärksten von negativen Effekten dominierte Bereich, sprich die Energiewirtschaft, erfährt hier einen Rückgang der direkten Wertschöpfung um etwa EUR 20,0 Mio. bzw. 99 VZÄ, wodurch sich – im Vergleich - die negativen Effekte nun auf knapp unter ein Viertel reduzieren. Ferner minimieren sich die negativen Auswirkungen auch im Sektor Maschinenbau, woraus ersichtlich wird, dass sich die direkte Wertschöpfung durch ein Ausbleiben des Investitionsrückgangs in GuD-Anlagen um rd. EUR 10,3 Mio. bzw. um 144 VZÄ erhöht. Unter Berücksichtigung der gesamten Periode kann festgehalten werden, dass die aus der Errichtung u. dem Betrieb der KWK-Anlagen resultierenden direkten Wertschöpfungseffekte über denen der Verdrängungseffekte liegen, wodurch die zusätzlich geschaffene Wertschöpfung iHv. EUR 14,8 Mio. direkte Beschäftigungseffekte im Ausmaß von 276 VZÄ induziert.

Tab. 9-27 Kumulierte resultierende Gesamtnettoeffekte auf die betroffenen Branchen im Überblick – VSI-Szenario

ÖCPA-Güterklassifikation	Direkte Nettowertschöpfung [EUR Mio.]					Direkte Nettobeschäftigung [VZÄ]				
	MGT-Pfl.	MGT-Gas	S.M.-Pellets	S.M.-Gas	sektorale Summe	MGT-Pfl.	MGT-Gas	S.M.-Pellets	S.M.-Gas	sektorale Summe
75 DL d. öffentl. Verwaltung, d. Verteidigung u. d. Sozialversicherung	0,17	4,15	0,13	0,83	**5,29**	3	66	2	13	**84**
63.4 Speditionsleistungen u. sonst. Verkehrsvermittlungsleistungen	0,03	0,28	0,08		**0,39**	0,3	3	1		**4**
27 Metalle u. Halbzeug daraus	0,08	2,12	0,12	0,80	**3,13**	1	24	1	9	**35**
29 Maschinen	0,03				**0,03**	0,5				**0,5**
01 Erzeugnisse d. Landwirtschaft u. Jagd	2,00				**2,00**	74				**74**
15.4 Pflanzliche u. tierische Öle u. Fette	1,39				**1,39**	32				**32**
02 Forstwirtschaftliche Erzeugnisse			2,57		**2,57**			40		**40**
20 Holz sowie Holz-, Kork- u. Flechtwaren (o. Möbel)			1,28		**1,28**			20		**20**
74 Unternehmensbezogene DL			0,11	0,74	**0,86**			2	12	**13**
50 Handelsleistungen mit KFZ, Instandhaltungs- u. Reparaturarbeiten an KFZ; Tankstellenleistungen	0,03	-0,04			**-0,02**	0,4	-1			**-0,3**
45.33 Gas-, Wasser-, Heizungs- u. Lüftungsinstallationsarbeiten	-0,42	-12,32	-0,80	-5,80	**-19,34**	-6	-183	-12	-86	**-287**
45.31 Elektroinstallationsarbeiten	-0,08	-1,90	-0,06	-0,43	**-2,47**	-1	-29	-1	-6	**-37**
40.22 DL d. Gasverteilung u. des Gashandels durch Rohrleitungen	-0,43	15,99	-0,84	3,76	**18,48**	-2	80	-4	19	**93**
28 Metallerzeugnisse	0,52	5,05	0,43	2,68	**8,68**	7	69	6	36	**119**
30 Büromaschinen, Datenverarbeitungsgeräte u. -einrichtungen	-0,01	-0,21	0,03	0,18	**-0,01**	-0,03	-1	0,1	1	**-0,04**
45.2 Hoch- u. Tiefbauarbeiten	0,10	2,55	0,43	1,93	**5,00**	2	39	6	29	**75**
31 Geräte d. Elektrizitätserzeugung u. -verteilung u.ä.	0,26	4,63	0,42	2,59	**7,90**	4	67	6	37	**114**
29 Maschinen				0,03	**0,03**				0,5	**0,5**
74.2 Architektur- u. Ingenieurbüro-DL	-0,02	-0,57	0,03	0,16	**-0,41**	-0	-9	0,4	2,5	**-6**
40.1 Elektrischer Strom u. DL d. Elektrizitätsversorgung	-0,27	-16,63	0,65	-3,68	**-19,94**	-1	-83	3	-18	**-99**
Summe Anlagentyp	**3,42**	**3,10**	**4,56**	**3,76**	**14,84**	**113**	**44**	**71**	**48**	**276**

Quelle: eigene Berechnungen

9.10 Auswirkung der Ergebnisse auf die österreichische Leistungsbilanz

In den folgenden Abbildungen werden die Implikationen auf die österreichische LB, welche einerseits durch die Errichtung u. den Betrieb von KWK-Anlagen, andererseits durch die Verdrängungseffekte über den Untersuchungszeitraum entstehen, gegenübergestellt.

9.10.1 Bruttoeffekte auf die österreichische Leistungsbilanz durch Errichtung und Betrieb dezentraler KWK-Anlagen in Österreich

Bei der Ermittlung der Bruttoeffekte wird davon ausgegangen, dass sowohl sämtliche direkten Importe für die Errichtung u. den Betrieb der KWK-Anlagen als auch importierte VL daraus zur Berücksichtigung kommen. Ferner erfolgt eine monetäre Einbeziehung der direkten emittierten CO_2-Schadstoffe der KWK-Anlagen aus der Betriebsphase; diese Annahmen sind in den Abbildungen 9-14 bis 9-17 ersichtlich.

ABB. 9-14 BRUTTOEFFEKT AUF DIE ÖSTERREICHISCHE LB DURCH DIE ERRICHTUNG UND DEN BETRIEB DER MGT - PFLANZENÖL

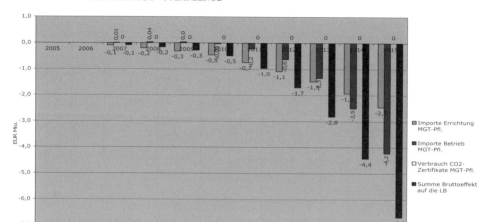

Quelle: eigene Berechnungen

Über den gesamten Untersuchungszeitraum werden, bedingt durch die Einfuhr von KWK-Modulen, VL u. Pflanzenöl, rd. EUR 17,6 Mio. in fremde Volkswirtschaften transferiert. Da durch die Verbrennung von Pflanzenöl keine CO_2-Emissionen entstehen, wird eine Belastung der LB durch importierte CO_2-Zertifikate verhindert. Die periodisch zunehmende Zahl an betriebenen KWK-Anlagen zieht gleichfalls einen Anstieg der Importvolumina nach sich. Ein sich progressiv vergrößernder Importanteil an Pflanzenöl führt à la longue zu einem rapid anwachsenden Geldabfluss, näheres dazu in Abbildung 9-14. In den Ergebnissen sind die verdrängten importierten Sojaschrotmengen berücksichtigt, bei Wegfall dieser Gutschrift erhöht sich der negative Effekt auf die österreichische LB um EUR 4,2 Mio. auf 21,8 Mio.

ABB. 9-15 BRUTTOEFFEKT AUF DIE ÖSTERREICHISCHE LB DURCH DIE ERRICHTUNG UND DEN BETRIEB DER MGT - GAS

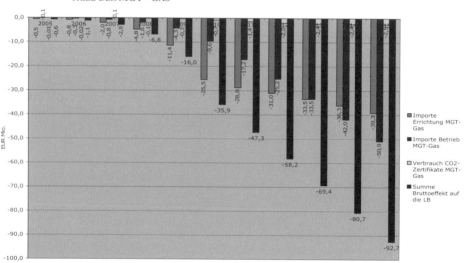

Quelle: eigene Berechnungen

Betrachtet man das Volumen der Importe von KWK-Anlagen, VL, Erdgas sowie CO_2-Zertifikaten in Abbildung 9-15, ergibt sich über den Untersuchungszeitraum ein negativer Bruttoeffekt von EUR 411,5 Mio. Anfangs dominieren die importierten KWK-Module die monetäre Importstruktur, wobei der deutliche Anstieg im Jahr 2010 durch eine Verdoppelung der errichteten MGT-Anlagen begründet ist. Gegen Ende der Betrachtungsperiode effektiert der steigende Gasimport der MGT den überwiegenden Teil der Geldabflüsse während der Betriebsphase. Ebenso belasten benötigte CO_2-Zertifikate iHv. EUR 11,9 Mio. die österreichische Importstruktur.

Der Einsatz heimischer Energieträger verringert ceteris paribus die Ausgaben in der Betriebsphase des S.M.-Pellets, dementsprechend lässt sich der negative Bruttoeffekt im Gesamtausmaß von ca. EUR 13,9 Mio. auf die österreichische LB vorwiegend den importierten KWK-Anlagen zuschreiben. Ein deutlicher Anstieg der Einfuhren im Jahr 2012 kann auf eine Verdoppelung der importierten KWK-Anlagen – auch unter Berücksichtigung ihrer in den nächsten Jahren nur mehr leicht steigenden Tendenz zurückgeführt werden. Durch den CO_2-neutralen Brennstoffträger erfolgt kein Bedarf an CO_2-Zertifikaten, woraus sich aus diesem Titel keine zusätzliche Belastung der LB ergibt; die gesamte Entwicklung der Importe ist in Abbildung 9-16 ersichtlich.

ABB. 9-16 BRUTTOEFFEKT AUF DIE ÖSTERREICHISCHE LB DURCH DIE ERRICHTUNG UND DEN BETRIEB DES S.M. - PELLETS

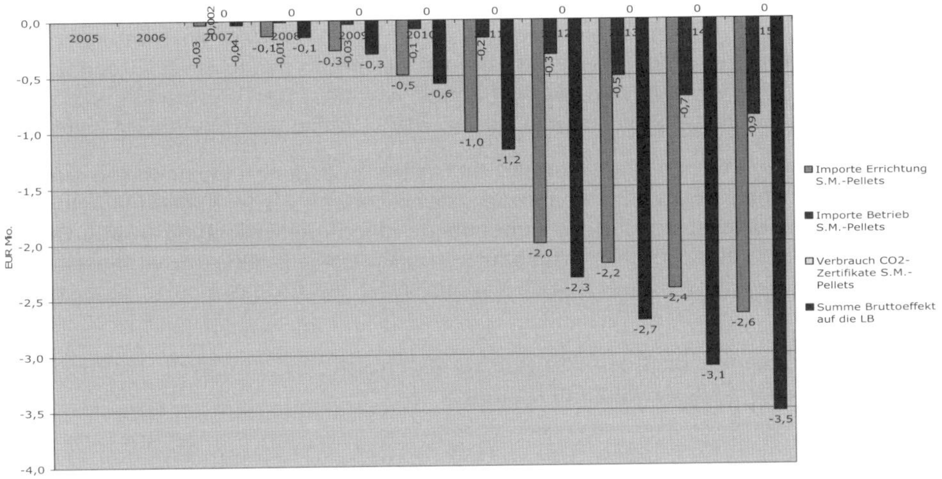

Quelle: eigene Berechnungen

ABB. 9-17 BRUTTOEFFEKT AUF DIE ÖSTERREICHISCHE LB DURCH DIE ERRICHTUNG UND DEN BETRIEB DES S.M. - GAS

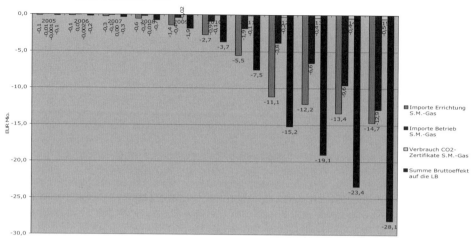

Quelle: eigene Berechnungen

Die Errichtung u. der Betrieb des S.M. mit Erdgas führt, wie in Abbildung 9-17 dargestellt, durch eine steigende in Betrieb befindliche Anlagenzahl zu einer sukzessiven Erhöhung der S.M.- u. Erdgaseinfuhren, wodurch im Zeitverlauf ein kontinuierliches Plus an Importen feststellbar ist, welches einen gesamten negativen Bruttoeffekt iHv. rd. EUR 100,2 Mio. auf den Außenhandel bewirkt. Der Verbrauch von CO_2-Zertifikaten leistet mit einem Geldabfluss iHv. EUR 1,8 Mio. nur minimalen Beitrag.

Zur besseren Veranschaulichung erfolgt in Tabelle 9-28 eine übersichtliche Darstellung der jährlichen Bruttoeffekte auf die österreichische LB je KWK-Anlagentyp. In Summe erfährt der österreichische Außenhandel durch die Errichtung u. den Betrieb der KWK-Anlagen einen Brutto-Geldabfluss iHv. EUR 543,2 Mio., wobei dieser maßgeblich durch die Einfuhren der KWK-Module sowie die Erdgasimporte determiniert wird.

Tab. 9-28 Gesamte Bruttoeffekte auf die österreichische LB durch die Errichtung u. den Betrieb der KWK-Anlagen im Überblick

EUR Mio. Jahr	MGT-Pfl.	MGT-Gas	S.M.-Pellets	S.M.-Gas	Summe Bruttoeffekte
2005		-0,63		-0,13	-0,76
2006		-1,11		-0,19	-1,30
2007	-0,08	-2,83	-0,04	-0,34	-3,29
2008	-0,16	-6,79	-0,15	-0,74	-7,83
2009	-0,28	-16,00	-0,30	-1,85	-18,44
2010	-0,49	-35,89	-0,57	-3,67	-40,62
2011	-0,97	-47,33	-1,17	-7,49	-56,96
2012	-1,71	-58,24	-2,32	-15,20	-77,47
2013	-2,82	-69,37	-2,70	-19,08	-93,97
2014	-4,43	-80,66	-3,12	-23,41	-111,62
2015	-6,69	-92,65	-3,52	-28,09	-130,95
Summe	-17,63	-411,50	-13,89	-100,19	-543,20

Quelle: eigene Berechnungen

9.10.2 Resultierende Nettoeffekte durch die berücksichtigten verdrängten Außenhandelseffekte auf die österreichische Leistungsbilanz

Wenn man das Importvolumen der kompletten KWK-Anlagen, welches in der Errichtungs- u. Betriebsphase entsteht, den substituierten Außenhandelseffekten in der Importstruktur beider Szenarien gegenüberstellt, so ergeben sich folgende mannigfaltigen Auswirkungen auf die österreichische LB gem. nachstehenden Abbildungen 9-18 bis 9-27[434]. Die Ergebnisse werden dabei je nach KWK-Anlage, kumuliert für Errichtung u. Betrieb angeführt.

ABB. 9-18 GESAMTE NETTOEFFEKTE AUF DIE ÖSTERREICHISCHE LB – MGT FÜR PFLANZENÖLBETRIEB - B.A.U.-SZENARIO

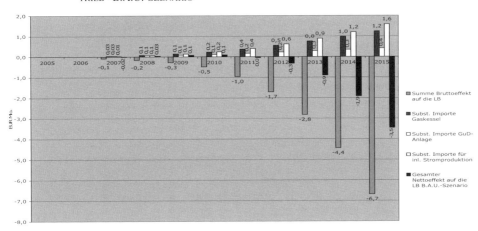

Quelle: eigene Berechnungen

Die Annahmen in Abbildung 9-18 führen, gem. B.A.U.-Szenario, zu einem negativen Saldo auf die österreichische LB iHv. EUR 6,5 Mio. In den Jahren 2008 bis einschließlich 2010 trägt die MGT-Pflanzenöl mit einem positiven LB-Saldo zu einer Optimierung der LB bei, anno 2011 überwiegen die negativen Bruttoeffekte (Pflanzenölimporte bzw. geringere substituierte Sojaschrotimporte) die substituierten Einfuhren, wodurch der LB-Saldo eine negative Richtung einschlägt[435].

---

[434] Pers. Anm. des Autors, es kommen dabei folgende Verdrängungseffekte im B.A.U.-Szenario zur Berücksichtigung: Durch die Substitution der Heizanlagen (Gaskessel) werden die verdrängten Direktimporte inkl. importierter VL in der Errichtungs- u. Betriebsphase der österreichischen LB gutgeschrieben. Ferner erfolgt die rechnerische Einbeziehung der substituierten CO_2-Emissionen, die während des Betriebes der Heizanlagen über dem Untersuchungszeitraum entstehen. Durch die Verdrängung von Investitionen in heimische zentrale GuD-Anlagen kommt es, ebenso durch gesunkene Direktimporte u. substituierte importierte VL, zu einem Entlastungseffekt in der österreichischen LB. Letztlich führt eine geringere im Inland abgesetzte Strommenge der EVU's zu Verbesserungen der LB, da zum Ersten benötigte Gasimporte für die Stromproduktion sinken, zum Zweiten eine Verringerung der CO_2-Emissionen in der Betriebsphase der GuD-Anlagen eintritt u. drittens durch den gesunkenen Nachfrageimpuls nach Strom die benötigten importierten VL für die heimischen EVU's gem. I/O-Systematik sowie die Stromimporte in geringem Ausmaß reduziert werden. Im VSI-Szenario wird angenommen, dass durch die Stromerzeugung der KWK-Anlagen die in Österreich produzierten u. verkauften Strommengen der EVU's nicht verändert werden, sondern um diesen Betrag die Stromimporte nach Österreich einen Rückgang erfahren. Es werden daher Teile der berücksichtigten Verdrängungseffekte aus dem B.A.U.-Szenario (Errichtung der GuD-Anlage sowie die verdrängten Gasimporte, CO_2-Emissionen u. gesunkene VL durch Reduzierung von Stromproduktion/-verkauf) nicht mehr in der LB inkludiert, stattdessen erfolgt eine zusätzliche monetäre Berücksichtigung der verdrängten importierten Stromimporte in der LB.

[435] Pers. Anm. des Autors, über den Untersuchungszeitraum werden kumuliert folgende monetären Einfuhren substituiert: Gaskessel: EUR 4,4 Mio.; GuD-Anlage: EUR 1,7 Mio.; heimische Stromproduktion (Erdgas, CO_2-Zertifikate u. VL): EUR 5,1 Mio.

ABB. 9-19 GESAMTE NETTOEFFEKTE AUF DIE ÖSTERREICHISCHE LB – MGT FÜR PFLANZENÖLBE-TRIEB - VSI-SZENARIO

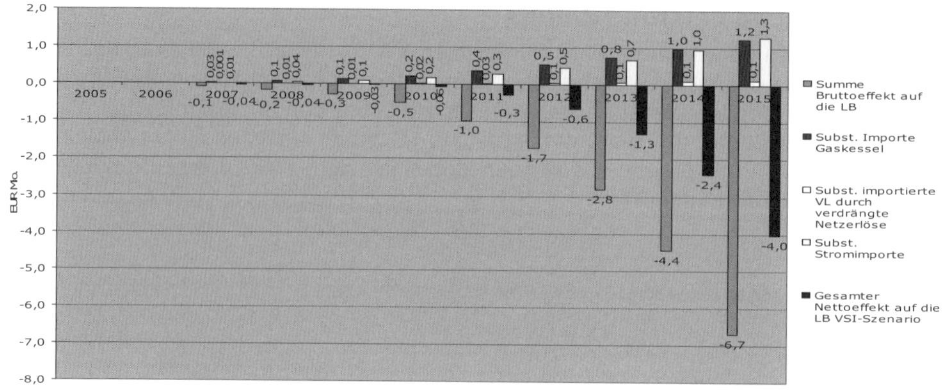

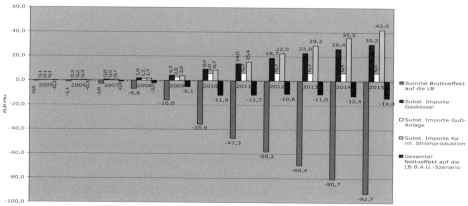

Quelle: eigene Berechnungen

Das VSI-Szenario MGT-Pflanzenöl trägt durch geringere substituierte Einfuhren zu einer Erhöhung des LB-Defizits von EUR 6,5 Mio. auf insges. EUR 8,8 Mio. bei[436].

ABB. 9-20 GESAMTE NETTOEFFEKTE AUF DIE ÖSTERREICHISCHE LB – MGT FÜR GASBETRIEB - B.A.U.-SZENARIO

Quelle: eigene Berechnungen

Der Nettoeffekt auf die österreichische LB durch die Errichtung u. Betrieb der MGT-Gas zeigt während der gesamten Periode eine negative Ausprägung, womit sich in Summe gem. Abbildung 9-20 ein LB-Defizit iHv. EUR 80,4 Mio. einstellt[437].

---

[436] Pers. Anm. des Autors, entsprechend den Annahmen verhalten sich das VSI-Szenario u. das B.A.U.-Szenario in Bezug auf den jeweiligen Bruttoeffekt und die substituierten Einfuhren für die Gaskessel konsequenterweise ident, die Substitutionseffekte im Strombereich fallen gänzlich weg (GuD-Anlage) od. reduzieren sich auf verdrängte importierte VL der Energiewirtschaft. Den großen Unterschied im VSI-Szenario machen die verdrängten Stromimporte (zu 100 %) aus, wobei festgestellt werden kann, dass diese geringer ausfallen; dies gilt auch für die restlichen KWK-Anlagen. Über den Untersuchungszeitraum werden kumuliert folgende monetäre Einfuhren substituiert: Gaskessel: EUR 4,4 Mio.; heimische Stromproduktion (VL): EUR 0,4 Mio.; Stromimporte: EUR 4,0 Mio.

[437] Pers. Anm. des Autors, über den Untersuchungszeitraum werden kumuliert folgende monetäre Einfuhren substituiert: Gaskessel: EUR 128,9 Mio.; GuD-Anlage: EUR 42,4 Mio.; heimische Stromproduktion: EUR 159,8 Mio.

ABB. 9-21 GESAMTE NETTOEFFEKTE AUF DIE ÖSTERREICHISCHE LB – MGT FÜR GASBETRIEB - VSI-SZENARIO

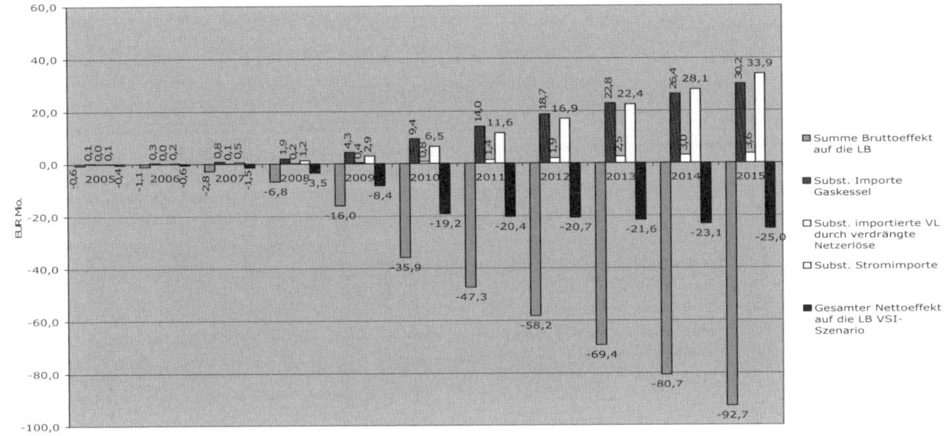

Quelle: eigene Berechnungen

Im VSI-Szenario führen die Nettoeffekte auf die LB durch geringere monetäre Substitutionen zu einer Erhöhung des LB-Defizits von EUR 80,4 Mio. auf 144,4 Mio.[438]

ABB. 9-22 GESAMTE NETTOEFFEKTE AUF DIE ÖSTERREICHISCHE LB – S.M. FÜR PELLETBETRIEB - B.A.U.-SZENARIO

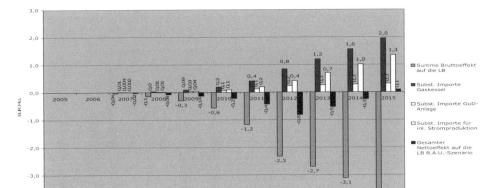

Quelle: eigene Berechnungen

Stellt man das Volumen der substituierten Einfuhren den Importen aus der Errichtungs- u. Betriebsphase gem. Abbildung 9-22 gegenüber, ergibt sich für die gesamte Untersuchungsperiode ein negativer LB-Saldo von EUR 2,4 Mio.[439] Interessant ist der Unterschied zur MGT, da sich beim S.M.-Pellets das LB-Defizit gegen Ende des Untersuchungszeitraumes verringert u. im letzten Jahr sogar einen positiven Saldo ergibt. Die Ursache liegt in den Investitionsausgaben für die Errichtung der KWK-Anlagen, die bis zum Jahr 2012 die positiven Verdrängungseffekte auf die LB überwiegen. Ab

---

[438] Pers. Anm. des Autors, über den Untersuchungszeitraum werden kumuliert folgende monetäre Einfuhren substituiert: Gaskessel: EUR 128,9 Mio.; heimische Stromproduktion: EUR 13,9 Mio.; Stromimporte: EUR 128,4 Mio.

[439] Pers. Anm. des Autors, über den Untersuchungszeitraum werden kumuliert folgende monetäre Einfuhren substituiert: Gaskessel: EUR 6,3 Mio.; GuD-Anlage: EUR 1,3 Mio.; heimische Stromproduktion: EUR 3,8 Mio.

anno 2013 übersteigen diese jedoch die Importausgaben für KWK-Module, wodurch sich die LB verbessert.

ABB. 9-23 GESAMTE NETTOEFFEKTE AUF DIE ÖSTERREICHISCHE LB – S.M. FÜR PELLETBETRIEB - VSI-SZENARIO

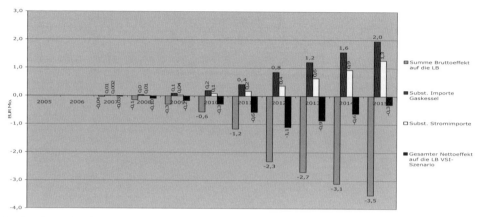

Quelle: eigene Berechnungen

Im VSI-Szenario erhöht sich das LB-Defizit in Summe um EUR 1,7 auf EUR 4,1 Mio. Wie das B.A.U.-Szenario erfährt auch dieses Szenario gegen Ende der Periode eine Verbesserung hinsichtlich ihrer negativen Auswirkungen auf den Außenhandel[440].

ABB. 9-24 GESAMTE NETTOEFFEKTE AUF DIE ÖSTERREICHISCHE LB – S.M. FÜR GASBETRIEB - B.A.U.-SZENARIO

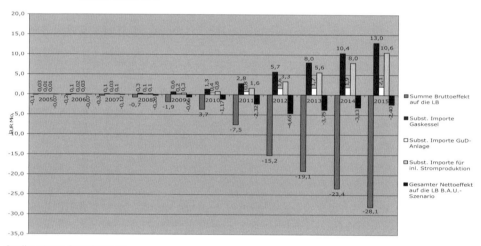

Quelle: eigene Berechnungen

Die S.M. Variante mit Erdgas lässt im B.A.U.-Szenario einen negativen LB-Saldo von rd. EUR 18,6 Mio. erwarten. Gegen Ende der Untersuchungsperiode dominieren die verdrängten monetären Einfuhren die Geldabflüsse aus dem Gasimport bzw. der im-

---

[440] Pers. Anm. des Autors, über den Untersuchungszeitraum werden kumuliert folgende monetäre Einfuhren substituiert: Gaskessel: EUR 6,3 Mio.; heimische Stromproduktion: EUR 0,0 Mio. (bedingt durch die Einspeisung in das öffentliche Netz - Ökoförderung - fallen die Verdrängungseffekte durch entgangene Netztarife aus, wodurch keine importierten VL substituiert werden); Stromimporte: EUR 3,5 Mio.

portierten KWK-Anlagen, wodurch sich der LB-Saldo ab dem Jahr 2012 verkleinert, näheres siehe Abbildung 9-24[441].

ABB. 9-25 GESAMTE NETTOEFFEKTE AUF DIE ÖSTERREICHISCHE LB – S.M. FÜR GASBETRIEB - VSI-SZENARIO

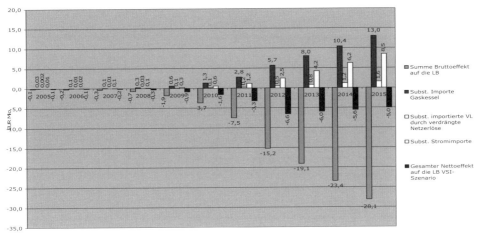

Quelle: eigene Berechnungen

Entsprechend den Annahmen im VSI-Szenario vergrößert sich in der S.M.-Gas-Variante das LB-Defizit um EUR 11,0 Mio. auf 29,6 Mio.[442]

Abschließend sind in Tabelle 9-29 u. 9-30 die saldierten Nettoeffekte, welche sich durch die Bruttoeffekte sowie durch sämtliche verdrängten Außenhandelseffekte in der Errichtungs- u. Betriebsphase der KWK-Anlagen bilden, für beide Szenarien in einer Gesamtbilanz, je nach Anlagentyp über den gesamten Betrachtungszeitraum gegliedert, dargestellt.

Tab. 9-29 Resultierende Effekte auf die österreichische LB durch die Errichtung u. den Betrieb der KWK-Anlagen im Überblick – B.A.U.-Szenario

EUR Mio. Jahr	MGT-Pfl.	MGT-Gas	S.M.-Pellets	S.M.-Gas	Summe Nettoeffekte
2005		-0,27		-0,07	-0,34
2006		-0,30		-0,07	-0,37
2007	-0,02	-0,81	-0,02	-0,12	-0,96
2008	0,03	-2,01	-0,08	-0,26	-2,32
2009	0,07	-5,05	-0,14	-0,66	-5,78
2010	0,09	-11,94	-0,22	-1,17	-13,25
2011	-0,04	-11,69	-0,44	-2,32	-14,50
2012	-0,33	-10,82	-0,82	-4,65	-16,61
2013	-0,90	-11,04	-0,53	-3,75	-16,22
2014	-1,91	-12,38	-0,26	-3,13	-17,68
2015	-3,46	-14,03	0,09	-2,40	-19,80
Summe	-6,47	-80,35	-2,42	-18,61	-107,84

Quelle: eigene Berechnungen

Bei Gegenüberstellung der Volumina an substituierten Einfuhren zu den Importen ergibt sich im Zeitraum 2005 bis 2015 für das B.A.U.-Szenario ein negativer Saldo auf die österreichische LB im Ausmaß von ca. EUR 107,8 Mio. Die beiden Bio-

---

[441] Pers. Anm. des Autors, über den Untersuchungszeitraum werden kumuliert folgende monetäre Einfuhren substituiert: Gaskessel: EUR 42,4 Mio.; GuD-Anlage: 8,8 Mio.; heimische Stromproduktion: 30,4 Mio.

[442] Pers. Anm. des Autors, über den Untersuchungszeitraum werden kumuliert folgende monetäre Einfuhren substituiert: Gaskessel: EUR 42,4 Mio.; heimische Stromproduktion: EUR 4,5 Mio.; Stromimporte: EUR 23,6 Mio.

Varianten bilanzieren dabei fast ausgeglichen; der negative Beitrag der MGT-Pflanzenöl zum LB-Saldo beläuft sich auf rd. EUR 6,5 Mio., jener des S.M.-Pellets auf rd. EUR 2,4 Mio. Im Gasbetrieb macht sich neben den höheren Importen an KWK-Anlagen - bedingt durch eine stärkere Marktdurchdringung - der zusätzliche Erdgasimport bemerkbar, wodurch der positive Außenhandelseffekt der substituierten Einfuhren bei weitem übertroffen wird u. die Gasimporte zu einem verstärkten negativen Außenhandel beitragen. Ferner vergrößert sich bei Wegfall der substituierten Sojaschrotimporte der LB-Saldo auf rd. EUR 112,0 Mio.

Tab. 9-30 Resultierende Effekte auf die österreichische LB durch die Errichtung u. den Betrieb der KWK-Anlagen im Überblick – VSI-Szenario

EUR Mio. Jahr	MGT-Pfl.	MGT-Gas	S.M.-Pellets	S.M.-Gas	Summe Nettoeffekte
2005		-0,42		-0,09	-0,51
2006		-0,56		-0,10	-0,66
2007	-0,04	-1,46	-0,03	-0,16	-1,68
2008	-0,04	-3,51	-0,10	-0,35	-4,00
2009	-0,03	-8,45	-0,17	-0,90	-9,55
2010	-0,06	-19,21	-0,29	-1,64	-21,20
2011	-0,27	-20,38	-0,58	-3,27	-24,51
2012	-0,65	-20,71	-1,11	-6,57	-29,03
2013	-1,31	-21,63	-0,87	-5,97	-29,78
2014	-2,40	-23,12	-0,62	-5,56	-31,70
2015	-4,03	-24,96	-0,30	-5,02	-34,32
Summe	-8,84	-144,41	-4,07	-29,63	-186,94

Quelle: eigene Berechnungen

Aus den bereits beschriebenen Gründen fällt das VSI-Szenario im Hinblick auf die Auswirkungen der substituierten Verdrängungseffekte auf den österreichischen Außenhandel schlechter aus, woraus sich eine Erhöhung des LB-Saldos um ca. EUR 79,1 Mio. auf ca. EUR 186,9 Mio. darstellen lässt.

9.11 Ergebnisse aus der Sensitivitätsanalyse

In diesem Unterkapitel wird die Sensitivität der vorangehend dargestellten Ergebnisse, d.h. der Änderungen bestimmter ökonomischer u. energiewirtschaftlicher Eingangsparameter für beide Szenarien, analysiert. Die Sensitivitätsanalysen sollen sich insbesondere auf jene Parameter u. Relationen beziehen, welche entweder wichtig für das Ergebnis sind od. als relativ unsicher gelten. Den Ergebnissen des Baseline-Szenario wurden meiner Ansicht nach die „besten Schätzungen" zu Grunde gelegt. Die Sensitivitätsbetrachtungen dienen somit dem Zweck der Überprüfung, inwieweit die Ergebnisse bei einer Variation innerhalb einer Bandbreite vom besten Schätzwert abweichen.

9.11.1   Ökonomische Indikatoren

Die Änderung der ökonomischen Indikatoren erfolgt, ausgehend vom Baseline-Szenario, als Erhöhung bzw. Verkleinerung des jeweiligen Indikators. Symptomatisch ist dabei, dass die vorgenommene Variation des betroffenen Indikators für sich gesehen über den gesamten Untersuchungszeitraum eine gleichmäßige jährliche Änderung bewirkt u. ab dem Jahr 2005 bzw. 2006 (KWK-Module) wirksam wird. Die dargestellten Netto-Ergebnisse werden über den gesamten Untersuchungszeitraum für alle untersuchten KWK-Anlagen kumuliert ausgeworfen, die Tabellen 9-31 bis 9-36 zeigen die daraus resultierenden Ergebnisse.

Tab. 9-31 Sensitivität von „Netto"-Nettoeinkommen, Nettowertschöpfung u. –beschäftigung hinsichtlich Höhe der Sparquote des priv. Konsums

Veränderung Sparquote des privaten Konsums	8,0%	8,5%	9,0%	Baseline 9,4 %	10,0%	10,5%	11,0%	12,0%
BAU-Szenario								
"Netto"-Nettoeinkommen [EUR Mio.]	-51,01	-50,73	-50,46	**-50,23**	-49,90	-49,62	-49,35	-48,79
Nettowertschöpfung [EUR Mio.]	-196,29	-195,78	-195,45	**-195,11**	-194,60	-194,18	-193,76	-192,91
Nettobeschäftigung [VZÄ]	-1.756	-1.750	-1.744	**-1.739**	-1.732	-1.726	-1.720	-1.708
VSI-Szenario								
"Netto"-Nettoeinkommen [EUR Mio.]	4,84	4,81	4,79	**4,77**	4,74	4,71	4,68	4,63
Nettowertschöpfung [EUR Mio.]	33,05	33,01	32,97	**32,94**	32,89	32,85	32,81	32,73
Nettobeschäftigung [VZÄ]	599	599	598	**597**	597	596	595	594

Quelle: eigene Berechnungen

Tab. 9-32 Sensitivität von „Netto"-Nettoeinkommen, Nettowertschöpfung u. –beschäftigung hinsichtlich Höhe der Importquote des priv. Konsums

Veränderung Importquote des privaten Konsums	13,5%	14,0%	14,5%	Baseline 15,07 %	15,5%	16,0%	16,5%	17,0%
BAU-Szenario								
"Netto"-Nettoeinkommen [EUR Mio.]	-51,16	-50,87	-50,57	**-50,23**	-49,98	-49,68	-49,39	-49,09
Nettowertschöpfung [EUR Mio.]	-196,52	-196,07	-195,62	**-195,11**	-194,72	-194,27	-193,82	-193,37
Nettobeschäftigung [VZÄ]	-1.760	-1.753	-1.747	**-1.739**	-1.734	-1.727	-1.721	-1.714
VSI-Szenario								
"Netto"-Nettoeinkommen [EUR Mio.]	4,86	4,83	4,80	**4,77**	4,74	4,72	4,69	4,66
Nettowertschöpfung [EUR Mio.]	33,08	33,03	32,99	**32,94**	32,90	32,86	32,82	32,78
Nettobeschäftigung [VZÄ]	599	599	598	**597**	597	596	596	595

Quelle: eigene Berechnungen

Tab. 9-33 Sensitivität von Nettowertschöpfung u. –beschäftigung hinsichtlich Höhe der marginalen Kosumneigung privater Haushalte

Veränderung marginale Konsumneigung privater Haushalte (bereinigt)	0,300	0,350	0,400	0,450	Baseline 0,507	0,550	0,600	0,650
BAU-Szenario								
Nettowertschöpfung [EUR Mio.]	-172,43	-176,57	-181,40	-187,12	**-195,11**	-202,35	-212,83	-226,29
Nettobeschäftigung [VZÄ]	-1.414	-1.473	-1.543	-1.625	**-1.739**	-1.843	-1.994	-2.187
VSI-Szenario								
Nettowertschöpfung [EUR Mio.]	30,79	31,18	31,64	32,18	**32,94**	33,63	34,62	35,90
Nettobeschäftigung [VZÄ]	564	570	577	586	**597**	608	623	643

Quelle: eigene Berechnungen

Tab. 9-34 Sensitivität der Nettobeschäftigung hinsichtlich Höhe der Arbeitsproduktivität der österreichischen Volkswirtschaft

Veränderung Arbeitsproduktivität	1,50%	1,65%	1,70%	1,75%	Baseline 1,80 %	1,85%	1,90%	2,00%
BAU-Szenario								
Nettobeschäftigung [VZÄ]	-1.809	-1.774	-1.762	-1.751	**-1.739**	-1.728	-1.717	-1.694
VSI-Szenario								
Nettobeschäftigung [VZÄ]	618	608	604	601	**597**	594	591	584

Quelle: eigene Berechnungen

Tab. 9-35 Sensitivität der österreichischen LB hinsichtlich Änderung des Wechselkurses Euro zu Dollar

Wechselkurs EUR/USD	1,14	1,16	1,18	Baseline 1,20	1,23	1,25	1,28	1,30
BAU-Szenario								
Leistungsbilanz [EUR Mio.]	-109,49	-108,92	-108,38	**-107,84**	-107,08	-106,59	-105,89	-105,44
VSI-Szenario								
Leistungsbilanz [EUR Mio.]	-188,59	-188,02	-187,47	**-186,94**	-186,18	-185,69	-184,98	-184,53

Quelle: eigene Berechnungen

Tab. 9-36 Sensitivität der österreichischen LB hinsichtlich der Preisänderungen der importierten KWK-Module

Preisänderung KWK-Modul MGT	2%	4%	6%	8%	9%	Baseline 10%	11%	12%
BAU-Szenario								
Leistungsbilanz [EUR Mio.]	-33,79	-49,23	-66,56	-85,99	-96,56	**-107,84**	-119,57	-132,08
VSI-Szenario								
Leistungsbilanz [EUR Mio.]	-112,89	-128,33	-145,66	-165,08	-175,65	**-186,94**	-198,66	-211,17
Preisänderung KWK-Modul S.M.	0,5%	Baseline 0,8%	1,0%	1,2%	1,5%	2,0%	4,0%	6,0%
BAU-Szenario								
Leistungsbilanz [EUR Mio.]	-108,03	**-107,84**	-107,72	-107,59	-107,40	-107,08	-105,70	-104,18
VSI-Szenario								
Leistungsbilanz [EUR Mio.]	-186,34	**-186,94**	-187,36	-187,78	-188,42	-189,51	-194,34	-199,91

Quelle: eigene Berechnungen

Symptomatisch ist, dass bei Verringerung der Sparquote, Importquote u. Arbeitsproduktivität bzw. Erhöhung der marginalen Konsumneigung im B.A.U.-Szenario negativere Nettoeffekte auf das Einkommen sowie die Wertschöpfung u. Beschäftigung gegenüber der Basislösung auftreten. Die Ursache liegt in den Verdrängungseffekten, die im Baseline bereits die Bruttoeffekte übertreffen u. bei einer ökonomischen „Besserstellung" durch Variationen oben genannter Parameter demnach ihren negativen Beitrag gegenüber den Bruttoeffekten überproportional erhöhen. Die Ergebnisse der Sensitivitätsanalyse unterscheiden sich bezüglich Nettowertschöpfung, Netto-Nettoeinkommen, Beschäftigung u. LB bei Variation der Spar- u. Importquote des priv. Konsums bzw. der Arbeitsproduktivität kaum von jenen der Basislösung. Bei Änderung der marginalen Konsumneigung ergeben sich erwartungsgem. deutliche Abweichungen zum Baseline-Szenario. Eine Abwertung des Euro gegenüber dem US-Dollar ergibt ceteris paribus nur eine unwesentliche Verschlechterung der Ergebnisse auf die österreichische LB. Auf Grund des hohen Volumens der importierten MGT bewirken Preissteigerungen deutliche Verschlechterungen des österreichischen Außenhandels. Eine Veränderung der Importpreise des S.M. korreliert mit den Preisannahmen der verdrängten GuD-Anlagen, wodurch im Falle einer Verteuerung des S.M. gleichfalls eine Erhöhung der verdrängten Importausgaben für die GuD-Anlagen auftritt; dem zu Folge verbessert sich die LB im B.A.U.-Szenario. Im VSI-Szenario treten bei einer Erhöhung der KWK-Preise deutlich negative Implikationen auf die LB auf.

9.11.2 Energiewirtschaftliche bzw. ökologische Indikatoren

Für die in den Tabellen 9-37 bis 9-40 präsentierten Sensitivitäten gelten grundsätzlich die gleichen einleitend angeführten Annahmen wie bei den ökonomischen Indikatoren. Basis dafür bilden die im Rahmen dieser Arbeit ermittelten Mengengerüste für Gas, Strom u. Pflanzenöl, welche entsprechend den unterschiedlichen Sensitivitätsannahmen verändert werden. Die Änderung einiger Indikatoren erfolgt jedoch erst innerhalb des Untersuchungszeitraumes, wobei diese Indikatoren teilweise jährliche variierende Abschläge zugeteilt bekommen; auf diesen dynamischen Umstand wird getrennt in den Abbildungen hingewiesen[443].

---

[443] Pers. Anm. des Autors, ferner scheint ein Teil dieser Variationen (Preisveränderungen von Gas u. Pflanzenöl) in Kap. *10.3.5. [Monetärer Beitrag dezentraler KWK-Technologien zur Preisstabilität der österreichischen Energieimporte]* auf.

Tab. 9-37 Sensitivität von „Netto"-Nettoeinkommen, Nettowertschöpfung u. -beschäftigung sowie LB hinsichtlich der Höhe des heimischen Anteiles der Pflanzenölerzeugung ab 2009

Änderung Anteil der heimischen Pflanzenölerzeugung ab 2009	ab 2009 0,0%	2009 70%; ab 2010 - 10%	ab 2009 80%; ab 2010 - 10% p.a.	ab 2009 90%; ab 2010 - 12% p.a.	Baseline ab 2009 90%; ab 2010 -10% p.a	ab 2009 90%; ab 2010 - 5% p.a.	ab 2009 95%; ab 2010 - 10% p.a.	ab 2009 95%; ab 2010 - 5% p.a.	ab 2009 100%
BAU-Szenario									
"Netto"-Nettoeinkommen [EUR Mio.]	-52,50	-51,29	-50,76	-50,70	**-50,23**	-49,08	-49,97	-48,81	-47,39
Nettowertschöpfung [EUR Mio.]	-204,52	-199,47	-197,29	-197,03	**-195,11**	-190,31	-194,02	-189,22	-183,33
Nettobeschäftigung [VZÄ]	-1.977	-1.846	-1.793	-1.786	**-1.739**	-1.623	-1.713	-1.596	-1.454
Leistungsbilanz [EUR Mio.]	-190,92	-108,87	-108,36	-110,25	**-107,84**	-101,83	-107,59	-101,58	-95,31
VSI-Szenario									
"Netto"-Nettoeinkommen [EUR Mio.]	2,50	3,71	4,24	4,30	**4,77**	5,92	5,03	6,19	7,61
Nettowertschöpfung [EUR Mio.]	23,53	28,58	30,76	31,02	**32,94**	37,74	34,03	38,83	44,72
Nettobeschäftigung [VZÄ]	359	491	544	551	**597**	714	624	740	883
Leistungsbilanz [EUR Mio.]	-270,01	-187,96	-187,45	-189,34	**-186,94**	-180,93	-186,68	-180,67	-174,41

Quelle: eigene Berechnungen

Die Veränderung der heimischen Aufbringungsquote für Pflanzenöl trägt hinsichtlich ihrer Auswirkungen auf das Einkommen u. die Wertschöpfung in Österreich nur einen unwesentlichen Beitrag bei. Im Hinblick auf die Beschäftigungssituation in Österreich werden jedoch durch die arbeitsintensive Herstellung von Pflanzenöl bei Erhöhung des heimischen Aufbringungsanteils deutliche Verbesserungen erzielt. Des Weiteren zeichnet sich eine deutliche Verschlechterung der LB bei Annahme einer 100 %-igen Importquote von Pflanzenöl ab. Dies gilt sowohl für das B.A.U.-Szenario, als auch für das VSI-Szenario, da die Veränderung der Importquote für Pflanzenöl nur die KWK-Anlage (Bruttoeffekt) betrifft u. die resultierenden Verdrängungseffekte der Ref-Anlagen unberührt bleiben.

Tab. 9-38 Sensitivität von „Netto"-Nettoeinkommen, Nettowertschöpfung u. -beschäftigung sowie LB hinsichtlich des Anteiles von heimischer Erdgasaufbringung

Änderung Anteil heim. Erdgasaufbringung	0,0%	15,0%	17,0%	20,0%	20,5%	Baseline 21,17%	22,5%	100,0%
BAU-Szenario								
"Netto"-Nettoeinkommen [EUR Mio.]	-57,16	-52,25	-51,60	-50,62	-50,45	**-50,23**	-49,80	-24,43
Nettowertschöpfung [EUR Mio.]	-223,83	-203,48	-200,76	-196,69	-196,01	**-195,11**	-193,30	-88,11
Nettobeschäftigung [VZÄ]	-2.007	-1.817	-1.792	-1.754	-1.748	**-1.739**	-1.723	-743
Leistungsbilanz [EUR Mio.]	-94,82	-104,05	-105,28	-107,13	-107,43	**-107,84**	-108,67	-156,34
VSI-Szenario								
"Netto"-Nettoeinkommen [EUR Mio.]	-2,16	2,75	3,40	4,39	4,55	**4,77**	5,20	30,57
Nettowertschöpfung [EUR Mio.]	4,21	24,57	27,29	31,36	32,04	**32,94**	34,75	139,94
Nettobeschäftigung [VZÄ]	330	519	545	583	589	**597**	614	1.594
Leistungsbilanz [EUR Mio.]	-204,01	-191,91	-190,30	-187,88	-187,48	**-186,94**	-185,86	-123,34

Quelle: eigene Berechnungen

Ein theoretischer heimischer Erdgas-Aufbringungsgrad von 100 % bewirkt eine eklatante Verbesserung in Bezug auf das österreichische Einkommen, die Wertschöpfung u. Beschäftigung, da sich der zusätzliche ökonomische Bruttobeitrag der KWK-Anlagen gegenüber den gestiegenen Verdrängungseffekten stärker auswirkt. Im Gegenzug erfolgt jedoch durch geringere verdrängte Erdgasimporte bei den Ref-Anlagen eine Erhöhung des LB-Defizits im B.A.U.-Szenario. Im VSI-Szenario überwiegen die zurückgegangenen Gasimporte der KWK-Anlagen gegenüber dem Wegfall der verdrängten Gasimporte für die GuD-Anlage, wodurch eine Verbesserung des Außenhandels stattfindet. Eine Erhöhung der Gasimporte führt vice versa zu einer gegenläufigen Entwicklung, wobei zu vermerken ist, dass diese Situation mit viel höherer Wahrscheinlichkeit zukünftig in Österreich vorherrschen wird.

Tab. 9-39 Sensitivität von „Netto"-Nettoeinkommen, Nettowertschöpfung u. -beschäftigung sowie LB hinsichtlich des Anteiles von heimischer Stromaufbringung

Änderung Anteil heim. Stromaufbringung	50,0%	60,0%	75,0%	80,0%	85,0%	90,0%	Baseline 94,53%	100,0%
BAU-Szenario								
"Netto"-Nettoeinkommen [EUR Mio.]	-24,33	-30,14	-38,87	-41,78	-44,69	-47,60	**-50,23**	-53,42
Nettowertschöpfung [EUR Mio.]	-87,69	-111,81	-148,00	-160,06	-172,13	-184,19	**-195,11**	-208,31
Nettobeschäftigung [VZÄ]	-639	-886	-1.257	-1.380	-1.504	-1.627	**-1.739**	-1.875
Leistungsbilanz [EUR Mio.]	-145,10	-136,73	-124,18	-120,00	-115,82	-111,63	**-107,84**	-103,26

Quelle: eigene Berechnungen

Ein Absinken der gegenwärtig hohen Strom-Eigenaufbringung würde durch den Einsatz der KWK-Anlagen zu einer Verbesserung der Wertschöpfung (Einkommen) u. Beschäftigung führen, da sich die Verdrängungseffekte aus dem Rückgang des heimischen Stromabsatzes verkleinern würden. Der negative LB-Saldo würde sich demgem. jedoch deutlich vergrößern. Das VSI-Szenario wurde deshalb nicht in Betracht gezogen, da hier die generelle Annahme einer 100%-gen Substitution der Stromimporte getätigt worden ist.

Tab. 9-40 Sensitivität der österreichischen LB hinsichtlich der Preise für CO_2-Emissionszertifikate

Änderung Preis CO_2-Zertifikate [EUR/toe]	2005	2006	2007	2008	2009	2010	2011	2012	2013	2014	2015
Baseline	20	25	26	26	27	28	29	30	27	22	19
LB-B.A.U.-Szenario	-107,84										
LB-VSI-Szenario	-186,94										
Trend Mittelwert Schadenskosten	20	25	10	10	10	10	10	10	2,4	2,4	2,4
LB-B.A.U.-Szenario [EUR Mio.]	-138,19										
LB-VSI-Szenario [EUR Mio.]	-199,65										
Trend marginale Kosten zur Erreichung des Kyoto-Ziels	20	25	50	50	50	50	50	50	37	37	37
LB-B.A.U.-Szenario [EUR Mio.]	-81,72										
LB-VSI-Szenario [EUR Mio.]	-176,03										

Quelle: eigene Berechnungen

Bei Annahme einer Entwicklung der Zertifikatspreise gem. dem Mittelwert der Schadenskosten würde sich gegenüber der Basislösung im B.A.U.-Szenario eine deutliche Vergrößerung des LB-Defizits von EUR 107,8 Mio. auf EUR 138,2 Mio. einstellen. Beim LB-Defizit gem. VSI-Szenario zeigt sich eine geringere Verschlechterung, da hier weniger CO_2-Zertifikate substituiert werden u. sich somit für einen geringeren Zertifikatspreis gemäßigtere Auswirkungen erwarten lassen. Die Annahme einer deutlichen Preissteigerung der Zertifikatspreise im B.A.U.-Szenario führt durch das große Einsparpotenzial an CO_2-Zertifikaten zu einer markanten Verbesserung der LB, um EUR 26,1 Mio. auf EUR – 81,7 Mio. während diese im VSI-Szenario wiederum geringer ausfällt.

10 Dimensionen energiepolitischer Bedeutung von kleinen dezentralen KWK-Anlagen in Österreich

10.1 Einleitung

Von strategischer energiepolitischer Tragweite sind die Fragen der Importabhängigkeit u. damit der Preisstabilität der eingesetzten Energieträger sowie die damit korrelierende Versorgungssicherheit, die der Einsatz des S.M. u. der MGT als dezentrale Energieerzeugungsanlagen entstehen lassen. Hinzugefügt stellt auch die reale Verfügbarkeit der Stromversorgung einen essenziellen Teil der Energiepolitik dar. Eine sichere u. wirtschaftliche Elektrizitäts-Infrastruktur ist folglich eine grundlegende Voraussetzung für die Wettbewerbsfähigkeit des Wirtschaftsstandortes Österreich. Beide Komponenten besitzen somit makropolitische Sprengkraft in einem globalen Wettbewerb der verschiedenen Volkswirtschaften[444].

Es erfolgt daher, basierend auf dem kurzen Prolog in Kap. *10.2 [Versorgungssicherheit – Monetärer Beitrag dezentraler KWK-Technologien]* eine Abgrenzung des Terminus Versorgungssicherheit, die Vorstellung eines zugehörigen Indikators sowie die Darstellung der volkswirtschaftlichen Kosten eines Stromausfalls in Österreich. Abgerundet wird das Kapitel mit einem Versuch, den pekuniären Beitrag der untersuchten KWK-Anlagen im Falle eines Blackouts für die österreichische Volkswirtschaft zu quantifizieren. Kap. *10.3 [Importabhängigkeit, Preisstabilität – Strukturelle Effekte auf die österreichische LB]* behandelt infolge den Beitrag der KWK-Anlagen zur Reduzierung zunehmender Geldabflüsse durch steigende Ausgaben für Primärenergieträgerimporte in Österreich. Abschließend werden in diesem Kapitel die monetären Effekte einer Absicherungsstrategie gegen steigende Primärenergieträgerpreise durch den Einsatz innovativer KWK-Technologien für Österreich kursorisch aufgezeigt. Um den Abschnitt nicht überzustrapazieren, erfolgt lediglich eine Betrachtung u. Berücksichtigung der Importströme für Gas u. Pflanzenöle in den Auswirkungen auf die LB. Ferner kommen die substituierten Stromimportmengen durch die KWK-Anlagen gem. VSI- u. B.A.U.-Szenario zum Ansatz. Die erzeugte KWK-Wärmemenge wird in den Überlegungen vollends ausgespart.

10.2 Versorgungssicherheit – Monetärer Beitrag dezentraler KWK-Technologien

10.2.1 Einleitung

Beim Thema Versorgungssicherheit geht es in erster Linie um die Sicherheit, Qualität u. Wirtschaftlichkeit der Stromversorgung des Wirtschaftsstandortes Österreichs bzw. um die Lebensqualität des Einzelnen. Unisono sind sich dabei die Experten u. Politiker einig, dass im Sinne einer strategischen Versorgungssicherheit Österreich nicht stärker von Energieimporten abhängig werden darf; das russische Gasembargo durch Gazprom Anfang 2006 zeigte dies sehr plakativ. Deshalb ist hier ebenso die Politik gefordert, bereits vorhandene sowie absehbare Probleme bzw. Bedarfssituationen realistisch einzuschätzen u. dabei ihre Zeithorizonte zur Realisierung nicht zu

---

[444] Pers. Anm. des Autors, nebenbei ist in einem gesamtheitlichen energiepolitischen Ansatz ebenso die ökologische Komponente hinsichtlich einer nachhaltigen Dimension zu berücksichtigen, diese wird in Kap. *11 [Dimensionen ökologischer Bedeutung von kleinen dezentralen KWK-Anlagen in Österreich]* behandelt. Ausführungen über eine nachhaltige Energiepolitik - im Spannungsfeld zwischen marktwirtschaftlichen und ökologischen Gesichtspunkten - sind in der gesamten Arbeit unter: www.energieinstitut-linz.at abrufbar.

unterschätzen[445]. Versorgungssicherheit u. Importabhängigkeit sind dabei in einem Kontext zu betrachten u. besitzen zueinander eine negative Korrelation. Eine steigende Importabhängigkeit von Energieträgern führt automatisch zu einem erhöhten Risiko in der Versorgungssicherheit für Österreich.

Wie eine PriceWaterhouse-Coopers-Umfrage unter 148 Unternehmen in 47 Ländern zeigt, ist die Versorgungssicherheit für Energieversorger derzeit einer der wichtigsten Themenschwerpunkte. 91 % der europäischen Unternehmen glauben dabei, dass Blackouts zukünftig eine reguläre Erscheinung sein werden. Blickt man bspw. auf das Jahr 2003 zurück, in dem sechs großräumige Blackouts innerhalb von sechs Wochen ca. 112 Mio. Menschen in fünf Ländern betroffen haben, wird die gestiegene Bedeutung dieses Phänomens auch für Europa drastisch vor Augen geführt[446].

10.2.2 Versorgungssicherheit am Elektrizitätsmarkt

10.2.2.1 Definition der Versorgungssicherheit – Abgrenzung

Versorgungssicherheit am Strommarkt kann unter mehreren Gesichtspunkten betrachtet werden, die jeweils verschiedene Aspekte nach sich ziehen. Für eine sichere nationale Elektrizitätsversorgung sind im Wesentlichen folgende Faktoren notwendig[447]:

- Ressourcensicherheit der Primärenergie
- Preisstabilität der elektr. Energie
- ausreichende inländische Eigenerzeugungsquote od. gesicherte langfristige Importmöglichkeiten
- hinreichend dimensionierte Übertragungs- u. Verteilnetze – technische Versorgungszuverlässigkeit u. -qualität

Bevor eine tiefergehende Diskussion über das Thema Versorgungssicherheit erfolgt, soll die Definition des Begriffes Versorgungssicherheit ein allgemein gültiges Verständnis dafür schaffen. Folgende Definitionen der Versorgungssicherheit finden in

---

[445] Pers. Anm. des Autors, durch langwierige Genehmigungsverfahren u. Vorlaufzeiten würde das Gegensteuern bei auftretenden Versorgungsproblemen in der E-Wirtschaft mehrere Jahre bis zu mehr als einem Jahrzehnt in Anspruch nehmen. Steigender Stromverbrauch, drohende Produktionsverringerungen durch die Umsetzung der EU-Wasserrahmenrichtlinie u. den Emissionshandel, der notwendige Ausbau bzw. Instandhaltung der Netze sowie weitere absehbare gesetzliche Regelungen u. Auflagen belasten dieses komplexe System u. machen rechtzeitiges Handeln notwendig, um die zukünftige Versorgungssicherheit in Österreich zu gewährleisten. *Vgl. dazu* Brauner/Pöppl, 2004, 57, lt. dieser Studie wird bei einer Stromimportquote von 10 % bis 2015 ca. ein Bedarf von 3.000 bis 5.000 MW an therm. Kraftwerksleistungen benötigt. *Pers. Anm. des Autors,* durch die Nicht-Berücksichtigung der Hydraulizität im CO_2-Allokationsplan besteht ein besonderes Risiko für die Versorgungssicherheit in Österreich. Der thermohydraulische Verbund (flexibles Zusammenspiel der heimischen Wasserkraft u. der therm. Erzeugung) könnte bei witterungsbedingter Verminderung der Wasserkraftproduktion durch fehlende CO_2-Zertifikate als wirtschaftlichen Gründen nicht mehr gewährleistet werden, ein zusätzlicher Stromimport wäre die Folge, *Vgl. des Weiteren,* Fischer-Drapela, B., Zeithorizonte für Sicherung der Versorgung nicht unterschätzen, in: VEÖ Journal, Mai/Juni 2004, Wien 2004, 15, ferner besitzen bspw. die österreichischen grenzüberschreitenden Stromverbindungen nicht die Transportkapazitäten, um die steigenden Importe nach Österreich abzudecken, welche zukünftig notwendig sind, um den österreichischen Gesamtstromverbrauch zu kompensieren. Bedingt durch die Liberalisierung des Elektrizitätsmarktes in Europa erfolgt ein verstärkter internationaler Transport von Strom über die Übertragungsnetze, welcher diese zusätzlich belastet. Der Ausbau des Übertragungsnetzes zur Gewährleistung der Versorgungssicherheit gewinnt somit immer mehr an Bedeutung. *Pers. Anm. des Autors,* sollte die Übertragungskapazität der bestehenden Leitungsnetze den erhöhten Belastungen durch Stromimporte angepasst sein, ist jedoch noch nicht garantiert, dass zu Zeiten, in denen Österreich Strom aus dem Ausland nachfragt, dieser auch in ausreichendem Maße zur Verfügung steht.

[446] Vgl. Lamprecht, F., Ein reguliertes System muss atmen können, in: Energiewirtschaftliche Tagesfragen, 54. Jg., Heft 9, Essen 2004, 576, *Vgl. dazu,* Fischer-Drapela, B., Strom ist vergleichbar mit der Luft zum Atmen, in: VEÖ Journal, Mai/Juni 2004, Wien 2004, 4f., einer durchgeführten Befragung durch das GALLUP INSTITUT ist zu entnehmen, dass über 55 % der österreichischen Bevölkerung sogar bereit wären, für Versorgungssicherheit einen gewissen finanziellen Beitrag zu leisten. Damit ranchiert die Versorgungssicherheit auf Platz eins in der Prioritätenliste, noch vor der Forderung, einen möglichst geringen Preis für Strom zu bezahlen (Ergebnis einer VEÖ-Studie zum Thema Versorgungssicherheit; Sample 1.200, repräsentativ für die österreichische Bevölkerung).

[447] Vgl. Brauner/Pöppl, 2004, 4

der vorliegenden Arbeit Beachtung, aber auch andere Komponenten dieser sollen nicht gänzlich außer Acht gelassen werden[448]:

- langfristige unterbrechungsfreie Bedarfsdeckung mit elektr. Energie (elektr. Versorgungssicherheit)
- langfristige sichere u. preisstabile fossile Energie (fossile Versorgungssicherheit/Ressourcensicherheit)
- ökologisch nachhaltige Bereitstellung der Energie (ökologische Versorgungssicherheit)

Der Termini Versorgungssicherheit beinhaltet somit zwei wesentliche Aspekte, welche in den folgenden Teilabschnitten bearbeitet werden: erstens die physikalische Verfügbarkeit von elektr. Energie in ausreichender Menge u. zu jedem beliebigen Zeitpunkt, zweitens ein für die Energiekonsumenten leistbaren Preis[449].

10.2.2.2 Risiken für die Versorgungssicherheit

Unter den Risikofaktoren für die Versorgungssicherheit u. -qualität können technische, wirtschaftliche, politische u. ökologische Gesichtspunkte subsumiert werden[450]:

- technische Risiken, die auf Grund fehlender od. zu geringer Investitionen in die elektr. Infrastruktur entstehen, wie schlechter Zustand od. fehlende Verfügbarkeit der Anlagen
- wirtschaftliche Risiken auf Grund des Ungleichgewichtes von Erzeugung u. Verbrauch, hervorgerufen durch mangelnde Investitionen in Kraftwerke od. unzureichende Handelsaktivitäten
- politische Risiken auf Grund geopolitischer Instabilitäten mit den Primärenergielieferstaaten sowie institutioneller Fehler in Regulierungssystemen
- Umweltrisiken u. potenzielle Schäden, hervorgerufen durch Unfälle od. Umweltverschmutzung wie bspw. Tankerunfälle, Terroranschläge, Nuklearunfälle etc.[451]

Anhand der hier aufgelisteten Risikofaktoren ist die „Sicherung der Energieversorgung" ein wesentl. zu berücksichtigender Faktor. Einerseits wird durch den Betrieb der KWK-Anlagen mit regenerativen Energieträgern das Portfolio der Primärenergieträger vielseitiger, andererseits können erneuerbare Energieträger vielfach aus dem Inland bezogen werden, wodurch die Importabhängigkeit verringert wird. Weiters erfolgt durch die dezentrale KWK-Eigenversorgung der Verbrauchsstätten eine Entlastung der Übertragungs- u. Verteileinrichtungen sowie auch eine Erhöhung freier Kraftwerkskapazitäten[452]. Ferner lässt der Einsatz regenerativer Energieträger geringere negative Umweltbelastungen erwarten.

---

[448] Vgl. Brauner, G., Institut für elektrische Anlagen und Energiewirtschaft, TU Wien, „Versorgungssicherheit Österreichs bis 2015: Entwicklung der Erzeugungskapazitäten u. deren Auswirkungen auf die Netzkapazitäten", Pressekonferenz vom 28.10.2004, *Pers. Anm. des Autors*, das Thema Versorgungssicherheit ist ein sehr komplexes, weit verzweigtes Problemfeld, welches auf den hier beschriebenen Seiten mit Sicherheit nur kursorisch behandelt werden kann. Ich widme mich daher nur den bereits definierten Themen Verfügbarkeit der Stromversorgung bzw. Importabhängigkeit u. Preisstabilität. Wesentliche andere wichtige Komponenten einer Versorgungssicherheit, wie Investitionen in die Netzinfrastruktur bzw. in Großkraftwerke u. Krisenmanagement für Störfälle werden nur ansatzweise erwähnt, jedoch nicht weiter verfolgt.

[449] Quelle abrufbar unter: Strom/Versorgungssicherheit, 2005-11-16, http://www.e-control.at

[450] Quelle abrufbar unter: Strom/Versorgungssicherheit, 2005-11-16, http://www.e-control.at

[451] Pers. Anm. des Autors, viele dieser angeführten Risikofaktoren können in letzter Konsequenz durch Kaskadeneffekte zu einem Totalausfall der Stromversorgung in großflächigen Versorgungsgebieten führen.

[452] Pers. Anm. des Autors, durch den wärmegeführten Betrieb der KWK-Anlagen ist die notwendige Vorhaltung von flexiblen Erzeugungskapazitäten relativ gering, wodurch mit zunehmenden KWK-Anteil auch kein tendenzieller steigender Bedarf an Regelleistung - wie bspw. bei Windkraftanlagen notwendig – verbunden.

10.2.2.3 Indikator für die Versorgungssicherheit

Als ein Indikator der Versorgungssicherheit wird die Nichtverfügbarkeit von Strom verstanden (Stromausfall in Minuten p.a.). Im internationalen Vergleich kann das Niveau der Versorgungssicherheit in Österreich noch als sehr gut eingestuft werden, vergleicht man Tabelle 10-1. Im Jahr 2002 betrug die mittlere jährliche Nichtverfügbarkeit von Strom je Stromabnehmer in Österreich (ohne Berücksichtigung des Hochwassers im August 2002) 42,60 Minuten, woraus sich eine Wahrscheinlichkeit eines Stromausfalls von weniger als 0,01 % ergibt[453]. Nur in Ungarn, in den Niederlanden u. in Deutschland war die Stromverfügbarkeit noch besser als in Österreich.

Tab. 10-1   Stromausfälle im Jahr 2002 - Daten aus 3. Benchmark-Bericht

Land	Stromausfall in Minuten pro Stromabnehmer im Jahr	Land	Stromausfall in Minuten pro Stromabnehmer im Jahr
Austria	43	Sweden	192
Belgium	<60	UK	85
Denmark	n.k.	Norway	315
Finland	230	Estonia	n.k.
France	65	Latvia	n.k.
Germany	15	Lithuania	n.a.
Greece	n.k.	Poland	n.k.
Ireland	385	Czech R	n.k.
Italy	300	Slovakia	n.k.
Lux	n.k.	Hungary	6
Netherlands	35	Slovenia	n.k.
Portugal	>500	Cyprus	1.92 kWh/year lost
Spain	215	Malta	n.k.

Quelle: COMMISSION OF THE EUROPEAN COMMUNITIES, Brüssel 2004

Im Jahr 2003 lag die Nichtverfügbarkeit von Strom in Mittelspannungsnetzen bei 51,22 Minuten (geplante u. nicht geplante Unterbrechungen). Die Auswertung der Ausfalls- u. Störungsstatistik für das Berichtsjahr 2004 der E-CONTROL ergab für Österreich eine Nichtverfügbarkeit je versorgter Leistung von 51,02 Minuten p.a., woraus eine geringfügige Verbesserung konstatierbar ist. Wenn jedoch nur die „ungeplanten" Unterbrechungen, verursacht durch Störungen, betrachtet werden, ist zu erkennen, dass sich die Nichtverfügbarkeit von Strom verbessert bzw. verringert hat. Der Wert reduzierte sich demnach von 38,43 min/a auf 30,33 min/a. Es hat somit die Zuverlässigkeit der Stromversorgung zugenommen. Bezieht man den Wert der Nichtverfügbarkeit auf die Verfügbarkeit im Jahr (Jahresstundenanzahl), so ergibt sich eine Verfügbarkeit der Stromversorgung in Österreich für das Jahr 2004, wie schon in den Jahren 2002 u. 2003, von ca. 99,99 %[454].

10.2.2.4 Volkswirtschaftliche Kosten eines Stromausfalls in Österreich

Wie in Tabelle 10-2 ersichtlich, würde in Österreich ein Blackout im Höchstspannungsnetz der Regelzone APG (380 kV-Ebene) einen Schaden von etwa EUR 40,-- Mio. je Stunde ausmachen[455]. Hiezu kämen Ausfälle der untergeordneten Netzsyste-

---

[453] Vgl. Eschenbach, R., Hoffmann, W. H., Gabriel, T., Potentiale zur Effizienzsteigerung der E-Netze in Österreich – die betriebswirtschaftliche Sicht: Ergebnisse der Studie im Überblick; im Auftrag der WKÖ, Wien 2004, 5

[454] Vgl. E-Control, Ausfalls- und Störungsstatistik für Österreich - Ergebnisse 2004, 2005, 1f., die Ausfallsstatistik erfolgte österreichweit für die Mittelspannungsnetze (1-36 kV). Die unterlagerte Spannungsebene (Niederspannung <1 kV) wurde indirekt über die Dauer der Versorgungsunterbrechung bei einer Ursache im Mittelspannungsnetz bewertet. Es wurden somit alle Stromabnehmer erfasst, die durch das Mittel- od. Niederspannungsnetz versorgt werden. „Geplante" Versorgungsunterbrechungen liegen vor, wenn die Kunden im voraus darüber benachrichtigt wurden, (z.B. Instandhaltungsarbeiten), „ungeplante" Versorgungsunterbrechungen finden ihre Ursache in Störungen höherer Gewalt (z.B. Blitzschlag od. Sturm), Beschädigungen durch Dritte (z.B. Baggerarbeiten), mangelnde technische Dimensionierung der Stromverteileinrichtungen bzw. Blackouts.

[455] Vgl. Brauner, G., Blackout – Ursachen und Kosten, in: Energieverwertungsagentur, energy, Ausgabe 04/03, Wien 2003, 18, zum Vergleich betragen die notwendigen Investitionen in die Steiermark-Leitung zur Aufrechterhaltung bzw. Wiederherstellung der Versorgungssicherheit ca. EUR 120,-- Mio., sodass sich diese Investition bei einem Blackout von etwa 3 Stunden amortisiert

me, sodass sich die Kosten einer Stunde Stromausfall in Österreich auf insges. Rd. EUR 50,-- Mio. beliefen[456].

Tab. 10-2 Kosten eines Blackouts in Österreich

Spannung	ausgefallene Leistung	betroffene Kunden	Schaden je Stunde in EUR
380 kV	5.000 MW	7 Mio.	40 Mio.
110 kV	250 MW	350.000	2 Mio.
10-30 kV	20 MW	40.000	0,16 Mio.
0,4 kV	0,3 MW	300	2.400

Quelle: Vgl. Brauner zitiert nach VEÖ Journal 2004; Präsentation forum Versorgungssicherheit

GÜNTHER BRAUNER beziffert in diesem Kontext die Kosten für den Ausfall einer Kilowattstunde mit einem Durchschnittskostensatz von EUR 8,09[457].

Das INDUSTRIEWIRTSCHAFTLICHE INSTITUT hat in Ergänzung dazu, aufbauend auf Modelle der I/O-Tabelle 2000, die spezifischen Wirkungszusammenhänge für die österreichische Produktionswirtschaft dargestellt, da für viele Prozesse Strom einen unersetzbaren Input darstellt, ohne den die Produktion vollkommen still stehen würde. Im Maximalszenario verursacht ein totales Blackout im Ausmaß einer Stunde in Österreich einen kompletten Produktionsausfall, welcher eine inländische Wertschöpfung iHv. EUR 21,4 Mio. vernichtet. Auf Basis dieser nicht realisierten Wertschöpfung können indirekte Produktionseffekte der in der Wertschöpfungskette nachgelagerten Wirtschaftsbereiche abgeschätzt werden. In Summe werden in der gesamten österreichischen Volkswirtschaft - bei einem einstündigen Stromausfall - auf Grund des nicht ausgeschöpften direkten Wertschöpfungspotenzials (= EUR 21,4 Mio.), EUR 41,4 Mio. an Produktion (direkte u. indirekte VL) vernichtet. Die Sachgütererzeugung ist dabei jener Wirtschaftsbereich, der mit beinahe einem Viertel des Produktionsentganges den stärksten Verlust erleidet[458].

---

hätte. *Pers. Anm. des Autors,* die Investition würde neben einer Reduzierung der Ausfallskosten natürlich auch zu Wertschöpfungs- u. Beschäftigungseffekten in Österreich führen.

[456] Vgl. Schneider, F., Kollmann, A., Tichler, R., Netztarife in Österreich: Bestandsaufnahme und internationaler Vergleich, Langfassung; Hrsg. Energieinstitut an der Johannes Kepler Universität Linz, Linz 2004, 40, *Vgl. dazu* Quelle abrufbar unter: http://www.iv-mitgliederservice.at/iv-all/dokumente/doc_2125.pdf; 2005-10-15, http://www.iwi.ac.at; Studie mit dem Titel „Die volkswirtschaftliche Bedeutung einer gesicherten Stromversorgung am Wirtschaftsstandort Österreich" des Industriewissenschaftlichen Institutes (IWI) unter der Leitung von Univ-Prof. Dr. Luptacik, M. *Pers. Anm. des Autors,* die erwähnten 51,02 Minuten Nichtverfügbarkeit von Strom auf der Mittelspannungsebene im Jahre 2004 gem. Störungsstatistik der E-CONTROL belasteten demnach die österreichische Volkswirtschaft mit etwa EUR 0,14 Millionen.

[457] Vgl. forum versorgungssicherheit, Versorgungssicherheitsbilanz 2004, Wien 2005, *bzw.* Luptacik, M., Studie des IWI zum Thema „Die volkswirtschaftliche Bedeutung einer gesicherten Stromversorgung am Wirtschaftsstandort Österreich", BRAUNER schätzt die Folgekosten eines Stromausfalls anhand folgenden erläuterten Schemas. Ausgangspunkt seiner Berechnungen sind Befragungen zu Folgekosten von Stromausfällen aus den Studien von A. P., Shanghvi aus den USA u. der Power Research Group Universität von Saskatchewan in Kanada. Aus diesen Studien bezieht BRAUNER einen Kostenbereich pro ausgefallener kWh in EUR. Die Ausfallskosten werden mit deren Anteil am gesamten Stromverbrauch der einzelnen Sektoren multipliziert u. so ein Durchschnittskostensatz von 8,09 EUR/kWh errechnet. Dieser Wert wird bspw. in einem weiteren Schritt mit der ausgefallenen Leistung bei Zusammenbruch einer österreichischen 380 kV Leitung multipliziert (5.000 MW), wodurch sich Kosten von rd. EUR 40,-- Mio. pro Stunde ergeben. Die gewählten Ausfallkosten für die einzelnen Sektoren sind jedoch nicht als absolute Zahlen zu sehen, sondern nur als eine Annäherung. Eine genaue Kostenbestimmung ist auf Grund der unterschiedlichen Betroffenheit einzelner Industriezweige unmöglich.

[458] Vgl. Luptacik, M., Studie des IWI mit dem Titel „Die volkswirtschaftliche Bedeutung einer gesicherten Stromversorgung am Wirtschaftsstandort Österreich", ferner hat das IWI auf Basis eines gemischten I/O-Modells ein Szenario konstruiert, in dem auf Grund einer Kapazitätsbeschränkung am Stromsektor ein gleichmäßiger Anstieg des inl. Konsums, der Investitionen sowie der Exporte im Ausmaß von 1 % nicht mehr durch die Volkswirtschaft bedient werden kann. Die österreichische Volkswirtschaft könnte EUR 3,4 Mrd. an Bruttoproduktion verlieren, welche mit einem Wertschöpfungsverlust von EUR 1,7 Mrd. verbunden sind. Der Beschäftigungsentgang beläuft sich in diesem Szenario auf 32.408 VZÄ.

10.2.3 Monetärer Beitrag dezentraler KWK-Technologien zur Versorgungssicherheit in Österreich

Unter zu Grunde Legung der verfügbaren Daten u. Prognoseannahmen wird nun versucht, den Beitrag dezentraler KWK-Technologien zur Reduzierung der ökonomischen Folgekosten eines Stromausfalles in Österreich zu ermitteln. Es wird davon ausgegangen, dass der S.M. u. die MGT im Normalbetrieb die entsprechenden Verbrauchsstätten eigenständig mit Strom versorgen u. fehlende Stromaufbringung aus dem öffentlichen Netz bezogen wird. Bei einer fiktiven Versorgungsunterbrechung auf der NE 6 bzw. 7 od. auch bei niedrigeren Netzebenen würden folglich die Verbrauchsstätten ohne KWK-Eigenversorgung bis zum Wiederaufbau der Versorgung „stromlos" bleiben. Die wirtschaftliche Tätigkeit des Unternehmens wäre somit bis zu diesem Zeitpunkt eingestellt. Im Falle der Eigenversorgung mit einer dezentralen KWK-Anlage könnte jedoch der Betrieb grundsätzlich aufrecht erhalten werden[459].

Basis für die Errechnung des Beitrages zur Verminderung der Ausfallskosten ist der von BRAUNER errechnete Durchschnittskostensatz von 8,09 EUR/kWh. Dieser Wert wird daher in weiterer Folge als „ökonomischer Nutzenbeitrag", der durch den Betrieb innovativer KWK-Technologien im Falle eines Stromausfalles entsteht, verstanden. Der Durchschnittskostensatz wird infolgedessen mit der bei einem Zusammenbruch der Stromversorgung fiktiv ausgefallenen Leistung – diese entspricht der jeweiligen jährl. kumulierten installierten elektr. Leistung der KWK-Anlagen - multipliziert. Die so errechneten Beträge ergeben jene jährl. bewerteten Nutzenbeiträge, um welche sich die volkswirtschaftlichen Kosten in Österreich bei Nichtverfügbarkeit von Strom je gewählter Zeiteinheit reduzieren. In einem weiteren Szenario wird der monetäre fiktive Nutzenbeitrag, der bei einem Totalausfall des 220/380 kV Verbundsystems pro Stunde entsteht, ermittelt.

Bei der Interpretation dieser Werte sind jedoch noch andere getätigte Annahmen zu beachten. Der Nutzenbeitrag aller implementierten KWK-Anlagen wird, unabhängig vom Zeitpunkt der Errichtung, in einem Jahr zu 100 % gleich gewichtet, d.h., dass KWK-Anlagen, die im ersten Halbjahr ans Netz gehen, den gleichen Nutzenbeitrag leisten wie Anlagen im zweiten Halbjahr. Bei einem fiktiven Totalausfall der Stromversorgung in Österreich, also dem Ausfall des 220/380 kV Verbundsystems, tragen sämtliche installierten KWK-Anlagen durch die autonome Eigenversorgung zur Verringerung der Ausfallskosten bei. Wird der volkswirtschaftliche Nutzenbeitrag der KWK-Anlagen anhand der jährlichen Nichtverfügbarkeit von Strom ermittelt, stellt sich die Situation etwas diffiziler dar. Der Grund liegt darin, dass die untersuchten KWK-Anlagen geografisch verteilt elektr. in die Niederspannungsnetze eingebunden sind. Damit der gesamte Nutzeneffekt spürbar ist, müsste in jedem 0,4 kV Abzweig, in dem eine KWK-Anlage situiert ist, rein theoretisch gesehen eine Versorgungsunterbrechung eintreten[460].

---

[459] Pers. Anm. des Autors, notwendige technische Spezifikationen, wie bspw. ein Lastwurf zum öffentlichen Netz werden nicht weiter verfolgt. An dieser Stelle sei vermerkt, dass im Falle eines übergeordneten Blackouts die Erzeugungsanlage vom öffentlichen Netz galvanisch getrennt werden muss, um eine weitere Versorgung (Inselbetrieb) der jeweiligen Verbrauchsstätte mit Strom durch den S.M. u. MGT aus technischer Sicht zu gewährleisten. Ferner wird vorausgesetzt, dass der S.M.-Pellets, der im Normalbetrieb in die Ökobilanzgruppe einspeist, bei einer Versorgungsunterbrechung im Inselbetrieb die Verbrauchsstätte mit elektr. Energie versorgt und dadurch einen Beitrag zu den vermiedenen Ausfallskosten leistet.

[460] Pers. Anm. des Autors, ein Ausfall dieses Stromzweiges könnte demnach ein Totalausfall einer üblich dimensionierten Trafostation mit bspw. 400 kVA zur Ortsversorgung bzw. ein Fehler im übergeordneten 30 kV System sein. Eine Auswertung der Fehlerorte zeigt, dass je nach Spannungssystem Freileitungen, Kabel od. Netztrafostationen, Schalt- u. Umspannanlagen unterschiedlich intensiv betroffen sind. In den Mittelspannungsnetzen sind naturgem., da verschiedene geografische Bereiche einen niedrigen Verkabelungsgrad aufweisen, die Freileitungen am häufigsten als Fehlerquelle durch atmosphärische Einwirkungen betroffen. Durch die vermaschte Netzkonfiguration (Ringnetz) werden im Falle eines Fehlers meistens mehrere Trafostationen durch Schutzeinrichtungen vom Netz getrennt, erst im Rahmen der anschließenden Fehlerortung werden die Trafostationen

Da es mir unmöglich erscheint, für diesen Fall eine seriöse Aussage zu machen, werden näherungsweise die Ausfallskosten eines totalen Blackouts per Stunde mit dem Wert der jährlichen Nichtverfügbarkeit der Versorgung iHv. 51,02 Minuten pro Kunde gem. der Störungsstatistik der E-CONTROL 2004 multipliziert. Es wird daher angenommen, dass jede Verbrauchsanlage durchschnittl. rd. 51 Minuten im Jahr von der Stromversorgung abgeschnitten ist. Durch den Einsatz innovativer KWK-Technologien zur Energieversorgung werden jedoch bei allen versorgten Verbrauchern diese Ausfallskosten vermieden, wodurch in diesem Fall tatsächlich ein jährlicher volkswirtschaftlicher Mehrwert für Österreich entsteht. Dieser Effekt tritt somit unabhängig von einem Blackout auf, da die Versorgungsunterbrechungen („geplant" u. „ungeplant") quasi zum täglichen Betrieb eines Verteilnetzes gehören. Da sich die jährl. installierten KWK-Leistungen über den Betrachtungszeitraum aufaddieren, erhöht sich demnach bei der jährlichen Versorgungsunterbrechung sukzessive der Beitrag zur Verminderung der Ausfallskosten für Österreich.

Die ermittelten Werte sind jedoch als grobe Schätzwerte zu betrachten. Der Durchschnittskostensatz wird dabei über die gesamte Periode konstant gehalten, obwohl Preis- u. Produktivitätssteigerungen in den betroffenen Branchen die Ausfallskosten pro kWh jährl. erhöhen. Ebenso erfährt die Nichtverfügbarkeit von Strom über den Betrachtungszeitraum keine Veränderung in ihrer Höhe. Tabelle 10-3 gibt einen Überblick über die vermiedenen Ausfallskosten durch die autarke Stromerzeugung der untersuchten KWK-Anlagen in Österreich, welche durch ein totales Blackout bzw. der Nichtverfügbarkeit von Strom entstehen. Die gleichzeitig erfolgte Wärmeversorgung, die durch die untersuchten KWK-Anlagen bei Versorgungsunterbrechung ermöglicht wird, findet keine monetäre Berücksichtigung, da angenommen wird, dass die Wärmeversorgung bei einer Strom-Versorgungsunterbrechung funktioniert. Realistischerweise benötigen einige Wärmeprozesse als Input Strom, diese sind jedoch annahmegem. in dem Durchschnittskostensatz von 8,09 EUR/kWh subsumiert.

Tab. 10-3 Vermiedene Ausfallskosten eines Blackouts (1 Stunde) bzw. der jährlichen Nichtverfügbarkeit von Strom (51,02 Minuten) in Österreich durch die installierten KWK-Anlagen im Überblick

[EUR] Jahr	installierte kW der KWK-Anlagen (kumuliert)	fiktiver KWK-Beitrag bei einem Blackout [1h]	KWK-Beitrag - Nichtverfügbarkeit von Strom [51,02']
2005	396	3.204	2.724
2006	961	7.774	6.611
2007	2.416	19.545	16.620
2008	5.752	46.534	39.569
2009	13.126	106.189	90.296
2010	28.349	229.343	195.018
2011	45.414	367.399	312.412
2012	64.715	523.544	445.187
2013	84.479	683.435	581.148
2014	104.787	847.727	720.850
2015	125.639	1.016.420	864.295
Summe	476.034	3.851.115	3.274.732

Quelle: eigene Berechnungen

Im Hinblick auf die vermiedenen realen Ausfallskosten durch die allgemeine Nichtverfügbarkeit von Strom betragen die Auswirkungen der installierten KWK-Erzeugungskapazitäten aus obiger angeführter Tabelle (Spalte 4) etwa in Summe EUR 3,3 Mio. an reduziertem „volkswirtschaftlichen Schaden" während des gesamten Untersuchungszeitraumes. Entsprechend der sukzessiv steigenden installierten Er-

---

sukzessive wieder ans Netz geschaltet (der hier beschriebene Vorgang wird bspw. im Mittelspannungsnetz bei Kabel- od. Freileitungsstörungen angewandt). Bis dahin sind somit mehrere Trafostationen spannungslos, wodurch die KWK-Anlagen zwischenzeitlich Strom zur Eigenversorgung erzeugen u. einen Beitrag zur volkswirtschaftlichen Schadensbegrenzung leisten.

zeugungskapazität erhöht sich der jährliche Nutzenbeitrag. Demgem. steigen auch die optionalen vermiedenen Ausfallskosten bei einem einstündigen Blackout kontinuierlich an. Würde sich rein fiktiv im Jahr 2015 auf Basis gegenwärtiger Daten ein einstündiges Blackout ereignen, ließe sich – unter dem Umstand eines die gesamte wirtschaftliche Produktion lahm legenden Stromausfalls u. der Gegebenheit bereits installierter KWK-Anlagen – der Produktionsverlust um rd. EUR 1,0 Mio. dezimieren. Ferner wäre in diesem Fall der ökonomische Nutzenbeitrag durch die Nichtverfügbarkeit von Strom zu berücksichtigen, summa summarum könnten also im Jahr 2015 durch Betrieb der KWK-Anlagen die realen Ausfallskosten um EUR 4,3 Mio. reduziert werden.

10.3 Importabhängigkeit, Preisstabilität – Strukturelle Effekte auf die österreichische Leistungsbilanz

10.3.1 Einleitung

Durch die Verwendung der beschriebenen KWK-Technologien zur Strom- u. Wärmeerzeugung werden teilweise fossile Brennstoffe durch regenerative inländische Energieträger substituiert. Ferner bietet der effiziente fossile Energieträgereinsatz zur kombinierten Wärme- u. Stromerzeugung die Chance, getrennte uneffiziente Energieerzeugungsanlagen zu substituieren. Es kommt daher zu einem Verdrängungseffekt, der einerseits die Importabhängigkeit Österreichs von fossilen Primärenergieträgern durch verringerte Energieimporte reduziert u. andererseits dabei einen Beitrag zur Preisstabilität im Inland leistet, weil daraus eine gewisse Absicherung gegen steigende Primärenergiekosten in Österreich resultiert[461]. Vor allem werden sich die Preisrelationen fossiler Rohstoffe auf Grund der sich im Hintergrund abzeichnenden Verknappungstendenzen an den Märkten stark verändern u. so empfindliche exogene Schocks generieren, die das Wirtschaftswachstum längerfristig dämpfen[462]. Durch die reduzierten Ausgaben für fossile Energieimporte zur Strom- u. Wärmeerzeugung ist dagegen mit preisdämpfenden Effekten auf die österreichische Volkswirtschaft zu rechnen.

Neben diesem Außenhandelseffekt bietet natürlich eine geringe Importabhängigkeit auch den qualitativen Aspekt einer sicheren nationalen Energieversorgung, da bei hoher Importabhängigkeit von fossilen Energieträgern bzw. Strom immer die Unsicherheit besteht, ob das Land im Krisenfall ausreichend versorgt werden kann[463]. Vor allem erlangt die Sicherheit der Ressourcen der fossilen Primärenergie mittel- bis langfristig große Bedeutung, da Europa zukünftig zunehmend von Importen abhängig

---

[461] Pers. Anm. des Autors, eine Analyse der österreichischen Energieimporte ist unter www.energieinstitut-linz.at abrufbar.

[462] Pers. Anm. des Autors, Prognosen, welche die Entwicklung der Preise für Primärenergieträger betreffen sind besonders komplex u. unterliegen einer Reihe von Determinanten. Eines lässt sich insofern mit Sicherheit prognostizieren: der Aufstieg Chinas zu einer Wirtschaftsmacht u. der damit verbundene Energiebedarf wird die Welt weiter in Atem halten, zumal mit Indien u. Brasilien weitere Schwellenländer dieser Entwicklung zeitverzögert folgen werden. Dieser globale Wettlauf um Energieträger bleibt für den europäischen u. somit auch für den österreichischen Energiemarkt nicht ohne Auswirkungen. Um eine sichere Versorgung zu gewährleisten, sollte eine langfristige Energiepolitik – sowohl unter dem Blickwinkel der preislichen als auch der politischen Risiken – ein breites Angebot unterschiedlicher Primärenergieträger als Energiemix im Aufbringungsportfolio als Ziel anstreben.

[463] Pers. Anm. des Autors, wenn es wie im Sommer 2003, bedingt durch eine extreme Wettersituation, zu Stromverknappungen in Europa kommt, dann muss davon ausgegangen werden, dass sich jedes Land prioritär selbst versorgt. Am Beispiel Italien, das eine hohe Stromimportabhängigkeit zu Frankreich aufweist, hat man im Jahr 2003 ganz deutlich gesehen, wohin diese Abhängigkeit führt. Bedingt durch die Hitzeperiode mussten die Atomkraftwerke in Frankreich wegen mangelnder Kühlflüssigkeit zurückgefahren werden; Frankreich hat sich demgem. selbst prioritär versorgt u. erst in zweiter Linie Italien durch Stromexporte unterstützt; die Folge war ein fürchterliches Blackout in Italien, das sogar Todesopfer forderte. Ferner führten bei der Erdölversorgung einerseits Naturkatastrophen in Amerika zur Zerstörung wichtiger Raffineriekapazitäten sowie andererseits politische Spannungen in den arabischen Ländern, gekoppelt mit einer steigenden Nachfrage nach fossilen Energieträgern, zu einem dramatischen Preisanstieg von Erdöl bzw. Gas in den letzten Monaten.

wird. Zu dem sind die Vorkommen von Gas u. Erdöl auf wenige Lieferländer beschränkt, die teilweise in geopolitisch sehr instabilen Regionen liegen[464]. Ein weiterer Aspekt, der die regenerative Energieerzeugung aus KWK-Technologien vorteilhaft erscheinen lässt, sind die hohen nachwachsenden Potenziale an BM bzw. Pflanzenöl (Raps), verglichen mit den schwindenden Reserven fossiler Rohstoffe. Dieser positive Effekt kann zwar nicht unmittelbar quantifiziert werden, sollte jedoch immer Berücksichtigung finden. Ein breites Angebot unterschiedlicher Primärenergieträger sowie der Bezug aus verschiedenen geografischen Orten/Bereichen führen infolgedessen zu einer Diversifizierung des Energieträgeraufbringungsportfolios u. verbessern demnach aus energiepolitischer Sicht die ökonomische Versorgungssicherheit eines Landes.

10.3.2 Verringerung der Energieimportabhängigkeit durch Substitution der Primärenergieträger Gas und Strom – B.A.U.-Szenario

Neben den bisher quantifizierten volkswirtschaftlichen Blickwinkeln ist schließlich der Aspekt des möglichen Beitrages der KWK-Anlagen zur langfristigen preisstabilen Energieversorgung in Österreich von Interesse. Es stellt sich daher die Frage, welche strategische Bedeutung der Einsatz der KWK-Anlagen für die Versorgungssicherheit im Hinblick einer Veränderung der Energieimportabhängigkeit haben könnte. Die im Folgenden dargestellte mengenmäßige Entwicklung der Gasimporte verfolgt das Ziel, die Auswirkungen der im Einsatz befindlichen KWK-Technologien inkl. der Verdrängungseffekte zu analysieren. Dies wird einerseits durch Ermittlung der benötigten Gasimporte für den Betrieb der KWK-Anlagen in der Bruttobilanz dargestellt[465], andererseits kommen sämtliche berücksichtigten Verdrängungseffekte u. deren Implikationen durch die substituierten Ref-Anlagen auf die Energieaußenhandelsbilanz zur Geltung. Als Resultat erhält man ein Mengengerüst der benötigten u. substituierten Gasimporte für Österreich, welches als Grundlage zur Ermittlung der monetären Auswirkungen auf die LB bzw. der Preisstabilität dient. Zur Berechnung werden die Zeitreihen der KWK-Anlagenentwicklung von 2005 bis 2015 herangezogen. In der nachfolgenden Tabelle 10-4 kommt der Einsatz des Energieträgers Gas für die KWK-Anlagen sowie der substituierte Gaseinsatz durch die verdrängten Gaskesselanlagen u. GuD-Anlage, je nach KWK-Betriebsart (Gas bzw. Bio.) für die MGT u. den S.M. zur Darstellung. Ferner werden die substituierten Importanteile ausländischer Stromabsätze (ca. 5,5 % der erzeugten KWK-Strommenge) in Österreich abgebildet.

Über den Untersuchungszeitraum werden durch den Einsatz der KWK-Anlagen insges. rd. 778,3 Mio. m³ Erdgas verbraucht, wovon ca. 613,5 Mio. m³ importiert werden. Der Betrieb der beiden Ref-Anlagen zur getrennten Wärme- u. Stromerzeugung benötigt im gleichen Zeitraum ungefähr 870,1 Mio. m³, wobei in diesem Falle rd. 685,9 Mio. m³ durch Gasimporte abgedeckt werden. Folglich ergibt sich eine Reduktion des anteiligen inl. Gasverbrauches um rd. 19,4 Mio. m³ bzw. der Gasimporte um ca. 72,4 Mio. m³[466]! Würde man den gesamten eingesparten Gasverbrauch auf die Gasimporte des Jahres 2005 beziehen, so würden rd. 1,1 % der gesamten österrei-

---

[464] Pers. Anm. des Autors, als jüngstes Beispiel seien die Divergenzen zw. Russland u. der Ukraine bei Ausverhandlung eines neuen Liefervertrages für Erdgas angeführt, die schlussendlich zu einer kurzzeitigen Lieferunterbrechung der Erdgaslieferungen an die Ukraine führte. Infolgedessen meldeten einige EU-Staaten, darunter auch Österreich, Rückgänge der russischen Erdgaslieferungen von 20 bis zu 30 %, *Vgl. dazu* Die Presse, 02.01.2006, 1, Titel: „Moskau dreht Ukraine Gashahn zu".

[465] Pers. Anm. des Autors, bei Einsatz der regenerativen Energieträger (Pflanzenöl u. Pellets) weist die Bruttobilanz keine Gasimporte in der Betriebsphase der KWK-Anlagen auf.

[466] Pers. Anm. des Autors, da Österreich ein Nettoimporteur von Erdgas ist, verringert demnach der gesunkene inländische Gasverbrauch ebenfalls indirekt um diesen Betrag die Gasimporte.

chischen Gasimporte aus dem Jahr 2005 als Einmaleffekt substituiert werden[467]. Im B.A.U.-Szenario werden durch die Stromerzeugung der KWK-Anlagen im Zeitraum von 2005 bis 2015 rd. 139 GWh an Stromimporten substituiert; dies entspricht rd. 5,3 % der Stromimporte aus dem Jahr 2005[468].

Tab. 10-4 Übersicht über die Entwicklung der österreichischen mengenmäßigen Gas- u. Stromimporte im Untersuchungszeitraum für das B.A.U.-Szenario

m³	MGT-Pfl.	Gaskessel		GuD-Anlage		Summe Verdrängungseffekte		Saldo Gasimporte	MGT-Pfl.
Jahr	Gaseinsatz	Gaseinsatz	anteilige Gasimporte	Gaseinsatz	anteilige Gasimporte	Gaseinsatz	anteilige Gasimporte		verdrängte Stromimporte [GWh]
2007		26.953	21.248	37.602	29.643	-64.556	-50.892	-50.892	0,01
2008		107.814	84.994	150.410	118.573	-258.224	-203.567	-203.567	0,04
2009		242.581	191.236	338.422	266.790	-581.003	-458.026	-458.026	0,10
2010		431.256	339.975	601.639	474.294	-1.032.895	-814.268	-814.268	0,17
2011		700.790	552.459	977.663	770.728	-1.678.454	-1.323.186	-1.323.186	0,28
2012		1.078.139	849.936	1.504.097	1.185.735	-2.582.236	-2.035.671	-2.035.671	0,43
2013		1.563.302	1.232.408	2.180.941	1.719.315	-3.744.243	-2.951.723	-2.951.723	0,62
2014		2.156.278	1.699.873	3.008.195	2.371.469	-5.164.473	-4.071.342	-4.071.342	0,85
2015		2.857.069	2.252.331	3.985.858	3.142.197	-6.842.927	-5.394.528	-5.394.528	1,13
Summe		9.164.182	7.224.458	12.784.828	10.078.745	-21.949.010	-17.303.203	-17.303.203	3,63

m³	MGT-Gas	Gaskessel		GuD-Anlage		Summe Verdrängungseffekte		Saldo Gasimporte	MGT-Gas
Jahr	Gaseinsatz	Gaseinsatz	anteilige Gasimporte	Gaseinsatz	anteilige Gasimporte	Gaseinsatz	anteilige Gasimporte		verdrängte Stromimporte [GWh]
2005	347.008	150.799	118.881	208.260	164.179	-359.059	-283.059	-9.500	0,06
2006	1.216.260	517.227	407.749	752.049	592.867	-1.269.275	-1.000.616	-41.794	0,21
2007	2.919.024	1.271.924	1.002.704	1.804.917	1.422.882	-3.076.841	-2.425.586	-124.413	0,51
2008	6.932.683	3.050.854	2.405.099	4.286.677	3.379.344	-7.337.531	-5.784.443	-319.157	1,22
2009	15.933.008	7.039.968	5.549.863	9.851.838	7.766.562	-16.891.806	-13.316.425	-755.855	2,80
2010	35.149.919	15.557.267	12.264.360	21.734.207	17.133.866	-37.291.474	-29.398.226	-1.688.266	6,17
2011	61.786.016	27.362.891	21.571.162	38.204.073	30.117.660	-65.566.964	-51.688.823	-2.980.658	10,85
2012	89.030.244	39.438.049	31.090.448	55.049.963	43.397.889	-94.488.012	-74.488.337	-4.302.557	15,63
2013	116.274.472	51.513.207	40.609.735	71.895.854	56.678.117	-123.409.061	-97.287.852	-5.624.456	20,41
2014	143.518.699	63.588.365	50.129.021	88.741.744	69.958.345	-152.330.109	-120.087.366	-6.946.355	25,19
2015	170.762.927	75.663.523	59.648.308	105.587.635	83.238.573	-181.251.158	-142.886.881	-8.268.254	29,97
Summe	643.870.260	285.154.074	224.797.329	398.117.216	313.850.284	-683.271.291	-538.647.613	-31.061.266	113,02

m³	S.M.-Pellets	Gaskessel		GuD-Anlage		Summe Verdrängungseffekte		Saldo Gasimporte	S.M.-Pellets
Jahr	Gaseinsatz	Gaseinsatz	anteilige Gasimporte	Gaseinsatz	anteilige Gasimporte	Gaseinsatz	anteilige Gasimporte		verdrängte Stromimporte [GWh]
2007		6.636	5.232	6.074	4.789	-12.711	-10.020	-10.020	0,002
2008		39.818	31.390	36.445	28.731	-76.263	-60.121	-60.121	0,01
2009		119.454	94.170	109.336	86.194	-228.790	-180.364	-180.364	0,03
2010		272.090	214.498	249.044	196.330	-521.134	-410.829	-410.829	0,07
2011		577.362	455.155	528.459	416.603	-1.105.821	-871.759	-871.759	0,15
2012		1.187.905	936.469	1.087.289	857.149	-2.275.194	-1.793.618	-1.793.618	0,31
2013		2.030.720	1.600.891	1.858.717	1.465.294	-3.889.438	-3.066.185	-3.066.185	0,53
2014		2.946.536	2.322.861	2.696.962	2.126.113	-5.643.498	-4.448.975	-4.448.975	0,77
2015		3.941.987	3.107.612	3.608.098	2.844.395	-7.550.085	-5.952.007	-5.952.007	1,02
Summe		11.122.508	8.768.278	10.180.425	8.025.599	-21.302.933	-16.793.877	-16.793.877	2,89

m³	S.M.-Gas	Gaskessel		GuD-Anlage		Summe Verdrängungseffekte		Saldo Gasimporte	S.M.-Gas
Jahr	Gaseinsatz	Gaseinsatz	anteilige Gasimporte	Gaseinsatz	anteilige Gasimporte	Gaseinsatz	anteilige Gasimporte		verdrängte Stromimporte [GWh]
2005	47.590	26.545	20.927	24.297	19.154	-50.842	-40.081	-2.564	0,01
2006	154.667	86.272	68.012	78.965	62.251	-165.238	-130.263	-8.333	0,02
2007	321.232	179.181	141.255	164.004	129.291	-343.186	-270.546	-17.307	0,05
2008	666.258	371.635	292.973	340.157	268.158	-711.793	-561.132	-35.896	0,10
2009	1.534.774	856.088	674.885	783.577	617.722	-1.639.665	-1.292.608	-82.690	0,22
2010	3.378.882	1.884.721	1.485.794	1.725.084	1.359.946	-3.609.805	-2.845.741	-182.045	0,49
2011	7.019.508	3.915.441	3.086.685	3.583.801	2.825.241	-7.499.243	-5.911.926	-378.193	1,02
2012	14.300.760	7.976.882	6.288.467	7.301.236	5.755.830	-15.278.118	-12.044.296	-770.487	2,07
2013	24.389.815	19.227.378	13.604.500	10.724.922	12.452.191	9.816.515	-26.056.691	-20.541.437	-1.314.059	3,53
2014	35.335.488	27.856.250	19.709.934	15.538.058	18.040.491	14.221.975	-37.750.425	-29.760.033	-1.903.783	5,12
2015	47.232.958	37.235.459	26.346.276	20.769.727	24.114.730	19.010.519	-50.461.006	-39.780.246	-2.544.787	6,85
Summe	134.381.931	105.938.164	74.957.477	59.091.706	68.608.533	54.086.603	-143.566.010	-113.178.308	-7.240.144	19,48

Quelle: eigene Berechnungen

---

[467] Quelle abrufbar unter: Strom/Zahlen,Daten,Fakten/Berichtsjahr 2005/Monatliche Importe und Exporte, 2006-05-18, http://www.e-control.at; der Saldo zw. physikalischen Importen und Exporten beträgt im Jahr 2005 rd. 8.345 Mio. Nm³.

[468] Quelle abrufbar unter: Gas/Zahlen,Daten,Fakten/Berichtsjahr 2005/Monatsbilanz, 2006-05-18, http://www.e-control.at; der Saldo zw. physikalischen Importen und Exporten beträgt im Jahr 2005 2.613 GWh.

10.3.3 Verringerung der Energieimportabhängigkeit durch Substitution der Energieträger Gas und Strom – VSI-Szenario

Da neben der Veränderung der Gasimporte auch eine Beeinflussung der Stromimportstruktur durch die Stromerzeugung der KWK-Anlagen entsteht, wird in dem VSI-Szenario nunmehr die mögliche Entlastung der Energieimporte durch die Verringerung der Stromimporte auf Grund des Einsatzes der KWK-Anlagen abgeschätzt. Unter der Annahme, dass durch die Stromerzeugung aus den KWK-Anlagen der Verdrängungseffekt zu keinem Rückgang der inl. Stromproduktion führt, kommen die substituierten Gasimporte für den Betriebseinsatz der GuD-Anlage in Österreich nicht zum Abzug. Stattdessen erfolgt die zusätzliche 100%-ige Berücksichtigung der KWK-Stromerzeugung mit Auswirkung einer Verdrängung der österreichischen Stromimporte. Nachfolgende Tabelle 10-5 zeigt den Unterschied, der durch die Berücksichtigung der vollen KWK-Stromerzeugung in den Stromimporten gegenüber dem B.A.U.-Szenario entsteht.

Tab. 10-5 Übersicht über die Entwicklung der österreichischen mengenmäßigen Gas- u. Stromimporte im Untersuchungszeitraum für das VSI-Szenario

m³	MGT-Pfl.		Gaskessel		GuD-Anlage		Summe Verdrängungseffekte		Saldo Gasimporte	MGT-Pfl. verdrängte Stromimporte [GWh]
Jahr	Gaseinsatz	anteilige Gasimporte	Gaseinsatz	anteilige Gasimporte	Gaseinsatz	anteilige Gasimporte	Gaseinsatz	anteilige Gasimporte		
2007			26.953	21.248	0	0	-26.953	-21.248	-21.248	0,20
2008			107.814	84.994	0	0	-107.814	-84.994	-84.994	0,78
2009			242.581	191.236	0	0	-242.581	-191.236	-191.236	1,76
2010			431.256	339.975	0	0	-431.256	-339.975	-339.975	3,12
2011			700.790	552.459	0	0	-700.790	-552.459	-552.459	5,07
2012			1.078.139	849.936	0	0	-1.078.139	-849.936	-849.936	7,80
2013			1.563.302	1.232.408	0	0	-1.563.302	-1.232.408	-1.232.408	11,31
2014			2.156.278	1.699.873	0	0	-2.156.278	-1.699.873	-1.699.873	15,60
2015			2.857.069	2.252.331	0	0	-2.857.069	-2.252.331	-2.252.331	20,67
Summe			9.164.182	7.224.458	0	0	-9.164.182	-7.224.458	-7.224.458	66,30

m³	MGT-Gas		Gaskessel		GuD-Anlage		Summe Verdrängungseffekte		Saldo Gasimporte	MGT-Gas verdrängte Stromimporte [GWh]
Jahr	Gaseinsatz	anteilige Gasimporte	Gaseinsatz	anteilige Gasimporte	Gaseinsatz	anteilige Gasimporte	Gaseinsatz	anteilige Gasimporte		
2005	347.008	273.559	150.799	118.881	0	0	-150.799	-118.881	154.678	1,08
2006	1.216.260	958.822	517.227	407.749	0	0	-517.227	-407.749	551.073	3,90
2007	2.919.024	2.301.173	1.271.924	1.002.704	0	0	-1.271.924	-1.002.704	1.298.469	9,36
2008	6.932.683	5.465.286	3.050.854	2.405.099	0	0	-3.050.854	-2.405.099	3.060.187	22,23
2009	15.933.008	12.560.570	7.039.968	5.549.863	0	0	-7.039.968	-5.549.863	7.010.707	51,09
2010	35.149.919	27.709.960	15.557.267	12.264.360	0	0	-15.557.267	-12.264.360	15.445.600	112,71
2011	61.786.016	48.708.164	27.362.891	21.571.162	0	0	-27.362.891	-21.571.162	27.137.002	198,12
2012	89.030.244	70.185.730	39.438.049	31.090.448	0	0	-39.438.049	-31.090.448	39.095.331	285,48
2013	116.274.472	91.663.396	51.513.207	40.609.735	0	0	-51.513.207	-40.609.735	51.053.661	372,84
2014	143.518.699	113.141.011	63.588.365	50.129.021	0	0	-63.588.365	-50.129.021	63.011.990	460,20
2015	170.762.927	134.618.627	75.663.523	59.648.308	0	0	-75.663.523	-59.648.308	74.970.319	547,56
Summe	643.870.260	507.586.348	285.154.074	224.797.329	0	0	-285.154.074	-224.797.329	282.789.018	2.064,57

m³	S.M.-Pellets		Gaskessel		GuD-Anlage		Summe Verdrängungseffekte		Saldo Gasimporte	S.M.-Pellets verdrängte Stromimporte [GWh]
Jahr	Gaseinsatz	anteilige Gasimporte	Gaseinsatz	anteilige Gasimporte	Gaseinsatz	anteilige Gasimporte	Gaseinsatz	anteilige Gasimporte		
2007			6.636	5.232	0	0	-6.636	-5.232	-5.232	0,032
2008			39.818	31.390	0	0	-39.818	-31.390	-31.390	0,19
2009			119.454	94.170	0	0	-119.454	-94.170	-94.170	0,57
2010			272.090	214.498	0	0	-272.090	-214.498	-214.498	1,29
2011			577.362	455.155	0	0	-577.362	-455.155	-455.155	2,74
2012			1.187.905	936.469	0	0	-1.187.905	-936.469	-936.469	5,64
2013			2.030.720	1.600.891	0	0	-2.030.720	-1.600.891	-1.600.891	9,64
2014			2.946.536	2.322.861	0	0	-2.946.536	-2.322.861	-2.322.861	13,99
2015			3.941.987	3.107.612	0	0	-3.941.987	-3.107.612	-3.107.612	18,71
Summe			11.122.508	8.768.278	0	0	-11.122.508	-8.768.278	-8.768.278	52,79

m³	S.M.-Gas		Gaskessel		GuD-Anlage		Summe Verdrängungseffekte		Saldo Gasimporte	S.M.-Gas verdrängte Stromimporte [GWh]
Jahr	Gaseinsatz	anteilige Gasimporte	Gaseinsatz	anteilige Gasimporte	Gaseinsatz	anteilige Gasimporte	Gaseinsatz	anteilige Gasimporte		
2005	47.590	37.517	26.545	20.927	0	0	-26.545	-20.927	16.590	0,13
2006	154.667	121.930	86.272	68.012	0	0	-86.272	-68.012	53.918	0,41
2007	321.250	253.259	179.181	141.255	0	0	-179.181	-141.255	111.984	0,85
2008	666.258	525.236	371.635	292.973	0	0	-371.635	-292.973	232.262	1,76
2009	1.534.754	1.209.918	856.088	674.885	0	0	-856.088	-674.885	535.033	4,06
2010	3.378.882	2.663.695	1.884.721	1.485.794	0	0	-1.884.721	-1.485.794	1.177.901	8,95
2011	7.019.508	5.533.733	3.915.441	3.086.685	0	0	-3.915.441	-3.086.685	2.447.048	18,59
2012	14.300.760	11.273.809	7.976.882	6.288.467	0	0	-7.976.882	-6.288.467	4.985.342	37,86
2013	24.389.815	19.227.378	13.604.500	10.724.922	0	0	-13.604.500	-10.724.922	8.502.456	64,58
2014	35.335.488	27.856.250	19.709.934	15.538.058	0	0	-19.709.934	-15.538.058	12.318.192	93,56
2015	47.232.958	34.436.276	20.769.727		0	0	-26.346.276	-20.769.727	16.465.732	125,06
Summe	134.381.931	105.938.164	74.957.477	59.091.706	0	0	-74.957.477	-59.091.706	46.846.459	355,79

Quelle: eigene Berechnungen

Durch den angenommenen Rückgang der Stromimporte u. den damit uneingeschränkten Betrieb der GuD-Anlagen fällt die Substitution der Gasimporte weg, wodurch sich in Summe bei unverändertem Gasverbrauch der KWK-Anlagen bzw. Wärmeerzeugungsanlagen eine Erhöhung des aliquoten inl. Gasverbrauches um rd. 84,2 Mio. m³ bzw. der Gasimporte um rd. 313,6 Mio. m³ ergibt! Lediglich beim Betrieb der KWK-Anlagen mit regenerativen Energieträgern erfolgt infolge des Substitutionsbeitrages der Gaskesselanlagen eine marginale Verringerung der Gasimportmengen (16,0 Mio. m³). Im Gegenzug der eklatant gestiegenen Gasverbrauchsmengen verringern sich die Einfuhren von Strom jedoch um rd. 2.539 GWh, wodurch diese Menge rd. 97,2 % der anno 2005 importierten Strommenge ersetzten würde.

10.3.4 Erhöhung der Energieimportabhängigkeit durch den Pflanzenöleinsatz

Wie bereits erwähnt birgt der Umstand der Umsetzung der EU-Richtlinie zur Biodieselbeimischung das strukturelle Problem mit sich, dass, bedingt durch zu geringe Raps-Anbauflächen in Österreich, größere Mengen an Pflanzenöl für den Betrieb der MGT importiert werden müssen. Diese Importe belasten somit den österreichischen Außenhandel. Im Anschluss zeigt Tabelle 10-6 die zukünftige Erwartung des Verbrauches von Pflanzenöl sowie der daraus resultierenden mengenmäßigen Importströme durch den Einsatz der MGT. Weiters erfolgt im Sinne einer gesamtheitlichen Abbildung der induzierten Mengenströme eine Auflistung der substituierten Sojaschrotimporte, beeinflusst durch den Anfall von Rapsschrot, welches zu Tierfutter verarbeitet werden kann.

Tab. 10-6 Übersicht über die Entwicklung der österreichischen mengenmäßigen Pflanzenölimporte sowie substituierten Sojaschrotimporte durch den Betrieb der MGT im Untersuchungszeitraum

Mikrogasturbine-Pflanzenöl					
Jahr	Pflanzenöleinsatz [l]	Pflanzenöleinsatz [toe]	anteilige Pflanzenölimporte [l]	anteilige Pflanzenölimporte [toe]	Subst. Importe von Sojaschrott [toe]
2007	67.761	62			121
2008	271.042	250			483
2009	609.845	562	60.985	56	978
2010	1.084.169	1.000	216.834	200	1.545
2011	1.761.775	1.624	528.533	487	2.197
2012	2.710.423	2.499	1.084.169	1.000	2.898
2013	3.930.114	3.624	1.965.057	1.812	3.501
2014	5.420.846	4.998	3.252.508	2.999	3.863
2015	7.182.622	6.622	5.027.835	4.636	3.839
Summe	23.038.598	21.242	12.135.920	11.189	19.426

Quelle: eigene Berechnungen

Der Pflanzenölbetrieb der MGT bedingt für den Zeitraum von 2007 bis 2015 einen Bedarf von 21.242 t Pflanzenöl, welches zu rd. 47 % (10.052 t) aus inländischer Produktion u. zu ca. 53 % (11.189 t) durch Importe abgedeckt wird. Die gesamten Pflanzenölimporte würden somit rd. 10,4 % der mengenmäßigen Importe des Jahres 2004 iHv. rd. 107.699 toe ausmachen[469]. Der heimische Anfall von Rapsschrot führt zu einer Substitution von Sojaschrotimporten iHv. 19.426 t.

10.3.5 Monetärer Beitrag dezentraler KWK-Technologien zur Preisstabilität der österreichischen Energieimporte

Durch Erhöhung der inl. Eigenaufbringung bzw. der Diversifizierung des Primärenergieträgerportfolios sinken die Auslandsabhängigkeit u. dadurch auch die Krisenanfälligkeit der österreichischen Volkswirtschaft gegenüber exogenen Energiepreis-

---

[469] Vgl. Statistik Austria, Statistisches Jahrbuch Österreichs 2006, 2005, Tab. 26.02 Handelsverkehr nach Warengruppen des SITC-revised 3

schocks. Ein breites Angebot unterschiedlicher Primärenergieträger kann Energiepreisschwankungen folglich besser abfedern u. die Versorgungssicherheit im Sinne einer verbesserten Preisstabilität erhöhen. In diesem Sinne kommt den untersuchten KWK-Technologien u. hier vor allem den Anlagen, welche mit regenerativen Energieträgern betrieben werden, zur langfristigen Sicherung einer preisstabilen Energieversorgung eine Schlüsselrolle zu. Der Betrieb der KWK-Anlagen könnte insofern dazu beitragen, dass die bei Verknappungstendenzen entstehenden exogenen Preisschocks gedämpft werden u. somit ökonomische Indikatoren wie Wirtschaftswachstum u. infolgedessen Arbeitslosigkeit in Österreich dadurch nicht so stark beeinträchtigt werden.

Die im Folgenden vorgestellten Prognosen- u. strukturellen Sensitivitätsberechnungen sind grundsätzlich als bedingte Vorausschätzungen zu verstehen. Sie zeigen die Entwicklung der monetären Veränderungen bei den österreichischen Energieimporten unter Vorgabe wichtiger Rahmenfaktoren, der so genannten exogenen Variablen. Zu diesen Variablen gehören die Importentwicklung der Rohstoffpreise für Gas bzw. Pflanzenöl sowie die Veränderung der Strompreise. Dies ist unmittelbar einsichtig in Bezug auf die energiepolitische Dimension in Österreich; die Preise für Gas bzw. Pflanzenöl prägen unmittelbar die wertmäßige Ausbildung der Energieimporte, werden aber selbst nicht bzw. kaum spürbar von den binnenwirtschaftlichen Aktivitäten beeinflusst. Ähnliches gilt mutatis mutandis für die Strompreisentwicklung. Da angenommen wurde, dass der benötigte Brennstoffeinsatz (Pellets) für den S.M. im Inland erzeugt wird, findet dieser in den quantitativen Beiträgen zur Preisstabilität keine Berücksichtigung.

Zur Berechnung der Simulationen kommt wiederum der gewählte Untersuchungszeitraum von 2005 bis 2015 in Betracht. Basis bilden dafür die in den Kap. *10.3.2* bis *10.3.4* ermittelten Mengengerüste für Gas, Strom u. Pflanzenöl, welche entsprechend den unterschiedlichen Annahmen mit verschiedenen Preissteigerungsraten, bezogen auf den Preis für 2005 simuliert werden. In einem ersten Schritt werden die monetären Energieimporte für die KWK-Anlagen (Gas u. Pflanzenöl) ermittelt. Mit Hilfe der verdrängten monetären Energieimportströme für die substituierten Gaskessel- u. GuD-Anlagen (jeweils für KWK-Betrieb mit Gas u. Pflanzenöl bzw. Pellets) können nun die jährlichen wertmäßigen Gesamtnettoenergieimporte für das B.A.U.-Szenario errechnet werden. In dem VSI-Szenario kommen, ausgehend von der gleichen monetären KWK-Bruttoimportbilanz, neben den positiven monetären Verdrängungseffekten für den Gasimport durch substituierte Heizanlagen die verdrängten Stromimporte durch den Beitrag der KWK-Anlagen zur inl. Stromaufbringung zur Geltung, woraus wiederum nach Abzug der monetären KWK-Bruttoimportströme, die Finanzen betreffende Nettoenergieimporte resultieren. Es werden folglich für beide Szenarien jeweils verschiedene Preisentwicklungen betrachtet die in Tabelle 10-7 aufgelistet sind. Beginnend ab dem Jahr 2006 erfolgt je nach Annahme eine jährliche konstante Preiserhöhung mit dem angegebenen Prozentsatz bis zum Ende der Untersuchungsperiode.

Tab. 10-7 Übersicht über die Basispreise bzw. Preisentwicklungen im Baseline-Szenario für Gas-, Pflanzenöl-, Strom- u. Sojaschrotimporte

	MGT Pflanzenöl	MGT Gas	S.M. Gas[470]	Heizanlage Gas	GuD-Anlage Gas
Basiswerte					
Gaspreis 2005 [Ct./kWh]	-	2,10	2,11	2,10 Ref-MGT 2,11 Ref-S.M.	2,10 Ref-MGT 2,11 Ref-S.M.
Strompreis 2005 [EUR/MWh]	48,0	48,0	52,0	-	48,0 Ref-MGT 52,0 Ref-S.M.
Pflanzenölpreis 2009 [EUR/l]	0,645; bis 2009 + 4 %, ab 2010 + 3 %	-	-	-	-
Importpreis für Sojaschrot 2005 [EUR/t]	195,0; bis 2008: - 1,4 %, ab 2009: + 3 %	-	-	-	-

Quelle: eigene Annahmen

Die anschließend angeführten Preisannahmen für Gas, Strom, Pflanzenöl u. Sojaschrot haben letztlich nachfolgende Auswirkungen auf die monetären Energieimporte, welche in den Tabellen 10-8 u. 10-9 präsentiert werden.

Tab. 10-8 Ergebnisse der Preissensitivität im Untersuchungszeitraum auf die Entwicklung der monetären Energieimporte in Österreich

EUR Mio.	monetäre Gasimporte MGT	monetäre Gasimporte S.M.	Subst. monetäre Gasimporte Heizanlage	Subst. monetäre Gasimporte GuD-Anl.	Subst. Stromimporte durch KWK-Strom	monetäre Veränderung der österreichischen LB
Baseline-Szenario						
B.A.U.-Szenario	147,12	26,95	-87,14	-112,09	-8,51	**33,67**
VSI-Szenario	147,12	26,95	-87,14	-	-155,40	**68,47**
Preisszenarien B.A.U.-Szenario						
Gas + 2 % p.a. Strom + 2 % p.a.	138,51	29,34	-82,12	-105,61	-7,95	**27,83**
Gas + 3 % p.a. Strom + 3 % p.a.	149,96	31,92	-89,02	-114,44	-8,62	**30,19**
Gas + 5 % p.a. Strom + 5 % p.a.	175,52	37,72	-104,43	-134,17	-10,10	**35,46**
Gas + 7 % p.a. Strom + 7 % p.a.	205,06	44,46	-122,27	-156,99	-11,82	**41,57**
Gas + 10 % p.a. Strom + 10 % p.a	258,02	56,64	-154,33	-197,98	-14,91	**52,56**
Gas + 10 % p.a. Strom + 5 % p.a.	258,02	56,64	-154,33	-197,98	-10,10	**47,75**
Gas + 15 % p.a. Strom + 5 % p.a.	374,93	83,86	-225,31	-288,67	-10,10	**65,29**
Preisszenarien VSI-Szenario						
Gas + 2 % p.a. Strom + 2 % p.a.	138,51	29,34	-82,12	-	-145,27	**59,54**
Gas + 3 % p.a. Strom + 3 % p.a.	149,96	31,92	-89,02	-	-157,42	**64,56**
Gas + 5 % p.a. Strom + 5 % p.a.	175,52	37,72	-104,43	-	-184,58	**75,77**
Gas + 7 % p.a. Strom + 7 % p.a	205,06	44,46	-122,27	-	-216,00	**88,76**
Gas + 10 % p.a. Strom + 10 % p.a	258,02	56,64	-154,33	-	-272,44	**112,10**
Gas + 10 % p.a. Strom + 5 % p.a.	258,02	56,64	-154,33	-	-184,58	**24,25**
Gas + 15 % p.a. Strom + 5 % p.a.	374,93	83,86	-225,31	-	-184,58	**-48,90**

Quelle: eigene Berechnungen

Im B.A.U.-Szenario der Basislösung erfährt die österreichische LB durch substituierte Gasimporte eine partielle Verbesserung um rd. EUR 33,7 Mio. Ein Anheben der jährl.

---

[470] Pers. Anm. des Autors, die Preisangabe für Strom gilt auch für den S.M. Pelletbetrieb.

Energiepreise für Strom u. Gas um bspw. 5 %[471] innerhalb des gesamten Untersuchungsraums führt zu einer leichten Erhöhung des LB-Überschusses auf EUR 35,5 Mio. Dieser positive Effekt auf die LB steigert sich bei Annahme einer jährl. Preissteigerung von 10 % auf beträchtliche EUR 52,6 Mio. (+56,1 % gegenüber der Basislösung). Das VSI-Szenario leistet im Baseline einen positiven LB-Überschuss iHv. EUR 68,5 Mio., wodurch im Vergleich zum B.A.U.-Szenario ceteris paribus eine Verbesserung des Saldos auf die LB um über 103 % auftritt. Anhand der derzeitig gegebenen Preissituation von Gas u. Strom bedeutet dies, dass jene Stromimporte, die durch die erzeugten KWK-Strommengen verdrängt werden, einen deutlich positiveren Einfluss auf den österreichischen Außenhandel ausüben als der durch verminderten Import an Gasmengen entstehende Substitutionseffekt, welcher ja als Resultat einer geringeren Stromproduktion seitens der GuD-Anlagen gewertet werden kann. Dito erfolgt also eine Verbesserung der LB bei Erhöhung der Energiepreise um 10 % p.a. auf EUR 112,1 Mio. (+63,7 % gegenüber der Basislösung). Um jedoch die preisdämpfende Wirkung exogener Gaspreisschocks zu demonstrieren, wird eine jährl. Erhöhung des Preises für Gas um 10 % u. für Strom um 5 % angenommen. Als Auswirkungen auf den österreichischen Außenhandel ergeben sich in diesem Fall für das B.A.U.-Szenario eine Verbesserung der LB um EUR 47,8 Mio. u. für das VSI-Szenario um EUR 24,3 Mio.; daraus resultiert, dass bei Divergenz der Preisentwicklungen (Gasimportpreis steigt höher als Importpreis für Strom) aus volkswirtschaftlicher Sicht die GuD-Anlagen ihre Stromproduktion um den Strombeitrag der erzeugten KWK-Anlagen zurückfahren sollten, um im Gegenzug teure Gasimporte zu vermeiden. Der Substitutionseffekt der verdrängten Gasimporte für die GuD-Anlagen überwiegt in diesem Fall den Mehrwert des erzeugten Stromes, der zur Reduktion der Stromimporte führt. Die Szenarienanalyse zeigt weiters, dass in der Basislösung durch die substituierten monetären Energieimporte lt. B.A.U.-Szenario die österreichischen Energieimporte aus dem Jahr 2004 um rd. 0,42 %, lt. VSI-Szenario um rd. 0,85 % reduziert werden würden. Bei zukünftig steigenden Energiepreisen bewegt sich die Veränderung der Ausgaben für Energieimporte durch den Einsatz der KWK-Anlagen in einem hypothetischen Spektrum von max. - 1,4 % (VSI-Szenario: Gas u. Strom + 10 % p.a.) bis + 0,61 % (VSI-Szenario: Gas + 15 %, Strom + 5 %).

---

[471] Pers. Anm. des Autors, es wird grundsätzlich vereinfacht angenommen, dass sich eine Preiserhöhung von Erdgas im Verhältnis 1 zu 1 auf den Strompreis niederschlägt. Um Unterschiede in den beiden Szenarien aufzuzeigen wird jedoch von dieser Annahme auch Abstand genommen.

Tab. 10-9 Ergebnisse der Preissensitivität im Untersuchungszeitraum auf die Entwicklung der monetären Pflanzenölimporte bzw. die substituierten Sojaschrote in Österreich

EUR Mio.	monetäre Pflanzenölimporte MGT	substituierte Importe von Soja-Schrot	monetäre Veränderung der österreichischen LB
Baseline-Szenario	9,04	-4,17	-4,87
Preisszenarien[472]			
Pflanzenölpreis + 4 % p.a. Preis für Soja Schrot - 1,4 % p.a.	9,48	- -3,40	-6,07
Pflanzenölpreis + 2 % p.a. Preis für Soja Schrot + 2 % p.a.	8,62	- -4,41	-4,21
Pflanzenölpreis + 3 % p.a. Preis für Soja Schrot + 3 % p.a.	9,04	- -4,75	-4,28
Pflanzenölpreis + 5 % p.a. Preis für Soja Schrot + 5 % p.a.	9,93	- -5,52	-4,41
Pflanzenölpreis + 7 % p.a. Preis für Soja Schrot + 7 % p.a.	10,90	- -6,40	-4,51
Pflanzenölpreis + 10 % p.a. Preis für Soja Schrot + 10 % p.a.	12,51	- -7,96	-4,55
Pflanzenölpreis + 5 % p.a. Preis für Soja Schrot + 13 % p.a	9,93	-9,87	-0,06

Quelle: eigene Berechnungen

Der Pflanzenölimport führt im Baseline zu einer Mehrbelastung der österreichischen Außenwirtschaft iHv. EUR 9,0 Mio. Die substituierten Sojaschrotimporte reduzieren den LB-Saldo um rd. EUR 4,2 Mio., wodurch in Summe rd. EUR 4,9 Mio. zu einer Mehrbelastung des Außenhandels beitragen. Im Falle einer Trendfortsetzung der für die ersten 3 Jahre angenommenen Preisentwicklung erhöht sich das LB-Defizit auf insges. EUR 6,1 Mio. Im Falle einer synchronen Preisentwicklung, bspw. einer Erhöhung von 2 % p.a., beläuft sich das LB-Defizit auf EUR 4,2 Mio.; dieses steigt bei symmetrischer Erhöhung der Importpreise für Pflanzenöl bzw. Sojaschrot kontinuierlich durch progressiv steigende Importmengen von Pflanzenöl vice versa durch geringere inl. erzeugte Rapsschrotmengen u. folglich geringerer substituierter Sojaschrotmengen an. Bei einer tendenziellen fiktiven Preisentwicklung iHv. + 5 % für Pflanzenöl bzw. + 13 % für Sojaschrot ist ein ausgeglichenes Ergebnis auf die LB zu erwarten. Bezogen auf die monetären Pflanzenölimporte aus dem Jahr 2004 würden die Ergebnisse des Baseline eine Erhöhung der Ausgaben um rd. 5,7 % nach sich ziehen.

---

[472] Pers. Anm. des Autors, die Betrachtung der monetären Pflanzenölimporte ergibt nur Auswirkungen auf die KWK-Bruttobilanz, womit in diesem Fall die Verdrängungseffekte u. somit eine Unterscheidung in dem B.A.U.- bzw. VSI-Szenario entfallen.

11 Dimensionen ökologischer Bedeutung von kleinen dezentralen KWK-Anlagen in Österreich

11.1 Einleitung

Dieses Kapitel soll die umfassenden aus dem Einsatz von KWK-Anlagen resultierenden ökologischen Effekte anführen u. näher beleuchten. Angesichts opulenter Umwelt- u. Klimaschutzbedingungen steigen letztlich die Anforderungen, die zur Verfügung stehenden Energieträger so rationell u. umweltschonend wie möglich einzusetzen. Diesen Postulaten könnte insofern Rechnung getragen werden, als eine Installation von energieeffizienten innovativen KWK-Anlagen, insbesondere deren Betrieb mit regenerativen Energien, eine ostensive Substitution fossiler Energieträger nach sich ziehen würde. Das vorliegende Kapitel zielt darauf ab, possible ökologische Vorteile der KWK-Anlagen auszuloten - ceteris paribus - politischen Entscheidungsträgern eine Orientierungshilfe für zukünftige Prioritätssetzungen in der Energie- bzw. Umweltpolitik zu offerieren.

Da die Frage nach externen Kosten immensen Stellenwert in der Makro- bzw. Umweltpolitik genießt, wird dem Aspekt der Theorie der externen Effekte eingangs in Kap. *11.2 [Externe Effekte]* flüchtig Platz eingeräumt. Österreich strebt ferner eine Minimierung von Luftschadstoffemissionen, definiert als essenzielles international festgelegtes Umweltziel, an, daher wird prioritär in Abschnitt *11.3 [Status Quo – Schadstoffemissionen in Österreich]* ein zusammenfassender Überblick über die bisherige Emissionsentwicklung in Österreich sowie Fortschritte hinsichtlich einzelner diesbezüglicher Zielsetzungen gegeben. Folgende Umweltproblemfelder werden konkretisiert: „Anthropogener Treibhauseffekt", „Ozonvorläuferbildung", „Versauerung" sowie - aus Aktualitätsgründen - die „Staubbelastung". Anhand der Erläuterung der Rahmenbedingungen u. der gegenwärtigen Zielsetzungen soll in Kap. *11.4 [Quantitativer Beitrag dezentraler KWK-Technologien zur Reduktion der Schadstoffemissionen in Österreich]* eruiert werden, ob durch den Einsatz der untersuchten KWK-Technologien eine Überschreitung gesetzlich festgelegter Grenzwerte vermieden werden kann. Dazu wird - analog der Systematik zur Berechnung der ökonomischen Effekte - einerseits der Bruttoeffekt, andererseits der aus Abzug der Verdrängungseffekte resultierende Nettoeffekt der Schadstoffemissionen ermittelt, der dann als positiver bzw. negativer Beitrag zur Zielerreichung beiträgt. Als methodisches Instrument zur Berechnung von Schadstoffemissionen entlang der Energiekette dient das Emissionsmodell von GEMIS Version 4.3. Die quantifizierten Nettoeffekte der Schadstoffemissionen werden in Kap. *11.5 [Monetäre Bewertung der externen Effekte einer Schadstoffreduktion durch Einsatz von KWK-Anlagen]* mit Hilfe des Softwareprogrammes EcoSenseLE V1.2, welches die Einschätzung externer Kosten ermöglicht, monetär bewertet[473]. Ergänzend soll abschließend in Kap. *11.6 [Ressourcenverbrauch]* durch Ermittlung des kumulierten Energieaufwandes zur Herstellung von Strom u. Wärme aus den KWK-Anlagen bzw. substituierten Ref-Anlagen dem Thema „Ressourcenverbrauch" Rechnung getragen werden.

---

[473] Pers. Anm. des Autors, die Berechnung dieser externen Umweltkosten folgt dem Wirkungspfandansatz als sogenannte Bottom-up-Methode. Die Bewertung der Schäden auf die menschliche Gesundheit, Feldpflanzen u. Material bzw. auf das globale Klima wird dabei durch Schadens- bzw. Vermeidungskosten vorgenommen. Als Kostenkategorien kommen Luftschadstoffe (NO_x, SO_2, $PM10$ u. NMVOC) sowie THG (CO_2, CH_4 u. N_2O) zur Betrachtung.

11.2 Externe Effekte

Nachstehendes Kapitel soll kurz den Sachverhalt der Theorie der externen Effekte darstellen.

11.2.1 Das Konzept der externen Kosten

Das Grundmodell der neoklassischen Wohlfahrtstheorie basiert auf der Präsenz vollkommener Konkurrenzmärkte, in denen alle relevanten Kosten für Güter od. – anders formuliert – der gesamte Ressourcenverbrauch zur Bereitstellung derselben durch Marktpreise charakterisiert werden. Auf einem solch „vollkommenen" Markt werden daher die Kosten zur Gänze von den Verursachern (Konsumenten u. Produzenten) getragen, woraus sich eine optimale Allokation knapper Ressourcen ergibt u. konsekutiv ein gesellschaftlich höchst annehmbares Wohlfahrtsniveau geschaffen wird[474].

Sogenannte „ubiquitäre Güter" werden nicht über Märkte gehandelt, denn durch fehlende Eigentumsrechte für die Nutzung derselben wird kein Preis bezahlt, folglich finden sie in den wirtschaftlichen Kalkülen der Produzenten u. Verbraucher auch keine Berücksichtigung. Da sich das Postulat vollkommener Märkte durch Präsenz „öffentlicher Güter" als irreal erweist (Realität versus Theorie), versagt der oben beschriebene im Normalfall optimale Ressourcenallokation gewährleistende Marktmechanismus - aus diesem Grund ist ein Auftreten von externen Effekten obligat. Externe Effekte beschreiben also Wirkungsbeziehungen, die auf das Verhalten eines od. mehrerer Marktteilnehmer zurückzuführen sind, jedoch nicht nur diese selbst, sondern meist auch andere involvierte Marktteilnehmer betreffen sowie nicht durch Gegenleistungen abgegolten werden[475]. Via Monetarisierung der externen Effekte lassen sich externe Kosten od. Nutzen ermitteln. Insbesondere Energiebereitstellung u. -nutzung ziehen externe Effekte nach sich, die gesamtwirtschaftliche Kosten verursachen u. damit das an u. für sich erreichbare Niveau der gesellschaftlichen Wohlfahrt senken[476].

Werden die externen Kosten durch „regulative Eingriffe von außen" - sogenannte Internalisierungsmaßnahmen - dem Verursacher (z.B. Kraftwerksbetreiber) angelastet, so wird dieser Vermeidungsmaßnahmen ergreifen. Aus Sicht der Institutionenökonomie steuern wirtschaftliche Institutionen daher implizit od. explizit das soziale Handeln der Marktteilnehmer, vornehmlich zielgerichtet auf Internalisierung externer Effekte, um die gesamtwirtschaftliche Effizienz zu erhöhen. Folgt man diesen Überlegungen, sollten institutionelle Reglements auf eine verursachergerechte Zuordnung von Opportunitätskosten, resultierend aus externen Effekten, abzielen, um Fehlallokationen vermeiden od. zumindest reduzieren zu können[477]. Der Lenkungseffekt ei-

---

[474] Vgl. Krewitt, W., Externe Kosten der Stromerzeugung, zur Veröffentlichung vorgesehen, in: Hrsg. Rebhan, E.,: Energie – Handbuch für Wissenschaftler, Ingenieure und Entscheidungsträger, 2002, 2

[475] Vgl. Bruck, M., u.a., Externe Kosten - Externe Kosten im Hochbau, Studie in Zusammenarbeit mit dem Österreichischen Ökologie-Institut; im Auftrag des Bundesministeriums für Wirtschaft und Arbeit, Band 1, Wien 2002, 3

[476] Pers. Anm. des Autors, gemeint sind bspw. Umweltschäden die in den operativen u. strategischen Überlegungen der Energieversorger sowie den Unternehmen u. Haushalten nicht hinreichend berücksichtigt sind. Die weitgehende Ausblendung von Umweltschäden stellt die Allokationswirkung des Preismechanismus in Frage, da die tatsächlichen Kosten der Energieerzeugung u. –verwendung nicht in den Preisen zur Geltung kommt. Die volkswirtschaftliche Fehlallokation führt somit zu massiven Umweltschädigungen, weil die realen Kosten nicht widergespiegelt werden die den Verbrauch eindämmen könnten.

[477] Vgl. Kumkar, L., Wettbewerbsorientierte Reformen der Stromwirtschaft, eine institutionenökonomische Analyse; Hrsg. Siebert H., Tübingen 2000, 54f., *Pers. Anm. des Autors*, als wesentliche Instrumente der Umweltpolitik zur Internalisierung externer Kosten gelten Steuern, Abgaben, Lizenzen u. Mengenlösungen, die den marktwirtschaftlichen Ansätzen zuzuordnen sind sowie Gesetze, Ge- u. Verbote im Sinne der ordnungsrechtlichen Ansätze. Um den Rahmen der Arbeit nicht zu sprengen, verweise ich hinsichtlich der Möglichkeiten zur Internalisierung externer Kosten *bspw. auf* Weimann, J., Umweltökonomik: Eine theorieorientierte Einführung, Berlin-Heidelberg 1990, 103ff.

ner Internalisierung, bezogen auf ein Beispiel aus der Energiewirtschaft, besteht darin, die Nachfrage der Energiekonsumenten in Richtung einer „umweltfreundlichen statt – belastenden Technologie" zu forcieren u. somit die Umwelt zu schonen.

Von einer theoretischen optimalen Internalisierung im Sinne der neoklassischen Wohlfahrtsökonomie spricht man dann, wenn z.B. die Kosten für die Vermeidung einer zusätzlichen Einheit eines Schadstoffes (die marginalen Grenzkosten) gerade genau so groß sind wie die Schadenskosten, die den Wert durch diese Emission verursachten Umweltschäden (die marginale Schadenskosten) widerspiegeln[478]. Allerdings führt selbst volle Internalisierung nicht zu einem Ende der Umweltbelastungen, sondern reduziert diese über den wirtschaftlichen Lenkungsmechanismus der Preise auf ein gesellschaftlich optimales Niveau.

11.2.2 Methodische Grundlagen zur Ermittlung der externen Kosten

Das Fundament zur Ermittlung externer Kosten wird anhand 3er Arbeitsschritte erstellt[479]:

1. Identifizierung externer Effekte
2. Quantifizierung dieser Effekte
3. Bewertung bzw. Monetarisierung der externen Effekte

Die Identifizierung als qualitative Beschreibung dient primär der Wahrnehmung externer Effekte, sekundär einer Herstellung des kausalen Zusammenhanges zw. Umweltbelastung u. resultierendem Schaden.

Die Quantifizierung externer Kosten bedarf einer Untersuchung der technisch-physikalischen bzw. ökologisch-biologischen Ursache-Wirkungsketten. Um diese zu ermöglichen, wird versucht, die kausale Wirkungskette eines Schadstoffes - von der Emission über Transport- u. Umwandlungsprozesse bis hin zur Wirkung auf verschiedene Rezeptoren (z.B. Menschen u. Pflanzen) - durch Modelle zu beschreiben. Da sich die Wirkungskette von der Emission eines Schadstoffes bis zur Schadensabschätzung in der Realität als sehr komplex erweist, muss sie im Rahmen einer Wirkungspfad-Analyse sinnvoll simplifiziert werden, um eine modelltechnische Beschreibung überhaupt möglich zu machen. Im Hinblick auf die ohnehin vorhandenen Unsicherheiten ist zur Abschätzung von Schadenskosten im Allgemeinen eine Modellierung derjenigen Wirkungspfade ausreichend, die die voraussichtlich größten Umweltschäden beschreiben. Dieser Auswertung liegt allerdings eine bereits erfolgte, primäre Beurteilung zu Grunde, welche die Gefahr birgt, Wirkungspfade, die zwar nach heutigem Kenntnisstand keine, künftig aber ev. gravierende Priorität genießen, zu vernachlässigen[480].

11.2.3 Monetäre Bewertung von externen Effekten

Für externe Effekte existiert im Allgemeinen quod erat demonstrandum kein Markt, sodass deren Bewertung mittels beobachtbarer Marktpreise ausbleibt. Die aus ökologischer u. ökonomischer Sicht hohe Relevanz einer Berücksichtigung von externen Effekten bei der Entscheidungsfindung hat Anlass zu Entwicklung adäquater Metho-

---

[478] Vgl. Krewitt, W., 2002, 3

[479] Vgl. Krewitt, W., 2002, 4, *bzw.* Bruck, M., 2002, 4f.

[480] Vgl. Krewitt, W., 2002, 4f., *Pers. Anm. des Autors,* die Stufen eines Wirkungspfades werden anhand der Modellerklärung in Kap. *11.5 [Monetäre Bewertung der externen Effekte einer Schadstoffreduktion durch Einsatz von KWK-Anlagen]* vorgestellt.

den u. Instrumente zur monetären Bewertung gegeben. Zur Monetarisierung stehen einander zwei konträre theoretische Konzepte gegenüber: der Schadenskostenansatz u. der Vermeidungskostenansatz.

11.2.3.1 Schadenskostenansatz

Bei diesem Ansatz wird der durch die externen Effekte verursachte Schaden abgeschätzt u. monetär bewertet. Da die technisch-physikalischen Wirkungsbeziehungen zw. Emissionen u. Schaden oft nicht eindeutig geklärt sind, ist (bereits) die Quantifizierung des hervorgerufenem Schadens mit meist hohen Unsicherheiten behaftet. Die Monetarisierung erfolgt mittels folgender Methoden[481]:

- Zahlungsbereitschaft od. Willingness to pay
- Entschädigungsforderung od. Willingness to accept
- Hedonistische Preisanalyse
- Reparaturkosten
- Human-Capital-Methode

11.2.3.2 Vermeidungskostenansatz

In bestimmten Fällen, nämlich wenn keine Grundlagen zur Ermittlung der Schadenskosten vorliegen od. diese mit hohen Unsicherheiten behaftet sind, kann auf Vermeidungskosten zur Bewertung von Schäden zurückgegriffen werden. Der Vermeidungskostenansatz rückt nicht die Kosten des verursachten Schadens, sondern jene der Prophylaxe in den Vordergrund, die demnach als Vermeidungskosten definiert werden. Man einigt sich dabei vorausschauend auf „Verdacht" u. trifft - ohne definitive Kenntnis aller Wirkungszusammenhänge - bestimmte Vorsorgemaßnahmen. Die Höhe der Vermeidungskosten hängt entscheidend vom festgelegten gesellschaftlich akzeptierten Reduktionsziel ab. Es muss dabei theoretisch sichergestellt sein, dass dieses Ziel so definiert wird, dass die Grenzvermeidungskosten zur zusätzlichen Reduktion der Emissionen gerade den Grenzschadenskosten infolge einer zusätzlichen Emissionseinheit entsprechen. Da jedoch in vielen Fällen gesicherte Informationen über Schadenskosten fehlen, ist dieser Ansatz in der ökonomischen Theorie stark umstritten u. stellt folglich nur die zweitbeste Lösung dar. Trotzdem werden Vermeidungskosten häufig zur Abschätzung externer Kosten herangezogen, deren Schadenskosten empirisch nicht od. nur mit erheblichem Aufwand abzuschätzen sind[482].

Im Rahmen der hier durchgeführten Untersuchungen werden zur Abschätzung der externen Kosten des Treibhauseffektes prioritär Schadenskosten, jedoch zum Teil auch Vermeidungskosten herangezogen, da die Schätzung der Schadenskosten mit enormen Unsicherheiten verbunden ist. Für alle restlichen Bewertungen der Schadensgüter (menschliche Gesundheit, Materialien u. Feldpflanzen) werden die aus ökonomischer Sicht wesentl. besser argumentierbaren Schadenskosten verwendet.

11.3 Status Quo – Schadstoffemissionen in Österreich

Dieses Kapitel gibt einen Überblick über Ausmaß u. Ursachen der österreichischen Schadstoffemissionen inkl. anschließender Gegenüberstellung derselben zu ev. vorliegenden gesetzlichen Zielbestimmungen[483]. Verschiedene in dieser Arbeit berück-

---

[481] Vgl. Bruck, M., 2002, 5f., *Pers. Anm. des Autors,* die einzelnen Methoden werden an dieser Stelle nicht weiter erläutert, für eine tiefere Auseinandersetzung mit dieser Thematik möchte ich auf die von mir zitierte Quelle od. gegebenenfalls auf die gängige Literatur verweisen.

[482] Vgl. Friedrich, R., u.a., Ermittlung externer Kosten des Flugverkehrs am Flughafen Frankfurt/Main, Endbericht; Hrsg. Universität Stuttgart Institut für Energiewirtschaft und Rationale Energieanwendung, Stuttgart 2003, 19f., *bzw.* Bruck, M., 2002, 6

[483] Pers. Anm. des Autors, ein langfristiger Emissionstrend für die Jahre 1990 bis 2003 der behandelten Schadstoffe ist wiederum in der vollständigen Arbeit unter www.energieinstitut-linz.at abrufbar.

sichtigte Schadstoffe stehen dabei in direktem Konnex zu negativen Auswirkungen auf die Umwelt u. sind deshalb zwecks besseren Verständnisses in Tabelle 11-1 danach gruppiert. Konsekutiv wird folgende Problematik abgehandelt[484]:

- Klimaerwärmung – Treibhauseffekt (verursacht durch THG)
- die Bildung von bodennahem Ozon (aus Ozonvorläufersubstanzen)
- die Deposition von versauernd wirkenden Substanzen
- der Beitrag zur Staubbelastung durch direkte Staubemissionen

Tab. 11-1 Erfasste Schadstoffe u. deren Zuordnung zu verschiedenen Umweltproblemen

Schadstoffe[485]	Bezeichnung	Treibhauseffekt	Ozonvorläufersubstanzen	Versauerung	Staubbelastung
CH_4*	Methan	X	X		
CO*	Kohlenmonoxid		X		
CO_2*	Kohlendioxid	X			
H_2S	Schwefelwasserstoff			X	
HCl	Chlorwasserstoff			X	
HF	Fluorwasserstoff			X	
N_2O*	Distickstoffmonoxid (Lachgas)	X			
NH_3*	Ammoniak			X	
NMVOC*	Flüchtige Nichtmethan-Kohlenwasserstoffe		X		
NO_x*	Stickstoffoxide (angegeben als NO_2)		X	X	
SO_2*	Schwefeldioxid			X	
Staub*	Staub				X

Quelle: Emissionstrends 1990-2003, Umweltbundesamt, Wien 2005 bzw. GEMIS 4.3

Die folgenden Erläuterungen beziehen sich ausschließlich auf anthropogene (vom Menschen verursachte) Emissionen! (Nicht-anthropogene Emissionen sind nicht Teil internationaler Berichtspflichten – ergo auch hier nicht berücksichtigt[486])

Um den Kontext der Entwicklung der Schadstoffemissionen klar aufzubauen, kommen jeweils die relevanten Basisjahre bzw. die Jahre 2001 bis 2003 in den nachfolgenden Tabellen zur Darstellung. Ferner zeigen auch die Kommentare zu den Schadstoffentwicklungen bzw. die Verursachereinteilung eine eher pragmatische Prägnanz, um die gezielte u. zügige Überleitung auf neue originäre Erkenntnisse - im anschließenden explorativen Teil der Arbeit zu optimieren[487].

---

[484] Vgl. Anderl, M., u.a., Emissionstrends 1990-2003: Ein Überblick über die österreichischen Verursacher von Luftschadstoffen mit Datenstand 2005; Hrsg. Umweltbundesamt, Wien 2005, 12, *Pers. Anm. des Autors,* daneben gibt es als weiteren Problembereich die Deposition von eutrophierenden (überdüngend) wirkenden Substanzen (NO_x bzw. NH_3), die im Rahmen der monetären Bewertung der Schadenskosten im EcoSenseLE-Modell berücksichtigt werden.

[485] Pers. Anm. des Autors, die mit einem Stern gekennzeichneten Schadstoffe sind in der Österreichischen Luftschadstoff-Inventur erfasst. Die hier angeführten Schadstoffe sind jedoch nur als relevanter Auszug für meine Aufgabenstellung zu betrachten, da über diese hinaus in der OLI weitere Schadstoffe betrachtet werden, *Vgl.* dazu Anderl, M., u.a., 2005, 13. *Pers. Anm. des Autors,* die explizit zu jenen in der OLI behandelten, hinzugefügten Schadstoffe stammen von GEMIS 4.3, Quelle abrufbar unter: 2006-01-11, http://www.oeko.de/service/gemis/de/index.htm

[486] Vgl. Anderl, M., u.a., 2005, 15, ebenso wenig werden die Emissionen aus dem internationalen Flugverkehr betrachtet.

[487] Pers. Anm. des Autors, ich beschränke mich daher in den Ausführungen im Wesentlichen auf die Basisjahre u. den aktuellen Trend der Schadstoffentwicklung, um in den später zu behandelnden Kapiteln die Beiträge zur Schadstoffreduzierung respektive Zielerreichung durch die KWK-Anlagen quantitativ abschätzen zu können. Analog dazu wird ausschließlich der Verursachersektor „Energieversorgung" (Strom- u. Fernwärmekraftwerke sowie energetische Verwertung von Abfall, Raffinerie, Energieeinsatz bei Erdöl- u. Erdgasgewinnung sowie flüchtige Emissionen bei Pipelines u. Tankstellen) erläutert. Für tiefergehende Informationen *verweise* ich auf Anderl, M., u.a., 2005, *bzw.* Gugele, B., Rigler, E., Ritter, M., Kyoto-Fortschrittsbericht Österreich 1990 – 2003 (Datenstand 2005); Hrsg. Umweltbundesamt, Wien 2005.

11.3.1 Treibhausgase

Ein brisantes Thema, das den Energie- als auch Ökologiesektor national wie international stark tangiert, stellt der Klimawandel dar. Die Änderungen wesentlicher klimatologischer Größen sind auf anthropogene Emissionen der THG zurückzuführen, die durch Absorption von Infrarot-Strahlung die Energieflüsse in der Atmosphäre beeinflussen. Die gravierendsten, vom Menschen verursachten THG-Emissionen bezeichnen Kohlendioxid (CO_2), Methan (CH_4) u. Lachgas (N_2O). Das mengenmäßig bedeutendste von ihnen ist CO_2, dessen starke Konzentrationszunahme in der Atmosphäre zu etwa drei Viertel auf die Verbrennung fossiler Brennstoffe zurückzuführen ist, den restlichen Teil verursacht vor allem die Zerstörung tropischer Wälder. Zahlreiche Wissenschaftler sehen dabei kausale Zusammenhänge zw. Klimawandel, vermehrt auftretenden Wetteranomalien u. extremen Naturkatastrophen[488].

11.3.1.1 Kyoto-Protokoll

Mit 16. Februar 2005 trat das Kyoto-Protokoll in Kraft, in welchem erstmals verbindliche THG-Reduktionsziele für die Industriestaaten festgelegt wurden. Das Kyoto-Protokoll sieht eine Verminderung der gesamten THG-Emissionen (CO_2, CH_4, N_2O, HFKW, FKW u. SF_6) bis zum Zeitraum 2008-2012 um zumindest 5 % - bezogen auf die Emissionen des Basisjahres - vor. Die EU verpflichtete sich dabei, ihre THG-Emissionen um 8 % zu minimieren. Für Österreich gilt auf Grund EU-interner Regelungen ein Reduktionspotenzial von 13 % für diesen Zeitrahmen. Das Basisjahr für die THG CO_2, CH_4 u. N_2O stellt 1990 dar, für HFKW, FKW u. SF_6 kann 1990 od. 1995 gewählt werden[489].

11.3.1.2 Emissionen 2003 und Zielerreichung

In absoluten Zahlen lagen die in CO_2-Äquivalente gemessenen Emissionen 2003 bei rd. 91,6 Mio. t, d.h. um ca. 13 Mio. t über dem Basisjahr bzw. um 23,2 Mio. t über dem Kyoto-Ziel. Entsprechend diesen Emissionssteigerungen bewegt sich Österreich mit 25,1 Indexpunkten über dem Kyoto-Zielpfad[490], wodurch eine zunehmende Entfernung von der Zielerreichung feststellbar ist. Tabelle 11-2 zeigt neben dieser absoluten Entwicklung auch die prozentuelle Abweichung zur Zielerreichung gem. Kyoto-Protokoll.

Tab. 11-2 Status quo – Zielerreichung gem. Kyoto-Protokoll

	gesamte Emissionen in CO_2-Äquivalente [Mio. t]	mengenmäßige Abweichung [Mio. t]	prozentuelle Abweichung	Zielerreichung
Basisjahr 1990/1995	78,54	-	-	-
Kyoto Ziel 2010	68,33	-	-	-
Emissionen 2003	91,57	-	-	-
Differenz Basisjahr – 2003	-	+13,03	+16,6 %	NEIN
Differenz Kyoto Ziel 2010 – 2003	-	+23,24	+34,0 %	NEIN
Abweichung vom linearen Kyoto-Zielpfad	-	-	+25,1 %	NEIN

Quelle: Kyoto-Fortschrittsbericht Österreich 1990 - 2003, Umweltbundesamt, Wien 2005 bzw. eigene Berechnungen

---

[488] Vgl. Bundesministerium für Land- und Forstwirtschaft, Umwelt und Wasserwirtschaft, Nationaler Zuteilungsplan für Österreich gem. §11 EZG – endg., Konsolidierte Fassung unter Berücksichtigung der Ergänzungen vom 7. April 2004 sowie Aktualisierungen vom 19. August und 22. Dezember 2004, 3, bzw. Anderl, M., u.a., 2005, 16

[489] Vgl. Gugele/Rigler/Ritter, 2005, 4 bzw. Anderl, M., u.a., 2005, 16, für die F-Gase wird als Basisjahr 1995 gewählt.

[490] Vgl. Gugele/Rigler/Ritter, 2005, 5, der Kyoto-Zielpfad definiert sich als gerade Linie zw. dem Basisjahr 1990 u. dem Zieljahr 2010. Die Abweichung zum Kyoto-Zielpfad wird von der europäischen Kommission u. der europäischen Umweltagentur zur Bewertung des Fortschritts von Mitgliedstaaten angewandt.

11.3.1.3 Ursachen

Als Hauptverursacher des Anstieges der THG-Emissionen innerhalb der letzten Jahre erwiesen sich der Verkehr, der den mit Abstand stärksten absoluten Zuwachs verzeichnen konnte, gefolgt von der öffentlichen Strom- u. Wärmeproduktion u. der Industrie (insb. Eisen- u. Stahlerzeugung). Bedeutende Reduktionen wurden hingegen auf den Mülldeponien sowie in der Landwirtschaft erzielt. Der in den letzten Jahren verzeichnete Anstieg lässt sich vorwiegend durch erhöhten Verbrauch fossiler Brennstoffe, bedingt durch kalte Winter, aber auch durch eine vermehrte Beschickung von Strom- u. Fernwärmekraftwerken mit emissionsintensiver Braun- u. Steinkohle erklären. Ferner kristallisierten sich - neben der Strom- u. Wärmeproduktion - der Straßenverkehr u. Raumwärmesektor als für den Emissionszuwachs Hauptverantwortliche heraus.

11.3.2 Ozonvorläufersubstanzen

Ozon stellt ein reaktionsfreudiges Gas dar, welches in bodennahen Luftschichten durch Einwirkung von Sonnenlicht aus sog. Ozonvorläufersubstanzen gebildet wird. Zu diesen Substanzen zählen vor allem flüchtige organische Verbindungen (VOC) sowie Stickoxide (NO_x). Darüber hinaus leisten auch die Schadstoffe Kohlenmonoxid (CO) u. Methan (CH_4) einen fluktuativen Beitrag zur Ozonbildung. Emissionsreduktionen dieser Luftschadstoffe führen somit zu einer Verminderung der Ozonvorläufersubstanzen u. somit zu geringerer Ozonbelastung in diesem Umweltproblemfeld[491].

11.3.2.1 Göteborg-Protokoll, „NEC-Richtlinie" und Ozongesetz

Am 1. Dezember 1999 wurde das „Protokoll zur Verminderung von Versauerung, Eutrophierung u. bodennahen Ozon" in Göteborg von Österreich ratifiziert. Jenes legt erstmals absolute Emissionsgrenzen für die jährlichen anthropogenen Emissionen der Vertragsstaaten fest, die bis zum Jahr 2010 zu erreichen sind[492].

Durch die EU-Richtlinie 2001/81/EG über nationale Emissionsgrenzen für bestimmte Luftschadstoffe wird das Göteborg-Protokoll in der EU umgesetzt. Diese Richtlinie, welche nach englischer Bezeichnung auch unter dem Namen „NEC-Richtlinie" bekannt ist, gibt für die einzelnen Mitgliedsstaaten verbindliche nationale Emissionshöchstgrenzen ab dem Jahr 2010 vor, wobei einzelne (strengere) Abweichungen zum Göteborg-Protokoll anzumerken sind[493]. Für Österreich gelten die in Tabelle 11-3 vermerkten Werte.

Das Ozongesetz, welches die für bodennahes Ozon verantwortlichen Luftschadstoffe NO_x u. NMVOC hinsichtlich ihrer Reduktionsziele definieren soll, propagiert eine etappenweise Minimierung dieser Schadstoffe. Für NO_x-Emissionen sind österreichweit Verminderungen der Emissionen um 40 % bis 1996, um 60 % bis 2001 u. um 70 % bis 2006, jeweils bezogen auf die Emissionen des Basisjahres 1985, vorgesehen. Die Etappenziele für NMVOC-Emissionen korrespondieren mit diesen Vorgaben, mit Ausnahme des mit 1988 angesetzten Basisjahr[494].

---

[491] Vgl. Anderl, M., u.a, 2005, 33

[492] Vgl. Anderl, M., u.a, 2005, 33

[493] Vgl. Anderl, M., u.a, 2005, 33f. Die „NEC-Richtlinie" wurde mit dem Emissionshöchstmengengesetz-Luft in nationales österreichisches Recht umgesetzt u. trat am 01. Juli 2003 in Kraft, *Pers. Anm. des Autors,* der Höchstwert an NO_x-Emissionen beträgt im Göteborg-Protokoll 107.000 t/a; die EU-Richtlinie sieht für Österreich einen Maximalwert von 103.000 t/a vor.

[494] Vgl. Anderl, M., u.a, 2005, 34

11.3.2.2 Emissionen 2003 und Zielerreichung

Die fallende Tendenz der Luftschadstoffemissionen von Methan wurde bereits bei Abhandlung der THG diskutiert.

Tab. 11-3 Status quo NO_x bzw. NMVOC-Emissionen – Zielerreichung gem. Göteborg-Protokoll, EG-L u. Ozongesetz

Luftschadstoffe	Emissionen im Jahr 2003 [t]	Zielerreichung gem. Göteborg-Protokoll bis 2010 [t]	Zielerreichung EG-L bis 2010 [t]	Ozongesetz [t]	Zielerreichung
NO_x	229.030	107.000	103.000	1996: 140.000 tats. 211.780 2001: 94.000 tats. 213.670 2006: 70.224	NEIN
NMVOC	182.300	159.000	159.000	1996: 224.000 tats. 216.470 2001: 149.000 tats. 185.260 2006: 112.101	NEIN

Quelle: Emissionstrends 1990-2003, Umweltbundesamt, Wien 2005 bzw. eigene Berechnungen

Derzeit wird sowohl das Göteborg-Ziel von 107.000 t/a als auch die im EG-L festgesetzte Emissionsgrenze von 103.000 t/a NO_x für das Jahr 2010 bei weitem nicht erreicht. Ebenso zeigt sich gegenwärtig eine deutliche Überschreitung der festgelegten Ziele des Ozongesetzes für 2006. Ebenso bedarf es verstärkter Anstrengungen, um ein Erlangen des Minderungszieles für NMVOC-Emissionen gem. Göteborg-Protokoll u. des EG-L von 159.000 t/a für das Jahr 2010 possibel zu machen, da eine Überschreitung der derzeitigen Emissionen um ca. 23.000 t bezügl. des vorgeschriebenen Emissionszieles nach wie vor gegeben ist. Das Ozongesetz, welches eine Reduktion der NMVOC-Emissionen um 40 % bis 1996, um 60 % bis 2001 u. um 70 % bis 2006 - jeweils bezogen auf die Emissionen des Jahres 1988 – vorschreibt, konnte hinsichtlich des ersten Etappenziels erfüllt werden. Das Reduktionsziel für die zweite Periode wurde jedoch um rd. 36.000 t überschritten. Vergleicht man die NMVOC-Emissionen aus dem Jahr 2003 mit der Zielerreichung für das Jahr 2006, so müssen bis dahin über 70.000 t abgebaut werden.

11.3.2.3 Ursachen

Stickoxide resultieren überwiegend als unerwünschtes Nebenprodukt aus der Verbrennung von Brenn- u. Treibstoffen bei hoher Temperatur, wobei sich der Straßenverkehr mit einem Anteil von 59 % als größter Emittent (für 2003) derselben erweist. Der Grund für diese Entwicklung - seit 1985 stiegen die Emissionen um 21 % - liegt einerseits in einer stetigen Zunahme der Verkehrsleistung sowohl im Güter- als auch Individualverkehr, andererseits führt die verstärkte Präsenz an Dieselfahrzeugen, die über keinen 3-Wege-Katalysator verfügen u. daher mehr NO_x emittieren, zu diesem Trendanstieg. Die Sektoren Industrie u. Energieversorgung leisteten den herausragendsten Beitrag zu einer sinkenden Tendenz in den vergangenen Jahren. Die Reduktion der NMVOC-Emissionen ist hauptsächlich auf die Einführung strengerer Abgasgrenzwerte für PKW sowie auf den verstärkten Einsatz von Dieselfahrzeugen zurückzuführen. Bedeutendste Emissionsquelle von NMVOC stellt der Usus von Lösungsmitteln dar. Die NMVOC-Emissionen aus der Energieversorgung spielen wegen der von ihnen nur gering ausgehenden Luftverunreinigung eine untergeordnete Rolle. Ebenso sind die CO-Emissionen des Energieversorgungssektors nur von peripherer Relevanz[495].

---

[495] Vgl. Anderl, M., u.a, 2005, 38ff.

11.3.3 Versauerung

Bei der Versauerung durch säurebildende Luftschadstoffe kommt es zu einer Herabsetzung des ph-Wertes von Böden u. Gewässern, als maßgebliche Effektoren gelten somit Niederschlag u. trockene Deposition der Luftschadstoffe SO_2, NO_x u. NH_3[496]. Des Weiteren tragen die Schadstoffe HCl, HF u. H_2S zur Versauerung bei[497].

11.3.3.1 Emissionen 2003 und Zielerreichung

Folgende wie in Tabelle 11-4 dargestellte Zielerreichungen ergeben sich. Neben den beiden Luftschadstoffen SO_2 u. NH_3 positioniert sich auch NO_x als maßgeblicher Faktor der Versauerung. Dessen Entwicklung wurde bereits in dem Umweltproblemfeld Ozonvorläuferbildung behandelt.

Tab. 11-4 Status quo SO_2 bzw. NH_3-Emissionen – Zielerreichung gem. Göteborg-Protokoll u. EG-L

Luftschadstoffe	Emissionen im Jahr 2003 [t]	Zielerreichung gem. Göteborg-Protokoll bis 2010 [t]	Zielerreichung EG-L bis 2010 [t]	2. Schwefelprotokoll 2000 [t][498]	Zielerreichung
SO_2	34.140	39.000	39.000	78.000	JA
NH_3	54.490	66.000	66.000	-	JA

Quelle: Emissionstrends 1990 - 2003, Umweltbundesamt, Wien 2005 bzw. eigene Berechnungen

Die im Göteborg-Protokoll u. EG-L für das Jahr 2010 festgesetzte Emissionsgrenze von 39.000 t/a SO_2 wurde bereits im Jahr 2003 mit 34.140 t unterschritten. Die NH_3-Emissionen lagen im gesamten Verlauf unter den Zielvorgaben von max. 66.000 t/a für das Jahr 2010 gem. Göteborg Protokoll u. EG-L.

Den Abschluss bildet eine prägnante Darstellung der Luftschadstoffe entsprechend ihrer Versauerungsäquivalente. Im Jahr 2003 lag der totalitäre in Versauerungsäquivalenten gemessene SO_2-Ausstoß um 55 % (-1.300 t) unter dem Wert von 1990 (rd. 2.300 t). In diesem Zeitraum ließ sich eine Minimierung der SO_2-Anteile an der Gesamtmenge der versauernden Luftschadstoffe von ca. 23 % auf rd. 12 % feststellen. Die NO_x-Emissionen haben in den letzten 12 Jahren eine Erhöhung (ca. 400 t) von 44 % im Jahr 1990 auf knapp 54 % im Jahr 2003 verzeichnet, womit sie den Hauptanteil - in Versauerungsäquivalente umgerechnet - bilden. Ein Abfall der NH_3-Emissionen um 5 % (-200 t) hat sich im Zeitraum 1990 bis 2003 signifizieren lassen. Ihr Anteil an den gesamten Versauerungsäquivalenten hat sich dabei annähernd gleich verhalten – bis auf einen marginalen Anstieg, ausgehend vom Jahre 1990 um 2 %-Punkte auf rd. 35 % im Jahr 2003[499]. Summa summarum haben sich die gesamten Emissionen der Versauerung von 10.320 t im Jahr 1990 auf 9.240 t im Jahr 2003 reduziert.

11.3.3.2 Ursachen

Im Zeitraum von 1990 bis 2003 konnten alle Sektoren ihre versauerungsrelevanten Emissionen verringern; der Energiesektor reduzierte bspw. seine Emissionen um 29

---

[496] Vgl. Anderl, M., u.a, 2005, 41

[497] Quelle abrufbar unter: Info/Glossar, 2006-01-11, http://www.oeko.de/service/gemis/de/index.htm; *Pers. Anm. des Autors*, diese drei Emissionsträger sind in der OLI nicht dargestellt, finden jedoch bei der anschließenden Analyse der entstehenden Emissionen durch den KWK-Einsatz Berücksichtigung.

[498] Vgl. Anderl, M., u.a, 2005, 44, das im 2. Schwefelprotokoll (Protokoll zur Konvention von 1979 über weiträumige grenzüberschreitende Luftverunreinigung betreffend die weitere Verringerung von Schwefelemissionen, BGBl. III Nr. 60/99) für Österreich vorgesehene Ziel ist schon seit 1990 erfüllt.

[499] Vgl. Anderl, M., u.a, 2005, 43, hauptverantwortlich für den starken Anstieg der NO_x-Emissionen ist der Straßenverkehr; die Landwirtschaft ist Hauptverursacher der NH_3-Emissionen.

% bzw. –300 t. Einzig der Verkehrssektor ließ einen Emissionsanstieg von NO$_x$ um 28 % (700 t) erkennen[500].

11.3.4 Staub

11.3.4.1 Definition von Staub

Staub setzt sich aus einem komplexen Gemisch primärer, direkt emittierter sowie sekundär gebildeter Partikel (in der Atmosphäre aus Gasen entstanden u. sich hinsichtlich Größe, Form, Farbe, chem. u. physikalischen Zusammensetzungen erheblich unterscheidend) zusammen. Die Staubemissionen aus gefassten Quellen, z. B. Verbrennungsanlagen zur Energieversorgung od. Straßenverkehr u. diffusen Quellen bspw. Bauwesen od. Landwirtschaft breiten sich via Transmission über kürzere od. längere Wegstrecken aus. Die dadurch auf Lebewesen u. Sachgüter einwirkenden Luftverunreinigungen werden als Immissionen definiert. Von der Emission lässt sich jedoch nicht unmittelbar auf die Schadstoffkonzentration der Luft schließen, da sich die dem Staub zugeordneten Emissions- u. Immissionsangaben auf eine jeweils unterschiedliche Zusammensetzung beziehen[501].

Die Größe der Partikel ist aus gesundheitlicher Sicht von größter Relevanz, da sie die Eindringtiefe in den Atemwegtrakt bestimmt. Deshalb wird Staub über die Größenverteilung der erfassten Partikel definiert. In den folgenden Ausführungen wird, um das Kapitel nicht überzustrapazieren, lediglich auf die Gesamtschwebestaubentwicklung, welche alle luftgetragenen Partikel umfasst, näher eingegangen[502].

11.3.4.2 Emissionen 2003 und Ursachen

Die Gesamtschwebestaubemissionen beliefen sich im Jahr 2003 auf knapp 76.680 t. Unter die Emittentengruppe mit der opulentesten Zuwachsrate fällt der Sektor Energieversorgung, der eine Steigerung um ca. 39 % von 1.320 t auf 1.830 t verzeichnet. Auf Grund des geringen Anteils von rd. 2 % an den gesamten österreichischen TSP-Emissionen ist diese Zunahme jedoch von peripherer Bedeutung. Ausschlaggebend für die hohe Zuwachsrate ist die stetig steigende Energieproduktion, die aus diesem Sektor resultiert. Im Sektor Kleinverbraucher u. Haushalte konnten im Zeitraum 1990 bis 2003 die Gesamtschwebestaubemissionen von 13.820 t um 15 % auf etwa 11.690 t gesenkt werden. Die Senkung der Emissionen ließ sich durch die fortschreitende Anbindung an das öffentliche Erdgas- u. Fernwärmenetz bzw. die Substitution alter uneffizienter Heizungstechnologien bewerkstelligen. Auf Grund des hohen Anteils von rd. 15 % an den österreichischen Staubemissionen stellen diese Emissionen - trotz Reduzierung - ein erhebliches Problem dar. Im Jahr 2003 verursachte der Sektor Industrie 42 % (32.050 t) der österreichischen TSP-Emissionen. Dies entspricht einer Steigerung um 11 %, ausgehend von dem für 1990 angesetzten Wert (28.790 t). Angesichts des hohen Anteils dieses Sektors an den österreichischen Staubemissionen zeigen diese Zuwachsraten gleichfalls erhebliche Probleme auf. Als wesentliche Quellen können die steigenden Aktivitäten im Bausektor bzw. in der mi-

---

[500] Vgl. Anderl, M., u.a, 2005, 42

[501] Vgl. Anderl, M., u.a, 2005, 48ff., bei den Emissionsdaten handelt es sich um Angaben zum Ausstoß von Schwebestaub aus gefassten u. diffusen Quellen, hingegen umfassen Emissionskonzentrationen einerseits neben Staub aus primären Quellen vor allem auch sekundär aus gasförmigen Luftschadstoffen gebildeten Staub, andererseits neben direkten vor Ort befindlichen Emissionsquellen zusätzlich auf Grund der Transmission über weite Strecken verfrachteten Feinstaub.

[502] Pers. Anm. des Autors, betreffend der Größenfraktionen zur Erfassung der Schwebestaubbelastung *verweise ich auf* Anderl, M., u.a, 2005, 50f., da in der TSP-Definition sowohl die PM10-Emissionen (Feinstaub) als auch die PM2,5-Emissionen (feine Partikel) subsumiert sind, wird auch die aktuelle Diskussion um die Feinstaubentwicklung indirekt berücksichtigt. Die in der OLI verzeichneten Staubemissionen beziehen sich ausschließlich auf primäre Emissionen anthropogenen Ursprungs. Ebenso wurden keine Staubemissionen durch Aufwirbelung betrachtet.

neralverarbeitenden Industrie identifiziert werden. Im Verkehrssektor sind in der Zeitspanne von 1990 bis 2003 die TSP-Emissionen von 11.490 t um über 32 % auf 15.170 t emergiert, wodurch dieser ein Fünftel der österreichischen Staubemissionen verursacht. Die hohe Zuwachsrate offeriert mit dem hohen Gesamtanteil eine massive Problematik, die auf die eklatant gestiegene Anzahl von Fahrzeugen (insbesondere Dieselfahrzeuge) respektive Steigerung der Fahrleistung (Personen u. Fracht) zurückzuführen ist. Der Bereich Landwirtschaft konnte seit 1990 die Emissionen um rd. 1.000 t auf 15.870 t reduzieren (-7 %). Causa dieses fallenden Trends ist eine Abnahme an Nutztieren sowie der rückläufige Getreideanbau. Dennoch effektierten Aktivitäten der Landwirtschaft 21 % der gesamten TSP-Emissionen[503].

11.3.5 Zusammenfassung

Nachfolgend werden noch überblicksmäßig - auf Grund der Tragweite der in dieser Arbeit gewählten Themenstellung - die dem Sektor Energieversorgung zugeordneten Schadstoffemission für das Jahr 2003, der jeweilige prozentuelle Anteil an den Gesamtemissionen in Österreich sowie die prozentuellen Veränderungen zum Vorjahr bzw. Basisjahr in Tabelle 11-5 aufgelistet.

Tab. 11-5 Emissionen des Verursachersektors Energieversorgung für das Jahr 2003 sowie in der zeitlichen Entwicklung, in t u. %

Luftschadstoffe	Emissionen im Jahr 2003 [t]	Anteil an den österreichischen Gesamtemissionen in %	prozentuelle Veränderung zum Vorjahr	prozentuelle Veränderung zum Basisjahr (in Klammer)
CH_4	15.600	4,20	+3,38	+16,68 (1990)
CO	4.350	0,54	+17,89	-28,10 (1990)
CO_2	16.260.000	21,34	+20,30	+18,51 (1990)
F-Gase in CO_2-Äquivalenten	-	-	-	-
THG-Emissionen in CO_2-Äquivalenten	16.660.000	18,19	+19,94	+18,58 (1990)
N_2O	220	1,23	+10,00	+46,67 (1990)
NH_3	300	0,55	+15,38	+50,00 (1990)
NMVOC	4.190	2,30	-2,33	-65,08 (1988)
NO_x	15.640	6,83	+22,67	-44,95 (1985)
SO_2	8.580	25,13	+6,58	-46,38 (1990)
Emissionen in Versauerungsäquivalenten	630	6,82	+16,67	-28,41 (1990)
Staub (TSP)	1.830	2,39	+21,19	+38,64 (1990)

Quelle: Emissionstrends 1990 - 2003, Umweltbundesamt, Wien 2005 bzw. eigene Berechnungen

Mit einem Anteil von rd. 21 % der CO_2- u. über 25 % der SO_2-Emissionen leistet die Energieversorgung im Jahr 2003 einen doch opulenten Beitrag zu den österreichischen Gesamtemissionen dieser Schadstoffe. Beachtet man die prozentuellen Zuwachsraten gegenüber 2002, lassen sich - mit wenigen Ausnahmen - größtenteils Steigerungen im zweistelligen Prozentbereich ausmachen. Verglichen mit dem jeweiligen Basisjahr zeigt sich wiederum, dass die aktuellen Emissionen der Schadstoffe CO, NMVOC, NO_x u. SO_2 langfristig einen beachtlichen Abwärtstrend verzeichnen konnten, jedoch die THG-Emissionen bzw. NH_3- u. Staubemissionen in diesem Zeitraum teils eklatant zugenommen haben.

11.4 Quantitativer Beitrag dezentraler KWK-Technologien zur Reduktion der Schadstoffemissionen in Österreich

In den nächsten Kapiteln werden die ökologischen bzw. monetarisierten Emissionseffekte u. der Ressourcenverbrauch durch den Einsatz von KWK-Anlagen beleuchtet. Hierzu werden sowohl die Emissionen u. der kumulierte Energieaufwand einer Wär-

---

[503] Vgl. Anderl, M., u.a, 2005, 53ff.

meerzeugung mittels Gaskessel als auch einer Stromproduktion in einem GuD-Kraftwerk einer dezentralen Strom- u. Wärmeerzeugung in den KWK-Anlagen gegenübergestellt. Die differenten Systeme wurden mit Hilfe von GEMIS Version 4.3 modelliert u. hinsichtlich der in Tabelle 11-1 erfassten Emissionseffekte u. ihres kumulierten Energieaufwands verglichen[504]. Da sich der Untersuchungsgegenstand durch einen sehr originären Charakter auszeichnet, lassen sich in GEMIS für die MGT - Pflanzenölbetrieb bzw. den S.M. – Gasbetrieb keine kompatiblen Modellabbildungen finden. Es wird daher opportun, in Anlehnung an die dort offerierten Produkte u. Technologien einen annähernd entsprechenden kompatiblen Gesamtprozess inkl. der wesentlichsten Nutzenergie- u. Stoffbereitstellungen bzw. Transportprozesse zu konzipieren[505].

11.4.1 Methodischer Ansatz

11.4.1.1 Einleitung – Gang der Untersuchung

Ehe sich die Berechnung der eingesparten Emissionsmengen als nachvollziehbar erweisen kann, bedarf es einer prägnanten Beschreibung des verwendeten Modells sowie der getätigten Annahmen. Analog dem bisher gewählten Prozedere werden in einem ersten Schritt die gesamten Bruttoemissionen inkl. Vorketten zur Energieträgerbereitstellung u. Aufwendungen zur Herstellung der Energieanlagen für die untersuchten KWK-Anlagen ermittelt. In einem zweiten Schritt erfolgt die Eruierung der resultierenden Gesamtemissionen für die substituierten Ref-Anlagen, welche in weiterer Folge mit den Bruttoemissionen der KWK-Anlagen verglichen werden. Bei der Analyse werden als Hauptprodukte Strom u. Wärme definiert[506].

11.4.1.2 Computergestützte Instrumente zur Berechnung von Umweltauswirkungen

GEMIS – „Gesamt-Emissions-Modell-Integrierter Systeme" - vom deutschen ÖKO-INSTITUT u. der GESAMTHOCHSCHULE KASSEL Ende der 80-ziger Jahre entwickelt – u. seitdem fortlaufend optimiert u. aktualisiert - ist ein Computermodell, welches eine umfassende Analyse sowie Kompatibilität von Umwelteffekten verschiedener Energiesysteme auf simplem Wege zulässt[507]. Das Emissionsmodell GEMIS bietet im Gegensatz zu ProBas die zusätzliche Option, Bilanzierungs- u. Analysemöglichkeiten für Lebenszyklen von Energie-, Stoff- u. Transportprozessen sowie ihre beliebige Kombination zu modellieren u. diese einem Szenarienvergleich zu unterziehen[508].

---

[504] Pers. Anm. des Autors, weitere Angaben zu GEMIS unter der Quelle: http://www.oeko.de/service/gemis/de/index.htm

[505] Pers. Anm. des Autors, die Modellbildung wurde anhand der Anleitungen in GEMIS-Touren Version 4.2, Teil 1 bis 6 durchgeführt, download unter: Material/Touren, 2005-12-29, http://www.oeko.de/service/gemis/de/index.htm

[506] Pers. Anm. des Autors, da KWK-Prozesse neben Strom auch Wärme bereitstellen, ist normalerweise eine Allokation erforderlich, um die Umwelteffekte auf ein Hauptprodukt zu beziehen u. den Nebennutzen des Koppelproduktes durch eine Zuordnungsregel anzurechnen. In GEMIS wird generell das Gutschriften-Verfahren dafür herangezogen, womit der KWK-Prozess nur noch auf das Hauptprodukt (z.B. Strom) bezogen betrachtet wird. Für die erzeugte Wärmemenge erhält die KWK-Anlage Gutschriften, die sich nach jenen dem Modell zu Grunde liegenden Referenzkraftwerken richten, sodass für die erzeugte Wärme die – an anderer Stelle virtuell vermiedenen – Emissionen gutgeschrieben werden. Da ich neben dem Produkt Strom auch Wärme in den substituierten Ref-Anlagen betrachte, wird die „KWK-Gutschrift" in diesem Fall als „Koppelprodukt Wärme" sowieso mitberücksichtigt. Es kommt folglich in den vorliegenden Modellierungen die „KWK-Anlage-brutto" zum Ansatz, in der keine Gutschriften für die Wärmeerzeugung inkludiert sind.

[507] Vgl. Adensam, H., u.a., „Wieviel Umwelt braucht ein Produkt ?", Studie zur Nutzbarkeit von Ökobilanzen für Prozess- und Produktvergleiche - Analyse von Methoden, Problemen und Forschungsbedarf: Endbericht; Hrsg. Österreichisches Ökologie Institut, Wien 2000, 10

[508] Quelle abrufbar unter: Info/Glossar, 2006-01-11, http://www.oeko.de/service/gemis/de/index.htm; Definition Prozesse: „(synonym für Module) Prozesse sind Aktivitäten, die ein Produkt in ein anderes umwandeln od. es transportieren od. anderweitig DL bereitstellen (z.B. Entsorgung)". Pers. Anm. des Autors, als weitere im Internet zugängliche IT-gestützte Datenbank für Ökobilanzen u. Stoffstromanalysen verweise ich auf ProBas – „Prozessorientierte Basisdaten für Umweltmanagement-Instrumente" - ein IT-Projekt des UMWELTBUNDESAMTES mit Sitz in Dessau u. des ÖKO-INSTITUTES FÜR ANGEWANDTE

11.4.1.2.1 Modellumfang von GEMIS 4.3

GEMIS berücksichtigt von der Primärenergie- bzw. Rohstoffgewinnung bis zur Nutzenergie bzw. Stoffbereitstellung von Energieträgern alle wesentlichen Bereitstellungsaufwendungen – also die gesamte „Energiekette inkl. Herstellungsaufwendungen in den vorgelagerten Prozessketten" – u. bezieht demnach auch den Hilfsenergie- u. Materialaufwand zur Herstellung von Energieanlagen u. Transportsystemen mit ein[509]. GEMIS 4.3 als aktuellste Version bietet in diesem Kontext einen Standarddatensatz mit über 1.200 Produkten, 277 Szenarien sowie rd. 8.200 Prozessen an[510]. Die Datenbasis enthält für all diese Prozesse, neben generellen Informationen u. spezifischen Kennwerten, Kenndaten zu:

- Ressourcenbedarf inkl. KEA bzw. Verbrauchszahlen u. Stoffaufwendungen
- Luftemissionen inkl. Äquivalente
- Gewässereinleitungen
- Abfälle/Reststoffe
- u. ökonomische Kenngrößen[511]

Mit GEMIS als Öko-Instrument ist es daher möglich, Auswirkungen von alternativen Energiebereitstellungssystemen, wie z.B. S.M. u. MGT, auf die Gesamtemissionssituation hin zu analysieren u. somit fundierte Aussagen über die Umwelteffekte spezifischer Investitionsentscheidungen zu treffen. Es lassen sich in diesem Programm auch teilweise auf Österreich bezogene, sprich: die Verhältnisse im Land widerspiegelnde Datensätze finden, die bei innerstaatlich auftretenden Fragestellungen herangezogen werden können[512]. Ferner wurde durch eine Änderung des Zeitbezugs der einzelnen Prozesse auf das Jahr 2010 erwogen, prognostizierbare Veränderungen der verschiedenen Prozesse dem Untersuchungszeitraum näherungsweise anpassen zu können.

11.4.1.2.2 Annahmen und Prozesse zur Modellnachbildung in GEMIS 4.3

Folgende Prozesse/Produkte, wie in Tabelle 11-6 dargestellt, werden mittels GEMIS 4.3 für einen Systemvergleich adaptiert u. folglich den einzelnen KWK-Anlagen bzw. Ref-Anlagen im Modell mittels Verknüpfungen zugeordnet. Über die verschiedenen Produkte lassen sich die einzelnen Prozesse daher kettenförmig aneinander reihen, denn jeder Input eines Prozesses präsentiert den Output eines Vorkettenprozesses. Somit können auf einen Blick die gesamten Bereitstellungsemissionen für verschiedene Systeme pro Output analysiert werden. Die Charakterisierung der Prozesse erfolgt anhand der in GEMIS 4.3 angewandten Methodik. Eine in Klammer gesetzte Bezeichnung stellt die in dieser Arbeit fortan verwendete Abkürzung für den jeweiligen Prozess (-g steht in diesem Fall für eine abgeänderte GEMIS-Datenbasis) dar;

ÖKOLOGIE e.V., im Jahr 2000 kooperativ erstellt –, welche eine kostenlose Datensammlung von GEMIS u. dem Umweltbundesamt anbietet. ProBas präsentiert sich daher in seiner derzeitigen Konzeption als Bibliothek für öffentliche Daten, d.h. externe Quellen werden integriert, um der Öffentlichkeit ein opulentes Spektrum an Lebenszyklus-Basisdaten anbieten zu können. Da in Anbetracht meines Untersuchungsgegenstandes mit Hilfe von ProBas nicht alle Anwendungsfälle abgedeckt werden u. genau abgestimmte nur in GEMIS mögliche Modellierungen vorzunehmen sind, wird dem Emissionsmodell GEMIS in der Version 4.3 der Vorzug gegeben. Quelle: Email, 2005-11-30, Stefan Schmitz, Umweltbundesamt Dessau, weitere Infos, abrufbar unter: http://www.probas.umweltbundesamt.de

[509] Vgl. Salchenegger, S., Pölz, W., Biogas im Verkehrssektor - Technische Möglichkeiten, Potential und Klimarelevanz; Hrsg. Umweltbundesamt, im Auftrag des Ministeriums für Verkehr, Innovation und Technologie, Berichte 283, Wien 2005, 15

[510] Vgl. installiertes Programm GEMIS 4.3, http://www.oeko.de/service/gemis/de/index.htm

[511] Pers. Anm. des Autors, die Auflistung erfolgt nur auszugsweise, der volle Modellumfang ist unter der Quelle: Info, 2006-01-11, http://www.oeko.de/service/gemis/de/index.htm abrufbar.

[512] Pers. Anm. des Autors, unter Quelle: 2006-01-11, http://www.umweltbundesamt.at./gemis ist eine österreichische Version kostenpflichtig erhältlich.

die GEMIS-Haupt- bzw. Hilfsprozesse wurden dabei geändert u. verschiedene Standardprozesse substituiert od. beigefügt.

Tab. 11-6 Systematische Zuordnung der Prozesse gem. GEMIS 4.3 zu den betrachteten Anlagen

Prozess /Modul	MGT Pfl.	MGT Gas	S.M. Pellets	S.M. Gas	Gas-kessel	GuD-Anlage	Bemerkungen
Fabrik/Rapsöl-dezentral /Sojaschrot	X						- Standarddatensatz für 2000 - Änderung des Zeitbezuges auf 2010 in den Vorprozessen - Überarbeitung Eingangsparameter - Basis für Rapsölerzeugung - Herstellung Rapsöl-g
Pipeline/Gas-AT-2010		X		X	X	X	- Standarddatensatz für 2010 - Überarbeitung Eingangsparameter - Basis für Gasbereitstellung in Österreich - Gasbereitstellung-g
Holzgas-FB-Altholz-A1/2-BHKW-Mikro-GT-2010/brutto	X						- Neuparametrierung mit dem adaptierten Inputmodul „Herstellung Rapsöl-g" - Überarbeitung Eingangsparameter - Basis für Strom- u. Wärmebereitstellung - MGT mit Pflanzenöl - MGT Pflanzenöl-g
Gas-BHKW-Mikro-GT/Gas		X					- Standarddatensatz für 2000 - Adaption mit Inputmodul „Gasbereitstellung-g"[513] - Überarbeitung Eingangsparameter - Basis für Strom- u. Wärmebereitstellung - MGT mit Gas - MGT Gas-g
Fabrik/Holz-Pellets-Holzwirtschaft-DE-2010			X				- Standarddatensatz für 2010 - Überarbeitung Eingangsparameter - Basis für Pelletbereitstellung aus SNP der Holzindustrie - Pelleterzeugung/Holzindustrie-g
Fabrik/Holz-Pellets-Wald-2010			X				- Neuparametrierung mit dem adaptierten Inputmodul „Xtra-Rest/Holz-D-Wald-HS-2010" - Überarbeitung Eingangsparameter - Basis für Pelletbereitstellung aus Durchforstungsreserven der Forstwirtschaft - Pelleterzeugung/Waldindustrie-g
Holz-Pellet-HKW-Stirling-2010/brutto			X				- Standarddatensatz für 2010 - Adaption mit Inputmodul „Pelleterzeugung/Holzindustrie-g" – Überarbeitung Eingangsparameter - Basis für Strom- u. Wärmebereitstellung - S.M. mit Pellets aus der Holzindustrie - S.M. Pellets/Holzindustrie-g
Holz-Pellet-HKW-Stirling-2010/brutto			X				- Standarddatensatz für 2010 - Adaption mit Inputmodul „Pelleterzeugung/Waldindustrie-g"[514], - Überarbeitung Eingangsparameter - Basis für Strom- u. Wärmebereitstellung - S.M. mit Pellets aus der Waldindustrie - S.M. Pellets/Waldindustrie-g

---

[513] Pers. Anm. des Autors, der Standardprozess setzt zwar Gas als Energieträger ein, ist jedoch für Deutschland modelliert. Durch Änderung des Eingangsprozesses wird den österreichischen Verhältnissen bei Gaserzeugung Rechnung getragen. Ferner ist im Standardprozess eine Gutschrift für den Wärmebonus vorgesehen, dieser wurde im Sinne der vorher erwähnten Systematik gelöscht.

[514] Pers. Anm. des Autors, die Darstellung zweier Modelle für den S.M. ist nötig, da gem. den Annahmen ab dem Jahr 2010 auch WHG aus der Forstwirtschaft zur Pelletherstellung eingesetzt wird u. sich damit die Emissionen bei Bereitstellung von Pellets verändern.

Überleitung: **Tab. 11-6, Teil 2**

Holz-Pellet-HKW-Stirling-2010/brutto			X		- Neuparametrierung mit dem adaptierten Inputmodul „Gasbereitstellung-g"[515] - Überarbeitung Eingangsparameter - Basis für Strom- u. Wärmebereitstellung - S.M. mit Gas - S.M. Gas-g
Gas-Kessel-AT-2010				X	- Standarddatensatz für 2010 - Adaption mit Inputmodul „Gasbereitstellung-g" - Überarbeitung Eingangsparameter - Basis für Ref-Anlage-Wärmeerzeugung in Österreich - Gaskessel-g
Gas-KW-GuD-AT-2000[516]					X - Standarddatensatz für 2000 - Adaption mit Inputmodul „Gasbereitstellung-g" - Überarbeitung Eingangsparameter - Basis für Ref-Anlage-Stromerzeugung in Österreich - GuD-Anlage-g

Quelle: eigene Überlegungen u. GEMIS 4.3

Da die verwendeten Energieträger als Inputgrößen auch die vorgelagerten Prozessketten der Rohstoffgewinnung inkludieren, kann damit dem Prinzip der gesamten Emissionsbildung während der Energieträgerbereitstellung Rechnung getragen werden. Die untersuchten KWK-Anlagen bzw. verdrängten Ref-Anlagen sind somit als eine vollständige Prozesskette, einschließlich der Aufwendungen in den Vorprozessen u. der Brennstoffbereitstellung, in GEMIS abgebildet. Ferner enthält GEMIS, wie bereits erwähnt, neben Umwelteffekten auch Kenndaten der Energie- u. Transportprozesse innerhalb eines Moduls für die Material- u. Hilfsproduktherstellung, wodurch diese Inputfaktoren den jeweiligen Gegebenheiten angepasst werden können. Diese u. auch ähnliche vorgenommene Anpassungen von vorprogrammierten Daten sowie globale Einstellungen im GEMIS sind im Anhang unter Kap. *14.10 [Empirische Datenbasis der ökologischen u. anlagenspezifischen Kennwerte sowie grundsätzliche Systemeinstellungen in GEMIS 4.3]*, abrufbar unter: www.energieinstitut-linz.at, einsehbar.

Abschließend sei noch erwähnt, dass Emissionen inkl. Vorketten, entstanden während der Errichtungsphase der KWK-Anlagen sowie der verdrängten Ref-Anlagen, unberücksichtigt bleiben. Der ökologische Fokus richtet sich in dieser Arbeit rein formal auf die anfallenden Emissionen, beginnend bei der Energieträgerbereitstellung (inkl. vorgelagerter Prozessketten wie Material u. Transporte) bis zur Herstellung der jeweiligen Energiesysteme sowie auf die direkten Emissionen während der Betriebsphase. Die gleiche Sichtweise gilt auch für die Berechnung des Ressourcenverbrauches[517].

11.4.1.2.3 *Empirische Datenbasis*

Betreffend die ökologischen Kennwerte der eingesetzten Prozesse verweise ich ebenfalls auf den Anhang unter Kap. *14.10,* abrufbar unter: www.energieinstitut-linz.at.

---

[515] Pers. Anm. des Autors, die technische Ausführung der KWK-Anlage variiert in der Realität zw. Gas u. Pellets als Energieträger, es sind daher hier leichte Ungenauigkeiten im Modell inkludiert.

[516] Pers. Anm. des Autors, in GEMIS 4.3 ist ein Modell einer GuD-Anlage geltend für das Jahr 2010 vorhanden; da jedoch deren Leistung von 470 MW deutlich von der meiner Ref-Anlage mit 100 MW abweicht, wurde die GuD-Anlage (100 MW) mit einem Zeitbezug für das Jahr 2000 vorausgesetzt.

[517] Pers. Anm. des Autors, Emissionen u. Energieaufwendungen, welche durch Transporte vom Herstellungsort der jeweiligen Anlagen bis zum Einsatzort entstehen, werden näherungsweise berücksichtigt.

In diesem Kapitel ist ferner eine Tabelle enthalten, die den unterschiedlichen, in TJ umgerechneten jährlichen Energieträgerbedarf je eingesetzter Anlage darstellt.

11.4.1.2.4 Funktionsweise von GEMIS 4.3

Die verwendeten Datenblätter enthalten die Gesamtemissionen, z.B. beim S.M. die indirekten Emissionen bei Herstellung u. Transport von Holzpellets bzw. bei Herstellung der KWK-Anlage sowie die direkten Emissionen bei der Nutzung des Energiesystemes selbst. Diese Daten sind outputbezogen, d.h. sie geben die Umwelteffekte in Abhängigkeit vom bereitgestellten Nutzen - also die funktionelle Einheit - in diesem Fall 1 TJ Elektrizität an[518]. Diese spezifischen Kennwerte werden, um die resultierenden Emissionen in den untersuchten Anlagen zu erhalten, mit dem jeweiligen in TJ umgerechneten jährlichen Energieoutput pro Anlage u. der Anzahl der jährl. in Betrieb genommenen KWK-Anlagen bzw. substituierten Ref-Anlagen multipliziert.

In den Arbeitsblättern von GEMIS sind die Ergebnisse stets als „Netto-Bilanz" ausgewiesen, d.h., dass bei Prozessen, die mehrere Outputs bzw. Nebenprodukte erzeugen (im vorliegenden Fall Pflanzenölgewinnung mit dem Nebenprodukt Rapsschrot), jeweils für die nicht betrachteten aber real genutzten Outputs stets eine Gutschrift eingerechnet wird. Dabei bilanzieren diese Modelle zuerst die Gesamtemissionen für alle Outputs u. subtrahieren dann die Emissionen eines vermiedenen Prozesses nach dem Verhältnis, wie Haupt- u. Nebenprodukt quantitativ gekoppelt sind. Ist in diesem Fall die Nettobilanz negativ, so überwiegt die Gutschrift die Gesamtemissionen des Prozesses. Dieses Substitutionsprinzip durch Äquivalenzprozesse ist in Ökobilanzen u. Stoffstromanalysen üblich, da dort jeweils der Umwelteffekt, bezogen auf eine Einheit eines bestimmten Nutzens (Output) im Fokus des Interesses steht[519].

11.4.1.2.5 Grenzen von GEMIS

Die aus der Bereitstellung eines Energieträgers od. Stoffes resultierenden Umwelteffekte ergeben sich aus einer Vielzahl verschachtelter Prozesse; zu berücksichtigen sind auch indirekte (aus Hilfsenergien, deren Vorprozessen, Schleifen u. Prozessketten entstandene) Umwelteffekte, die eine simple lineare Berechnung von Ökobilanzen nicht zulassen. Dies umso mehr, als durch die abgebildeten Stoffvorleistungen die Daten- u. Modellfragen erheblich ausgeweitet werden. GEMIS enthält zwar eine Vielzahl von Datenverknüpfungen u. Rechenalgorithmen, die aber überwiegend linearen Zusammenhängen folgen. Dies ist zwar bei Nutzung der Stammdatensätze unproblematisch, da die Datenauswahl unter diesem Gesichtspunkt erfolgte, bei Änderung dieser Datensätze prüft GEMIS jedoch nur die formale Richtigkeit von Prozessstrukturen, weshalb die inhaltliche Konsistenz der Datenanpassungen nur in Ausnahmefällen (z.B. Brennstoffveränderungen) durch das Modell geprüft werden kann.

Diese Zusammenhänge außerhalb der vorgegebenen Bandbreite der Stammdaten sind jedoch in der Regel stark prozessspezifisch, hier kennt GEMIS weder Regeln zur Adaption komplexer Datenstrukturen noch inhaltliche Unterstützung bei der Neueingabe von Daten; in diesen Fällen ist GEMIS ein Hilfsmittel, welches Bilanzierungen adäquat durchführt[520]. Aus diesen besagten Gründen weise ich darauf hin, dass die Ergebnisse in ihrer Aussagekraft vorsichtig interpretiert werden müssen.

---

[518] Quelle: Email, 2005-11-30, Stefan Schmitz, Umweltbundesamt, Dessau

[519] Quelle abrufbar unter: Material/Ergebnisse/Aktualisierte Ergebnisdaten aus GEMIS 4.2 (Nov. 2004) als Excel-Blatt, 2005-29-11, http://www.oeko.de/service/gemis/de/index.htm

[520] Vgl. Fritsche, U. R., Schmidt, K., Handbuch zu GEMIS 4.2; Hrsg. Institut für angewandte Ökologie e.V., Darmstadt 2004, 11f., Quelle abrufbar unter: Dokumentation/Neues Handbuch zu GEMIS 4.2, 2005-29-11, http://www.oeko.de/service/gemis/de/index.htm

11.4.2 Reduktionspotenziale

In den folgenden Kapiteln finden sich gem. GEMIS die resultierenden österreichischen Emissionsanalysen der untersuchten Anlagen als Summe für den gesamten Untersuchungszeitraum, aufgeteilt nach den Umweltproblemfeldern. Im B.A.U.-Szenario werden annahmegem. die verdrängten Emissionen der GuD-Anlage u. der Gaskessel-Anlagen, im VSI ausschließlich die Gaskessel-Anlagen berücksichtigt. Durch die Berücksichtigung der Vorprozesse (z.B. Pflanzenölanbau in Deutschland, Herstellung der KWK-Anlagen bzw. Transportaufwendungen) entstehen auch Emissionsbelastungen in anderen Staaten. Um infolgedessen eine korrekte Aussage bzgl. eingesparter Emissionen in Österreich tätigen zu können, werden zur Bewertung der possiblen Zielerreichung hinsichtlich gesetzlich festgelegter Grenzwerte ausschließlich die direkten Emissionen während der Betriebsphase betrachtet. Eine auch die Emissionen aus den Vorprozessen inkludierende Gesamtbilanz ist abschließend angeführt.

11.4.2.1 Reduktionspotenziale in der Betriebsphase

11.4.2.1.1 Untersuchte KWK-Anlagen – B.A.U.-Szenario

Nachfolgende Tabellen 11-7 bis 11-11 zeigen die aus der Betriebsphase resultierenden Emissionen für das B.A.U.-Szenario.

Tab. 11-7 Übersicht über die direkten Emissionen durch den Betrieb der MGT für Pflanzenöl im B.A.U.-Szenario; aufgeteilt nach den Umweltproblemfeldern, für den Zeitraum 2007-2015

Umweltproblemfeld/ Emissionsart	MGT-Pfl.	Gaskessel	GuD-Anlage	Summe
Versauerung				
SO_2-Äquivalent [toe]	5,82	20,97	66,64	-81,79
SO_2 [toe]	1,43	0,23	0,19	1,01
NO_x [toe]	6,31	29,79	95,44	-118,92
Ozonvorläufersubstanzen				
CO [toe]	5,05	14,90	19,09	-28,94
NMVOC [toe]	1,26	1,34	1,91	-1,99
NO_x [toe]	siehe Versauerung			
CH_4 [toe]	1,26	1,34	1,91	-1,99
Treibhausgase				
CO_2-Äquivalent [toe]	183	29.547	25.469	-54.833
CO_2 [toe]		29.353	23.701	-53.054
CH_4 [toe]	siehe Ozonvorläufersubstanzen			
N_2O [toe]	0,50	0,54	1,15	-1,18
Staub [toe]	0,61	0,07	0,19	0,34

Quelle: eigene Berechnungen mit GEMIS 4.3

Die kumulierten Nettoschadstoffemissionen in Tabelle 11-7 zeigen durchwegs negative Werte, woraus sich entnehmen lässt, dass der Betrieb der MGT mit Pflanzenöl geringere Emissionen verursacht als die beiden Ref-Anlagen zusammen. Einzig bei den SO_2-Emissionen u. der Staubbelastung entsteht durch den KWK-Betrieb eine geringfügige Verschlechterung der Schadstoffbilanz[521]. Der Einsatz des CO_2-neutralen Pflanzenöles als Energieträger bewirkt keine zusätzliche Belastung durch direkte CO_2-Ausstöße, daher ergibt sich eine erhebliche Reduzierung der Schadstoffe um rd. 53.100 t. Da sich auch die restlichen untersuchten THG (CH_4, N_2O) reduzieren, erfolgt ebenso eine Verminderung der CO_2-Äquivalente um mehr als 54.800 t. Auch die zur Versauerung beitragenden SO_2-Äquivalente werden auf Grund der Verringerung der NO_x-Emissionen iHv. rd. 119 t um insges. rd. 82 t reduziert[522].

---

[521] Pers. Anm. des Autors, gem. GEMIS 4.3 beträgt der Asche-Gehalt von Pflanzenöl 1,00E-3 %.

[522] Vgl. Kayser, M., Kaltschmitt, M., Energie- und Emissionsbilanzen der Geothermieanlagen Neustadt Glew und Riehen, Institut für Energiewirtschaft und Rationelle Energieanwendungen, Universität Stuttgart, 1999, 203, NO_x besitzt bei der Umrechnung in

Tab. 11-8 Übersicht über die direkten Emissionen durch den Betrieb der MGT für Erdgas im B.A.U.-Szenario; aufgeteilt nach den Umweltproblemfeldern, für den Zeitraum 2005-2015

Umweltproblemfeld/ Emissionsart	MGT-Gas	Gaskessel	GuD-Anlage	Summe
Versauerung				
SO_2-Äquivalent [toe]	145,26	652,55	2.075,24	-2.583
SO_2 [toe]	3,79	7,09	6,06	-9,36
NO_x [toe]	203,20	927,06	2.971,89	-3.696
Ozonvorläufersubstanzen				
CO [toe]	152,40	463,53	594,38	-905,51
NMVOC [toe]	40,65	41,72	59,44	-60,50
NO_x [toe]	siehe Versauerung			
CH_4 [toe]	36,91	41,72	59,44	-64,24
Treibhausgase				
CO_2-Äquivalent [toe]	494.928	919.398	793.087	-1.217.557
CO_2 [toe]	487.988	913.349	738.039	-1.163.400
CH_4 [toe]	siehe Ozonvorläufersubstanzen			
N_2O [toe]	19,89	16,69	35,66	-32,46
Staub [toe]	15,50	2,32	5,94	7,24

Quelle: eigene Berechnungen mit GEMIS 4.3

Der MGT-Gasbetrieb ist gekennzeichnet durch eine generelle Verminderung der Emissionsbelastung gegenüber der getrennten Strom- u. Wärmeerzeugung mittels beider Ref-Anlagen. Das Versauerungspotenzial, gemessen in SO_2-Äquivalenten, reduziert sich um rd. 2.580 t. Die negativen Auswirkungen auf den Klimaeffekt werden durch eine Verringerung der CH_4-, CO_2- u. N_2O-Emissionen deutlich reduziert, das dafür maßgebliche THP - gemessen in CO_2-Äquivalenten – reduziert sich um ca. 1,22 Mio. t[523]. Die CO_2-Emissionen erfahren mengenmäßig die größte Schadstoffreduktion, durch die Verdrängung der beiden Ref-Anlagen werden rd. 1, 16 Mio. t CO_2 über den gesamten Betrachtungszeitraum eingespart. Im Bereich der Staubbelastung erfolgt jedoch erneut eine Zunahme um über 7 t über den Zeitraum; näheres ist aus Tabelle 11-8 ersichtlich.

Tab. 11-9 Übersicht über die direkten Emissionen durch den Betrieb des S.M. für Pellets im B.A.U.-Szenario; aufgeteilt nach den Umweltproblemfeldern, für den Zeitraum 2007-2015

Umweltproblemfeld/ Emissionsart	S.M.-Pellets	Gaskessel	GuD-Anlage	Summe
Versauerung				
SO_2-Äquivalent [toe]	18,73	25,45	53,07	-59,79
SO_2 [toe]	6,81	0,28	0,15	6,38
NO_x [toe]	17,10	36,16	76,00	-95,05
HCl [kg]	18,44			18,44
Ozonvorläufersubstanzen				
CO [toe]	14,25	18,08	15,20	-19,03
NMVOC [toe]	5,70	1,63	1,52	2,55
NO_x [toe]	siehe Versauerung			
CH_4 [toe]	0,71	1,63	1,52	-2,43
Treibhausgase				
CO_2-Äquivalent [toe]	103	35.861	20.280	-56.038
CO_2 [toe]		35.625	18.873	-54.498
CH_4 [toe]	siehe Ozonvorläufersubstanzen			
N_2O [toe]	0,29	0,65	0,91	-1,28
Staub [toe]	3,65	0,09	0,15	3,41

Quelle: eigene Berechnungen mit GEMIS 4.3

SO_2-Äquivalente den Faktor 0,7. *Pers. Anm. des Autors*, lt. GEMIS 4.3 enthält Rapsöl 1,00E-3 %, Erdgas 6,1 % Stickstoff; bedingt durch die Reaktion des Stickstoffes mit Sauerstoff entstehen bei den mit Erdgas betriebenen Ref-Anlagen deutlich höhere NO_x-Emissionen.

[523] Pers. Anm. des Autors, durch den hohen Methananteil von Erdgas (lt. GEMIS 4.3: 92,1 %) steigen dementsprechend die Emissionen der KWK-Anlage. Auf Grund der Substitutionseffekte erfolgt jedoch eine mengenmäßige Reduktion von über 64,2 t.

Der Pelletbetrieb verursacht gem. Tabelle 11-9 bei einigen Emissionsarten eine geringfügige Erhöhung der Emissionsausstöße. Betroffen sind die betrachteten Umweltproblemfelder Versauerung, Ozonvorläufersubstanzen u. Staubbelastung[524], jedoch maßgeblich die Versauerung durch die Zunahme der HCl-Emissionen um 18,4 kg[525] bzw. einen zusätzlichen SO_2-Ausstoß von ca. 6,4 t. Da sich jedoch die NO_x-Emissionen um rd. 95,1 t senken[526], erfährt das in SO_2-Äquivalenten gemessene Versauerungspotenzial eine leichte Dezimierung um rd. 59,8 t. Auf Grund der CO_2-neutralen Schadstoffbilanz von Pellets entstehen in der Betriebsphase keine Emissionen, weshalb sich eine deutliche Reduzierung der CO_2-Gesamtemissionen um rd. 54.500 t bzw. der CO_2-Äquaivalente um über 56.000 t zeigen lässt.

Tab. 11-10 Übersicht über die direkten Emissionen durch den Betrieb des S.M. für Erdgas im B.A.U.-Szenario; aufgeteilt nach den Umweltproblemfeldern, für den Zeitraum 2005-2015

Umweltproblemfeld/Emissionsart	S.M.-Gas	Gaskessel	GuD-Anlage	Summe
Versauerung				
SO_2-Äquivalent [toe]	25,03	171,53	357,63	-504,13
SO_2 [toe]	0,56	1,86	1,04	-2,35
NO_x [toe]	104,08	243,69	512,15	-651,76
HCl [kg]				
Ozonvorläufersubstanzen				
CO [toe]	86,74	121,85	102,43	-137,54
NMVOC [toe]	34,69	10,97	10,24	13,49
NO_x [toe]	siehe Versauerung			
CH_4 [toe]	4,34	10,97	10,24	-16,87
Treibhausgase				
CO_2-Äquivalent [toe]	76.587	241.676	136.675	-301.765
CO_2 [toe]	75.958	240.087	127.188	-291.317
CH_4 [toe]	siehe Ozonvorläufersubstanzen			
N_2O [toe]	1,73	4,39	6,15	-8,80
Staub [toe]		0,61	1,02	-1,63

Quelle: eigene Berechnungen mit GEMIS 4.3

Die kumulierten Nettoeffekte des S.M.-Gasbetrieb in Tabelle 11-10 zeigen bis auf eine Ausnahme eine deutliche Verbesserung der resultierenden Schadstoffbilanz, mengenmäßig werden erneut die CO_2-Emissionen am deutlichsten (um über 291.000 t) reduziert, wodurch sich bei gleichzeitiger Reduktion der CH_4- u. N_2O-Emissionen eine Verbesserung der THG-Problematik - gemessen in CO_2-Äquivalenten - um knapp 302.000 t ergibt. Eine Verschlechterung um ca. 13,5 t entsteht bei den NMVOC-Emissionen, verglichen mit der Emissionsbelastung der Ref-Anlagen. Das Versauerungspotenzial reduziert sich durch verringerte SO_2- bzw. NO_x-Emissionen um über 500 t[527].

---

[524] Pers. Anm. des Autors, die gem. GEMIS 4.3 eingesetzten Pellets besitzen einen Aschegehalt von 0,55 %.

[525] Vgl. Hasler, P., Nussbaumer, T., Herstellung von Holzpellets: Einfluss von Presshilfen auf Produktion, Qualität, Lagerung, Verbrennung sowie Energie- und Ökobilanz von Holzpellets, im Auftrag des Bundesamtes für Energie und des Bundesamtes für Umwelt, Wald und Landwirtschaft, Schlussbericht, 2001, 18 u. 34, Holzpellets besitzen lt. ÖNORM einen Chlorgehalt < 200 mg/kg bzw. einen Schwefelgehalt < 400 mg/kg; Messungen der chemischen Inhaltsstoffe von Pellets in Österreich ergaben einen Chlorgehalt von < 0,0023 % bzw. einen Schwefelgehalt < 0,005 %. Pers. Anm. des Autors, der Chlorgehalt bzw. Schwefelgehalt von Pellets beträgt in GEMIS 4.3 0,009 % bzw. 0,027 %. Vgl. des Weiteren Kayser/Kaltschmitt, 1999, HCl besitzt bei der Umrechnung in SO_2-Äquivalenten den Faktor 0,88.

[526] Pers. Anm. des Autors, lt. GEMIS 4.3 liegt der N_2-Gehalt von Pellets mit 0,18 % deutlich unter jenem von Gas mit 6,1%.

[527] Pers. Anm. des Autors, betreffend die resultierende Staubbelastung des S.M. sind meines Erachtens die Ergebnisse anzuzweifeln, da lt. GEMIS-Berechnung keine Staubemissionen in der KWK-Variante auftreten.

Tab. 11-11 Gesamtübersicht über die direkten Netto-Emissionen der untersuchten KWK-Anlagen im B.A.U.-Szenario; aufgeteilt nach den Umweltproblemfeldern, für den Zeitraum 2005-2015

Umweltproblemfeld/ Emissionsart	Nettoe- missionen MGT-Pfl.	Netto- emissionen MGT-Gas	Netto- emissionen S.M.-Pellets	Netto- emissionen S.M.-Gas	Gesamtsumme
Versauerung					
SO_2-Äquivalent [toe]	-81,79	-2.582,54	-59,79	-504,13	**-3.228**
SO_2 [toe]	1,01	-9,36	6,38	-2,35	**-4,32**
NO_x [toe]	-118,92	-3.695,76	-95,05	-651,76	**-4.561**
HCl [kg]			18,44		**18,44**
Ozonvorläufersubstanzen					
CO [toe]	-28,94	-905,51	-19,03	-137,54	**-1.091,02**
NMVOC [toe]	-1,99	-60,50	2,55	13,49	**-46,45**
NO_x [toe]	*siehe Versauerung*				
CH_4 [toe]	-1,99	-64,24	-2,43	-16,87	**-85,54**
Treibhausgase					
CO_2-Äquivalent [toe]	-54.833	-1.217.557	-56.038	-301.765	**-1.630.192**
CO_2 [toe]	-53.054	-1.163.400	-54.498	-291.317	**-1.562.268**
CH_4 [toe]	*siehe Ozonvorläufersubstanzen*				
N_2O [toe]	-1,18	-32,46	-1,28	-8,80	**-43,71**
Staub [toe]	0,34	7,24	3,41	-1,63	**9,35**

Quelle: eigene Berechnungen mit GEMIS 4.3

Gesamtheitlich gesehen tritt - wie in Tabelle 11-11 dargestellt - durch den Betrieb der KWK-Anlagen über den gesamten Untersuchungszeitraum bei den CO_2-Emissionen mengenmäßig die bedeutendste Reduktion auf. Nach Abzug des verdrängten Emissionsbeitrages der Ref-Anlagen von den KWK-Bruttoemissionen verbleibt ein negativer Saldo von über 1,56 Mio. t CO_2, um welchen die Schadstoffbilanz verbessert wird. Das THP, gemessen in CO_2-Äquivalenten, reduziert sich demnach um über 1,63 Mio. t. Ferner reduziert sich das Versauerungspotenzial durch eine Abnahme der SO_2-Äquivalente um rd. 3.200 t. Der Einsatz des S.M. im Pelletbetrieb verursacht jedoch ein Ansteigen der HCl-Emissionen um rd. 18,4 kg, woraus neben zusätzlichen Staubemissionen iHv. rd. 9,4 t eine weitere Verschlechterung der Emissionsbelastung zu erwarten ist.

11.4.2.1.2 Untersuchte KWK-Anlagen im Überblick – VSI-Szenario

Durch den Wegfall der substituierten Schadstoffemissionen einer GuD-Anlage erhöhen sich sämtliche Nettoschadstoffemissionen in den einzelnen Umweltproblemfeldern gegenüber dem B.A.U.-Szenario. Neben einer weiteren mengenmäßigen Ausweitung der Netto-Schadstoffbelastung durch Staubemissionen werden auch die SO_2-, NMVOC- u. N_2O-Emissionen durch den Betrieb der KWK-Anlage derart erhöht, dass deren Nettobilanz positiv wird, womit mehr Schadstoffe durch den Betrieb der KWK-Anlagen in Österreich emittiert werden. Die für den Klimaeffekt maßgeblichen THG werden durch einen Rückgang der CO_2-Aquivalente um rd. 654 680 t reduziert. Das Versauerungspotenzial reduziert sich über den gesamten Betrachtungszeitraum um ca. 680 t. Tabelle 11-12 zeigt dazu - als Vergleich - die direkt aus den untersuchten KWK-Anlagen resultierenden Netto-Schadstoffemissionen für das VSI-Szenario.

Tab. 11-12 Gesamtübersicht über die direkten Netto-Emissionen der untersuchten KWK-Anlagen im VSI-Szenario; aufgeteilt nach den Umweltproblemfeldern, für den Zeitraum 2005-2015

Umweltproblemfeld / Emissionsart	Nettoemissionen MGT-Pfl.	Nettoemissionen MGT-Gas	Nettoemissionen S.M.-Pellets	Nettoemissionen S.M.-Gas	Gesamtsumme
Versauerung					
SO_2-Äquivalent [toe]	-15,15	-507,29	-6,72	-146,50	**-676**
SO_2 [toe]	1,20	-3,30	6,53	-1,30	**3,13**
NO_x [toe]	-23,48	-723,87	-19,06	-139,61	**-906**
HCl [kg]			18,44		**18,44**
Ozonvorläufersubstanzen					
CO [toe]	-9,85	-311,13	-3,83	-35,11	**-359,92**
NMVOC [toe]	-0,08	-1,06	4,07	23,73	**26,66**
NO_x [toe]	siehe Versauerung				
CH_4 [toe]	-0,08	-4,81	-0,91	-6,63	**-12,43**
Treibhausgase					
CO_2-Äquivalent [toe]	-29.364	-424.469	-35.758	-165.090	**-654.681**
CO_2 [toe]	-29.353	-425.361	-35.625	-164.129	**-654.468**
CH_4 [toe]	siehe Ozonvorläufersubstanzen				
N_2O [toe]	-0,03	3,20	-0,37	-2,65	**0,15**
Staub [toe]	0,53	13,18	3,56	-0,61	**16,66**

Quelle: eigene Berechnungen mit GEMIS 4.3

11.4.2.1.3 Sektorale Betrachtung des Energiesektors

Die nachfolgende Tabelle 11-13 gibt einen Überblick der über den Betrachtungszeitraum kumulierten Reduktionspotenziale der untersuchten KWK-Anlagen - im Vergleich zu den Luftschadstoffen aus dem Sektor Energieversorgung aus dem Jahr 2003[528]. Der Betrieb der KWK-Anlagen zur kombinierten Strom- u. Wärmeerzeugung führt nach Abzug der Emissionen der Ref-Anlagen zu einer durchwegs deutlichen Reduktion der aus dem Energiesektor herrührenden Schadstoffbelastung. Auszugsweise sei angeführt, dass die kumulierten eingesparten CO_2-Nettoemissionen bis zum Jahr 2015 gegenüber den CO_2-Emissionen aus dem Jahr 2003 eine Reduktion um ca. 9,6 % ergeben. Bemerkenswert ist ferner, dass der Einsatz der KWK-Anlagen die kumulierten verdrängten SO_2-Äquivalente bis zum Jahr 2015 um über 500 % gegenüber dem Emissionsausstoß aus dem Jahr 2003 reduziert[529]. Als einzige Verschlechterung bewirken die positiven resultierenden Nettoemissionen für Staub eine Erhöhung der Staubbelastung des Energiesektors um ca. 0,5 % gegenüber den Emissionen aus dem Jahr 2003.

Tab. 11-13 Übersicht des kumulierten Reduktionspotenzials auf die Schadstoffemissionen der untersuchten KWK-Anlagen - im Vergleich zu den Emissionen des Energiesektors im Jahr 2003

Emissionsart	Emissionen im Jahr 2003 [toe]	Anteil an den öst. Gesamtemissionen 2003 [%]	Prozentuelle Veränderung gegenüber dem Basisjahr	Reduktionspotential durch KWK-Anlagen 2010	Prozentuelle Veränderung gegenüber 2003	Reduktionspotential durch KWK-Anlagen 2005 -2015	Prozentuelle Veränderung gegenüber 2003
CH_4	15.600	4,20	+16,68 (1990)	-7	-0,05	-86	**-0,55**
CO	4.350	0,54	-28,10 (1990)	-97	-2,24	-1.091	**-25,08**
CO_2	16.260.000	21,34	+18,51 (1990)	**-132.691**	-0,82	-1.562.268	**-9,61**
CO_2-Äquivalent	16.660.000	18,19	+18,58 (1990)	**-138.637**	-0,83	-1.630.192	**-9,79**
N_2O	220	1,23	+46,67 (1990)	-4	-1,68	-44	**-19,87**
NH_3	300	0,55	+50,00 (1990)				
NMVOC	4.190	2,30	-65,08 (1988)	-5	-0,13	-46	**-1,11**
NO_x	15.640	6,83	-44,95 (1985)	**-402**	-2,57	-4.561	**-29,17**
SO_2	8.580	25,13	-46,38 (1990)	-1	-0,01	-4	**-0,05**
SO_2-Äquivalent	630	6,82	-28,41 (1990)	**-283**	-44,91	-3.228	**-512,42**
Staub	1.830	2,39	+38,64 (1990)	1	0,04	9	**0,51**

Quelle: Emissionstrends 1990-2003, Umweltbundesamt, Wien 2005 und eigene Berechnungen mit GEMIS 4.3

---

[528] Pers. Anm. des Autors, in den folgenden Tabellen (Tab. 11-14 bis Tab. 11-16) werden ausschließlich die Ergebnisse des B.A.U.-Szenarios präsentiert, da diese die Maximalvariante der möglichen Reduktionspotenziale zeigen; die Verbesserungspotenziale des VSI-Szenarios liegen gem. Tab. 11-12 deutlich darunter; in Einzelfällen wird jedoch gesondert darauf hingewiesen.

[529] Pers. Anm. des Autors, der SO_2-Äquivalenzwert iHv. 630 t stammt von Anderl, M., u.a., 2005, 122

11.4.2.1.4 Beitrag zur Zielerreichung des Kyoto-Protokolls

In der folgenden Tabelle 11-14 werden die Auswirkungen der untersuchten KWK-Anlagen, im Sinne einer Beeinflussung der Zielerreichung der CO_2-Emissionen gem. Kyoto-Protokoll, für das Jahr 2010 bzw. 2012 beleuchtet.

Tab. 11-14 Einfluss der untersuchten KWK-Anlagen auf die Zielerreichung der CO_2-Emissionen gem. Kyoto-Protokoll für das Jahr 2010 bzw. 2012

Bezeichnung	CO_2-Äquivalente [Mio. toe]	Abweichung zum Kyoto-Ziel 2010	absolute Verbesserung in % zum Trendszenario
CO_2-Emissionen 2003	91,57	34,01	
Zielerreichung 2010 gem. Kyoto-Protokol	68,33		
Trendszenario mit Klimastrategie u. flexibler Mechanismen für 2010	70,72	3,50	
Reduktionspotential durch KWK-Anlagen 2005 - 2010	-0,14		
Emissionen 2010 inkl. KWK-Beitrag	**70,58**	**3,29**	**0,20**
Reduktionspotential durch KWK-Anlagen 2005 - 2012	-0,49		
Emissionen 2012 inkl. KWK-Beitrag	**70,23**	**2,78**	**0,72**

Quelle: Emissionstrends 1990-2003, Umweltbundesamt, Wien 2005 und eigene Berechnungen mit GEMIS 4.3

Das kumulierte Reduktionspotenzial an CO_2-Äquivalenten iHv. 0,14 t bewirkt im Jahr 2010 bei unverändertem Stand der Emissionshöhe aus dem Jahr 2003 eine absolute Verbesserung der Zielerreichung zum Kyoto-Ziel um ca. 0,2 % gem. Trendszenario (Klimastrategie), wodurch sich die Verfehlung der gesetzlichen Zielfestlegung durch den KWK-Beitrag von 3,50 % auf 3,29 % reduziert[530]. Betrachtet man die substituierten CO_2-Äquivalente bis zum Auslaufen der zweiten Handelsperiode des Zertifikatshandels, so führen die resultierenden CO_2-Äquivalenzreduktionen zu einer Minimierung der Zielabweichung absolut um rd. 0,7 % von 3,5 % auf 2,8 %. Summa summarum kann gesagt werden, dass durch den Einsatz der KWK-Anlagen die THG-Emissionen deutlich reduziert werden, eine Erreichung des Kyoto-Zieles jedoch nur in Verbindung mit zusätzlichen Mechanismen bewerkstelligt werden kann.

11.4.2.1.5 Beitrag zur Zielerreichung des Göteborg-Protokolls, Emissionshöchstmengengesetz-Luft und Ozongesetz

Die anschließenden Tabellen 11-15 u. 11-16 offerieren überblicksmäßig die Beiträge der untersuchten KWK-Anlagen zu den Zielerreichungen gem. Göteborg-Protokoll u. EG-L für das Jahr 2010 bzw. Ozongesetz für das Jahr 2006.

---

[530] Pers. Anm. des Autors, im VSI-Szenario erfolgt durch ein Reduktionspotenzial von 0,05 Mio. t eine absolute Verbesserung gegenüber dem Trendszenario gem. Klimastrategie um 0,08%.

Tab. 11-15 Einfluss der untersuchten KWK-Anlagen auf die Zielerreichung der NO$_x$, NMVOC u. SO$_2$-Emissionen gem. Göteborg-Protokoll u. EG-L für das Jahr 2010

Bezeichnung	Emissionen [toe]	Prozentuelle Abweichung	abs. %-tuelle Verbesserung d. Zielerreichung	Bezeichnung	Emissionen [toe]	Prozentuelle Abweichung	abs. %-tuelle Verbesserung d. Zielerreichung
Göteborg-Protokoll				**Göteborg-Protokoll bzw. EG-L**			
Zielerreichung bis 2010 gem. Göteborg-Protokoll	107.000			Zielerreichung bis 2010 gem. Göteborg-Protokoll und EG-L	159.000		
NO$_x$-Emissionen 2003	229.030	114,05		NMVOC-Emissionen 2003	182.300	14,65	
Reduktionspotential durch KWK-Anlagen 2005 - 2010	-402			Reduktionspotential durch KWK-Anlagen 2005 - 2010	-5		
NO$_x$-Emissionen 2010 inkl. KWK-Beitrag	**228.628**	**113,67**	**0,38**	**NMVOC-Emissionen 2010 inkl. KWK-Beitrag**	**182.295**	**14,65**	**0,00**
Emissionshöchstmengengesetz-Luft				**Göteborg-Protokoll bzw. EG-L**			
Zielerreichung 2010 gem. EG-L	103.000			Zielerreichung bis 2010 gem. Göteborg-Protokoll und EG-L	39.000		
NO$_x$-Emissionen 2003	229.030	122,36		SO$_2$-Emissionen 2003	34.140	-12,46	
Reduktionspotential durch KWK-Anlagen 2005 - 2010	-402			Reduktionspotential durch KWK-Anlagen 2005 - 2010	-1		
NO$_x$-Emissionen 2010 inkl. KWK-Beitrag	**228.628**	**121,97**	**0,39**	**SO$_2$-Emissionen 2010 inkl. KWK-Beitrag**	**34.139**	**-12,46**	**0,00**

Quelle: Emissionstrends 1990-2003, Umweltbundesamt, Wien 2005 und eigene Berechnungen mit GEMIS 4.3

Die bis zum Jahr 2010 kumulierten NO$_x$-Emissionen führen zu geringfügigen Verbesserungen der festgelegten Zielerreichungen gem. Göteborg-Protokoll u. EG-L. Das Reduktionspotenzial von rd. 400 t bewirkt eine absolute Verbesserung der Zielerreichung um rd. 0,4 %[531], woraus konstatierbar ist, dass nach Abzug des KWK-Reduktionspotenzials noch immer eine deutliche Abweichung von ca. 113,7 % bzw. 122,0 % gegenüber den Zielfestlegungen gem. Göteborg-Protokoll u. EG-L besteht. Das Reduktionspotenzial der NMVOC- u. SO$_2$-Emissionen hinsichtlich einer Verbesserung der Zielerreichungen kann auf Grund des geringen positiven Beitrages vernachlässigt werden.

Tab. 11-16 Einfluss der untersuchten KWK-Anlagen auf die Zielerreichung der NO$_x$ u. NMVOC-Emissionen gem. Ozongesetz für das Jahr 2006

Bezeichnung	Emissionen [toe]	Prozentuelle Abweichung	abs. %-tuelle Verbesserung d. Zielerreichung	Bezeichnung	Emissionen [toe]	Prozentuelle Abweichung	abs. %-tuelle Verbesserung d. Zielerreichung
Ozongesetz				**Ozongesetz**			
Zielerreichung 2006 gem. Ozongesetz	70.224			Zielerreichung 2006 gem. Ozongesetz	112.101		
NO$_x$-Emissionen 2003	229.030	226,14		NMVOC-Emissionen 2003	182.300	62,62	
Reduktionspotential durch KWK-Anlagen 2005 - 2006	-10			Reduktionspotential durch KWK-Anlagen 2005 - 2006	-0,13		
NO$_x$-Emissionen 2006 inkl. KWK-Beitrag	**229.020**	**226,13**	**0,01**	**NMVOC-Emissionen 2006 inkl. KWK-Beitrag**	**182.300**	**62,62**	**0,00**

Quelle: Emissionstrends 1990-2003, Umweltbundesamt, Wien 2005 und eigene Berechnungen mit GEMIS 4.3

Bedingt durch die erst ab Ende des ersten Drittels des Untersuchungszeitraumes ansteigenden KWK-Anlagenzahlen lässt sich der positive Beitrag zur Zielerreichung der NO$_x$- u. NMVOC-Emissionen gem. Ozongesetz bis zum Jahr 2006 vernachlässigen.

---

[531] Pers. Anm. des Autors, in GEMIS werden keine direkten NH$_3$-Emissionen errechnet. Betrachtet man deshalb die höheren Nettoemissionen entlang der Energiekette, so erhöhen sich diese um ca. 52 t über den gesamten Untersuchungszeitraum. Da jedoch die Emissionen im Jahr 2003 um über 11.500 t unter dem gesetzlichen Limit gem. Göteborg-Protokoll u. EG-L liegen, können folglich negative Implikationen auf ein Abweichen von der Zielerreichung vernachlässigt werden.

11.4.2.2 Reduktionspotenziale entlang der gesamten Energiekette

In den folgenden Tabellen 11-17 bis 11-21 werden die Gesamtemissionen (inkl. der Vorprozesse) im Sinne des bereits öfter andiskutierten Nettoverständnisses dargestellt. Es kommen deshalb die Emissionen der KWK-Anlagen inkl. substituierter Emissionen aus den Ref-Anlagen entlang der gesamten Energiekette zur Anzeige.

Tab. 11-17 Gesamtbilanz der Emissionen entlang der Energiekette für Errichtung u. Betrieb der MGT für Pflanzenöl im B.A.U.-Szenario; aufgeteilt nach den Umweltproblemfeldern, für den Zeitraum 2007-2015

Umweltproblemfeld / Emissionsart	MGT-Pfl.	Gaskessel	GuD-Anlage	Summe
Versauerung				
SO_2-Äquivalent [toe]	106,84	73,58	105,50	-72,24
SO_2 [toe]	-2,58	11,57	5,96	-20,12
NO_x [toe]	16,76	88,28	141,85	-213,37
HCl [kg]	359,81	548,17	813,50	-1.001,85
HF [kg]	20,46	39,22	34,06	-52,81
NH_3 [toe]	51,79	0,0002	0,0001	51,79
H_2S [kg]	0,16	1,22	0,99	-2,05
Ozonvorläufersubstanzen				
TOPP [toe]	20,17	122,31	187,17	-289,32
CO [toe]	13,17	51,29	46,06	-84,18
NMVOC [toe]	-2,09	6,26	6,78	-15,13
NO_x	siehe Versauerung			
CH_4 [toe]	26,16	193,80	161,62	-329,25
Treibhausgase				
CO_2-Äquivalent [toe]	24.896	55.314	40.722	-71.140
CO_2 [toe]	12.240	50.819	36.816	-75.394
CH_4	siehe Ozonvorläufersubstanzen			
N_2O [toe]	39,05	1,37	1,65	36,02
Staub [toe]	3,31	3,43	2,68	-2,81

Quelle: eigene Berechnungen mit GEMIS 4.3

Die Berücksichtigung der VL bei der Pflanzenölherstellung bewirkt einen starken Anstieg der Ammoniak- u. Distickstoff-Emissionen, die sich ausschließlich aus dem Einsatz von chem. anorganischen Düngemitteln ergeben[532]. Der Anstieg der NH_3-Emissionen trägt somit durch ein Versauerungspotenzial von 1,88 zu einer Reduzierung der substituierten Netto-Versauerungsäquivalente bei Berücksichtigung der Vorkette um rd. 9,6 t auf 72,2 t bei. Die negativen SO_2- bzw. NMVOC-Emissionen für die MGT ergeben sich durch das Gutschriftenverfahren „Sojaschrot" in GEMIS. Durch Berücksichtigung der Transport-DL bzw. der Emissionsaufwendungen in der Energieträgerbereitstellung u. Anlagenherstellung erhöhen sich für alle drei betrachteten Anlagen dementsprechend die Schadstoffbelastungen. Bemerkenswert ist ferner der eklatante Anstieg der CH_4-Emissionen bei den beiden Ref-Anlagen, der auf Leckverluste in den Erdgastransportleitungen zurückzuführen ist. Generell kann gesagt werden, dass bei gesamtheitlicher Betrachtung aller 4 Umweltproblemfelder eine Reduzierung der Schadstoffemissionen durch den KWK-Einsatz erreicht wird. Neben der bereits erläuterten Reduktion der Versauerungsäquivalente erfolgt eine Verringerung der Ozonvorläufersubstanzen, gemessen in TOPP, um knapp 290 t bzw. eine Reduktion der CO_2-Äquivalente um 71.140 t sowie eine verringerte Staubbelastung um rd. 2,8 t[533].

---

[532] Pers. Anm. des Autors, der in den Düngemitteln u. im Rapsstroh gebundene Stickstoff wird von Bakterien in großem Umfang in elementaren Stickstoff sowie in das die Atmosphäre schädigende N_2O umgewandelt, wobei letzteres ein bedeutendes THG (GWP von 310 gem. „Kyoto Protokoll 100 Jahre") darstellt u. – nach Umwandlung in NO_x - zusätzlich an der bodennahen Ozonbildung sowie am Waldsterben beteiligt ist.

[533] Pers. Anm. des Autors, bei den folgenden KWK-Anlagen wird nur mehr auf spezifische Sonderfälle eingegangen; die grundsätzliche Aussage mit ihren detaillierten Ausführungen über die Emissionserhöhungen, unter Berücksichtigung der Vorketten, bleibt demnach aufrecht.

Tab. 11-18 Gesamtbilanz der Emissionen entlang der Energiekette für Errichtung u. Betrieb der MGT für Erdgas im B.A.U.-Szenario; aufgeteilt nach den Umweltproblemfeldern, für den Zeitraum 2005-2015

Umweltproblemfeld / Emissionsart	MGT-Gas	Gaskessel	GuD-Anlage	Summe
Versauerung				
SO$_2$-Äquivalent [toe]	1.197,08	2.289,56	3.285,28	-4.377,77
SO$_2$ [toe]	274,35	360,06	185,72	-271,43
NO$_x$ [toe]	1.307,34	2.746,83	4.417,29	-5.856,77
HCl [kg]	12.549,68	17.056,80	25.332,21	-29.839,33
HF [kg]	881,64	1.220,25	1.060,54	-1.399,15
NH$_3$ [kg]	3,09	6,64	2,64	-6,19
H$_2$S [kg]	21,75	38,11	30,71	-47,07
Ozonvorläufersubstanzen				
TOPP [toe]	1.863,43	3.805,87	5.828,50	-7.770,94
CO [toe]	812,87	1.596,03	1.434,24	-2.217,40
NMVOC [toe]	131,18	194,76	211,18	-274,76
NO$_x$	siehe Versauerung			
CH$_4$ [toe]	3.419,35	6.030,21	5.032,72	-7.643,58
Treibhausgase				
CO$_2$-Äquivalent [toe]	1.050.243	1.721.166	1.268.073	-1.938.996
CO$_2$ [toe]	966.546	1.581.286	1.146.441	-1.761.181
CH$_4$	siehe Ozonvorläufersubstanzen			
N$_2$O [toe]	38,35	42,75	51,45	-55,85
Staub [toe]	83,22	106,86	83,49	-107,13

Quelle: eigene Berechnungen mit GEMIS 4.3

Der Betrieb der MGT mit Erdgas führt zu einer erheblichen Absenkung der Schadstoffemissionen; die SO$_2$-Äquivalente reduzieren sich um ca. 4.380 t, die Ozonvorläufer-Äquivalente um rd. 7.770 t bzw. die CO$_2$-Äquivalente um rd. 1,94 Mio. t. u. die Staubemissionen um über 100 t.

Tab. 11-19 Gesamtbilanz der Emissionen entlang der Energiekette für Errichtung u. Betrieb des S.M. für Pellets im B.A.U.-Szenario; aufgeteilt nach den Umweltproblemfeldern, für den Zeitraum 2007-2015

Umweltproblemfeld / Emissionsart	S.M.-Pellets	Gaskessel	GuD-Anlage	Summe
Versauerung				
SO$_2$-Äquivalent [toe]	32,01	89,09	84,01	-141,09
SO$_2$ [toe]	12,03	13,94	4,75	-6,65
NO$_x$ [toe]	28,39	106,99	112,96	-191,55
HCl [kg]	206,72	665,19	647,78	-1.106,25
HF [kg]	12,65	47,59	27,12	-62,06
NH$_3$ [kg]	1,93	0,24	0,07	1,62
H$_2$S [kg]	2,01	1,49	0,79	-0,26
Ozonvorläufersubstanzen				
TOPP [toe]	45,74	148,14	149,04	-251,44
CO [toe]	25,35	61,25	36,68	-72,57
NMVOC [toe]	8,14	7,59	5,40	-4,84
NO$_x$ [toe]	siehe Versauerung			
CH$_4$ [toe]	12,19	234,89	128,69	-351,39
Treibhausgase				
CO$_2$-Äquivalent [toe]	7.751	67.070	32.426	-91.746
CO$_2$ [toe]	7.323	61.621	29.316	-83.614
CH$_4$ [toe]	siehe Ozonvorläufersubstanzen			
N$_2$O [toe]	0,55	1,67	1,32	-2,43
Staub [toe]	4,74	4,10	2,13	-1,49

Quelle: eigene Berechnungen mit GEMIS 4.3

Durch Berücksichtigung der gesamten Vorkette resultiert bis auf eine Ausnahme (NH$_3$) eine Verringerung der Emissionsbelastung, so reduzieren sich die SO$_2$-Äquivalente um über 140 t, die Ozonvorläufer-Äquivalente um rd. 250 t bzw. die CO$_2$-Äquivalente um rd. 91.750 t sowie die Staubemissionen um rd. 1,5 t.

Tab. 11-20 Gesamtbilanz der Emissionen entlang der Energiekette für Errichtung u. Betrieb des S.M. für Erdgas im B.A.U.-Szenario; aufgeteilt nach den Umweltproblemfeldern, für den Zeitraum 2005-2015

Umweltproblemfeld / Emissionsart	S.M.-Gas	Gaskessel	GuD-Anlage	Summe
Versauerung				
SO_2-Äquivalent [toe]	206,30	600,41	566,16	-960,27
SO_2 [toe]	34,51	93,92	32,01	-91,42
NO_x [toe]	263,18	721,02	761,24	-1.219,08
HCl [kg]	1.622,67	4.482,89	4.365,56	-7.225,78
HF [kg]	115,12	320,73	182,76	-388,37
NH_3 [kg]	0,64	1,64	0,46	-1,46
H_2S [kg]	3,25	10,02	5,29	-12,06
Ozonvorläufersubstanzen				
TOPP [toe]	396,59	998,35	1.004,44	-1.606,20
CO [toe]	185,13	412,75	247,17	-474,79
NMVOC [toe]	47,95	51,14	36,39	-39,58
NO_x [toe]	siehe Versauerung			
CH_4 [toe]	513,56	1.582,95	867,30	-1.936,69
Treibhausgase				
CO_2-Äquivalent [toe]	150.852	452.003	218.530	-519.681
CO_2 [toe]	138.774	415.278	197.569	-474.073
CH_4 [toe]	siehe Ozonvorläufersubstanzen			
N_2O [toe]	4,17	11,23	8,87	-15,93
Staub [toe]	9,43	27,62	14,39	-32,57

Quelle: eigene Berechnungen mit GEMIS 4.3

Der Betrieb des S.M. mit Erdgas führt zu einer erheblichen Absenkung der Schadstoffemissionen; die SO_2-Äquivalente reduzieren sich um ca. 960 t, die Ozonvorläufer-Äquivalente um rd. 1.610 t bzw. die CO_2-Äquivalente um rd. 0,52 Mio. t. u. die Staubemissionen um ca. 33 t.

Tab. 11-21 Gesamtbilanz der Nettoemissionen entlang der Energiekette für die untersuchten KWK-Anlagen im B.A.U.-Szenario; aufgeteilt nach den Umweltproblemfeldern, für den Zeitraum 2005-2015

Umweltproblemfeld/ Emissionsart	Nettoemissionen MGT-Pfl.	Nettoemissionen MGT-Gas	Nettoemissionen S.M.-Pellets	Nettoemissionen S.M.-Gas	Gesamtsumme	Gesamtsumme o. Berücksichtigung der Sojaschrot-Gutschrift
Versauerung						
SO_2-Äquivalent [toe]	-72,24	-4.377,77	-141,09	-960,27	**-5.551,38**	-5.498
SO_2 [toe]	-20,12	-271,43	-6,65	-91,42	**-389,63**	-366
NO_x [toe]	-213,37	-5.856,77	-191,55	-1.219,08	**-7.480,78**	-7.440
HCl [kg]	-1.001,85	-29.839,33	-1.106,25	-7.225,78	**-39.173,21**	-39.085
HF [kg]	-52,81	-1.399,15	-62,06	-388,37	**-1.902,40**	-1.898
NH_3 [toe]	51,79	-0,01	0,002	-0,001	**51,79**	52
H_2S [kg]	-2,05	-47,07	-0,26	-12,06	**-61,44**	-61
Ozonvorläufersubstanzen						
TOPP [toe]	-289,32	-7.770,94	-251,44	-1.606,20	**-9.917,89**	-9.859
CO [toe]	-84,18	-2.217,40	-72,57	-474,79	**-2.848,94**	-2.839
NMVOC [toe]	-15,13	-274,76	-4,84	-39,58	**-334,31**	-327
NO_x	siehe Versauerung					
CH_4 [toe]	-329,25	-7.643,58	-351,39	-1.936,69	**-10.260,91**	-10.257
Treibhausgase						
CO_2-Äquivalent [toe]	-71.140,38	-1.938.996,06	-91.745,79	-519.680,77	**-2.621.563,00**	-2.615.374
CO_2 [toe]	-75.394,44	-1.761.181,18	-83.614,05	-474.073,15	**-2.394.262,82**	-2.388.411
CH_4	siehe Ozonvorläufersubstanzen					
N_2O [toe]	36,02	-55,85	-2,43	-15,93	**-38,18**	-37
Staub [toe]	-2,81	-107,13	-1,49	-32,57	**-144,00**	-140

Quelle: eigene Berechnungen mit GEMIS 4.3

In Summe führt der gesamte KWK-Einsatz bei Berücksichtigung der Verdrängungseffekte zu einer Verringerung der SO_2-Äquivalente um rd. 5.550 t, der Ozonvorläufer-Äquivalente um ca. 9.920 t, bzw. der CO_2-Äquivalente um 2,62 Mio. t u. der Staubemissionen um ca. 144 t. Bei Vernachlässigung der Sojaschrot-Gutschrift verringern sich die Werte nur geringfügig. Als einzige Verschlechterung der Schadstoffbilanz lässt sich ein Anstieg der NH_3-Emissionen durch den Düngemitteleinsatz in der Land- u. Forstwirtschaft um ca. 52 t verzeichnen.

In Tabelle 11-22 wird abschließend die Gesamtschadstoffbilanz für das VSI-Szenario dargestellt, welche eine durch Wegfall der substituierten Emissionen aus der GuD-Anlage induzierte durchgängige Verringerung der Reduktionspotenziale vorsieht. Interessant erscheint in diesem Kontext der positive Emissionssaldo der N_2O-Emissionen, woraus sich durch diesen Beitrag eine partielle Verringerung des Reduktionspotenzials von CO_2-Äquivalenten ergibt[534].

Tab. 11-22 Gesamtbilanz der Nettoemissionen entlang der Energiekette für die untersuchten KWK-Anlagen im VSI-Szenario; aufgeteilt nach den Umweltproblemfeldern, für den Zeitraum 2005-2015

Umweltproblemfeld/ Emissionsart	Nettoemissionen MGT-Pfl.	Nettoemissionen MGT-Gas	Nettoemissionen S.M.-Pellets	Nettoemissionen S.M.-Gas	Gesamtsumme	Gesamtsumme o. Berücksichtigung der Sojaschrot-Gutschrift
Versauerung						
SO_2-Äquivalent [toe]	33,26	-1.092,49	-57,08	-394,11	-1.510,42	-1.457
SO_2 [toe]	-14,16	-85,71	-1,90	-59,42	-161,19	-137
NO_x [toe]	-71,52	-1.439,48	-78,60	-457,84	-2.047,44	-2.006
HCl [kg]	-188,35	-4.507,12	-458,47	-2.860,22	-8.014,16	-7.926
HF [kg]	-18,76	-338,61	-34,95	-205,61	-597,92	-594
NH_3 [toe]	51,79	0,00	0,002	-0,001	51,79	52
H_2S [kg]	-1,06	-16,36	0,53	-6,77	-23,66	-24
Ozonvorläufersubstanzen						
TOPP [toe]	-102,14	-1.942,44	-102,40	-601,76	-2.748,74	-2.690
CO [toe]	-38,12	-783,16	-35,90	-227,62	-1.084,81	-1.075
NMVOC [toe]	-8,35	-63,58	0,56	-3,19	-74,55	-67
NO_x	siehe Versauerung					
CH_4 [toe]	-167,64	-2.610,86	-222,69	-1.069,39	-4.070,58	-4.067
Treibhausgase						
CO_2-Äquivalent [toe]	-30.418,47	-670.923,13	-59.319,35	-301.150,60	-1.061.811,55	-1.055.622
CO_2 [toe]	-38.578,53	-614.740,32	-54.297,92	-276.504,14	-984.120,91	-978.269
CH_4	siehe Ozonvorläufersubstanzen					
N_2O [toe]	37,68	-4,40	-1,12	-7,06	25,10	25
Staub [toe]	-0,13	-23,64	0,65	-18,19	-41,31	-38

Quelle: eigene Berechnungen mit GEMIS 4.3

11.5 Monetäre Bewertung der externen Effekte einer Schadstoffreduktion durch Einsatz von KWK-Anlagen

Die monetäre Bewertung der mit dem Einsatz der untersuchten KWK-Anlagen einhergehenden externen Effekte stellt ein hochgradig interdisziplinäres Thema dar. Die Herstellung der KWK-Anlagen inkl. den Vorprozessen in der Materialherstellung u. dem Transportwesen, die Errichtung der Anlagen, Nutzung inkl. der Energieträgerbeistellung u. Entsorgung der KWK-Anlagen zeigen Auswirkungen auf die menschliche Gesundheit, das Trinkwasser, die Ackerkulturen, den Wald, Gebäude etc., u., in weiterer Folge, auf die dahinter stehenden Wirtschaftseinheiten. Ceteris paribus, kann diese Problematik nicht von einer wissenschaftlichen Disziplin, geschweige denn im Rahmen dieser Arbeit zur vollsten Zufriedenheit gelöst werden. Um dennoch Aussagen über possible Reduktionen externer Effekte u. deren monetären Einschlag durch substituierte Schadstoffemissionen tätigen zu können (Einschätzung externer Kosten), bedient man sich des im Rahmen von ExternE entwickelten Softwareprogrammes EcoSense. Die via GEMIS 4.3 - für die Betriebsphase u. die ganze Energiekette - ermittelten Nettogesamtschadstoffemissionen dienen als Eingangsparameter des EcoSense Modells[535].

---

[534] Pers. Anm. des Autors, werden die positiven Nettoemissionen mit dem GWP-Faktor von N_2O iHv. 310 in CO_2-Äquivalente umgerechnet, kommt es zu einer partiellen Erhöhung der negativen Auswirkungen auf den Klimaeffekt, u. zwar um 7.750 t CO_2-Äquivalente.

[535] Quelle abrufbar unter: 2006-01-23, http://ecoweb.ier.uni-stuttgart.de/ecosense_web/ecosensele_web/frame.php; Vgl. dazu Quelle abrufbar unter: 2006-01-23, http://www.externe.info/; das Projekt ExternE wurde im Jahr 1991 im Rahmen des „Joule-Programms" gestartet u. von der EU-Kommission, DG Research, finanziert (EUR 10,0 Mio.). Hauptziel des Projektes war die Ermittlung von Luftschadstoffemissionen aus Kraftwerken u. die Entwicklung von Wirkungspfadansätzen zur Abschätzung u.

11.5.1 Das EcoSenseLE V1.2 Modell

11.5.1.1 Einführung

EcoSenseLE V1.2 ermöglicht eine rasche Einschätzung der externen, durch Schadstoffemissionen verursachten Kosten[536]. Das Modell basiert auf den sogenannten Wirkungspfadansatz, welcher in der ExternE-Projekt Serie entwickelt wurde.

11.5.1.2 Methodischer Ansatz

Der methodische Wirkungspfadansatz, ein Bottom-up-Ansatz, bildet die reale Wirkungskette von folgenden kausalen Ereignissen ab[537]: Emissionen aus der Quelle (Schadensentstehung), nachfolgende Ausbreitung in der Atmosphäre via Transmission sowie chem. Umwandlung in der Umgebung, schädigender Einfluss auf Rezeptoren (Menschen, Feldfrüchte, Gebäude u. Ökosysteme); die Conclusio bildet schließlich eine Beurteilung der physischen Schadenswirkung, basierend auf Expositionswirkungsbeziehungen, inkl. monetärer Abschätzung derselben (Transfer resultierender Wohlfahrtsverluste auf Basis der Wohlfahrtsökonomie in monetäre Werte). Abbildung 11-1 ist als graphische Demonstration des Wirkungspfadansatzes dienlich.

ABB. 11-1 DARSTELLUNG DES WIRKUNGSPFADANSATZES ZUR BERECHNUNG VON EXTERNEN UMWELTKOSTEN

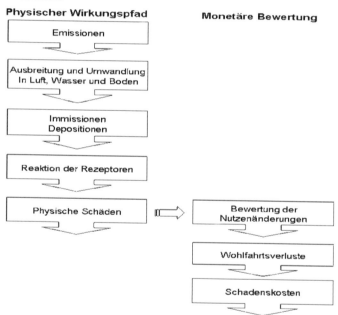

Quelle: EcoSenseLE V1.2 bzw. Universität Stuttgart, Institut für Energiewirtschaft und Rationelle Energieanwendung, in: Gutachten zur Ermittlung der externen Kosten des Flugverkehrs am Flughafen Frankfurt/Main, 2003

Bewertung externer Effekte. Die gesamte ExternE-Studie ist das Resultat von über 20 Forschungsprojekten innerhalb der letzten 10 Jahre, wobei über 50 Forschungseinrichtungen aus 20 Ländern teilgenommen haben.

[536] Quelle abrufbar unter: 2006-01-23, http://ecoweb.ier.uni-stuttgart.de/ecosense_web/ecosense_web/frame.php; *Pers. Anm. des Autors,* EcoSenseLE steht für EcoSense Look-up Edition u. ist eine parametrierte webbasierende „Light-Version" von EcoSense. Neben eindeutig zuordenbaren Quellen, wie z.B. Kraftwerken, lassen sich im EcoSense-Modell auch die Kosten ganzer Sektoren in einem EU-Mitgliedstaat bzw. einer Gruppe von Mitgliedstaaten ermitteln.

[537] Vgl. Friedrich, R., u.a., 2003, 17, Bottom-up-Ansätze entsprechen dem Stand der Wissenschaft zur Berechnung externer Umweltkosten. Sie zeigen den Vorteil einer eindeutigen Zuordbarkeit von Ursache u. Schaden, wodurch die Transparenz der ermittelten externen Kosten wesentl. erhöht wird.

Im Rahmen von EcoSenseLE V1.2 werden keine marginalen, sondern ausschließlich Gesamtkosten errechnet. Die spezifischen externen Kosten pro Schadstoffemission lassen sich dabei, simpel ausgedrückt, anhand der Berechnung der Schadensauswirkungen für das Basisjahr 1998 ermitteln. Hierzu verändert man die Emissionsausstöße um 10 % u. berechnet die daraus resultierenden Schadensauswirkungen neu. Das Delta dieser externen Kosten wird anschließend durch die Mengenänderung dividiert, somit ergeben sich die externen Kosten pro Schadstoff[538].

11.5.1.3 Systeminhalt, Kostenkategorien und potenzielle Schadensgüter

Mit EcoSenseLE V1.2 lassen sich potenzielle Schadensgüter den in folgender Tabelle 11-23 angeführten Kostenkategorien zuordnen. Die Separierung erfolgt auf Grund different verlaufender Wirkungspfade, unterschiedlicher modell-technischer Erfassung od. in Anbetracht ihrer spezifischen Wirkungsweise. Kostenkategorien können dabei ein od. mehrere Schadensgüter enthalten[539].

Der Wirkungspfadansatz für Luftschadstoffe umfasst sowohl Ausbreitung als auch chem. Umwandlung in der Atmosphäre u. ermittelt schließlich die abgelagerten Schadstoffkonzentrationen, denen potenzielle Rezeptoren ausgesetzt sind. Mittels Dosis-Wirkungs-Beziehungen können mögliche physische Auswirkungen auf die Gesundheit sowie Einflüsse auf Material u. Nutzpflanzen, kausal bedingt durch jeweils einen od. mehrere der primären u. sekundären Schadstoffe NO_x, SO_2, Feinstaub (Nitrate, Sulfate, PM10, PM2,5) u. Ozon (NMVOC), aufgezeigt u. bewertet werden[540].

---

[538] Quelle: Telefonat, 2006-02-06, BERT DROSTE-FRANKE, Universität Stuttgart, Institut für Energiewirtschaft und Rationelle Energieanwendung

[539] Vgl. Friedrich, R., u.a., 2003, 18

[540] Vgl. dazu Friedrich, R., u.a., 2003, 24 u. 149, die Berechnung der externen Kosten mit Hilfe des Software Tools EcoSenseLE V1.2 ermöglicht es auch, Schäden durch sogenannte sekundäre Partikel zu berücksichtigen. Sekundäre Partikel, wie bspw. Nitrate bzw. Sulfate, entstehen durch chemische Reaktion (Einwirkung ionisierender Strahlung) der Luftschadstoffe NO_x bzw. SO_2 od. auch Kohlenwasserstoffe in der Atmosphäre. *Vgl. dazu* Jens, K., Vorlesungen über technische Gebäudeausrüstung, Kapitel 3 Wärme; Hrsg. Ingenieurbüro Jens, Version 2004, 4f., wegen ihrer hohen Oxidationsbereitschaft zerstören Oxidantien jene Pflanzenzellen, welche die lebenswichtige Photosynthese ermöglichen.

Tab. 11-23 Kostenkategorien u. betrachtete Schadensgüter

Kostenkategorie	Schadensgüter
Luftschadstoffe	**Menschliche Gesundheit:** Mortalität u. Morbidität[541] **Feldpflanzen:** Gerste, Hafer, Kartoffel, Reis, Roggen, Zuckerrübe, Sonnenblumen, Tabak, Weizen, Düngemittel, Kalk[542] **Material:** Kalkstein, Sandstein, Naturstein, Mörtel, Verputz, Zink u. galvanisierter Stahl, Farbe auf Stahl, Farbe auf galvanisiertem Stahl u. Karbonat Farbe[543]
Klimaänderung	-[544]

Quelle: EcoSenseLE V1.2

Zusätzlich sei erwähnt, dass alle Kosten im EcoSenseLE-Modell im Geldwert des Jahres 2000, sprich inflationsbereinigt, angegeben sind.

11.5.1.4 Systemgrenzen - Parametereinstellungen

Eine Bewertung der Umweltkosten für ein bestimmtes Gebiet bzw. Land (im vorliegenden Fall Österreich) wird durch Eingabe physikalischer Parameter in das Modell, im Rahmen der Spezifizierung der Emissionen, möglich. Da jedoch eine großflächige Ausbreitung der Luftschadstoffe u. demnach weit reichende Schadenswirkung, besonders unter der Gegebenheit global auftretender Klimaeffekte, berücksichtigt werden sollte, kommen, neben der Klimaänderung, auch die Schadenseinflüsse auf Material, Feldfrüchte u. menschliche Gesundheit außerhalb Österreichs zur Betrachtung.

Zur Berechnung der externen Kosten wurden, als Charakteristika der lokalen Umgebung der Emissionsquelle, kleine, in ländlichen Gebieten gelegene Städte gewählt. Als Emissionsquelle für „low release emission" fiel die Auswahl auf „domestic heating"[545] - Emissionen, die bis zu einer Höhe von ca. 50 m über Grund emittiert werden.

---

[541] Vgl. dazu Friedrich, R., u.a., 2003, 26ff., von den Gesundheitsexperten der ExternE-Projekt Serie wurden Expositions-Wirkungsbeziehungen abgeleitet, die sich für die Analyse von Kraftwerksemissionen als geeignet erweisen. Es werden dabei die Einflüsse von Feinstaub sowie von sekundären Partikeln (Sulfaten u. Nitraten) zu folgenden Gesundheitseffekten in Beziehung gesetzt: Husten, Gebrauch von Bronchodilatatoren u. leichten Atemwegssymptomen bei Kindern u. Erwachsenen, die Asthmatiker sind; kongestiver Herzinsuffizienz bei älteren Menschen ab 65; chronischen Husten bei Kindern; chronischen Bronchitis, Unwohlsein bei Erwachsenen; chronischer Mortalität, Erkrankungen der Atemwege (zusätzlich für SO_2 u. O_3) u. zerebrovaskuläre Krankheit bei der gesamten Bevölkerung; der Einfluss von O_3 auf Asthmaanfälle u. leichtes Unwohlsein der Gesamtbevölkerung sowie von SO_2 u. O_3 auf den akuten Verlust an Lebenserwartung. *Pers. Anm. des Autors,* im Anhang unter Kap. *[14.11 Monetäre Werte und Emissionsmengen, verwendet in der ökonomischen Evaluierung durch EcoSenseLE V1.2]* sind die monetären Werte für die Evaluierung der externen Kosten beschrieben; abrufbar unter www.energieinstitut-linz.at.

[542] Quelle abrufbar unter: 2006-01-23, http://ecoweb.ier.uni-stuttgart.de/ecosense_web/ecosenseLE_web/frame.php; *Pers. Anm. des Autors,* im Zuge der Ermittlung der externen Kosten können in Abschnitt „Evaluation Air Pollution: Please select impact(s):" bei Mausklick auf „Crops" die dahinterliegenden Expositionswirkungsbeziehungen eingesehen werden. Für die Berechnung der Auswirkungen von SO_2 auf Feldpflanzen wird eine Funktion angepasst, welche eine Ertragszunahme bei einer Exposition mit SO_2 zw. 0 u. 6,8 ppB, sowie einen Ertragsrückgang bei höheren Konzentrationen vorsieht. Diese Funktion wird auf Weizen, Gerste, Kartoffeln, Zuckerrüben u. Hafer angewendet. Für die Berechnung von Schäden durch Ozon (Ertragsrückgang) wird eine lineare Beziehung von AOT40 (Accumulated Ozon concentration above Threshold 40 ppb) zu einem geringen Sensitivitätsparameter für Roggen, Hafer, Reis, zu einem empfindlichen Sensitivitätsparameter für Weizen, Gerste, Kartoffeln u. Sonnenblumen sowie zu einem sehr empfindlichen Sensitivitätsparameter für Tabak angenommen. Die zum Ausgleich der Versauerung erforderliche Menge Kalk wird näherungsweise berechnet, wobei nur nicht-kalkhaltige Böden berücksichtigt werden. Da Stickstoff ein wesentlicher Nährstoff für Pflanzen ist, wird die Deposition von oxidiertem Stickstoff auf landwirtschaftlich genützten Böden berücksichtigt u. der damit resultierende Rückgang an sonst nötigem Dünger berechnet.

[543] Quelle abrufbar unter: 2006-01-23, http://ecoweb.ier.uni-stuttgart.de/ecosense_web/ecosenseLE_web/frame.php; *Pers. Anm. des Autors,* im Zuge der Ermittlung der externen Kosten können in Abschnitt „Evaluation Air Pollution: Please select impact(s):" bei Mausklick auf „Materials" die dahinterliegenden Expositionswirkungsbeziehungen eingesehen werden. Als Zielgröße wurde das Instandsetzungsintervall berechnet, wobei die Verkürzung des Zeitintervalls einer Renovierung durch die Einwirkung von Luftschadstoffen u. die Renovierungskosten zu den externen Kosten führt.

[544] Vgl. Friedrich, R., u.a., 2003, 18, Schadensgüter durch Klimaänderung sind vielfältig, auch die Schadensberechnung unterliegt großen Unsicherheiten. *Pers. Anm. des Autors,* in EcoSenseLE V1.2 wird daher zur Ermittlung der Schadensgüter der Verwendungskostenansatz standardmäßig gewählt, als Indikatoren für die Klimaänderung werden CO_2, CH_4 u. N_2O eingegeben.

[545] Quelle abrufbar unter: 2006-01-23, http://ecoweb.ier.uni-stuttgart.de/ecosense_web/ecosenseLE_web/frame.php; *Pers. Anm. des Autors,* im EcoSenseLE-Modell können die Luftschadstoffe SO_2, NO_x, NMVOC u. PM10 in „High Stack" (z.B. Kraftwerke, Emissionshöhe > 100 m) bzw. „Low release" Emissionen (Straßenverkehr Höhe ca. 0,50 m, Hausbrand 0 bis 50 m u. In-

EcoSenseLE V1.2 erlaubt die Eingabe eines benutzerdefinierten Wertes zur Einschätzung des Verlustes an Lebenserwartung als Folge einer Langzeitexposition. Hier wurde – unter Ausgliederung eines ethischen Aspektes - der vorgeschlagene ExternE-Standardwert von EUR 75.000,-- pro verlorenes Lebensjahr durch Langzeitexposition mit Feinstaub verwendet[546].

Auch bietet sich die Option, einen benutzerdefinierten Wert zur Ermittlung der in Zusammenhang mit dem Klimawandel stehenden Vermeidungskosten einzugeben. Der von mir revidierte Wert iHv. 27 EUR/t CO_2 fußt auf den aktuellsten Erkenntnissen einer britischen Studie zum Thema „The Social Cost of Carbon"[547].

11.5.2 Vermeidbare externe Kosten

Von EcoSenseLE V1.2 werden als Dateninput die jährl. Schadstoffemissionen verlangt. Die mittels GEMIS 4.3 errechneten Emissionswerte basieren auf den kumulierten Anlagenzahlen, wodurch auch die Effekte aus den Vorperioden in den jeweiligen Jahreswerten inkludiert sind. Diese Methodik dient demnach der Beurteilung der gesamten, während des Betrachtungszeitraumes resultierenden Emissionen. Um jedoch die zur Dateneingabe in EcoSenseLE benötigten jährlichen Emissionen korrekt definieren zu können, bedarf es einer Berücksichtigung des jeweiligen Saldos zum Vorjahr zwecks Involvierung der tatsächlichen - ohne Beiträge aus den Vorjahren – wirksam gewordenen Emissionen im jeweiligen Jahr. Aufbauend auf diese Bereinigung werden zur Ermittlung der externen Kosten für die Behebung der Schäden an Gesundheit, Nutzpflanzen, Materialien u. Klimaerwärmung die jährlichen Kosten über den gesamten Zeitraum, gewichtet mit dem Emissionsjahr, kumuliert[548].

11.5.2.1 Vermeidbare externe Kosten in der Betriebsphase

Im Folgenden sind in Tabelle 11-24 die ermittelten externen Kosten für die substituierten Schadstoffemissionen, welche aus verdrängtem Einsatz von GuD-Kraftwerken

---

dustrie Emissionshöhe ca. 80 m) separiert werden. Da sich die substituierten Luftschadstoffe aus Anteilen von GuD-Anlagen bzw. Gaskessel-Anlagen zusammensetzen, werden diese, entsprechend den jeweiligen prozentuellen Anteilen an den Gesamtschadstoffen, auf die Kategorien „High Stack" und „Low release" aufgeteilt; folgende Aufteilung für die Nettoemissionen „High Stack" ergibt sich daher in der Betriebsphase: SO_2 25 %, NO_x 70 %, NMVOC 35 %, Staub 24 %; zur Berechnung der Emissionen inkl. VL wird folgende Aufteilung herangezogen: SO_2 22 %, NO_x 51 %, NMVOC 37 %, Staub 30 %

[546] Vgl. dazu Friedrich, R., u.a., 2003, 22, als Bezugswert für die Umrechnung eines verlorenen Lebensjahres wurde der Wert eines statistischen verhinderten Todesfalls, iHv. EUR 3.400.000,-- verwendet, (Diskontrate 3 % p.a.).

[547] Pers. Anm. des Autors, der ExternE-Standardwert, iHv. 19 EUR/t CO_2-Äquivalent, repräsentiert eine zentrale Schätzung des breiten Spektrums, welches zur Erreichung der Kyoto Ziele 2010 angenommen wurde. Quelle abrufbar unter: 2006-01-23, http://ecoweb.ier.uni-stuttgart.de/ecosense_web/ecosensele_web/frame.php; *Pers. Anm. des Autors,* im Zuge der Ermittlung der externen Kosten können in Abschnitt „Evaluation Climate Change: Choose valuation:" bei Mausklick auf ExternE „Standard Value" die dahinterliegenden Annahmen eingesehen werden. Das Spektrum der Vermeidungskosten reicht von einem Wert von 5 EUR/t (Annahme: voller Handel mit Flexibilisierungsmechanismen über alle Regionen der Welt) bis zu 38 EUR/t (Annahme: kein Handel von CO_2-Emissionen mit Ländern außerhalb der EU). *Vgl. dazu* Watkiss, P., a.o., The Social Cost of Carbon, The Social Costs of Carbon (SCC) Review – Methodological Approaches for Using SCC Estimates in Policy Assessment, Final Report, London 2005, XI u. 1, es wurde ein näherungsweise zentraler Wert für das Emissionsjahr 2010 iHv. £68/tC bzw. 27 EUR/t CO_2 angesetzt; Umrechnung: 1tC = 3.664 t CO_2, damit ist ein Wert von £100/tC gleichzusetzen mit £ 27/t CO_2, die Umrechnung von £ in EUR erfolgt anhand des mittleren Tageskurses vom 27.05.2006 iHv. 1,46, Quelle abrufbar unter: 2006-05-27, http://www.offizz.de/helpdesk/hd_devisen.html

[548] Quelle: Telefonat, 2006-05-04, BERT DROSTE-FRANKE, Universität Stuttgart, Institut für Energiewirtschaft und Rationale Energieanwendung, da die Schäden unmittelbar im Emissionsjahr auftreten, müssen sie für Aussagen, die einen gewissen Zeitraum betreffen, neu berechnet werden; *Pers. Anm. des Autors,* Berechnung für das Jahr 2005: jährliche Kosten, multipliziert mit 11, für 2006: jährliche Kosten, multipliziert mit 10 usw. Die zur Berechnung der jährlichen externen Kosten eingesetzten Emissionsmengen sind in Kap. *14.11 [Monetäre Werte und Emissionsmengen, verwendet in der ökonomischen Evaluierung durch EcoSenseLE V1.2]* angeführt; abrufbar unter: www.energieinstitut-linz.at. Ferner wurde auf den Einsatz einer sozialen Diskontrate zur Bewertung von Schäden, die weit in der Zukunft auftreten, Abstand genommen, da nicht der abgezinste net present value im Fokus der Untersuchung liegt, sondern der über den Zeitraum kumulierte monetäre Schaden von Interesse ist.

u. Gaskesselanlagen während der Betriebsphase resultieren, zusammengefasst; bei diesen handelt es sich jedoch nur um grobe Schätzwerte[549].

Tab. 11-24 Zusammenfassung der direkten externen Gesamtkosten – B.A.U.-Szenario (auf Tausend gerundete Werte)

Luftschadstoffe [EUR]	Auswirkungen auf die menschl. Gesundheit				
	Mortalität		Morbidität		
	i.Ö.	a.Ö.	i.Ö.	a.Ö.	Summe
Summe[550]	-1.504.000	-12.476.000	-770.000	-6.422.000	-21.172.000
Luftschadstoffe [EUR]	Auswirkungen auf Nutzpflanzen u. Materialien				
	Nutzpflanzen		Materialien		
	i.Ö.	a.Ö.	i.Ö.	a.Ö	Summe
Summe[551]	-139.000	-1.501.000	-52.000	-616.000	-2.308.000
Klimaveränderung [EUR]	Globale Betrachtungsweise				
CO_2	-	-	-	-	-42.245.000
CH_4	-	-	-	-	-53.000
N_2O	-	-	-	-	-349.000
Summe	-	-	-	-	-42.648.000
Gesamtsumme	-	-	-	-	-66.100.000

Quelle: eigene Berechnungen mit EcoSenseLE V1.2

Die Ergebnisse der substituierten Schäden auf Materialien u. Nutzpflanzen bilden mit rd. EUR 2,3 Mio. den geringsten Teil der externen Kosten, wobei anzumerken ist, dass davon rd. EUR 2,1 Mio. (ca. 91 %) außerhalb Österreichs wirksam werden. Die berechneten, durch den Einsatz der KWK-Anlagen ausbleibenden negativen Effekte auf die Gesundheit stellen mit rd. EUR 21,2 Mio. eine prägnante Dezimierung der externen Kosten durch Luftschadstoffe dar. Auf Grund dieses Ergebnisses können in Österreich durch Rückgang der Sterblichkeitsrate rd. EUR 1,5 Mio. an externen Kosten vermieden werden. Auswirkungen auf eine Zunahme der Krankheitswahrscheinlichkeit auf Grund emittierter Luftschadstoffe können durch den KWK-Einsatz um rd. EUR 0,8 Mio. für die österreichische Bevölkerung reduziert werden. Der größte Teil der vermiedenen externen Kosten, nämlich rd. EUR 43 Mio., tritt im Zusammenhang mit den reduzierten THG auf; die CO_2-Reduktionen iHv. rd. EUR 42 Mio. leisten den Hauptanteil an einer Reduzierung jener externen Kosten, die die Klimaveränderung betreffen. Summa summarum können durch den Betrieb der KWK-Anlagen im Zeitraum von 2005 -2015 rd. EUR 66,1 Mio. an externen Kosten eingespart werden[552].

---

[549] Pers. Anm. des Autors, da nicht nur Feinstaub, sondern die gesamten TSP-Staubemissionen lt. GEMIS im Bewertungsmodell berücksichtigt wurden, erfolgt eine überproportionale Betrachtung der Staubemissionen, welche die externen Effekte/Kosten, größer als in der Realität auftretend, einfließen lässt. Ferner wird explizit in EcoSenseLE darauf hingewiesen, dass die Ergebnisse nur grob geschätzte Resultate widerspiegeln.

[550] Pers. Anm. des Autors, da die Netto-Staubemissionen durch den KWK-Betrieb positiv sind, werden sie als verdrängter positiver Nutzenbeitrag von den vermiedenen externen Kosten abgezogen. Als maßgeblicher Anteil der Schadenskosten auf die menschliche Gesundheit sind Nitrate, die sich durch Umsetzung von Stickstoffverbindungen in der Luft bilden, verantwortlich.

[551] Pers. Anm. des Autors, in den Ergebnissen ist bereits der resultierende Rückgang von Düngemitteleinsatz als Resultat der dahinterliegenden Expositionswirkungsbeziehung, welche eine Deposition von oxidiertem Stickstoff auf landwirtschaftlich genützten Böden inkludiert, eingerechnet. Als maßgeblicher Anteil der Schadenskosten auf Nutzpflanzen und Materialien lassen sich die Depositionen von N, inkl. verwandter Säuren u. O_3, nennen.

[552] Pers. Anm. des Autors, die Ergebnisse stellen insofern nur grobe Schätzwerte dar, als einerseits die externen Kosten auf die von GEMIS 4.3 ermittelten Emissionen - mit ihren behafteten Ungenauigkeiten - aufbauen, andererseits die Schadenskosten für Materialien, Nutzpflanzen und menschliche Gesundheit im EcoSenseLE-Modell im Geldwert des Jahres 2000 bzw. bei der Klimaveränderung mit einem Geldwert für 2010 angegeben werden.

11.5.2.2 Vermeidbare externe Kosten entlang der gesamten Energiekette

Tabelle 11-25 zeigt eine monetäre Bewertung der entlang der gesamten Energiekette auftretenden Effekte.

Tab. 11-25 Zusammenfassung der externen Gesamtkosten inkl. VL – B.A.U.-Szenario (auf Tausend gerundete Werte)

Luftschadstoffe [EUR]	Auswirkungen auf die menschl. Gesundheit				
	Mortalität		Morbidität		
	i.Ö.	a.Ö.	i.Ö.	a.Ö.	
Summe	-3.539.000	-22.020.000	-1.816.000	-11.357.000	-38.732.000
Luftschadstoffe [EUR]	Auswirkungen auf Nutzpflanzen u. Materialien				
	Nutzpflanzen		Materialien		
	i.Ö.	a.Ö.	i.Ö.	a.Ö	
Summe	-228.000	-2.567.000	-110.000	-1.102.000	-4.007.000
Klimaveränderung [EUR]	Globale Betrachtungsweise				
CO_2	-	-	-	-	-64.625.000
CH_4	-	-	-	-	-6.372.000
N_2O	-	-	-	-	-305.000
Summe	-	-	-	-	-71.302.000
Gesamtsumme	-	-	-	-	-114.000.000

Quelle: eigene Berechnungen mit EcoSenseLE V1.2

Unter Berücksichtigung von vorgelagerten Prozessen zeigt sich, dass durch den KWK-Einsatz deutlich höhere externe Kosten vermieden können. Zusammengefasst lassen sich somit rd. EUR 114 Mio. an externen Kosten durch Luftschadstoffe u. THG reduziert. Für Österreich würde der Einsatz der KWK-Technologien zu einer monetär bewertbaren Reduzierung der Sterblichkeitsrate, nämlich im Ausmaß von rd. EUR 3,6 Mio., führen bzw. die Kosten, die aus einer Gesundheitsbeeinträchtigung der österreichischen Bevölkerung resultieren, um EUR rd. 1,8 Mio. senken. Als größter externer Nutzenbeitrag tragen die reduzierten CO_2-Emissionen mit rd. EUR 65 Mio. zu einer Reduktion der negativen monetären Auswirkungen auf eine globale Klimaerwärmung bei.

11.6 Ressourcenverbrauch

Im Folgenden werden die ökologischen Aspekte, bezogen auf den kumulierten Energieaufwand bei der Herstellung sowie die umgesetzten Stoffströme der untersuchten Anlagen als Kennzahlen zur energetischen Bewertung dargestellt.

11.6.1 Energetische Bewertung

11.6.1.1 Annahmen zur energetischen Bewertung

Zur Erstellung u. energetischen Bewertung kompatibler Gesamtprozesse inkl. entsprechender Vorketten wird die gleiche Vorgangsweise u. Systematik wie für die Ermittlung von Luftschadstoffemissionen angewandt. Es gelten daher sämtliche bereits beschriebenen Annahmen u. Beschränkungen, die zur Berechnung der Luftschadstoffemissionen herangezogen wurden.

11.6.1.2 Kumulierter Energie-Aufwand

Ein wichtiges Kriterium zur energetischen Bewertung im Sinne von „Sustainable Development" stellt der „Kumulierte Energie-Aufwand" als Anhaltspunkt dar[553]. Der KEA kann ebenso mit Hilfe von GEMIS 4.3 ermittelt werden; er stellt eine aggregierte Maßzahl für den gesamten Verbrauch von Energieressourcen (Primärenergieinputs)

---

[553] Vgl. Priewasser, R., Johannes Kepler Universität Linz, Institut für betriebliche und regionale Umweltwirtschaft - Vorlesungsskript: Grundlagen der Ökologie WS 2004/2005, Linz, 59

zur Bereitstellung eines Produkts od. einer DL dar. Der KEA wird bestimmt, indem man für ein bestimmtes Produkt (z.B. Stahl) od. eine DL (Raumwärme, Transport von Gütern) die gesamte Vorkette inkl. Aufwand zur Herstellung der jeweiligen Prozesse untersucht u. die jeweilige Energiemenge ermittelt. Zur KEA-Berechnung müssen folglich der gesamte Lebenszyklus berücksichtigt u. die dafür nötigen Primärenergieaufwendungen erfasst werden. Da ein Großteil der Umwelteffekte aus der Energiebereitstellung u. -nutzung resultiert, kann der KEA als Indikator zur ökologischen Bewertung herangezogen werden[554]. GEMIS unterteilt dabei die Primärenergieinputs in Anteile mit erneuerbarer, nichterneuerbarer u. „rezyklierter" kumulierter Primärenergie u. bildet daraus die Gesamtsumme[555].

Die angegebenen Werte, welche im Anhang unter Kap. *14.10 [Empirische Datenbasis der ökologischen u. anlagenspezifischen Kennwerte sowie grundsätzliche Systemeinstellungen in GEMIS 4.3]* zu finden sind, beziehen sich demnach auf den gesamten Energieverbrauch inkl. Vorketten u. Materialvorleistungen, welche in der jeweiligen funktionellen Outputeinheit der KWK-Anlagen u. Ref-Systeme bemessen sind[556]. Diese spezifischen Kennwerte werden erneut mit dem entsprechenden, in TJ umgerechneten Energieoutput p.a. der untersuchten Anlagen sowie mit der Anzahl der entsprechenden jährl. in Betrieb genommenen bzw. substituierten Anlagen multipliziert u. miteinander verglichen.

11.6.2 Kumulierter Energieaufwand der untersuchten Anlagen

Nachfolgende Tabellen 11-26 bis 11-28 zeigen die Entwicklung des kumulierten Energieaufwandes, aufgeteilt in die wesentlichsten Komponenten sowie als Gesamtsumme jeweils für die KWK-Anlagen u. Ref-Anlagen, als Nettosumme ausgeworfen. Der Einsatz regenerativer Energieträger zur Verfeuerung in den KWK-Anlagen erhöht dementsprechend den diesbezüglichen Energieaufwand. Da der erneuerbare KEA für MGT-Gas bzw. S.M.-Gas pro TJ gelieferter Energie deutlich geringer ist als bei den Ref-Anlagen, erfolgt gem. Tabelle 11-26 eine dementsprechende Reduktion des regenerativen Energieeinsatzes um insges. 1.783 TJ.

Tab. 11-26 KEA-erneuerbar – für die untersuchten Anlagen, im Überblick über den Analysezeitraum – B.A.U.-Szenario, in TJ

KEA-erneuerbar [TJ]/Jahr	MGT-Pfl.	Gaskessel	GuD-Anlage	Summe	MGT-Gas	Gaskessel	GuD-Anlage	Summe
2005					0,29	0,36	0,97	-1,04
2006					1,06	1,23	3,52	-3,69
2007	1,62	0,06	0,18	1,38	2,54	3,01	8,44	-8,92
2008	6,48	0,26	0,70	5,52	6,02	7,23	20,05	-21,25
2009	14,57	0,57	1,58	12,41	13,84	16,68	46,07	-48,90
2010	25,90	1,02	2,81	22,07	30,54	36,85	101,64	-107,95
2011	42,09	1,66	4,57	35,86	53,68	64,81	178,66	-189,79
2012	64,76	2,55	7,03	55,17	77,35	93,42	257,44	-273,50
2013	93,90	3,70	10,20	80,00	101,02	122,02	336,21	-357,21
2014	129,52	5,11	14,07	110,34	124,69	150,62	414,99	-440,92
2015	171,61	6,77	18,64	146,20	148,36	179,22	493,77	-524,64
Summe	550,44	21,71	59,79	468,95	559,38	675,44	1.861,75	-1.977,81

---

[554] Vgl. Kurzweil, A., Lichtbau, G., Pölz, W., Einsatz von Biokraftstoffen und deren Einfluss auf die Treibhausgas-Emissionen in Österreich; Hrsg. Umweltbundesamt, im Auftrag der OMV AG, Berichte 144, Wien 2003, 9

[555] Vgl. Salchenegger/Pölz, 2005, 15f., *Vgl. des Weiteren,* Quelle abrufbar unter: News, 2005-01-11, http://www.oeko.de/service/gemis/de/index.htm; die ab GEMIS 4.0 implementierte Rechenmethode zum KEA weist zwei wichtige Änderungen der Methodik gegenüber der VDI-Richtlinie 4600 auf: 1) Der KEA enthält zwar den energetischen Aufwand zur Bereitstellung benötigter Stoffe, nicht jedoch den Energieinhalt (Heizwert) dieser Stoffe, wenn sie nicht als Energieträger Verwendung finden (z.B. Holz als Baustoff, Öl in Kunststoffen, Erdgas im Stickstoffdünger) 2) Bei der Primärenergiegewinnung (nur dort!) wird für alle Energieträger mit einem definitorischen Nutzungsgrad von 100 % gerechnet; alle Verluste der Gewinnung gehen zu Lasten des Lagers.

[556] Pers. Anm. des Autors, die angegebenen Werte sind in der ungekürzten Version der Arbeit unter www.energieinstitut-linz.at abrufbar.

Überleitung: Tab. 11-26, Teil 2

KEA-erneuerbar [TJ]/Jahr	S.M.-Pellets	Gaskessel	GuD-Anlage	Summe	S.M.-Gas	Gaskessel	GuD-Anlage	Summe
2005					0,02	0,06	0,11	-0,15
2006					0,08	0,20	0,37	-0,50
2007	0,14	0,02	0,03	0,09	0,16	0,42	0,77	-1,03
2008	0,82	0,09	0,17	0,56	0,34	0,88	1,59	-2,13
2009	2,47	0,28	0,51	1,67	0,78	2,03	3,66	-4,92
2010	5,62	0,64	1,16	3,81	1,71	4,46	8,07	-10,82
2011	11,94	1,37	2,47	8,10	3,55	9,27	16,76	-22,48
2012	24,59	2,81	5,08	16,69	7,23	18,89	34,14	-45,80
2013	42,07	4,81	8,69	28,57	12,33	32,22	58,23	-78,12
2014	61,11	6,98	12,61	41,52	17,87	46,68	84,36	-113,18
2015	81,83	9,34	16,87	55,62	23,89	62,40	112,77	-151,28
Summe	230,58	26,34	47,61	156,63	67,96	177,52	320,84	-430,41

Quelle: eigene Berechnungen mit GEMIS 4.3

Der Betrieb der KWK-Anlagen mit regenerativen Energieträgern bewirkt eine starke Reduktion des KEA für „endliche" Energien, wobei dadurch über den gesamten Zeithorizont gem. Tabelle 11-27 rd. 2.897 TJ eingespart werden können. Durch eine effizientere Energieausnutzung der KWK-Anlagen erfolgt ebenso im Gasbetrieb eine massive Reduktion des Energieaufwandes nicht erneuerbarer Energien um rd. 40.600 TJ. In Summe werden in den 11 Jahren durch die kombinierte Strom- u. Wärmebereitstellung der KWK-Anlagen gegenüber der getrennten Strom- u. Wärmeerzeugung rd. 43.500 TJ an nicht erneuerbarer Energie eingespart. Diese eingesparte Menge entspricht rd. 6 % des energetischen Energieverbrauches im Jahr 2003 für feste, flüssige u. gasförmige Energieträger in Österreich[557].

Tab. 11-27 KEA-nicht erneuerbar – für die untersuchten Anlagen, im Überblick über den Analysezeitraum – B.A.U.-Szenario, in TJ

KEA-nichterneurbar [TJ]/Jahr	MGT-Pfl.	Gaskessel	GuD-Anlage	Summe	MGT-Gas	Gaskessel	GuD-Anlage	Summe
2005					8,71	14,76	10,91	-16,96
2006					31,45	50,64	39,40	-58,58
2007	0,55	2,64	1,97	-4,06	75,49	124,52	94,55	-143,58
2008	2,20	10,56	7,88	-16,23	179,29	298,68	224,55	-343,95
2009	4,95	23,75	17,73	-36,53	412,05	689,22	516,08	-793,25
2010	8,80	42,22	31,52	-64,93	909,03	1.523,07	1.138,53	-1.752,57
2011	14,30	68,61	51,21	-105,52	1.597,86	2.678,86	2.001,29	-3.082,26
2012	22,01	105,55	78,79	-162,34	2.302,46	3.861,03	2.883,75	-4.442,32
2013	31,91	153,05	114,25	-235,39	3.007,04	5.043,20	3.766,21	-5.802,37
2014	44,01	211,10	157,58	-324,67	3.711,62	6.225,37	4.648,67	-7.162,42
2015	58,32	279,71	208,80	-430,19	4.416,19	7.407,54	5.531,13	-8.522,47
Summe	187,05	897,18	669,72	-1.379,86	16.653,46	27.916,88	20.855,07	-32.120,73

KEA-nichterneurbar [TJ]/Jahr	S.M.-Pellets	Gaskessel	GuD-Anlage	Summe	S.M.-Gas	Gaskessel	GuD-Anlage	Summe
2005					0,86	2,60	1,27	-3,01
2006					2,79	8,44	4,14	-9,79
2007	0,06	0,65	0,32	-0,91	5,80	17,53	8,59	-20,32
2008	0,37	3,90	1,91	-5,44	12,02	36,36	17,82	-42,15
2009	1,10	11,69	5,73	-16,31	27,70	83,76	41,05	-97,11
2010	2,52	26,62	13,05	-37,14	60,98	184,40	90,37	-213,78
2011	5,37	56,49	27,68	-78,80	126,68	383,08	187,73	-444,13
2012	11,09	116,22	56,96	-162,09	258,09	780,44	382,47	-904,81
2013	19,02	198,68	97,37	-277,00	440,18	1.331,03	652,30	-1.543,15
2014	27,68	288,28	141,28	-401,88	637,72	1.928,37	945,04	-2.235,69
2015	37,15	385,67	189,01	-537,53	852,44	2.577,65	1.263,23	-2.988,44
Summe	104,37	1.088,20	533,29	-1.517,12	2.425,26	7.333,64	3.594,01	-8.502,39

Quelle: eigene Berechnungen mit GEMIS 4.3

---

[557] Vgl. dazu Statistik Austria, Statistisches Jahrbuch Österreichs 2006, Wien 2005, 355, Abb. 22.01 Energetischer Endverbrauch 2003 nach Energieträgern

Tab. 11-28 KEA-Summe der untersuchten Anlagen, im Überblick über den Analysezeitraum – B.A.U.-Szenario, in TJ

KEA-Summe [TJ]/Jahr	MGT-Pfl.	Gaskessel	GuD-Anlage	Summe	MGT-Gas	Gaskessel	GuD-Anlage	Summe
2005					9,19	15,35	12,17	-18,33
2006					33,18	52,66	43,94	-63,42
2007	2,20	2,74	2,20	-2,74	79,63	129,49	105,46	-155,32
2008	8,81	10,98	8,79	-10,95	189,12	310,61	250,46	-371,94
2009	19,82	24,70	19,77	-24,65	434,65	716,73	575,62	-857,70
2010	35,24	43,91	35,15	-43,82	958,89	1.583,88	1.269,87	-1.894,86
2011	57,26	71,35	57,12	-71,20	1.685,52	2.785,80	2.232,16	-3.332,44
2012	88,10	109,76	87,88	-109,55	2.428,74	4.015,16	3.216,42	-4.802,84
2013	127,74	159,16	127,43	-158,84	3.171,96	5.244,53	4.200,68	-6.273,24
2014	176,20	219,53	175,76	-219,09	3.915,18	6.473,89	5.184,94	-7.743,65
2015	233,46	290,88	232,88	-290,30	4.658,40	7.703,25	6.169,19	-9.214,05
Summe	748,84	933,00	746,98	-931,14	17.564,45	29.031,35	23.260,89	-34.727,79

KEA-Summe [TJ]/Jahr	S.M.-Pellets	Gaskessel	GuD-Anlage	Summe	S.M.-Gas	Gaskessel	GuD-Anlage	Summe
2005					0,90	2,70	1,42	-3,22
2006					2,92	8,78	4,61	-10,47
2007	0,20	0,68	0,35	-0,83	6,06	18,23	9,58	-21,75
2008	1,21	4,05	2,13	-4,97	12,58	37,81	19,87	-45,10
2009	3,64	12,15	6,39	-14,90	28,97	87,09	45,78	-103,90
2010	8,31	27,68	14,55	-33,92	63,79	191,74	100,79	-228,75
2011	17,67	58,74	30,88	-71,94	132,52	398,34	209,39	-475,21
2012	36,42	120,85	63,53	-147,96	269,98	811,53	426,59	-968,14
2013	62,36	206,60	108,60	-252,83	460,44	1.384,06	727,55	-1.651,16
2014	90,64	299,77	157,58	-366,70	667,08	2.005,19	1.054,06	-2.392,17
2015	121,47	401,04	210,81	-490,38	891,68	2.680,34	1.408,96	-3.197,62
Summe	341,93	1.131,55	594,81	-1.384,43	2.536,92	7.625,81	4.008,61	-9.097,50

Quelle: eigene Berechnungen mit GEMIS 4.3

Der gesamte KEA reduziert sich durch den Einsatz der KWK-Anlagen im Zeitraum von 2005 bis 2015 gem. Tabelle 11-28 um über 46.100 TJ. Bezogen auf den österreichischen energetischen Endverbrauch im Jahr 2003 iHv. 1,10 Mio. TJ bedeutet dies eine einmalige Einsparung des Energieverbrauches um ca. 4,2 %[558]. Maßgebend wird dieses Ergebnis durch die höheren Nutzungsgrade der KWK-Anlagen gegenüber den beiden Ref-Anlagen determiniert. Ferner stellt die kombinierte Energieerzeugung in den KWK-Anlagen eine bei weitem effizientere Funktionsweise entgegen der getrennten Energieerzeugung in den Ref-Anlagen dar. Das deutliche Einsparpotenzial des gesamten KEA ist weiters daraus begründet, dass in den verschiedenen Vorketten geringere Nutzungsgrade vorherrschen. Bspw. zeigt eine Gegenüberstellung der Bereitstellung der regenerativen Energieträger in GEMIS 4.3 Nutzungsgrade von 99 - 100 % bei der Pelletherstellung bzw. ca. 54 % bei der Pflanzenölherstellung; die Erdgasbereitstellung verzeichnet einerseits höhere Verluste in der Vorkette (Leckagen in den Erdgasleitungen), andererseits durch die Verdichtung des Erdgases einen großen Energieverbraucher, dem lediglich ein Nutzungsgrad von 31 % zugeordnet ist. Ebenso beeinflusst die Berücksichtigung der Sojaschrot-Gutschrift den KEA, welcher in Summe um 490 TJ dadurch reduziert wird. Zusammengefasst kann daher festgestellt werden, dass mit dem Einsatz kleiner KWK-Anlagen signifikante Energieeinsparungen erzielt werden können u. damit Beiträge zu den energie- als auch umweltpolitischen Zielsetzungen geleistet werden.

---

[558] *Vgl. dazu* Statistik Austria, Statistisches Jahrbuch Österreichs 2006, Wien 2005, 354, Tab. 22.01 Gesamtübersicht über die dem inl. Verbrauch zugeführte Energie 2003. *Pers. Anm. des Autors*, im VSI-Szenario werden in Summe rd. 17.530 TJ eingespart, wodurch als Einmaleffekt rd. 1,6 % des österreichischen energetischen Endverbrauchs aus dem Jahr 2003 eingespart werden könnten.

12 Zusammenfassung, Conclusio und Politikempfehlungen

12.1 Ziel der Untersuchung

Die hier vorliegende Arbeit setzt sich das Ziel, ökonomische, energiepolitische u. ökologische Auswirkungen einer prognostizierten Marktpenetration von kleinen dezentralen KWK-Anlagen in Österreich über einen Zeitraum von 2005 bis 2015 zu analysieren. Zum einen sollten die makroökonomischen Auswirkungen einer solchen Energieversorgung sichtbar gemacht werden – Veränderungen der Wertschöpfung, Einkommen, Beschäftigungssituation bzw. Einfluss auf die LB. Zum anderen waren sowohl die Auswirkungen auf Versorgungssicherheit, Importabhängigkeit u. Preisstabilität bzw. die möglichen Emissionsreduktionspotenziale zwecks Erreichen gesetzlich festgelegter Emissionsziele als auch die Bewertung externer Effekte zu untersuchen. Insbesondere der durch die untersuchten KWK-Technologien mögliche effiziente Energieeinsatz sowie die optimale Nutzung heimischer regenerativer Energieträger lassen strukturelle Auswirkungen auf fossile Energieimporte u. die Schadstoffbilanz erwarten. Diese Arbeit soll demnach eine Informationsgrundlage für wirtschafts- u. umweltpolitische Entscheidungen schaffen.

12.2 Zusammenfassung

Einleitend sei gesagt, dass die Ergebnisse angesichts der vielen Annahmen, die hinter meinen Berechnungen stehen, nicht als punktgenaue sondern tendenzielle Aussagen gewertet werden sollten. Die beiden Szenarien stellen also folglich Extrempunkte dar, sprich: die „Realität" wird wahrscheinlich irgendwo in der Mitte zu finden sein[559].

Die Ergebnisse der I/O-Analyse gem. Kapitel 9 zeigen, dass bei einem nominellen inländischen Investitionsvolumen iHv. rd. EUR 229 Mio. über den Zeitraum von 2005 bis 2015 ca. EUR 265 Mio. an Wertschöpfung in Österreich geschaffen werden[560], woraus sich eine Bruttobeschäftigung von rd. 3.200 VZÄ ergibt. Unter Berücksichtigung der Verdrängungseffekte, die in Österreich durch den Einsatz der KWK-Anlagen entstehen, resultiert im B.A.U.-Szenario eine negative Wertschöpfung im Ausmaß von rd. EUR 195 Mio., welche zu einem Beschäftigungsabbau von rd. 1.700 VZÄ führt. Die Annahmen des VSI-Szenarios ziehen eine positive Wertschöpfung iHv. rd. EUR 33 Mio. nach sich, die wiederum einen Beschäftigungszuwachs von knapp 600 VZÄ in Österreich für den Untersuchungszeitraum bedeutet.

---

[559] Pers. Anm. des Autors, es kommen dabei folgende Verdrängungseffekte im B.A.U.-Szenario zur Berücksichtigung: durch die Substitution der Heizanlagen (Gaskessel) werden die verdrängten Investitionen inkl. Importe in der Errichtungs- u. Betriebsphase berücksichtigt. Ferner erfolgt die rechnerische Einbeziehung der substituierten CO_2-Emissionen, die während des Betriebes der Heizanlagen über dem Untersuchungszeitraum entstehen. Durch die Verdrängung von Investitionen in heimische zentrale GuD-Anlagen kommt es, ebenso durch gesunkene inländische Nachfrage u. substituierte Importe, zu einem Verdrängungseffekt. Letztlich führt eine geringere im Inland abgesetzte Strommenge der EVU's zu Umsatzeinbußen (Stromabsatz u. Netztariferlöse) bzw. zu weiteren Substitutionen, da zum Ersten benötigte Gasimporte für die Stromproduktion in den GuD-Anlagen sinken, zum Zweiten eine Verringerung der CO_2-Emissionen in der Betriebsphase der GuD-Anlagen eintritt u. drittens durch den gesunkenen Nachfrageimpuls nach Strom die benötigten importierten VL der heimischen EVU's gem. I/O-Systematik sowie die Stromimporte im geringen Ausmaß reduziert werden. Im VSI-Szenario wird angenommen, dass durch die Stromerzeugung der KWK-Anlagen die in Österreich produzierten u. verkauften Strommengen der EVU's nicht verändert werden, sondern um diesen Betrag die Stromimporte nach Österreich einen Rückgang erfahren. Es werden daher Teile der berücksichtigten Verdrängungseffekte aus dem B.A.U.-Szenario (Errichtung der GuD-Anlage sowie die verdrängten Gasimporte, CO_2-Emissionen etc. bzw. der Absatzrückgang heimischer EVU's) nicht mehr inkludiert, stattdessen erfolgt eine zusätzliche monetäre Berücksichtigung der verdrängten importierten Stromimporte in der LB.

[560] Pers. Anm. des Autors, die primäre Bruttowertschöpfung beträgt für den gesamten Zeitraum rd. EUR 168 Mio.; rd. EUR 61 Mio. wurden durch den privaten Konsum, als sekundärer Wertschöpfungseffekt, induziert.

Aus der sektoralen Wirkungsanalyse wird ersichtlich, dass die österreichischen Energieversorger, als Konsequenz der Errichtung u. des Betriebes von KWK-Anlagen, bei Internalisierung der Verdrängungseffekte gem. B.A.U.-Szenario einen direkten, durch Umsatzeinbußen u. geringere Investitionstätigkeiten hervorgerufenen Wertschöpfungsverlust von voraussichtlich rd. EUR 88 Mio. in Kauf nehmen müssen u. demzufolge einen Personalabbau von rd. 440 VZÄ durchführen werden. Des Weiteren ist die Branche der Gas-, Wasser- u. Heizungsinstallateure durch verdrängte Gaskesselanlagen mit einem Wertschöpfungsrückgang im Ausmaß von rd. EUR 19 Mio. bzw. einem Beschäftigungsrückgang von rd. 290 VZÄ stark betroffen. Auf der Gegenseite profitiert die metallverarbeitende Industrie durch eine zusätzlich induzierte Wertschöpfung iHv. rd. EUR 9 Mio., welche einen unmittelbaren Bedarf von rd. 120 VZÄ hervorruft. Auf den primären Sektor wirkt sich wiederum die zusätzliche Nachfrage nach Pflanzenöl u. Pellets positiv aus, woraus sich sowohl ein Plus an Wertschöpfung iHv. rd. EUR 4,6 Mio. als auch an Beschäftigung iHv. rd. 115 VZÄ ergibt. Die Auswirkungen im VSI-Szenario führen durch den Wegfall an verdrängten Investitionen in die GuD-Anlagen bzw. der negierten Absatzrückgänge zu spürbaren Verbesserungen, wodurch sich die negativen Implikationen auf die österreichische Energiewirtschaft auf einen direkten Wertschöpfungsrückgang von rd. EUR 20 Mio. u. einem Beschäftigungsrückgang von rd. 100 VZÄ reduzieren. Desgleichen erfährt der elektrotechnische Anlagenbau eine Erhöhung der Wertschöpfung um ca. EUR 8 Mio. bzw. der VZÄ um ungefähr 115.

Wenn man das Volumen an Importen von kompletten KWK-Anlagen, CO_2-Zertifikate u. Erdgas im Untersuchungszeitraum betrachtet, so ergibt sich ein negativer LB-Saldo von rd. EUR 543 Mio.[561] Je nachdem, welches Szenario zur Bemessung der Netto-Auswirkungen auf die österreichische LB herangezogen wird, beträgt im B.A.U.-Szenario das LB-Defizit rd. EUR 108. Mio. bzw. im VSI-Szenario rd. EUR 187 Mio.

Hinsichtlich der Sensitivität von „Netto"-Nettoeinkommen, Nettowertschöpfung u. -beschäftigung auf die Variation der Sparquote bzw. Importquote des priv. Konsums sowie der Arbeitsproduktivität lassen sich bescheidene Auswirkungen auf die österreichische Volkswirtschaft zeigen (- 4 % bis + 3 % bei Änderung der gesamtwirtschaftlichen Indikatoren gegenüber der Basislösung). Erwartungsgemäß muss bei einer Veränderung der marginalen Konsumneigung mit stärkeren Auswirkungen auf „Netto"-Nettoeinkommen, Nettowertschöpfung u. -beschäftigung, nämlich iHv. + 19 % bis - 26 % gegenüber dem Baseline gerechnet werden. Mit Änderungen des Wechselkurses bzw. einer Verteuerung der Importpreise für die MGT lässt sich zeigen, dass die Abwertung des EUR zu einer geringfügigen Vergrößerung (+ 1,5 % bis - 2% bei Aufwertung), die Annahme einer Preissenkung der KWK-Module zu merklichen Verbesserungen des LB-Defizits (- 69 % vice versa + 22 % bei Verteuerung) führt. Geringe Veränderungen der heimischen Aufbringungsanteile von Pflanzenöl, Erdgas u. Strom gegenüber den gegenwärtigen Aufbringungsstrukturen lassen nur marginale Auswirkungen auf die ökonomischen Verhältnisse der österreichischen Volkswirtschaft zu[562]. Ferner zeigt sich bei Preissteigerung der CO_2-Zertifikate eine Entlastung der österreichischen LB, während - vice versa - eine Preissenkung zu einer partiellen Vergrößerung des LB-Defizits (- 28 % bis + 24 %) führt.

---

[561] Pers. Anm. des Autors, in diesem Wert sind bereits die verdrängten Sojaschrotimporte aus dem Gutschriftenverfahren gem. GEMIS 4.3 iHv. EUR 4,2 Mio. berücksichtigt. Bei Vernachlässigung würde sich der Wert folglich auf rd. EUR 547 Mio. erhöhen.

[562] Pers. Anm. des Autors, bei theoretischer Annahme einer 100 %-igen heimischen Gasaufbringung würde sich bspw. die Wertschöpfung im VSI-Szenario um über 320 % auf EUR 140 Mio. bzw. die Beschäftigung um rd. 170 % auf rd. 1.600 VZÄ erhöhen. Diese Ergebnisse stellen jedoch eine rein „akademische" Übung dar.

Tab. 12-1 Darstellung der Ergebnisse aus der ökonomischen Analyse

Nationalökonomische Kriterien	B.A.U.-Szenario [EUR Mio.]/VZÄ	VSI-Szenario [EUR Mio.]/VZÄ	VSI-Szenario [EUR Mio.]/VZÄ
monetäres Nachfragevolumen	701,3	-	-
davon im Inland wirksam	228,7	-	-
Bruttowertschöpfung	265,0	-	-
„Brutto"-Nettoeinkommen	63,9	-	-
Bruttobeschäftigung	3.192	-	-
Brutto -LB	-543,2	-	-
Nettowertschöpfung	-	-195,1	33,0
„Netto"-Nettoeinkommen	-	-50,2	4,8
Nettobeschäftigung	-	-1.739	597
Netto -LB	-	-107,8	-186,9
direkte sektorale Bruttoeffekte			
Gasbranche	38,6/193	-	-
metallverarbeitende Industrie	10,4/142	-	-
Primärsektor	4,6/115	-	-
direkte sektorale Nettoeffekte			
Strombranche	-	-88,0/-440	-19,9/-99
Gas,- Wasser- Heizungsinstallationsbranche	-	-19,3/-287	detto
metallverarbeitende Industrie	-	8,7/119	detto
Gasbranche	-	18,5/93	detto
Elektroanlagenbau	-	4,8/69	7,9/114

Quelle: eigene Berechnungen

Die in Kapitel 10 durchgeführten Berechnungen zum Thema Versorgungssicherheit, Importabhängigkeit und Preisstabilität brachten zusammenfassend folgende Ergebnisse.

Im Hinblick auf die durch allgemeine Nichtverfügbarkeit von Strom anfallenden realen Kosten lassen sich durch die installierten KWK-Anlagen während des gesamten Untersuchungszeitraumes in Summe rd. EUR 3,3 Mio. an volkswirtschaftlichen Schäden vermeiden. Anhand der Ausfallskosten, resultierend aus einem einstündigen Blackout in Österreich (Regelzone Verbund APG), kann gezeigt werden, dass sich der theoretische ökonomische Nutzenbeitrag mit einer steigenden Zahl an installierten KWK-Anlagen vergrößert u. demgemäß im Zeitraum von 2005 bis 2015 von rd. EUR 3.200 auf über EUR 1,0 Mio. ansteigt.

Innerhalb des Untersuchungszeitraumes können im B.A.U.-Szenario durch die KWK-Nutzung insgesamt rd. 92 Mio. m³ an Erdgasimporten u. rd. 139 GWh an Stromimporte substituiert werden[563]. Eine einmalig kompensierende Wirkung der Stromimporte wird im VSI-Szenario erreicht, da über den gesamten Zeitraum insgesamt rd. 2.540 GWh weniger an Strom importiert werden. Im Gegensatz dazu werden jedoch – infolge des KWK-Betriebes u. des Wegfalls der substituierten Gasimporte für die GuD-Anlage - die Gasimporte nach Österreich um rd. 314 Mio. m³ bzw. der aliquote Inlandsverbrauch um rd. 84 Mio. m³ drastisch erhöht[564]. Der Bedarf an Pflanzenöl bedingt für den Zeitraum von 2005 bis 2015 einen Import von rd. 11.200 t, der rd. 10 % der mengenmäßigen österreichischen Importe des Jahres 2004 ausmacht. Der heimische Anfall von Rapsschrott führt zu einer gesamten Substitution von Sojaschrotimporten iHv. rd. 19.400 t.

Eine partielle Betrachtung der reinen Energieimporte zeigt im B.A.U.-Szenario auf Grund der Verdrängungseffekte einen LB-Überschuss von rd. EUR 34 Mio. Das VSI-

---

[563] Pers. Anm. des Autors, die eingesparte Gasimportmenge inkludiert ebenfalls den anteiligen heimischen Rückgang des Erdgasverbrauchs; bezogen auf die österreichischen Gasimporte 2005 ergibt sich als Einmaleffekt eine Reduzierung von rd. 1,1 %; bezogen auf die Stromimporte 2005 der österreichischen Energiebranche ergibt sich eine einmalige Reduzierung von rd. 5,3 %.

[564] Pers. Anm. des Autors, bezogen auf die österreichischen Stromimporte 2005 ergibt sich als Einmaleffekt eine Reduzierung von über 97 %, bezogen auf die Gasimporte 2005 resultiert aus dem zusätzlichen Import inkl. gestiegenem Inlandsverbrauch eine einmalige Erhöhung um ca. 4,8 %.

Szenario weist unter Berücksichtigung der gegenwärtigen Energiepreisannahmen einen LB-Überschuss von rd. EUR 68 Mio. auf. Bei einer künftigen, sich zu Strom u. Gas symmetrisch verhaltenden Preiserhöhung ergibt sich im VSI-Szenario ein deutlich stärkerer LB-Überschuss als im B.A.U.-Szenario. Erfolgt eine (in Relation zum Strompreis) stärkere Verteuerung der Erdgaspreise, wird im B.A.U.-Szenario ein deutlicher Anstieg des LB-Überschusses erzielt, während für das VSI-Szenario langfristig sogar ein LB-Defizit prognostiziert werden kann. Betreffend die monetäre Veränderung der LB durch die Pflanzenölimporte lässt sich vereinfacht sagen, dass im Baseline ein Betrag von EUR 5 Mio., auch unter Berücksichtigung der substituierten Sojaschrotimporte, ein zusätzliches LB-Defizit nach sich zieht.

Tab. 12-2 Darstellung der Ergebnisse aus der energiepolitischen Analyse

Untersuchungsgegenstand	B.A.U.-Szenario	VSI-Szenario
Versorgungssicherheit [EUR Mio.]		-
allgemeine Nichtverfügbarkeit von Strom	3,3	detto
Blackout – 1 Stunde im Jahr 2005/2015	3.200 EUR/1,0	detto
Energieimportabhängigkeit		
Erdgasimporte [Mio. m³]	- 92	+ 398
Stromimporte [GWh]	- 139	- 2.540
Pflanzenölimporte [t]	11.200	11.200
Sojaschrotimporte [t]	-19.400	-19.400
Preisstabilität – partielle Auswirkungen auf die LB [EUR Mio.]		
Gas/Strom - Baseline	+ 34	+ 68
Gas + 5 % p.a. Strom + 5 % p.a	+ 35	+ 76
Gas + 10 % p.a. Strom + 10 % p.a	+ 53	+ 112
Gas + 10 % p.a. Strom + 5 % p.a.	+ 48	+ 24
Gas + 15 % p.a. Strom + 5 % p.a.	+ 65	- 49
Pflanzenöl - Baseline	- 4,9	detto
Pflanzenölpreis + 5 % p.a. Preis für Soja Schrot + 5 % p.a	- 4,4	detto
Pflanzenölpreis + 5 % p.a. Preis für Soja Schrot + 13 % p.a	- 0,06	detto

Quelle: eigene Berechnungen

Die ökologische Analyse in Kapitel 11 brachte folgende Ergebnisse. Durch den Betrieb der KWK-Anlagen und die damit korrelierenden Verdrängungseffekte gem. B.A.U.-Szenario konnten in fast allen Schadstoffkategorien Verbesserungen erzielt werden. Einzig u. allein im Bereich der Staubbelastung ließ sich eine Erhöhung um rd. 9 t bzw. eine aus der Pelletverbrennung resultierende Zunahme der HCl-Emissionen um rd. 18 kg beobachten. Die mengenmäßig stärkste Reduktion erfuhren die CO_2-Emissionen, welche sich über den gesamten Zeitraum um beinahe 1,6 Mio. t verringerten. Gem. den Annahmen des VSI-Szenarios erfuhr die Schadstoffbilanz deutlich geringere Reduktionspotentiale, wobei neben einer Zunahme der Staubbelastung um rd. 17 t bzw. der HCl-Emissionen um rd. 18 kg auch eine Erhöhung der SO_2-Emissionen (+ 3 t), der NMVOC-Emissionen (+ 27 t) sowie der N_2O-Emissionen (+0,2 t) stattfand. Bei Betrachtung der Emissionsbildung entlang der gesamten Energiekette lassen sich durchwegs größere Netto-Reduktionspotenziale für alle Umweltproblemfelder aufzeigen. Als Emissionsarten, die eine Verschlechterung der Schadstoffbilanz nach sich ziehen, müssen im B.A.U.-Szenario die NH_3-Emissionen mit einer Zunahme um rd. 52 t bzw. im VSI-Szenario auch zusätzlich die N_2O-Emissionen (+ 25 t) angeführt werden.

Seitens der Ergebnisse, welche Einfluss auf die gesetzlich festgelegten Emissionsreduktionspotentiale nehmen, sind einzig und allein die reduzierten CO_2-Äquivalenzemissionen zu erwähnen. Die bis zum Jahr 2010 eingesparten Emissionen iHv. rd. 0,14 t bewirken eine minimale absolute Verbesserung der gegenwärtig vorliegenden Abweichung vom Kyoto-Ziel, u. zwar um 0,2 % auf 3,29 % gem. Trendszenario.

Auf Grund der monetär bewerteten Schadstoffreduktionen können während der Betriebsphase der KWK-Anlagen rd. EUR 66 Mio. an externen Kosten eingespart werden. Bei Betrachtung der externen Effekte entlang der gesamten Energiekette lassen sich rd. EUR 114 Mio. an externen Kosten vermeiden. Die Majorität an reduzierten externen Kosten betrifft in beiden Fällen mit rd. 63 % die Klimaveränderung, außerdem zeigt sich, dass rd. 34 % an externem Kostenaufwand für die menschliche Gesundheit und rd. 3 % für Nutzpflanzen u. Materialien ausbleiben. Der in Österreich anfallende Anteil an reduzierten externen Kosten beläuft sich dabei auf rd. 4 %.

Je nachdem, welches Szenario angesetzt wurde, beträgt die in Österreich durch die KWK-Nutzung reduzierte „KEA-Summe" im Zeitraum 2005 bis 2015 im B.A.U.-Szenario insgesamt rd. 46,1 PJ u. im VSI-Szenario rd. 17,5 PJ[565].

Tab. 12-3 Darstellung der Ergebnisse aus der ökologischen Analyse

Umweltproblemfeld/ Emissionsart	B.A.U.-Szenario direkte Emissionen	VSI-Szenario direkte Emissionen	B.A.U.-Szenario inkl. Vorkette	VSI-Szenario inkl. Vorkette
Versauerung				
SO_2-Äquivalent [toe]	-3.228	-676	-5.551	-1.510
SO_2 [toe]	-4	3	-390	-161
NO_x [toe]	-4.561	-906	-7.481	-2.047
HCl [kg]	18	18	-39.173	-8.014
HF [kg]			-1.902	-598
NH_3 [toe]			52	52
H_2S [kg]			-61	-24
Ozonvorläufersubstanzen				
TOPP [toe]			-9.918	-2.749
CO [toe]	-1.091	-360	-2.849	-1.085
NMVOC [toe]	-46	27	-334	-75
NO_x	siehe Versauerung			
CH_4 [toe]	-86	-12	-10.261	-4.071
Treibhausgase				
CO_2-Äquivalent [toe]	-1.630.192	-654.681	-2.621.563	-1.061.812
CO_2 [toe]	-1.562.268	-654.468	-2.394.263	-984.121
CH_4	siehe Ozonvorläufersubstanzen			
N_2O [toe]	-44	0,15	-38	25
Staub [toe]	9	17	-144	-41

Quelle: eigene Berechnungen mit GEMIS 4.3

Externe Kosten Luftschadstoffe [EUR]	Auswirkungen auf die menschl. Gesundheit				
	Mortalität		Morbidität		
	i.Ö.	a.Ö.	i.Ö.	a.Ö.	**Summe**
Summe	-1.504.000	-12.476.000	-770.000	-6.422.000	-21.172.000
Luftschadstoffe [EUR]	**Auswirkungen auf Nutzpflanzen u. Materialien**				
	Nutzpflanzen		Materialien		
	i.Ö.	a.Ö.	i.Ö.	a.Ö	**Summe**
Summe	-139.000	-1.501.000	-52.000	-616.000	-2.308.000
Klimaveränderung [EUR]	**Globale Betrachtungsweise**				
CO_2	-	-	-	-	-42.245.000
CH_4	-	-	-	-	-53.000
N_2O	-	-	-	-	-349.000
Summe	-	-	-	-	-42.648.000
Gesamtsumme – direkte Emissionen	-	-	-	-	-66.100.000

Quelle: eigene Berechnungen mit EcoSenseLE V1.2

---

[565] Pers. Anm. des Autors, bezogen auf den österreichischen energetischen Endverbrauch im Jahr 2003 iHv. 1,10 Mio. TJ bedeutet dies im B.A.U.-Szenario eine einmalige Einsparung des Energieverbrauches um ca. 4,2 % bzw. im VSI-Szenario um 1,6 %.

Überleitung: Tab. 12-3, Teil 2

Externe Kosten Luftschadstoffe [EUR]	Auswirkungen auf die menschl. Gesundheit				
	Mortalität		Morbidität		
	i.Ö.	a.Ö.	i.Ö.	a.Ö.	
Summe	-3.539.000	-22.020.000	-1.816.000	-11.357.000	-38.732.000
Luftschadstoffe [EUR]	Auswirkungen auf Nutzpflanzen u. Materialien				
	Nutzpflanzen		Materialien		
	i.Ö.	a.Ö.	i.Ö.	a.Ö	
Summe	-228.000	-2.567.000	-110.000	-1.102.000	-4.007.000
Klimaveränderung [EUR]	Globale Betrachtungsweise				
CO_2	-	-	-	-	-64.625.000
CH_4	-	-	-	-	-6.372.000
N_2O	-	-	-	-	-305.000
Summe	-	-	-	-	-71.302.000
Gesamtsumme – inkl. Vorketten	-	-	-	-	-114.000.000

Quelle: eigene Berechnungen mit EcoSenseLE V1.2

Ressourcenverbrauch [PJ]	B.A.U.-Szenario	VSI-Szenario
KEA-erneuerbar	-1,78	0,51
KEA-nicht erneuerbar	-43,52	-17,87
KEA-Summe[566]	-46,14	-17,53

Quelle: eigene Berechnungen mit GEMIS 4.3

12.3 Conclusio

Da sich die beiden Szenarien in ihren ökonomischen, energiepolitischen u. ökologischen Aussagen unterscheiden u. demzufolge gegensätzliche Auswirkungen auf Österreich zu erwarten wären, stellt sich die auf meinen Annahmen eröffnende Frage, ob nun das VSI- od. das B.A.U.-Szenario für eine korrekte Bewertung der Ergebnisse herangezogen werden soll. Tendenziell ziehen die Resultate, die sich auf die Wertschöpfung, das Einkommen u. die Beschäftigung beziehen, unter der Prämisse des gegenwärtigen Energiepreisniveaus im Falle des VSI-Szenarios geringe positive ökonomische Effekte nach sich, während im B.A.U.-Szenario negative Effekte zu erwarten sind. In Summe wird daher im B.A.U.-Szenario durch Investition in KWK-Anlagen u. deren Betrieb mehr Wertschöpfung u. Beschäftigung verdrängt als geschaffen. Aus beiden Szenarien resultiert eine deutlich negativ ausfallende LB, die ein diametrales Verhalten zu den oben beschriebenen Auswirkungen auf die Wertschöpfung, das Einkommen u. die Beschäftigung zeigt. Aus diesen Ergebnissen lässt sich, im Hinblick auf Wertschöpfung, Einkommen u. Beschäftigung der formallogische Schluss ziehen, dass ein höherer ökonomischer Mehrwert des KWK-Stromes, welcher durch eine Reduktion an Stromimporten ermöglicht wird, vorliegt. Seitens der LB verursacht die partielle Verdrängung der heimischen Stromerzeugung unter den derzeit gegebenen Marktverhältnissen u. den in Betracht gezogenen Verdrängungseffekten ein geringeres LB-Defizit[567].

Eine als grobe Schätzung zu sehende Bewertung der ausgehenden ökonomischen Implikationen auf die österreichische Volkswirtschaft zeigt, bezogen auf das BIP und die Beschäftigung, nur marginale u. daher vernachlässigbare Veränderungen[568]. Im Hinblick auf die LB lassen sich dennoch vorwiegend durch den Import der KWK-Module u. des Erdgases spürbare Verschlechterungen auf den österreichischen Au-

---

[566] Pers. Anm. des Autors, in dem „KEA-Summe" ist auch der rezyklierte KEA inkludiert.

[567] Pers. Anm. des Autors, maßgeblich wird dieses Ergebnis durch die verdrängten Importe von Anlagenkomponenten für die GuD-Anlage bzw. des substituierten Erdgaseinsatzes in der Betriebsphase der GuD-Anlage determiniert.

[568] Pers. Anm. des Autors, vergleicht man die Nettowertschöpfung, bezogen auf den gesamten Untersuchungszeitraum, mit dem BIP aus dem Jahr 2005 iHv. EUR 246,5 Mrd., würde sich durch den KWK-Einsatz im B.A.U.-Szenario eine Reduzierung um 0,079 % bzw. im VSI-Szenario eine marginale Erhöhung um 0,013 % - „näherungsweise als Einmaleffekt" - ergeben. Quelle abrufbar unter: Statistische Übersichten/Volkswirtschaftliche Gesamtrechnungen/01 Entstehung des Bruttoinlandsproduktes, 2006-05-18, http://www.statistik.at;

ßenhandel aufzeigen[569]. Generell tragen sämtliche KWK-Typen in der Errichtungsphase - nach Abzug der Substitutionseffekte - zu einem positiven ökonomischen Mehrwert bei. In der Betriebsphase lässt sich zeigen, dass einzig u. allein die beiden mit regenerativen Energieträgern betriebenen KWK-Typen bescheidene positive ökonomische Effekte abwerfen (MGT: B.A.U.-Szenario u. VSI-Szenario, S.M. nur VSI-Szenario). Der Einsatz innovativer KWK-Technologien lässt folglich bei umfassender Berücksichtigung der induzierten Verdrängungseffekte überwiegend negative bzw. knapp positive ökonomische Ergebnisse erwarten. Dieser Umstand wird zusätzlich dadurch verschärft, dass sich der positive Nettobeitrag, resultierend aus dem Betrieb mit regenerativen Energieträgern, nicht aus „homo oeconomicus" basierenden rationalen Annahmen ergibt[570].

Hinblickend auf die sektoralen Auswirkungen zeigt eine realistische Abschätzung des zukünftigen Markpotentials kleiner KWK-Anlagen, dass der primäre Sektor durch die arbeitsintensive Produktionsweise bei der Herstellung von regenerativen Energieträgern - gem. den getätigten Annahmen - zwar positive direkte Beschäftigungseffekte erfährt, jedoch mit geschätzten 115 VZÄ sehr bescheiden ausfällt. Bei einer fiktiv angenommen 100 %-igen Versorgung der MGT mit heimischem Pflanzenöl würde sich der Beschäftigungseffekt um rd. 85 VZÄ auf ca. 200 VZÄ erhöhen[571]. Dennoch sind keine spürbaren Beschäftigungseffekte im primären Sektor zu erwarten.

Die Sensitivitätsanalysen haben ergeben, dass sich ein bereits negativer Nettoeffekt auf Wertschöpfung, Einkommen u. Beschäftigung (B.A.U.-Szenario) durch Variation der ökonomischen Parameter in Richtung einer ökonomischen Prosperität noch weiter vergrößern würde. Dies hätte zur Folge, dass bspw. eine zukünftige Verringerung der Sparquote bzw. Erhöhung der Arbeitsproduktivität eine als latent zu betrachtende Verschlechterung der ökonomischen Ergebnisse im B.A.U.-Szenario bzw. Verbesserung im VSI-Szenario beherbergen könnte. Auffallend ist die im Zuge der untersuchten Auswirkungen auf die LB auftretende Veränderung der Importpreisentwicklung für die MGT. Im Falle von Österreich kann man davon ausgehen, dass sich bei einer Preiserhöhung von z.B. 12 % p.a. (Baseline 10 % p.a.) auf Grund der gestiegenen Importausgaben ein zusätzliches LB-Defizit von rd. EUR 24 Mio. einstellen wird[572]. Das bedeutet ceteris paribus eine maßgebliche Korrelation der Ergebnisse auf den österreichischen Außenhandel mit der Angebots- u. Nachfragesituation der MGT.

Im Hinblick auf die politische Forderung, die ausländische Energieimportabhängigkeit zu minimieren, zieht der Einsatz kleiner KWK-Anlagen eine Reduzierung derselben nach sich. Je nach Szenario werden zum einen erhebliche Mengen an Erdgasimporten substituiert (B.A.U.-Szenario), zum anderen zeigt sich im VSI-Szenario zwar ein massiver Anstieg von Erdgasimporten, jedoch wird im Gegenzug ein Großteil an Stromimporten verdrängt. Bezüglich exogener Schocks - ausgelöst durch einen Preisanstieg der Importe von Erdgas bzw. Strom - lassen sich in beiden Szenarien

---

[569] Pers. Anm. des Autors, die Ergebnisse auf die LB, bezogen auf den gesamten Untersuchungszeitraum, zeigen, dass sich der österreichische LB-Überschuss 2005 iHv. EUR 3.013 Mio. im B.A.U.-Szenario um rd. 3,6 % bzw. im VSI-Szenario um rd. 6,2 % verkleinert („Einmaleffekte"). Quelle abrufbar unter: Zahlungsbilanz/Zahlungsbilanz-leistungsbilanz-global, 2006-05-18, http://www.oenb.at

[570] Pers. Anm. des Autors, um den S.M. im Pelletbetrieb einigermaßen wirtschaftlich darzustellen wurde angenommen, dass in Analogie zum deutschen EEG ein Einspeisetarif von 19 Ct./kWh vorliegt.

[571] Pers. Anm. des Autors, ferner würden zusätzlich rd. 36 VZÄ im Bereich der industriellen Fertigung von Pflanzenöl entstehen.

[572] Pers. Anm. des Autors, bezogen auf den österreichischen LB-Überschuss 2005 iHv. EUR 3.013 Mio. würde jene Entwicklung näherungsweise diesen im B.A.U.-Szenario um rd. 4,4 % bzw. im VSI-Szenario um rd. 7 % als kumulierten Einmaleffekt reduzieren, vice versa würde eine angenommene konstante Preissteigerung von z.B. 4 % p.a. den österreichischen LB-Überschuss 2005 um rd. 1,6 % (B.A.U.) bzw. um 4,3 % (VSI) näherungsweise reduzieren.

durch den KWK-Einsatz klare preisdämpfende Effekte auf die österreichische Volkswirtschaft erzielen. Des Weiteren führt der Betrieb dezentraler KWK-Anlagen zu einem Anstieg der Versorgungssicherheit, da einerseits die Ausfallskosten bei einer Versorgungsunterbrechung reduziert werden, andererseits eine dem dezentralen Betrieb zuzurechnende Entlastung der Netzinfrastruktur gewährt wird.

Eine relativ hohe energiepolitische bzw. ökologische Relevanz ist bei den Indikatoren Schadstoffbilanz, Ressourcenverbrauch und externer Kosten gegeben. Hier führt der Betrieb kleiner KWK-Anlagen unter Berücksichtigung der Verdrängungseffekte zu einer deutlichen Verbesserung der gesamtheitlichen Situation in Österreich. Denn auch bei partieller Verschlechterung einiger Emissionsarten (SO_2, NH_3, NMVOC, N_2O u. Staub) weisen sämtliche Leitgase der betrachteten Umweltproblemfelder deutliche Reduktionen auf, ebenso ergibt sich ein marginaler aber dennoch positiver Effekt auf die Zielerreichung gem. Kyoto-Protokoll. Unter diesen ökologisch u. energiepolitisch positiv erscheinenden Gesichtspunkten, auch im Hinblick auf die gegebene Reduktion von Ressourcenverbrauch (v.a. nicht regenerativer KEA) u. externen Kosten, rechtfertigt sich ein Einsatz kleiner dezentraler KWK-Anlagen in Österreich.

12.4 Politikempfehlungen

Tab. 12-4 Politikempfehlungen - im Kontext der untersuchten KWK-Anlagen u. ihre Auswirkungen auf Ökonomie, Energiepolitik u. Ökologie

Politikempfehlung[573]	Ökonomie	Energiepolitik/Ökologie
Ansiedelung von KW-Produzenten in Österreich	-Verringerung der negativen Implikationen auf die österreichische LB -Erhöhung der Wertschöpfung und Beschäftigung in Österreich[574]	-
Gewährung von Forschungssubventionen aus eigens für die Energieeffizienzforschung angelegten Fonds, um zu einer stetigen technologischen Verbesserung und Verbreiterung der mit regenerativen Energieträgern betriebenen KWK-Anlagen zu sorgen	-Verringerung der negativen Implikationen auf die österreichische LB (Erdgasimporte) vs. Erhöhung der Importe für Pflanzenöl (bei Annahme gleich bleibender heimischer Pflanzenölerzeugung) -Erhöhung der Wertschöpfung und Beschäftigung in Österreich (Primärsektor, Pelleterzeugung)	-Erhöhung der Versorgungssicherheit -Reduzierung der fossilen Energieimporte -Erhöhung der Pflanzenölimporte -Erhöhung der Preisstabilität -bessere Schadstoffbilanz (Kyoto-Ziel) -geringere externe Kosten -geringerer nicht erneuerbarer Ressourcenverbrauch
Instrumente die eine Verbreitung von KWK-Anlagen bzw. die Wettbewerbsfähigkeit (v.a. regenerative) fördern	bei Forcierung des regenerativen Einsatzes ökonomischer Mehrwert für Österreich (Wertschöpfung, LB durch heimische Pelleterzeugung)	detto
Internalisierung der externen Effekte in die Energiepreise	Erhöhung der Wettbewerbsfähigkeit der KWK-Anlagen, damit korrelierende positive ökonomische, energiepolitische u. ökologische Effekte auf Grund einer stärkeren Marktpenetration	
Erhöhung der heimischen Pflanzenölaufbringung	-Verringerung der negativen Implikationen auf die österreichische LB (Pflanzenölimporte) -Erhöhung der Wertschöpfung und Beschäftigung in Österreich	-Erhöhung der Versorgungssicherheit -Reduzierung der fossilen Energieimporte -Erhöhung der Preisstabilität -bessere Schadstoffbilanz (Kyoto-Ziel) -geringere externe Kosten -geringerer nicht erneuerbarer Ressourcenverbrauch
Erhöhung der heimischen Erdgasaufbringung	-Verringerung der negativen Implikationen auf die österreichische LB -Erhöhung der Wertschöpfung und Beschäftigung in Österreich	-Erhöhung der Versorgungssicherheit -Reduzierung der fossilen Energieimporte -Erhöhung der Preisstabilität -bessere Schadstoffbilanz gegenüber Ref-Anlagen (Kyoto-Ziel)

Quelle: eigene Überlegungen

---

[573] Pers. Anm. des Autors, die Politikempfehlungen beziehen sich rein formal auf den KWK-Einsatz der hier untersuchten Anlagen bzw. betrachteten nationalökonomischen Indikatoren, mögliche interdependente Auswirkungen auf Teile der Volkswirtschaft, die nicht Inhalt dieser Arbeit waren müssen noch berücksichtigt werden.

[574] Pers. Anm. des Autors, durch die heimische Produktion der KWK-Anlagen würde sich ungefähr eine Entlastung iHv. EUR 290 Mio. auf das LB-Defizit einstellen. Ferner birgt die inländische Herstellung der KWK-Anlagen zusätzliche Exportchancen bzw. eine Verbesserung der internationalen Wettbewerbsfähigkeit Österreichs durch technologischen Fortschritt.

13 Appendix

13.1 Abbildungsverzeichnis

ABB. 2-1	BESONDERHEITEN DER ENERGIEWIRTSCHAFT	21
ABB. 2-2	PROZESSABSCHNITTE BEIM KWK-PROZESS	24
ABB. 2-3	KOSTEN UND ERLÖSE EINER KWK-ANLAGE	25
ABB. 2-4	EXOGENE UND ENDOGENE EINFLUSSFAKTOREN	26
ABB. 2-5	ÖKONOMISCHE EINFLUSSFAKTOREN AUF KWK-ANLAGEN	27
ABB. 2-6	STROMPREISZUSAMMENSETZUNG AUF NETZEBENE 7	34
ABB. 2-7	NATÜRLICHES MONOPOL, GRENZKOSTEN, DURCHSCHNITTSKOSTEN	39
ABB. 2-8	ENERGIEPREISBILDUNG: NACHFRAGE - PREISMECHANISMUS	43
ABB. 2-9	PREISBILDUNG IM OLIGOPOL	45
ABB. 3-1	PRIMÄRENERGIENUTZUNG KWK VERSUS KONVENTIONELLE ERZEUGUNG	49
ABB. 3-2	MIKROGASTURBINEN, REINHALTEVERBAND HALLSTÄTTERSEE, OÖ	52
ABB. 3-3	SOLO STIRLING MOTOR V 161	53
ABB. 4-1	OBJEKTBEZOGENE ELEKTRISCHE LEISTUNGSVERTEILUNG	59
ABB. 4-2	INSTALLIERTE KWK-AGGREGATE IN OBJEKTEN	60
ABB. 4-3	ANLAGENVERTEILUNG IN LEISTUNGSKLASSEN	60
ABB. 4-4	VERWENDETE PRIMÄRENERGIETRÄGER	61
ABB. 4-5	TYPISCHE JAHRESWÄRMEKURVE	63
ABB. 4-6	WÄRMEKURVEN AUS FERNWÄRMEDATEN < 100.000 KWH/MONAT	64
ABB. 4-7	WÄRMEKURVEN AUS FERNWÄRMEDATEN > 100.000 KWH/MONAT	65
ABB. 4-8	HEIZUNGSWÄRMEBEDARF VON WOHNBLÖCKEN (OHNE WARMWASSER)	66
ABB. 4-9	MONATLICHER WÄRMEBEDARF VON GEWERBEBETRIEBEN	67
ABB. 4-10	MONATLICHER WÄRMEVERBRAUCH VON GROßBETRIEBEN	68
ABB. 5-1	AMORTISATIONSKURVEN DACHS	84
ABB. 5-2	AMORTISATIONSKURVEN STIRLING	85
ABB. 5-3	AMORTISATIONSKURVEN MIKROGASTURBINE C 65	86
ABB. 5-4	AMORTISATIONSKURVEN 2X STIRLING	87
ABB. 5-5	AMORTISATIONS-ELASTIZITÄTEN „DACHS"	89
ABB. 5-6	AMORTISATIONS-ELASTIZITÄTEN „STIRLING"	90
ABB. 5-7	AMORTISATIONS-ELASTIZITÄTEN „MIKROGASTURBINE"	91
ABB. 6.1	GEWICHTETER EFFIZIENZWERT ES 2005	100
ABB. 6-2	NETZTARIFE NETZEBENE 7 VON 2001 – 2006	103
ABB. 6-3	JAHRESGEWICHTETE NETZTARIFE NETZEBENE 7 VON 2001 – 2006	104
ABB. 6-4	NETZTARIFE 2001 – 2015, NETZEBENE 7	106
ABB. 6-5	NETZTARIFE 2001 – 2015, NETZEBENE 6	107
ABB. 6-6	SENKUNGSSYSTEMATIK DER GASNETZTARIFE BIS 2015	110
ABB. 6-7	GASNETZTARIFE BIS 2015, NETZEBENE 3, GASVERBRAUCH MIKROGASTURBINE	111
ABB. 6-8	GASNETZTARIFE BIS 2015, NETZEBENE 3, GASVERBRAUCH STIRLINGMOTOR	112
ABB. 6-9	ÜBERGANG VOM MONOPOL ZUM LIBERALISIERTEN MARKT	114
ABB. 6-10	ROHÖLWELTMARKTPREISE 2001 - 2006	115
ABB. 6-11	GESAMTVERBRAUCH VERSUS GESAMTERZEUGUNG	118
ABB. 6-12	PREISENTWICKLUNG ÖL/PELLETS	129
ABB. 7-1	SCHEMATISCHE DARSTELLUNG EINER ERFAHRUNGSKURVE	134
ABB. 7-2	FAKTOREN FÜR DEN MENGENBEDINGTEN KOSTENSENKUNGSEFFEKT	134
ABB. 7-3	LEITZINSEN EUROLAND IM VERGLEICH ZU USA	139
ABB. 7-4	MEHRJÄHRIGE EURO-ZINSSATZ-MARKTINDIKATIONEN	139
ABB. 8-1	AMORTISATIONSZEITRÄUME „DACHS" 2005 - 2015	146
ABB. 8-2	ANNAHME MARKTDURCHDRINGUNG „DACHS" 2005 – 2015	147

ABB. 8-3	AMORTISATIONSZEITRÄUME „STIRLING" 2005 - 2015	148
ABB. 8-4	AMORTISATIONSZEITRÄUME „BIO-STIRLING" AUF PELLETSBASIS 2007 - 2015	149
ABB. 8-5	MARKTDURCHDRINGUNG „STIRLING" 2005 - 2015	152
ABB. 8-6	AMORTISATIONSZEITRÄUME „MIKROGASTURBINE" 2005 – 2015 AUF BASIS ERDGAS	153
ABB. 8-7	MARKTDURCHDRINGUNG „MIKROGASTURBINE" 2005 - 2015	155
ABB. 9-1	SCHEMATISCHE DARSTELLUNG – PRIMÄRE BRUTTOWERTSCHÖPFUNGSWIRKUNG	175
ABB. 9-2	SCHEMATISCHE DARSTELLUNG - SEKUNDÄRE BRUTTOWERTSCHÖPFUNGSWIRKUNG, TEIL 1 – EINKOMMENSIMPULS	183
ABB. 9-3	SCHEMATISCHE DARSTELLUNG - SEKUNDÄRE BRUTTOWERTSCHÖPFUNGSWIRKUNG, TEIL 2 - MULTIPLIKATOREFFEKT	184
ABB. 9-4	INVESTITIONSKOSTEN- UND BETRIEBSKOSTENVERTEILUNG FÜR DIE MGT-PFLANZENÖLBETRIEB ÜBER DEN UNTERSUCHUNGSZEITRAUM	230
ABB. 9-5	INVESTITIONSKOSTEN- UND BETRIEBSKOSTENVERTEILUNG FÜR DIE MGT-GASBETRIEB ÜBER DEN UNTERSUCHUNGSZEITRAUM	231
ABB. 9-6	INVESTITIONSKOSTEN- UND BETRIEBSKOSTENVERTEILUNG FÜR DEN S.M.-PELLETBETRIEB ÜBER DEN UNTERSUCHUNGSZEITRAUM	232
ABB. 9-7	INVESTITIONSKOSTEN- UND BETRIEBSKOSTENVERTEILUNG FÜR DEN S.M.-GASBETRIEB ÜBER DEN UNTERSUCHUNGSZEITRAUM	232
ABB. 9-8	DIREKTER WERTSCHÖPFUNGSRÜCKGANG IN DEN EINZELNEN HEIMISCHEN BRANCHEN DURCH SUBSTITUTION DER HEIZANLAGEN (ERRICHTUNG UND BETRIEB)	239
ABB. 9-9	DIREKTER BESCHÄFTIGUNGSRÜCKGANG IN DEN EINZELNEN HEIMISCHEN BRANCHEN DURCH SUBSTITUTION DER HEIZANLAGEN (ERRICHTUNG UND BETRIEB)	239
ABB. 9-10	DIREKTER WERTSCHÖPFUNGSRÜCKGANG IN DEN EINZELNEN HEIMISCHEN BRANCHEN DURCH SUBSTITUTION VON INVESTITIONEN IN ZENTRALE GUD-KRAFTWERKE (ERRICHTUNG)	240
ABB. 9-11	DIREKTER BESCHÄFTIGUNGSRÜCKGANG IN DEN EINZELNEN HEIMISCHEN BRANCHEN DURCH SUBSTITUTION VON INVESTITIONEN IN ZENTRALE GUD-KRAFTWERKE (ERRICHTUNG)	240
ABB. 9-12	DIREKTER WERTSCHÖPFUNGSRÜCKGANG IN DER EVU-BRANCHE DURCH RÜCKGANG DES STROMABSATZES (BETRIEB)	241
ABB. 9-13	DIREKTER BESCHÄFTIGUNGSRÜCKGANG IN DER EVU-BRANCHE DURCH RÜCKGANG DES STROMABSATZES (BETRIEB)	241
ABB. 9-14	BRUTTOEFFEKT AUF DIE ÖSTERREICHISCHE LB DURCH DIE ERRICHTUNG UND DEN BETRIEB DER MGT - PFLANZENÖL	244
ABB. 9-15	BRUTTOEFFEKT AUF DIE ÖSTERREICHISCHE LB DURCH DIE ERRICHTUNG UND DEN BETRIEB DER MGT - GAS	244
ABB. 9-16	BRUTTOEFFEKT AUF DIE ÖSTERREICHISCHE LB DURCH DIE ERRICHTUNG UND DEN BETRIEB DES S.M. - PELLETS	245
ABB. 9-17	BRUTTOEFFEKT AUF DIE ÖSTERREICHISCHE LB DURCH DIE ERRICHTUNG UND DEN BETRIEB DES S.M. - GAS	246
ABB. 9-18	GESAMTE NETTOEFFEKTE AUF DIE ÖSTERREICHISCHE LB – MGT FÜR PFLANZENÖLBETRIEB - B.A.U.-SZENARIO	247
ABB. 9-19	GESAMTE NETTOEFFEKTE AUF DIE ÖSTERREICHISCHE LB – MGT FÜR PFLANZENÖLBETRIEB - VSI-SZENARIO	248
ABB. 9-20	GESAMTE NETTOEFFEKTE AUF DIE ÖSTERREICHISCHE LB – MGT FÜR GASBETRIEB - B.A.U.-SZENARIO	248
ABB. 9-21	GESAMTE NETTOEFFEKTE AUF DIE ÖSTERREICHISCHE LB – MGT FÜR GASBETRIEB - VSI-SZENARIO	249
ABB. 9-22	GESAMTE NETTOEFFEKTE AUF DIE ÖSTERREICHISCHE LB – S.M. FÜR PELLETBETRIEB - B.A.U.-SZENARIO	249
ABB. 9-23	GESAMTE NETTOEFFEKTE AUF DIE ÖSTERREICHISCHE LB – S.M. FÜR PELLETBETRIEB - VSI-SZENARIO	250
ABB. 9-24	GESAMTE NETTOEFFEKTE AUF DIE ÖSTERREICHISCHE LB – S.M. FÜR GASBETRIEB - B.A.U.-SZENARIO	250
ABB. 9-25	GESAMTE NETTOEFFEKTE AUF DIE ÖSTERREICHISCHE LB – S.M. FÜR GASBETRIEB - VSI-SZENARIO	251
ABB. 11-1	DARSTELLUNG DES WIRKUNGSPFADANSATZES ZUR BERECHNUNG VON EXTERNEN UMWELTKOSTEN	300

13.2 Tabellenverzeichnis

TAB. 2-1	MARKTFORMENSCHEMA NACH STACKELBERG	28
TAB. 2-2	KWK-TECHNOLOGIEN, MARKTPRÄSENZ, ANBIETER	29
TAB. 2-3	MARKTAUSGESTALTUNGSFORMEN DER EU-WERTSCHÖPFUNGSKETTE	36
TAB. 3-1	KWK-TECHNOLOGIEN, ENTWICKLUNGSSTÄNDE, MARKTPRÄSENZEN	51
TAB. 3-2	LEISTUNGSDATENVERGLEICH AUSGEWÄHLTER KWK-AGGREGATE	54
TAB. 4-1	ELEKTRISCHE LEISTUNGSWERTE UND KWK-AGGREGATMENGEN	58
TAB. 4-2	OBJEKTGRUPPEN UND KWK-ERZEUGUNGSDATEN	62
TAB. 4-3	QUALITATIVE AUFLISTUNG VON KWK-GEEIGNETEN OBJEKTARTEN	70
TAB. 4-4	OBJEKTARTEN, OBJEKTMENGEN UND DEREN STATISTISCHE QUELLEN	73
TAB. 4-5	MARKTPOTENZIAL „DACHS"	74
TAB. 4-6	MARKTPOTENZIAL „STIRLING"	75
TAB. 4-7	MARKTPOTENZIAL „MIKROGASTURBINE"	76
TAB. 4-8	ZUSAMMENGEFASSTES AGGREGATPOTENZIAL	77
TAB. 5-1	EINGABEWERTE 2006 FÜR DIE AMORTISATIONSZEITRÄUME	83
TAB. 6-1	NETZTARIFENTWICKLUNG	108
TAB. 6-2	NETZTARIFERMITTLUNG 2006 „STIRLING"	109
TAB. 6-3	NETZTARIFERMITTLUNG 2006 „MIKROGASTURBINE"	109
TAB. 6-4	NETZTARIFENTWICKLUNG FÜR GAS 2005 – 2015, MIKROGASTURBINE UND STIRLING	112
TAB. 6-5	STROMZUSCHLÄGE GEGENÜBERSTELLUNG 2005 UND 2006	120
TAB. 6-6	EINSCHÄTZUNG DER ZUSCHLÄGE AUF STROM UND GAS 2005 - 2015	120
TAB. 6-7	EEX-STROMPREISINDIKATIONEN 2006 -2012	122
TAB. 6-8	ENERGIEPREISE FÜR STROM UND GAS 2005 - 2015	124
TAB. 6-9	STROMPREISE 2005 - 2015	125
TAB. 6-10	GASPREISE 2005 - 2015	125
TAB. 6-11	ENERGIEPREISE 2005 – 2015 IM SZENARIO „BASELINE + 3%"	126
TAB. 6-12	GESAMTPREISE STROM 2005 – 2015 IM SZENARIO „BASELINE + 3%"	126
TAB. 6-13	GESAMTPREISE GAS 2005 – 2015 IM SZENARIO „BASELINE + 3%"	127
TAB. 6-14	WÄRMEPREISE 2005 - 2015 AUF BASIS GAS	128
TAB. 6-15	WÄRMEPREISE „BASELINE + 3%" 2005 – 2015	128
TAB. 6-16	ENERGIEPREISE „PELLETS" SAMT WÄRMEPREISE 2005 - 2015	130
TAB. 6-17	ENERGIEPREISE AUF BASIS PFLANZENÖL SAMT WÄRMEPREISE 2005 - 2015	130
TAB. 7-1	DACHS-ANLAGENPREISE BIS 2015	135
TAB. 7-2	STIRLING-ANLAGENPREISE BIS 2015	136
TAB. 7-3	ANLAGENKOSTEN FÜR DEN BIO-STIRLING 2007 - 2015	136
TAB. 7-4	ANLAGENPREISE FÜR DIE MIKROGASTURBINE AUF BASIS GAS 2005 - 2015	137
TAB. 7-5	ANLAGENPREISE FÜR DIE MIKROGASTURBINE AUF BASIS PFLANZENÖL 2005 – 2015	138
TAB. 7-6	DATENZEITREIHEN „DACHS" 2005 - 2015 AUF BASIS ERDGAS	142
TAB. 7-7	DATENZEITREIHEN „STIRLING" 2005 - 2015 AUF BASIS ERDGAS	142
TAB. 7-8	DATENZEITREIHEN „STIRLING" 2005 – 2015 AUF BASIS PELLETSVERGASUNG	143
TAB. 7-9	DATENZEITREIHEN „MIKROGASTURBINE" 2005 – 2015 AUF BASIS GAS	143
TAB. 7-10	DATENZEITREIHEN „MIKROGASTURBINE" 2005 – 2015 AUF BASIS PFLANZENÖL	144
TAB. 8-1	WÄRMEERZEUGUNG „DACHS" 2005 - 2015	156
TAB. 8-2	WÄRMEERZEUGUNG „STIRLING" 2005 – 2015	157
TAB. 8-3	WÄRMEERZEUGUNG „MIKROGASTURBINE" 2005 – 2015	157
TAB. 8-4	STROMERZEUGUNG „DACHS" 2005 – 2015	158
TAB. 8-5	STROMERZEUGUNG „STIRLING" 2005 – 2015	158
TAB. 8-6	STROMERZEUGUNG „MIKROGASTURBINE" 2005 – 2015	159
TAB. 9-1	BERÜCKSICHTIGTE EFFEKTE, DAHINTERLIEGENDE METHODIK U. DIE DAMIT KORRESPONDIERENDE BEANTWORTUNG DER FORSCHUNGSFRAGE	174
TAB. 9-2	ANNAHMEN ZUR BERECHNUNG DER WERTSCHÖPFUNGS-, EINKOMMENS- U. BESCHÄFTIGUNGSEFFEKTE	180

TAB. 9-3	BERECHNUNGSSCHEMA FÜR DEN INDUZIERTEN EINKOMMENSIMPULS	184
TAB. 9-4	BERECHNUNGSSCHEMA NACHFRAGEWIRKSAMES INLÄNDISCHES NETTOEINKOMMEN – DIREKTER KAUFEFFEKT	186
TAB. 9-5	RELEVANTE KOMPONENTEN ZUR ERMITTLUNG DER PLANUNGSKOSTEN - AUFTEILUNG DER PLANUNGSKOSTEN FÜR MGT - GASBETRIEB	200
TAB. 9-6	INVESTITIONSKOSTENAUFTEILUNG EINER MGT FÜR GASBETRIEB, 2005	204
TAB. 9-7	INVESTITIONSKOSTENAUFTEILUNG EINER MGT FÜR PFLANZENÖLBETRIEB, 2007	206
TAB. 9-8	BETRIEBSKOSTENAUFTEILUNG EINER MGT FÜR GASBETRIEB, 2005	208
TAB. 9-9	BETRIEBSKOSTENAUFTEILUNG EINER MGT FÜR PFLANZENÖLBETRIEB, 2007	211
TAB. 9-10	INVESTITIONSKOSTENAUFTEILUNG EINES S.M. FÜR GASBETRIEB, 2005	213
TAB. 9-11	INVESTITIONSKOSTENAUFTEILUNG EINES S.M. FÜR PELLETBETRIEB, 2007	215
TAB. 9-12	BETRIEBSKOSTENAUFTEILUNG EINES S.M. FÜR GASBETRIEB, 2005	216
TAB. 9-13	BETRIEBSKOSTENAUFTEILUNG EINES S.M. FÜR PELLETBETRIEB, 2007	217
TAB. 9-14	INVESTITIONSKOSTENAUFTEILUNG GASKESSEL, 120 kW_{TH}, 2005	220
TAB. 9-15	BETRIEBSKOSTENAUFTEILUNG GASKESSEL, 120 kW_{TH} FÜR 1.600 H, 2005	221
TAB. 9-16	INVESTITIONSKOSTENAUFTEILUNG GASKESSEL, 25 kW_{TH}, 2005	222
TAB. 9-17	BETRIEBSKOSTENAUFTEILUNG GASKESSEL, 25 kW_{TH} FÜR 1.600 H, 2005	223
TAB. 9-18	INVESTITIONSKOSTENAUFTEILUNG, 100 MW GUD-ANLAGE, 2005	225
TAB. 9-19	BERECHNUNGSSCHEMA FÜR DEN EINKOMMENSENTZUGSEFFEKT DURCH DIE ÖKOSTROMFÖRDERUNG	227
TAB. 9-20	AUFTRETENDE AUSSENHANDELSEFFEKTE JE ANLAGENTYP U. SZENARIO IM ÜBERBLICK – WERTE FÜR BASELINE	228
TAB. 9-21	INLÄNDISCHE U. IMPORTIERTE INVESTITIONSVOLUMINA SOWIE BETRIEBSAUSGABEN DER UNTERSUCHTEN ANLAGEN IM ÜBERBLICK	233
TAB. 9-22	INLÄNDISCHE BRUTTOWERTSCHÖPFUNGS-, „BRUTTO"-NETTOEINKOMMENS- U. BRUTTOBESCHÄFTIGUNGSEFFEKTE DER UNTERSUCHTEN ANLAGEN IM ÜBERBLICK	234
TAB. 9-23	ÖSTERREICHISCHE GESAMTBILANZ DER RESULTIERENDEN NETTOEFFEKTE – B.A.U.-SZENARIO	235
TAB. 9-24	ÖSTERREICHISCHE GESAMTBILANZ DER RESULTIERENDEN NETTOEFFEKTE – VSI-SZENARIO	237
TAB. 9-25	ÜBERBLICK ÜBER INLÄNDISCHE SEKTORALE DIREKTE BRUTTOEFFEKTE FÜR DIE WERTSCHÖPFUNG U. BESCHÄFTIGUNG DURCH DIE ERRICHTUNG U. DEN BETRIEB DER KWK-ANLAGEN	238
TAB. 9-26	KUMULIERTE RESULTIERENDE GESAMTNETTOEFFEKTE AUF DIE BETROFFENEN BRANCHEN IM ÜBERBLICK – B.A.U.-SZENARIO	242
TAB. 9-27	KUMULIERTE RESULTIERENDE GESAMTNETTOEFFEKTE AUF DIE BETROFFENEN BRANCHEN IM ÜBERBLICK – VSI-SZENARIO	242
TAB. 9-28	GESAMTE BRUTTOEFFEKTE AUF DIE ÖSTERREICHISCHE LB DURCH DIE ERRICHTUNG U. DEN BETRIEB DER KWK-ANLAGEN IM ÜBERBLICK	246
TAB. 9-29	RESULTIERENDE EFFEKTE AUF DIE ÖSTERREICHISCHE LB DURCH DIE ERRICHTUNG U. DEN BETRIEB DER KWK-ANLAGEN IM ÜBERBLICK – B.A.U.-SZENARIO	251
TAB. 9-30	RESULTIERENDE EFFEKTE AUF DIE ÖSTERREICHISCHE LB DURCH DIE ERRICHTUNG U. DEN BETRIEB DER KWK-ANLAGEN IM ÜBERBLICK – VSI-SZENARIO	252
TAB. 9-31	SENSITIVITÄT VON „NETTO"-NETTOEINKOMMEN, NETTOWERTSCHÖPFUNG U. –BESCHÄFTIGUNG HINSICHTLICH HÖHE DER SPARQUOTE DES PRIV. KONSUMS	253
TAB. 9-32	SENSITIVITÄT VON „NETTO"-NETTOEINKOMMEN, NETTOWERTSCHÖPFUNG U. –BESCHÄFTIGUNG HINSICHTLICH HÖHE DER IMPORTQUOTE DES PRIV. KONSUMS	253
TAB. 9-33	SENSITIVITÄT VON NETTOWERTSCHÖPFUNG U. –BESCHÄFTIGUNG HINSICHTLICH HÖHE DER MARGINALEN KOSUMNEIGUNG PRIVATER HAUSHALTE	253
TAB. 9-34	SENSITIVITÄT DER NETTOBESCHÄFTIGUNG HINSICHTLICH HÖHE DER ARBEITSPRODUKTIVITÄT DER ÖSTERREICHISCHEN VOLKSWIRTSCHAFT	253
TAB. 9-35	SENSITIVITÄT DER ÖSTERREICHISCHEN LB HINSICHTLICH ÄNDERUNG DES WECHSELKURSES EURO ZU DOLLAR	253
TAB. 9-36	SENSITIVITÄT DER ÖSTERREICHISCHEN LB HINSICHTLICH DER PREISÄNDERUNGEN DER IMPORTIERTEN KWK-MODULE	254

TAB. 9-37	SENSITIVITÄT VON „NETTO"-NETTOEINKOMMEN, NETTOWERTSCHÖPFUNG U. - BESCHÄFTIGUNG SOWIE LB HINSICHTLICH DER HÖHE DES HEIMISCHEN ANTEILES DER PFLANZENÖLERZEUGUNG AB 2009	255
TAB. 9-38	SENSITIVITÄT VON „NETTO"-NETTOEINKOMMEN, NETTOWERTSCHÖPFUNG U. - BESCHÄFTIGUNG SOWIE LB HINSICHTLICH DES ANTEILES VON HEIMISCHER ERDGASAUFBRINGUNG	255
TAB. 9-39	SENSITIVITÄT VON „NETTO"-NETTOEINKOMMEN, NETTOWERTSCHÖPFUNG U. - BESCHÄFTIGUNG SOWIE LB HINSICHTLICH DES ANTEILES VON HEIMISCHER STROMAUFBRINGUNG	256
TAB. 9-40	SENSITIVITÄT DER ÖSTERREICHISCHEN LB HINSICHTLICH DER PREISE FÜR CO_2-EMISSIONSZERTIFIKATE	256
TAB. 10-1	STROMAUSFÄLLE IM JAHR 2002 - DATEN AUS 3. BENCHMARK-BERICHT	260
TAB. 10-2	KOSTEN EINES BLACKOUTS IN ÖSTERREICH	261
TAB. 10-3	VERMIEDENE AUSFALLSKOSTEN EINES BLACKOUTS (1 STUNDE) BZW. DER JÄHRLICHEN NICHTVERFÜGBARKEIT VON STROM (51,02 MINUTEN) IN ÖSTERREICH DURCH DIE INSTALLIERTEN KWK-ANLAGEN IM ÜBERBLICK	263
TAB. 10-4	ÜBERSICHT ÜBER DIE ENTWICKLUNG DER ÖSTERREICHISCHEN MENGENMÄßIGEN GAS- U. STROMIMPORTE IM UNTERSUCHUNGSZEITRAUM FÜR DAS B.A.U.-SZENARIO	266
TAB. 10-5	ÜBERSICHT ÜBER DIE ENTWICKLUNG DER ÖSTERREICHISCHEN MENGENMÄßIGEN GAS- U. STROMIMPORTE IM UNTERSUCHUNGSZEITRAUM FÜR DAS VSI-SZENARIO	267
TAB. 10-6	ÜBERSICHT ÜBER DIE ENTWICKLUNG DER ÖSTERREICHISCHEN MENGENMÄßIGEN PFLANZENÖLIMPORTE SOWIE SUBSTITUIERTEN SOJASCHROTIMPORTE DURCH DEN BETRIEB DER MGT IM UNTERSUCHUNGSZEITRAUM	268
TAB. 10-7	ÜBERSICHT ÜBER DIE BASISPREISE BZW. PREISENTWICKLUNGEN IM BASELINE-SZENARIO FÜR GAS-, PFLANZENÖL-, STROM- U. SOJASCHROTIMPORTE	270
TAB. 10-8	ERGEBNISSE DER PREISSENSITIVITÄT IM UNTERSUCHUNGSZEITRAUM AUF DIE ENTWICKLUNG DER MONETÄREN ENERGIEIMPORTE IN ÖSTERREICH	270
TAB. 10-9	ERGEBNISSE DER PREISSENSITIVITÄT IM UNTERSUCHUNGSZEITRAUM AUF DIE ENTWICKLUNG DER MONETÄREN PFLANZENÖLIMPORTE BZW. DIE SUBSTITUIERTEN SOJASCHROTE IN ÖSTERREICH	272
TAB. 11-1	ERFASSTE SCHADSTOFFE U. DEREN ZUORDNUNG ZU VERSCHIEDENEN UMWELTPROBLEMEN	277
TAB. 11-2	STATUS QUO – ZIELERREICHUNG GEM. KYOTO-PROTOKOLL	278
TAB. 11-3	STATUS QUO NO_x BZW. NMVOC-EMISSIONEN – ZIELERREICHUNG GEM. GÖTEBORG-PROTOKOLL, EG-L U. OZONGESETZ	280
TAB. 11-4	STATUS QUO SO_2 BZW. NH_3-EMISSIONEN – ZIELERREICHUNG GEM. GÖTEBORG-PROTOKOLL U. EG-L	281
TAB. 11-5	EMISSIONEN DES VERURSACHERSEKTORS ENERGIEVERSORGUNG FÜR DAS JAHR 2003 SOWIE IN DER ZEITLICHEN ENTWICKLUNG, IN T U. %	283
TAB. 11-6	SYSTEMATISCHE ZUORDNUNG DER PROZESSE GEM. GEMIS 4.3 ZU DEN BETRACHTETEN ANLAGEN	286
TAB. 11-7	ÜBERSICHT ÜBER DIE DIREKTEN EMISSIONEN DURCH DEN BETRIEB DER MGT FÜR PFLANZENÖL IM B.A.U.-SZENARIO; AUFGETEILT NACH DEN UMWELTPROBLEMFELDERN, FÜR DEN ZEITRAUM 2007-2015	289
TAB. 11-8	ÜBERSICHT ÜBER DIE DIREKTEN EMISSIONEN DURCH DEN BETRIEB DER MGT FÜR ERDGAS IM B.A.U.-SZENARIO; AUFGETEILT NACH DEN UMWELTPROBLEMFELDERN, FÜR DEN ZEITRAUM 2005-2015	290
TAB. 11-9	ÜBERSICHT ÜBER DIE DIREKTEN EMISSIONEN DURCH DEN BETRIEB DES S.M. FÜR PELLETS IM B.A.U.-SZENARIO; AUFGETEILT NACH DEN UMWELTPROBLEMFELDERN, FÜR DEN ZEITRAUM 2007-2015	290
TAB. 11-10	ÜBERSICHT ÜBER DIE DIREKTEN EMISSIONEN DURCH DEN BETRIEB DES S.M. FÜR ERDGAS IM B.A.U.-SZENARIO; AUFGETEILT NACH DEN UMWELTPROBLEMFELDERN, FÜR DEN ZEITRAUM 2005-2015	291
TAB. 11-11	GESAMTÜBERSICHT ÜBER DIE DIREKTEN NETTO-EMISSIONEN DER UNTERSUCHTEN KWK-ANLAGEN IM B.A.U.-SZENARIO; AUFGETEILT NACH DEN UMWELTPROBLEMFELDERN, FÜR DEN ZEITRAUM 2005-2015	292
TAB. 11-12	GESAMTÜBERSICHT ÜBER DIE DIREKTEN NETTO-EMISSIONEN DER UNTERSUCHTEN KWK-ANLAGEN IM VSI-SZENARIO; AUFGETEILT NACH DEN UMWELTPROBLEMFELDERN, FÜR DEN ZEITRAUM 2005-2015	293

TAB. 11-13	ÜBERSICHT DES KUMULIERTEN REDUKTIONSPOTENZIALS AUF DIE SCHADSTOFFEMISSIONEN DER UNTERSUCHTEN KWK-ANLAGEN - IM VERGLEICH ZU DEN EMISSIONEN DES ENERGIESEKTORS IM JAHR 2003	293
TAB. 11-14	EINFLUSS DER UNTERSUCHTEN KWK-ANLAGEN AUF DIE ZIELERREICHUNG DER CO_2-EMISSIONEN GEM. KYOTO-PROTOKOLL FÜR DAS JAHR 2010 BZW. 2012	294
TAB. 11-15	EINFLUSS DER UNTERSUCHTEN KWK-ANLAGEN AUF DIE ZIELERREICHUNG DER NO_x, NMVOC U. SO_2-EMISSIONEN GEM. GÖTEBORG-PROTOKOLL U. EG-L FÜR DAS JAHR 2010	295
TAB. 11-16	EINFLUSS DER UNTERSUCHTEN KWK-ANLAGEN AUF DIE ZIELERREICHUNG DER NO_x U. NMVOC-EMISSIONEN GEM. OZONGESETZ FÜR DAS JAHR 2006	295
TAB. 11-17	GESAMTBILANZ DER EMISSIONEN ENTLANG DER ENERGIEKETTE FÜR ERRICHTUNG U. BETRIEB DER MGT FÜR PFLANZENÖL IM B.A.U.-SZENARIO; AUFGETEILT NACH DEN UMWELTPROBLEMFELDERN, FÜR DEN ZEITRAUM 2007-2015	296
TAB. 11-18	GESAMTBILANZ DER EMISSIONEN ENTLANG DER ENERGIEKETTE FÜR ERRICHTUNG U. BETRIEB DER MGT FÜR ERDGAS IM B.A.U.-SZENARIO; AUFGETEILT NACH DEN UMWELTPROBLEMFELDERN, FÜR DEN ZEITRAUM 2005-2015	297
TAB. 11-19	GESAMTBILANZ DER EMISSIONEN ENTLANG DER ENERGIEKETTE FÜR ERRICHTUNG U. BETRIEB DES S.M. FÜR PELLETS IM B.A.U.-SZENARIO; AUFGETEILT NACH DEN UMWELTPROBLEMFELDERN, FÜR DEN ZEITRAUM 2007-2015	297
TAB. 11-20	GESAMTBILANZ DER EMISSIONEN ENTLANG DER ENERGIEKETTE FÜR ERRICHTUNG U. BETRIEB DES S.M. FÜR ERDGAS IM B.A.U.-SZENARIO; AUFGETEILT NACH DEN UMWELTPROBLEMFELDERN, FÜR DEN ZEITRAUM 2005-2015	298
TAB. 11-21	GESAMTBILANZ DER NETTOEMISSIONEN ENTLANG DER ENERGIEKETTE FÜR DIE UNTERSUCHTEN KWK-ANLAGEN IM B.A.U.-SZENARIO; AUFGETEILT NACH DEN UMWELTPROBLEMFELDERN, FÜR DEN ZEITRAUM 2005-2015	298
TAB. 11-22	GESAMTBILANZ DER NETTOEMISSIONEN ENTLANG DER ENERGIEKETTE FÜR DIE UNTERSUCHTEN KWK-ANLAGEN IM VSI-SZENARIO; AUFGETEILT NACH DEN UMWELTPROBLEMFELDERN, FÜR DEN ZEITRAUM 2005-2015	299
TAB. 11-23	KOSTENKATEGORIEN U. BETRACHTETE SCHADENSGÜTER	302
TAB. 11-24	ZUSAMMENFASSUNG DER DIREKTEN EXTERNEN GESAMTKOSTEN – B.A.U.-SZENARIO (AUF TAUSEND GERUNDETE WERTE)	304
TAB. 11-25	ZUSAMMENFASSUNG DER EXTERNEN GESAMTKOSTEN INKL. VL – B.A.U.-SZENARIO (AUF TAUSEND GERUNDETE WERTE)	305
TAB. 11-26	KEA-ERNEUERBAR – FÜR DIE UNTERSUCHTEN ANLAGEN, IM ÜBERBLICK ÜBER DEN ANALYSEZEITRAUM – B.A.U.-SZENARIO, IN TJ	306
TAB. 11-27	KEA-NICHT ERNEUERBAR – FÜR DIE UNTERSUCHTEN ANLAGEN, IM ÜBERBLICK ÜBER DEN ANALYSEZEITRAUM – B.A.U.-SZENARIO, IN TJ	307
TAB. 11-28	KEA-SUMME DER UNTERSUCHTEN ANLAGEN, IM ÜBERBLICK ÜBER DEN ANALYSEZEITRAUM – B.A.U.-SZENARIO, IN TJ	308
TAB. 12-1	DARSTELLUNG DER ERGEBNISSE AUS DER ÖKONOMISCHEN ANALYSE	311
TAB. 12-2	DARSTELLUNG DER ERGEBNISSE AUS DER ENERGIEPOLITISCHEN ANALYSE	312
TAB. 12-3	DARSTELLUNG DER ERGEBNISSE AUS DER ÖKOLOGISCHEN ANALYSE	313
TAB. 12-4	POLITIKEMPFEHLUNGEN - IM KONTEXT DER UNTERSUCHTEN KWK-ANLAGEN U. IHRE AUSWIRKUNGEN AUF ÖKONOMIE, ENERGIEPOLITIK U. ÖKOLOGIE	316
TAB. 13-1	ABSCHÄTZUNG DER IN DER SÄGEINDUSTRIE BEI DER SCHNITTHOLZPRODUKTION ANFALLENDEN MENGEN VON SNP FÜR DIE JAHRE 2002 U. 2010 ZUR ERMITTLUNG DES PELLETPOTENZIALES FÜR DIE KWK-ANLAGEN	340

13.3 Abkürzungsverzeichnis

(in alphabetischer Reihenfolge)

AG	Arbeitgeber
AK OÖ	Arbeiterkammer Oberösterreich
AN	Arbeitnehmer
a.Ö.	außerhalb Österreich
APG	VERBUND-Austrian Power Grid AG
B.A.U.	Business as usual
BGBl.	Bundesgesetzblatt
BHKW	Blockheizkraftwerk
BIP	Bruttoinlandsprodukt
BM	Biomasse
BMLFUW	Bundesministerium für Land- und Forstwirtschaft, Umwelt und Wasserwirtschaft
BMWA	Bundesministerium für Wirtschaft und Arbeit
BWS	Bruttowertschöpfung
C.A.R.M.E.N.	Centrales Agrar-Rohstoff-Marketing- und Entwicklungs-Netzwerk e.V.
CDM	Clean Development Mechanismen
cif	cost, insurance, freight (Kosten, Versicherung, Fracht)
CPA 2002	europäische Version der Zentralen Güterklassifikation der Vereinten Nationen, Version 1.1
DG	Dienstgeber
DL	Dienstleistungen
ECG	Energie-Control GmbH
ECK	Energie-Control Kommission
EE	erneuerbare Energien
EEG	Erneuerbare-Energien-Gesetz
EG-L	Emissionshöchstmengengesetz-Luft
ElWOG	Elektrizitätswirtschafts- und –organisationsgesetz
EUA	European Union Allowances (1 EUA = 1 t CO_2)
E.V.A.	Energieverwertungsagentur
EVU	Elektrizitätsversorgungsunternehmen
EWW-AG	Elektrizitätswerk Wels AG
ExternE	External costs of Energy
fob	free on board; Warenlieferung frei an Bord des Schiffes im Hafen
GEMIS	Globales Emissions Modell Integrierter Systeme
GT	Gasturbine
GuD	Gas- und Dampfturbine
GWh	Gigawattstunden
GWP	Global Warming Potential
IHS	Institut für höhere Studien
I/O	Input-Output
i.Ö.	in Österreich
IPCC	Intergovernmental Panel on Climate Change
IWI	Industriewissenschaftliches Institut
JI	Joint Implementation
k.A.	keine Angabe
KEA	Kumulierte Energie-Aufwand

K/N	Kosten-Nutzen
k.S.	keine Seite
kV	Kilovolt
kVA	Kilovoltampere
KW	Kraftwerke
kW	Kilowatt
kWh	Kilowattstunden
KWK	Kraft-Wärme-Kopplung
LB	Leistungsbilanz
MGT	Mikrogasturbine
MJ	Megajoule
MPC	marginal propensity to consume
MW	Megawatt
MWh	Megawattstunden
NE	Netzebene
NEC	national emission ceilings
NWS	Nettowertschöpfung
ÖCPA 2002	nationale Version der europäischen CPA; zeigt statistische Güterklassifikationen in Verbindung mit den Wirtschaftszweigen der Europäischen Wirtschaftsgemeinschaft
OLI	Österreichische Luftschadstoff-Inventur
ÖNACE 2003	in der Wirtschaftsstatistik anzuwendende österreichische Version der europäischen Klassifikation der Wirtschaftstätigkeiten
ÖSTAT	Österreichisches Statistisches Zentralamt
p.a.	per anno
PJ	Petajoule
ProBas	Prozessorientierte Basisdaten für Umweltmanagement-Instrumente
PV	Photovoltaik
RAV	Regelarbeitsvermögen
RME	Rapsölmethylester
SITC	Standard International Trade Classification
S.M.	Stirling Motor
SNP	Sägenebenprodukte
THG	Treibhausgase
THP	Treibhauspotenzial
TJ	Terajoule
TOPP	Tropospheric ozone precursor potential equivalents
TSP	Total suspended particulates
TWh	Terawattstunden
UFOP	Union zur Förderung von Oel- und Proteinpflanzen e.V.
USDA	United States Department of Agricultare
VEÖ	Verband der Elektrizitätswerke Österreichs
VGR	Volkswirtschaftliche Gesamtrechnungen
VL	Vorleistungen
VSI	verringerte Stromimporte
VZÄ	Vollzeitäquivalenzarbeitsplätze
WHG	Waldhackgut
WIFO	Österreichisches Institut für Wirtschaftsforschung
WSG	Wels Strom GmbH

13.4 Literaturverzeichnis

13.4.1 Bücher, Artikel, Zeitschriften sowie Pressekonferenzen und Referate

Adensam, H., u.a., „Wieviel Umwelt braucht ein Produkt ?", Studie zur Nutzbarkeit von Ökobilanzen für Prozess- und Produktvergleiche - Analyse von Methoden, Problemen und Forschungsbedarf: Endbericht; Hrsg. Österreichisches Ökologie Institut, Wien 2000

Agrar Markt Austria, Marktbericht Dezember 2005, Getreide und Ölsaaten, JG 2005, 12. Stück, Ausgabe 11.01.2006, Wien 2006

Ahrns, H. J., Grundzüge der Volkswirtschaftlichen Gesamtrechnung, Kurzfassung, 3. Aufl., Regensburg 2001

Amtsblatt der Europäischen Union, EU-Richtlinie 2004/8/EG über die „Förderung einer am Nutzwärmebedarf orientierten Kraft-Wärme-Kopplung im Energiebinnenmarkt"

Amtsblatt der Europäischen Union, Entwurf für eine Richtlinie „zur Endenergieeffizienz und zu Energiedienstleistungen", KOM 2003 739 vom 10. Dezember 2003

Amtsblatt der Europäischen Union, EU-Richtlinie 2003/54/EG über „gemeinsame Vorschriften für den Elektrizitätsbinnenmarkt und zur Aufhebung der Richtlinie 96/92/EG"

Amtsblatt der Europäischen Union, EU-Richtlinie 2001/77/EG zur „Förderung der Stromerzeugung aus erneuerbaren Energiequellen im Elektrizitätsbinnenmarkt"

Amtsblatt der Europäischen Union, EU-Grünbuch KOM (2000) 769, „Hin zu einer Strategie zur Versorgungssicherheit"

Amtsblatt der Europäischen Union, KOM 2000/739, „Vorschlag für eine Richtlinie des Europäischen Parlaments und des Rates zur Endenergieeffizienz und zu Energiedienstleistungen"

Anderl, M., u.a., Emissionstrends 1990-2003: Ein Überblick über die österreichischen Verursacher von Luftschadstoffen mit Datenstand 2005; Hrsg. Umweltbundesamt, Wien 2005

Anschober, R., Aktuelle Fragen des Energierechts, Veranstaltung des Energieinstitutes der Johannes Kepler Universität Linz, Linz, 06.12.2004

Bachhiesl, U., Anforderungen an erfolgreiche Energieinnovationsprozesse, Institut für Elektrizitätswirtschaft und Energieinnovation, TU Graz, 8. Symposium Energieinnovationen, Graz, Februar 2004

Ball, R., Employment created by construction expenditures, Monthly Labor Review, December 1981, in: Frisch/Wörgötter, 1982

Baumgartner, J., Kaniovski, S., Marterbauer, M., Mittelfristig langsame Erholung der Inlandsnachfrage – Prognose der österreichischen Wirtschaft bis 2009, in: WIFO Monatsberichte 5/2005, Wien 2005

Blanchard, O. J., Macroeconomics, 1st ed, Prentice-Hall, 1997

BMGF, Krankenanstalten in Österreich, 5.Auflage, Wien, Mai 2005

Bodenhöfer, H. J., u.a., Bewertung der volkswirtschaftlichen Auswirkungen der Unterstützung von Ökostrom in Österreich: Endbericht; Hrsg. Institut für höhere Studien und wissenschaftliche Forschung Kärnten, Klagenfurt 2004

Bodenhöfer, H. J., u.a., Evaluierung der Solarinitiative „Sonnenland Kärnten": Endbericht; Hrsg. Institut für höhere Studien und wissenschaftliche Forschung Kärnten, Klagenfurt 2003

Böhme, W., OMV, „Biokraftstoffe - Praktische Umsetzung der Biofuels Direktive 2003/30/EG in Österreich", Vortrag im Rahmen der Veranstaltung des O.Ö. Energiesparverband „Biotreibstoffe – mit erneuerbarer Energie auf der Überholspur" vom 28.09.2005 in Linz

Borrmann, J., Finsinger, J., Markt und Regulierung, Wien, Juni 1999

Brauner, G., Versorgungssicherheit als Innovationsfaktor, TU Wien, Institut für Elektrische Anlagen und Energiewirtschaft, Wien, Februar 2005

Brauner, G., Institut für elektrische Anlagen und Energiewirtschaft, TU Wien, „Versorgungssicherheit Österreichs bis 2015: Entwicklung der Erzeugungskapazitäten und deren Auswirkungen auf die Netzkapazitäten", Pressekonferenz vom 28.10.2004

Brauner, G., Erzeugungskapazitäten in Österreich bis 2015 und deren Auswirkungen auf die Netzkapazitäten, TU Wien, Institut für Elektrische Anlagen und Energiewirtschaft, Wien, Dezember 2004

Brauner, G., Pöppl, G., Abschätzung der Verfügbarkeit der Erzeugungskapazitäten in Österreich bis 2015 und deren Auswirkungen auf die Netzkapazitäten; Studie im Auftrag vom VEÖ, Wien 2004

Brauner, G., Blackout – Ursachen und Kosten, in: Energieverwertungsargentur, energy, Ausgabe 04/03, Wien 2003

Breuss, F., Wirkungen des Beschäftigungsprogramms, in: WIFO-Monatsberichte, 3/1982, Wien 1982

Bruck, M., u.a., Externe Kosten - Externe Kosten im Hochbau, Studie in Zusammenarbeit mit dem Österreichischen Ökologie-Institut; im Auftrag des Bundesministeriums für Wirtschaft und Arbeit, Band 1, Wien 2002

Bundesgesetzblatt I Nr. 62/2002, Bundeswettbewerbsbehörde

Bundesministerium für Land- und Fortwirtschaft, Umwelt und Wasserwirtschaft, Nationaler Zuteilungsplan für Österreich gem. §11 EZG – endg., Konsolidierte Fassung unter Berücksichtigung der Ergänzungen vom 7. April 2004 sowie Aktualisierungen vom 19. August und 22. Dezember 2004

Bundeswettbewerbsbehörde, Allgemeine Untersuchung der österreichischen Energiewirtschaft, 2. Zwischenbericht, Wien, April 2005

Chmielewicz, K., Forschungskonzeptionen der Wirtschaftswissenschaft, Stuttgart 1970

Crozier-Cole, T., Jones, G., The potential market for micro CHP in the UK, Energy Savings Trust, London 2002

Die Presse, 02.01.2006, 1, Titel: „Moskau dreht Ukraine Gashahn zu"

Die Presse, 23.12.2004, 15, Titel: „Konjunkturprognose erneut gesenkt, Wifo: Ein Aufschwung ist das nicht"

Die Presse, 16.11.2004, 1, 21, Titel: „Österreicher legen heuer zwölf Milliarden auf die hohe Kante"

E-Control, Bericht über die Ökostrom-Entwicklung und die fossile Kraft-Wärme-Kopplung in Österreich, Juni 2005 mit Ergänzung der Halbjahresdaten 2005 im August 2005, Wien

E-Control, Ausfalls- und Störungsstatistik für Österreich - Ergebnisse 2004, 2005

E-Control, Jahresbericht 2003, Wien 2004

E-Control, Liberalisierungsbericht 2003, Wien 2003

Elektrizitätswirtschafts- und organisationsgesetz (ElWOG), Bundesgesetzblatt I Nr. 44/2005

Energie AG Oberösterreich, Geschäftsbericht 2003/04, Linz 2004

Erläuterungen zur Systemnutzungstarife-Verordnung 2006, SNT-VO 2006, Energie Control Kommission, Oktober 2005

Erläuterungen zur Verordnung der Energie-Control Kommission, mit der die Gas-Systemnutzungstarife-Verordnung (GSNT-VO 2004) geändert wird (Gas-systemnutzungstarife-Verordnung-Novelle 2005, GSNT-VO 2005)

Eschenbach, R., Hoffmann, W. H., Gabriel, T., Potentiale zur Effizienzsteigerung der E-Netze in Österreich – die betriebswirtschaftliche Sicht: Ergebnisse der Studie im Überblick; im Auftrag der WKÖ, Wien 2004

Farkasch, H., Volkswirtschaftliche Effizienz alternativer Energieträger – Spezielle Berücksichtigung der Windenergienutzung, Marchtrenk 1998

Farny, O., Kratena, K., Roßmann, B., Beschäftigungswirkungen ausgewählter Staatsausgaben, in: Wirtschaft und Gesellschaft, 14 Jg., Nr.1, Wien 1988

Fischer-Drapela, B., Strom ist vergleichbar mit der Luft zum Atmen, in: VEÖ Journal, Mai/Juni 2004, Wien 2004

Fischer-Drapela, B., Zeithorizonte für Sicherung der Versorgung nicht unterschätzen, in: VEÖ Journal, Mai/Juni 2004, Wien 2004

forum versorgungssicherheit, Versorgungssicherheitsbilanz 2004, Wien 2005

Friedrich, R., u.a., Ermittlung externer Kosten des Flugverkehrs am Flughafen Frankfurt/Main, Endbericht; Hrsg. Universität Stuttgart Institut für Energiewirtschaft und Rationelle Energieanwendung, Stuttgart 2003

Frisch, H., Wörgötter, A., Beschäftigungswirkungen des Konferenzzentrums, in: Quartalshefte der Girozentrale, Heft IV, 1982

Fritsche, U. R., Schmidt, K., Handbuch zu GEMIS 4.2; Hrsg. Institut für angewandte Ökologie e.V., Darmstadt 2004

Fuhr, K. M., Entwicklung des CO2-Handels, Newsletter Energiewirtschaft, Dezember 2005

Gabler, Wirtschaftslexikon 2000, 15. Aufl., Wiesbaden

Gailfuß, M., Stirling-BHKW aus Neuseeland, Sonne Wind & Wärme 12/2004

Gaswirtschaftsgesetz-Novelle 2002, Bundesgesetz, mit dem das Gaswirtschaftsgesetz und das Bundesgesetz über Aufgaben der Regulierungsbehörden im Elektrizitätsbereich und die Einrichtung der Elektrizitäts-Control GmbH und der Elektrizitäts-Control Kommission geändert werden

Gaswirtschaftsgesetz – GWG, Bundesgesetz mit dem die Neuregelung auf dem Gebiet der Gaswirtschaft erlassen wird, Wien 2000

Gaun, A., Biomasse-Mikro-Kraft-Wärme-Kopplungsanlagen, Graz 2005

Goldsmith, R., A Study of Saving in the United States, Vol. 1, Princeton 1955, in: Farny/Kratena/Roßmann, in: Wirtschaft und Gesellschaft, 14 Jg., Nr.1, 1988

Greisberger, H., u.a., Beschäftigung und Erneuerbare Energieträger; Hrsg. Bundesministerium für Verkehr, Innovation und Technologie, Wien 2001

Grönli, H., Heberfellner, M., Mechanismen der Anreizregulierung, Working Paper der ECG, Wien 2002

Gugele, B., Rigler E., Ritter, M., Kyoto-Fortschrittsbericht Österreich 1990 – 2003 (Datenstand 2005); Hrsg. Umweltbundesamt, Wien 2005

Haas, R., Kranzl, L., Bioenergie und Gesamtwirtschaft: Analyse der volkswirtschaftlichen Bedeutung der energetischen Nutzung von Biomasse für Heizzwecke und Entwicklung von effizienten Förderstrategien für Österreich; Hrsg. Bundesministerium für Verkehr, Innovation und Technologie, Wien 2002

Haas, J., Hackstock, R., Brennstoffversorgung mit Biomassepellets: Untersuchung über die Voraussetzungen für einen verstärkten Einsatz von Biomassepellets in Holzzentralheizungen; im Auftrag des Bundesministeriums für Wissenschaft und Verkehr, Gleisdorf 1998

Hahn, B., Empirische Untersuchung zum Rohstoffpotential für die Herstellung von (Holz)Pellets unter besonderer Berücksichtigung der strategischen Bedeutung innerhalb der FTE-Aktivitäten auf nationaler und EU-Ebene; im Auftrag des BMWA, St. Pölten 2002

Hantsch, S., u.a., Wirtschaftsfaktor Windenergie Arbeitsplätze-Wertschöpfung in Österreich: Endbericht; Hrsg. Bundesministerium für Verkehr, Innovation und Technologie, St. Pölten 2002

Hasler, A., Die Auswirkungen des Ökostromgesetzes auf den heimischen Biomasserohstoffmarkt, Graz 2004

Hasler, P., Nussbaumer, T., Herstellung von Holzpellets: Einfluss von Presshilfen auf Produktion, Qualität, Lagerung, Verbrennung sowie Energie- und Ökobilanz von Holzpellets, im Auftrag des Bundesamtes für Energie und des Bundesamtes für Umwelt, Wald und Landwirtschaft, Schlussbericht, 2001

Hayek, F. A., Gesammelte Aufsätze von F.A. Hayek, Tübingen 1969

International Energy Agency, World Energy Outlook 2004, Paris 2004

Jens, K., Vorlesungen über technische Gebäudeausrüstung, Kapitel 3 Wärme; Hrsg. Ingenieurbüro Jens, Version 2004

Kaniovski, S., Kratena, K., Marterbauer, M., Auswirkungen öffentlicher Konjunkturimpulse auf Wachstum und Beschäftigung; Hrsg. WIFO

Kayser, M., Kaltschmitt, M., Energie- und Emissionsbilanzen der Geothermieanlagen Neustadt Glew und Riehen, Institut für Energiewirtschaft und Rationelle Energieanwendungen, Universität Stuttgart, 1999

KMU Forschung Austria, Bilanzdatenbank 2003/04

Köppl, A., u.a., Makroökonomische und sektorale Auswirkungen einer umweltorientierten Energiebesteuerung in Österreich; Hrsg. Bundesministerium für Umwelt, Jugend und Familie, Wien 1995

Krammer, K., Papierholz Austria GmbH, im Rahmen der Jahreshauptversammlung Waldverband Hartberg/Fürstenfeld am 09.09.2004 mit dem Titel „Mehr Einkommen aus dem Wald"

Krammer, K., Prankl, H., Abschlussbericht zum Projekt BLT013314 Verwendung von Pflanzenölkraftstoffen – Marktbetreuung II; Hrsg. Bundesanstalt für Landtechnik, Wieselburg 2003

Kratena, K., Wüger, M., Energieszenarien für Österreich bis 2020, Studie des Österreichischen Instituts für Wirtschaftsforschung im Auftrag des Bundesministeriums für Wirtschaft und Arbeit, Juli 2005

Krenn, W., Die Krise des kalifornischen Elektrizitätsmarktes: Das kalifornische Liberalisierungsmodell des Elektrizitätsmarktes im Vergleich mit alternativen Liberalisierungsmodellen, Neumarkt 2002

Krewitt, W., Externe Kosten der Stromerzeugung, zur Veröffentlichung vorgesehen, in: Hrsg. Rebhan, E.,: Energie – Handbuch für Wissenschaftler, Ingenieure und Entscheidungsträger, 2002

Kumkar, L., Wettbewerbsorientierte Reformen der Stromwirtschaft, eine institutionenökonomische Analyse; Hrsg. Siebert, H., Tübingen 2000

Kurzweil, A., Lichtbau, G., Pölz, W., Einsatz von Biokraftstoffen und deren Einfluss auf die Treibhausgas-Emissionen in Österreich; Hrsg. Umweltbundesamt, im Auftrag der OMV AG, Berichte 144, Wien 2003

KWKG 2002 (BRD), Gesetz für die Erhaltung, die Modernisierung und den Ausbau der Kraft-Wärme-Kopplung

Lamprecht, F., Ein reguliertes System muss atmen können, in: Energiewirtschaftliche Tagesfragen, 54. Jg., Heft 9, Essen 2004

Lechner, H., u.a., Machbarkeitsstudie „4 % Ökostrom bis 2008" - fokussiert auf den Beitrag von, Biomasse-KWK-Anlagen (>5 MWth): Endbericht; Hrsg. Energieverwertungsagentur, Wien 2003

Luptacik, M., Die volkswirtschaftliche Bedeutung einer gesicherten Stromversorgung am Wirtschaftsstandort Österreich; Studie des industriewissenschaftlichen Institutes

Mader, S., Strom- und Gasmarktliberalisierung in Österreich: Wo stehen wir?, Linz 2003

Meyer, P., Die Bedeutung wichtiger Typen von Produktionsfunktionen für die Input-Output-Analyse, in: Schriften zur quantitativen Wirtschaftsforschung, Band 8, Frankfurt (Main) 1983

Moder, G., Pöchtrager, S., Heissenberger, A., Gentechnik in der Futtermittelproduktion: Ein praxisnahes Forschungsprojekt; im Auftrag von BMLFUW, BMWA und BMGF, in: Darnhofer, I., Pöchtrager, S., Schmid, E., Jahrbuch der Österreichischen Agrarökonomie, Band 14, Wien 2005

Moidl, S., u.a., Ökologische Leitlinien für den Ausbau von Ökostromanlagen in Österreich - Endbericht; Hrsg. WWF Österreich, im Auftrag der E-Control GmbH, Wien 2003

Mundoch, G., Schmoranz, I., Beschäftigungswirkungen von Bauinvestitionen in Österreich, in: Quartalshefte der Girozentrale 17 Jg., Heft IV, 1982

O.Ö. Energiesparverband, REGBIE – Regional Bioenergy Initiatives around Europe, WP 3.3 – Evaluierung der Kampagne in Oberösterreich, 2005

O.Ö. Energiesparverband, Folder „Heizen mit Pellets, Ein Brennstoff mit Zukunft", Linz

OÖ. Rundschau, Nr. 18, 03.05.2006, 18,

ÖSTAT, Input-Output-Tabelle 1990, Güter- und Produktionskonten, Beiträge zur österreichischen Statistik; Hrsg. Österreichischen Statistischen Zentralamt, Heft 1.298, Wien 1999

ÖSTAT, Input-Output-Tabelle 1983, Band 2, Technologiematrizen, Beiträge zur österreichischen Statistik; Hrsg. Österreichischen Statistischen Zentralamt, Heft 1.138/2, Wien 1994

Pehnt, M., u.a., Micro CHP – a sustainable innovation?, 8. Symposium Energieinnovationen, Graz, Februar 2004

Pfaffenberger, W., Hille, M., Investitionen im liberalisierten Energiemarkt: Optionen, Marktmechanismen, Rahmenbedingungen, Abschlussbericht Januar 2004, Bremer Energie Institut

Pfaffenberger, W., Nguyen, K., Gabriel, J., Ermittlung der Arbeitsplätze und Beschäftigungswirkungen im Bereich Erneuerbarer Energien; Hrsg. Bremer Energie Institut, Bremen 2003

Pichl, C., u.a., Erneuerbare Energien in Österreich - Volkswirtschaftliche Evaluierung am Beispiel der Biomasse, Studie im Auftrag der Wirtschaftskammer Österreich; Hrsg. Österreichisches Institut für Wirtschaftsforschung, Wien 1999, in: Greisberger, H., 2001 *bzw.* in: Haas/Kranzl, 2002

Pölz, W., Emissionen aus der Produktion von Holz-Pellets, in: Nachwachsende Rohstoffe; Hrsg. Bundesanstalt für Landtechnik, Nr. 22, Dezember 2001, Wieselburg 2001

Priewasser, R., Johannes Kepler Universität Linz, Institut für betriebliche und regionale Umweltwirtschaft - Vorlesungsskript: Grundlagen der Ökologie WS 2004/2005, Linz

Rathbauer, J., Pflanzenöl als Treibstoff, Bioenergie – Chance für eine Nachhaltigkeit, Wieselburg 2005

Ripp, K., Schulze, P. M., Konsum und Vermögen – Eine quantitative Analyse für Deutschland, Arbeitspapier Nr. 29; Hrsg. Institut für Statistik und Ökonometrie, Johannes Gutenberg-Universität Mainz, Mainz 2004

RWE, Weltenergiereport 2003, Chancen und Risiken der zukünftigen Weltenergieversorgung - Im Fokus: Der Energiehandel in liberalisierten Märkten

Salchenegger, S., Umweltbundesamt Wien, „Biodiesel-Produktionsanlage Ennshafen", in: Veranstaltung zum Thema „Biotreibstoffe – mit erneuerbarer Energie auf der Überholspur", O.Ö. Energiesparverband, Linz 28.09.2005

Salchenegger, S., Pölz, W., Biogas im Verkehrssektor - Technische Möglichkeiten, Potential und Klimarelevanz; Hrsg. Umweltbundesamt, im Auftrag des Ministeriums für Verkehr, Innovation und Technologie, Berichte 283, Wien 2005

Schachenmann, M., Papierholz Austria GmbH, Vortrag „Auswirkungen der Biomasse auf die Warenströme – Wer nimmt wem den Rohstoff weg?", 01.12.2003

Schmitt, D., Ölpreisbindung ein Dogma, Handelsblatt Newsletter 2/2005

Schneider, F., Kollmann, A., Tichler, R., Netztarife in Österreich: Bestandsaufnahme und internationaler Vergleich, Langfassung; Hrsg. Energieinstitut an der Johannes Kepler Universität Linz, Linz 2004

Schneider, F., Die Auswirkungen einer weiteren Senkung der Netzkosten um 20 % auf die EVU und auf die österreichische Volkswirtschaft, Linz 2003

Schneider, F., Einige volkswirtschaftliche Überlegungen zur geplanten österreichischen Stromlösung, Linz 2003

Schuhmann, J., Meyer U., Ströbele, W., Grundzüge der mikroökonomischen Theorie, 7. Aufl., Berlin/Heidelberg/New York 1999

Simader, R., Ritter, H., Benke, G., Pinter, H., Mikro- und Mini-KWK-Anlagen in Österreich, Energieverwertungsagentur E.V.A., Wien, März 2004

Sixtl, F., Der Mythos des Mittelwertes: Neue Methodenlehre der Statistik, 2. Aufl., München 1996

Smole, E., u.a., Studie über KWK-Potentiale in Österreich, Endbericht, E-Bridge, November 2005

Statistik Austria, Input-Output-Tabelle 2000, Wien 2004

Statistik Austria, Statistisches Jahrbuch Österreichs 2001, Wien ff.

Statistik Austria, Gebäude- und Wohnungszählung 2001, Hauptergebnis

Statistik Austria, Volkswirtschaftliche Gesamtrechnungen, Input-Output-Multiplikatoren 1976, 1983, 1990, in: Statistische Nachrichten 7/1999

Stockmayer, M., u.a., Kraft-Wärme-Kopplung in Österreich, Perspektiven für technologische Innovationen institutionelle Reformen in Österreich und Europa, ARGE „KWK-Studie" unter Federführung von KWI Management Consultants & Auditors GmbH, WIFO, Studie in Auftrag der österreichischen Wirtschaftskammer, Wien 2005

Thek, G., Obernberger, I., Produktionskosten von Holzpellets gegliedert nach Prozessschritten und unter Berücksichtigung österreichischer Randbedingungen, in: Tagungsband zum 2. Europäischen Experten Forum Holzpellets, Salzburg 2001

Train, K. E., Optimal Regulation: The Economic Theory of Natural Monopoly, 2. print, Massachusetts 1992

Varian, H. R., Grundzüge der Mikroökonomik, 4. Aufl., München 1999

Vereinigung Österreichischer Elektrizitätswerke, Rundschreiben 1-A, Graz, Jänner 2006

Verordnung der Energie-Control Kommission, mit der die Tarife für die Systemnutzung bestimmt werden (Systemnutzungstarife-Verordnung 2006, SNT-VO 2006)

Verordnung des BMfWA, mit der Preise für die Abnahme elektrischer Energie aus Ökostromanlagen festgesetzt werden, Entwurf Ökostromverordnung 2005

Verordnung der Energie-Control Kommission, mit der die Gas-Systemnutzungstarife-Verordnung (GSNT-VO 2004) geändert wird (Gas-Systemnutzungstarife-Verordnung-Novelle 2005, GSNT-VO-Novelle 2005)

Watkiss, P., a.o., The Social Cost of Carbon, The Social Costs of Carbon (SCC) Review – Methodological Approaches for Using SCC Estimates in Policy Assessment, Final Report, London 2005

Weimann, J., Umweltökonomik: Eine theorieorientierte Einführung, Berlin-Heidelberg 1990

Weyman-Jones, T., Benchmarking des Stromnetzbetriebes in Österreich, Bericht zu Methoden- und Variablenauswahl für Energie-Control GmbH, Frontier Economics Limited, Consentec GmbH, Juni 2003

Wirtschaftsblatt, Nr. 2321, 11.03.2005, 15, Ressort: Wirtschaft und Politik Europa, Titel: „Pröll hat Statistikproblem wegen Tanktourismus"

Wirtschaftskammer Österreich, WKO, Fachverband Holzindustrie, Branchenbericht 2003 -2004

Wirtschaftskammer Österreich, WKO, Tourismus in Zahlen, Ausgabe März 2004

Wörgetter, M., u.a., Nachwachsende Rohstoffe in Österreich; Hrsg. Bundesanstalt für Landtechnik, Wieselburg

13.4.2 Internetquellen

Die angeführten Internetquellen waren mit Stand April/Mai 2006 abrufbar.

http://bfw.ac.at/700/700.html

http://bios-bioenergy.at

http://de.wikipedia.org

http://ecoweb.ier.uni-stuttgart.de/ecosense_web/ecosensele_web/frame.php

http://gpool.lfrz.at/gpoolexport/media/file/Poechtrager-Moder-Heissenberger-pdf.pdf

http://www.acsc.at

http://www.aikammer.org

http://www.ama.at

http://www.autohof.net

http://www.awi.bmlf.gv.at

http://www.blt.bmlf.gv.at

http://www.bmsg.gv.at

http://www.bmbwk.gv.at

http://www.carmen-ev.de

http://www.co2-handel.de

http://www.e-control.at

http://www.elsbett.com

http://www.energieag.at

http://www.energieinstitut-linz.at

http://www.esv.or.at

http://www.eww.at

http://www.externe.info

http://www.frankfurt.de

http://www.gaswaerme.at

http://www.gpool.lfrz.at/gpoolexport/media/file/Abwasserentsorgung_in_Oesterreich_-_Stand_2001_14Feb03.pdf
http://www.heffterhof.at/img/Umweltgespraeche/Rathbauer_Pflanzenoel%20als%20Treibstoff.pdf
http://www.holzforschung.at
http://www.iwi.ac.at
http://www.lfl.bayern.de
http://www.kelag.at
http://www.legamedia.net/lx/result/match/22619558586363d5acf634c33e/index.php
http://www.man.at
http://www.manalex.de
http://www.net-lexikon.de/Blockheizkraftwerk.html
http://www.nordpool.com
http://www.oeko.de/service/gemis/de/index.htm
http://www.oenb.at
http://www.offizz.de/helpdesk/hd_devisen.html
http://www.papierholz-austria.at
http://www.probas.umweltbundesamt.de/php/index.php
http://www.public-consulting.at/de/portal/umweltfrderungen/bundesfrderungen/betrieblicheumweltfrderungiminland/effizienteenergienutzung/ fossilekraftwrme-kopplung/2006_05_05
http://www.statistik.at
http://www.statoek.vwl.uni-mainz.de
http://www.tecson.de
http://www.ufop.de
http://www.umbera.at/7.htm
http://www.umweltbundesamt.at
http://www.umweltbundesamt.at./gemis
http://www.uwe-energie.de
http://www.verbund.at
http://www.welsstrom.at
http://www.zmp.de
http://www.4managers.de/10-Inhalte/asp/Erfahrungskurve.asp?

13.5 Anmerkungen zur Preisentwicklung von CO_2-Zertifikaten

Basierend auf den CO_2-Emissionsäquivalenten iHv. rd. 91,6 Mio. t aus dem Jahr 2003, unter Berücksichtigung der Reduktionspotenziale von ca. 13,85 Mio. t aus der Klimastrategie 2002 sowie Einbeziehung des JI/CD-Programms in geplantem Ausmaß von 7 Mio. t lässt sich - nichts desto trotz – ein gegenwärtiges Delta von rd. 2,4 Mio. t an CO_2-Äquivalenten im Vergleich zu jener gem. Kyoto-Protokoll definierten Zielsetzung von 68,33 Mio. t für 2010 feststellen[575]. Die durch den KWK-Betrieb möglich werdende Einsparung an CO_2-Emissionen zur Verringerung dieser Lücke kann als positiver Ansatz gesehen werden u. wird demnach in dieser Arbeit als solcher verwendet. Angenommen wird, dass die „frei gewordenen" CO_2-Emissionen den Import zusätzlicher benötigter CO_2-Zertifikate im Sinne des Emissionshandels reduzieren.

Der Markt für CO_2-Zertifikate, gegenwärtig geprägt von hoher Volatilität u. geringer Liquidität, steht erst am Beginn einer Etablierung. Für eine futurologische Preisentwicklung kommt folgenden Indikatoren eine entscheidende Bedeutung zu[576]:
- Brennstoffpreisen
- Strompreisen
- allgemeinen wirtschaftlichen Entwicklung
- Wetter/Klima
- JI/CD-Mechanismen
- Allokationsverteilung in der 2. Periode
- Nachfrage u. Angebot an Zertifikaten, d.h. dem Gleichgewicht zw. Emissionen u. der europaweiten Allokationsmenge
- der Entwicklung der CO_2-Vermeidungskosten

Das Ende der ersten Handelsperiode markiert einen entscheidenden Wendepunkt, denn im April 2008 müssen alle Anlagenbetreiber die CO_2-Emissionszertifikate von 2005-2007 retournieren. Ist bis zu diesem Zeitpunkt ein zusätzlicher Bedarf gefragt, lässt sich mit einem starken Ansteigen des Zertifikatpreises rechnen. Da eine Übertragung von Zertifikaten aus der ersten auf die zweite Handelsperiode (Ende 31.12.2012) - sprich über den 31.12.2007 - verboten ist, könnte wiederum, bei gegebenem Überangebot an Zertifikaten gegen Ende der ersten Handelsperiode, ein starker Preisverfall stattfinden. Angesichts der komplexen Zusammenhänge lässt sich kaum eine Prognose über künftige Tendenzen von Zertifikatspreisen erstellen bzw. ginge zumindest mit hohen Unsicherheiten einher.

Zwecks Erfassung möglicher Trends für die erste Handelsperiode wurde auf die EUA-Forwards von NordPool zurückgegriffen. Im Baseline-Szenario wird demzufolge mit einem näherungsweise geschätzten durchschnittlichen Zertifikatspreis von 20 EUR/t CO_2 für 2005, von 25 EUR/t CO_2 für 2006 u. von 26 EUR/t CO_2 für 2007 gerechnet[577]. Für die zweite Handelsperiode wird im Baseline-Szenario ein moderater Anstieg der Zertifikatspreise um jeweils einen Euro, d.h. von ausgehenden 26 EUR/t CO_2 für 2008 auf 30 EUR/t CO_2 für 2012, angenommen. Für die restlichen Jahre des Untersuchungszeitraumes habe ich sowohl die zu vermutende Gegebenheit eines weiter fortlaufenden Emissionshandels innerhalb der EU-25, als auch die langfristige Verringerung des Zertifikatspreises bis 2015 – nämlich auf jenen im Rahmen des ExternE-

---

[575] Vgl. Gugele/Rigler/Ritter, 2005, 7f., unter Einbeziehung des JI/CDM-Programms im geplanten Ausmaß von 7 Mio. t CO_2-Äquivalenten muss Österreich, ausgehend vom aktuellen Stand 2003, noch 16,3 Mio. t seiner THG-Emissionen bis zum Jahr 2010 reduzieren, *Vgl. dazu.* Bundesministerium für Land- und Fortwirtschaft, Umwelt und Wasserwirtschaft, Nationaler Zuteilungsplan für Österreich gem. §11 EZG – endg., Konsolidierte Fassung, 2004, 13 u. 38

[576] Quelle abrufbar unter: 2006-01-19, http://www.co2-handel.de/article196426.html

[577] Quelle abrufbar unter: EUADEC-05 Preise, Jahresüberblick-Forwardpreise, Handelstag 19.01.2006; EUADEC-06 Preise, Jahresübersicht; EUADEC-07 Preise, Jahresübersicht, 2006-01-19, http://www.nordpool.com

Projektes angesetzten Mittelwert der Vermeidungskosten von 19 EUR/t CO_2 - fakultativ angenommen (2013: 27 EUR/t CO_2; 2014: 22 EUR/t CO_2). Den Sensitivitätsrechnungen wird für das Jahr 2007 ein unterer Grenzwert von 10 EUR/t CO_2 u. ein oberer von 50 EUR/t CO_2 zu Grunde gelegt, wobei diese Beträge auch in der zweiten Handelsperiode zum Ansatz kommen. Für die letzten drei Jahre unterstelle ich eine Range von 2,4 EUR/t (Mittelwert der ermittelten Schadenskosten) u. 37 EUR/t (oberer Wert der marginalen Kosten zu einer Erreichung des Kyoto-Zieles mit flexiblen Mechanismen)[578].

13.6 Anmerkungen zu Potenzialen und Preisentwicklung von Pflanzenöl und Holzpellets

13.6.1 Pflanzenölpotenzial in Österreich

13.6.1.1 Status quo

Ein aktuelle Statistik der USDA zur weltweiten Rapserzeugung verzeichnet für das Jahr 2004/05 eine 10%-ige Zunahme der Rapsernte gegenüber dem Vorjahr auf über 43,4 Mio. t. Die Gründe für die Produktionssteigerung liegen einerseits in einer gut 4 %-igen Ausdehnung der Anbauflächen in China u. Kanada (wichtigste Rapserzeuger) auf weltweit rd. 26,8 Mio. ha, andererseits in höheren Durchschnittserträgen. Diese beiden Länder sowie die EU-25 mit 14,9 Mio. t u. Indien mit 5,8 Mio. t beteiligen sich zusammen mit knapp 93 % an der globalen Rapsproduktion, welche mit voraussichtlich 14,9 Mio. toe Rapsöl ein Rekordniveau erreichen wird. Geprägt wird diese Tendenz unter anderem durch den Anstieg an Rapsölproduktion in den EU-25 (um 0,6 Mio. t bzw. 14 % auf 4,9 Mio. t). China bleibt, noch vor Indien u. Kanada, mit 4,5 Mio. t der weltweit wichtigste Rapsölproduzent[579].

Die in Österreich als Ackerland genutzte Fläche liegt derzeit bei etwa 1,38 Mio. ha, dies entspricht einem Anteil an der Gesamtfläche von ca. 16 %. Auf Grund gegebener Einschränkungen der Fruchtfolge restringiert sich die maximale Rapsanbaufläche auf 25 %, womit theoretisch 345.000 ha zur Verfügung stehen. Bei durchschnittlichen Erträgen von rd. 1.000 kg Rapsöl pro Hektar (1.087 l/ha) würde sich jährl. ein maximales Potenzial von rd. 350.000 t bzw. rd. 380.000 Liter Pflanzenöl ergeben[580]. Selbst durch Vollausbau der Kapazitätsanlagen, welche zur Herstellung dieser „theoretischen" Pflanzenölmengen obligat sind, könnte eine Menge von rd. 470.000 t Biodiesel, zur Erreichung von 5,75 % Beimengung im Jahre 2008 nicht hergestellt werden. Durch Optimierung der Produktionstechnologie verbreitert sich jedoch die Rohstoffbasis für die Biodieselbeimischung, wodurch - neben Raps als traditionellen Öllieferanten - auch Altspeiseöl bzw. Altfett als Rohstoffe eingesetzt werden können. Das Sammelpotenzial für Altspeisefett in Österreich beträgt derzeit etwa 41.000 t/a[581].

---

[578] Vgl. Friedrich, R., u.a., 2003, 125

[579] Quelle abrufbar unter: Gesamtkapitel Ölsaaten und Eiweißpflanzen/Kapitel Ölsaaten und Eiweißpflanzen, 79ff., 2005-09-15, http://www.lfl.bayern.de/iem/agrarmarktpolitik/11236; der Verbrauch an pflanzlichen Ölen wird sich im Wirtschaftsjahr 2004/05 voraussichtlich auf rd. 104 Mio. t belaufen, dies entspricht einem Zuwachs von fast 5 % gegenüber dem Vorjahr u. entspricht demnach fast der weltweiten Erzeugung von ca. 105 Mio. t. Der Anstieg der Zuwachsrate bei der Verarbeitung von Ölsaaten (+4,4 %) fällt damit deutlich geringer aus als der Produktionsanstieg der Ölsaaten (+15 %). Ursache hierfür ist einerseits ein weltweit geringerer Verbrauchszuwachs an Ölschroten, der den Absatz u. eine höhere Verarbeitung an Ölsaaten bremst, andererseits die Tatsache, dass in vielen Ländern Engpässe in den Verarbeitungskapazitäten herrschen.

[580] Vgl. Rathbauer, J., 2005, 1, Quelle abrufbar unter: 2005-08-17, http://www.heffterhof.at/img/Umweltgespraeche /Rathbauer_Pflanzenoel%20als%20Treibstoff.pdf; in günstigen Lagen sind jedoch Erträge bis zu 4,5 t/ha möglich, der Durchschnittsertrag der „Rapso"-Vertragsanbauflächen lag bspw. im Jahr 2004 bei 3,9 t/ha

[581] Vgl. Krammer, K., Prankl, H., Abschlussbericht zum Projekt BLT013314 Verwendung von Pflanzenölkraftstoffen – Marktbetreuung II; Hrsg. Bundesanstalt für Landtechnik, Wieselburg 2003, 4

Zieht man die Hektarerträge von Winterraps im Zeitraum 1990 bis 2004 zur Ölgewinnung heran, ergibt sich eine durchschnittliche Rapsausbeute von 2.530 kg/ha[582]. Wird der durchschnittliche Rapsertrag/ha mit dem theoretischen Anbaupotenzial (ohne Berücksichtigung von Stilllegungsflächen) iHv. ca. 345.000 ha u. einer angenommen Ölausbeute von 42 % (Extraktionsverfahren) multipliziert, resultiert daraus ein möglicher jährlicher Rapsölertrag von rd. 366.600 t bzw. von knapp unter 400.000 Liter. Berücksichtigt man nun einerseits die Altspeiseöl- bzw. Altfettpotenziale, andererseits die Tatsache, dass zur Produktion neben Pflanzenöl auch noch Methan, u. zwar iHv. rd. 10 % der benötigten Menge an Biodiesel, erforderlich ist, lässt sich davon ausgehen, dass die in Österreich theoretisch mögliche Ausschöpfung an Pflanzenöl - bei Vollausbau der Erzeugungskapazitäten inkl. Einbeziehung des Sammelpotenzials an Altspeisefetten - den Bedarf zur Herstellung der obligaten Biodieselmenge im Ausmaß von ca. 423.000 t beinahe abdeckt[583]. In diesen Überlegungen blieben - neben Stilllegungsverpflichtungen – die Fakten, dass partielle Ackerflächen dem Anbau anderer Feldfrüchte dienen u. ein nicht unerheblicher Anteil des Rapsöles der Lebensmittelproduktion zugeführt wird, unberücksichtigt, wodurch – unabhängig vom Pflanzenölbedarf der KWK-Anlagen – ein Import von Rapsöl bzw. Biodiesel zwecks Erreichung der gesetzlich festgelegten Beimischungen unerlässlich wird.

13.6.1.2 Dimensionen für die vorliegende Arbeit

Entsprechend den angeführten Überlegungen wird nun von folgenden theoretischen Annahmen ausgegangen, um den Anteil der heimischen Pflanzenölproduktion für den Betrieb der KWK-Anlagen annähernd bestimmen zu können:

- Vollausbau der heimischen Erzeugungskapazitäten bis Ende 2008
- Nutzung des gesamten Potenzials an Altspeiseöl bzw. Altfetten zur Herstellung von Biodiesel
- das benötigte Pflanzenöl für KWK-Anlagen wird mit Beginn 2005 bis Ende 2008 zu 100 % aus heimischer Produktion abgedeckt, da in dieser Zeitperiode die jährl. installierten KWK-Stückzahlen minimal sind u. somit der geringfügige Bedarf kaum zu Verdrängungseffekten hinsichtlich der für Biodieselbeimischung benötigten Mengen führt; die Nachfrageimpulse werden dabei zu 20 % der ÖCPA-Güterklassifikation „01 Erzeugnisse der Landwirtschaft u. Jagd" bzw. zu 80 % „15.4 Pflanzliche u. tierische Öle u. Fette" zugeordnet[584]
- fehlende Pflanzenölmengen für die Biodieselerzeugung werden importiert
- Verdrängungseffekte auf Ackerflächen für andere Feldfrüchte sowie auf den Bedarf an Rapsöl zur Lebensmittelproduktion bleiben unberücksichtigt

Ab anno 2009 ist eine seriöse Zuteilung der im Inland produzierten Mengen an Rapsöl äußert schwierig, da vor allem die Höhe des Preises, den die Pflanzenölproduzen-

---

[582] Quelle abrufbar unter: Datenpool/Tabellen aus dem Grünen Bericht 2005 der Bundesanstalt für Agrarwirtschaft, 2005-10-11, http://www.awi.bmlf.gv.at; *Pers. Anm. des Autors,* die durchschnittlichen Hektarerträge haben sich in den letzten Jahren gesteigert, jedoch sind diese, vor allem bei Raps, stark witterungsabhängig.

[583] Vgl. Internetquelle: Info & Service/Biodiesel/Download „Biodiesel Broschüre", 2005-09-25, http://www.esv.or.at; zur Herstellung von bspw. 1.333 kg Biodiesel sind 1.320 kg Rapsöl u. 155 kg Methan (rd. 10 %) notwendig, Pers. Anm. des Autors, das theoretische Pflanzenölpotenzial im Ausmaß von rd. 367.000 t zuzüglich Altspeisefette iHv. ca. 41.000 t ergeben, rudimentär ausgedrückt, rd. 408.000 t Pflanzenölpotenziale für die Biodieselerzeugungen; vice versa steht ein Bedarf von rd. 423.000 t (470.000 t Biodiesel minus 10 % Methan-Anteil).

[584] Pers. Anm. des Autors, die prozentuelle Zuteilung entstammt folgender Überlegung: da das benötigte Pflanzenöl gegenwärtig hauptsächlich durch industrielle DL in großen zentralen Anlagen gewonnen wird, erfolgt die Zuordnung vorwiegend zur dafür bestimmten Güterklassifikation. Die restlichen 20 % resultieren aus dem Umstand, dass geringe Mengen von kalt gepresstem Pflanzenöl vor Ort in dezentralen Anlagen durch DL der Landwirtschaft gewonnen werden u. damit in der entsprechenden Güterklassifikation direkte Nachfrageeffekte induzieren. Diese Form der dezentralen Produktion bietet insofern die höchste Wertschöpfung für die Landwirte in Österreich, als sie nicht nur als Rohstofflieferant, sondern auch als Weiterverteiler bis zum Endprodukt tätig sein können.

ten bei den Nachfragern erzielen, die Mengenströme determinieren wird. Ferner kann jedoch davon ausgegangen werden, dass große Mineralölkonzerne, wie etwa OMV, Biodiesel nach Österreich importieren[585]. Des Weiteren könnte der Fall eintreten, dass sich die Ackerfläche in Österreich u. somit die Anbaufläche für Raps auf Grund stark wachsender Nachfrage nach Pflanzenöl ausdehnt, woraus sich eine zusätzliche Marktpräsenz durch landwirtschaftliche Produktion mittels kleiner dezentraler Rapsölpressen ergeben könnte. Dies ist zwar gegenwärtig noch sehr spekulativ, doch mitunter ein mögliches Entwicklungsszenario. Um dennoch eine realisierbare Lösung zu finden, wird im Baseline-Szenario für den Zeitraum ab 2009 folgende Annahme getroffen: ausgehend von einer 100 % heimischen anno 2008 einschließenden „Selbstversorgungspossibilität" der KWK-Anlagen mit Pflanzenöl, werden ab dem Jahr 2009 10 % der benötigten Menge aus dem Ausland bezogen, im Folgenden Jahr 2010 20 % usw. Für das letzte Jahr im Untersuchungszeitraum, nämlich für 2015, würde somit ein 70 %-iger Import von Nöten sein. Durch den degressiven Rückgang der Selbstversorgungsrate wird den steigenden KWK-Anlagenzahlen u. dem damit korrespondierenden Anstieg des Pflanzenölverbrauches - bei gleichzeitig stagnierender od. minimal steigender inländischer Erzeugung - Rechnung getragen. Der im Inland entstehende Nachfrageimpuls wird im I/O-Modell zu jeweils 50 % den beiden bereits erwähnten ÖCPA-Güterklassifikationen zugeteilt. Die prozentuell stattfindende Erhöhung einer Zuteilung der Nachfrageimpulse auf den Landwirtschaftssektor wird insofern argumentiert, als einerseits das in Großanlagen produzierte Rapsöl für die Biodieselgewinnung abgezogen wird, andererseits jene zusätzlichen Mengen an Pflanzenöl, deren Erzeugung vorwiegend mittels dezentraler Ölpressen im landwirtschaftlichen Sektor vonstatten geht, am Markt platziert werden.

Wie bereits im Zuge der ökonomischen Abgrenzung des Untersuchungsgegenstandes angeführt, kommen einige induzierte dynamische Effekte nicht zur Berücksichtigung. In diesem Fall werden mögliche, aus dem Einsatz der KWK-Anlagen resultierende zusätzliche Verschiebungen in der Importstruktur, die sich additional zu den Einfuhren an Pflanzenöl für die Biodieselerzeugung ergeben, nicht abgebildet.

13.6.1.3 Preisentwicklung – Pflanzenöl

Wie die futurologische Entwicklung des Marktpreises für Pflanzenöl aussieht, lässt sich schwer abschätzen, da eine Reihe exogener Faktoren diesen Trend determinieren. Der Marktpreis für Ölsaaten in der EU wird gravierend von der weltweiten Sojabohnenernte bestimmt. Als Haupterzeugungsländer lassen sich die USA, Brasilien u. Argentinien - mit über 80 % der Produktions- u. über 90 % der Exportmengen - aufzählen. Daneben kommt dem Rapsertrag von Kanada, China u. Indien, geltend als dessen bedeutendste Anbauländer der Welt, große Bedeutung zu[586]. Demzufolge zeigen geopolitische Themen, die Entwicklung der Anbauflächen sowie die Witterungsbedingungen in diesen Staaten gleichfalls entscheidende Prägnanz, denn die Rohstoffangebote von Soja u. Raps bzw. die damit korrespondierenden Preise für Pflanzenöl beeinflussen auch die Preisgestaltung im EU-Raum. Auf der Nachfrageseite bilden (meines Erachtens nach) das Bevölkerungswachstum der Entwicklungsländer,

---

[585] Quelle: Vortrag von WALTER BÖHME, OMV, „Biokraftstoffe - Praktische Umsetzung der Biofuels Direktive 2003/30/EG in Österreich", im Rahmen der Veranstaltung des O.Ö. Energiesparverband „Biotreibstoffe – mit erneuerbarer Energie auf der Überholspur" vom 28.09.2005 in Linz

[586] Quelle abrufbar unter: Gesamtkapitel Ölsaaten und Eiweißpflanzen/Kapitel Ölsaaten und Eiweißpflanzen, 77ff., 2005-09-15, http://www.lfl.bayern.de/iem/agrarmarktpolitik/11236; die globale Sojabohnenernte nahm im Vergleich zum Vorjahr um über 19 % auf 223 Mio. t zu. Grund für diesen Anstieg waren eine leichte Ausdehnung der Sojabohnenflächen bzw. eine durchschnittliche Ertragserwartung von 2,7 bis 2,8 t/ha. Zusammen mit den vorhandenen Beständen an Sojabohnen ergibt sich somit für das Wirtschaftsjahr 2004/05 - auf Grund der gestiegenen Erzeugung - ein Gesamtangebot von über 260 Mio. t. Diesem steht ein Verbrauch von knapp 209 Mio. t gegenüber.

die steigende Rapsölnachfrage durch den erhöhten Bedarf der Biodieselindustrie sowie die zunehmende Bedeutung von Rapsöl für energetische Strom- u. Wärmeerzeugung die wesentlichen Einflussfaktoren auf eine künftige Preisentwicklung. Treffende Aussagen über Tendenzen von Weltmarktpreisen sind auf Grund der Fülle an Einflussfaktoren nicht möglich. Die Preisentwicklung von Raps richtet sich im Wesentlichen nach dem auf internationalen Märkten verfügbaren Angebot an Rapssaat bzw. Rapsöl, dem Offert anderer Ölsaaten samt Nachprodukten sowie nach der Nachfrage von Rapsöl zwecks Verwendung als nachwachsender Rohstoff. Angesichts der abrufbaren Mengen aus Übersee (z.B. Kanada) sind weltweite Engpässe bei der Rapsproduktion als eher unwahrscheinlich anzusehen, insofern lassen sich extreme Preisausschläge - wie sie derzeit bei Öl u. Gas auftreten - eher ausschließen[587]. In nächster Zeit muss folglich mit keinem deutlichen Anstieg des Pflanzenölpreises gerechnet werden[588].

Generell kann angemerkt werden, dass sich etwa in Deutschland, dem größten Anbauland von Raps in den EU-25, der Rapsölpreis pro Liter unabhängig von jenem für Mineralöl u. Biodiesel seit Jahrzehnten innerhalb einer relativ konstanten Bandbreite (EUR 0,45 – 0,65) bewegt hat[589]. Im letzten Halbjahr 2005 erhöhte sich der Pflanzenölpreis exkl. Steuern von rd. 550,-- EUR/t auf beinahe 650,-- EUR/t, wobei sich ab September ein Durchschnittspreis deutlich über der Linie von EUR 600,-- einstellte. Als preisstützend machte sich vor allem die stark gestiegene Nachfrage der Biodieselhersteller bemerkbar[590].

Auf Grund einer wachsenden Rapsölnachfrage, (welche insbesondere auf einen enormen Bedarf der Biodieselindustrie sowie auf eine zunehmende Bedeutung als hochwertiges Nahrungsmittel in den Entwicklungs- u. Schwellenländern hindeutet), wird für Österreich - trotz der in der Vergangenheit gefallenen Rapspreise – für den Pflanzenölpreis im Baseline-Szenario eine moderate durchschnittliche jährliche Steigerung von 3 % ab anno 2006 angenommen. Vice versa habe ich für dem deutschen Pflanzenölmarkt im Zeitraum 2006 bis einschließlich 2009 eine jährliche Preissteigerung von 4 % - gem. dem Argument einer stärkeren Konkurrenzsituation - unterstellt. Durch diese Annahmen sollen möglichen Verknappungstendenzen, bedingt durch Konkurrenzverhältnisse im Sinne energetischer Nutzung versus Funktion als Nahrungsmittel Rechnung getragen werden. Ferner wird angenommen, dass sich, als Folge der steigenden Pflanzenölimporte ab dem Jahr 2009, der Preis für Pflanzenöl in Österreich näherungsweise an den deutschen Marktpreis „angleicht". Es wird daher für das Jahr 2009 der Durchschnittswert aus dem österreichischen u. deutschen Pflanzenölpreis für das I/O-Modell bzw. LB herangezogen u. mit einer geschätzten

---

[587] Pers. Anm. des Autors, der Einkaufspreis für Raps in Deutschland bewegte sich im Zeitraum 2002 bis 2005 im Bundesdurchschnitt in einem Spektrum von rd. 191 bis 255 EUR/t. *Vgl. dazu* Argrar Markt Austria, Marktbericht Dezember 2005, 2006, 41, Einkaufspreise der 1. Erfassungsstufe, frei Lager – Deutschland, 20.12.2005, *Pers. Anm. des Autors*, für Österreich zeigt die Statistik der AGRAR MARKT AUSTRIA für den Zeitraum 2002 bis 2005 eine durchschnittliche jährliche Preisentwicklung an der Börse Wien für „Rapssaat 40 % Öl lose" von 197 bis 237 EUR/t, *Vgl. ebenfalls* Argrar Markt Austria, Marktbericht Dezember 2005, 2006, 19, beide Zeitreihen zeigen tendenziell einen Preisverfall für die Rapspreise in dem Betrachtungszeitraum. Berechnet man annähernd für die Preisentwicklung einen geometrischen Wachstumsfaktor, so erhält man für den österreichischen Markt einen Wert von 0,977, für Deutschland 0,927, *Vgl. ferner* Argrar Markt Austria, Marktbericht Dezember 2005, 2006, 40, eine Entwicklung der EU-Großhandelsabgabepreise für Raps, frei Ölmühle, zeigt in Rotterdam, 20.12.2005, für den Zeitraum 2002 bis 2005 einen gemittelten Wachstumsfaktor von 0,905. Die Preise für Raps differieren, mitunter bedingt durch die verschiedenen Produktarten, die verglichen wurden. Die tendenzielle Entwicklung der Preise erweist sich jedoch als ziemlich ident u. zeigt einen Preisverfall in jüngeren Jahren.

[588] Quelle: Email, 2004-12-15, Markus Glaßner, Waldland-VWP Pflanzenöltechnologieentwicklungsges.m.b.H.

[589] Quelle abrufbar unter: 2005-03-01, http://www.elsbett.com/deu/faq.htm

[590] Quelle abrufbar unter: 2006-01-23, http://www.zmp.de/presse/agrarwoche/marktanalysen/ma03.pdf

Preissteigerung für den Zeitraum ab 2010 iHv. 3 % indiziert[591].

Anlässlich der Preisbewegung der substituierten Sojaschrotimporte unterstelle ich bis 2008 die Indizierung des Preises im Baseline-Szenario mit einem errechneten geometrischen Wachstumsfaktor iHv. 0,986[592]. Ab 2009 wird auf Grund angenommener Verknappungstendenzen in der Ernährung der Menschen u. in der Tierfütterung der Preis für Sojaschrot aus dem Jahr 2008 mit einer Steigerungsrate von 3 % p.a. indiziert.

13.6.2 Pelletpotenzial in Österreich

13.6.2.1 Status quo

Österreich liegt mit einem Waldanteil von 47,2 % der Staatsfläche um fast zwei Drittel über dem europäischen Durchschnitt. Laut aktuellen Angaben der österreichischen Waldinventur 2000/02 ist der österreichische Wald auf eine Gesamtfläche von 3.960 Mio. ha angewachsen. Seit Beginn der österreichischen Forstinventur im Jahr 1961 ergibt sich somit eine ständige Flächenzunahme des österreichischen Waldes, wobei sich das Fortschreiten der Waldflächenzunahme in den letzten Jahren verlangsamt hat. Im Vergleich zu den Vorperioden lässt sich ein Rückgang des jährlichen Flächenzuwachses von rd. 7.700 ha auf ca. 5.100 ha konstatieren. Die vorwiegende Waldflächenzunahme findet dabei mit ca. 90 % im Bereich des bäuerlichen Kleinwaldes mit Besitzgrößen unter 200 ha statt[593].

Der Holzvorrat weist lt. den Erhebungen der österreichischen Waldinventur 2000/02 mit insges. 1,095 Mrd. Vfm erstmals ein Überschreiten der Milliardengrenze auf[594]. Das große Potenzial an Holz lässt sich zum einen auf die Zunahme der Waldfläche im Kleinwald (44 Vfm/ha), zum anderen mit einer rückläufigen Nutzung des Waldes erklären. Im Großwald mit über 1.000 ha u. bei Wäldern im Besitz der österreichischen Bundesforste fallen die Aufstockungen mit 10 Vfm/ha deutlich geringer aus. Durchschnittlich ergab sich eine Vorratszunahme von rd. 30 Vfm/ha. In Österreich betrug somit der Holzzuwachs ca. 31,30 Mio. Vfm/Jahr, die jährliche Ernte erreichte hingegen lediglich rd. 18,80 Mio. Vfm, woraus sich ein jährlicher Nettowaldzuwachs von etwa 12,50 Mio. Vfm ergibt[595]. Durch die bedingte Zunahme der Stammzahlen sind auch die Durchforstungsreserven um 11 % auf rd. 64 Mio. Vfm angestiegen, wobei erneut die Zunahme durch eine deutliche Steigerung der Holzvorräte im bäuerlichen Kleinwald geprägt wird[596].

---

[591] Pers. Anm. des Autors, da der österreichische Pflanzenölmarkt im Vergleich zum deutschen Markt eine viel geringere Größe aufweist, wird vorausgesetzt, dass sich ein einheitliches Preisniveau - basierend auf den deutschen Marktentwicklungen - einstellt. Der Preis für einen Liter Pflanzenöl im Jahr 2009 beträgt in Österreich - durch die angenommene Preissteigerung von 3 % p.a. - 0,696 EUR/Liter, in Deutschland - auf Grund einer Erhöhung von 4 % p.a. - 0,655 EUR/Liter (inkl. indizierter Transportkosten). Der Durchschnittspreis für 2009 beträgt demnach ca. 0,675 EUR/l. Im Jahr 2010 wird demgem. bei einer geschätzten jährlichen Preissteigerung von 3 % mit einem einheitlichen Preis für Pflanzenöl iHv. 0,695 EUR/Liter gerechnet.

[592] Vgl. Agrar Markt Austria, Marktbericht Dezember 2005, 2006, 40, *Pers. Anm. des Autors*, ermittelt aus den EU-Großhandelsabgabepreisen, für Sojaschrot 48 %, Termin Dezember 2005/Januar 2006 in Rotterdam, 20.12.2005

[593] Vgl. Hasler, A., Die Auswirkungen des Ökostromgesetzes auf den heimischen Biomasserohstoffmarkt, Graz 2004, 24f.

[594] Vgl. dazu Wörgetter, M., u.a., Nachwachsende Rohstoffe in Österreich; Hrsg. Bundesanstalt für Landtechnik, Wieselburg, 1, lt. österreichischer Waldinventur 1992/96 betrug der Holzvorrat 988 Mio. Vfm, Quelle abrufbar unter: http://www.blt.bmlf.gv.at/vero/artikel/artik014/nawaroslr.pdf; 2005-09-15

[595] Vgl. Hasler, A., 2004, 25f., bzw. Quelle abrufbar unter: Interpretation der Hauptergebnisse, Schadauer, K., Büchsenmeister, R., Holzvorrat wieder deutlich gestiegen: Milliardengrenze ist durchbrochen, 2005-11-04, http://bfw.ac.at/700/700.html; mögliche Ernteverluste sind dabei nicht berücksichtigt, *Vgl. dazu* Wörgetter, M., u.a., Wieselburg, 1, lt. österreichischer Waldinventur 1992/96 betrug die jährliche Nutzung 19,5 Mio. Vfm, dem ein Zuwachs von 27,3 Mio. Vfm gegenüber steht, Quelle abrufbar unter: http://www.blt.bmlf.gv.at/vero/artikel/artik014/nawaroslr.pdf, 2005-09-15

[596] Quelle abrufbar unter: Interpretation der Hauptergebnisse, Schadauer, K., Büchsenmeister, R., Holzvorrat wieder deutlich gestiegen: Milliardengrenze ist durchbrochen, 2005-11-04, http://bfw.ac.at/700/700.html; die Steigerung der Holzvorräte im Kleinwald beträgt ca. 16 %

13.6.2.2 Marktstrukturen in der österreichischen Holzindustrie

Der Holzverbrauch in der österreichischen Sägeindustrie erfuhr zw. den Jahren 1997 u. 2002 eine Steigerung von ca. 23 %. Im Jahr 2002 betrug der Holzverbrauch ca. 16,02 Mio. Fm. Beim Rundholzeinschnitt fallen in der Sägeindustrie neben dem Hauptprodukt Schnittholz SNP an; bei einem Einschnitt von 1 Efm Rundholz werden im Durchschnitt 0,3 Srm Sägespäne u. 0,6 bis 0,7 Srm Hackgut produziert[597].

Zwischen den Jahren 1997 u. 2002 gab es in der heimischen Papier- u. Zellstoffindustrie eine Holz-Verbrauchssteigerung um 8 % auf rd. 7 Mio. Fm[598]. Etwa die Hälfte des Holzverbrauches wurde mittels SNP aus der Sägeindustrie abgedeckt, wobei die Papierindustrie einen zentralen Hauptabnehmer für Sägehackgut ohne Rinde darstellt. Der Hackgutbedarf wird dabei vorwiegend im Inland mit rd. 88 % abgedeckt[599].

Sägespäne u. für die Papierindustrie ungeeignete Hackgutqualitäten werden in der Plattenindustrie verwertet, die mit ihren Produkten auf Grund der Wettbewerbssituation mit osteuropäischen Plattenherstellern unter hohem Preisdruck steht u. damit ausschließlich die preisgünstigsten Restholzsegmente als Rohstoff nachfragt. Eine steigende Nachfrage nach Sägespänen zur energetischen Nutzung könnte somit die Produktionskosten in der Plattenindustrie erhöhen, wodurch hier dynamische Effekte entstehen, die ich jedoch, wie bereits erläutert, nicht weiter verfolge. Die österreichische Plattenindustrie steigerte ihren Holzverbrauch zw. den Jahren 1997 u. 2002 um rd. 47 % auf 4,03 Mio. Fm[600]. Der Holzbedarf wird zum überwiegenden Teil (ca. 80 %) aus Resthölzern der verarbeitenden Industrie u. nur zu einem geringen Anteil (ca. 20 %) aus Rundholz abgedeckt. Etwa 25 % des Holzbedarfes werden importiert (vorwiegend Rundholz), 75 % kommen aus heimischer Produktion (primär Sägespäne u. Hackgut mit Rinde). In zunehmendem Ausmaß wird auch Altholz für die Plattenproduktion eingesetzt, im Jahr 2002 waren es etwa 230.000 t. Da in der Plattenindustrie die geringwertigsten Industrieholzsortimente sowie Resthölzer der Sägeindustrie (Sägespäne, Hackgut mit Rinde) verarbeitet werden, ist die Konkurrenzsituation für diese Rohstoffe durch eine verstärkte energetische Nutzung (z.B. das 4 % Ziel des Ökostromgesetzes) in diesem Industriezweig am ehesten gegeben. Im Jahr 2002 wurden über 1,53 Mio. Fm Späne (entspricht rd. 38 % des gesamten Holzverbrauches in der Plattenindustrie) u. über 1,6 Mio. Fm Sägerestholz (entspricht rd. 40 % des gesamten Holzverbrauches in der Plattenindustrie) verarbeitet. Die Majorität von über 88 % des Bedarfes wird wiederum aus dem Inland abgedeckt[601].

---

[597] Quelle abrufbar unter: Vortrag „Auswirkungen der Biomasse auf die Warenströme – Wer nimmt wem den Rohstoff weg?" von MANFRED SCHACHENMANN, Papierholz Austria GmbH, 01.12.2003, Infocenter/Auswirkungen der Biomasse auf die Warenströme, 2005-08-22, http://www.papierholz-austria.at; bzw. Lechner, H., u.a., Machbarkeitsstudie „4 % Ökostrom bis 2008" - fokussiert auf den Beitrag von, Biomasse-KWK-Anlagen (>5 MW$_{th}$): Endbericht; Hrsg. Energieverwertungsagentur, Wien 2003, 88, das aus den Forstbetrieben mit Rinde angelieferte Nadelrundholz durchläuft in den Sägebetrieben vor dem eigentlichen Zuschnitt zunächst die Entrindungs- u. Sortieranlagen, woraus pro Efm Nadelholz etwa 0,3 Srm Rinde u. geringere Mengen von Kappholz (0,02 Fm) anfallen. Aus der Verarbeitung von Laubholz resultieren geringere Rindenmengen, da der Laubholzzuschnitt zu einem überwiegenden Teil die Rinde beinhaltet.

[598] Quelle abrufbar unter: Vortrag „Auswirkungen der Biomasse auf die Warenströme – Wer nimmt wem den Rohstoff weg?" von MANFRED SCHACHENMANN, Papierholz Austria GmbH, 01.12.2003, Infocenter/Auswirkungen der Biomasse auf die Warenströme, 2005-08-22, http://www.papierholz-austria.at

[599] Vgl. Lechner, H., u.a., 2003 118f., *Pers. Anm. des Autors*, Prozentsatz wurde näherungsweise aus einer Grafik aus dem Jahr 2000 errechnet

[600] Quelle abrufbar unter: Vortrag von KLAUS KRAMMER, Papierholz Austria GmbH, im Rahmen der Jahreshauptversammlung Waldverband Hartberg/Fürstenfeld am 09.09.2004 mit dem Titel „Mehr Einkommen aus dem Wald", Infocenter/Mehr Einkommen aus dem Wald, 2005-08-22, http://www.papierholz-austria.at

[601] Vgl. Lechner, H., u.a., 2003 123, *Pers. Anm. des Autors*, der Prozentsatz wurde näherungsweise aus einer Grafik aus dem Jahr 2001 errechnet

Eine Analyse der PAPIERHOLZ AUSTRIA Ges. m.b.H. über die Entwicklung des Holzverbrauches bis zum Jahr 2010 zeigt, dass gegenüber dem Jahr 2002 in der Papierindustrie zusätzlich rd. 2,00 Mio. FM (+29 %), in der Plattenindustrie rd. 0,67 Mio. FM (+17 %) Rundholz u. SNP inkl. Spänen benötigt werden[602]. Erfolgt nach den für die Jahre 2001/2002 ermittelten Prozentsätzen eine Aufteilung des benötigten Holzverbrauches, so lässt sich für das Jahr 2010 ein geschätzter Verbrauch an Sägespänen für die Plattenindustrie iHv. ca. 1,60 Mio. Fm u. ein Bedarf von ca. 5,65 Mio. Fm Hackgut für die Papierindustrie u. Plattenindustrie erwarten[603]. Nachfolgende Tabelle 13-1 soll eine mögliche Abschätzung der in der Sägeindustrie bei der Schnittholzproduktion anfallenden Mengen von SNP für die Jahre 2002 u. 2010 zeigen, um daraus ein resultierendes Potenzial für die Pelleterzeugung ableiten zu können. An dieser Stelle wird jedoch darauf hingewiesen, dass darin nur die Materialflüsse u. dahinterliegende Größenordnungen näherungsweise wiedergegeben werden, um eine realistische Basis für die Aufteilung der Pelletproduktion aus der Säge- u. Forstindustrie für den S.M. im Untersuchungszeitraum auszuwählen. Das exakte Pelletpotenzial kann demnach von dem ermittelten Wert abweichen.

Tab. 13-1 Abschätzung der in der Sägeindustrie bei der Schnittholzproduktion anfallenden Mengen von SNP für die Jahre 2002 u. 2010 zur Ermittlung des Pelletpotenziales für die KWK-Anlagen (Quelle: Machbarkeitsstudie 4 % Ökostrom der EVA u. eigene Überlegungen)

[Fm]	2002	2010
Hochgerechneter Rundholzverbrauch in Efm o. Rinde[604]	16.187.000	
Koppelprodukte[605]		
Sägespäne	1.619.000	
Hackgut	4.046.750	
Kappholz	404.675	
SNP o. Rinde	6.070.425	
Rinde	1.787.374	
Gesamtsumme	**7.857.799**	**7.857.799**
Inl. Hackgutbedarf in der Papierindustrie	-3.080.000	-4.000.000
Inl. Bedarf an Sägespänen in der Plattenindustrie	-1.347.632	-1.570.000
Inl. Hackgutbedarf inkl. Rinde in der Plattenindustrie	-1.418.560	-1.650.000
Saldo mögliches Potenzial für die Pelleterzeugung aus Koppelprodukten der Sägeindustrie		
Späne	271.368	50.000
Hackgut inkl. Rinde	1.335.564[606]	185.000
Pelletproduktion aus Spänen [t][607]	**101.763**[608]	**18.750**[609]

---

[602] Quelle abrufbar unter: Vortrag von KLAUS KRAMMER, Papierholz Austria GmbH, im Rahmen der Jahreshauptversammlung Waldverband Hartberg/Fürstenfeld am 09.09.2004 mit dem Titel „Mehr Einkommen aus dem Wald", Infocenter/Mehr Einkommen aus dem Wald, 2005-08-22, http://www.papierholz-austria.at; Prognose inkl. der Ausbauvorhaben in Pöls u. Bruck

[603] Pers. Anm. des Autors, geschätzter inl. Hackgutbedarf für die Papierindustrie 2010 : 9,00 Mio. Fm x 0,5 x 0,88 = rd. 4,00 Mio. Fm; Bedarf an inl. Sägespänen für die Plattenindustrie 2010: 4,7 Mio. Fm x 0,38 x 0,88 = 1,57 Mio. Fm; Bedarf an inl. Hackgut für die Plattenindustrie 2010: 4,7 Mio. Fm x 0,4 x 0,88 = 1,65 Mio. Fm.

[604] Vgl. Lechner, H., u.a., 2003, 88f., übliches Handelsmaß für Sägerundholz ist 1 m³ feste Holzmasse, wobei die Volumensermittlung in der Regel in automatischen Messanlagen der Sägewerke über Durchmesser u. Holzlänge erfolgt, für den Rindenabschlag werden holzartenspezifische Durchschnittswerte herangezogen, Pers. Anm. des Autors, die Hochrechnung erfolgte durch Ermittlung eines Faktors aus dem Rundholzverbrauch (Lauf- u. Nadelhölzer) in Efm sowie der bekannten Menge des Holzverbrauches der österreichischen Sägeindustrie in Fm im Jahr 2000. Der Faktor wurde mit dem Holzverbrauch multipliziert, um näherungsweise den Rundholzverbrauch in Efm für das Jahr 2002 einzuschätzen.

[605] Pers. Anm. des Autors, zur Umrechnung der anfallenden Koppelprodukte beim Rundholzeinschnitt von Efm in Srm wurden folgende Faktoren verwendet: 0,3 für Sägespäne; 0,625 für Hackgut; 0,364 für Rinde u. 0,0625 für Kappholz. Die Umrechnung von Srm in Fm erfolgte für Sägespäne im Verhältnis 3:1, für Hackgut u. Kappholz 2,5:1 sowie für Rinde 3,3:1, Vgl. dazu Lechner, H., u.a., 2003, 89

[606] Vgl. Lechner, H., u.a., 2003, 88, Rinde wird in zunehmendem Ausmaß von der Sägeindustrie als kostengünstiger Energieträger für innerbetriebliche Holztrocknungsanlagen genutzt, wodurch rd. 80 % der anfallenden Rindenmenge abzuziehen ist. Berücksichtigt man diese Menge (ca. 1,4 Mio. FM), so würde im Jahr 2002 in Summe keine Rinde für eine weitere energetische Verstromung bereitstehen. Unberücksichtigt blieb ferner ein jährlicher Anfall an nicht sägefähigem Rundholz (2000: 320.000 Fm), welcher für die energetische Nutzung verwendet werden könnte.

[607] Vgl. Lechner, H., u.a., 2003, 127, für die Produktion einer Tonne Holzpellets werden etwa 8 Srm Späne verarbeitet.

[608] Vgl. Hahn, B., Empirische Untersuchung zum Rohstoffpotenzial für die Herstellung von (Holz)Pellets unter besonderer Berücksichtigung der strategischen Bedeutung innerhalb der FTE-Aktivitäten auf nationaler u. EU-Ebene; im Auftrag des BMWA,

In der österreichischen Sägeindustrie sind im Jahr 2002 bei einem Gesamteinschnitt von ca. 16,2 Mio. Efm o. Rinde an Koppelprodukten angefallen: etwa 1,62 Mio. Fm Späne, 4,05 Mio. Fm Hackgut, 0,40 Mio. Fm Kappholz u. ca. 1,79 Mio. Fm Rinde. Nach Abzug der Stoffströme in den nachgelagerten Industrien bleibt ungefähr ein Pelletpotenzial aus der Herstellung von Spänen iHv. 100.000 t übrig[610]. Im Jahr 2010 verringert sich das Potenzial an Sägennebenprodukten für die Pelletproduktion bei Annahme einer gleich bleibenden Menge des Gesamteinschnittes auf ca. 19.000 t. Das Potenzial an Hackgut o. Rinde wird vollständig in den nachgelagerten holzverarbeitetenden Branchen aufgebraucht.

13.6.2.3 Dimensionen für die vorliegende Arbeit

Entsprechend den Ausführungen wird daher von folgenden theoretischen Annahmen ausgegangen, um die Aufteilung der Pelletproduktion aus Anteilen von SNP u. Durchforstungsreserven für den Betrieb der S.M. annähernd zu bestimmen:

- beim Einsatz von BM als Energieträger wird generell angenommen, dass der Pelletverbrauch durch heimische BM abgedeckt wird u. es dadurch zu keinen zusätzlichen Importen aus dieser Nachfrage kommt[611]
- nicht benötigte SNP (Späne) aus der Holzverarbeitung werden für die Pelletproduktion verwendet[612]
- es wird erwartet, dass neben trockenen Holzabfällen der holzverarbeitenden Industrie in der nächsten Stufe auch feuchte Nebenprodukte zum Einsatz für die Pelletproduktion kommen[613]
- Abschätzung des Rohenergieinhaltes der Durchforstungsreserven von 64 Mio. Vfm auf etwa 136 Mio. MWh bzw. 490 PJ[614]
- jährlicher Nettowaldzuwachs von etwa 12,50 Mio. Vfm entspricht einem Rohenergiegehalt von ca. 96 PJ; davon können auf Grund topographischer u. ökonomischer Barrieren max. ca. 30 % Nadelholz u. 50 % Laubholz als Energieholz auf den Markt gebracht werden, d.h. ca. 38,4 PJ[615]

St. Pölten 2002, k.S., Quelle abrufbar unter: 2005-11-04, http://www.umbera.at/Files/KurzRohPellets.pdf; in dieser Arbeit wird das Potenzial der Pelletproduktion aus feuchten SNP für 2001 mit 60.000 bis 70.000 t u. aus trockenen Spänen mit rd. 50.000 t angenommen.

[609] Pers. Anm. des Autors, der Wert für das Jahr 2010 stellt nur eine sehr grobe Schätzung dar, da auf jeden Fall der gestiegene Verbrauch an SNP in der Papier- u. Plattenindustrie auch den Holzverbrauch in der Sägeindustrie erhöhen wird, wodurch wiederum beim Rundholzeinschnitt höhere Nebenprodukte (Späne, Hackgut) entstehen. Ferner müsste noch der Altholz-Einsatz in der Plattenindustrie berücksichtigt werden, wodurch der Bedarf an SNP ein wenig sinken dürfte. *Vgl. dazu* Moidl, S., u.a., Ökologische Leitlinien für den Ausbau von Ökostromanlagen in Österreich - Endbericht; Hrsg. WWF Österreich, im Auftrag der E-Control GmbH, Wien 2003, 61, die Produktion von SNP ist auf Grund der Koppelproduktion stark an den Einschnitt der Sägewerke gebunden u. daher von der Baukonjunktur abhängig. Die große Nachfrage der Papier- u. Plattenindustrie nach SNP ist wiederum von den Produktionskapazitäten u. folglich von der Konjunktur abhängig.

[610] Vgl. Quelle abrufbar unter: http://bios-bioenergy.at/bios01/pellets/de, 2005-03-22, im Jahr 2002 wurden in Österreich ca. 150.000 t Pellets produziert, *Vgl. dazu* O.Ö. Energiesparverband, REGBIE – Regional Bioenergy Initiatives around Europe, WP 3.3 – Evaluierung der Kampagne in Oberösterreich, 2005, 4, im Jahr 2004 betrug die Pelletproduktion in Österreich knapp 350.000 t

[611] Pers. Anm. des Autors, mögliche Billig-Importe aus Ungarn, Tschechien u. Slowenien werden ausgegrenzt

[612] Pers. Anm. des Autors, die Verflechtung von energetischer u. stofflicher Nutzung verschiedener Branchen der Holzwirtschaft könnte jedoch bei zusätzlichen Importen in der Säge-, Platten- u. der Zellstoffindustrie führen. Es wurde daher nicht angenommen, dass eine Abwägung von derzeit stofflich genutzter od. auch exportierter BM in diesen Branchen zur energetischen Nutzung stattfindet, da aus heutiger Sicht dieses Szenario nicht realistisch erscheint, *Vgl. dazu* Haas/Kranzl, 2002, 29

[613] Vgl. Haas, J., Hackstock, R., Brennstoffversorgung mit Biomassepellets: Untersuchung über die Voraussetzungen für einen verstärkten Einsatz von Biomassepellets in Holzzentralheizungen, im Auftrag des Bundesministeriums für Wissenschaft und Verkehr, Gleisdorf 1998, 20, die Materialtrocknung kann z.B. durch Abwärme aus einer BM-KWK-Anlage erfolgen

[614] Vgl. Lechner, H., u.a., 2003, 91, für die Abschätzung des Energieinhaltes wurde bei einem Wassergehalt von 40 % Nadelholz mit 2.000 kWh/Vfm u. Laubholz mit 2.700 kWh/Vfm bewertet. Die in der Waldinventur errechneten Vfm beinhalten nur das Stammholz der stehenden Bäume am Stock ohne Nadeln, Blätter, Feinäste u. Zweige. Das tatsächliche Baumbiomassevolumen ist daher um ca. 10 % höher.

[615] Vgl. Lechner, H., u.a., 2003, 92

- Mehrbedarf an BM zur Erreichung der Ökostromziele bleibt unberücksichtigt, zusätzlicher Holzverbrauch für 900 GWh (ca. 50 % des zusätzlichen Ökostromes bis 2008) rd. 1,8 bis 2,3 Mio. Fm
- Holzmehrbedarf in der Holzindustrie bis 2010 ca. 3,5 Mio. Fm (1,9 Mio. Fm in Zellstoff- u. Papierindustrie, 1,6 Mio. Fm in Plattenindustrie)[616]

Ohne eine weitere tiefergehende Recherche wird daher a priori angenommen, dass bis Ende 2009 der Pelletbedarf für den S.M. vorwiegend aus SNP der Holzindustrie stammt. Ab dem Jahr 2010 wird der zusätzliche Holzbedarf (beginnend mit 20 %) für die Pelletherstellung durch eine höhere Nutzung der heimischen Durchforstungsreserven, insbesondere im bäuerlichen Kleinwald, mit WHG abgedeckt. Aus diesem Grund kommt eine progressive Verteilung zur Anwendung, welche ab dem Jahr 2011 eine jährliche Erhöhung des Anteiles der Waldindustrie an der Pelleterzeugung für den S.M. um jeweils 10 % vorsieht. Demnach beträgt der Anteil der Waldindustrie an der Pelletproduktion im Jahr 2015 70 %. Durch diese Aufteilung wird dem steigenden Bedarf an SNP in der Holzindustrie Rechnung getragen. Die zur Herstellung der Pellets benötigte BM wird daher annahmegem. aus dem Durchforstungspotenzial abgedeckt.

13.6.2.4 Preisentwicklung – Holzpellets

Tatsache ist, dass Pellets ein nachwachsender regionaler Energieträger sind, welcher weitgehend unabhängig von Krisen od. Spekulationen ist, somit könnte der Preis relativ konstant bleiben. Betrachtet man den Chart in Kap. *6.5.2 [Pelletspreise]* (Zeitraum von 1999 bis 2005) so ist daraus ersichtlich, dass sich die Preisentwicklung von Pellets völlig unabhängig von jener von Öl darstellen lässt u. in einem engen Spektrum zw. 140,-- u. 210,-- EUR/1.000 kg stattfindet. Besonders ab dem Jahr 2004 erfährt der Ölpreis pro 1.000 Liter eine eklatante Erhöhung (von ca. EUR 400,-- auf beinahe EUR 700,--), während der Pelletpreis pro 1.000 kg ab diesem Zeitpunkt sogar einen leichten Preisverfall (von EUR 190,-- auf unter EUR 150,--) erfährt. Im letzten Quartal erhöhte sich der Preis für Pellets auf ca. EUR 180,--.[617]

Vertreter aus der Holzindustrie äußern jedoch die Befürchtung, dass die verstärkte energetische Nutzung der festen BM zu einer Konkurrenzsituation mit der stofflichen Verwertung (Papier- u. Plattenindustrie) u. in weiterer Folge zu einem Preisanstieg führt. In meinen Überlegungen bin ich daher davon ausgegangen, dass die in der Holzindustrie benötigten SNP in der stofflichen Verwertung bleiben, wodurch die Konkurrenzsituation entschärft wird u. deshalb ein Preisanstieg nicht weiter in den Überlegungen Platz einnimmt[618]. Es wird daher für den Zeitraum von 2005 bis einschließlich 2009 mit einem geschätzten moderaten Preisanstieg von 2 % gerechnet. Durch das verknappende Angebot an SNP wird ab dem Jahr 2010 angenommen, dass WHG aus den Durchforstungsreserven zur Befriedigung der Nachfrage nach Pel-

---

[616] Quelle abrufbar unter: Vortrag „Auswirkungen der Biomasse auf die Warenströme – Wer nimmt wem den Rohstoff weg?" von MANFRED SCHACHENMANN, Papierholz Austria GmbH, 01.12.2003, Infocenter/Auswirkungen der Biomasse auf die Warenströme, 2005-08-22, http://www.papierholz-austria.at

[617] Quelle abrufbar unter: http://www.uwe-energie.de/Preisentwicklung_Oel_Pellets.pdf, 2006-01-18, Angaben zum Pelletpreis stammen von ÖKOWÄRME, Reichraming

[618] Vgl. dazu Moidl, S., u.a., 2003, 58, auch wenn nach SNP u. Rinde eine rege Nachfrage besteht, erkannte man allerdings, dass die entsprechenden Preise über den Zeitraum von 1990 bis 1997 relativ stabil blieben. Durch die zusätzliche Nachfrage nach SNP u. Rinde für den Einsatz in BM-KWK-Anlagen verstärkt sich der Wettbewerb um diese billigen Rohstoffe, was einen zukünftigen Preisanstieg erwarten lässt. Die Nutzung alternativer Bezugsquellen im Ausland dämpft diesen Trend, ist aber nur bei der stofflichen Verwendung (z.B. Plattenindustrie) relevant. *Pers. Anm. des Autors*, dieser dynamische Effekt wird jedoch in der österreichischen LB nicht berücksichtigt, da ich von keiner Änderung der Stoffströme ausgehe. Weiters führen die Autoren an, dass sich dieser Weg (Importe von BM) für die Bioenergie aus Imagegründen (Beitrag aus heimischer BM) verbietet, wodurch ich meine Annahme zur verstärkten Nutzung der Durchforstungsreserven ab 2010 bestätigt sehe.

lets eingesetzt wird. Die Nutzung zusätzlicher BM-Potenziale in der Forstwirtschaft hängt jedoch maßgeblich von den Erntekosten von WHG ab. Hier konstatiert eine Studie von WWF-ÖSTERREICH erhebliche Rationalisierungspotenziale. So könnten die Kosten für Hackschnitzel durch eine stärkere Mechanisierung der Waldnutzung um etwa ein Drittel reduziert werden[619]. Eine mögliche Preisentwicklung im Falle einer verstärkten Nutzung ist dennoch schwer abzuschätzen. Ausgehend von der derzeitigen Preisbasis für Pellets, die sich eng an den „fast kostenlosen Rohstoff" SNP anlehnt, wird angenommen, dass sich auf Grund der verstärkten Nutzung von WHG der Pelletpreis ab 2010 um rd. 20 % gegenüber dem Pelletpreis Basis 2009 erhöht[620]. In den darauf folgenden Jahren, beginnend ab 2011, wird eine inflationäre Erhöhung von jeweils 2 % p.a. erwartet.

---

[619] Vgl. Moidl, S., u.a., 2003, 59, ein Preisvergleich mit Finnland zeigt, dass bei der Waldnutzung erhebliche Kostensenkungspotenziale bestehen. In Finnland liegt mittlerweile der Durchschnittspreis für energetisch genutztes Holz bei rd. 9 EUR/MWh, in Österreich beträgt der Durchschnittspreis für WHG hingegen noch etwa 14 bis 25 EUR/MWh.

[620] Pers. Anm. des Autors, als Basis diente der Preis für WHG iHv. 15,3 EUR/Srm, der durch zukünftige Effizienzsteigerungsmaßnahmen bei den Ernte-Technologien um ein Drittel reduziert werden wird. Ferner kommen noch Effekte aus dem „Impulsprogramm Energieholz Österreich", initiiert vom BMLFUW, in Betracht, welches analog dem finnischen Energieholzprogramm das Aufkommen von 0,5 Mio. Fm (1998) auf über 5 Mio. Fm (2010) durch Förderungen steigern soll. Es wird daher gesamtheitlich angenommen, dass der Preis für WHG um 40 % von 15,3 auf 9,2 EUR/Srm sinkt. Daraus wird eine prozentuelle Preisdifferenz zu Sägespänen (3,3 bis 8,0 EUR/Srm, geschätzte Basis 7 EUR/Srm) im Ausmaß von 31 % errechnet. Vgl. dazu Vortrag „Auswirkungen der Biomasse auf die Warenströme – Wer nimmt wem den Rohstoff weg?" von MANFRED SCHACHENMANN, Papierholz Austria GmbH, 01.12.2003, Infocenter/Auswirkungen der Biomasse auf die Warenströme, 2005-08-22, http://www.papierholz-austria.at; da die Produktionskosten (Rohstoff u. Trocknung) in der Pelletproduktion mit ca. 64 % zu den gesamten Produktionskosten beitragen, wird die prozentuelle Erhöhung durch Änderung von SNP auf WHG iHv. 31 % mit 0,64 gewichtet, womit angenommen wird, dass sich der Preis für Pellets im Jahr 2010 um rd. 20 % erhöhen wird, Vgl. dazu Thek, G., Obernberger, I., Produktionskosten von Holzpellets gegliedert nach Prozessschritten und unter Berücksichtigung österreichischer Randbedingungen, in: Tagungsband zum 2. Europäischen Experten Forum Holzpellets, Salzburg 2001, 33-40

Die Autoren

Ing. Dr. Markus Preiner
ist beschäftigt bei der Energie AG Oberösterreich.
Nach Abschluss einer Lehre als Starkstrommonteur absolvierte er neben seiner beruflichen Tätigkeit die höhere technische Bundeslehranstalt für Elektrotechnik in Linz und im Anschluss das Studium der Betriebswirtschaftslehre an der Johannes Kepler Universität Linz. 2006 promovierte er am Institut für Volkswirtschaftslehre der Johannes Kepler Universität Linz.

Anschrift:
Energie AG Oberösterreich
Böhmerwaldstr. 3
4020 Linz
Tel. +43 (0) 732 9000 3709
markus.preiner@energieag.at

Ing. Dr. Gerhard Zettler
Wels Strom GmbH, Geschäftsführer.
Absolvent der höheren technischen Bundeslehranstalt in Linz, Tiefbau. Studium der Betriebswirtschaftslehre an der Johannes Kepler Universität Linz. Promotion 2006 am Institut für Volkswirtschaftslehre an der Johannes Kepler Universität Linz.

Anschrift:
Wels Strom GmbH
Stelzhamerstr. 27
4602 Wels
Tel. +43 (0) 7242 493 210
gerhard.zettler@welsstrom.at